철도 열차제어 신기술을 총망라한 해설서

철도 무인운전 CBTC 관련 기술

UTO, RF-CBTC, SE/RAMS 이해를 위한 필독서

무인운전/CBTC/SE/RAMS/KTCS/LTE-R 기술을 이해한다.

철도/도시철도와 경전철 설계, 건설, 운영유지관리 관계자 및

철도관련 기술사(철도/신호/차량) 수험생을 위한 수험서

도서출판 세화

저자의 글

영국의 산업혁명에서 태동된 철도는 근대화의 대표적 상징으로서 20세기 과학혁명과 함께 발전을 거듭해 왔다. 철도기술은 문명화와 도시화로 요약되는 현대인의 생활 변화의 핵심 기반으로서 대량수송과 이동시간 단축으로 개개인의 시간가치 향상으로 긍정적 결과를 만들어 냈다. 21세기 초입부터 시작된 ICT융합의 4차 산업혁명에서 교통수단은 과거와는 또다른 패러다임으로 기술발전을 이루어낼 것으로 기대되고 있다. 이미 지상교통의 자동차는 자율 주행차 개발이라는 실용화단계에 들어섰는바, 철도기술도 그 흐름에 적극적으로 동참하고 있다. 특히, 열차운행의 안전성, 이용자의 편의성 그리고 철도 운영의 생산성 향상을 위한 철도기술의 미래에 신호기술이 있음은 주지의 사실이다.

철도신호의 핵심기술인 철도 무인운전 제어와 운영기술은 철도를 둘러싼 이해관계자(고객, 정부, 철도 운영자)의 다양한 니즈와 그에 대응하고자 하는 철도인들의 노력에 따라 급격한 발전이 이루어지고 있다. 사실, 철도의 특성상 전용궤도를 주행하는 운행시스템이 자동운전시스템으로 개발되어 영업운행을 시작한 지 무려 반세기에 접어들고 있다. 이와 관련된 열차제어시스템도 많은 발전을 이루고 있으며, 그 동향을 간단히 정리한다면, 1) 지상신호는 차상신호로, 2) 고정폐색은 이동폐색으로, 3) Speed Step방식은 Distance to Go방식으로의 변화이다. 이는 결국 운영자 중심에서 이용자 중심으로의 철도기술 패러다임 변화와 일맥상통한 것이다. 궁극적으로 기술발전은 유인운전의 문제 요인들을 무인운전(UTO)화 하면서 극복, 열차 안전운행을 결과화하고 있다.

무인운전의 구현방법은 기관사들이 실행하는 역할을 시스템에 의해 안전한 순서와 절차에 의하여 동작하게 하면 될 것이며, 국내 · 외적으로 무인운전 구현을 위해 표준화된 요구조건들을 충족하면 가능하다. 또한 설계와 건설단계부터 무인운전을 위한 신호제어시스템의 안전성과 신뢰성뿐만 아니라 타 분야의 각종 긴급상황 대비 안전방어 시설물(PSD, 영상감시, 비상대피로 등)들이 구축되어야 한다.

무인운전시스템의 실무적 이해를 위해 집필된 본서의 구성내용은 UTO System, CBTC(통신기반 열차제어) System, RAMS(신뢰성, 가용성 등), System Engineering(SE), KTCS-1/KTCS-2, LTE-R/GSM-R 등으로 나누어져 있으며, 부록에는 무인운전 운영시나리오와 신호일반 용어해설/기술사 기출문제를 실었다.

저자는 그동안 현장에서 쌓은 철도신호의 기술과 행정, 운영 경험을 토대로 차세대 열차제어시스템을 독자들에게 알려주고 싶었다. 독자들이 이 한권으로 무인운전제어기술을 정복할 수 있도록 집필코자 하였지만 그럼에도 부족함에서 비롯된 아쉬운 점이 있을 것이며, 이에 대한 질책을 겸허히 받고자 한다. 앞으로 이 분야 최적의 지침서가 될 수 있도록 독자들의 귀중한 충고를 기다린다. 비록 천학비재한 저자의 졸저이지만 철도와 관련된 관계자들이나, 철도관련 기술사를 준비하는 수험생에게 좋은 동반자가 되기를 간곡히 희망해 본다.

2021년 5월

고영환 · 유근규

Contents

제1장

UTO(무인운전) System

1 철도무인운전(UTO) 개념

철도와 도시철도 기술자, 운영자들의 숙원은 기관사들의 수동 조작에 의한 열차운행방식에서 시스템에 의한 자동운전체계 연구개발과 안전하고 효율적인 시스템 구축을 위해 지속적인 노력을 통하여 안전성과 운영의 효율성을 지속적으로 향상시켜왔다.
정보화시대에서 제4차 산업으로 발전하면서 지상교통의 자동차도 완전 또는 준 자율주행차 개발로 실용화단계에 이미 접어들어선 것이 추세이다.

철도의 특성상 전용궤도를 주행하는 운행시스템의 자동운전과 자율운행 시스템이 개발되어 영업운행을 시작한지 무려 반세기에 접어들고 있음을 알 수 있다.
따라서 무인운전의 구현방법은 기관사들이 실행하는 역할을 시스템과 관제사에 의해 안전한 순서와 절차에 의하여 동작시키면 되는 것이며, 국 · 내외적으로 무인운전의 표준화된 요구조건들을 충족하면 가능하다.
설계와 건설단계부터 무인운전을 위한 신호제어시스템의 안전성 구현, 신뢰성 향상 뿐만 아니라 화재 등 재난안전을 위하여 타 분야의 각종 긴급 상황 대비 안전방호 시설물(PSD, 영상감시, 비상대피로)들이 구비되어야한다.
※ UTO : Unattended Train Operation

* 무인운전 관련 “국제적 안전기준”이란?

국제전기표준위원회(IEC-PAS 62267)에서 제정한 철도무인운전관련 안전요구 사항(Requirement) 등이 주요 핵심내용이다.
완전자동운전(UTO) 시스템의 구축은 아래 그림과 같이 시스템엔지니어링(SE) 활동에 의한 종합적인 산출물로 볼 수 있다.
차량을 비롯한 E&M 기술분야 시스템과 각종 승객안전설비, 시스템 신뢰성 관리체계 검증, EMI/EMC, 소음진동, 시스템 인테그레이션, 시스템 종합 인터페이스 관리, 형상관리, 시험시운전(T&C) 등 관리활동을 종합하여 구성되지만 시스템과 더불어 정상/성능저하/비상시 운영시나리오 방안을 구비하여야 한다.
또한, 철도안전관리체계와 각종 제반 규정, 지침 등을 수반하는 종합적인 완전자동운전의 안전성을 기대할 수 있다.

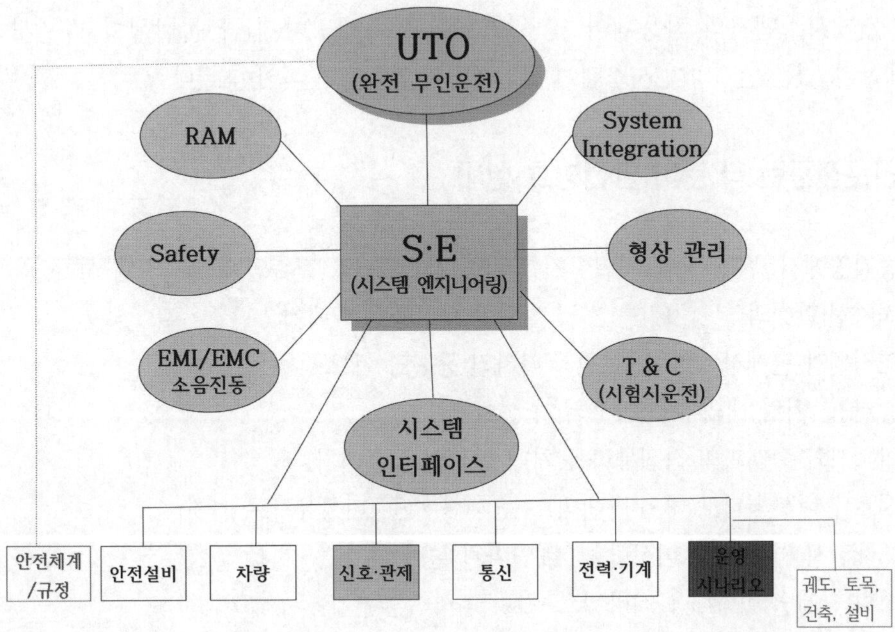

〈그림1-1〉 UTO시스템의 종합 구성 체계

2 기관사의 일반적 업무수행

① 차량 탑승 및 기동(Wake-Up)

② 차량 상태 동작, 표시점검(PDT시험 포함)

③ 관제사와 출발준비 및 운전정보 소통

④ 열차 출발, 가속 및 감속, 정위치 정차

⑤ 열차출입문 개폐, 회차, 입출고, 주박유치(Sleep)

⑥ 신호현시 확인 및 전도주시

⑦ 안내방송 및 이례사항 응급조치

⑧ 환기, 냉난방 제어(HVAC)

⑨ 전조등, 윈도우와이퍼 취급

무인운전 자동화시스템은 기관사들의 일상적인 업무를 관제사와 지상신호/차상신호/종합관제시스템간의 자동제어 및 원격제어로 수행되며 긴급 돌발상황 발생시 운전자를 대체할 수 있는 안전방어 시스템이 필연적이며 안전도가 높아야 된다.

* 무인운전관련 타 분야 안전방호 설비

- 승강장에서 승객 추락, 침입방지를 위한 PSD, 선로 진출입 통제시스템 설치
- 전차선 단전과 고장차량을 긴급 이송할 사고복구차 대기
- 역직원과 관제사, 열차안전원간 다자간 통신망 확보
- 승강장, 차량 내외부 CCTV 추가 설치
- 관제사와 승객과의 직접통화용 차내 비상인터폰 설치
- 선로내 비상대피로 및 구난대피소 등 피난계단, 비상유도로 설치
- 화재감시 연동 승객 비상탈출, 배연환기 설비 설치
- 상황 단계별 비상대응 시나리오 구비 및 사전훈련

3 무인운전 관련 열차제어시스템

무인운전관련 시스템은 지상신호장치와 차상신호장치, 관제시스템과의 상호 유기적인 인터페이스로 제어/표시의 데이타 및 정보처리로 이루어진다.

1. 지상 신호장치(VCC or SC, Zone-Controller etc)

열차 안전제어의 핵심장치(Vital)로서 신호기계실에 설치되어 있으며 ATP/ATO제어기능과 CBTC장치일 경우 선로변의 무선중계기 및 무선안테나와 정보 송수신 처리를 이행한다.
제작사에 따라서 전자연동 기능을 함께 수행하기도 하고 별도로 전자연동 장치(E.I)와 인터페이스 하는 시스템도 있다.
시스템 구성은 Application Software와 Database를 탑재한 CPU제어보드와 전원모듈, 송수신인터페이스용 통신 보안모듈 등으로 구성되어 있다.

Distance To Go(DTG) 시스템 또는 이동폐색장치는 열차 이동 허가권(Movement-Authority)과 안전한 이동거리를 차상신호 장치로부터 선행열차의 현재위치와 속도 정보를 보고받고 전자연동 장치로부터 선로전환기와 신호기 개통방향 정보를 종합하여 안전제동거리에 안전버퍼(Safety Buffer) 여유거리를 합한 이동가능거리를 알고리즘에 의거 실시간으로 연산처리 하여 차상장치에 전송한다. **(이동 가능 거리 = 안전제동거리(S.B.D) + 안전버퍼)**

※ S.B.D : Safety Braking Distance 열차 속도별 실 제동거리와 공주거리에 안전버퍼 거리를 합한 최악의 경우 열차 간 안전 이격 거리

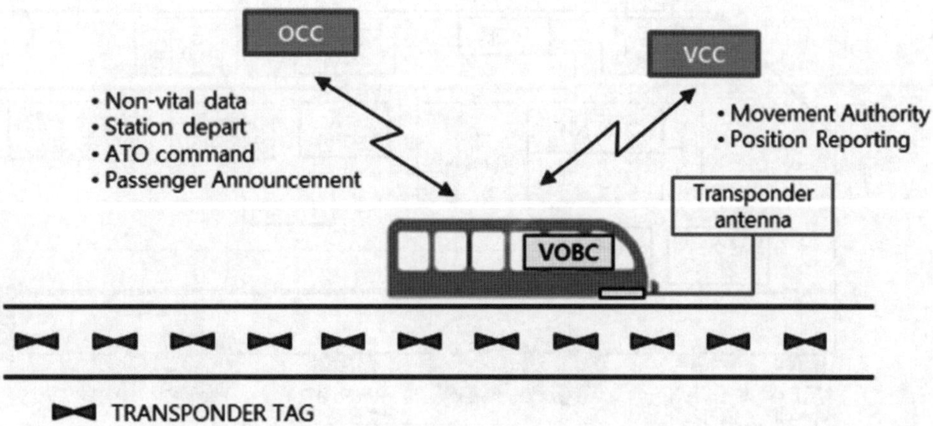

〈그림1-2〉 RF-CBTC 시스템의 관제-지상-차상신호 정보

2. 차상신호장치(VOBC : Vehicle On-Board Computer)

차상 신호장치는 지상 신호장치와 함께 열차제어와 안전 운행의 주요핵심장치로서 ATP/ATO 기능을 처리하고 자동가 · 감속제어를 위하여 제동장치, TCMS장치와 인터페이스 한다.

시스템 구성은 CPU와 소프트웨어를 탑재한 로직처리 모듈, 차량제어용 계전기모듈, 인터페이스용 통신모듈, 전원모듈, CBTC송수신 모듈이 있으며 차상상부에는 CBTC안테나 차상하부에는 트랜스폰더(발리스, 비콘) 안테나와 타코메타(T, G)가 장착되어 열차의 주행속도와 누적 주행거리를 연산하며 트랜스폰더와 응동할 때 거리오차 보정과 정위치정차 프로파일(Profile) 패턴을 생성한다.

지상 신호장치로부터 수신한 이동허가권과 이동거리에 따라 차상 신호장치에 입력된 Track-Database(TDB)를 상호비교, 조합하여 ATP/ATO패턴, EB/FSB패턴 등을 생성하고 가속,

주행, 감속, 승강장 정위치 정차 임무를 자동으로 수행한다.
차상장치는 정차정보와 현재속도 및 누적주행거리, 차량출입문제어 및 상태정보, 각종 차량주요기기 고장정보 등을 열차무선장치와 광통신망으로 지상 장치로 정해진 데이터를 주기적으로 전송한다. 지상장치로부터 제어명령을 처리하고 결과와 차량의 상태정보를 주기적으로 지상장치로 전송하여 Feed-Back 된다.

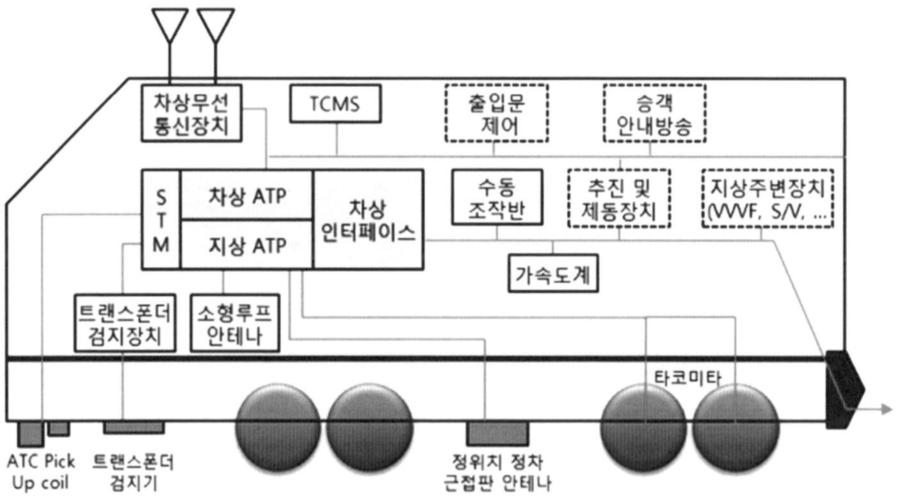

〈그림1-3〉 차상 신호설비(VOBC) 구성

3. 종합관제장치(ATS : Automatic Train Supervision)

무인운전시스템의 주요한 컨트롤타워 역할을 하는 핵심 장치로 통상적으로 신호운전관제, 전력관제, 통신관제, 기계설비관제의 통합 관제시스템으로 구성되며 신호운전관제는 대형표시장치(DLP, Wall-Controller) 와 서버 TCC(SMC), MSC장치와 각종 콘솔류, CCTV영상 표출 처리장치, 지상 신 호장치 와의 데이터통신 인터페이스장치, 열차무선장치(VHF, TRS, LTE-R) 등으로 구성된다.
주요 장비들은 이중계로 구성하고 관제서버는 Fault-Tolerance 타입으로 Server장치의 높은 신뢰성과 내구성을 갖추고 있다.
무인운전(UTO)에서는 관제사에 의해 열차가 기동하고 주박할 수 있으며 사전에 입력된 열차운행스케쥴에 의거 자동으로 출발시각에 따라 출발하고 자동진로제어, 가감속주행 및 정위치정차, 자동 출입문개폐, 종착역 자동 회차, 차량기지 자동 입출고 기능을 갖추고 있다. 차량기지구내 운전취급업무를 종합관제실에 통합하여 내부에서 기지관제, 본선관제, 전력/통신/기계 제어탁으로 구분하여 관제운영을 한다. 특히 무인운전 관제사의 임무가 다양하여 유인기관사의 역할을 시스템과 더불어 운전정리 및 차상 신호장치와 현장 시스템의 리셋 조치 등 이례사항에 대해 일차적인 대응 조치를 한다.

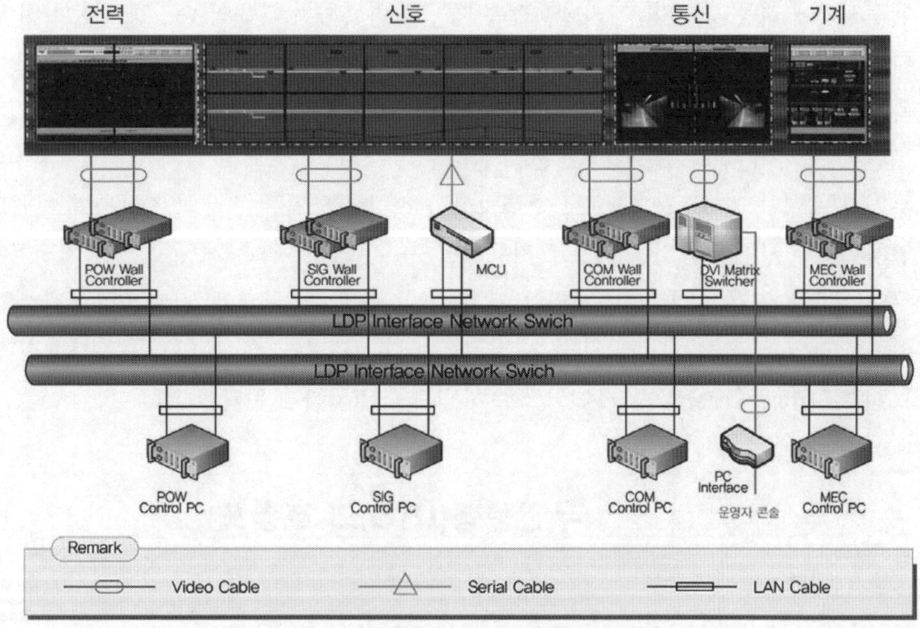

〈그림1-4〉 종합관제 시스템 구성

4 무인운전(UTO) 운행 절차

영업 개시 준비를 위하여 전력관제(SCADA)에서 영업운전시간 전에 급전 후 최초 열차는 기관사에 의한 수동운전모드로 운행하는데 야간 영업종료/작업 후 선로작업 잔재물 등 지장물이 있을 수 있어 사전점검차(Sweep-Car)는 수동운전모드 상태로 선로 전방을 전도주시 하며 전 노선을 운행한 후에 정상적인 영업열차를 무인운전모드(UTO)로 운행을 개시한다.

이때 각 역사에서는 관제에서 원격으로 출입구셔터를 개방하고 AFC(역무자동화기기) 정상동작 상태, 역사조명, 승강기 정상기능 동작확인 등 영업개시 준비를 한다.

최초 영업열차는 기지의 유치선과 종단 회차 역 및 중간주박지에 있는 주박열차를 관제사가 원격으로 기동(Wake-Up)시키고 열차는 자체 성능시험을(정적/동적 시험) 거쳐 이상 없음을 확인하고 시발역 지정위치로 이동한다.

지정된 위치에서 관제 서버의 자동운행스케줄에 의해 열차번호를 부여받고 진로가 정상적으로 개통과 이동허가권(M.A)이 제공되면 승강장에서 출입문 개폐 후 정차시간이 종료 되면 출발 예정시각에 자동출발 가속, 타행, 감속 제동을 반복하며 다음역 승강장에 도착하여 정위치 정차 및 출입문 개방하여 승객이 하차 및 승차하게 된다.

목적지 회차역에 도착하여 출입문 개방, 승객 하차 후 출입문을 닫고 회차 분기 기 인상선에서 무인자동 회차(운전대 자동변경 15초 전후) 한다.

무인자동 회차 및 선로 변경으로 주행방향을 전환한 열차는 관제의 자동스케줄에 의해 새로운 열차번호를 부여받아 다음 역으로 자동출발 가속, 타행, 감속 제동 역 정위치정차를 반복하며 무인 반복운전을 마치고 종착역에 도착하여 승객 하차 후에 기지운영관제사의 통제하에 차량기지의 도착점검대와 자동 세척고를 거친 후 유치선 유치 또는 차량정비를 위하여 트랜스존(Trans-Zone)으로 UTO모드로 무인자동 입고하게 된다.

무인운행(UTO)의 흐름도

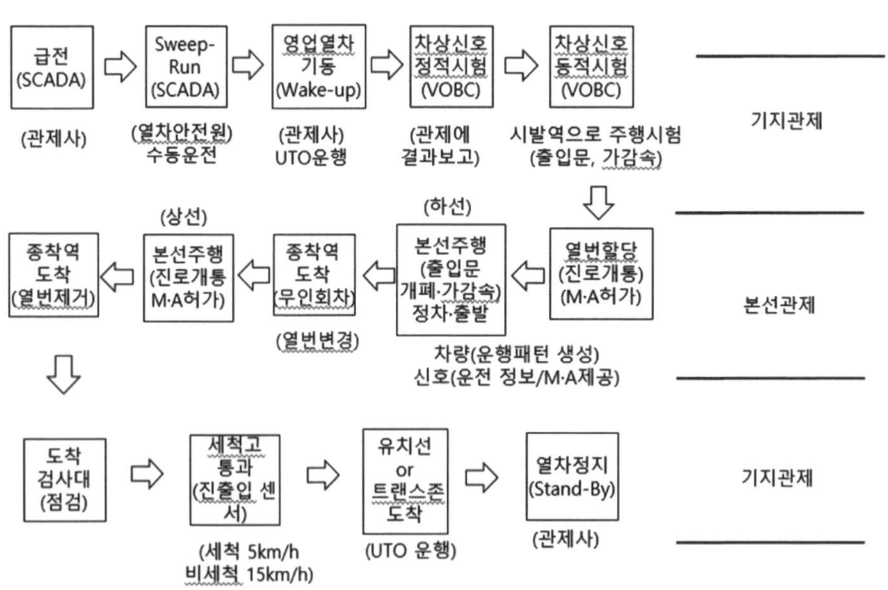

5 무인운전(UTO) ATP/ATO/ATS 기능

1. UTO시스템의 ATP(자동열차 보호기능) 기능 특징

① 열차가 선로전환기지역 통과 시 반드시 선로전환기 및 진로를 쇄정

② 선로조건(곡선, 구배 등)에 따라 속도를 제한

③ 안전하게 열차출입문을 연동제어

④ 열차 운행방향과 열차구름(Roll-back)을 감시 및 일정거리 퇴행시 비상정지

⑤ 지상과 차상장치로 모든 열차를 연속적으로 위치검지

⑥ 최소안전제동거리를 확보하며 안전한 열차간격 유지

2. UTO시스템의 ATO(자동열차 운행기능) 기능 특징

① 승강장안전문과 열차출입문을 연동제어

② 역사별 정해진 정차시간(Dwell-Time)을 제어

③ 차량내부 승객안내정보시스템(PIS)을 제어

④ 열차 출발, 가속 및 감속, 정속타행운전 역 정위치 정차 제어

⑤ 열차 안내방송관련 출입문 개방위치 정보 전송

⑥ 회복/지연운전모드 등 제한된 속도 범위 내에서 명령

3. UTO시스템의 ATS(자동열차감시 : 관제) 기능 특징

① 운전시격을 자동/수동으로 조정

② 관제사와 장치 간 인터페이스를 지원

③ 자동적으로 열차진로를 스케줄에 의해 지정 제어

④ 진로구성에 따른 선로전환기 전환 및 역방향 제어

⑤ 정차시간과 제한속도 등 열차운영 변수를 변경

⑥ SCADA, PIS 타 분야 시스템정보와 연계

⑦ 운행실적 등 관리보고용 데이터를 수집, 보관, 출력

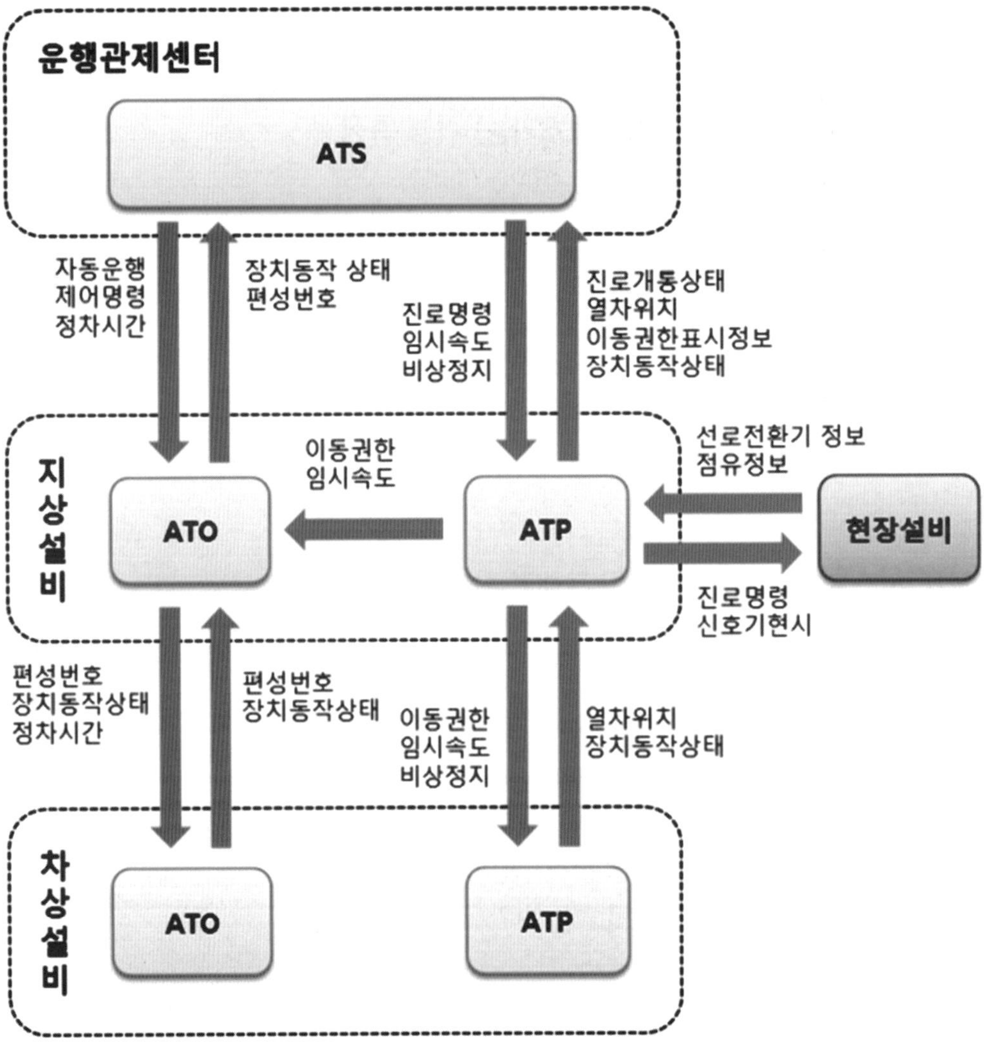

〈그림1-5〉 CBTC 시스템 장치 상호간 송수신 정보

6 무인운전(UTO)에서 관제사의 주요임무

[현장설비 제어 취급기능]

① 방호구간 설정/해제 명령(해당 블록)
② 임시속도 설정/해제 명령, 안내방송(열차, 역사)
③ 비상정지구간 설정/해제(해당 블록)
④ 선로전환기/진로 제어 및 취소, 제어모드 전환
⑤ 차축검지기 리셋/분기기 히팅장치 제어
⑥ 역 출발억제(Hold), 무정차통과(SKIP/STOP)
⑦ 전체역사 시스템 대기(TCC 고장 상황)
⑧ PSD 원격제어, 역사/터널 조명제어, 전력 급, 단전, 환기설비제어

[해당열차 지정 제어 기능]

① 열차 비상정지 설정/해제(열번 선택)
② 열차 출발(도착지 선택), 열차최고속도 조정
③ 차상신호장치 초기화(부계), 계 절체
④ 차량 기동/정지(WAKE-UP/SLEEP)
⑤ 출발조건 완해(위배항목 발생 경우)
⑥ 원격으로 승강장에서 출입문 개폐, 정차시간 조정
⑦ 재출발 및 인칭 제어, 열차번호 설정

[차량제어 콘솔(TCMS) 제어/표시 기능]

① 컨버터/인버터 Reset, Cutout 제어
② 차량 냉난방 환기장치(HVAC) 제어, 상태표시
③ 실내온도, 이산화탄소 농도 제어
④ 전조등, 윈도우와이퍼 제어, 실내등 점멸 상태표시
⑤ 화재연기 감지, 승객 비상콕크 조작 정보표시
⑥ TCMS 고장 코드(차량 주요부품 고장정보)표시

7 무인운전(UTO)관련 안전설비

[차량관련 안전설비]

① 비상 인터폰(승객과 관제사 직접 통화 장치)

긴급 상황 발생할 때 승객과 관제사의 의사소통 수단

② 차량 내부, 외부 CCTV

해당지점 자동 포커싱 및 원격 조정되어 객실상황 대처

열차 운행방향 전방과 후방의 영상기록 감시

③ 화재감지기 및 소화기, 터널내 비상 연결송수관, 비상 탈출용 해머

차량 내부의 연기와 열 발생을 센서에 의해 자동으로 감지

화재 및 탈선사고 발생의 경우 유리창 파괴용 망치

④ 전동차 앞뒤(운전석 전면 개방)**에 비상탈출문 설치**

종합관제센터에서 원격제어 가능

제3궤조 전차선 구간은 단전 후 승객을 탈출 조치

⑤ 승객출입문 비상핸들(콕크)

비상시 승객이 취급할 경우 안전을 위해 열차 비상정지

관제사에게 비상핸들 취급 상황 자동경보 전송

⑥ 탈선 및 선로 지장물 검지 장치

차량 전두부 하부에 탈선 및 지장물 검지 장치 설치

철제봉 형태의 검지장치로서 지장물에 의한 충격을 검지하면 리미트스위치 동작으로 즉시 열차 비상정지

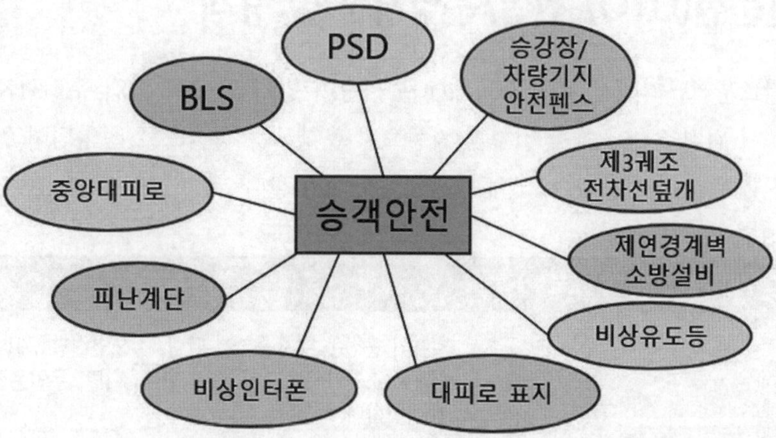

〈그림1-6〉 UTO시스템의 승객 안전설비

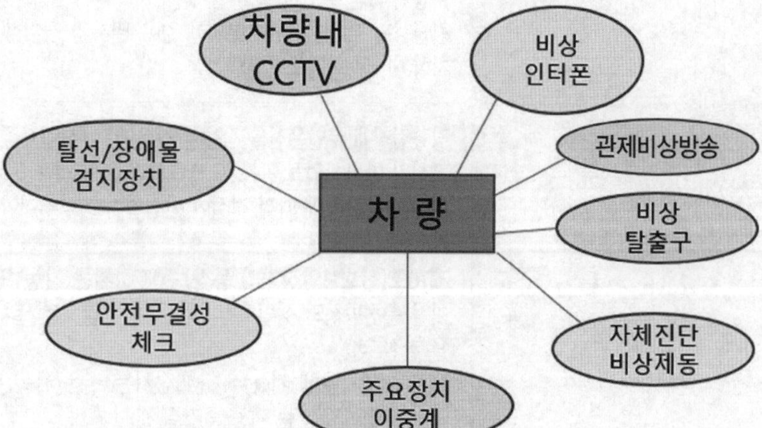

〈그림1-7〉 UTO시스템의 차량 안전장치

8 무인운전(UTO) 건설/운영기준 및 규칙

도시철도운전규칙에서 무인운전(UTO)은 사람이 열차 안에서 직접 운전하지 아니하고 종합관제실에서 원격조정에 따라 열차가 자동으로 운행되는 방식으로 정의되어 있으며, 도시철도무인운전을 위하여 적용되는 기준과 규칙은 아래와 같다.

무인운전 기준 및 규칙	세 부 내 용
도시철도 운전규칙 제32조 (무인운전시의 안전 확보)	열차의 운전은 열차종류에 따라 '철도안전법' 제10조 1항에 따른 운전면허를 소지한 사람이 하여야 한다. 다만, 무인운전의 경우에는 그러하지 아니하다. 관제실에서 열차의 운행상태를 실시간으로 감시 및 조치할 수 있을 것. 긴급상황 시 승객안전 조치규정 마련. 열차내의 간이운전대에는 승객이 임의로 다룰 수 없도록 잠금장치가 설치되어 있을 것. 간이운전대의 개방이나 운전모드의 변경은 관제실의 사전 승인을 받을 것. 운전모드를 변경하여 수동운전을 하려는 경우에는 관제실과의 통신에 이상이 없음을 먼저 확인 할 것. 긴급상황 대처를 위해 필요한 경우 열차와 정거장 등에 안전요원을 배치하거나 순회하도록 할 것.
도시철도 건설규칙 제85조 (무인운전 안전설비)	경량전철에 무인운전을 적용할 경우에는 [산업표준화법] 제11조에 따라 고시된 한국산업표준 KS C IEC PAS62267의 자동도시철도교통(AUGT) 안전 요구사항에 따라 적절한 안전설비를 갖추어야 한다.
도시철도 차량 안전기준 제70~78조 (무인운전)	**제70조(신호보안장치의 동작)** ATC장치는 자동 또는 무인운전시 정하여진 운전방식의 성립조건과 일치하지 않으면 열차를 정지시키는 기능을 가질 것. **제73조(열차운행 기능)** TCMS장치는 수동/자동/무인운전상태에서 열차가 후진하지 않는 기능을 가질 것. **제75조(무인운전)** 무인운전은 다음 각 호의 기준에 적합하여야 한다. 1. 승객과 관제실간에 통신장치를 구축할 것. 2. 열차운행중에 제동장치의 성능을 주기적으로 감시 할 수 있도록 TCMS장치와 신호장치가 상호작용 할 것. 3. 열차의 출입문이 열린 상태에서는 열차가 출발되지 않도록 할 것. 4. 관제실에는 무인운전의 안전확보를 위해 운행중인 모든 차량을 감시 할 수 있는 장치를 설치하여야 한다. **제78조(통신장치)** 무인운전차량의 경우 관제실에서 자동으로 차량을 식별(운전모드 표시 등)할 수 있도록 할 것.

도시철도 시설안전규칙 제94조 (출입의 제한)	신호기계실에는 출입문 열림검지, 출입문 감시장치 및 출입제한표지를 설치하여야 하며, 운영제어실과 기지제어실에는 출입제한표지를 설치하여야 한다.
도시철도 시설안전규칙 제28조 (전철전력설비의 구성)	사고 및 정전작업 시 등의 경우에 정전범위를 한정하고 사고전류의 차단을 용이하도록 계통별 및 구간별로 분리할 수 있도록 하여야 한다. 열차운행에 직접적으로 영향을 미치는 전철전력설비에서 고장이 발생한 경우에는 파급되지 않도록 고장부분을 전기적으로 자동분리 할 수 있도록 하여야 하며 예비설비에 의해 정상적으로 전력운용이 가능한 구조로 구성되어야 한다.

무인운전(UTO) 건설/운영 기준

도시철도 운전규칙 32조

도시철도 건설규칙 85조

도시철도 차량안전기준
제70~78조

도시철도 시설안전규칙
94조 / 28조

9 국제기준 자동화 등급(GOA)과 안전요구사항 (KS C IEC 62267 AUGT 안전요구사항)

열차운행 기본기능 보장	NTO(GOA1)	STO(GOA2)	DTO(GOA3)	UTO(GOA4)
안전운행 경로 보장	○	○	○	○
안전운행 거리 보장	○	○	○	○
안전속도 보장	×	○	○	○
가속 및 제동 제어	×	○	○	○
장애물, 사람 충돌방지	×	×	○	○
승강장안전문(PSD) 제어	×	×	× or ○	○
역에서 안전한 출발조건	×	×	×	○
열차 기동, 정지, 입출고	×	×	×	○
열차 상태 실시간 감시	×	×	×	○
비상상황 탐지 및 관리	×	×	×	○ or 관제사

#. ○ : 시스템에 의해 구현, × : 운전자의 책임

GOA (Grade of Automation) : 자동화 등급
NTO (Not Automated Train Operation) : 비자동 유인운전
STO (Semi-Automated Train Operation) : 반자동 유인운전
DTO (Driverless Train Operation) : 무인운전
UTO (Unattended Train Operation) : 완전 무인운전

무인운전 안전규격은 2009년 제정되었으며 안전관련 기능을 분류하고 자동화 등급에 따라 시스템과 운영직원이 수행해야 하는 기능을 위 표와 같이 구분하고 있다. 자동화 등급이 상위일수록 기관사가 담당하던 임무를 시스템이 자동으로 수행하여야 한다.

1. 철도 자동화운전 레벨(GOA : Grade of Automation)

철도자동화등급 국제기준 IEC 62267-1137-CVD
철도자동화운전레벨의 등급단계는 다음과 같다.

NTO (수동) ⇒ STO (반자동) ⇒ DTO (무인) ⇒ UTO (완전무인)

① NTO (GOA1) : Not Automated Train Operation
유인운전으로 지상/차내 신호에 따라 열차 운행
시스템은 과속을 감시하며 신호 미준수시 비상제동
승강장 열차출입문 닫힘 및 출발은 기관사의 임무

② STO (GOA2) : Semi-Automated Train Operation
유인 운전으로 선로감시와 긴급 상황 시 제동취급
열차의 역간 운행은 자동제어 되고 속도는 지속적 감시

③ DTO (GOA3) : Driverless Train Operation
열차는 자동 운행되며 안전원 승차로 이례사항 발생 조치

④ UTO (GOA4) : Unattended Train Operation
기관사와 안전원 없이 시스템에 의해 완전무인 자동운행
관제 통합중심의 제어(차량 기동/주박, 자동 입출고 등)
실시간 열차 상태 모니터링 및 응급상황 인지관리

2. 무인운행의 일반적 안전 요구사항

① 열차의 안전한 선로 확보를 위한 건축행위 제한(철도보호지구)
② 화재로부터 보호(환기, 화재경보, 승객 대피, 소화설비 등)
③ 시스템과 장비(열차와 기반시설의 안전을 위한 설계표준, 지침)
④ 고도의 가용성 필요(무인운전은 무기관사로 고장복귀시간 길어)

⑤ 관제설비와 차량장치 등 주요설비는 보조전원장치를 구비 필수
⑥ 시스템과 직원에 의한 현장 또는 원격으로 안전한 상태로의 복귀
⑦ 위험상황이 존재하는 지역에서 전차선전원은 자동/수동으로 차단
⑧ 정해진 특정수준의 RAMS 요구사항 유지를 위한 유지보수 필수
⑨ 승객 행동에 대한 규정(행동 매뉴얼, 방송, 안전경고문 부착)
⑩ 승강장 안전, 비상통화장치 사용, 운행중 열차 외부로 이동금지 등

3. UTO(완전자동 운전철도) 시스템 감시

1) 관제사에 의한 지속적 감시

- 안전성에 영향을 미치는 고장장애는 경보 되어야 하며 수많은 경보 메시지는 중대성에 따라 우선순위가 정해져야 한다.
- 열차 내와 승강장의 승객과 관제사간의 통신장치가 있어야 한다.
- 관제장치 사용불능 시 Back-up, Local 처리 등 대응 방안이 있어야 한다.

2) 운영 순회 직원의 역할

- 감시 장치 또는 직접 시설물을 확인하고 고장, 비상 시 응급 조치를 한다.
  기술적 상태확인 후 초기화 조치 및 안전장치 동작 불능 시 임시 감시한다.
- 고장열차를 수동운전하여 다음역에 승객하차 또는 승객이 다음역까지 도보로 갈 수 있도록 유도한다.
- 비상 상황 발생의 경우 승객의 구조를 우선하여 보조한다.

3) 정보통신 시스템

- UTO 시스템은 원격 또는 집중식으로 통신수단은 관계직원의 신속한 소통으로 시스템의 RAMS 등의 목표보장을 위한 중요수단이다.
- 관제사와 역사 내, 열차 내 승객, 유지보수직원간의 다자간 통신이 필수이며 비상 시 대승객 안내방송장치를 갖추어야 한다.
- 비상 시 외부 구조인력과 운영직원들간의 통신이 보장되어야 한다.
  (소방서, 경찰서, 병원, 군부대 등)

4) 운영관련 필수 규정

① 승객 구조 활동을 위한 관련 규정(예방활동, 대피 세부계획 등)

② 화재 비상대응 활동관련 규정(조직, 책임, 소화 장비, 구조 등)

③ 공공시설물의 파손에 대한 규정(보상, 처벌, 책임 등)

④ 영업운행 개시 및 종료관련 규정(고장복구 시 운영 재시작 절차)

⑤ 차량기지에서의 열차운영 관련 규정(직원안전, 보안, 접근통제 등)

⑥ 열차 입 · 출고 관련 규정(열차 기동, 재 기동, 위치 초기화 등)

⑦ 고장열차의 회송에 대한 규정(수동 또는 자동으로 구원 절차)

4. 시설물 및 승객 안전사항

① 선로(가이드웨이) 점검 규칙
책임자, 점검주기, 점검중 제한속도, 주변 공사장, 이상기후, 선로에 지장물 발견 시 처리 절차 등 명시한다.

② 지상부 정거장 사이에 허가된 출입자 이외의 인명을 보호하기 위해 방호벽 또는 펜스를 설치한다.

③ 선로 상부로 통과하는 교각 다리 안쪽에 방호망을 설치하여 지장물 선로 낙하를 방지한다.

④ 지상 위험지역의 지장물을 지속적으로 감시하는 CCTV를 설치한다.

⑤ 차상 지장물 검지장치는 접촉 시 검지하고 관제로 보고 및 열차 운행정지 후 지장물 제거 확인되면 재 운행한다.

⑥ 도로교통과 교차하는 개소에 건널목 차단기를 설치하고 건널목 차단기 동작 후 지장물을 검지할 수 있는 장치를 갖추어야 하며 검지되면 열차 정지, 관제로 경보를 통하여 보고되고 이에따라 영상을 감시한다.

⑦ 승강장에 경고선을 표기하고 열차 진입 시 소리 또는 빛으로 경고신호를 하며 장애인도 인지할 수 있어야 한다.

⑧ UTO 시스템 운영 순회(안전)요원의 조치

- 순회요원은 비상상황, 시스템고장 발생 시 육안확인 및 초기화하고 고장으로 안전기능이 미동작 시 임시 안전업무를 수행한다.(예: 승강장 임시 안전감시 업무 등)
- 고장열차를 수동운전하여 다음역에 승객하차 또는 승객이 다음역까지 도보로 갈 수 있도록 유도한다.

⑨ 승강장에 승객이 동작시킬 수 있는 비상정지스위치를 설치하여 위험상황 발생 시 열차가 진입하지 못하게 정지시킨다.

⑩ 승강장 선로에 승객의 추락방지용 펜스 또는 PSD를 승강장 연단과 차량출입문간 사이에 설치한다.

- PSD 가동도어는 열차출입문 높이 이상으로 하며 폭은 열차 출입문 보다 넓을 것(정위치 정차 오차범위)
- PSD도어는 정위치 정차하여 승객이 출입하기에 적합할 경우에만 열리고 일정 시간 지난 후 문 닫힘을 검증한다.
- PSD와 열차사이 공간을 최소화하여 사람이 끼이지 않도록 하고 공간이 커서 끼일 수 있는 경우 장애물검지장치를 설치하여 물체가 검지되면 닫히지 않도록 한다.
- 정위치 정차하지 못하여 출입문의 자동열림 불가 시 승객이 하차할 수 있도록 설비를 구축한다.(패닉바, 승강장 끝단 출입문)

⑪ 승강장 선로의 전력 차단은 사람이 선로에 추락하거나 가압전력에 접촉할 가능성이 있을 경우 자동차단 또는 관제 원격차단, 현장 수동차단(BLS장치)이 가능해야 한다.

⑫ 승강장 선로와 가이드웨이 사이에 침입검지장치를 설치하고 침입이 검지되면 관련 영역의 열차를 정지시킨다.

⑬ 승객 구조계획을 수립하고 구조를 위한 운영기관의 조직을 구성한다.

⑭ 승강장 End-Door(PED) 출입통제

- 운영보수 요원이 가이드웨이, 분기부, 선로 진입과 비상상황에서 열차에서 내린 승객이 승강장으로 대피할 때 사용되며 관계자가 아닌 경우 진출입 시 관제사의 허가를 받아야 한다.
- 승객이 비상대피 상황에서 선로 쪽에서 문을 열 수 있어야 하고 승강장 쪽에서 직원이 열기 위해 관제사의 허가가 필요하다.

⑮ 경고문 부착

- 가이드웨이, 펜스를 따라 일반인이 선로접근하는 것은 위험하다는 경고문을 부착한다.
- 승강장이 아닌 곳에서 안전요원, 관제요원의 지시 없이 승객이 열차로부터 하차하는 것에 대한 위험경고문을 부착한다.

⑯ 검수고에서 차량운행 계획을 수립하고 이동 중인 차량으로부터 직원 안전을 확보하여야 하며, 트랜스존(T/Z)에서 차량 이동책임은 직원의 책임하에 있다.

⑰ 트랜스존(Trans-Zone)과 검수고의 방호 대책

- 시스템은 UTO모드 열차의 트랜스존 진입 허가를 받아 수행하고 트랜스존 내에서 이동을 금지할 수 있어야 한다.
- 트랜스존 내의 직원출입과 운전모드 절체는 규정에 반영하고 경고문이나 안전펜스를 설치하여 직원을 보호해야 한다.

⑱ 승강장 승객 안내방송 시스템

- 관제 또는 역사 방송설비에 의해 승객에게 위험 상황을 알려줄 수 있어야 하며 육성은 녹음방송보다 우선권이 있다.
- 방송 및 통신장비는 단전되어도 보조전원을 사용하여 동작하도록하여 대피에 필요한 일정시간 유지해야 한다.

10 무인운행 경전철의 회차선 궤도선형

일반적으로 무인경전철 노선의 본선 주요 회차역의 분기부 선형은 시샤스(X선) 분기부를 이격시켜 놓은 것과 같은 승강장 진입 직전과 승강장 후단 회차개소에 긍선(편분기)으로 설계하거나 Y선과 편분기기를 승강장 전, 후단에 배치하고 있다.
한쪽 분기부에서 신호고장 발생의 경우 대체 수단으로 비상분기기를 이용하여 운행하거나 또는 역간, 특정구간 간 단선 셔틀 운행을 할 수 있다.
특히, 본선 운행 중 여러 가지 요인으로 열차 지연이 발생하면 비상분기 진로로 착발 운행으로 운행지연시간을 만회(회복) 할 수 있다.

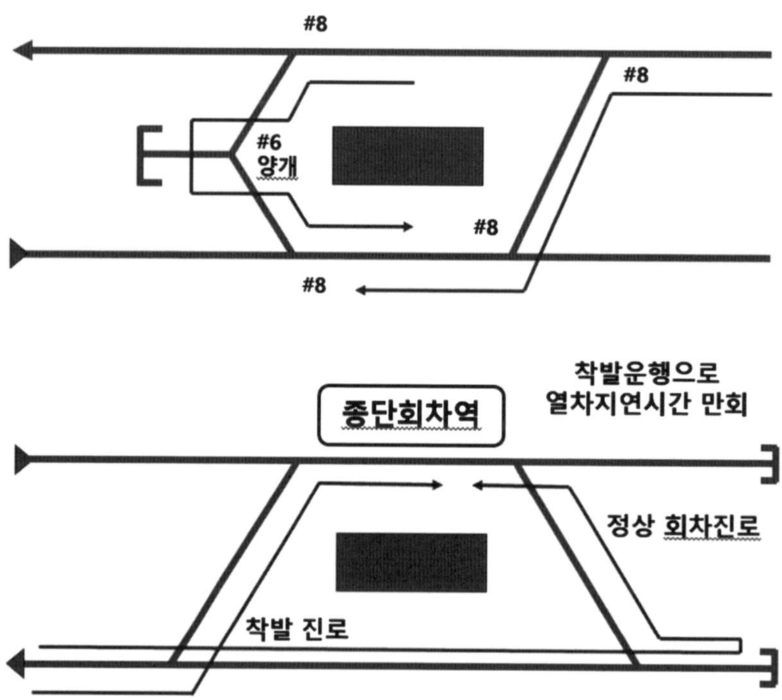

〈그림1-7〉 경전철 종단 회차역 선로형태(예시)

종단역 회차 시간은 선로전환기 전환 후 진로개통 및 열차 출발 후 포켓트랙(Pocket-Track) 인상 시간과 운전대 자동 방향 전환시간, 승강장으로 열차 인출시간을 합하여 산정되는데 2~3량 1편성으로 조성된 경전철의 경우 기본계획의 최소운전시격 3분~90초까지 운행에 적합하게 고밀도 운행을 달성할 수 있다.

건설 초기단계에 기본운행계획 및 기본설계 수행 시 운전계획 전문가와 궤도, 철도신호 전문가들의 주요 회차 선형에 대한 충분한 검토가 매우 중요하다.

전문가들의 협의가 미흡하거나 건설비 절감에 집중하다가 돌이킬 수 없는 철도분기기 선형 설계의 실수를 초래하여 열차운행 계획에 차질이 발생한 사례가 국내에서 종종 있었다.(당초 계획된 최종년도의 최소운전시격 실현 불가)

터널 굴착 공사를 다시 운행 중에 재개하기는 현실적인 제약이 많기 때문이다.

뿐만 아니라 민원에 대비하여 추가로 차량기지 인근에 간이역을 신설하면서 기지구내의 원활한 입환을 위한 인상선을 생략하거나 본선 주요 회차를 차량기지내의 유치선에서 회차를 할 수 밖에 없는 경우도 있어 열차 운행의 안전성과 기지구내의 차량의 원활한 입환 효율을 감소시키게 된다.

따라서 기본계획을 구상하는 단계에서 최소운전 시격 달성을 위한 관련 전문가들의 철저한 의견반영이 되어야 한다. 주요 회차역 분기기 선형 검토는 운전시격에 매우 중요한 사항으로 볼 수 있다.

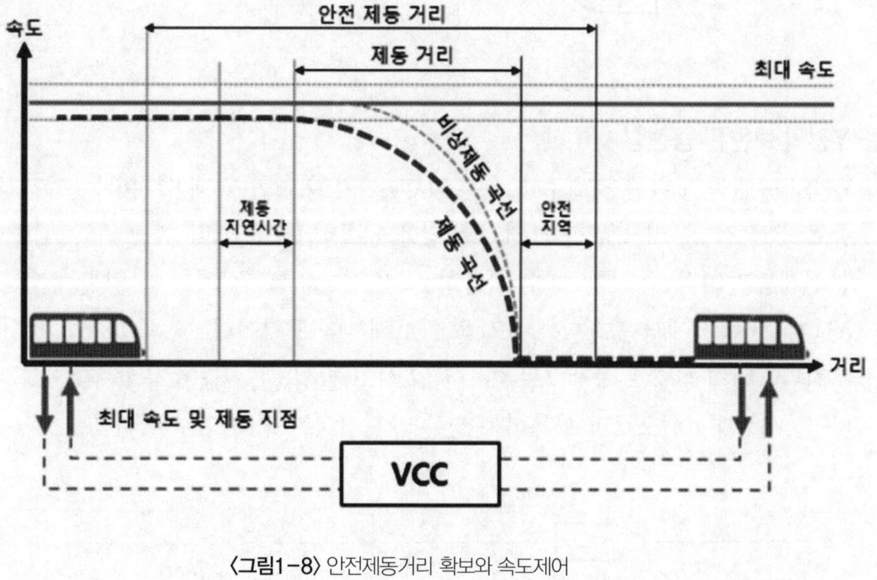

〈그림1-8〉 안전제동거리 확보와 속도제어

1. 분기부 선형별 열차 회차의 일반적인 효율성과 특성

① Y선형

종단역이나 중간 회차선은 R/H시간대 노선 중간에서 열차 투입으로 운전시격 보완용으로 활용하는 선형이나 현재는 효율성 저하로 선호하지 않는다.

최소운전시격 설계는 2분 30초로 되어 있으나 모든 열차가 이 종단역에서 회차 한다면 설계시간의 실현은 불가능하다.(교호 회차 운전은 가능)

모든 열차가 회차 할 경우에는 5분 운전시격은 실현할 수 있다.

Y선 종단부에 열차 안전제동거리를 감안한 안전버퍼 구간이 필요하다.

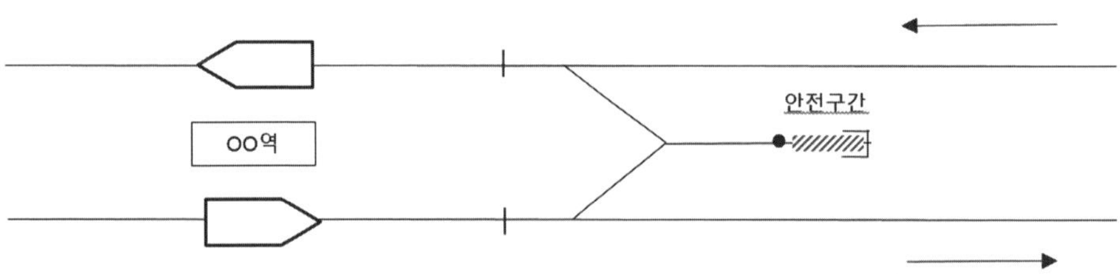

② Y선의 보완된 중선형

Y선의 단점을 보완한 것으로 보수분소(사무소)가 위치한 역에 설치하는 것이 적절하다. 영업 종료 후 점검, 수리를 위한 모터카 운행을 원활히 할 수 있다.

안전제동거리와 유치할 특수차(검측차, 궤도연마차 등) 길이를 반영한 안전 구간은 ATP/ATO운전 방식에서 필요한 유효장을 확보해야할 구간이다.

운전취급원의 실수로 중선으로 이선진입 사고 발생 시 수습이 용이하다.

다만, 비상대피선으로만 사용하는 경우 안전거리는 생략할 수 있다.

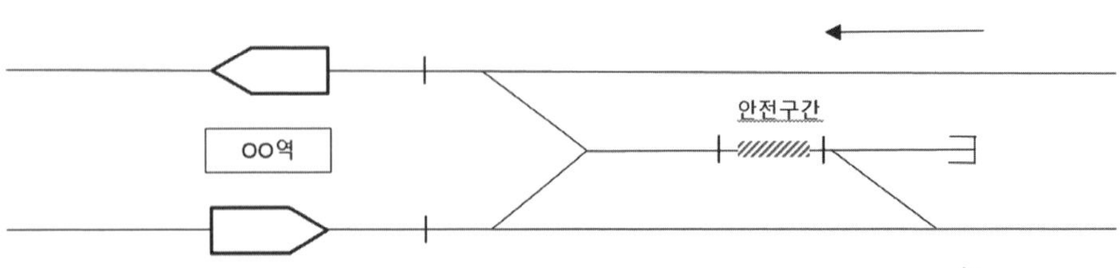

③ Y선의 중선 양개형

주박, 고장차 대피선 또는 구간운전에서 회차용 입환선으로 사용하기 위한 선로 형태이다. 최근의 새로운 ATP 디지털 방식에서는 과주방호장치가 있어 안전구간(Safety Buffer) 생략이 가능하게 되었다.

주박과 고장대피선의 경우 안전구간을 생략할 수 있으나 중간 회차의 입환용으로 사용할 경우 안전구간이 있어야 ATP 자동운전이 가능하다.

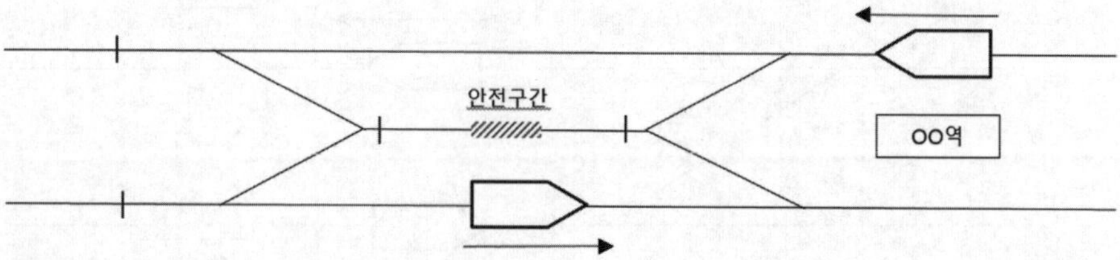

④ 측선형

고장열차 대피용으로 부설되는 선로배선으로 토목 시공은 용이하나 운영효율은 좋지 않다. 열차를 주박시킬 경우 정거장까지 반대 방향으로 운행을 해야 한다. 대향 열차에 대한 안전한 방호를 연동 처리에서 철저히 해야만 한다.

다만, 본선 대향열차 방호조건을 필히 확보해야 하므로 운용 효율이 저하된다.

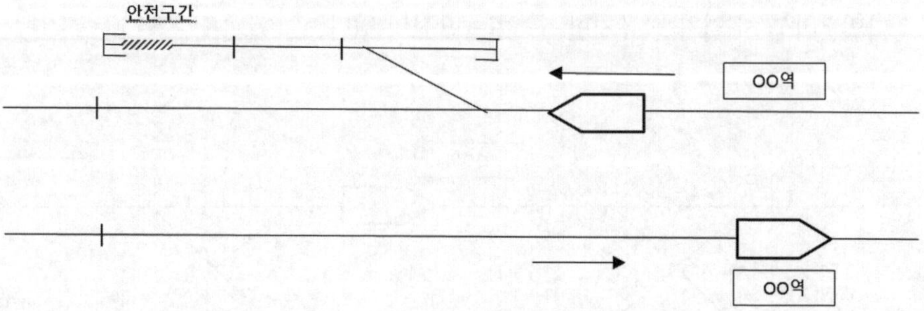

⑤ **시서스(Scissor)형**

노선 중간이나 종단역에도 적용하는 경우가 있으나 종단역에 사용하는 경우 최소운전시격이 중형전철에서는 선호하지 않는 추세이다.

열차의 인상, 인출시간 및 기관사 이동시간을 포함하여 8분 이상이 되고 선로 전환기나 신호제어장치 고장 발생 시 쌍동 선로전환기의 쇄정조건에 의해 열차 운행의 대체 할 진로의 수단이 없어 활용성이 낮다.

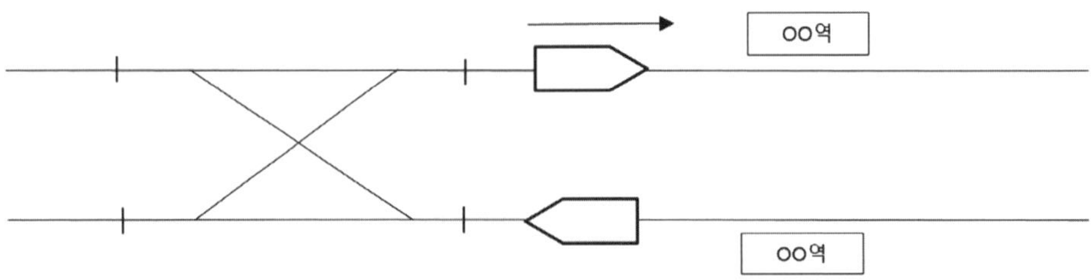

⑥ **이중 시서스형**

종단역에 부설하는 선형으로 최소운전시격 2분대를 실현하기 위한 배선이다.

이 배선은 두 가지 기능으로 사용되는데 첫째 종단역의 회차 기능과 둘째로 차량기지 입출고 선으로 병용하는 기능으로 활용될 수 있다.

종단역 회차 기능으로만 사용될 경우 2분 시격이 가능하고 중요 착안사항은 주 회차 분기기 앞에 안전제동거리 만큼의 안전거리를 필히 확보하여야 한다.

다만, 비상 시 열차를 유치할 수 없는 단점이 있다.

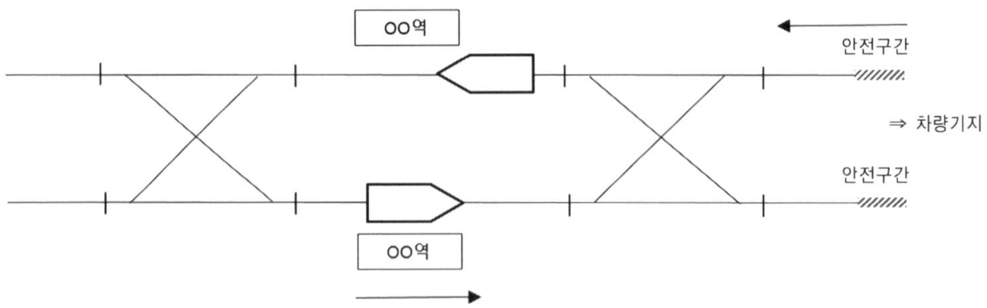

11 TPS분석/미래형 자율주행 열차/Fall-Back 시스템

1. TPS(열차 주행성능 시뮬레이션) 분석

TPS(Train Performance Simulation) 분석은 역과 역사이의 각종 운전조건별 효율적인 주행패턴(Run-Curve)과 운행시간, 소비전력량 등을 산출하기 위해 해당 노선에 적용되는 전동차의 성능, 선로조건, 신호 파라미터 등의 자료를 입력하여 열차 성능 모의시험을 하는 프로그램을 말한다.(건설 초기 계획단계 활용)
TPS 소프트웨어 프로그램에 입력하는 각종 데이터는 아래와 같다.

① 차량 관련 데이터

차량 편성 : 열차 길이, 동력축수, 열차중량, 단면적 등
차량 특성 : 주행저항, 관성중량, 회생제동, 효율, 역률 등
차량 성능 : 제동력, 견인력, 가/감속도, 최고속도 등
사용 동력 : 전력(직류, 교류, 전압)

② 선로 관련 데이터

선로 특성 : 구배(Grade), 곡선반경(R), 거리, 분기기, 제한속도
정거장 : 역명, Km-Post, 승객 승하차(하중)

③ 신호 관련 데이터

폐색 구간 거리
구간별 지령 속도
고정 속도 등

④ 운전 관련 데이터

운전 모드(ALL-OUT〈전속 운전〉, ATO운전, 타행운전)
역별 정차 시간(Dwell-Time)

구분	운행 거리 (km)	ALL-OUT(초)			ATO 운전(초)			운전시간 사정			속도(Km/h)	
		계	운전	정차	계	운전	정차	계	운전	정차	평균	표정
역-역												

2. 미래형 무선통신(첨단 ICT) 기반 자율주행 열차

① 자율주행 열차의 기본 방향

열차 중심 제어 패러다임의 변화를 통한 시스템 단순화, 신뢰도 향상, 제어 성능 향상(현재 지상 중심 ⇒ 미래 차상 중심)

② 자율주행 제어 범위 및 대상

관제 및 전체 철도 노선 차량 등이 대상이며, 정상운영(기지출발 - 영업운전 - 기지주박) 뿐만 아니라 성능 저하 및 비상운영 상황에서도 안전한 기능 확보

③ 제어 환경 및 목표 안전성

수백 미터 ~ 수 킬로미터의 제동거리로서 시계 운전 불가능, 센싱 기술 적용 및 장애물 회피운전 불가능

※ 안전성 : SIL-4 (사고 발생 시 대규모 인명사고 발생)

열차 자율주행 시스템(ATCS) : 열차 간 합의(Commitment)

[패러다임 변화 : 단순화, 고 신뢰성, 제어성능 향상]

1) 지상 제어 시스템의 중계 없이 열차 간 직접적인 합의에 기반 제어
- 열차 중심 관제로 운행지연 감소(경합 예측 및 해소 기술)

2) 열차 스스로 간격제어와 분기기 제어 수행(선, 후행 열차 간 합의)
- 운전시격 단축(Beyond Moving Block : Train to Train Control)

3) 주행 중 열차 간 분리와 결합 수행(Virtual Coupler) : 열차 간 합의
- 열차 중심 분리, 결합으로 시간/오류 감소

4) 이례적인 상황 발생 시 전방의 위험 상황을 스스로 인지하고 대응
- 안전성 향상(노선의 모든 열차 간 합의)

5) 글로벌 철도시장 선점을 위한 국제 기술표준 및 인증체계 구축
※ Commitment(합의) : 양방향 상호 무선데이타 처리의 의미

3. UTO/RF-CBTC 의 폴백(FALL-BACK) 시스템

무선통신기반 열차제어시스템(RF-CBTC)은 무선통신을 기본으로 하므로 안전한 고가용도의 성능보장을 위한 통신망 커버리지 중복과 통신망의 이중계 구축에도 불구하고 통신 불통상태가 발생할 수 있어 이를 대체하여 열차운행의 중단을 최소화시키기 위해 FALL-BACK시스템을 채택하기도 한다.

- 최소한의 궤도회로 적용 방안(기존선 개량시 기존설비 일부사용)
- 차축검지기(Axle-counter) 적용(승강장 장내/출발, 분기부 등)
  분기부에서 진로개통표시기와 철사쇄정 확보 보완 목적
  CBTC통신 불통시 본선에서 분기부간 폐색제어 목적
- P-ATP(점 제어 열차방호) 방식 시스템 적용(북경 15호선)
  폴백시스템의 적용 선택은 건설주체 기관의 운영계획 단계에서 열차운행 신뢰성 측면과 운영의 안정성 등을 고려하여 결정해야 한다.

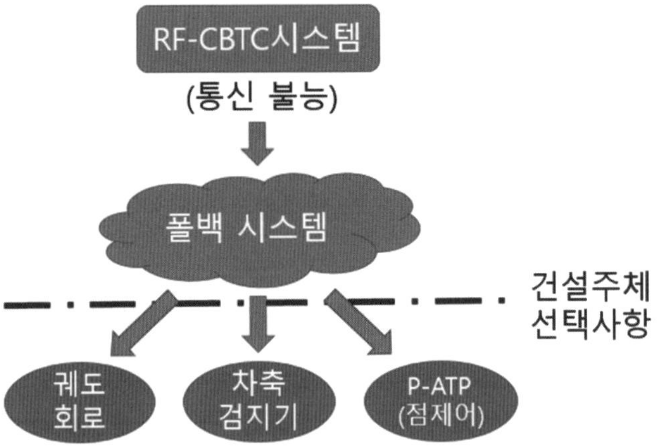

12 UTO차량 기동과 대기모드/기지 트랜스존 운영

1. UTO차량 기동(WAKE-UP) 과 대기(SLEEP)모드 제어

완전자동운전(UTO) 시스템에서 차량운행은 시스템에 의한 자동화를 의미하므로 기관사가 열차를 기동하는 역할을 시스템으로 자동처리해야 한다.

차량기지 유치선이나 본선 주박역에 대기하는 열차는 영업운행 개시 전에 관제사에 의한 열차 기동절차를 갖게 된다. 해당 편성번호를 지정하고 기동(Wake-Up) 코멘드를 전송하면 차량은 차량 기동전원을 투입하고 자체적으로 정적진단테스트를 진행하고 진단종료 결과를 관제에 전송하고 진로개통에 따라 출발하게 된다.

영업종료 후에는 스케줄에 따라 차량기지 유치선이나 트랜스존 또는 본선 주박역으로 이동하여 관제사의 코멘드에 따라 대기모드 (Sleep-Mode)로 전환하는 절차를 거치게 된다.

대기모드로 전환하면 그 결과를 관제시스템에 피드백하고 차상신호장치의 전력소모 최소화를 위해 단일계만 배터리 전원으로 차량위치정보를 지속적으로 지상과 관제시스템에 전송하게 된다.

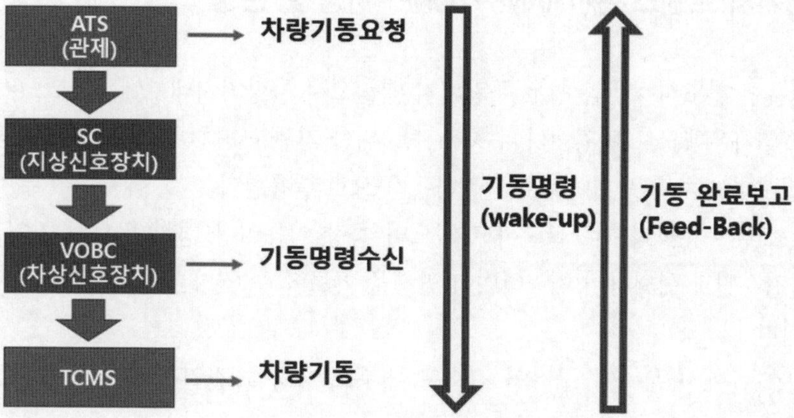

2. RF-CBTC시스템의 영업 종료 후 "전동차 위치 파악"방법

CBTC 시스템이 설치된 노선에는 궤도회로장치가 없어 영업 종료 후에 차량의 위치를 검지할 수 없다.

따라서 유치선이나 본선 주박선에 유치되고 차량 전원을 OFF 하더라도 차량의 신호장치 즉 VOBC 장치 이중계설비 중에서 단일계만 Battery 전원으로 가동시켜 지상신호장치(SC, VCC)에 위치 정보를 제공하므로 차량의 위치를 지속적으로 파악할 수 있다.

지상신호장치를 경유한 차량 위치정보는 종합관제 시스템으로 전송되어 관제사도 차량 위치를 실시간으로 알 수 있다.

다만, Battery 전원 용량을 감안하여 최소 사용전력으로 사용하며 저전압 현상이 발생되면 차량의 VOBC 모듈에서 자체적으로 검지하고 지상신호시스템과 차량 및 관제사에게 저전압 경보를 표출하여 유지보수자에 의하여 안전하게 조치하여 정상기능을 확보하여야 한다.

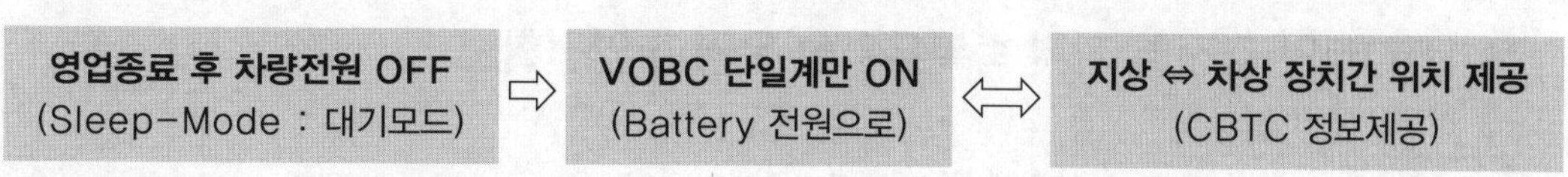

3. 차량기지 트랜스 존(TRANS-ZONE) 지정 및 운영

무인운행 철도시스템의 경우 차량기지 입출고시 차량기지내부에 트랜스존(Trans-Zone)을 지정하고 열차운행모드 변경이나 수동운전을 위한 기관사 승하차(Crew-Exchange)구간 또는 검수고로 정비대상 차량을 견인차로 연결하는 곳으로 활용한다.

트랜스존은 통상적으로 급전하고 있으며 차량 이동이나 정비 필요시 기지관제사의 코멘드나 차량검수원과 협의하여 처리하여야 안전을 확보할 수 있다. 트랜스 존은 안전펜스로 보호되어야 한다.

트랜스 존에서 무가압 구간인 검수고 내부로 차량을 견인하는 원격제어/수동으로 운전하는 견인차를 사용하여 정비 위치로 이동시킨다.

트랜스 존은 임시 유치선으로 활용할 수 있으며 필요시 급전 상태로 차량 내부로 진입하도록 점검대를 설치하면 운영, 유지보수 점검 시 매우 유용하다.

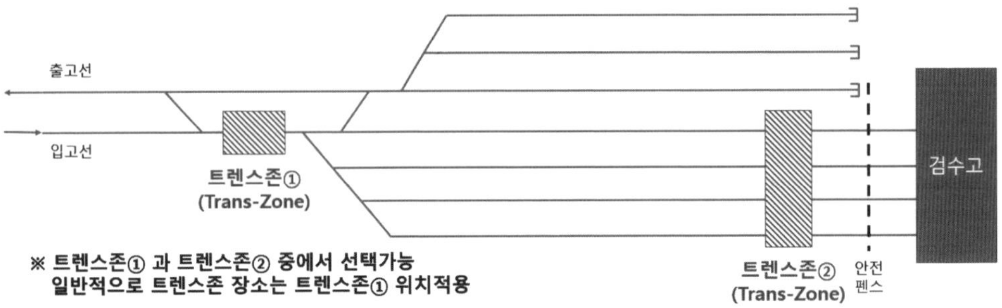

13 기지 중복유치선과 안전(Close-Up/Auto-Coupling)

1. UTO무인 경전철 기지 중복유치선 운영과 안전확보

무인운전경전철의 차량기지는 건설비용 효율성과 차량편성의 소규모(2~4량)의 특성을 위하여 중복유치선을 설치운영하게 된다. 따라서 유치차량에 근접하여 운행 정차하는 기능을 필요로 하며 안전하게 안전제동거리와 여유거리를 반영한 지점까지 접근하는 시스템이 설치되어야 한다.

1) 클로즈업(Close-Up) 기능

무인운전에서 차량기지 유치선의 다른열차 또는 궤도종단 지점으로부터 가까운 안전거리를 유지하면서 서행 운행하여 접근할 때 사용한다.

이 방식은 유치선에 열차간의 간격을 조밀하게 주박하거나, 궤도종단 구역에 정차할때 사용한다.

AUTO-Coupling을 시행 전에 열차는 다른 열차와 근접거리에 있고 평탄한 궤도구간의 클로즈업 지역으로 지정영역에서 제한적으로 운영할 수 있다.

클로즈업 기능이 선택되면 열차를 제어하는 차상신호장치와 지상신호장치간의 연속된 정보를 통하여 기능이 구현된다.

지상장치는 열차에게 제한된 속도로 선행열차에 가까운 안전거리를 유지하며 진행하도록 한다. 선행열차에 대해 클로즈업 기능을 할 때 선행열차는 정차중이어야 하며 클로즈업 거리는 약 3m 이다.

클로즈업 기능은 관제시스템(ATS)에 의해 설정되며 지상신호장치로 요청메시지를 전송한다.(선행열차와 후속열차를 지정)

클로즈업 운영 중에 열차 속도는 15km/h 제한속도 보다 느린 속도로 이동하며 지상장치와 관제로 운영상태와 위치가 갱신된다.

2) 지상 신호장치에 의해 Close-Up기능이 거부되는 원인

① 선행열차가 수동모드 또는 통신 불능

② 열차간 이격거리가 클로즈업 운영 전에 3m 이하(예시 : 1 포지션이하 : 포지션 6.25m)

③ 선행열차가 클로즈업 지정영역에 있지 않을 경우

④ 두 열차의 선로변 진입방향이 다를 경우

⑤ 클로즈업 요청한 열차가 승강장에 정차나 대기 중

⑥ 후속열차가 클로즈업(Close-Up) 명령을 받은 후 4분 안에 Target-Point 지점에 미도착한 경우

⑦ 후속열차가 Target-Point 지점에 도착했으나 이동명령개시 4분 동안에 새로운 진로가 구성되지 않은 경우

⑧ 후속열차가 Target-Point 지점에 1.4m 미주/과주 시

3) 밀집 주박/유치선(유효장에 따라서 2~5편성 유치)

정위치정차용 지상자(Po)나 정위치정차근접판(Proximity Plate)을 정차개소에 설치하여 유치차량 상호간의 추돌을 방지한다.

저속 근접 이동속도에 따른 안전제동거리와 최소 여유거리를 감안하여 차량유치 정차지점을 설정하여야 한다.
유치 차량간의 안전거리 확보 기준은 제작사에 따라 다를 수 있다.

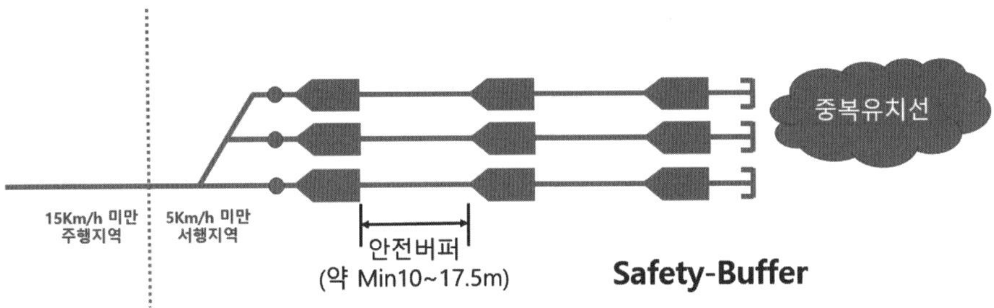

4) UTO 운전의 AUTO-COUPLING 기능

무인운전 경전철의 경우 기관사 없이 본선에서 구배나 안전조건이 충족될 경우 관제사의 Auto-Coupling 접근 코멘드로 고장차에 서행 접근(일단 정지후 1차 15km/h 서행후 2차 5km/h정도로 서행)하여 짧은 시간에 구원차량과 피구원차량 연결기간(Coupler)의 자동으로 결합시키는 기능을 말한다.

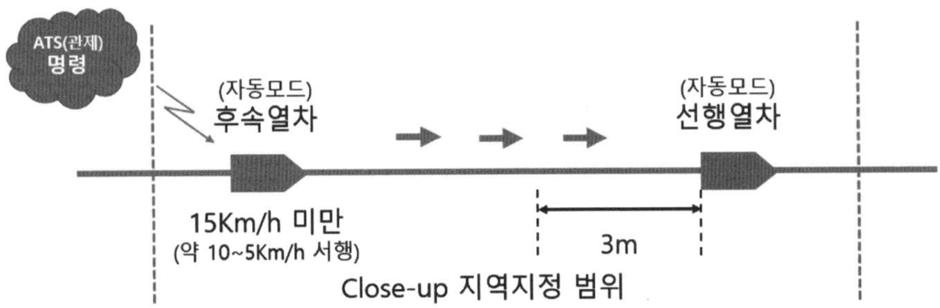

2. 무인운전 차량의 탈선/지장물 검지장치

무인운전 열차의 경우 운행 중 탈선이나 차량부품이나 주변 시설물 탈락 등이 발생될 수 있으나 열차에 기관사가 없으므로 시스템적으로 상태를 자동 검지하는 안전장치가 부착되어 있다.

물리적으로 열차 전두부 아래쪽에 탈선 지장물검지바에 의한 리미트스위치 동작에 의한 탈선이나 지장물 검지를 하게 된다.

이상이 검지되면 TCMS장치와 제동장치에 인터페이스 되어 비상제동(Emergency Brake)이 작동된다.

14 UTO무인운전 관제탁의 차량제어(TCMS 제어콘솔) 콘솔

UTO 운전을 기본으로 운영하는 시스템은 설계제작 단계에서 기관사의 역할을 대신하여 열차상태의 모니터링과 응급조치를 관제사가 조치할 수 있도록 TCMS제어(차량제어)콘솔을 관제실 운영탁에 설치 운영하고 있다.

TCMS콘솔은 본선에 운행중인 차량들의 운행상태와 고장정보를 편성별, 기능별로 구분하여 표출하고 차량의 일부 주요장치를 원격제어 할 수 있다.

차량의 편성별 상태정보와 고장정보는 TCMS로부터 VOBC 및 CBTC 무선통신망을 경유하여 종합관제실로 전송되거나 별도의 LTE-R 또는 TRS 신속한 무선통신망을 통하여 실시간으로 전송된다.

1. 차량 상태정보 표출 기능

차량의 상태 및 고장정보를 TCMS로부터 주기적으로 전송받아 편성별로 화면에 표시하고 차량 목록의 정보와 전송받은 시간이 기록된다. 관제사는 차량 편성목록에서 감시대상 차량을 선택하여 해당 차량의 동작상태와 일부 주요장치의 제어 및 고장상태를 모니터링 할 수 있다.

1) TCMS콘솔에 표출되는 주요정보는 다음과 같다.

① 운행속도, 차내 온도, 전압전류, 추진/제동율, 공기압 등
② 차량주요기기 상태(SIV, HVAC, MCB 등)
③ 차량내부 전등, 경적, 출입문 상태
④ 비상도어 및 화재경보
⑤ 자가진단(Self-Test) 결과
⑥ TCMS 동작 상태
⑦ 열차 전조등, 윈도우와이퍼 제어 및 상태
⑧ 집전슈/팬토그래프 상태 등

2. UTO 차량 원격제어 기능

TCMS콘솔을 통해 관제사가 제어할 수 있는 것은 다음과 같다.
원격제어 명령은 열차 운행 중 적용되는 것과 정차 중일 때만 적용되는 것으로 구분된다.

1) **열차운행 중 적용**(실내온도, 경적, 전조등 제어)

2) **정차 중에만 적용**(인버터, SIV 등의 Reset/Cutout)

① 열차출입문 원격제어
② 비상 콕크 제어
③ 제동 명령
④ SIV, ECU, MCB Reset/Cutout 명령
⑤ HVAC(냉난방 공조기) 설정 제어
⑥ 전조등, 윈도우와이퍼 제어
⑦ 경적(Horn) 제어
⑧ 원격 Self-Test 명령 등

3. 차량고장 에러코드(Error-Code) 표시 및 전송 기능

TCMS콘솔은 차량 주요장치 상태 및 고장 상세정보를 실시간으로 목록 형태로 표출하고 경보음을 발생하여 관제사에게 알린다. 고장 에러코드는 중고장, 경고장 등 그룹으로 코드별 분류하여 자동 등록되고 차량 운행과 차량정비 유지보수에 활용된다.

에러코드의 정보량은 무선통신망(TRS/LTE-R)의 처리속도와 용량에 따라 다르다.

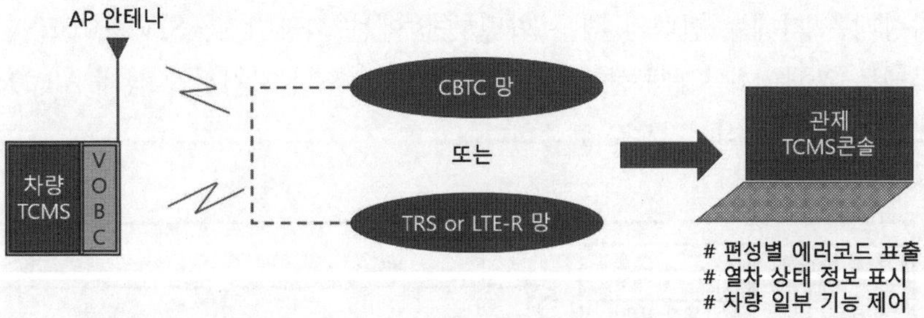

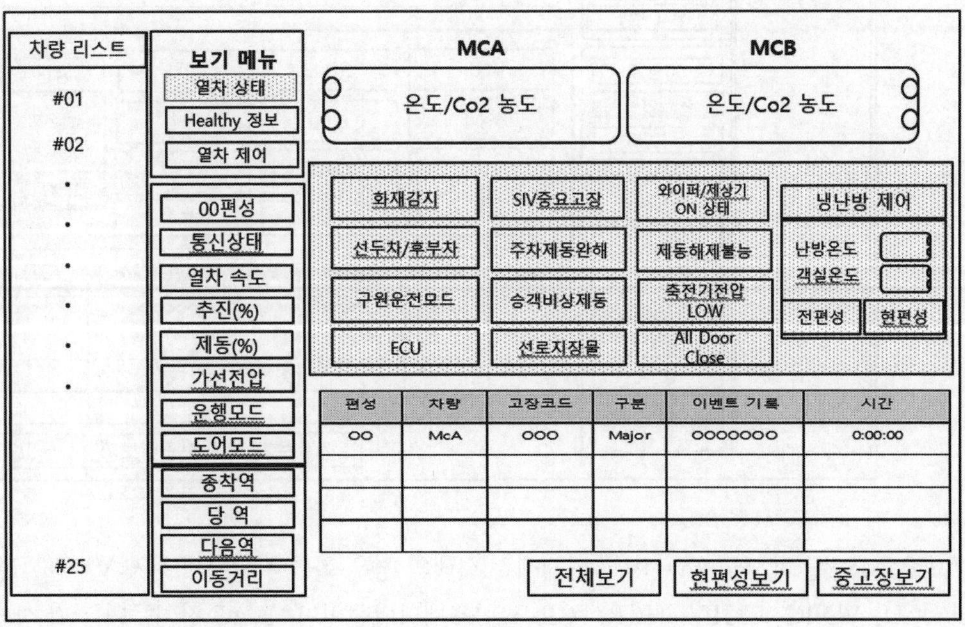

TCMS콘솔의 화면 구성은 메뉴방식으로 선정할 수 있으며 3가지의 주요 보기 메뉴로 아래와 같이 구성되어 있다.

① 열차 상태 보기 메뉴

② Healthy 정보 보기 메뉴
③ 열차 제어 보기 메뉴

기본적으로 상단에 열차 실내의 온도와 이산화탄소 농도가 표출되고 좌측에는 편성별 리스트가 표출되어 관제사가 선택하여 업무에 활용한다.
보기메뉴 하단에는 선택된 편성의 통신상태, 열차속도, 추진/제동율이 퍼센트로 가선전압, 운행/도어 모드 등이 표출되어 UTO 관제 업무를 향상시킨다.
열차상태 보기메뉴 선택의 경우 화면 중앙에는 화재감지, SIV중요고장, 선두차/후부차, 주차제동 완해, 제동해제 불능, 구원운전 모드, 축전지저전압 상태 All Door Close Bypass 등의 상태 정보를 실시간으로 표출한다.

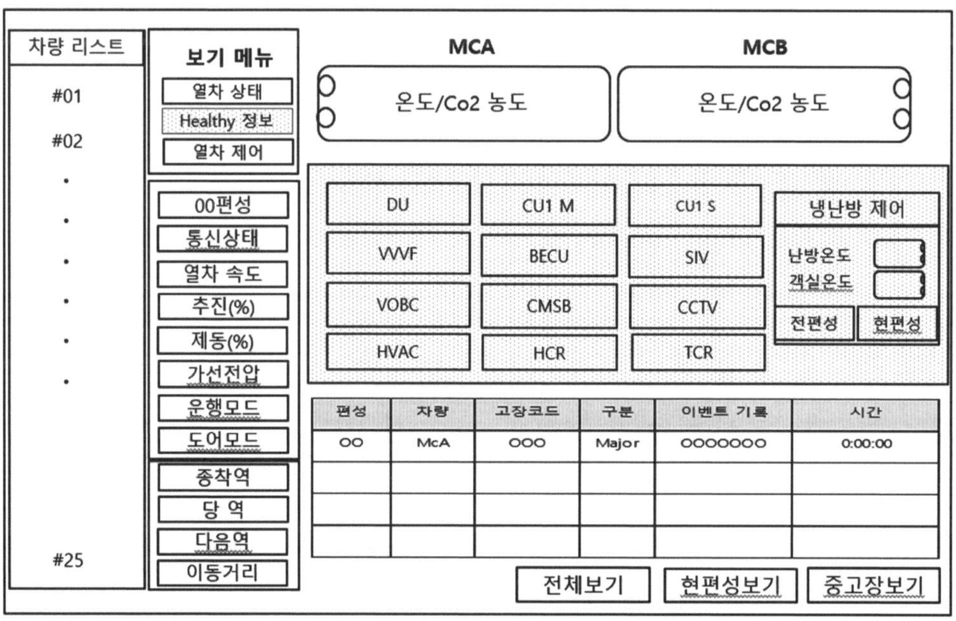

TCMS콘솔의 “Healthy 정보” 보기메뉴 선택의 경우 화면은 열차의 현재 VVVF, ECU, SIV, CU, VOBC, CCTV, HCR/TCR 및 공조냉난방설비인 HVAC 장치들의 건강 상태 즉, 정상 동작 정보를 표출하게 된다.
화면 우측 중앙의 냉난방 제어창에서 냉난방 온도를 개별편성 또는 전 편성을 관제실에서 관제사가 원격으로 조정할 수 있어 기후 변화나 승객 혼잡도에 따라 능동적으로 승객들의 요구에 신속 대응하는 장점이 있다.

차량의 각종 장치의 고장코드는 중요도 우선순위에 따라 구분하여 목록화되어 있어 관제사의 무인운전(UTO) 차량의 상태를 신속히 파악하여 대응하며 차량기지 정비실에 설치된 TCMS콘솔을 확인할 수 있어 차량유지보수 직원들의 고장 원인 판단과 조치 시간을 감소시킨다.
화면 하단의 현편성보기/전체보기/중고장보기를 선택하는 기능이 있다.

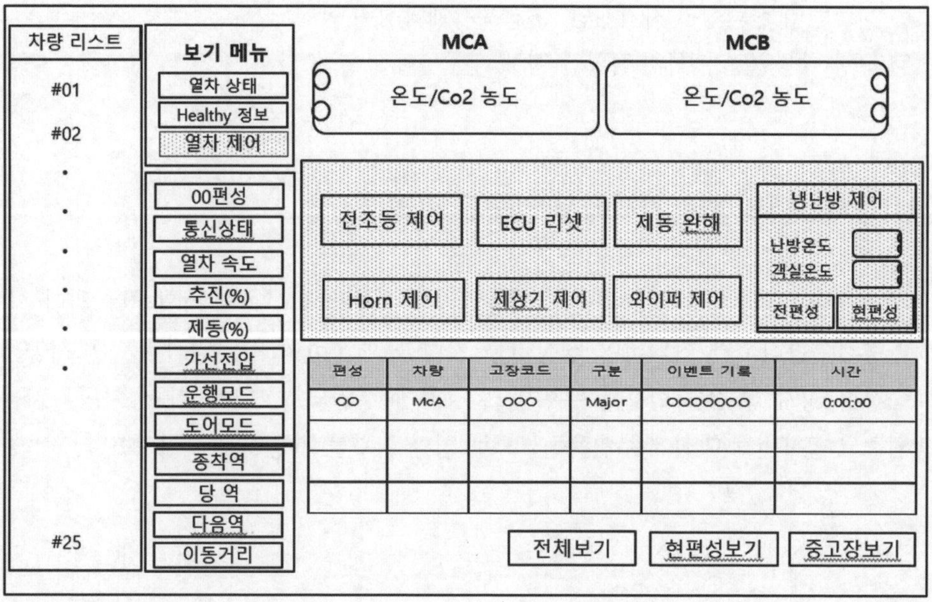

이 TCMS콘솔 화면은 "열차제어" 보기메뉴를 선택하였을 경우의 표출 화면이다.
제어항목은 전동차의 무인운전을 위한 일부 주요장치의 이중계를 Reset 하거나 유인운전에서 기관사가 수동으로 조치하는 장치들을 원격으로 관제사에 의해 동작시키는 설비인 윈도우와이퍼, 제상기, 경적 (Horn), 제동 완해, 차상신호장치인 VOBC장치의 리셋조치 등에 활용되는 기능을 하게 된다.

TCMS콘솔 화면의 주요 제어기능은 아래와 같다.
① 윈도우와이퍼
② 제상기, 경적(Horn)
③ ECU 장치 리셋
④ 제동 완해
⑤ 차상신호장치인 VOBC장치 등

4. 무인운전(UTO) 시스템의 유지보수 효율성

1) 차량 검수정보의 실시간 활용으로 차량정비 효율 향상
2) 열차운행 편성 승객 수요에 따라 탄력적 운영 고도화
3) 기관사 인력효율성에 의한 운영관리비 절감
4) 시스템의 신뢰성과 자가진단 기능으로 예방정비 향상
5) 고장 발생원인 분석의 정확한 정보 제공

5. UTO시스템의 차량기지에서 입출고 관리

차량기지에서의 입출고 관리는 기지운영관제사 주관으로 운행 스케줄에 의거 시행하며 기지 차량검수관리소와 협의하여 정상가동 차량을 배정하여 시발역까지 진로개통으로 운행 및 승강장 정차 후 열차번호를 부여받고 영업에 투입되고 입고선에서 차량기지 내부 운행은 입출고 열차번호 대신에 무인운전모드로 입환 업무를 편성번호로 처리한다.

15 정위치 정차를 위한 Auto-Jog/Inching제어

1. UTO시스템의 정위치정차 미주/과주 발생시 자동처리

1) 재출발/전진접근/후진접근/인칭/백인칭 제어

재출발은 정위치 정차지점까지 20m이상 미주시 관제사 재출발 명령으로 정차지점까지 이동하는 기능이며, 정위치 정차지점까지 20m~1,5m내에 정차할 경우 전진접근 기능을 수행한다.

후진접근은 정위치 정차지점을 1.5m~10m미만 초과하여 정차할 경우 후진을 하는 기능이다.

인칭제어와 백인칭 제어기능은 정위치 정차지점±1.5m 범위내 정차할 경우 전진 또는 후진을 자동으로 하게 된다.

Auto-Jog기능과 유사한 것으로 제작사에 따라 인칭제어 거리범위와 명칭이 다를 뿐이다.

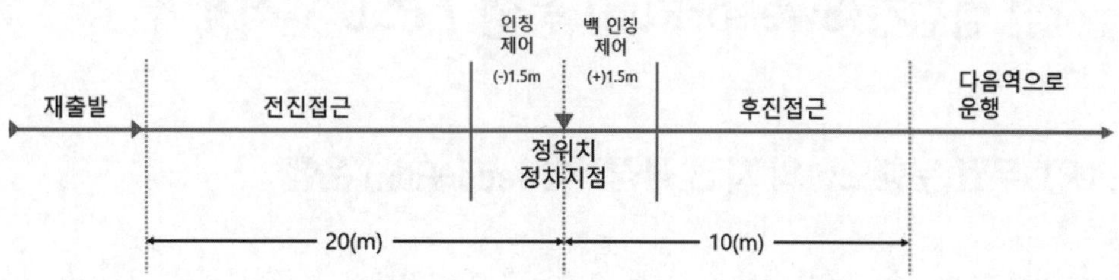

2) UTO AUTO-JOG(정위치 정차 재정렬) 기능

완전자동 무인운전시스템에는 승강장안전문(PSD)이 설치되어 열차가 미주 또는 과주가 발생하면 승객의 안전한 하차를 위해 열차출입문과 PSD간 재정렬이 필요하다. 특히 UTO시스템에는 기관사가 탑승하지 않으므로 정위치 정차 허용범위내로 열차를 진입토록 시스템적으로 노치를 잠시 가속하여 정위치 정차하도록 한다.

① Auto-Jog 범위

열차가 과주 또는 미주로 ±66cm ~±312.5cm 범위에서 정위치 정차를 실패(정위치 정차판 미검지)하였을 경우 Auto-Jog를 수행하게 된다. 열차제어시스템은 관제사에게 정위치 정차 실패를 보고 (알람)하고 자동으로 처리한다.

재정렬은 최대 3차까지 자동으로 시행되며 1차 또는 2차 처리에서 정위치 정차에 성공하면 출입문을 개방하고 절차는 종료된다.

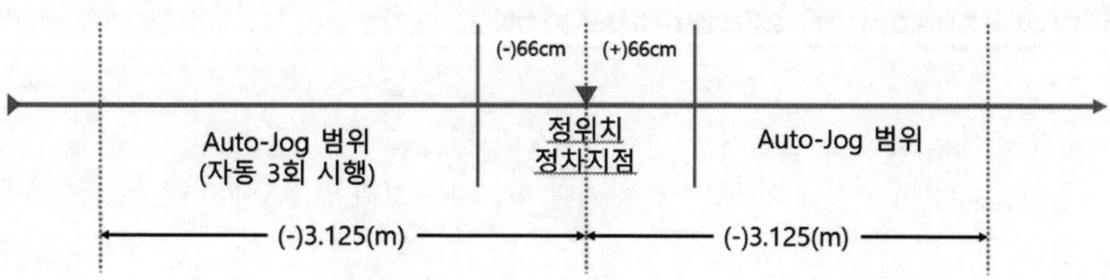

16 사전 점검차(Sweep-Run) 운행 / PSD 원격제어

1. UTO무인 운행노선의 사전 점검차(Sweep-Run) 운행

무인운전 노선의 영업 개시 직전 첫 열차는 심야시간대에 각종 시설물 점검 및 작업완료 상태에서 운행하는데 공사 잔재물이나 기타 지장물이 있을 수 있으므로 사전점검차(Sweep-Run Car)를 시발역과 종착역에서 동시에 유인 수동운전모드 상태 및 45km/h 이하 속도로 선로지 장물 유무를 전도주시하면서 운행한 후에 영업 첫 열차를 출발시켜야 한다.
따라서 유인운전 노선보다 전차선전원 급전시간이 해당노선 주행 소요 시간만큼 앞당겨지게 된다.

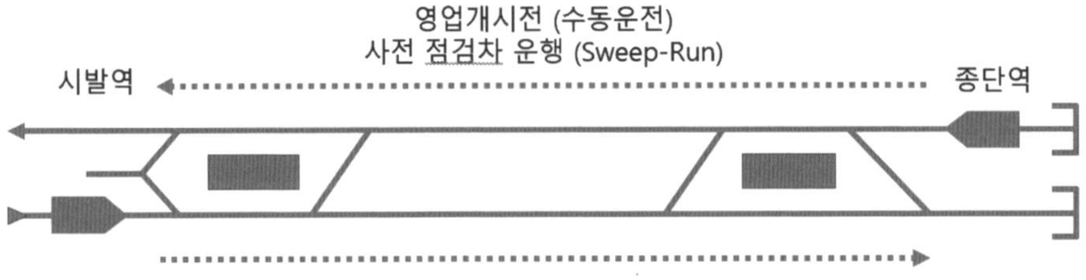

2. 무인경전철의 PSD 원격제어기능 효과

무인운전 노선의 승강장에서 승객안전사고 방지를 위한 필수적인 안전설비이며 승강장 침입방지(PIDS) 장치로 대체하기도 하지만 최근에는 보다 안전한 PSD(승강장안전문)를 설치하고 있다.
PSD의 고장 발생의 경우 승강장 승객 안전 확보 차원에서 진입하는 열차를 정지시키고 고장원인이 해소되거나 관제사 또는 역사 고객안전원의 승강장 안전 통제하에 PSD-Override 기능으로 열차의 지연 운행을 최소화시킨다.
PSD유지보수 직원 출동이 지연될 경우 관제사의 감시 하에 PSD 원격 제어를 시행함으로써 안전과 정시성을 확보한다.

제1장

UTO 운전

철도신호기술사 기출문제

01 무인운전 시스템에서 차상ATP의 동적 프로파일(Profile) 생성 및 프로파일의 종류 5가지에 대하여 설명하시오.

02 관제시스템의 자동열차감시장치(ATS)에서 차상신호장치를 이용하여 무인으로 열차를 기동(Awake) 및 중지(Sleep) 시키는 기능을 설명하시오.

03 국제규격 IEC 62267 AUGT 안전요구사항인 자동화등급을 설명하시오.

04 도시철도의 열차운전방식에 따라 적용하는 열차제어시스템의 자동화등급(GoA : Grade of Automation)에 대하여 설명하시오.

05 무인운행 신설노선 건설시 신호시스템 사용개시를 위한 시험 종류와 내용, 방법, 검증에 대하여 설명하시오.

06 지하구간에서 무인운전 열차를 운영할 때 승강장 또는 차량 내에서 화재발생 시 안전한 승객 대피 및 배연 등을 위한 열차제어시스템 구축방안을 설명하시오.

07 철도무인운전시스템의 설계 시 고려하여야 할 사항을 일반적인 측면과 신호 측면으로 구분하여 설명하시오.

08 경전철의 무인운전 시행요건, 시행원칙 및 무인운전 불가 시 조치방법에 대하여 설명하시오.

09 "IEC 62267 : AUGT 안전요구사항"에 규정되어 있는 무인 운전 DTO에 대하여 비교하여 설명하고 UTO시스템에서 갖추어야 할 안전요구조건 및 설비에 대하여 설명하시오.

제2장

CBTC(통신기반 열차제어) System

1 CBTC 시스템의 발전/세계표준화 개발/시범구축 및 운영

2 RF-CBTC 시스템에 적용된 통신/열차제어 관련 기술

① FHSS/DSSS
② CDMA/TDMA/FDMA 기술
③ DES-KEY(암호화 표준키)
④ CSMA/CD & CSMA/CA
⑤ HDLC 준거
⑥ MAC 주소
⑦ UDP/IP & TCP/IP
⑧ IEEE 802.11a,b,g,n,y 무선LAN 표준
⑨ FPGA
⑩ 무선장치의 VSWR(전압 정재파비)
⑪ PN-CODE
⑫ HAND-OVER
⑬ RF-CBTC 통신품질 요구조건(QoS)
⑭ RF-CBTC 통신보안 암호화 처리
⑮ 열차 무인자동운전(UTO)의 가, 감속 정밀제어
⑯ Moving-Block(이동 폐색)의 정량적 효율성(추정치)
⑰ RF-CBTC 무선통신 Roaming 처리(예시)
⑱ RF-CBTC 무선통신 수신 감도(RSSI) 저하 원인
⑲ RF-CBTC 시스템의 AP안테나 설치 유형(예시)
⑳ 데이터 전송품질의 문제점(Packet-Loss Ratio)
㉑ OSI-7(개방형 시스템접속 표준)계층과 시스템 적용
㉒ RF-CBTC 시스템의 TIME-OUT 현상과 원인
㉓ ISM-Band 대역의 RF-CBTC 통신 간섭
㉔ RF-CBTC 시스템의 연동검사 방법 및 절차
㉕ GSM-R(유럽 철도전용 무선통신) 무선통신과 요구사항
㉖ ETCS(유럽통합 열차제어시스템) Level-2의 QoS 기능 요구사항
㉗ RF-CBTC 열차제어 COMMAND/REPORT 메시지 형태(예시)
㉘ ATO 운전의 정위치 정차 메카니즘/정차율 저해 요인/보완기술
㉙ 열차 주행거리 측정의 오차와 보정(ATO 운전)
㉚ VOBC 장치의 수신 정보의 적합성(Valid-Data) 진단
㉛ 입력된 정보의 입력 무결성(Integrity) 진단
㉜ 지상 신호장치에서 차상(VOBC)에 비상정지(EB) 지시조건

1 CBTC 시스템의 발전/세계표준화 개발/시범구축 및 운영

1. 무선통신 기반 열차제어시스템[RF-CBTC]

1) CBTC 시스템의 발전

최근의 열차제어 시스템의 발전으로 안전 및 자동 신호설비에서의 기술적인 발전은 기 설치된 장비를 수정하지 않고도 성능을 향상시킬 수 있으므로 경제적인 측면에서 효과적이라는 것이 TVM 300/430, KVB, 지하철의 VAL과 같은 시스템들에서 이미 널리 입증되었다. 이런 시스템을 사용하는 측면에서

*** 두 가지의 적용형태를 구분하면,**

- 광역철도와 교통 밀도가 가변적이고 국제표준에 따라 상호운용이 가능한 일반철도망
- 상대적으로 특수한 철도차량 및 교통 고밀도의 도시철도망

  이러한 두 가지 적용에 대해, 차상과 지상간의 정보전송에 무선을 사용한다는 특수성으로 볼 수 있는데, 이 기술은 현재까지 사용된 비콘(beacon) 혹은 유도루프에 의한 전송 시스템을 무선에 의한 전송시스템으로 대체하고 있다.

*** 무선을 이용한 전송시스템의 장점은**

- 궤도회로, 비콘, 송신기, 케이블 같은 선로상에 영구적으로 설치된 현장설비나 자동운전 시스템을 위한 지원시스템의 감소
- 정보 전송율 및 정보전송량의 증가
- 운영과 유지보수의 필요에 대한 적응성(adaptability) 향상
- 표준화된 무선 시스템 및 인터페이스의 사용

*** 무선통신 시스템의 주요 고려사항**

- 철도와 지하 환경에서의 무선 링크의 가용성(availability)
- 전파의 통신두절에 대한 대응 방안
- 복수의 무선 송신기간 안정된 절체(hand-over)
- 무선 시스템의 발전과 기술의 안정성(stability)

시스템의 안전(safety)은 코딩된 정보전송과 안전 소프트웨어를 기반으로 한다는 것이 중요하다. 무선 링크는 높은 가용성을 가질 필요가 있으며 전파간섭과 침해로부터 보호될 필요가 있다.

2) CBTC장치의 기술과 세계의 표준화

열차제어 시스템의 사용자와 공급자는 주로 유럽과 북아메리카에 집중되어 있다. 그러므로 나머지 국가의 사용자들은 주요한 세계적 공급자들로부터 시스템을 구입해야 한다.

① 일반철도

유럽에서는 GSM-R이 ERTMS 시스템을 위한 지상-차상간 무선전송방식이라고 말할 수 있는데, 유럽연합(EU)에서 채택된 상호운영성 정책의 기술사양(TSI : Technical Specification for Interoperability)이 그것을 보증한다.

유럽의 철도 교통수단 발전을 위해 적용된 GSM-R에 의한 지상-차상간 무선전송표준 체계가 있다.

미국에서는 노후화된 신호장치 성능을 개선하기 위해서 CBTC 시스템이 검토되고 있다. 이것은 특히 화물운송과 여행자가 포화상태인 철도가 함께 있는 동부에서 더욱 그렇다. 유럽의 GSM 무선통신이 북아메리카에서는 많이 사용되지 않기 때문에 무선 시스템에 관해서는 GSM-R이 적용될 가능성은 거의 없어 보이며, TRS 시스템이 유력해 보인다.

② 도시철도

유럽의 도시철도에서 ERTMS/ETCS로 교체하는데 GSM-R에 현재 할당된 900 MHZ 대역이 제한되고 대도시 도시철도 네트워크의 요구를 충족시킬 수 없을 것으로 보인다. 더욱이 철도 운영자는 차상 CCTV 또는 승객 정보와 같은 정보의 전달을 가능하게 하는 차상-지상간 고속의 전송율을 요구하고 있다.

언론에서는 뉴욕지하철(NYCT) 시스템이 새 표준이 될 것이라고 예측했었다. 뉴욕지하철이 세계 지하철의 가장 큰 네트워크로서 실제표준으로 채택되고 모든 대륙으로의 확산에 결정적인 역할을 하게 될 것이라는 것이다.

3) CBTC 시스템 개발

① Siemen 사(구 Matra)

도시철도 자동화분야에 관계하면서 SIEMEN사는 뉴욕 Canarsie line에 무선을 이용한 차상-지상간 전송 Meteor 기술을 적용했다. 무선시스템과 관련된 타당성(feasibility)과 회복시험(resilience)이 파리와 뉴욕시 지하철의 현장에서 수행되었다.

무선 시스템은 직접시퀀스 방식(DSSS)을 갖는 2.4GHz 스펙트럼 확산 방식을 채택하였으며, 비트 에러율이 약 10n(n=-8)이고 터널환경에서 성능이 매우 좋았다.

② General Electric(GE Harris Railway 와 Harmon의 연합)

이 시스템은 기존의 신호설비와 중첩하여 설치되고 철도의 성능을 개선시킬 수 있는 시스템으로서, GE사는 샌프란시스코의 BART에서 AATC(Advanced Automatic Train Control)라는 이름의 무선에 의한 열차제어 시스템을 개발했다. 무선시스템은 DSSS 스펙트럼 확산 방식의 2.45 GHz 주파수 대역에서 동작한다. GE사의 독창성은 선로를 따라 무선 기지국(Base Station)의 설치로 역간에 케이블을 포설하지 않고도 역에서 역으로 무선으로 열차 제어정보를 전송하게 할 수 있다.

이 기술은 휴즈 항공사의 무선측거(Radio-Ranging) 위치 파악 시스템으로 군사기술이었으나 철도 무선통신 기반 열차제어 시스템(RF-CBTC)의 열차실시간 위치 검지에 적용되어 일본신호(Nippon-Signal) 사에서 상용화하여 북경 15호선 인도 뉴델리 8호선, 한국의 김포도시철도에 안정적으로 사용되고 있다.

③ Alcatel 사

Alcatel은 이미 구축되어 있는 선로의 데이터 전송률을 높일 수 있는 SELTRAC 시스템을 개발했다. 전송 시스템은 인덕티브 루프나 무선에 의해서 이루어진다. 무선시스템은 IEEE 802.11 표준에 의해서 개발되고, 직접시퀀스(DSSS) 방식 대신 주파수 호핑(FHSS) 기술을 사용한다.

SELTRAC의 인덕티브 루프는 벤쿠버, 쿠알라룸푸르, 앙카라의 지하철과 런던의 도크랜드 라인, 뉴욕 JFK 공항의 라인에 설치되어 있다. 무선 버전은 라스베가스의 모노레일과 샌프란시스코의 MUNI에 사용 중이다. 홍콩은 무선을 옵션으로 선택했지만 기술적 위험을 피하기 위해 결국 Inductive 루프 방식으로 결정했다.

④ Alstom 사

Alstom은 뉴욕 Canarsie line을 위해 Alcatel과 Siemens와 함께 작업해 왔다. 무선 시스템은 직접시퀀스(DSSS) 기술을 가진 2.4GHz 스펙트럼 확산 방식에 따라 만들어졌다.

⑤ Bombardier 사

Bombardier가 개발한 열차제어 시스템은 직접시퀀스(DSSS) 무선 링크를 가진 2.4GHz 스펙트럼 확산 방식을 사용하고 있다. 이 시스템은 터널 안에서는 누설 케이블을, 터널 바깥에서는 안테나를 사용한다. 필라델피아 지하철과 샌프란시스코 공항에 설치되었다. 한국의 용인경전철에 CITYFLO-650 시스템을 사용하고 있다.

4) CBTC장치 시범구축, 운영현황

① 뉴욕 지하철 : Canarsie Line

뉴욕 지하철(NYCT)의 Canarsie Line(37km)은 시범구간으로 유지되어 왔고, 설비가 장착된 열차와 장착되지 않은 열차의 병행운전을 허용한다.

시스템의 선정과 설치는 다음의 3단계에 따라 실행되었다.

- 1단계(1998~1999) : Siemens, Alstom, Alcatel이 개발한 3개 제작사의 다른 RF-CBTC장치 개발, 시험 및 평가
- 2단계(1999~2003) : 기존 신호시스템 개량 방안, 상호운영성

지멘스(Siemens)사는 기존시스템 개량을 위해 US&S사와 협력

⇩

Alstom, Alcatel사의 개발품과의 상호운영성(Interoperability)시험

- 3단계(2004~) : 세 공급사의 시스템의 검증, 그들 사이의 상호운영성(Interoperability)의 시험, 사양의 완결 및 표준화.

② 미국 San Francisco의 BART노선

GE Harmon사는 AATC(Advanced Automatic Train Control) 시스템으로 샌프란시스코의 BART노선의 본선과 4km의 시험선에 장비를 갖추어 집중적인 최종 시험을 수행하였고, 향후에 9km의 모든 선로에 설치했다.

③ 미국 San Francisco의 (MUNI) 와 Las-Vegas 모노레일

Alcatel사의 SELTRAC 시스템(고정폐색방식)이 MUNI에서 구축되었다. 이 시스템은 선로용량을 두 배가 되게 하였으며, 무선에 의한 열차제어 시스템으로는 최초였다. 그러나 데이터 손실(Loss data) 문제가 여전히 존재하였다.

Alcatel사의 SELTRAC 시스템(고정폐색방식)이 2004년에 라스베가스의 모노레일에서 상업운행을 개시했다. 이 시스템은 샌프란시스코의 MUNI 노선에 설치된 것과 동일한 시스템이다.

④ 미국 Philadelphia 철도와 샌프란시스코 공항철도

Bombardier의 열차제어 시스템이 필라델피아의 지하철 중앙 구간을 구성하는 4km 길이의 터널에 설치했다. 이 시스템은 시간당 30편성의 열차운행이 가능하며 2003년에 운행을 개시했다.

샌프란시스코 공항의 지하철에는 필라델피아에 설치된 것과 같은 시스템이 Bombardier 사에 의해 설치되었다.

⑤ 파리 RATP 운영사의 13호선

RATP사는 Meteor가 성공한 후 13호선의 자동화를 준비하고 있다. 2001년에 3개의 시범구간에 각기 다른 3개의 업체(Matra, CSEE , Alcatel)에서 시범구축을 한 후 Alcatel이 주계약자로 선정(2002년 2월)되어 개량작업을 하였으며, 이 선로에는 무선 전송을 기반으로 한 열차제어 시스템(RF-CBTC)이 장착되었다.

⑥ 싱가포르 지하철의 Marina line

Alstom이 싱가포르 Marina 라인의 열차제어 시스템 공급을 담당했다. 시스템은 전체적으로 자동화로 2004년에 운행개시 되었다. 선정된 차상-지상간 전송 시스템은 광도파관(waveguide)을 사용하는 IAGO 시스템이다. 기본적인 원리는 선로변을 따라서 설치된 작은 구멍들이 있는 광도파관(waveguide)을 사용하는 것이다. IAGO가 사용한 주파수는 스펙트럼 확산 방식 기술을 가진 2.45 GHz이다.

이 시스템은 RATP에 사용된 유도방식의 자동 운전 지원시스템과 안테나 또는 누설 동축 케이블에 의한 무선 링크 방식의 중간이다. 이 시스템의 장점은 큰 대역폭에 있으나 선로 유지보수의 불편을 유발하는 단점이 있다.

IAGO는 누설 동축 케이블(leaky coaxial cable)에 비해 훨씬 낮은 전파 손실을 갖는다.(93dB/km에서 13dB/km) 따라서, 중계기의 설치 수를 줄일 수 있으며, IAGO의 주된 장점은 광도파관의 작은 구멍의 수를 카운트함으로써 완전한 위치검지를 가능하게 한다.

5) 무선통신기술 발전과 CBTC

유럽은 ERTMS와 GSM-R의 개발 상용화와 함께 전문적 기술의 범위를 주도하고 있으며 가까운 미래에는 한국의 선도적 이동통신 LTE 기술이 CBTC장치와 결합하여 세계적으로 확산될 것이다.

도시철도에서는 세계 어디에서든지 2.45GHz 주파수 대역(ISM밴드)의 무허가 사용으로 모든 곳에 이용 가능하다.

*** 스펙트럼 확산**(Spread Spectrum) **방식 기술의 장점은**

- 높은 데이터 전송률이 가능한 큰 전송 대역
- 전파간섭과 해킹(Hacking)에 큰 면역성
- 터널과 같은 주위환경과 강한 반사파에의 뛰어난 적응성
- 현저히 낮은 Error-Rate을 달성할 수 있는 신호처리의 혁신
- 2.4GHz 대역 장비의 다량보급으로 인한 낮은 비용

그러나, 뉴욕 지하철과 같은 상용화 구축사업에서도 볼 수 있듯이 현재까지 차상-지상간 정보전송 기술은 열차제어 시스템의 발전에 있어서 영향을 크게 주지 않는다는 것을 보여준다.

무선 전송 장비는 시스템에 완전히 통합되는 것이 아니라 단지 주변장치로서 시스템과 인터페이스 할 뿐이며, 이러한 모듈성(modularity)은 무선 기술에서의 진보로 인해 더 효과적인 제품을 연구개발 할 때 손쉽게 새로운 제품으로 교체할 수 있게 될 것이다.

2 RF-CBTC 시스템에 적용된 통신/열차제어 관련 기술

① FHSS/DSSS
② CDMA/TDMA/FDMA 기술
③ DES-KEY(암호화 표준키)
④ CSMA/CD & CSMA/CA
⑤ HDLC 준거
⑥ MAC 주소
⑦ UDP/IP & TCP/IP
⑧ IEEE 802.11a,b,g,n,y 무선LAN 표준
⑨ FPGA
⑩ 무선장치의 VSWR(전압 정재파비)
⑪ PN-CODE
⑫ HAND-OVER
⑬ RF-CBTC 통신품질 요구조건(QoS)
⑭ RF-CBTC 통신보안 암호화 처리
⑮ 열차 무인자동운전(UTO)의 가, 감속 정밀제어
⑯ Moving-Block(이동 폐색)의 정량적 효율성(추정치)
⑰ RF-CBTC 무선통신 Roaming 처리(예시)
⑱ RF-CBTC 무선통신 수신 감도(RSSI) 저하 원인
⑲ RF-CBTC 시스템의 AP안테나 설치 유형(예시)
⑳ 데이터 전송품질의 문제점(Packet-Loss Ratio)
㉑ OSI-7(개방형 시스템접속 표준)계층과 시스템 적용
㉒ RF-CBTC 시스템의 TIME-OUT 현상과 원인
㉓ ISM-Band 대역의 RF-CBTC 통신 간섭
㉔ RF-CBTC 시스템의 연동검사 방법 및 절차
㉕ GSM-R(유럽 철도전용 무선통신) 무선통신과 요구사항
㉖ ETCS(유럽통합 열차제어시스템) Level-2의 QoS 기능 요구사항
㉗ RF-CBTC 열차제어 COMMAND/REPORT 메시지 형태(예시)
㉘ ATO 운전의 정위치 정차 메카니즘/정차율 저해 요인/보완기술
㉙ 열차 주행거리 측정의 오차와 보정(ATO 운전)
㉚ VOBC 장치의 수신 정보의 적합성(Valid-Data) 진단
㉛ 입력된 정보의 입력 무결성(Integrity) 진단
㉜ 지상 신호장치에서 차상(VOBC)에 비상정지(EB) 지시조건

1) 대역확산(Spread Spectrum)[1] 기술방식은 FHSS와 DSSS방식이 있다.

FHSS(Frequency Hopping Spread Spectrum)

주파수 도약 확산 스펙트럼 방식 : 탈레스사(구 알카텔사)

- 무작위로 주파수 채널을 도약하며 데이터를 송, 수신하는 방식

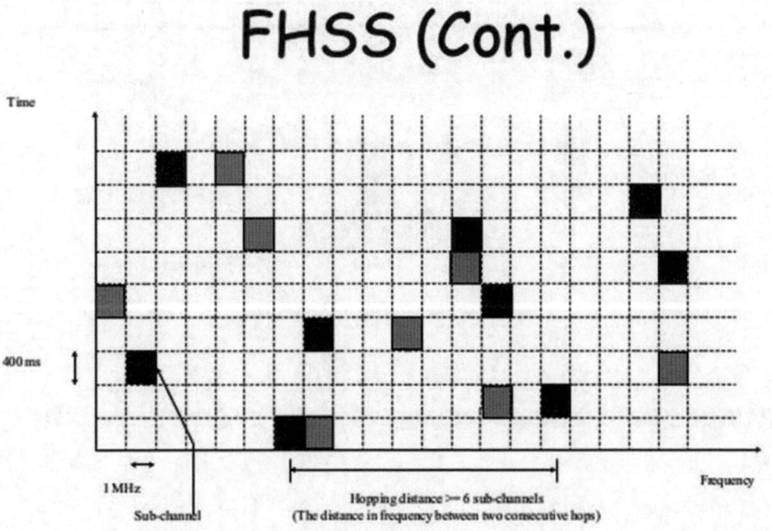

〈그림2-2〉 주파수 도약 확산 스펙트럼 방식

1) 데이터가 필요한 대역 이상의 대역을 차지하도록 하는 전송방법

DSSS (Direct Sequence Spread Spectrum, 직접확산 스펙트럼 변조방식)

- 원래의 신호에 주파수가 높은 디지털 신호(확산코드)를 곱(XOR)하여 확산(Spreading) 시키는 대역확산 변조(지멘스, 봄바디, 일본신호, 알스톰)

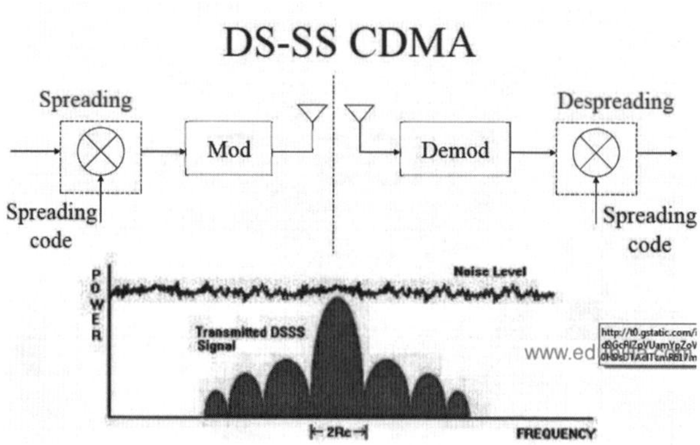

〈그림2-3〉 직접 확산 스펙트럼 방식

- SPARCS : 무선장치(WRS, SRS, VRS)의 통신은 DSSS변조방식을 사용

〈표2-1〉 직접 확산 스펙트럼 방식의 장 · 단점

DSSS 방식 장점	단 점
- 우수한 잡음 방지 성능 **- 보안성이 우수(PN code* 사용)**	**- 수신기의 구조가 복잡** **- Near-far* 문제**

* PN code : pseudo random noise code, 의사잡음부호

* Near-far문제 : 무선 채널 환경에서 원격지 이동체의 약한 신호 전계가 근거리 이동체로부터 나오는 강한 신호 전계에 의해서 큰 간섭을 받는 현상

2) CDMA, TDMA, FDMA 기술

- CDMA(Code Division Multiple Access, 코드분할 다중 접속)
  - 모든 대역의 주파수를 모든 시간동안 모든 사용자가 한꺼번에 사용한다. PN-CODE 난수를 할당해 주고 데이터는 해당 난수로 암호화 한다.
    Interference-Immunity(간섭면역) 와 Confidelity(비밀성) 강화 목적

- TDMA(Time Division Multiple Access, 시분할 다중 접속)
  - 할당 Time-Slot이 점유할 수 있는 대역폭을 미리 할당하되, 사용자가 늘어나면 한 전송선로의 데이터전송시간을 일정 시간폭으로 나누어 사용. 데이터 전송의 Regularity(정확성)을 위해서 적용한다.

- FDMA (Frequency Division Multiple Access, 주파수분할 다중 접속)
  - 주파수 대역을 분할해서 나누어 주는 방식이다.

- 쌍방향 통신을 동시에 제공하기 위해서는 기지국에서 이동국 방향의 순방향(하향)채널과 이동국에서 기지국방향의 역방향(상향)채널을 동시에 제공하는데 여기에는 FDD[2]와 TDD[3]의 두가지 이중화 방식이 있다. FDMA는 주로 FDD를 사용하고 TDMA나 CDMA는 FDD와 TDD 중 하나를 사용한다.

- 보안성 강화를 위해 CDMA/TDMA/FDMA를 혼합 다중접속방식을 사용한다.

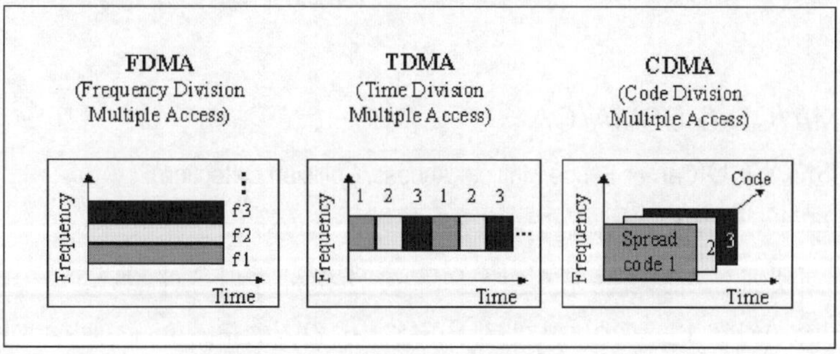

〈그림2-4〉 FDMA, TDMA, CDMA

3) DES-KEY (암호화 표준키)

무인운전 RF-CBTC 시스템은 열차제어정보의 보안성(Security)이 필수적이며 특히 ISM-BAND(2.4GHz) 주파수를 사용하는 제어 정보의 보안성을 확보하여 해킹이나 외부침입자들로부터 보호하기 위해 암호화(Encryption)와 복호화알고리즘 과정을 통하여 수행된다.

CBTC 통신보안성 강화를 위해 VPN장비를 채택하고 IEEE 802.11b에서 표준화한 Web-Key 기반 IP Security를 주기적으로 변환한다.

---

2) FDD : 주파수 분할 이중화(Frequency division duplexing)

3) TDD : 시간 분할 이중화(Time division duplexing)

- DES(Data Encryption Standard, 데이터 암호화 표준)
  - 블록 암호의 일종으로 56비트의 키를 사용한다.
  - 56비트는 현재 컴퓨터 환경에 비해 너무 짧고, 백도어가 포함되어 있어 쉽게 해독할 수 있다는 취약성이 있다.
  - DES를 세 번 반복해서 사용하는 Triple-DES는 DES에 비해 안전하다.
  - 암호화단계는 OSI-7계층의 6계층(L6, Presentation)에 해당한다.

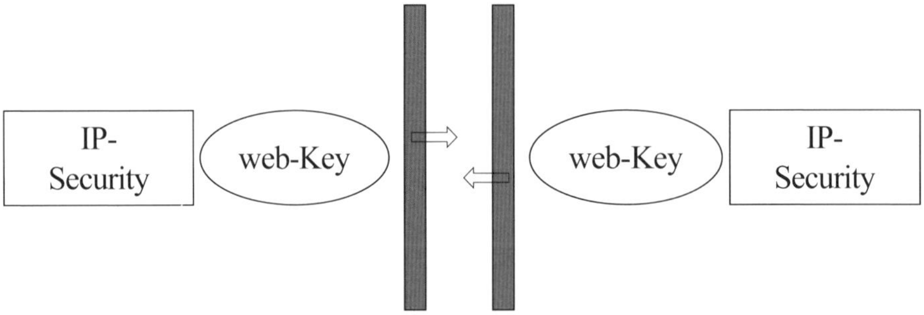

방화벽(Fire Wall)

4) CSMA/CD & CSMA/CA

- CSMA/CD(Carrier Sense Multiple Access/Collision Detection)
  충돌감지에 의한 반송파 검지 다중처리
- 이더넷에서 사용하는 통신방식으로 통신 순서는 다음과 같다.
  ① 송신자는 다른쪽이 현재 사용 중인지 감지(Carrier Sense)하여 사용 중이면 대기하고 Idle상태이면 데이터를 전송한다.
  ② 두 통신 주체가 동시에 비어 있는 줄 알고 데이터를 전송하면 Collision Detection을 해서 Collision이 일어났으면 Random한 시간 동안 기다렸다가 재전송한다.

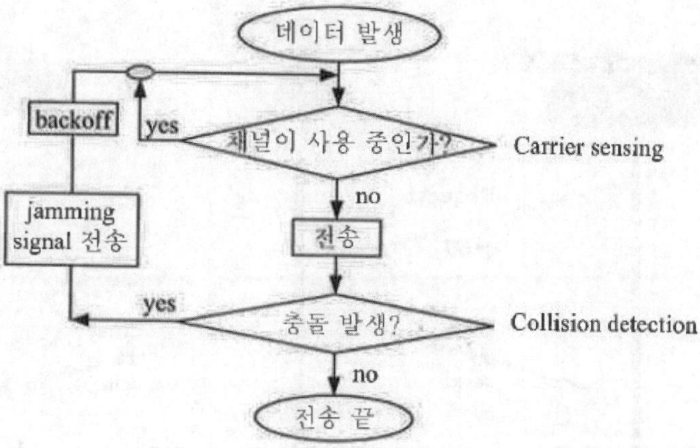

〈그림2-5〉 CSMA/CD 통신순서

- CSMA/CA(Carrier Sense Multiple Access/Collision Avoidance)
  충돌회피에 의한 반송파 검지 다중처리
- CSMA/CA는 무선네트워크에서 사용하는 방식으로 통신순서는 다음과 같다.
  ① 송신측은 수신측에 RTS(Request to Send)를 보낸다.
  ② 수신측은 RTS에 응답으로 CTS(Clear to Send)를 송신측에 보낸다.
  (이때 수신측은 모든 송신측에 CTS를 보낸다.)
  ③ 송신측은 데이터를 송신한다.
  ④ 수신측은 데이터를 잘 받았다고 ACK(Acknowledge)을 보낸다.

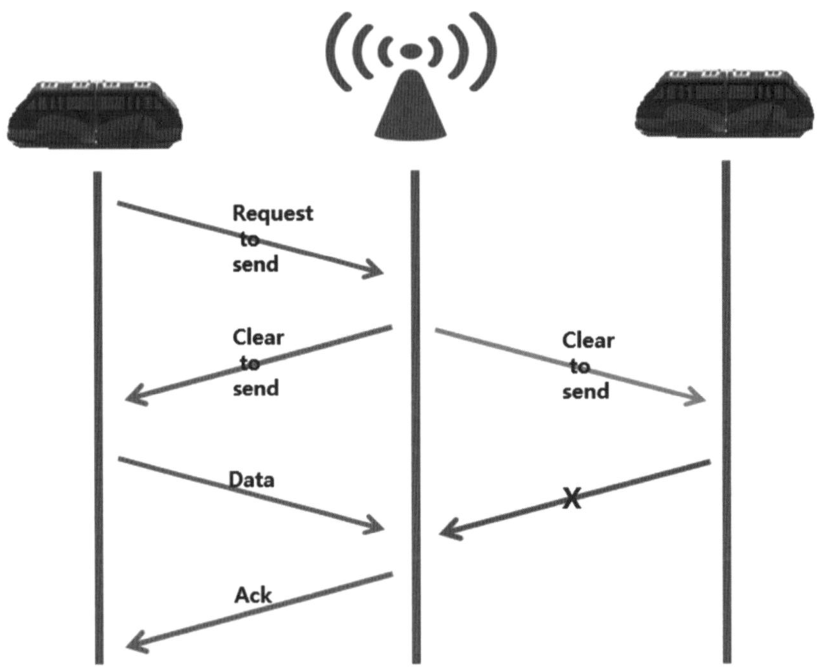

〈그림2-6〉 CSMA/CA 통신순서

5) HDLC 준거

- HDLC (High level Data Link Control, 고급 수준 데이터 링크 제어)
  - 컴퓨터 데이터 통신에 적합한 고속 비트 지향성 프로토콜이다.
  - CRC 필드 방식 사용, 에러 발생 시 재전송을 요구한다.
  - 수신측으로부터 응답을 기다리지 않고 연속하여 데이터 전송이 가능하다.

	Header				Trailer	
	1	1	1 or 2	가변	2 or 4	1 바이트
HDLC	Flag (0x7e)	주소	제어필드	정보 데이터	CRC	Flag (0x7e)
I-frame	Flag	주소	제어필드	정보 데이터	CRC	Flag
S-frame	Flag	주소	제어필드	CRC	Flag	
U-frame	Flag	주소	제어필드	관리 정보데이터	CRC	Flag

〈그림2-7〉 HDLC 데이터 프레임

6) MAC 주소

- MAC(Media Access Control) 주소는 특정 구역 내 정보통신망인 LAN에 사용되는 네트워크 이더넷의 물리적인 주소를 말한다.
- MAC은 OSI(Open Systems Interconnection) 개방형 시스템간 상호접속 7 계층 중 데이터 링크 레이어(L2)에 속하며 2개의 부계층으로 구분한다.
  ① LLC (Logical Link Control) 부계층 : 두 매체간 연결을 유지하는 기능
  ② MAC (Media access control) 부계층 : 물리적 전송 선로의 특징과 매 체간 연결방식에 따른 제어부분
- L2스위치는 MAC주소로 데이터를 전송하는 방식

7) UDP/IP & TCP/IP

- OSI 7 계층에서 전달계층(L4)에 해당하는 프로토콜은 UDP와 TCP이다.
- UDP/IP(User Datagram Protocol/Internet Protocol)
  (사용자 데이터그램 프로토콜)
  인터넷 상에서 정보를 주고 받을 때 정보를 보낸다는 신호나 받는다는 신호 절차를 거치지 않고 일방적으로 데이터를 전달하는 통신 프로토콜이다.
- TCP/IP(Transmission Control Protocol/Internet Protocol)
  (전송 제어 프로토콜)
  인터넷 표준 프로토콜로서 컴퓨터 간에 주고 받는 데이터를 전송할 때 에러가 발생하지 않도록 나누어 전송하고 이를 수신하여 다시 기존의 정보로 변환하는 것을 약속해 놓은 것을 말한다.

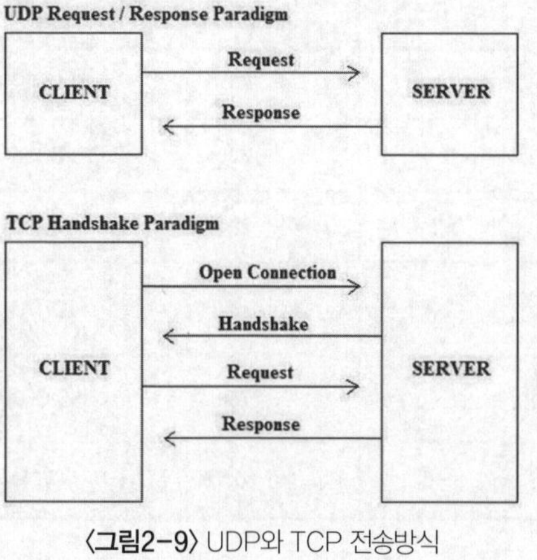

〈그림2-9〉 UDP와 TCP 전송방식

〈표2-2〉 TCP와 UDP 비교

TCP	UDP
연결형(connection-oriented) 프로토콜 - 연결이 성공해야 통신 가능	비연결형(connectionless) 프로토콜 - 연결 없이 통신 가능
데이터 경계를 구분하지 않음 - 바이트 스트림(byte-stream) 서비스	데이터 경계를 구분함 - 데이터그램(datagram) 서비스
신뢰성 있는 데이터 전송 - 데이터를 재전송함	비신뢰적인 데이터 전송 - 데이터를 재전송하지 않음
1 대 1 통신(unicast)	1 대 1 통신(unicast), 1 대 다 통신(broadcast), 다 대 다 통신(multicast)

8) IEEE-802.11a,b,g,n,y 무선LAN 표준

- IEEE-802.11은 흔히 무선랜, WIFI라고 부르는 무선 근거리 통신망을 위한 컴퓨터 무선 네트워크에 사용되는 기술로 IEEE의 LAN/MAN 표준 위원회의 11번째 워킹 그룹에서 개발된 표준 기술을 의미한다.
- 무선망 표준으로 IEEE802.11b/g(2.4GHz 주파수 대역)을 사용한다.

〈표2-3〉 IEEE-802.11의 종류

TABLE 1: IEEE 802.11 PHY STANDARDS

Release date	Standard	Band (GHz)	Bandwidth (MHz)	Modulation	Advanced antenna technologies	Maximum data rate
1997	802.11	2.4	20	DSSS, FHSS	N/A	2 Mbits/s
1999	802.11b	2.4	20	DSSS	N/A	11 Mbits/s
1999	802.11a	5	20	OFDM	N/A	54 Mbits/s
2003	802.11g	2.4	20	DSSS, OFDM	N/A	54 Mbits/s
2009	802.11n	2.4, 5	20, 40	OFDM	MIMO, up to four spatial streams	600 Mbits/s
2012 (expected)	802.11ad	60	2160	SC, OFDM	Beamforming	6.76 Gbits/s
2013 (expected)	802.11ac	5	40, 80, 160	OFDM	MIMO, MU-MIMO, up to eight spatial streams	6.93 Gbits/s

9) FPGA

- FPGA(Field Programmable Gate Array)
  - FPGA(Field Programmable Gate Array, 필드 프로그래머블 게이트 어레이)는 설계 가능 논리 소자와 프로그래밍가능 내부선이 포함된 반도체 소자이다.(전자연동장치 로직, VOTING 회로, 차축검지기에 적용)

    설계 가능 논리 소자는 AND, OR, XOR, NOT, 더 복잡한 디코더나 계산기능의 조합, 기본적인 논리 게이트의 기능을 복제하여 프로그래밍 할 수 있다. 대부분의 FPGA는 프로그래밍 가능 논리 요소에 간단한 플립 플롭이나 메모리 블록을 포함하고 있다.

10) 무선장치의 VSWR(전압 정재파비)

- VSWR(Voltage Standing Wave Ratio, 정재파비)
  - 정재파 (Standing Wave) : 진폭 크기는 같고 진행방향이 반대인 두 파(입사파,반사파)의 간섭파. 진행하는 파가 아니고 정지한 채 진동만 한다.
  - 전압 정재파비(VSWR) : 전송선로에서 부하쪽으로 진행하는 전압파 부하쪽에서 반사되어 나오는 전압파의 합에 의해 발생되는 전압 정재파 진폭의 최댓값과 최솟값의 비
  - VSWR값이 1:1이면 송신기 출력이 100일 때 안테나 출력도 100이고 손실이 없다는 의미

11) PN-CODE

- PN-CODE(Pseudo random Noise Code, 의사 잡음 부호)
  - 랜덤 잡음과 유사한 특성을 보이면서도 재생이 가능한 코드
  - 스펙트럼 확산 방식의 이동통신에 많이 사용되는 코드

    PN-CODE 신호는 송신기와 수신기가 알고 있는 결정된 주기적 신호이면서 N비트의 레지스터를 사용하여 Shift하면 2N-1개의 서로 다른 출력이 주기적으로 나타나며 이때 2N-1 비트열로 구성된다.

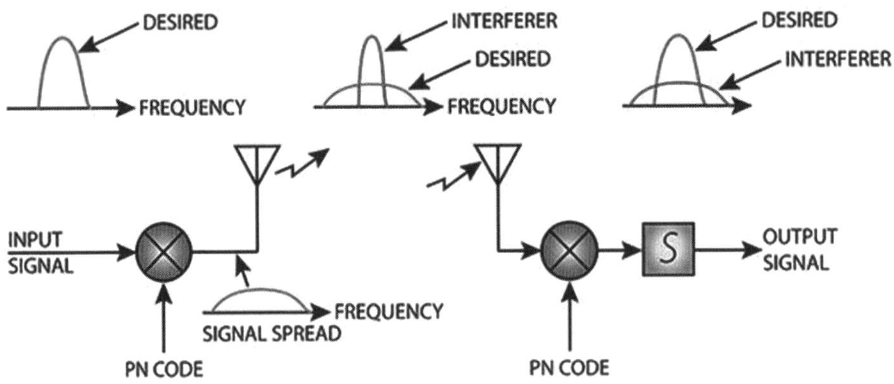

〈그림2-10〉 DSSS(직접확산 스펙트럼) 방식의 PN코드

12) Hand-over

- Hand-over는 기지국 사이에서 끊임없이 서비스가 가능하게 하는 기술, 다음 무선기로 옮겨지는 과정을 말하며 Hand-off라고도 한다.
  RF-CBTC 시스템에서 신호제어기계실간의 핸드오버는 RF-CBTC통신의 연속성으로 매우 중요한 통신제어기술이다.

- Hand-over의 종류

① **하드 핸드오버**(Hard Hand-over)

: 현재 통신 중인 채널을 끊고 곧바로 다른 채널을 연결하는 방식.

② **소프트 핸드오버**(Soft Hand-over)

: 인접 무선기 2개의 채널을 동시에 운영하며 마지막에 1개 채널을 서서히 끊음.(철도 RF-CBTC 시스템에 적용)

신호기계실(기지국) ZONE 경계구간에서 지속적인 정보 송수신이 중요하다.
Packet-Loss율(1% 미만)과 Transfer-Time(절체시간 〉100ms)

13) RF-CBTC 통신품질 요구조건(QoS)

무선통신기반 열차제어 시스템의 안정된 정보 전송을 위해서는 1% 이하의 정보데이터 전송 손실율과 기지국 Zone경계지점에서의 핸드 오버 처리의 연속성을 유지하기 위해 최소 100ms미만의 Roaming-Time, 35ms 미만의 데이터 호출대기시간 등 아래와 같은 범위내의 품질을 요구한다.

Packet Loss Rate	1 % 이하	성공률 99.5 % 이상
Roaming - Time	100 ms 미만	
Data - Latency (데이터호출 대기시간)	35 ms 미만	

14) RF-CBTC 통신 보안 암호화 처리

일반화된 ISM-Band(2.4GHz) 주파수대역을 사용하는 CBTC 시스템은 열차 운행의 안전을 확보하기 위한 제어정보의 보안성이 매우 중요하므로 보안모듈(Security Device)을 추가 설치하여 안전성을 확보한다.

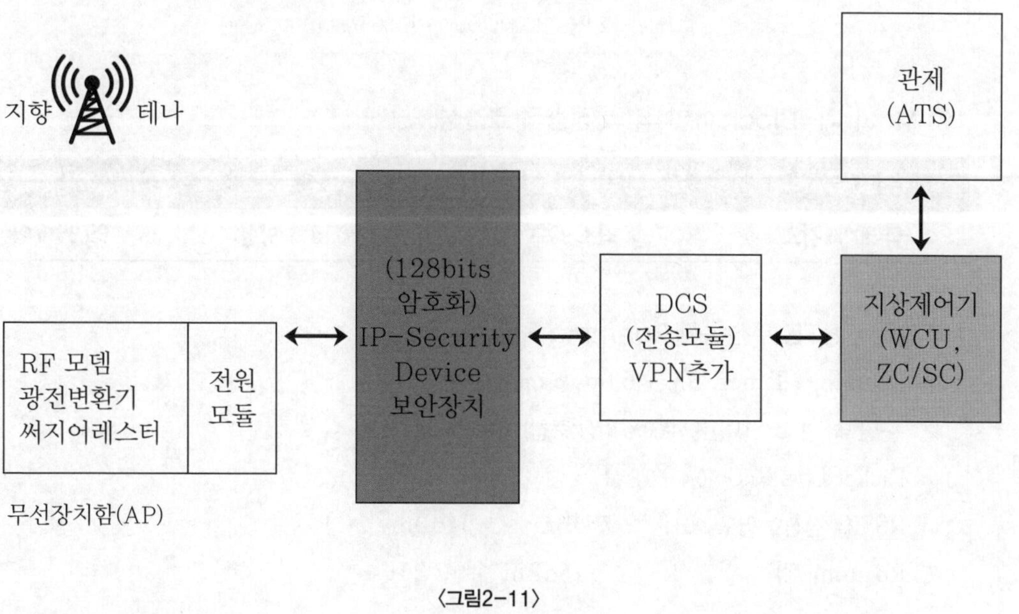

〈그림2-11〉

15) 열차의 무인자동운전(UTO)의 가, 감속 정밀제어

차상신호장치(VOBC)는 VVVF 인버터 제어모듈과 제동장치 제어모듈(BOU)에 PWM제어의 Duty-Cycle 비율(%)로 가속과 감속제어 기능을 기관사가 제어하는 수동운전보다 제어 비율을 세분화하여 정밀하게 승차감 개선 및 정위치 정차 성공률을 향상시키는 기술이다.

	유인 운전	무인 운전
Powering (가속 단계)	Notch 4 단계 (P4)	Notch 단계 세분화 (P8 ~ P16)
Braking (감속 단계)	Notch 7 단계 (B7)	Notch 단계 세분화 (B14 ~ B28)

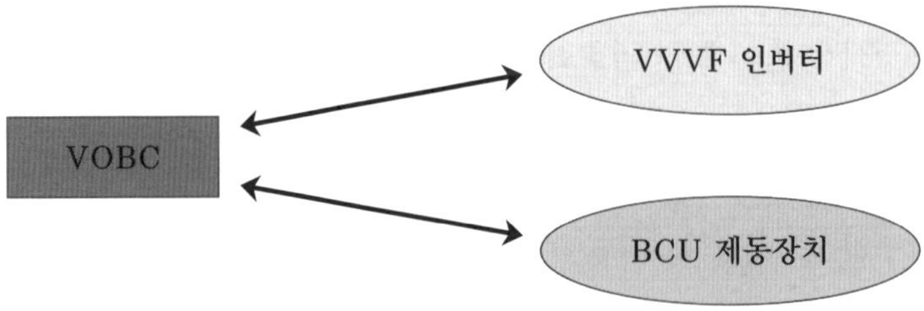

〈그림2-12〉 PWM 제어 (Duty-cycle Ratio(%))

16) Moving-Block(이동폐색)의 정량적 효율성(추정치)

운영/유지비	운전시격(Headway)	표정 속도	정차 정밀도
약 30 % 감소	최소 90초	약 16 % 향상	99.95% 이상

17) RF-CBTC 무선통신 Roaming 처리(예시)

① Roaming-Time : 37 ~ 63ms(80km/h 이하)

② 무선 서비스 커버리지(50% 이상 중첩)

③ Packet Loss Ratio(0.4 ~ 0.8%)

④ RSSI(수신신호 감도 지표) : -75dBm ~ -54dBm

⑤ Roaming 결정 판단 시점 : -75dBm 수신 감도

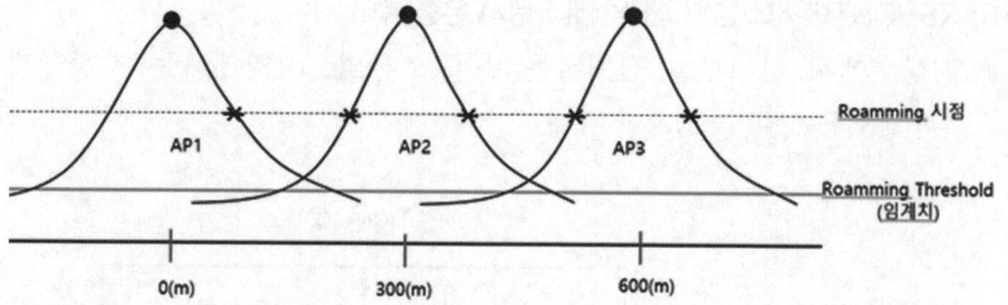

〈그림2-13〉 로밍 처리 개념도

18) RF-CBTC 무선통신 수신감도(RSSI) 저하 원인

① AP 안테나 커넥터 접속 불량

② AP 안테나 Beam각도 부적정(브라켓 변형)

③ 동축케이블 접속부분 불량(시공 불량)

④ 안테나 성능 저하(양방향 출력 값 상이)

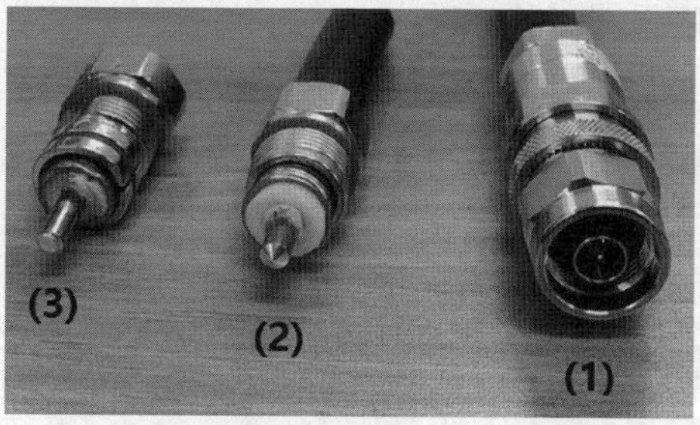

(1) CBTC 장치 AP안테나 케이블(HFC-12D) 커넥터

(2) 커넥터를 올바르게 작업한 상태

(3) 커넥터를 잘못 작업한 상태(흰색부분 요철)

〈그림2.14〉 CBTC-AP안테나/동축케이블 커넥터 사진

RF-CBTC 열차제어시스템의 현장에 설치되어 무선통신을 담당하는 AP 안테나의 동축케이블 최초 시공품질이 시운전 및 개통 초기 단계에서 간헐적인 통신 장애 현상을 유발하는 사례가 여러 운영기관에서 확인되었다.

정당한 공구 사용과 숙련된 기술로 접촉면의 미려한 작업이 우선 시 되어야 하며 커넥터 접촉 불량(위 그림의 (3) 경우)에 따른 지상부 고가구간과 차량기지에서 바람과 강풍 등에 흔들리는 안테나 특성의 단순한 요인으로 유지보수 요원의 장애추적에 어려움을 유발하게 되어 복구시간 지연 등으로 유지보수성을 저감시킨다.

19) RF−CBTC 시스템의 AP안테나 설치 유형(예시)

#. 지상부에서 터널부로 진입하는 BOX구간의 AP안테나는 차상안테나(VRS) 옆에 일반출력용 ANT를 설치한 경우

Type- ①

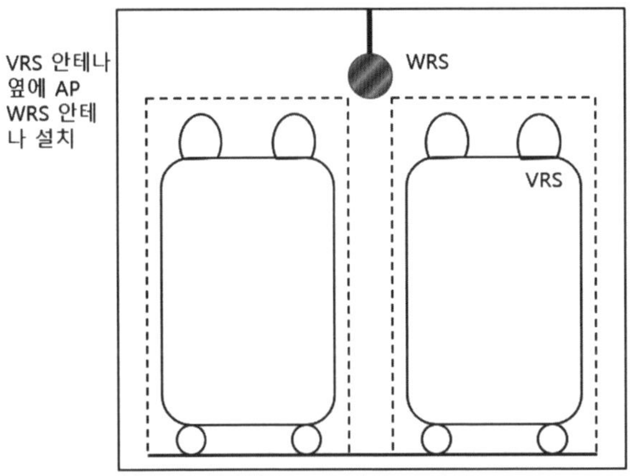

Box 구간 건축한계(3,810mm)
터널입구 일반출력 ANT

#. 지하 박스구간의 Y선 분기기주변 선로의 AP안테나 설치한 경우

Type-②

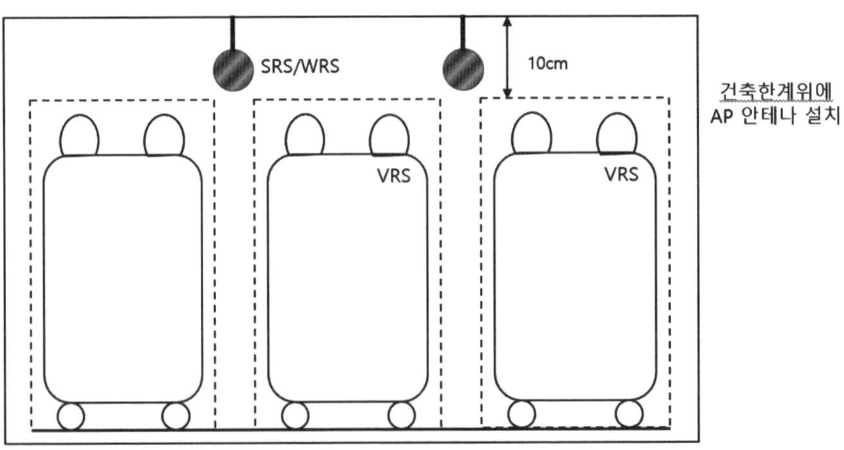

Box 구간 (Y선-고출력 ANT)

#. 아치형 터널의 중앙상부에 AP안테나 설치한 경우

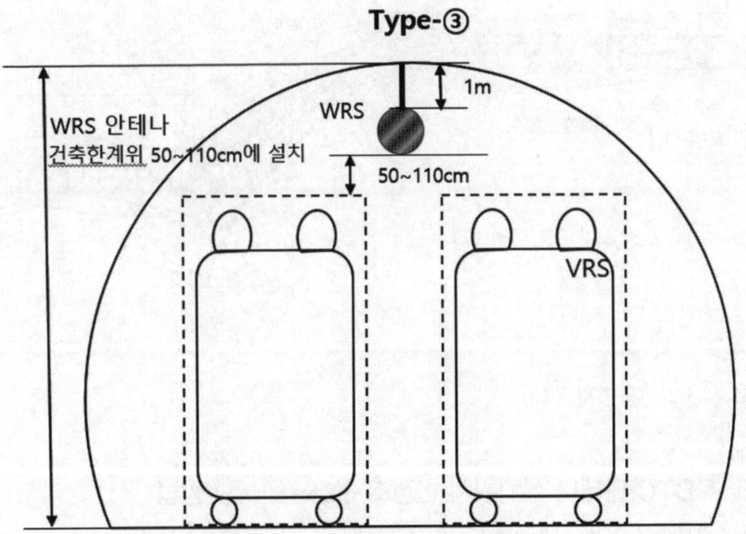

(아치 터널) 일반출력 ANT

#. 아치 터널의 2분배 구간에 고출력 안테나 설치한 경우

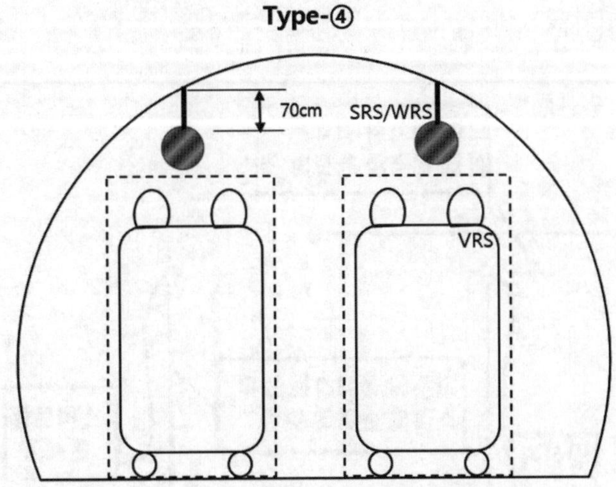

(아치 터널 2분배구간) 고출력 ANT

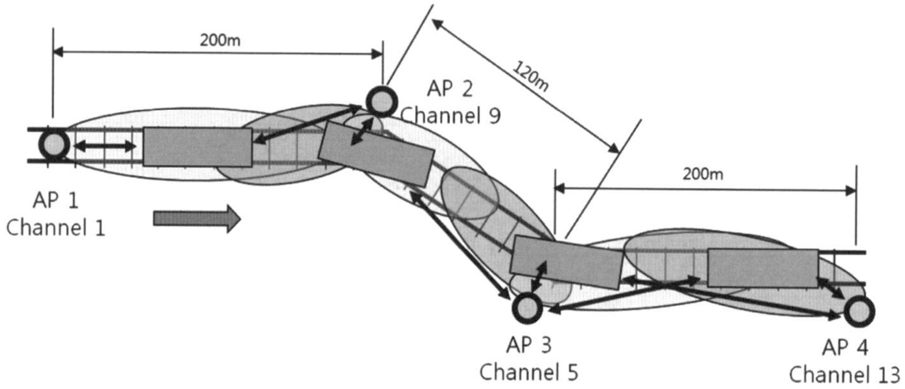

#. AP 배치도 (음영지역 해)

* RF-CBTC 안테나 설치위치 현장조사(Site-Survey) 방법

① 선로변을 따라 걸어가며, 공간 전파손실을 측정한다.

② 특히, 지하공간에서의 전파손실은 계산식에서의 계산 결과와 일치하지 않는 경우가 대부분이기 때문에, 현장에서 측정 확인할 필요가 있다.

③ 발신기와 스펙트럼 분석기를 사용하여 설치하는 안테나와 동형의 안테나를 부착위치(벽면으로부터의 부착 거리도 확보한다.)에 가설치하여 그림과 같이 전송손실을 계측하면서 안테나 설치위치를 정한다.

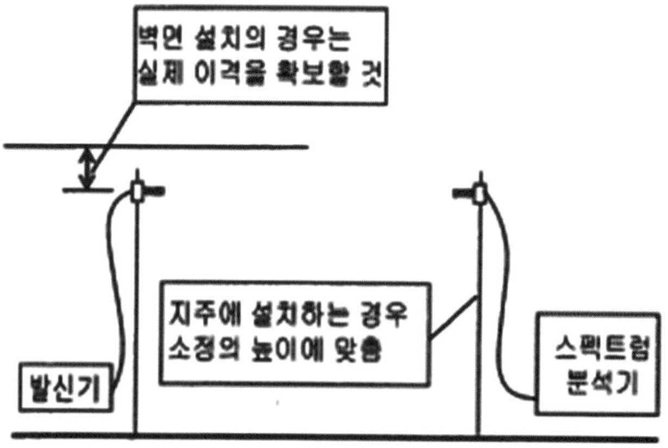

＊ 터널 구간 CBTC 안테나 설치방법

① 무선장치함은 건축한계 및 차량한계를 고려하여 차체 및 차륜에 접촉하지 않도록 규정된 위치에 설치한다.

② 함체 하단에는 덕트를 부착하고 외부로 노출되는 케이블(안테나 케이블, 접지 케이블, 전원 케이블 등)은 케이블 트레이까지 전선관을 이용하여 보호한다.

③ 안테나 브라켓은 셋트 앵커를 천장에 고정하여 설치하여야 하므로 드릴 작업 시, 터널 외벽에 손상을 주지 않도록 유의해야 한다.

④ 터널 천장으로부터 약 1m 간격을 확보(차량한계에서 550mm)하여 지상무 선장치의 안테나가 설치되도록 한다.

⑤ 안테나/무선장치함은 방진고무판(t4.8)을 터널천장 및 벽면에 설치하여 열차 운행에 따른 진동으로부터 설비를 보호하여야 한다.

⑥ 안테나 설치 시 안테나 케이블 등이 손상되지 않도록 시공하여야 한다.

⑦ 안테나 설치 완료 후 정재파비(VSWR)가 2:1이하가 되도록 조정한다.

⑧ 지향성 안테나를 설치 시, 안테나의 방향을 현장조사 시 측정한 무선커버리지와 일치하도록 정확히 설정하여 취부한다.

⑨ 안테나와 안테나 케이블은 접속시 수분 및 오물이 침투되지 않도록 하고 절연 및 접속 양부를 확인한 후, 자기 융착 테이프의 폭이 70% 정도로 줄어들도록 당기면서 2회 이상 감는다. 그 위에 비닐테이프를 2회 이상 감은 후 그 위에 방수 수축관으로 처리하여 방습처리를 한다.

1) 안테나로 인상되는 안테나 케이블은 전선관 내 삽입하여 설치하며, 전선관은 스텐 새들을 이용하여 움직이지 않도록 셋트 앵커로 고정한다.

2) 안테나 케이블 포설 시 외피가 손상되지 않도록 하고 곡률 반경을 규격별 곡률 허용반경 이상으로 하여 포설한다.

3) 2분기 이상의 안테나를 설치할 때 각 안테나 케이블의 길이를 동일하게 한다.

4) 전원케이블은 저독성 난연 HFCO 전원 케이블을 사용하고, 케이블의 전압강하를 고려하여 구간별로 16~50㎟(T접속 6㎟)의 케이블을 사용한다.

5) 무선장치함은 접지의 경우 전력 분야에서 제공하는 접지 단자함을 이용하며, 설계도면에 의거하여 시공한다. 접지는 F-GV 16㎟의 접지케이블을 사용한다.

20) 데이터 전송품질의 문제점(Packet Loss Ratio 증가)

① 타 대역 근접주파수에 의한 신호 간섭

② 저속 운행구간, Zone 경계지점의 AP링크 낮은 지점

③ 맞은편 열차(교행) 고속 진입 시 직접파의 전파왜곡

#. Zone 경계지점에서의 원활한 핸드오버 안정성이 매우 중요, 열차 속도에 따른 핸드오버(Hand-Over)시간은 영향을 받을 수 있다.

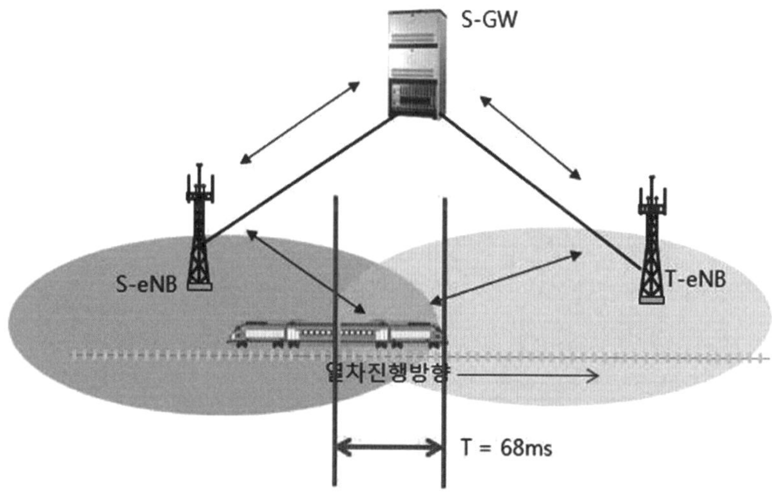

21) OSI - 7(개방형 시스템접속 표준)계층과 시스템의 적용

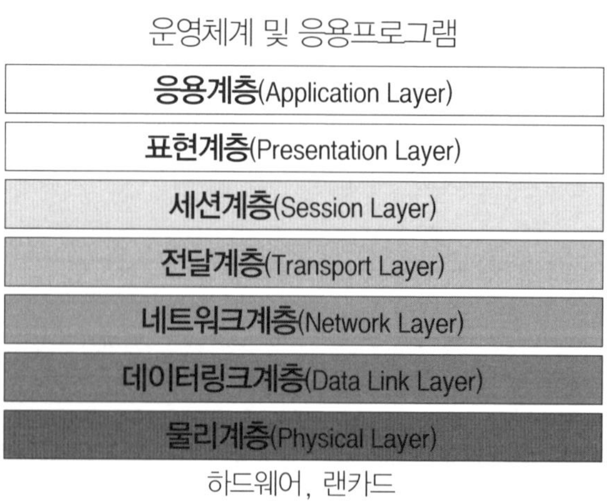

〈그림2-17〉 OSI 7계층

Layer-1 계층 : 시리얼 통신으로 Bits(2진수)로 전송

Layer-2 계층 : MAC주소로 통신, Frames으로 전송
(물리적 주소, L2 스위치 사용)

Layer-3 계층 : 논리적주소로 라우팅, Packets으로 전송
(L3 스위치 사용, 경로 선택)

Layer-4 계층 : TCP/IP, UDP/IP 통신으로 전송

Layer-6 계층 : 암호화/복호화 통신으로 보안성 강화

22) RF-CBTC 시스템의 Time-Out 현상과 원인

(1) Time-Out 현상

다양한 원인에 의해 RF-CBTC 시스템의 타임아웃 현상이 발생될 수 있으며 차량은 이동중 열차의 위치파악의 불확실성 때문에 안전측으로 비상제동(E.B)이 작동하여 정차하므로 열차운행에 지장을 초래하게 되고 운행시간 지연 발생이 불가피하게 되므로 철도신호기술자들의 중요한 관심사로 본다.

(2) Time-Out 원인 및 대응 조치

① 차량의 Slip/Slide 발생 현상으로 "열차위치 불확실성"
(우기 시 지상부 고가구간, 터널내 결로 현상, 서리, 도유기 과다급유)

[대응 조치]

차량의 살사장치 동작상태 점검 및 모래 보충
급곡선 개소의 도유기 급유 또는 차륜 고체윤할기상태 주기적 관리
개통 전 · 후 및 하절기 온도차에 의한 결로 방지(환기, 열풍기 등)
관제에서 제한속도 적용으로 차륜의 점착력 개선

② 지상 신호장치와 차상신호장치(VOBC)간 일정시간(수초) 통신 두절

[대응 조치]

관제사의 원격으로 VOBC장치 리셋 조치, 열차안전원 탑승 시 조치
신호유지보수 요원에게 신속한 조치 요청

③ 터널내 본선과 지상부 무선장치(AP)의 연속 2개 이상 고장
차상 무선장치의 이중계 동시 고장

[대응 조치]

무선 장치의 전원부, AP안테나의 동축케이블 접속 상태 점검

지향성안테나의 방향 조정, 수신레벨 감도 측정 적정성 분석

④ 유효하지 못한 Data(Invalid Data)를 수신한 경우

- 시각 동기화 불일치(GPS 표준시간 사용 또는 Time-Slot)
- 암호화/복호화 코드 불명확
- CRC-16/32 코드 부정확 등
- 통신 간섭(Interference) 현상

⑤ 무선 기지국간 Hand-Over 지연 또는 실패의 경우

- 허가된 이동거리/위치가 기지국(신호기계실) 제어권 이탈
- 무선통신 대상 열차 ID가 지정된 ID와 상이 할 경우

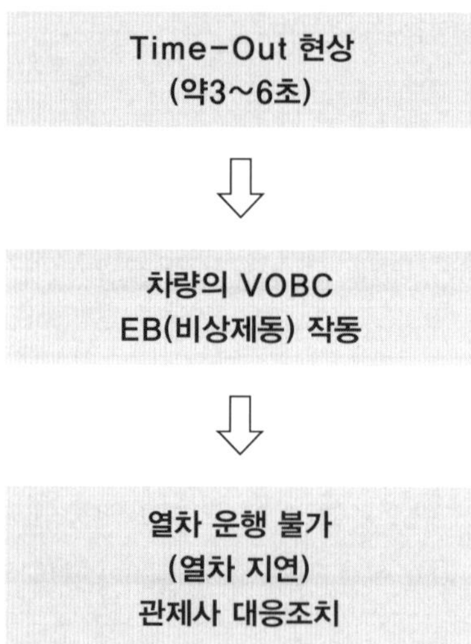

〈그림2-18〉 RF-CBTC 시스템의 Time-Out 현상

23) ISM-Band 대역의 RF-CBTC 통신 간섭

일반적으로 철도 시스템에 사용되고 있는 RF-CBTC 시스템의 적용주파수는 2.4GHz 대역의 ISM(산업, 과학, 의료용주파수) 밴드 주파수로서 일반인들의 해킹이나 시스템접근 가능성이 상존하고 있어 열차제어의 안전성 확보를 위해 통신보안 대책이 중요한 핵심기술이다.

따라서 각종 보안대책을 신호시스템 제작사 마다 설계에 적용되고 있으나 일부 RF-CBTC 시스템에서 주파수 간섭 현상이 발생되고 있다.

(1) 통신 간섭(Interference) 발생 원인

공항 인근이나 도심 밀집구간 등 다양한 각종 무선통신 주파수 사용 지역에서 2.4GHz 근접 대역의 주파수 사용에 의한 간섭 영향은 실제로 국내 특정 이동통신사의 Wifi 주파수에 의한 간섭 사례가 있었다.(시스템 구축단계와 개통 초기, 운영단계 간헐적 발생)

(2) 주파수 간섭, 혼신 방지 대책

① 특정주파수 대역의 필터링 처리(BPF 추가 설치)

② 송수신 레벨의 최적화 조정

③ 중심 주파수 이동 설정(중심주파수 ±1MHz)

④ 보안장치(Security-Device) 및 암호화 Triple DES-Key 사용

⑤ 이동통신 다중접속 기술적용(FDMA, TDMA, CDMA)

(3) 주파수 간섭, 혼신방지 현장시험(열차 내부)

- 본선 선로변에 이동통신설비 구축 후 열차운행 시스템에 영향 여부를 현장에서 관련 계측 장비로 시험 확인한다.
- 영업시운전 전 · 후에 수백명 이상/량 탑승한 후 모바일 사용(통화, 메시지, 동영상 시청, 인터넷 등) 상태에서 측정해야 한다.

24) RF-CBTC 시스템의 〈연동검사〉 방법 및 절차

① 궤도회로 구성 방식이 아니므로 궤도단락기에 의한 궤도회로 단락 성능시험을 열차에 의한 가상블록 단락(점유, 비점유) 시험을 하고 연동도표에 의한 각종 쇄정 및 해정조건시험들을 시험열차 1편성을 지정, 신호기계실과 관제실에서 연동검사를 일반적으로 시행한다.

② 본선과 차량기지의 분기부에서는 ACE(차축검지기) 장치를 활용 블록(궤도) 단락시험을 할 수 있다. 그러나 차축검지기를 사용하지 않는 노선의 시스템은 1)번 항목에 의해 연동검사를 하게 된다.

③ 열차 투입이 곤란하거나 개통 후 정기점검 시, 개보수 공사 후 확인 연동검사의 경우에는 제작사 또는 운영사가 보유한 시뮬레이터에 의한 조작 인터페이스시험으로 연동검사를 시행할 수 있다.

열차에 의한 가상(VIRTUAL)블록 단락 시험
분기부에서 차축검지기(ACE) 단락 시험

또는(OR)

Simulator 에 의한 단락 시험(제작사 제공) (개통 시험, 정기점검, 개량공사후 시험)

RF-CBTC 시스템의 연동 시험 방법(예시)

1. 종합검사

신호현시 상태확인 (Red) ⇒ 진로 구성 ⇒ 신호현시 상태확인 (Yellow) ⇒ 진로 삭제 ⇒ 신호현시 상태확인 (Red)

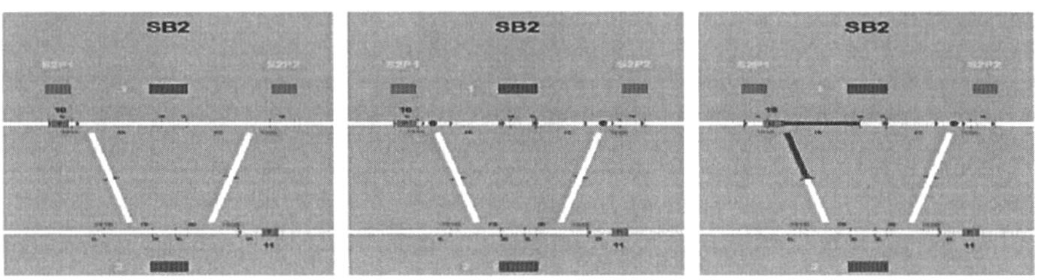

ATPM 대기　　진로구성 (신호확인)　　D/L 전환 (출발)

2. 경합시험

열차 대기 (ATPM) ⇒ 경합 진로 구성 ⇒ 대향진로 신호현시 여부확인 ⇒ 시스템 반응확인 ⇒ 종합평가

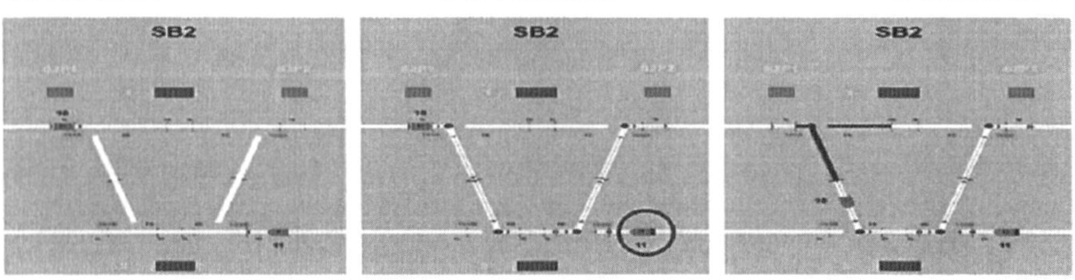

ATPM 대기　　경합진로 구성　　D/L 전환 (출발)

25) GSM-R (유럽 철도전용 무선통신)과 요구사항

항 목	요 구 사 항	
통화 영역	ETCS - 2/3 레벨 (220KM/H 이하)	통화 확률(95 %) 통화 레벨(-98dBm)
	ETCS-2/3 레벨 (220~280KM/H)	통화 확률(95 %) 통화 레벨(-95~-92dBm)
핸드 오프 (Hand-Off)	최소 성공률	99.5(%)
	최소 핸드오프 시간	300(ms)
호 설정	외부에서 호 설정 시간	Min 250(ms)
	최대 전송 비트수	12(digits)

제2세대 무선 이동통신 시스템을 철도전용 제어시스템에 적용한 GSM-R 무선통신 시스템은 유럽과 여러 국가에서 상용화되어 안정적으로 사용되고 있으나 데이터 전송속도와 처리용량이 한계가 있어 다양한 멀티미디어 서비스 기능과 영상처리까지는 부족하여 최근에 한국과 유럽, 중국을 중심으로 제4세대 이동통신 LTE-R 기반 무선열차제어 시스템을 선도적으로 개발하여 시험을 완료하고 상용화를 앞두고 있다.

한국의 차세대 열차제어 시스템인 KRTCS-②는 열차검지를 궤도회로 기반으로 하고, 열차제어는 LTE-R 무선통신 시스템을 기반으로 하며, 원주~강릉 고속선에서 시험을 완료 및 최근 전라선에 시범적용 하고 있다.

＊ GSM-R 유럽 철도전용 무선통신 시스템의 기술적 성능

대 역	상 향 (UP-Link) 링크 대역	대역폭	하 향 (Down-Link) 링크 대역	대역폭	채널수
GSM-R	876~880MHz	4	921~925MHz	4	19개 주파수

※ GSM-R(Global Standard Mobile Railroad)

일반 GSM은 Wide-Area 커버리지(Coverage) 방식을 적용하고,
철도전용인 GSM-R은 Line 커버리지 방식을 적용한다.
안테나 각도 : 20도 ~ 65도, 열차 최대속도 : 500km/h

[열차 무선통신 기능]

확장된 음성서비스, 그룹 비상통화, 우선 호출 가능 등

Address 기반 위치처리 등

유럽 통합열차 제어시스템(ETCS)의 레벨2, 3 신호제어 시스템의 지상에 무선폐색센터(RBC : Radio Block Center)와 무선 In-Fill 장치는 차상GSM-R 시스템과 양방향 메시지 교환을 하여 연속적으로 열차제어를 하게 된다.

유럽 통합열차 제어시스템(ETCS)의 레벨2, 3 시스템에 열차제어 정보 전송의 주된 통신 매개체 역할을 담당하고 있다.

26) ETCS (유럽통합 열차제어시스템) Level-2의 QoS 기능 요구사항

QoS 파라미터 (통신 서비스품질)	ETCS 기능 요구사항	비 고
최대 지연시간	0.5초(95.00%) 1.2초(99.00%) 2.4초(99.99%)	
평균 지연시간	400~500(ms)	
데이터 속도	2.4 Kbps	
가 용 률	99.95(%)	
최대 핸드오프 시간	300(ms)	
연결실패 지시 시간	1초	

27) RF-CBTC 열차제어 Command/Report 메시지 형태(예시)

* 메시지 TYPE(COMMAND, REPORT)

① CBTC - COMMAND(지상 ⇨ 차상)

② CBTC - REPORT(차상 ⇨ 지상)

③ ATO - COMMAND(지상 ⇨ 차상)

④ ATP - REPORT(차상 ⇨ 지상)

⑤ ATO – REPORT(차상 ⇨ 지상)

⑥ 차량할당 COMMAND(지상 ⇨ 차상)

COMMAND는 마스터 지상 장치에서 차상장치로 보내는 명령이며, REPORT는 슬레이브 차상장치에서 지상신호장치로 전송하는 보고다.

＊ CBTC 메시지 내용(지상신호에서 차상장치로 전송)

COMMAND Frame 1	COMMAND Frame 2
[CBTC-COMMAND] 1) 무선기 ID/대상 차상장치 2) 평균 구배 3) ATC 정지점 거리 4) 제한 속도 5) 차량기지 주행 중 6) 차량도어 열림/닫힘 7) 전방 속도제한 지점까지(구배) 전방 제한 속도 전방 속도제한 도달거리 8) 진로 개통 방향 9) Command 종별 10) CRC 상위 (CRC-32) 11) 명령 생성 시각	1) 무선기 ID/대상 차상장치 2) 평균 구배 3) ATC 정지점 거리 4) 제한 속도 5) 차량기지 주행 중 6) VOBC 계 절체 표시 7) RESET 지시 8) 운전 MODE 9) 차량도어 닫힘/열림(관제 로컬) 10) 긴급정지 해제 지령 11) HOLDING 지령 12) 진로 개통 방향 13) Command 종별 14) CRC 상위(CRC-32) 15) 명령 생성 시각

＊ CBTC 메시지 내용(차상신호에서 지상 장치로 전송) 예시

REPORT Frame 1	COMMAND Frame 2
[ATO-REPORT] 1) 무선기 ID/차상무선기 2) 차량 STAND-BY/ACK 3) 차량 WAKE-UP/ACK 4) 출발 억제 상태 5) 운전 모드 6) PSD 열림/닫힘 지령 7) 정적 시험 결과(VOBC) 8) CRC (CRC-16)	**[ATO-COMMAND]** 1) 출발 지령 2) 무선기 ID/대상 무선기 3) 다음 역 통과(SKIP) 4) 타행 운전 지령 5) 신호 현시 6) 다음 P0 까지 거리 7) STAND-BY/WAKE-UP 지령 자동 턴백(회차) 지령 출발 조건 완해 출발 억제 지령

[ATP-REPORT]	8) 마스터 클락
9) 정지 검지(V0)	9) 해당 역/다음 역/종착역 코드
10) 진행 방향	10) PSD 정보
11) 운전대 선택	11) 기능시험/정적시험 실시 표시
12) SLIP/SLIDE 검지	12) 백 인칭/인칭(Auto-Jog) 지령
13) 분할, 병합, 하중정보(차량)	13) 정차 시간
14) 가속도, TG 이상, 비상제동	14) 열차 번호
15) 이상 분리, CRC 이상	15) 운행모드 지령
16) 결합 지상자 ID	
17) 상대 열차 위치	
18) 차량 EB 요인	
19) 명령 생성시각,	
20) REPORT 작성 시각	

28) ATO 운전의 열차 정위치 정차 메카니즘, 정차율 저해요인, 보완기술

열차 자동운전에 있어서 정밀한 제어가 필수적인 ATO 자동운전의 승강장의 정차지점 기준 정밀도는 일반적으로 30±5cm 범위내로 설계, 제작되어 충분한 성능시험 후 영업운행에 적용되고 있다.

신호시스템 제작사에 따라 정위치정차를 위한 하드웨어 구성과 패턴 알고리즘은 다소 차이가 있을 수 있다.

- **정위치 정차 관련 하드웨어(Hardware)의 다양한 형태**

정위치정차용 마커(Marker : PSM) 코일 설치

Loop-Coil 설치 사용(트위스트 개소 위상반전 코드 인식)

정위치 정차용 ATO지상자(Balise) 설치

Alignment 안테나 설치 + 마커코일

트랜스폰더 태그(Transponder-Tag) + Proximity Plate

- **정위치 정차 소프트웨어(Software) 적용 관련 기술**

① P.I.D(비례적 미적분 제어) 제어 방식

  – 입력에 대한 출력의 비례적 추정치의 오차보정 방식

② Kalman - Filter 제어 방식(동적시스템에 적용되는 최적상태 추정과정)

- **정위치 정차 패턴**(프로화일) **명칭**

  ① PSS (Precision Stop System) : 미국, 유럽

  ② TASC (Train Auto Stopping Controller) : 일본

※ 차량의 정밀한 정지를 위해 주행 속도에 따른 적정 제동율(β값)을 어느 정도의 거리에서 적용하는 것을 결정하는 알고리즘의 설계기준 설정과 이 결과를 지속적으로 피드백 검증하게 된다. 따라서 차량의 제동 특성과 밀접한 연관성이 있음을 알 수 있다.

- **정위치 정차 성공률**(%)**의 저해 요인**

  ① 곡선부 도유기 윤활유 과다 도포에 의한 슬립/슬라이드 현상 차량에 장착된 살사장치로 모래를 살포하여 마찰력을 향상시켜 미끄러짐을 방지한다.

  ② 지상부의 강우, 지하 터널 내에서 하절기 지상부와의 온도차에 의한 결로현상에 의한 차륜 점착력 저하(특히, 시운전 단계와 개통 직후에 결로현상 대책 필요)

  ③ 정위치 정차용 지상 마커를 인식하지 못할 경우 정차율 감소

  ④ 수동운전모드 운행 시 기관사의 부주의나 미숙한 운전 역량

※ 철도종합시험운행지침 관련 정위치 정차율 기준은 99.95(%)

- UTO(무인운전) **시스템의 정위치 정차 보완 기술**

정위치 정차율이 낮을 경우 승강장에서 PSD(승강장안전문)를 거쳐 승객이 승하차 할 수 없어 고객의 불편과 안전문제가 발생한다.

여러 가지 정위치 정차 성공률을 저해하는 요인이 있을 수 있어 UTO 시스템에서는 승강장에 일정거리 범위 내에서 조기정차나 과주 시 정위치 정차를 위한 자동적인 열차 제어 기능이 있다.

① Auto-Jog 기능 또는 인칭(Inching) 제어 기능

정위치 정차지점까지 일정거리 범위 내에 조기/과주 정차 시 열차 위치를 시스템이 인지하고 짧은 시간 가속과 제동을 작동하여 정차 목표지점에 도달하게 3회 정도 반복하고 실패 시에는 관제사에 의해 제어할 수 있다.(제어범위 거리는 제작사마다 상이하다)

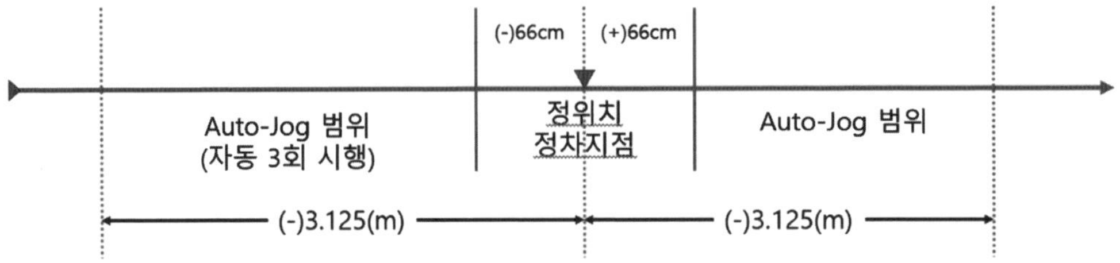

- **지상자**(Balise)**와 열차 정위치 정차**(TASC) **패턴**

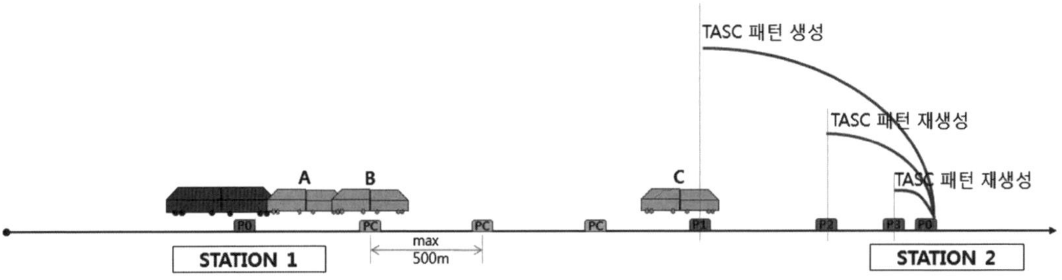

〈그림2-19〉 TASC 패턴과 정위치 정차

※ Pc(거리보정용 지상자), Po/P1~P3(ATO 정위치 정차용 지상자)

· 열차가 station①에서 SC(지상컴퓨터)로부터 다음 목표지점 정보를 수신하고 출발
· 열차가 가속하며 목표지점으로 이동하면 TG에 의한 위치정보 오차 발생(위치A)
· 열차가 PC지상자와 결합하면 실제 위치를 새로이 보정(위치B)
· 열차가 station②까지 이동하는 동안 PC지상자와 결합할 때마다 위치를 보정
· 열차가 P1지상자와 결합하면 P0지상자를 목표로 TASC 제1패턴을 생성(위치C)
· 열차가 P2지상자와 결합하면 P0지상자를 목표로 TASC 제2패턴을 생성
· 열차가 P3지상자와 결합하면 P0지상자를 목표로 TASC 제3패턴을 생성
· Station②의 정위치 정차 목표지점의 P0지상자에 "정위치 정차"

※ TASC(Train Auto Stopping Controller : 열차 정위치 정차 제어)

29) 열차 주행거리 측정의 오차와 보정(ATO 운전)

일반적으로 열차의 속도 측정과 이동거리 측정 수단은 전동차 휠에 부착된 타코제네레터(T.G)의 회전수를 펄스파로 변환시킨 후 전동차 휠 직경에 따라 원주(2πr)의 거리를 적산하여 적용하고 있다.

그러나 전동차 휠은 레일과의 접촉 마찰력에 의한 마모가 진행되므로 오차 발생이 불가피하며 이에 따른 원주거리(이동거리)의 오차에 대한 보상 방안이 필요하다. ATO 자동운전 방식에서는 휠 마모 보상 방안으로는 자동 또는 수동으로 보정값을 세팅해주거나 UTO 방식에서는 자동으로 여러 회수의 평균값을 산출하여 일정 범위의 오차가 발생할 경우 보상하여야 한다.

① 차량 정비원에 의한 수동으로 휠 직경 값 세팅 방법

(차륜경 보정 : Wheel Wearing Compensation)

(차륜 삭정 또는 교체 중정비 완료 후)

② 차량 자체의 진단에 의한 수회 기준이상의 평균값 변화 시 변경

(예시 : 6 times 평균 변화 값 ±0.6 % 이상 시 Update)

③ ATO거리 보정용 지상자(Balise)와의 결합 시

특히, 차량의 차륜 삭정이나 중정비 완료 후 휠 직경의 변화를 오입력 하거나 세팅 시기를 놓칠 경우 정위치 정차 성공률과 주행거리 측정에 중요한 영향을 미칠 수 있다.

> # Tacho-Meter 허용 오차 범위 : 이중 타코메타의 속도 차이 1(%) 이상시 절체
> # VOBC 장치의 CPU --- Speed Counter --- 차량 Tacho-Generator

30) VOBC 장치의 수신정보 "적합성 진단(Valid-Data)"

① 수신한 데이터의 Address부에 따라 송신과 수신이 올바른지 확인하고 수신주소가 잘못된 경우에는 데이터를 폐기한다.

② 수신한 데이터를 네트워크 시각과 데이터를 수신한 시점의 VOBC 네트워크 시각과 비교하여 차이가 일정범위(약 100ms) 이상인 경우 네트워크 시각 이상으로 판정하여 데이터를 폐기한다.

③ 수신한 데이터의 명령생성시각(지상 신호장치 부여) 과 Data를 수신한 시점의 VOBC네트워크 시각을 비교하여 차이가 일정범위(약 60~1,060ms)를 벗어나면 시각 불일치로 판정하여 Data를 폐기한다.

④ 수신한 Data에 대해 CRC 연산을 수행하고 Data에 설정된 CRC와 일치하지 않으면 데이터를 폐기한다.(CBTC명령은 32bits CRC 체크, ATO명령은 16bits CRC체크)

31) 입력된 정보의 입력 무결성(Integrity) 진단

① 각 입력은 정주기(20ms)로 2회 이상 동일 입력을 수신한 경우 유효 처리 한다.(40ms 이상)

② 스위치 입력은 40ms 이상 지속될 경우에 유효 처리한다. 접점이 불안정한 Chattering(채터링)현상은 10초간 계속되면 적합성 진단 이상으로 장애 처리한다.
(장애관리 프로세스에 등록)

③ 버튼(Button) 입력은 100ms 이상 출력이 지속될 경우 유효 정보로 처리한다.
(Valid-Data 등록)

④ 운전실/차량으로부터의 Vital정보는 2점 입력에 의한 NN진단으로 불일치 상태가 1초간 지속되면 장애 처리한다.

32) 지상 신호제어장치에서 차상(VOBC)에 비상정지 지시 조건

지상신호장치는 아래의 조건이 검출될 경우 차상장치에 비상정지를 송신

비상정지 항목	비상정지(EB) 지시 조건
진로 미 개통	열차가 정지현시 신호기를 통과하는 경우
열차 접근	열차 이동 범위 내 타 열차가 존재하는 경우
접촉 한계	분기부 구간에 두 열차가 동시에 진입 불가한 차량접촉 한계에 2개 열차 이상이 진입하는 경우
궤도 종단	열차가 궤도 종단을 통과하는 경우
무허가 ZONE 진입	열차가 허가권 없이 인접 ZONE 경계를 통과 시
진입금지구간 진입	열차가 진입금지 설정된 구간에 진입 시

비상정지구간 집입	열차가 비상정지로 설정된 구간에 진입 시
지상자(발리스) 통신이상	연속적으로 2개의 보정 지상자를 검지하지 못할 때
타코(TG) 위치검증 이상	- 타코검지에 의한 위치보고 시 직전 예측한 위치와 이번에 갱신위치가 10m이상 편차 - 정차 상태에서 열차가 움직이는 경우
PSD 이상 열림	정거장 진입 시 PSD 고장 또는 열림을 검지한 경우
위치 미확인	위치가 정상적으로 확인되지 않은 열차
열차 방향 이상	지상장치와 차상장치가 검지한 열차 방향이 불일치 시

○ 차상장치(VOBC)의 비상정지(EB) 기능

VOBC의 비상정지 요인	비상정지(EB) 세부 내용
열차 Integrity(무결성)	자기진단 결과 열차 무결성에 문제 발생(연결기 등)
주행 중 출입문 열림	열차 주행 중에 출입문 열림의 경우
주행 제한속도 초과	제한속도 패턴을 초과할 경우
Roll-back 검지	정지 상태에서 일정거리 이상 후진한 때
후진 운행속도 제한	후진 속도 초과(15km/h)
차상 무선장치 이상	일정시간 모든 차상무선장치에 전송이상 발생시
비상정지(EB) 명령 수신	지상 신호장치의 비상정지 명령을 수신한 경우
CBTC 데이터 수신 불능	통신은 정상이나 일정시간 이상 유효한 CBTC명령을 수신 불가능한 경우

제2장 CBTC 장치
철도신호기술사 기출문제(Ⅰ)

01 무선통신 열차제어시스템(RF-CBTC)의 장점과 단점을 설명하시오.

02 CBTC 또는 ERTMS 시스템에서 언급되는 MRSP 생성 시 고려사항을 설명하고, 고려사항을 기반으로 MRSP를 생성하시오.

03 KRS SG 0069-15(도시철도용 무선통신기반 열차제어시스템)에서 설명하는 열차운전모드 8가지에 대하여 설명하시오.

04 RF-CBTC 시스템으로 운영되는 노선에 RF-CBTC 차상신호장치를 장착하지 않은 차량이 진입할 경우에 안전성을 보장하며 운영할 수 있는 지상 신호장치 보완 방안을 설명하시오.

05 무선통신기반 열차제어에 사용되는 무선통신의 보안위협 요소들을 설명하고, 이를 기반으로 위험도분석을 하시오.

06 CBTC 시스템의 지상장치에서 차상장치로 전송하는 정보 및 차상장치에서 지상장치로 전송하는 정보에 대하여 설명하시오.

07 "도시철도용 무선통신기반 열차제어시스템(KRS SG 0069-15)에서 정의된 열차제어시스템의 특징에 대하여 설명하시오.

08 IEEE에서 정의된 CBTC 표준요구사항인 IEEE1417-1,2,3,4에 대하여 설명하시오.

09 무선통신의 핸드오버(Hand-Over), 핸드오프(Hand-Off)를 설명하시오.

10 RF-CBTC 열차제어시스템의 흐름도를 그리고 설명하시오.

제2장

CBTC 장치

철도신호기술사 기출문제(Ⅱ)

01 네트워크 설비 L2,L3,L4 및 L7 스위치에 대하여 설명하시오.

02 암호화의 정의와 대칭키(Key)암호화방식과 비대칭키 암호화 방식을 설명하시오.

03 네트워크 보안방법 중 방화벽(F.W), 침입탐지시스템, 침입방지시스템, VPN(Virtual Private Network)에 대하여 설명하시오.

04 네트워크 보호대책 중 방화벽, 패킷필터링(Packet Filtering), 플록시서버(Proxy Server)에 대하여 설명하시오.

05 디지털 통신방식에서 디지털변조의 개요와 변조부 각부의 역할을 설명하시오.

06 지그비(Zig-Bee) 통신기술의 개념 및 기술적인 특성을 설명하시오.

07 TCP/IP 계층구조를 OSI 계층과 비교하여 설명하시오.

08 시스템의 내외부 사이버공격으로부터 보호하기 위한 네트워크 보안설비의 종류, 기능, 설치방법 및 보안정책에 대하여 설명하시오.

09 철도통신 시스템 네트워크 주전송선로의 전송망 구성방식을 비교하시오.

10 열차제어시스템에서 사용되는 통신 프로토콜의 정의, 기능 및 특징을 설명하시오.

11 통신망 구성방식인 LAN과 WAN에 대한 개요와 특징을 설명하시오.

제3장

RAMS(신뢰성, 가용성 등)

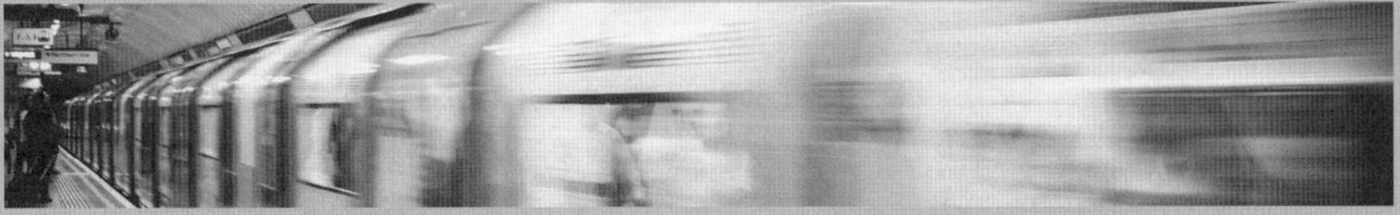

1 CBTC 시스템 RAMS 활동

1. RAMS 안전성 해석

RAMS란 신뢰성(Reliability), 가용성(Availability), 유지보수성(Maintainability), 안전성(Safety)을 총칭하고 일관된 방법, 규격을 이용하여 철도 적용 수명주기의 모든 단계에 걸쳐 RAMS와 Life Cycle Costs 사이의 최적 조건을 찾는 활동을 말한다. 넓은 의미에서 RAMS는 신뢰성에 포함할 수 있다. RAMS 상호관계에 대하여 도식적으로 나타내면 아래와 같다.

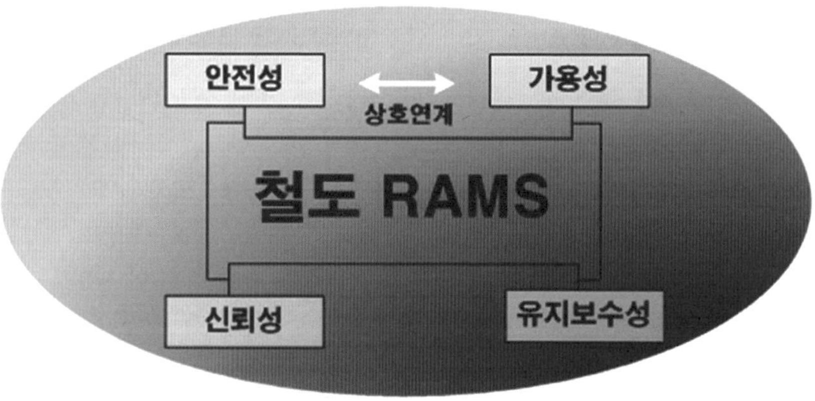

〈그림3-1〉 RAMS 개념도

시스템의 안전성을 확보하고 장애 발생을 최소화하기 위해서 안전 활동을 통한 시스템의 위험원 도출 및 억제를 통한 안전성 입증 활동을 말한다. 이 과정에 수반되는 안전성 목표설정 및 안전 활동계획, 안전 계획서작성, 위험원 도출, 분석을 통한 안전성 활동 과정을 서술하였다.

2. 열차제어 시스템의 안전성 목표(정량적 목표치)

안전성 목표 수립은 열차제어 시스템에 있어서 서비스제공 불능시간, 복구시간을 토대로 신뢰성, 가용성, 유지보수성의 목표 값을 수립하여 설정한다.

시스템 설계에 있어서 위험측 고장을 최소화하고 허용할 수 있는 기준값으로 설정하기 위해서 하드웨어는 Fail-Safe 방식을 적용하여 설계한다.

지상장치와 차상장치의 무결성 기준값은 SIL4로 설정하고 열차제어시스템 치명적 고장 발생 목표 값은 10^{-8}이하로 설정한다. 이 기준값은 IEC 62278(철도신호시스템 안전성요구사항) 정량적 기준값을 근거로 한다.

1) 신뢰성 정량치

시스템이 기대하는 시간동안 정상동작을 수행할 확률을 신뢰성(Reliability)이라 하고 IEC 62278, IEC 61508에서 제시한 신뢰성 목표치인 SIL4 레벨인 시스템의 기능 상실에 대한 정량적 기준치 10^{-5}을 기준으로 하고, 평균고장시간(MTBF) 100,000 시간과 동일한 목표 근거치가 된다.

2) 가용성 정량치

가용성이란 시스템이 기대하는 시간 동안 정상동작을 수행할 확률을 말하고 가용도를 높이려면 시스템의 가동시간을 높여야 한다. 정상상태 가용도(Ass)는 평균고장시간(MTBF), 평균수리시간(MTTR) 목표값을 기준으로 가용도(Ass)를 계산한다.

가용도(Ass) = MTTF/(MTTF+MTTR) ×100 = MTTF/MTBF ×100

3) 유지보수성 정량치

시스템 고장시 정상동작으로 복귀를 위해 소요되는 시간을 말하며 시스템의 안전성을 높이기 위해서 유지보수시간의 단축 MTTR(Mean Time To Repair) 평균수리시간 정량치를 설정하여 안전성을 확보한다.

① 예방유지보수(Preventive Maintenance): 예방보전은 "설비의 예방조치이다." PM은 시스템의 기능상실 이전에 교체 가능 장치에 대하여 교체주기 및 점검주기를 말한다.

② 교정유지보수(Corrective Maintenance): 교정유지보수는 교체 가능 장치의 기능상실에서 부터 교체를 통한 전체시스템의 기능 복구까지의 시간이다.

③ 미국방규격 MIL-STD-472에 의하면 고장이 발생한 교체가능 장치에 대하여 교체에 필요한 예비품 및 장비 소유자의 현장 도착을 시점으로 수리 교체 점검을 마치고 정상상태로 복구까지의 시간을 말한다.

④ CM MTTR의 목표값은 KORAIL 기준 차상 ATP 시스템을 기준으로 설정한 값이며 1단계 유지보수에서 교체 및 수리에 요구되는 시간은 30분 이내로 하고 1단계 보다 높은 유지보수 단계의 MTTR은 2시간 이내로 한다.

3. RAMS 안전활동 체계

안전성 활동은 국제적인 국제기준을 근거로 활동되며 이러한 안전성 활동의 최종 목표는 시스템의 안전승인을 득하기 위한 과정이다.

1) RAMS 활동

① 시스템의 신뢰성, 가용성, 유지보수성, 안전성 특성을 정성 및 정량화 한다.

② 기존에 수행된 시스템관련 노하우를 객관적으로 문서화하고 위험 요인을 최소화하기 위한 노력이다.

③ 시스템의 신설, 개량, 유지보수, 폐기에 모두 적용한다.
프로젝트 초기에 실시하고, 프로젝트에 소요되는 비용과 시간을 효율화 할 수 있다.

④ 활동에 관계된 사항은 국내, 외에서 규격을 제시하지만 상세 활동에 대한 유일한 절차는 존재하지 않는다. 따라서 모든 활동은 최종사용자나 승인기간으로부터 수명 주기별 승인을 받아야 한다.

⑤ RAMS 활동은 사용부품에 대해 관리하고 정형화된 기법을 적용하여 위험원 도출 및 분석을 통하여 경험에 의한 안전성 확보, 설계에 제공하기 힘든 안전성 확보의 입증을 용이하게 할 수 있다.

⑥ RAMS 요구사항에 대한 명확한 이해와 활동계획 수립을 위해 RAM 프로그램과 Safety Plan의 사전 승인이 매우 중요하다.

2) 안전 계획서 작성

안전계획서 작성은 안전활동 계획 수립의 초기 단계이며, 위험원에 의한 사고의 심각도, 위험원 발생빈도를 통하여 정량적, 정성적 안전 목표치를 도출하고 위험에 대한 발생 가능성 분류를 통하여 안전성의 기준치를 설정한다.

3) 위험원 심각성 분류

위험원 분석 단계는 시스템의 설계부터 폐기 전 과정을 통하여 수행되고, 위험분석은 설계, 유지보수, 경영에 대한 결정을 내리는 판단의 근거를 마련하는 기준이 된다.

위험원의 완벽한 제거는 불가능 할 수 있으나 위험 분석의 목표 관리를 통하여 안전성 입증을 증명하게 된다.

아래 그림은 안전성 활동 절차를 도식적으로 나타낸 도표이고 위험원 발생 심각도에 따른 치명도를 설명한다.

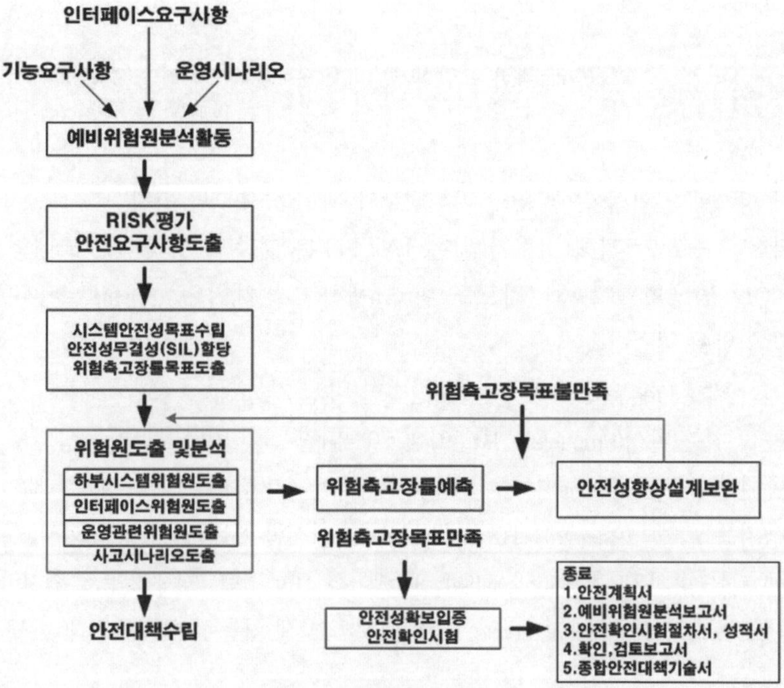

〈그림3-2〉 RAMS 활동 개요도

① 치명적 위험(Catastrophic): 3인 이상 사망, 시스템의 손실, 심각한 환경상의 피해를 유발하는 경우

② 중대위험(Critical): 1인 이상 3인 미만 사망, 직업상의 질병, 중요한 시스템 또는 환경상의 피해를 초래하는 위험

③ 중요하지 않은 위험(Marginal): 1인 이상 10인 미만 중상, 직업상의 질병, 최소한 시스템, 환경상의 피해를 초래함

④ 사소한 위험(Insignificant): 1인 이상 20인 미만 경상 직업상의 질병보다 작고 최소한의 시스템 및 환경상의 피해보다 작은 영향의 위험 초래함

4) 위험 발생 빈도

시스템 고장이 발생하는 경우 그로 인하여 부품이나 시스템, 운영자가 받는 영향의 정도를 평가하여, 영향도를 주안점으로 하여 분석하는 것이다.

중요도는 고장모드의 발생빈도와 영향도에 의해 평가하는 것으로 아래 식으로 구할 수 있다.

$$\text{중요도(Criticality)} = \text{발생빈도(Occurence)} \times \text{영향도(Severity)}$$

중요도 평가에 있어서 발생확률, 피해정도에 따라 중요도를 평가한다.

발생확률은 높지만 피해 정도가 낮은 EVENT는 자주 발생되는 시스템의 사소한 고장에 해당하고, 발생확률이 낮더라도 일단 발생하면 피해가 큰 이벤트는 시스템 및 안전에 심각한 영향을 미친다.

① 빈번한 발생(Frequent): 10^{-3} 이상 〈빈번한 발생 가능성〉

② 가능성 있는 발생(Probable): 10^{-4}이상 10^{-3}미만 〈여러번 발생 가능성〉

③ 종종발생가능(Occasional): 10^{-6}이상 10^{-4} 미만 〈가끔 발생 가능성〉

④ 발생가능성 미약(Remote): 10^{-8} 이상 10^{-6}미만 〈한두 차례 발생 가능성〉

⑤ 발생 가능성 거의 없음(Improbable): 10^{-9}이상 10^{-8}미만 〈발생 가능성 있지만 발생하지 않음〉

⑥ 발생가능성 전혀 없음(Incredible): 10^{-9}미만 〈발생 가능성 희박, 절대 발생 하지 않음〉

〈표3-1〉 시스템 위험원 평가표

리스크등급	치명적인위험	중대한 위험	경미한 위험	사소한 위험
Frequent	Intolerable	Intolerable	Intolerable	Undesirable
Probable	Intolerable	Intolerable	Undesirable	Tolerable
Occasional	Intolerable	Undesirable	Undesirable	Tolerable
Remote	Undesirable	Undesirable	Tolerable	Negligible
Improbable	Tolerable	Tolerable	Negligible	Negligible
Incredible	Negligible	Negligible	Negligible	Negligible

위에서 위험의 발생 빈도와 심각도에 따라서 정량적인 수치와 정성적인 수치를 제시하여 위험 관리를 하고 안전성에 위해를 주는 요소에 대하여 발생 빈도를 줄여 위험관리를 수행한다.

4. 안전성 활동

시스템에 요구된 정량적 목표값을 달성하기 위해서 객관적 정보를 통해 목표 달성을 입증하고, 시스템이 위험원으로 인한 리스크가 허용할 수 있는 수준으로 달성되었음을 객관적으로 입증한다.

1) 안전성 활동 조직구성 및 역할

안전성 활동조직은 시스템으로 인한 위험 발생빈도 또는 심각도에 따라 독립성이 보장된 인원에 의해 수행된다. 조직 독립성에 대한 IEC 기준은 SIL 기준 및 사고결과의 심각성에 따라서 독립된 기관을 운영해 RAMS 활동을 수행해야 한다.

(1) 평가기관의 주요업무

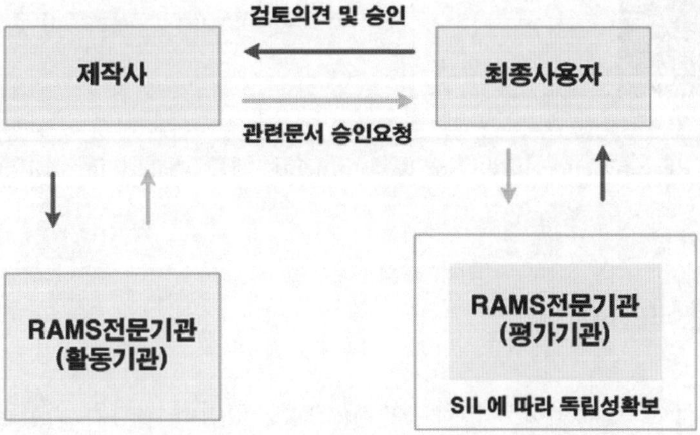

〈그림3-3〉 RAMS 활동 조직구성

가. 문서승인: RAMS활동계획서, 예비위험원 분석보고서, 위험원 목록, RAM 입증보고서.
나. 위험원 목록평가 : 위험원 도출 및 분석의 건전성, 위험원 리스크 평가, 누락 위험원 평가
다. 요구사항 평가: 관련규격 및 기준의 요구사항, RAMS활동 계획서에 명시된 활동의 요구사항, RAM 요구사항의 만족여부 평가
라. 안전 승인 : 종합 안전대책 기술서 승인

RAMS 활동 조직의 강제사항은 없지만 관련 규격에서 권고하는 사항이 존재하고 적용 규격의 요구사항을 만족하여야 한다.
시스템에 요구되는 안전성 단계는 적용 분야에 따라 달라질 수 있다. 시스템의 안전에 중요한 역할을 하는 연동장치 ATP장치 등은 유럽기준 안전무결성(SIL) 4단계로 분류되고 열차번호 표시 등은 그보다 하위 기준인 SIL2 기준을 적용하고 있다.

독립성의 최소레벨	SIL			
	1	2	3	4
독립된 인원	HR	HR	NR	NR
독립된 부서	-	HR	HR	NR
독립된 기관	-	-	HR	HR

HR: Highly Recommend, NR: Not Recommend , SIL: Safety integrity Level

5. 예비위험 분석(PHA)

예비위험 분석 과정을 통해서 열차제어 시스템에 있어서 최상위 위험원을 도출하고 이와 관련하여 안전성 대책을 수립하여 위험을 제거하거나 완화하기 위한 안전활동을 수행하게 된다. 예비위험분석의 결과인 최상위 위험 발생 원인을 추적하여 발생빈도와 위험원의 리스크 수준이 기준 이하로 되었음을 정량적으로 입증하기 위하여 위험원 도출 및 분석 활동을 수행한다.

아래 도표는 예비 위험요인 분석을 나타낸다.

관련 항목	잠재적 사고	심각도	위험상황	기 능 불충족	위헝상황 초래	예방조치	책임 권한
A01-A01	후면충돌		열차후면에 잘못된 열차위치 배치	열차이동 모니터링	차상ATP장치 고장 열차 초기화 오류	ATP안전 설계	ATS(T)
A02-A01	정면충돌		두 대의 열차가 잘못된 운행경로 설정	경로설정 및 연동 로직구현	부적절한 운행 경로설정	Fail-Safe 설계	ATS(T)
A03-A01	측면충돌		두 대의 열차가 잘못된 운행경로 설정 마주보고 운행	부적절한 열차운행 경로설정 열차운행 혼동유발	부적절한 운행 경로설정	열차충돌 지점은 안전 하게 설정	ATS(T)

6. 위험원분석 및 평가과정

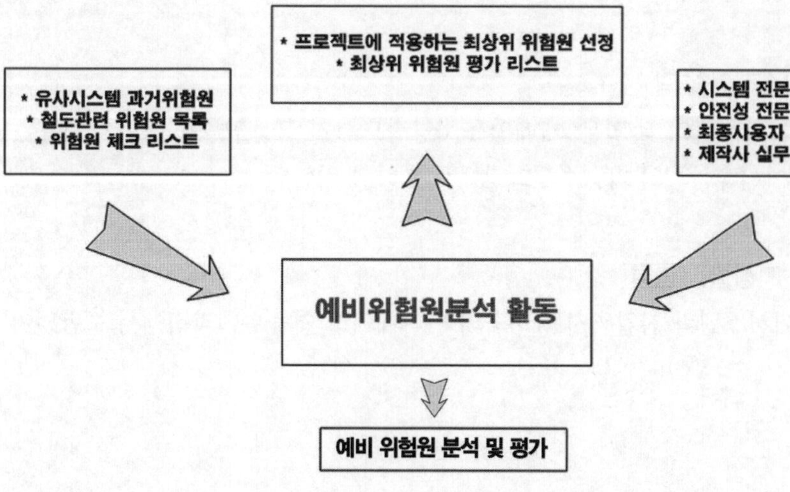

예비 위험원 분석을 통해 시스템이 갖고 있는 위험원을 도출하고, 이러한 위험원의 발생빈도, 심각도를 분석을 통하여 위험도를 분석한다. 위험도평가 후 허용할 수 있는 수준으로 제어하기 위한 방안을 마련하고 문서화한다. 만일 설계 변경이 발생되면 위 과정을 재 수행한다.

1) 열차제어 시스템 중대위험 요소

(1) 열차간 충돌

열차안전간격, 열차구름, 열차편성분리, 열차진로연동, 열차주행방향 등 기능수행과정에서 포함되어 있는 위험원

(2) 열차와 구조물간 충돌

종단궤도보호, 제한진로보호의 기능수행과정에서 포함되어 있는 위험원

(3) 열차 탈선

과속보호, 진로연동보호 기능수행과정에서 포함된 위험원

(4) 열차와 자동차간 충돌

건널목에서 위험원

(5) 운영요원과 공사열차와의 충돌

업무구역보호기능의 기능수행과정에서 포함되어 있는 위험원

(6) 열차 탑승객의 추락

열차제어시스템의 출입문 개폐연동, 영속도검지 및 출발연동을 제공하는 열차 출입문 시스템 인터페이스의 기능수행과정에서 포함된 위험원

(7) 열차와 지장물간 충돌

열차제어시스템과 침입검지 장비와의 인터페이스 기능수행과정에서 포함되어 있는 위험원

〈표3-2〉 잠재적 사고와 예비위험요인 분석의 상관관계

잠재적 사고 식별 번호	시스템 PHA 잠재적 사고	심각도 수 준	신호 잠재적 사고 그룹	신호잠재적 사 고 그룹	신호잠재적 사고그룹 번호	신 호 P H A 의 잠재적 사고 설명	최 대 심각도 수 준
01	충 돌	1	A	충돌	A01	열차후면 충돌	1
					A02	열차정면 충돌	1
					A03	열차측면 충돌	1
					A04	시스템 구조물과 충돌	1
					A05	선로상의 물체와 충돌	1
02	탈 선 전 복	1	B	탈선	B01	과속에 의한 탈선	1
					B02	부정확한 위치에 따른 선로전환기상의 탈선	1
					B03	선로 결함에 따른 탈선	1
03	화 재 질 식	1	D	임의사고	D05	차량, 역, 기지내 화재	1

2) 위험원 도출 방법

고장모드 영향분석 기법에는 FMEA(Failure Mode Effect Analysis), HAZOP(Hazard and Operability) 기법이 사용된다. 이 중에서 FMEA는 정성적 분석 중에서 기능적인 면을 중심으로 시스템 구성품의 기능 및 성능에 대한 영향을 평가할 수 있으며, 고장모드는 기기나 부품의 고유특성의 변화나 기기에 가해지는 스트레스 등의 원인에 의해서 발생한다.

고장 발생의 원인은 단계적 메커니즘을 가지며 메커니즘 검토를 통하여 고장 발생의 원인을 규명할 수 있다. 일반적으로 국제전기 표준인 "IEC 60812: FMEA" 기법을 사용한다.

FMEA 기법은 부품 고장간의 인과관계를 체계적으로 규명하고, 시스템에 치명적일 수 있는 고장모드, 단일 결함이 고장의 파급으로 이어질 연관성에 대하여 검토하고 정상적인 기능이탈, 파생된 결과에 대하여 FMEA 기법을 사용해 분석한다.

(1) FMEA 분석방법

① 단일부품, 재료, 장비 고장이 그 영향이 시스템이나 설비에 어떤 영향을 미치는가를 상위수준으로 분석하는 방법이다.

② 하나의 부품이 고장난 경우 고장을 모드별로 분류하고 전체 시스템이나 작업자에 어떠한 영향을 미치는가를 도표화 하여 분석한다.

③ 이 기법은 상향식(Bottom-Up)이고 정성적인 위험성 분석기법이다.

(2) HAZOP (Hazard and Operability) 기법

시스템의 안전성을 평가하는 기법으로 위험원 분석을 정성적인 방법으로 하며 전담팀이 기본설계부터 상세설계, 운전과정까지의 위험요소에 대한 위험도에 따른 등급별로 정성적 평가를 한다.

(3) FMEA 분석절차

① 분석할 범위 지정: 시스템은 정해진 기능 달성을 위해서 서브시스템 (Sub-System)의 조합으로 이루어졌고, 서브시스템(sub-system)은 각각의 구성품으로 이루어져 있다. 따라서 FMEA기법을 사용하여 분석할 경우 분석 단계의 결정은 분석 범위의 결정에 중대한 영향을 미친다.

② 시스템, 부품 등의 고장모드(failure mode)를 선정한다.

③ 품목이름, 기능을 열거하고 잠재고장 모드의 리스트를 작성한다.

④ 잠재고장(potential failure)에 대한 과거사고 사례에 대한 모든 고장, 고장기록 브레인스토밍(brain storming) 기법을 이용한다.

3) 위험 우선순위에 의한 중요도 평가방법

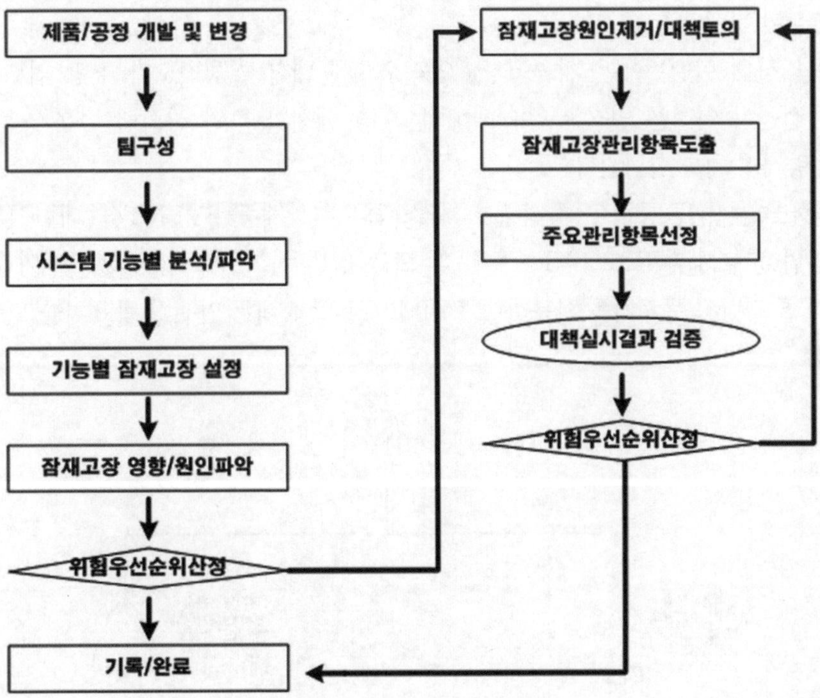

〈그림3-4〉 FMEA 분석절차

위험우선순위 평가를 위해서 고장모드에 대한 발생빈도(occurrence) 영향도(severity)에 의한 중요도(criticality)를 평가하고, 이것에 검출도(detectability)를 포함시켜 위험도를 산출할 수 있다.

4) 위험원 분석 방법(FTA)

FTA 기법은 시스템의 고장을 발생시키는 정상사상(TOP EVENT)과 하위사상과의 논리적인 부울대수(Boolean Algebra)를 사용하여 나뭇가지 모양의 그림으로 고장수목(fault tree)을 만들고 시스템의 고장확률을 구하여 문제가 되는 부분을 찾아내어 시스템의 신뢰성을 개선하는 개량적 고장해석 방법이다.

이 기법은 고장 부품 상호간 인과관계를 체계적으로 규명하고 시스템에 치명적일 수 있는 고장모드로 파급될 수 있는 단일결함의 최초 징후를 제공한다는 큰 장점을 가지고 있다. 이전에 알려져 있지 않은 가능한 결과를 추적할 수 있다.

결함트리분석(FTA): 상향식 분석 방법으로서 위험원도출 위크 시트의 이상현상 및 원인을 최하위 이벤트로 설정하여 최상위 이벤트의 발생 빈도를 전기 시스템의 예를 적용하여 아래의 그림과 같이 분석 하였다.

FTA의 최하위 이벤트에는 기능고장, 인적오류에 대한 발생빈도가 정량 입력되어야 하고, 정량적 접근이 어려운 인적오류에 대해서 PHA 에서와 같이 시스템 전문가 집단이 ETA를 통해 정량적 수치를 할당한다.

FTA(결함트리분석)을 통하여 차상신호 시스템의 비상제동 EVENT에 대한 분석을 상향식 분석 방법을 통하여 TOP EVENT 분석 도출 방법을 그림으로 나타내면 아래와 같다. 각 EVENT별 정량적 목표치를 사용하여 TOP EVENT에 대한 안전성 목표치를 도출할 수 있다.

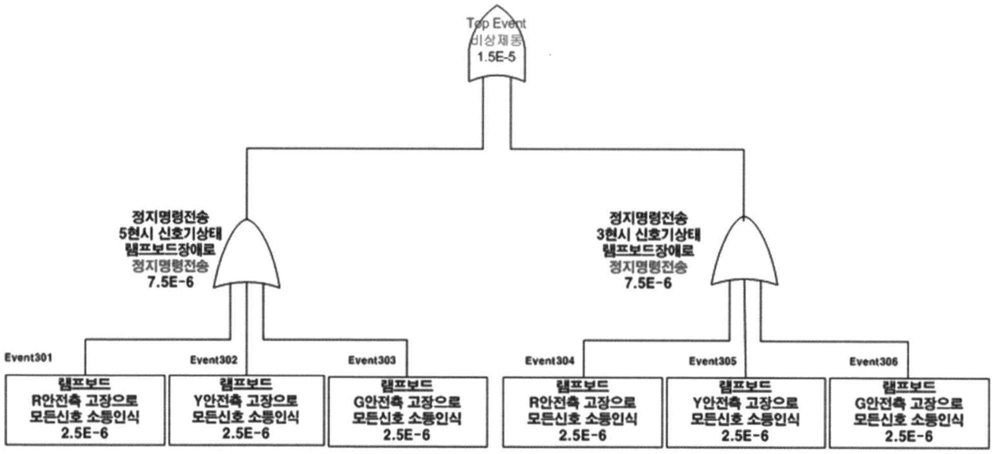

〈그림3-5〉 FTA 상향식 분석 절차

7. 위험원 목록(Hazard Log)

작성 기준은 별도로 규격화 되어 있지 않으며 제작사 및 운영기관별로 자체 양식을 정하여 활용하고 있다. 열차제어 시스템에서 위험원이 허용 범위내에 포함되는지 판정을 하는 기준 자료가 된다.

위험원 목록 작성의 목적은 운영제어 시스템의 위험원이 허용 할 수 있는 수준으로 완화되었는지 검증하는 수단으로 사용된다.

〈표3-3〉 위험원 목록 양식

위험원	위험원 설명	최종 리스크	사고결과 (영향분석)	원인	관련 장치	관련구성 요소	안전대책	기타사항

8. 철도시스템 수행단계별 RAMS 수행절차

RAMS 수행단계	안전성 과업	신뢰성, 가용성, 유지보수성 과업	일반적 과업
1. 개념 설정	이전에 달성된 안전성 성능의 사전검토 프로젝트의 안전사항 검토 안전성 목표 검토	과거 RAM 성과 검토 프로젝트의 RAM 관련성 검토	철도프로젝트의 개념정의 프로젝트의 범위와 목적구축 경영분석 및 실용성 연구
2. 시스템 정의와 적용조건	과거 데이터에 의한 안전성 평가 사전 위험상태 조건 수행 전반적 안전계획 구축 PHA에 의한 위험도 기준 정의 기존설비의 제약조건의 안전성 영향확인	과거 데이터 검토에 의한 RAM 적용, 예비 RAM 분석 수행 RAM 정책설정 장기운영 및 유지보수 조건 확인 기존 설비제약 조건의 RAM 영향 확인	시스템 임무 프로필의 수립 시스템 설명서 준비 운영과 유지보수 전략의 확인 운영조건의 확인 유지보수조건의 확인 기존설비의 제약조건의 영향확인
3. 위험도 분 석	위험상태, 안전성 위험도 분석 위험상태 기록 위험도 평가(Risk Assessment)	—	프로젝트 관련 위험도 분석 착수
4. 시스템 요구사항	시스템 전체 안전성 요구사항 구체화 안전성 수용기준 정의 안전성과 관련된 기능 요구사항 정의 안전성 관리의 수립	RAM 요구사항 구체화(시스템전체) RAM 수용기준 정의 시스템의 기능적 구조 정의 RAM 프로그램 수립 RAM 관리 수립	요구사항 분석의 착수 시스템 요구사항 구체화 환경의 구체화 시스템의 입증과 수용기준 정의 검증 계획 수립 관리, 품질, 조직 요구사항 수립 변경 제어절차의 구현

5. 시스템 요구사항 배분	시스템 안전성 목표와 요구사항 배분 하부시스템과 부품의 안전성 요구사항, 수용기준 정의 시스템 안전성 계획의 갱신	시스템 RAM 요구사항 배분 - 하부시스템과 부품의 RAM 요구사항 구체화 - 하부시스템과 부품의 RAM 수용기준 정의	시스템 RAM 요구사항 배분 - 하부시스템과 부품의 요구사항 구체화 - 하부시스템과 부품의 수용기준 정의
6. 설계와 구현	시스템 검토, 분석, 시험, 데이터 평가에 의한 Safety Plan 구현 위험상태 기록, 분석, 위험도 평가 안전성 관련된 설계 의사결정 정당화 안전성관리, 공급자관리 (하부계약포함) 일반적인 안전성 증빙문서마련 일반적인 응용안전성 증명의 준비마련	신뢰성, 가용성, 유지보수성을 포괄하는 검토, 분석, 시험, 데이터 평가에 의한 RAM 프로그램 구현 다음을 포괄하는 프로그램 제어 착수 - RAM 프로그램 관리 - 하부계약자, 공급자들의 관리	계획의 수행 설계와 개발 수행 설계 분석과 시험의 수행 설계 증명의 수행 구현과 검증 수행 지원 자원 설계의 수행
7. 제조	검토, 분석, 시험, 데이터 평가에 의한 안전성 계획을 구현	외부환경 적격 시험 수행 RAM 개선시험 수행 고장보고분석 및 수정활동 (FRACAS)	생산계획 수행 및 제조 구성요소 하부어셈블러 제조, 시험 문서화 마련 훈련구축
8. 설치	시스템의 설치 및 구현	유지보수자 훈련시작 예비부품과 공구 공급 구축	시스템 조립 시스템 설치
9. 시스템 검증	시운전 실행, 발생된 문제점 Safety Case 설정	RAM 입증수행	시운전 시범운영 수행 훈련 착수
10. 시스템 인수	Safety Case 평가	RAM 입증평가	인준기준에 의한 인수절차 착수 인수를 위한 증빙자료 수집 운영시작 및 시범 운영기간 지속
11. 운영 유지보수	안전성 중심의 유지보수 착수 안전 성능감시 및 위험기록 작성	예비품과 공구의 상시 조달 상시 신뢰성 중심의 유지보수 세부계획 지원 실행	시스템운영, 상시 유지보수 수행 상시 훈련 착수
12. 성능 감시	*안전성과 관련된 통계량 수집, 분석, 평가	*성능, RAM통계량 수집, 분석, 평가	운전중의 성능 통계자료 수집 자료의 획득, 분석

13. 수정과 개조	시스템 변경, 개선시 안전 고려사항 검토	변경과 개선을 위한 RAM 관련사항 고려	변경요구절차 구현 변경과 개선절차 실행
14. 해체 폐기	안전성 계획수립 위험요소 분석 및 위험도 평가 안전성 계획 구현	RAM 활동사항 없음	사용중지 폐기 계획 사용중지 착수

9. CBTC 시스템에 적용된 RAMS 목표치

국내 · 외 신뢰성 및 안전성에 관련된 표준은 국가별 제시된 기준이 다소 상이 할 수 있으나 철도 안전성의 기준은 유럽 표준을 근간으로 국제표준이 제정되어 철도 분야의 안전성 인증 및 승인에 표준을 제시하고 있다. 철도신호시스템의 CENELEC 규격의 표준 범위를 그림으로 나타내면 아래와 같다.

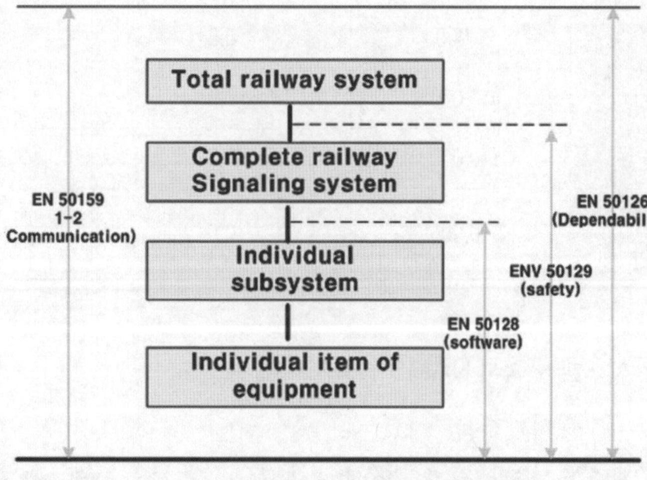

〈그림3-6〉 CENELEC 규격의 범위

1) 열차제어 시스템 구축시 RAMS 목표치(국내)

RAMS 활동 요구사항의 기준은 EN50126, EN50128, EN50129, EN50159, ENV50121-3-2, ENV50121-4의 안전 및 설비별 규정에 만족할 수 있는 기준을 근거로 RAMS 목표치를 정하여 시스템에 적용하였다.

안전성은 프로그램 계획서(SPP), 예비위험도 분석 보고서(PHA), 운영 및 지원에 관한 위험도 분석보고서(Q&SHA), 안전성 분석 보고서(SAR), 결함 나무 분석(FTA) 작성을 통하여 분석한다.

RAM활동은 신뢰성, 유지보수성 프로그램 확립, 신뢰성, 가용성(MTBF/MTTF/MTTR), 가용성 및 신뢰성 입증시험, 신뢰성 및 유지보수성 입증을 통하여 정량적 목표치를 수립한다.

〈표3-4〉 RAMS 정량적 목표치

구 분	RELIABILITY (MTBF)	MAINTAINABILITY (MTTR)	AVAILABILITY (%)	SIL
시스템전체	45,000	0.5	99.99	4
차상장치	5,000	0.5	99.99	4
지역제어기	10,000	0.5	99.99	4
통신설비	10,000	0.5	99.99	2
자동열차감시 장치 (ATS)	10,000	0.5	99.99	2

2) 차상 ATP 시스템 구축시 RAMS 목표치(국내)

〈표3-5〉 차상 ATP 시스템 RAMS 정량치

구 분	RELIABILITY (MTBF)	MAINTAINABILITY (MTTR) 시간	AVAILABILITY (%)
시스템전체	45,000	2	99.99
Significant	102,000	2	99.99
Major	13,600	2	99.99

국제기준(IEC 61508)에 의한 안전무결성(SIL)의 단계는 SIL4~SIL0 5단계를 가지며 SIL4는 가장 엄격한 기준이 적용되고, SIL1은 가장 낮은 기준이 적용된다. SIL0는 위험을 통제하는 안전사항과 무관하다.

안전성 무결성 단계는 시스템의 위험도에 따라 다르게 적용되며 위험이 발생하는 빈도와 치명도의 조합에 의해서 결정된다. 철도신호 시스템에 적용되는 ATP, 궤도회로장치, 연동장치는 안전무결성(SIL)은 SIL4을 적용한다.

3) 안전무결성(SIL) 정량적 목표치(유럽)

허용가능 위험율	SIL
10E(-9)≥위험률<10E(-8)	4
10E(-8)≥위험률<10E(-7)	3
10E(-7)≥위험률<10E(-6)	2
10E(-6)≥위험률<10E(-5)	1

4) 사건 발생빈도와 피해 정도에 따른 정량적 목표치(유럽)

Description	
Disastrous	피해가 큰
Catastrophic	피해가 있는
Critical	Critical
Serious	심각한
Marginal	덜 중요한
Negligible	하찮은

내용	빈도(/년)
빈번한	>1
있음직한	1~0.1
가끔의	0.1~0.01
희박한	0.01~0.0001
있을 수 없는	0.0001~0.000001
믿어지지 않는	<0.000001

5) 피해 심각도에 따른 사람, 정신적, 서비스에 미치는 영향 분석(유럽)

결 과	인적 혼란	정신적 피해	시스템 손실
피해가 큰	다수의 사망(51-500) 부상자 다수(500) 사소한 부상자 다수(500)	안전 운송 수단으로 운영기관의 명성에 심각한 위기	광범위한 개조를 위한 MRT 부분의 장기간 정지
피해가 있는	사망(5-50) 다수의 큰 부상(51-500) 사소한 부상(500인 이상)	경험이나 여론 때문에 다수가 열차 승차 두려움	MRT부분의 최소한1주 정지 (광범위한 개조 및 수리)
Critical	소수의 사망(5) 몇몇 큰 부상(5-50) 다수의 경상(51-500)	관련자에게 지속적인 정신적 외상을 일으키는 사건	MRT 부분의 최소한 1주 정지(광범위한 수리)
심각한	소수의 큰 부상(5) 몇몇 사소한 부상(5-50)	관련자에게 상당한 단기 충격을 주는 사건	MRT부분의 최소 하루정지(사소정지)
덜 중요한	소수의 사소한 부상(5)	그룹에게 고통이나 걱정을 유발하는 사건	최소한 1시간동안 열차의 계획되지 않은 정지
하찮은	-	개인에게 고통이나 걱정을 유발하는 사건	열차운행이 1시간 이내로 정지하거나, 계획된 정지

6) 국내 · 외 안전성 신뢰성 평가 방법 비교

구 분	국 내	국 외
안전성 평가	사고와 관련된 위험원 예비위험 분석(PHA)도출 HAZOP 및 FMECA를 통한 위험원 분석 FTA 및 ETA를 통한 위험원 분석	사고와 관련된 위험원 예비위험 분석(PHA)을 통해 도출 HAZOP 및 FMECA를 통한 위험원 분석 FTA 및 ETA를 통한 위험원 분석
신뢰성 평가	MIL 규격을 통한 시스템 고장률 예측 전체 시스템의 신뢰도 예측	하드웨어와 소프트웨어별, 또는 전체시스템의 신뢰도 모델링 규격에 의한 시스템 신뢰도 예측

위에서 고찰한 국내 · 외 RAMS 목표 정량치는 안전성 확보유무를 판단하는 목표 기준치의 판단 근거가 된다.

안전성 활동의 목표치가 허용 범위 내에 수용될 수 있도록 위험원의 발생 빈도를 줄이거나 리스크의 감소를 통하여 안전성 목표치에 도달할 수 있도록 RAMS 활동을 수행한다.

2 신호분야 RAM 입증 방법

1. RAM 입증 조직 및 역할

열차운행시스템의 RAM 활동을 위한 수행 조직은

- 총괄 사업관리자(PM)
  RAM 검증활동의 총괄관리 및 성과물에 대한 승인

- SE 총괄 관리자(SE-PM)
  RAM 검증 활동의 관리 및 성과물에 대한 검토

- RAM 관리자(RAM 전문 업체)
  1) RAM 검증활동의 계획 수립
  2) Sub-System 성과물에 대한 검토
  3) 분야별 RAM 입증 활동결과 통합 및 시스템 입증활동 문서작성

- 세부 분야별 RAM 담당자(시스템공급사)
  ATP/ATO
  전자연동장치, 신호기, 선로전환기 등
  ATS(종합관제)

  1) 신호분야 RAM 입증계획에 따라 입증활동 수행
  2) 고장데이터 내용 기반으로 신뢰성/유지보수성/가용성 입증
  3) RAM 입증활동의 성과물 작성 및 SE 부분 RAM관리자에 전달
  4) 일일 현장조치 보고서 취합

현장조치 보고서 기반 다음 활동 수행
1) 신호고장 상황분석 및 고장 원인분석
2) 신호고장 시정조치 요구 및 이력관리
3) 신호고장 시정조치 완료확인
4) 신호고장 데이터 양식 작성

2. RAM 입증 요구사항

신호시스템의 RAM 입증 요구사항은 발주처와 계약한 계약서의 내용에 따르며 Safety 검증 계획은 별도의 문서로 작성된다.
RAM, Safety 입증시험은 신호제어시스템의 시운전이 완료된 후에 시작한다. 계약상대자는 입증시험 기간 종료 후에는 입찰시 제출했던 계획 및 주요 장치의 신뢰성 설계목표치 이상이어야 하며 RAM, Safety 입증시험은 다음 조건으로 행한다.

1) 적용대상 : 전 신호제어시스템에 적용된다.
2) 점검 및 정비 : 유지보수 주기에 따른다.
3) 입증시험 기간 : 영업운전 시작 후 1년 이내이다.

가. 신뢰성 입증

가동시간(hr)당 영업 고장 횟수(MTBSF)를 조사 기록한다.

1) 영업고장이라 함은 기능 손실로 열차의 계획운행시간에 대비하여 운행지연을 발생시키는 고장을 말하며, 운행계획 대비 종착역에 2운전시격 이상 지연도착을 말한다. 단, 고장차량으로 인한 타 차량의 모든 지연 및 인위적인(운영자 잘못 또는 승객에 의한 고장 등) 지연은 신뢰성 평가시 지연으로 보지 않는다.
2) 신호제어시스템 영업개시 후부터 12개월 동안 MTBSF를 RAM수행계획서에 제시된 목표치를 달성해야 하며 미달성시 도달할 때까지 신호시스템의 하자보증기간은 연장된다.
3) 고장데이터와 수리작업보고서 원인분석보고서 등을 시운전 개시일부터 신뢰성 입증시험 완료까지 매월 보고한다.
4) 신뢰성 입증계획은 고장분류, 신뢰성시험 판정기준 등을 포함한다.
5) 모든 편성의 신뢰성기준치를 달성한 후 "신뢰성입증완료보고서"를 제출하여 발주처의 승

인을 받아야 하며, 이에 부합하기 위한 모든 비용 및 조치는 계약자 책임으로 수행한다.

6) MTBSF의 지속적인 증가를 증명하기 위하여 신뢰성 개발/성장 시험을 시행하여야 하며 이 시험결과는 신뢰성완료보고서에 제출하여야 한다.

나. 가용성 입증

1) 영업개시 후 6개월의 시스템 안정 기간을 거친 후 3개월 단위로 2회 실적으로 평가를 실시하여 목표치 이상임을 입증하여야 한다.(기간은 계약 내용에 따른다)
2) 실적평가 시 가용성 목표에 미흡할 경우 추가 3개월 단위로 입증시험을 수행하여야 하며 미달성 시 도달할 때까지 전체 신호시스템의 하자보증기간은 동일기간 만큼 연장된다. (목표 달성 시 까지 계약자가 비용을 부담하여야 한다)

다. 유지보수성 입증

1) 발주처가 지정하는 유지보수성(MTTR) 항목에 대하여 계획 목표가 달성되었음을 시험을 통해 입증하여야 한다.
2) 신호시스템 수준 및 구성요소의 보수예방정비의 각 요구조건을 만족하는지 확인한다.
3) 모든 유지보수성 시험은 신호시스템 납품완료 후 6개월 이내 완료하고 운영사 상황에 따라 협의하여 조정할 수 있다.
4) 유지보수성의 목표에 미흡할 경우 MTTR 해당 항목에 대한 추가시험 및 입증하고, 계약자 비용으로 모든 조치를 행하여 목표를 달성해야 한다.
5) 유지보수성 향상을 위하여 차상신호장치, 지상신호장치, 선로장치 구분하여 계획된 MTTR 시간 및 모든 보수정비 활동의 90%에 대한 최대 계획 정비시간을 입증한다.

3. RAM 분야 입증 항목

신호시스템 RAM 분야의 입증항목은 열차시스템 요구사항 추적관리표를 기반으로 식별되고 코드명을 정의하여 사용한다.

VRAM－***(열차운행시스템 요구사항 중 RAM 분야에서 입증하는 항목코드)

V(Verification) RAM ***(일련번호)

SS－***(요구사항 분야에서 정의한 신호분야 요구사항 코드)

4. RAM 입증 모델(산출식)

1) 신뢰성 입증 모델(예시)

$$\text{신호시스템 MTBSF(hr)} = \frac{\text{신호시스템 총 서비스 가동시간}}{\text{신호시스템에 의한 고장건수}} \geq 300[h]$$

입증 모델은 계약서의 입증 기준으로 모델링하며 본 모델로 신뢰성 입증을 수행한다.

2) 가용성 입증 모델(예시)

$$\text{신호 서비스 가용성} = \frac{\text{총 영업운행계획시간}}{\text{총 영업운행계획시간} + \text{신호고장 누계시간}} \geq 99.5\%$$

입증 모델은 계약서에서 제시한 가용성 모델을 사용하며 가용성 입증을 수행한다.

3) 유지보수성 입증 모델

신호시스템의 유지보수성은 발주처와 협의된 지정항목에 대하여 시연을 통하여 TTR(Time To Repair)을 측정하여 입증한다.

5. RAM 입증 방법 및 절차

신호시스템의 RAM 입증은 RAM 목표와 입증기준을 기반으로 수행한다. 수명주기 단계별 RAM 관련 결과물을 기반으로 V&V 활동을 수행한다.
SE 관리계획에 있는 검증(Verification) 및 확인(Validation) 개념을 기반으로 신호시스템 수준에 따라서 V&V 활동을 수행한다.

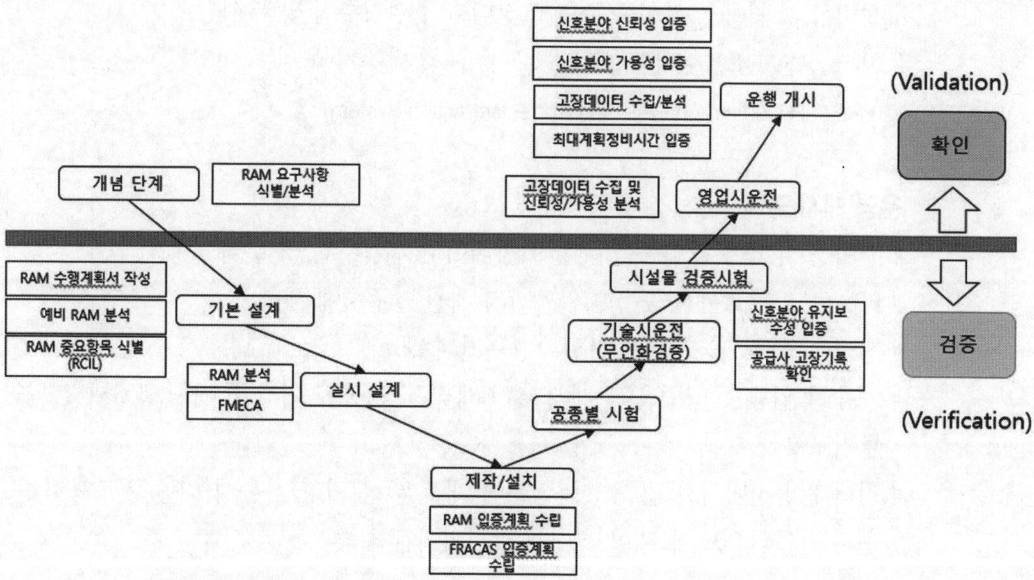

〈그림3-7〉 열차운행시스템 RAM 관련 V&V 절차(V&V : Verification & Validation)

1) 검증(Verification)

○ 공종별 시험단계

설계/제품 변경으로 RAM 예측값 변경 모니터링(관련문서에 변경내용 반영)

○ 기술시운전(무인화 검증) 단계

신호분야 유지보수성 입증(발주처 지정 항목)

#설계/제품 변경으로 RAM 예측값 변경 모니터링(관련문서에 변경내용 반영)

신호분야 "시운전 부적합사항 보고서와 조치결과서"를 근거로 고장보고서 제출

○ 시설물 검증시험 단계

신호분야 유지보수성 입증(기술시운전 단계에서 완료시 제외)

설계/제품 변경으로 RAM 예측값 변경 모니터링(관련문서에 반영)

신호분야 "시운전 부적합사항 보고서와 조치결과서"를 근거로 고장보고서 제출

2) 확인(Validation)

○ 영업시운전 단계

신뢰성 및 가용성 분석을 위한 고장데이터 수기수집 및 분석
FRACAS(고장보고분석 및 조치) 보고서, 매월 발주처에 제출
(Failure Reporting, Analysis and Corrective Action System)

○ 운영 개시 단계
신뢰성 및 가용성 입증을 위한 고장데이터 수기수집 및 분석
FRACAS 보고서 입증시험 완료까지 매월 발주처에 제출
신뢰성 입증 : 영업운전 개시 후 1년간 수행
가용성 입증 : 영업운전 개시 후 6개월간 안정화 기간을 거치고 6개월 동안 3개월 주기로 2회 수행
최대계획 정비시간 입증 : 영업운전 개시 후 신뢰성/가용성 입증 완료까지 모든 보수 정비 활동의 90%에 대한 최대계획 정비시간 입증

3) RAM 목표 및 입증 기준

○ 정량적인 RAM 목표

계약서 요구사항에 의거 시스템 서비스가용성 목표는 99% 이상이라면 이 시스템 서비스가용성 목표를 기준으로 신호시스템에 할당된 서비스 가용성은 다음과 같이 예시할 수 있다.

철도신호시스템 서비스가용성 목표 : 99.5%(예시)
무인운전시스템의 신호시스템 가용성 목표는 일반적으로 99.5% 수준임.

항 목	목 표	비 고
신뢰성	MTBSF(300시간 이상)	계약서 요구(예시)
유지보수성	MTTR(1.5 시간 이내)	- “-
가용성	99.5 % 이상	- “-

4) 신호시스템 고장 정의

신호시스템에 대한 고장정의는 계약서 요구사항에 의한다.

○ **서비스고장(Service Failure)은 다음과 같다.**

신호고장으로 열차가 종착역에 2운전시격 이상 지연도착

(보통 5분 이상 지연 도착을 기준으로 한다.)

ex : 2.5분 시격시(5분), 3분 시격시(6분)

정비 불량으로 인한 것을 제외한 계획된 영업운행 철회

(정비 불량에 대해서는 상호 입증되어야 한다.)

영업운행 중에 고장으로 인해 운행선로에서 차량 교체

서비스고장의 세부 지침은 신뢰성 입증 전 별도협의로 결정

○ **고장 미 발견**(No Fault Found)

고장정비 시 고장징후나 고장현상이 확인되지 않고 정상으로 확인

○ **책임 없는 고장**(No Chargeable Failure)

고장 미 발견에서 정의한 내용

타 시스템이나 외부 영향에 의해 발생한 고장, 누적된 차량 지연

비정상적인 상태에서 영업운행을 하여 열차의 지연 또는 고장

운행, 정비지침 규정을 준수하지 않아 발생한 고장

5) 신뢰성 입증방법

신호시스템 신뢰성 입증 시기는 영업개시일 부터 12개월 동안 MTBSF 목표값이 달성되었음을 입증하며 MTBSF 목표값은 300시간(예시)이다.
목표값 미달성 시 도달할 때까지 시스템하자보증기간이 연장된다.

신호시스템의 신뢰성 입증은 다음 수식(모델)을 사용한다.

$$\text{신호시스템 MTBSF 목표값} = \frac{\text{신호시스템 총 서비스 가동시간}(h)}{\text{신호시스템에 의한 고장건수}}$$

신뢰성 개발/성장의 경우 신뢰성 입증 시작일부터 완료일까지 매월 보고서(고장데이터, 수리작업보고서, 원인분석보고)를 기반으로 신호시스템의 MTBSF를 산출하여 증가하는 추이를 분석한다.

6) 유지보수성 입증방법

유지보수성 입증은 발주처에서 지정한 지정품목을 대상으로 수행한다.

입증 시기는 전구간의 연동검사 완료 후 6개월 이내에 완료해야 하며 상황에 따라 협의하여 일정을 조정할 수 있다.

유지보수성 입증은 RAM 분석을 통해 산출한 TTR(Time To Repair) 고장수리시간을 기준으로 수행한다.

7) 유지보수성 입증 항목(예시)

계약서의 요구사항을 기반으로 신호시스템에 대한 유지보수성 입증 활동
수행을 위한 항목은 발주처와 사업수행사업단(PM)의 신호분야간 협의를 통하여 항목들을 선정한다.

코 드	아이템	항목	조치방법(예시)
F 11000	관제설비(ATS)		
F 11500	스케줄관리 콘솔	○	전원ON/OFF, 케이블 분리/연결, 기능 확인
F 12230	LDP 콘트롤 PC	○	- “-
F 13100	LCC 콘솔 PC	○	- “-
F 22100	무선송수신장치	○	ANT케이블 탈거/결선, ANT교체, 기능 확인
F 31100	지상ATP/ATO(SC)	○	전원ON/OFF, 모듈 분리교체, 기능 확인
F 31300	차상 VOBC장치	○	- “-
F 32100	차축검지기(ACE)	○	- “-
F 41100	전자연동장치(EI)	○	- “-
F 41116	선로전환기 모듈	○	- “-

※ 선정된 항목에 대하여 신호분야는 시연을 통하여 입증을 수행하며 결과는 별도의 확인서를 통하여 발주처에 제출한다.

8) 최대 계획정비시간 입증

운영개시 이후 신뢰성/가용성 입증 완료까지 신호시스템 고장조치에 대한 수리작업보고서를 기반으로 신호분야 RAM 수행계획에 제시된 MTTR과 신호시스템으로 인한 모든 서비스고장 발생건 중 90%가 모든 보수정비 활동의 90%에 대한 최대 계획정비시간(Mmax : 3,465시간) 이내에 고장 조치를 완료되었음을 입증한다.

(모든 보수정비활동의 90%에 대한 최대계획정비시간은 MIL-HDBK-338B 규격의 실제 측정데이터가 없으므로 지수분포방식을 적용하였다.)

Mmaxct(최대 계획정비시간) = Ke * MTTR

- MIL-HDBK-338B에 적용된 Ke 값은 다음과 같다.

1 - α	95 %	90 %	85 %	80 %
Ke	3.00	2.31	1.90	1.61

- Mmax 90% = Ke * MTTR = 2.31 ×1.5 = 3,465(h)

9) 가용성 입증방법(예시)

신호시스템의 가용성 입증 시기는 영업개시 후 6개월의 시스템 안정기를 거친 후 3개월 단위로 2회 시행하여 모두 가용성 목표값을 충족해야 한다.
목표값 미흡 시 추가 3개월 단위로 입증시험을 수행하며 도달할 때까지 신호시스템의 하자기간이 동일기간 만큼 연장된다.
신호시스템의 서비스가용성 목표값은 99.5%이며 산식은 다음과 같다.

$$\text{신호 서비스 가용성} = \frac{\text{총 영업운행계획시간}}{\text{총 영업운행계획시간} + \text{신호고장 누계시간}} \geq 99.5\%$$

신호서비스 고장누계시간은 영업운행 중 신호 고장으로 발생된 고장정비시 간의 합계로 표와 같이 적용한다.

○ 가용성 분석을 위한 고장정비시간 적용 범위

No	고장 정비 내용	고장 정비시간 적용 범위
1	자재운반 및 행정시간	- 시스템으로 인한 모든 고장 중 자재운반 및 행정시간은 비 귀책 사항
2	시스템 고장으로 종착역 기준 2운전시격 미만의 지연 도착	- 시스템으로 인한 모든 고장 중 2운전시격 미만의 지연도착은 비 귀책 사항
3	시스템 고장으로 종착역 기준 2운전시격 이상의 고장 중 본선에 현장요원 투입되어 고장조치	- 본선에서 단일고장으로 다수의 열차 지연 시 종착역 기준 2운전시격 이상 최대 지연시간이 발생한 열차의 지연시간 적용 - 단일 열차 지연 시 해당 열차의 지연시간 적용 - 타력 회송 포함 - 자재운반 및 행정시간은 제외
4	시스템 고장으로 종착역 기준 2운전시격 이상의 고장 중 본선에 현장요원 조치 없이 종착역까지 운행(자동복구)	상 동
5	시스템 고장으로 계획된 열차 투입 지연	- 시스템 고장으로 종착역 기준 2운전시격 이상의 고장만의 지연시간을 적용 - 회차선에서 시스템고장으로 투입지연 시간 적용
6	시스템 고장으로 열차투입 취소	- 본선의 편도 운행시간을 적용
7	시스템 고장으로 열차 회송	- 본선의 편도 운행시간 적용(자력 회송에 적용)
8	종착역 도착 후 고장 발생 시	- 본선 종착역에서 기지로 입고 중 고장 발생으로 후속열차의 종착역 도착시간 지연 시 지연이 발생한 차량 중 종착역 기준 2운전시격 이상 최대 지연시간이 발생한 열차의 지연시간 적용

6. RAM 입증활동 및 결과물

1) RAM 입증 단계별 V&V 활동

신호시스템에 대한 RAM 입증 단계별 검증(Verification) 및 확인 (Validation) 활동은 아래와 같으며 FRACAS 데이터는 별도로 제출한다.

No	단 계	검증 및 확인 활동(V&V 활동)	비 고
1	기술 시운전	- 신호분야 유지보수성 입증 - RAM 예측값 변경 모니터링 (변경 시 RAM 분석보고서에 반영) - 신호분야 고장기록보고서 제출	Verification (검증)
2	시설물 검증	- 신호분야 유지보수성 입증 - RAM 예측값 변경 모니터링 (변경 시 RAM 분석보고서에 반영) - 신호분야 고장기록보고서 제출	Verification (검증)
3	영업 시운전	- 신호분야 FRACAS 데이터 작성/수집/분석 - 신호분야 신뢰성 및 가용성 분석	Validation (확인)
4	영업운전	- 신호분야 FRACAS 데이터 작성/수집/분석 - 신호분야 신뢰성 및 가용성 분석 - 신호분야 최대 계획정비시간 입증	Validation (확인)

2) RAM 입증 결과물

RAM 입증 활동 수행에 따른 성과물은 다음과 같다.

입 증 분 야	성 과 물
신 호 분 야	신호분야 RAM 입증 보고서

3) FRACAS(고장보고 원인분석 조치) 보고서

FRACAS 보고서 작성 양식 예시 목록은 아래와 같다.

횡으로 표로 작성하여 사용할 수 있다.

- FRACAS - ID(01 ~ 0n)
- 발생 연월일 (00년 00월 00일)
- 고장 발생 시간(시, 분, 초)
- 열차/편성 번호
- 장애 개소(역명, 키로(Km)정)
- 열차운행 방향(상선, 하선)
- 운전 모드(UTO, ATO, ATPM, EM)
- 고장 정비시간(hr)

– 시스템 분류(시스템 – Sub시스템 – 장치)
  예) 신호 – 연동장치 – 전원모듈
– 고장 내용(핵심내용 위주 상세히)
  예) 00 고장, 복구불능, 오류, 차단, 역행불능 등
– 고장 원인(부품불량, 조정불량, 풀림, 통신고장, 외부영향 등)
– 조치 내역(출동부서, 고장조치 주요사항 : 바이패스, 리셋, 교체 등)
– 귀책 지연시간(분)
– 2 운전시격(고장발생 시간대 운전시격의 2배)
– 귀책 여부(Y=1, N=0, 신호=2)
– 서비스 고장(Y=1, N=0)
– 고장 수리(운영사 요청번호, 고장수리 보고서 관리번호)
– 비고

○ FRACAS(고장원인분석 조치보고서) **양식 예시**

FRACAS – ID	01	02	03
발생 연월일	2020. 01. 02		
고장 발생 시간	10시 05분 10초		
열차/편성 번호	#2011, 20편성		
장애 개소	00역, 20.5 Km		
열차운행 방향	상선		
운전 모드	UTO		
고장 정비시간(hr)	1.5 hr		
시스템 분류	신호-연동장치-계전기		
고장 내용(핵심내용)	00계전기 접점 불량		
고장 원인	부품 불량		
조치 내역	신호부 000출동 교체		
귀책 지연시간(분)	15분		
2 운전시격	10분		

귀책 여부(Y=1, N=0)	1(Y)		
서비스고장(Y=1,N=0)	1(Y)		
고장 수리	운영사 요청번호 보고서 관리번호		
비 고			

제3장 RAMS 철도신호기술사 기출문제

01 신뢰도 평가에서 사용하는 가속수명시험에 대하여 설명하시오.

02 신뢰성 모델에 대하여 입출력 블록도를 그리고 설명하시오.

03 RAMS의 요소 중 신뢰성(Reliability), 가용성(Availability), 안전성(Safety)에 대하여 설명하시오.

04 THR(Tolerable Hazard Rate)과 SIL(Safety Integrity Level)의 관계를 설명하시오.

05 IEC 61508 규격의 기능안전(Functional Safety)에 대하여 설명하고, 기능 안전평가에서 확인하는 일반적인 사항은 무엇인지 설명하시오.

06 철도신호시스템에 적용되는 RAMS에 대하여 설명하시오.

07 RAMS의 개요 및 IEC 62278에서 정의된 RAMS관련 수행업무를 설명하시오.

08 안전무결성 레벨(SIL)에서 고장율(FR)과 허용가능위험율(THR)에 대하여 각 레벨별로 설명하시오.

09 IEC 61508 규격에 따른 기능안전의 정의 및 기능안전평가에서 확인하는 일반적인 사항에 대하여 설명하시오.

10 신호시스템의 안전성을 확보하기 위해 시행하는 Hazard Analysis 중 PHA, SHA, SSHA 및 O&SHA의 분석 목적에 대하여 설명하시오.

11 철도 RAMS에 대하여 설명하고 RAM, Safety, LCC(Life Cycle Cost) 상호간의 관계에 대하여 설명하시오.

12 철도신호시스템의 위험원(Hazard) 도출을 위한 방법 중에서 HAZOP (Hazard and Operability Study) 방법에 대하여 설명하시오.

제4장

System Engineering(SE)

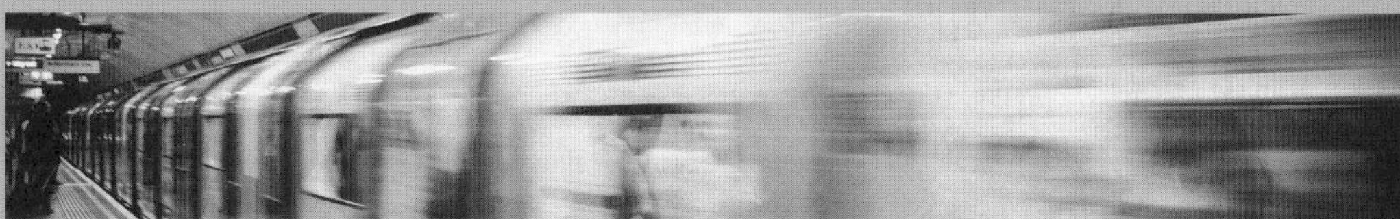

1 참조기준 및 문서

1) 관련법령
2) 참조규격
3) 참조문서

2 시스템엔지니어링 관리계획(SEMP)

1) 목적
2) 범위
3) 관리 조직

3 시스템엔지니어링

1) 개요
2) 기본 방향

4 SE 관리절차 및 활동

1) 요구사항 관리(Requirement)
2) 성능통합 관리(System Integration)
3) 인터페이스 관리(Interface)
4) RAM(신뢰성 · 가용성 · 유지보수성) 관리
5) Safety 관리
6) EMI/EMC 관리
7) 소음 · 진동 관리
8) 형상 관리
9) 소프트웨어 관리
10) 시험 및 시운전 관리(T&C)

5 SE활동 성과물(개념단계~설계단계~제작설치~시운전~운영개시)

1 참조기준 및 문서(예시)

1) 관련법령

도시철도 건설사업 시스템엔지니어링 업무는 다음의 관련법령을 준수한다.

연번	관련법령	내 용
1	도시철도 내진설계 기준	내진설계기준 준칙에서 규정하고 있는 내진설계기준을 만족할 수 있도록 도시철도 구조물의 특성을 고려한 하위 개념의 내진설계기준을 제시
2	도시철도정거장 및 환승/편의시설보완설계지침	도시철도 정거장을 계획하고 설계하기 위한 지침으로서 기존 정거장을 개량하거나 새로운 정거장을 건설할 때 적용
3	도시철도 차량관리에 관한 규칙	도시철도차량의 성능시험 및 정밀진단, 도시철도용품의 품질인증 등에 관하여 필요한 사항을 규정
4	도시철도 차량안전기준에 관한 규칙	도시철도차량의 구조 및 장치의 안전운행에 필요한 기준을 규정
5	도시철도건설규칙	도시교통권역에 건설하는 도시철도의 건설기준 등에 관하여 필요한 사항을 규정
6	도시철도법/시행령/시행규칙	도시교통권역의 원활한 교통 소통을 위하여 도시철도의 건설을 촉진하고 그 운영을 합리화하며 도시철도차량 등을 효율적으로 관리함으로써 도시교통의 발전과 도시교통 이용자의 안전 및 편의 증진에 이바지함을 목적으로 함
7	도시철도시설 성능시험기준	도시철도 전철전력설비의 성능시험에 필요한 세부 기준 및 방법과 성능시험자의 지정에 관한 세부적인 사항을 규정
8	도시철도시설 안전기준에 관한 규칙	도시철도차량의 안전운행을 위한 선로시설, 전철전력설비, 신호 및 열차제어설비의 안전기준을 규정
9	도시철도시설 표준규격	도시철도 선로시설의 구조적 안정성과 차량의 주행안전성 확보를 위해 요구되는 주요 성능요건과 설계 제반사항을 규정
10	도시철도용품의 품질인증요령	도시철도에 사용되는 부품 기기 또는 장치 등의 성능 및 안전성 확보를 위하여 도시철도용품의 품질인증 실시에 필요한 사항을 규정
11	도시철도운전규칙	도시철도의 운전과 차량 및 시설의 유지 · 보전에 필요한 사항을 정함
12	도시철도차량 기술기준	철도 안전법에 따른 도시철도 차량형식승인, 도시철도차량 완성검사, 형식승인사후 관리에 필요한 기술 기준을 규정함을 목적으로 함

연번	관련법령	내 용
13	도시철도차량 안전기준에 관한 규칙	도시철도차량의 구조 및 장치의 안전운행에 필요한 기준을 규정
14	도시철도차량의 성능시험에 관한 기준	도시철도차량의 성능시험에 필요한 기준 및 방법과 성능시험자의 지정에 관한 세부적인 사항을 규정
15	도시철도차량의 정밀진단지침	도시철도차량 정밀진단의 시행에 필요한 세부적인 사항을 정함을 목적으로 함
16	도시철도차량표준규격	경전철차량의 차량시스템 및 주요구성품의 기능과 기술규격에 대하여 규정
17	방송통신기자재 등의 적합성평가에 관한 고시	방송통신기자재 등의 적합성평가 대상기자재 및 적합성평가 세부절차 등에 관하여 필요한 사항을 규정
18	소음 진동 공정시험기준	소음을 측정함에 있어서 측정의 정확성 및 통일성을 유지하기 위하여 필요한 제반사항에 대하여 규정
19	소음 진동관리법/시행령/시행규칙	공장·건설공사장·도로·철도 등으로부터 발생하는 소음·진동으로 인한 피해를 방지하고 소음·진동을 적정하게 관리하여 모든 국민이 조용하고 평온한 환경에서 생활할 수 있게 함을 목적으로 함
20	전기공사업법/시행령/시행규칙	전기공사업과 전기공사의 시공·기술관리 및 도급에 관한 기본적인 사항을 정함으로써 전기공사업의 건전한 발전을 도모하고 전기공사의 안전하고 적정한 시공을 확보함을 목적으로 함
21	전기사업법/시행령/시행규칙	전기사업에 관한 기본제도를 확립하고 전기사업의 경쟁을 촉진함으로써 전기사업의 건전한 발전을 도모하고 전기사용자의 이익을 보호하여 국민경제의 발전에 이바지함을 목적으로 함
22	전기통신기본법/시행령	전기통신에 관한 기본적인 사항을 정하여 전기통신을 효율적으로 관리하고 그 발전을 촉진함으로써 공공복리의 증진에 이바지함을 목적으로 함
23	전력기술관리법/시행령/시행규칙	전력기술의 연구·개발을 촉진하고 이를 효율적으로 이용·관리함으로써 전력기술수준을 향상시키고 전력시설물 설치를 적절하게 하여 공공의 안전확보와 국민경제의 발전에 이바지함을 목적으로 함
24	전자파 인체보호기준	전자파 인체보호기준에 관하여 필요한 사항을 규정
25	전자파강도 측정기준	전자파강도측정기준에 관하여 필요한 사항을 규정
26	전자파적합성 기준	전자파적합성기준(전자파장해방지기준 또는 전자파보호기준)의 세부적인 내용에 관하여 필요한 사항을 규정

연번	관련법령	내 용
27	전자파적합성 시험방법	방송통신기자재 등의 적합성 평가에 관한 고시에 의하여 전자파 적합성 시험방법 등에 관하여 필요한 사항을 규정함을 목적으로 함
28	전파법, 동시행령, 시행규칙	전파의 효율적인 이용 및 관리에 관한 사항을 정하여 전파이용과 전파에 관한 기술의 개발을 촉진함으로써 전파 관련 분야의 진흥과 공공복리의 증진에 이바지함을 목적으로 함
29	전파법/시행령	전파의 효율적인 이용 및 관리에 관한 사항을 정하여 전파이용과 전파에 관한 기술의 개발을 촉진함으로써 전파 관련 분야의 진흥과 공공복리의 증진에 이바지함을 목적으로 함
30	철도시설 안전세부기준	철도시설의 안전기준과 유지·관리에 필요한 세부사항에 대해 정함을 목적으로 함
31	철도시설의 기술기준	철도시설의 기술기준에 관하여 필요한 사항을 정함을 목적으로 함
32	철도안전법, 동시행령, 시행규칙	철도안전을 확보하기 위하여 필요한 사항을 규정하고 철도안전 관리체계를 확립함으로써 공공복리의 증진에 이바지함을 목적으로 함
33	철도종합시험운행 시행지침	종합시험운행의 세부적인 시행에 필요한 사항을 정함을 목적으로 함
34	철도차량 제작검사 시행지침	철도차량 제작검사의 시행에 필요한 세부적인 사항을 정함
35	철도차량형식승인·제작자 승인·완성검사시행지침	철도안전법·시행규칙에 따른 철도차량형식승인, 철도차량제작자승인, 철도차량완성검사 및 품질관리체계의 유지검사에 관한 세부적인 기준, 절차 및 방법을 정함
36	철도차량의 소음권고기준 및 검사방법 등에 관한 규정	철도차량의 소음권고기준 및 검사방법 등에 관한 규정

2) 참조규격(예시)

도시철도 건설사업 시스템엔지니어링 업무를 위하여 다음의 규격을 참조한다.

연번	규격	내용
1	EMC Directive 2004/108/EC	전기와 전자기기, 시스템들 그리고 설비를 포함하는 장비에 적용되는 전자파의 내성 및 방출에 대한 요구사항
2	EN 50126, 철도 기준 (KS C IEC 62278)	RAMS(신뢰성, 가용성, 정비성 및 안전성) 규격 및 입증 (The specification and Demonstration of Reliability, Availability, Maintainability and Safety)

연번	규격	내용
3	EN 50128, 철도 기준 (IEC 62279)	철도 제어 및 보호 시스템 소프트웨어 (Software for Railway Control and Protection Systems)
4	EN 50129, 철도 기준	신호에 대한 안전성관련 전자시스템 (Safety Related Electronic System for Signaling)
5	FAA-STD-025	"Preparation of Interface Documentation"
6	ICNIRP 1998	전자파의 인체보호기준 0 ~ 300 GHz
7	IEEE C95.1-2005	무선 주파수 전자기장의 인체 노출에 관련된 안전 수준, 3 kHz 부터 300 GHz
8	IEEE C95.6-2002	전자기장의 인체 노출에 관련된 안전 수준, 0-3 kHz
9	INCOSE	시스템 엔지니어링 핸드북 V 3.2- 시스템 생명주기 프로세스와 활동을 위한 가이드", 2010. 1
10	ISO 10006	Quality Management Guidelines to Quality in Project Management
11	ISO 10007	품질관리시스템 - 형상관리에 대한 지침서
12	ISO 90001	고객, 기타 이해관계자 요구사항의 분석 - 설계, 개발, 생산, 설치 및 서비스에 대한 품질 보증모델
13	ISO 90003	소프트웨어 개발, 공급 및 유지보수에 대한 ISO9001적용
14	ISO 9000-3	소프트웨어의 생산, 공급 및 유지에 대한 ISO 9001의 적용에 대한 지침
15	ISO 9001	정보기술-시스템 및 소프트웨어 공학-시스템생명주기 프로세스
16	ISO/IEC 90003	소프트웨어 및 시스템 엔지니어링-컴퓨터 소프트웨어에 ISO 9001 : 2000의 적용에 대한 가이드라인
17	KN 11KS C CISPR 11	산업, 과학, 의료용기기(ISM)류의 장해방지 시험방법
18	KN 12015	승강기 전자파 장해방지 시험방법
19	KN 12016	승강기 전자파 내성 시험방법
20	KN 13	방송수신기 및 관련 기기류 장해방지 시험방법
21	KN 14-1 KSCCISPR14-1	가정용 전기기기 및 전동기기류의 장해방지 시험방법

연번	규격	내용
22	KN 14-2 KSCCISPR14-2	가정용 전기기기 및 전동기기류에 대한 내성 시험방법
23	KN 15 KSCCISPR15	조명기기류의 장해방지 시험방법
24	KN 20	방송수신기 및 관련 기기류 내성 시험방법
25	KN 22 KSCCISPR22	정보기기류 장해방지 시험방법
26	KN 24 (KS C CISPR 24)	정보기기류 내성 시험방법
27	KN 41	자동차 및 내연기관 구동기기류 등의 전자파적합성 시험방법
28	KN 50	전기철도기기류의 장해방지 시험방법
29	KN 51	전기철도기기류의 내성 시험방법
30	KN 60	전력선통신기기류의 장해방지 시험방법
31	KN 61547 KS C IEC 61547	조명기기류에 대한 내성 시험방법
32	KN 62040-2 KS C IEC 62040-2	무정전 전원장치 전자파적합성 시험방법
33	KS B ISO 2631	기계적 진동 및 충격-온몸진동에 대한 인체 노출평가
34	KS C 1505	적분평균소음계
35	KS C 61000-6-2 KN61000-6-2	산업환경에서의 일반 내성 시험방법
36	KS C 61000-6-4 KN61000-6-4	산업환경에서의 장해방지 시험방법
37	KS C IEC 60571	철도 차량용 전자 기기의 개별 요구 사항(Electronic Equipment used on Rail Vehicles)
38	KS C IEC 61000-4-11 KN61000-4-11	전압강하 및 순시정전 내성 시험방법
39	KS C IEC 61000-4-2 KN61000-4-2	정전기 방전 내성 시험방법

연번	규격	내용
40	KS C IEC 61000-4-3 KN61000-4-3	방사성 RF 전자기장 내성 시험방법
41	KS C IEC 61000-4-4 KN61000-4-4	전기적 빠른 과도현상/버스트 내성 시험방법
42	KS C IEC 61000-4-5	서지 내성 시험방법
43	KS C IEC 61000-4-6 KN61000-4-6	전도성 RF 전자기장 내성 시험방법
44	KS C IEC 61000-4-8 KN61000-4-8	전원주파수 자기장 내성 시험방법
45	KS C IEC 61000-4-9 KN61000-4-9	펄스자기장 내성 시험방법
46	KS C IEC 61672-1	전기음향 - 사운드레벨미터(소음계) - 제1부 : 규격
47	KS C IEC 62236-1 EN 50121-1	철도용전기자기적합성 -제1부: 일반 사항
48	KS C IEC 62236-2 EN 50121-2	철도용 전기 자기 적합성 -제2부: 전체 철도 시스템에서 외부로 나가는 방출
49	KS C IEC 62236-3-1 EN 50121-3-1	철도용 전기 자기 적합성 -제3-1부: 철도 차량-열차 및 공차
50	KS C IEC 62236-3-2 EN50121-3-2	철도용 전기 자기 적합성-제3-2부: 철도 차량-장치
51	KS C IEC 62236-4 EN 50121-4	철도용 전기 자기 적합성-제4부: 신호 처리 및 통신 장치의 방출 및 내성
52	KS C IEC 62236-5 EN50121-5	철도용 전기 자기 적합성-제5부: 고정 전력 공급 설비와 장치의 방출 및 내성
53	KS C IEC 62278	신뢰성, 가용성, 유지보수성, 안전성(RAMS)에 대한 기준
54	KS C IEC 62278	철도용 전기설비의 신뢰성, 가용성, 유지보수성, 안전성(RAMS)관련 시방서 및 설명서, 2004.9
55	KS C IEC 62279	철도용 전기 설비의 통신 및 신호 처리 시스템과 제어 및 보호 시스템에 관한 소프트웨어, 2004.9

연번	규격	내용
56	KS C IEC 62280-1	철도용 전기 설비의 통신 및 신호 처리 시스템 - 제1부 : 폐쇄형 전송 시스템에서의 안전 관련 통신
57	KS C IEC 62280-2	철도용 전기 설비의 통신 및 신호 처리 시스템 - 제2부 : 개방형 전송 시스템에서의 안전 관련 통신
58	KS I ISO 3095	음향학 - 철도 차량에 의한 방사 소음 측정
59	KS I ISO 3381	음향학 - 철도차량의 실내소음 측정
60	KS Q ISO 10007	품질경영 - 구성관리지침(ISO 10007 번역본)
61	KS Q ISO 9001	품질경영(ISO 9001 번역본)
62	KS R 9143	철도 차량의 차내 소음 시험 방법
63	KS R 9216	철도 차량 - 승차감 측정 및 평가 방법
64	KS X ISO IEC 15288	정보 기술 - 시스템 및 소프트웨어 공학 - 시스템 생명주기 프로세스
65	KS X ISO/IEC 26702	시스템 공학 프로세스의 적용 및 관리
66	KS X ISO/IEC 90003	ISO/IEC 90003 번역본
67	KS X ISO/IEC TR 19760	시스템 생명주기 프로세스 적용을 위한 안내서
68	U.S Department of Energy	“시스템엔지니어링 인터페이스 관리”, 2009.

3) 참조문서(예시)

도시철도 건설사업 시스템엔지니어링 업무를 위하여 다음의 자료를 참조한다.

연번	내용	비고
1	도시철도 기본계획 변경	
2	열차운행시스템 일괄구매 설치 제안요청서(RFP)	
3	열차운행시스템 일괄구매 설치 기술제안서	
4	열차운행시스템 계약서	
5	시설분야 입찰안내서	
6	노반분야 실시설계서	

연번	내용	비고
7	차량분야 실시설계서	
8	신호분야 실시설계서	
9	전력, 정보통신분야 기본 및 실시설계서	

2. 시스템엔지니어링 관리계획(SEMP)

1) 목적

철도 건설사업에서 실시되는 시스템엔지니어링("이하 SE") 관리 조직 및 실행절차를 포함하고 있으며, 프로젝트 수명주기에 따른 업무별/단계별 관리항목 및 관리활동 등의 정의를 통하여 도시철도 건설사업에서 요구되는 최상의 시스템 성능 달성을 위한 관리계획 수립에 그 목적이 있다.

SE 관리계획서에서 정의하는 주요 시스템엔지니어링 업무는 다음과 같다.

- 시스템 요구사항 관리
- 시스템 인터페이스 관리
- 시스템 성능/통합 관리
- 시스템 RAM 관리
- 시스템 Safety 관리
- 시스템 EMI/EMC 관리
- 시스템 소음/진동 관리
- 시스템 형상 관리
- 시스템 소프트웨어 관리
- 시스템 시험/시운전 관리

2) 범위

시스템엔지니어링 관리계획은 철도 건설사업 전 수명주기 동안 적용될 것이며, 관리하는 SE절차는 업무별 관리절차에서 설명하는 것을 대상으로 한다.

3) 관리 조직

철도 시스템엔지니어링 관리조직은 총괄 프로젝트 관리에 통합 · 구축되어 있다.

(1) 역할 및 책임

① 총괄 사업관리자

총괄사업관리자는 전반적인 철도 건설사업 관리전략을 만족하기 위해 전체 프로젝트 측면에서 목표, 방법 등을 정의하며 최종 성과물에 대한 승인의 권한과 책임을 가진다.

② SE 총괄 관리자

SE 총괄 책임자는 프로젝트 내의 주요 요소 및 기능을 갖고 있는 전체 시스템을 정의하고 시스템 SE 관리자의 지원을 받아 시스템 차원의 전체적인 관리를 총괄한다. 또한 전체 시스템엔지니어링 관리 업무에 대한 계획 수립 및 실행 및 조정의 업무를 수행하게 된다. 또한 관련 성과물에 대한 검토 및 승인을 수행하며 필요시 공급사와의 업무협의를 위한 공식적인 대외업무의 창구 역할을 수행한다.

주요 책임 및 역할은 다음과 같다.

- 시스템엔지니어링 활동 총괄 계획, 조정, 관리
- 시스템엔지니어링 수행 일정 계획 관리
- SE 관련 문서 및 성과물에 대한 승인의 권한과 책임
- 외부 시스템 조직과의 SE 관련 조정 협의

③ SE 업무별 관리자

시스템 SE 관리자는 각각의 관리 절차에 대한 계획을 수립하고 시스템 수준 및 서브시스템 수준에서 수행되는 SE 이슈사항을 관리하며 관련 성과물에 대한 검토를 수행한다.
일반적인 시스템 SE 관리자의 역할은 프로젝트와 관련된 모든 SE 이슈를 효과적으로 해결하고 프로젝트 수명주기에 걸친 기술적 활동을 문서화 시킨다.
시스템 SE 관리자는 여러 SE 관련 이슈사항을 해결하기 위해 효과적인 대화와 의사소통을 수행하며 SE 총괄 관리자의 직접적인 승인을 얻는다.

주요 책임 및 역할은 다음과 같다.

- 업무별 시스템 요구사항 관리 및 계획/절차 수립

- 시스템 및 서브시스템 SE 절차이행의 전반적인 관리 감독
- 각 업무별 프로세스관리 및 인터페이스 조정업무 수행
- 각 업무별 시스템 기술컨설팅 업무사항 관리
- 서브시스템 SE 관련 문서 및 성과물 검토

④ SE 분야별 관리자

시스템 분야별 관리자는 분야별 서브시스템의 기술성능 확보를 위해 설계, 제작 등 주요 공정별 업무에 대한 승인의 권한을 가진다.

시스템 분야별 관리자는 사업단의 SE 관리활동을 위한 지원활동을 수행하게 되며 공급사의 시험 문서 등 여러 산출물의 검토 및 확인의 역할을 담당하게 된다.

주요 책임 및 역할은 다음과 같다.

- 시스템 분야별 SE 산출물 기술검토
- 분야별 SE 관련 업무 기술검토 및 조정
- SE 기술검토회의 소집시 참석

⑤ SE 기술지원 관리자

SE 기술지원 관리자의 주된 업무와 역할은 각 업무별 SE 요구사항을 만족하기 위해 기술적 측면에서의 SE 관리 기술 지원뿐만 아니라 관련 내용에 대한 지원 및 자료의 제공이다.

주요 책임 및 역할은 다음과 같다.

- 도시철도 시스템의 SE 지침 제공
- 설계안에 대한 영향 분석
- 취약부에 대한 개선방안의 검토 및 평가
- 프로젝트와 관련된 SE 이슈사항 발생시 문제 해결을 위한 실무 업무 및 기술적 지원 업무 수행

⑥ 감리원/검사자

감리원/검사자는 서브시스템이 사업단계 동안 안전관리 등 절차를 준수하고 계약내용을 적합하게 이행되는지 확인 및 관리감독을 하는데 있으며 서브시스템 간 부적합사항 발생시 계약자에 대하여 대책강구 및 조치토록 관리한다.

주요 책임 및 역할은 다음과 같다.

- 서브시스템 계약자 단계별 감리 및 결과보고
- 서브시스템 분야 간 부적합사항에 대한 인터페이스 관리
- 서브시스템 제작 및 성능검사 기준/절차 준수관리
- 시운전 입회, 확인 및 관리감독
- 분야별 서브시스템 성능검증 및 결과보고
- 차량제작 및 성능검사 업무(ROTECO, 한국철도기술연구원)

⑦ 공급사 SE관리자

공급사 SE 관리자는 사업단이 관리하는 해당 서브시스템별 SE담당자이다.
또한, 자체 SE 관리 계획에 따라 공급하는 시스템의 요구사항 충족 및 성능보증을 위한 관련 업무를 수행한다.

주요 책임 및 역할은 다음과 같다.

- 공급사 SE 계약업무 수행
- 서브시스템 SE 관리계획에 따른 관리 업무 수행 및 시스템 SE 관리자에게 진행사항 보고
- 서브시스템 SE 관련 성과물 제출(기술 및 시험자료 포함) 및 기타 업무관련 요청자료 제공
- 전산도구 관리업무 지정 수행
- 시스템 SE 검토회의 소집시 참석
- 공급 업체에 대한 SE 관리

⑧ 공동협의 위원회

위원회는 프로젝트 추진과 관련한 중대한 의사결정의 책임과 권한을 가지는 공식적으로 구성된 이해관계자 그룹이다.
협의위원회의 구성 및 역할은 다음과 같으며 각각의 협의위원회는 동일기구로서 업무에 따라 명칭을 달리 할 수 있다.

*** 인터페이스 공동협의위원회**

- 공동협의회 운영(정기회의, 수시회의) 과정에서 각 시스템 간 이견사항에 대한 통제 및 조정 기능을 하는 의사결정기구이다.

- 공동협의회 구성 및 운영과 관련한 세부사항은 인터페이스 관리계획서 인터페이스 공동협의위원회 운영절차를 따른다.
- 인터페이스 관리 조직으로서 도시철도 건설사업의 설계 및 시공과정 등에서 시스템(분야) 간에 발생하는 인터페이스를 검토 · 협의하기 위하여 사업단 및 공급사 내 · 외부 인터페이스 협의체를 둔다. 구성 및 운영과 관련한 세부사항은 인터페이스 관리계획서 인터페이스 협의체 구성 및 운영절차를 따른다.

＊ 형상통제위원회

- 공급된 제품 및 개발 중인 제품 등의 기준선이 되는 문서와 개발품에 대한 변경을 인가하는 조직으로서, 각각의 변경들이 적절하게 검토되고 조정되는 것을 보장하기 위한 목적으로 운영된다.
- 형상통제위원회의 개최는 변경 요청된 사안이 시스템의 성능에 중대한 영향을 미치는 경우에 한하여 운영된다. 구성 및 운영과 관련한 세부사항은 형상 관리계획서 형상통제위원회 운영절차를 따른다.

＊ T&C 공동협의위원회

- 시운전 기간 동안 조직되는 협의위원회로서 내/외부에서 발생하는 중요사안에 대한 협의/조정/판단의 기능을 가진다.
- T&C 공동협의위원회 구성 및 운영과 관련한 세부사항은 시험 및 시운전 관리계획서 T&C 협의회 운영절차를 따른다.

＊ 기술검토 위원회

- 기술 검토는 도시철도 시스템 성능 보증을 위해 필요한 요구사항 및 관련 규격 등이 기본설계 및 실시설계에 반영되었는지의 유무 및 각종 시험 및 시운전의 준비상태를 확인하는 단계로서 기술검토 프로세스 운영절차에 따른다.

※ 공동협의 위원회는 정기회의에 포함하여 실시할 수 있다.

3. 시스템엔지니어링

1) 개요

시스템엔지니어링은 도시철도 시스템의 서브시스템들이 복잡하게 결합되어 구성되는 차량, 신호, 검수, 전기, 통신, 기계설비 등 각 분야의 기술을 통합하고, 기술적 인터페이스를 관리하여 시스템 기능과 성능을 확보함은 물론 시스템의 안전과 보증을 위한 제반 기술 업무를 총괄 관리한다.

2) 기본 방향

서비스 가용도 목표 99%이상 달성을 위한 시스템엔지니어링 기본방향은 다음과 같다.

- 시스템의 성능, 안전성 및 신뢰성 확보
- 시스템 요구사항을 정립하여 시스템 설계 기준제시
- 시스템성능확보를 위한 시스템 요구사항 충족 및 체계적인 인터페이스 관리
- 사업의 효율성을 높이고 성공적으로 사업을 수행하기 위하여 정책과 방법상의 정보를 제공하고 이해관계자 조율을 통한 원활한 사업추진
- 전산도구를 활용하여 DB 구축을 통해 시스템 수준 요구사항에서 세부규격에 이르는 추적관리

3) SE 전산도구 활용

도시철도 운전시스템의 시스템엔지니어링을 지원하기 위하여 SE전산도구툴(시스템 PBS 구조 등)을 활용하여 기본계획으로 부터 정량적으로 설정되며 기능적 아키텍처 및 가용한 자원, 수용 가능한 위험, 정책적 고려사항 등의 모델링 및 분석 등을 지원하기 위해 시스템엔지니어링 전산도구에 의해 수행한다.

＊ 시스템 PBS구조

시스템요구사항을 기반으로 서브시스템들이 복잡하게 결합되어있는 주요 구성요소를 PBS(Product Breakdown Structure)로 체계적으로 관리하고 추적성을 확보하기 위하여 SE전산도구를 활용한다.

＊ Use CASE 다이어그램

Use Case 다이어그램은 도시철도 외부환경 및 내부시스템 다이어그램을 통하여 고객관점의 시스템의 기능을 도출한다.

＊ N^2 다이어그램 활용

N^2 다이어그램은 시스템 요소들 간의 인터페이스를 정의하고 시스템의 모든 요소들 상호작용, 그리고 고객 환경 사이의 상호작용을 다이어그램으로 표현하여 기능과 연관된 인터페이스를 명확하게 식별하는데 있다.

＊ 운영시나리오 체계구성

운영시나리오는 본선 및 차량기지로 구분하여 정상운영, 성능저하운행, 비상운영시나리오에 대한 기능거동도(흐름도), 시나리오 설명, 서브시스템 설명을 상세히 기술하고 시나리오 관련 운영이벤트와 수행주체를 식별하고 입출력 관계를 나타낸다.

＊ 기능거동도(eFFBD)

기능 거동도(eFFBD)는 시스템 거동에 대한 전체 설명을 나타내는 다이어그램으로 운영시나리오에 의한 시스템 및 서브시스템 기능흐름과 기능 간 제어흐름, 자원 그리고 할당관계 등을 식별한다.

＊ 기능 시뮬레이션

기능 시뮬레이션은 운전시나리오에 의한 시스템의 운행 및 노선 정보를 받아 정상모드, 비상모드, 성능저하모드 등 기능을 시뮬레이션을 통해 검증을 수행한다.

4. SE 관리절차 및 활동

철도 건설사업 E&M 분야의 시스템엔지니어링 관리업무는 요구사항 관리, 성능/통합 관리, 인터페이스 관리, RAM 관리, Safety 관리, EMI/EMC 관리, 소음/진동 관리, 형상 관리, 소프트웨어 관리, 시험/시운전 관리 등의 업무를 수행한다.

시스템엔지니어링 10개 관리업무는 도시철도의 사업단계별로 정의된 수명주기 V-Model을 통하여 주요활동의 개요를 보여준다.

또한, 단계별 주요활동과 업무별 프로세스 관리절차 흐름도를 통하여 시스템 및 서브시스템의 개념, 설계, 검증에 대한 체계적인 업무흐름 절차를 기술한다.

1) 요구사항 관리(Requirement)

① 개요

철도 건설사업의 효율적인 건설 및 운영을 위하여 정의된 환경조건에서 이해관계자들이 필요로 하는 서비스를 제공하기 위하여 기본계획, 제안요청서, 입찰안내서로부터 요구사항을 분석하고 하위시스템에 할당하여 추적, 검증하는 절차를 기술한다.

② 범위

본 요구사항관리는 ISO/IEC 15288 시스템 생명주기프로세스 기반으로 개념, 설계, 제작/시공/설치, 시험, 시운전단계에 시스템, 서브시스템, 조립품, 구성품 등 4레벨 수준까지 관리하며 범위는 다음과 같다.

- 시스템요구사항 목록 정의
- 시스템 외부환경 및 인터페이스 식별
- 시스템 기능, 성능요구사항 식별
- 운전시나리오에 의한 기능분석
- 시스템아키텍처 (논리적, 물리적 아키텍처) 구현
- 시스템검증요구사항 및 시험시운전 단계 검증
- 요구사항 변경 및 추적관리

③ 요구사항관리 절차

도시철도 건설사업의 자동운전시스템의 기능적 물리적 부조화 방지를 위하여 공급자 관점에서 수행되는 요구사항관리 활동에 대한 기본 절차이다.

④ 요구사항 관리 단계별 주요활동

요구사항 관리단계별 주요활동은 다음과 같다.

<table>
<tr><th colspan="2">사업 단계</th><th>요구사항 단계</th><th>주요 활동</th></tr>
<tr><td colspan="2">개념 단계</td><td>· 요구사항 관리계획
· 이해관계자 요구사항 정의</td><td>· 기본계획, RFP, 입찰안내서 분석
· 법, 규정, 환경 제약사항 식별
· 이해관계자 요구사항 정의 및 추적</td></tr>
<tr><td rowspan="2">설계단계</td><td>기본설계</td><td>· 시스템 요구사항
· 기능분석</td><td>· 시스템 요구사항 식별
· 시스템 요구사항 분석
- 기능, 성능, 제약사항 식별
· 시스템 요구사항 추적 및 문서화</td></tr>
<tr><td>실시설계</td><td>· 서브시스템 요구사항
· 기능분석</td><td>· 서브시스템 요구사항 식별
· 서브시스템 요구사항 분석
- 기능, 성능, 제약사항 식별
· 서브시스템 요구사항 추적 및 문서화</td></tr>
<tr><td colspan="2">제작/시공
설치</td><td>· 서브시스템 제작/시공
· 서브시스템 통합/배치</td><td>· 제작/시공단계 제약사항 식별
· 서브시스템 구성품 요구사항 검증
· 서브시스템 검증결과 분석 및 문서화</td></tr>
<tr><td rowspan="4">시험 및 시운전시</td><td>공종별시험</td><td>· 서브시스템 검증</td><td>· 서브시스템 요구사항 검증
· 서브시스템 검증결과 분석 및 문서화</td></tr>
<tr><td>기술시운전</td><td>· 시스템 검증</td><td>· 시스템 요구사항 검증</td></tr>
<tr><td>시설물
검증시험</td><td>· 통합 시스템 검증</td><td>· 도시철도 시설물 검증항목
· 검증결과 분석 및 문서화</td></tr>
<tr><td>영업시운전</td><td>· 시스템 확인</td><td>· 이해관계자 요구사항 확인
· 이해관계자확인결과 분석 및 문서화</td></tr>
</table>

* 요구사항 관리 프로세스 업무 흐름도

요구사항관리 업무흐름도는 다음〈그림4-1〉과 같다.

〈그림4-1〉 요구사항관리 업무 흐름도

⑤ 요구사항 관리기준

요구사항 관리기준은 ISO/IEC 15288 시스템생명주기 프로세스기반의 요구사항 정의, 분석, 할당 및 추적, 통제, 변경관리 및 문서화 절차에 따라 시스템, 서브시스템, 조립품(Assembly), 구성품(Component) 레벨에서 관리된다.

⑥ 요구사항 추적관리

요구사항 추적관리는 철도 무인운전시스템 건설사업 수명주기 전반에 거쳐 요구사항을 검증/추적하는 매트릭스로 구성된다.

이해관계자 요구사항으로부터 시스템 수준의 요구사항이 정의되고 난 후, 요구사항이 시스템설계에 반영되기 위해, 개발과정에서 요구사항이 어떻게 설계에 반영되고 만족하는지 실제로 얼마만큼 요구하는 시스템의 기능이나 성능을 발휘하는지 확인하는 단계이다.

정의된 기술 요구사항이 확인된 이해관계자의 필요와 상부 추적성을 갖지 않을 경우 적절한 행동이 취해졌는지 확인하고, 출처가 없는 요구사항이나 제약사항이 도입되었는지 이들을 이해관계자가 원하는지에 대한 결정을 확인한다.

이해관계자의 필요가 정의된 기술 요구사항이 반영되지 않았을 경우 기술 요구사항에 추가되어야 하고, 변경이 필요할 경우 이해관계자 요구사항 정의 프로세스와 요구사항 분석 프로세스가 다시 적절히 수행되었는지 확인한다.

2) 성능 통합관리(System Performance Integration)

① 개요

성능통합은 철도 건설사업 완료 후 운영단계에서 시스템 요구 성능목표인 시스템 서비스 가용성 99%이상의 달성을 위한 시스템 수준의 성능항목의 정의, 식별, 분석을 통하여 식별된 성능요구사항인 효과성 척도(MOE), 성능척도 (MOP)를 분야별 서브시스템에 할당하여 분야별 성능목표 구현을 위한 근거자료를 제공하며, 분야별 목표성능 구현을 위한 시뮬레이션, 기술성능 척도(TPM), 성능 검증계획, 시설(제품)분류체계(PBS)의 하위구조 할당에 따른 성능이행 및 시스템/서브시스템 성능검증 활동을 관리하는데 있다.

② 범위

본 문서는 철도 건설사업의 초기 개념단계, 설계, 제작, 설치단계까지의 시스템 성능관리 및 시험 및 시운전 단계의 서브시스템 및 시스템 통합, 검증, 확인에 대하여 다루며, 성능통합관리 개념단계의 문서로서 성능목표 달성을 위한 절차 및 표준 그리고 시스템 설계를 위한 다음 분야의 성능 설계기준을 제시한다.

- 열차운행시스템(차량, 신호, 검수설비)
- 전력분야(수 · 변전, 전차선로 · 배전설비)
- 정보통신분야(전송, 경영정보, 역무자동화 설비 등)

③ 성능통합 관리절차

시스템성능통합 관리절차는 시스템 성능정의 단계에서 성능보증과 관련한 요구사항 정의 및 분석결과를 통하여 성능항목을 정의하고 관리항목을 식별하여 시스템 설계에 반영한다.

시스템 설계, 제작/시공/설치단계의 성능이행 및 시스템 통합, 공종별 시험으로부터 종합시험운행까지의 성능검증단계를 정의하여 단계별 성능관리 프로세스와 절차 및 주요활동 근거를 제시한다.

＊ 단계별 Matrix

활동단계 사업단계	성능 정의	성능 이행	시스템 통합	통합 성능검증	통합 성능확인
개념	○				
기본설계	○				
실시설계		○			
제작/시공/설치		○	○	○	
공종별 시험				○	
기술시운전				○	○
시설물검증				○	○
영업시운전					○

④ 단계별 주요 활동

시스템 주기별 성능통합관리 검증단계별 주요활동은 다음과 같다.

단계	활동	비고
개념단계	■ 시스템 성능정의 · 시스템 운영계획의 성능 요구조건 식별 · 시스템 성능 요구사항 정의 · 시스템 시뮬레이션을 통한 시스템 운영성능 목표 설정 · 시스템/서브시스템 성능관리계획 수립	성능 정의

단계	활동	비고
기본설계	■ 시스템/서브시스템 성능 정의 · 시스템 성능 요구사항 검토 및 목록화 · 시스템 성능 요구사항 목표치 설정 및 서브시스템 할당 · 무인운전시나리오 계획 및 목표 정의	성능 정의
실시설계	■ 성능 정의 → 성능 이행 · 서브시스템 설계조건 정의 및 시뮬레이션 시행 · 시스템(서브시스템) 성능 설계기준 수립 · 시스템(서브시스템) 성능 규격 작성	성능 이행
제작/시공/설치	■ 성능 이행 → 성능 검증 · 서브시스템(부품단위) 성능 검증(부품시험, 시험성적) · 서브시스템 구성단위 성능 검증 · 시스템 성능 검증계획 수립(성능 검증 항목별)	성능 이행 성능 검증
공종별 시험	■ 성능 검증 · 서브시스템 성능 측정 및 성능 보증 목표치 측정 검증 · 서브시스템(구성/시스템 단위 제작완성) 성능 검증	성능 검증
기술시운전	■ 성능 검증 · 분야간 인터페이스 통합 검증	통합 검증
시설물검증시험	■ 성능 검증 → 시스템 통합 · 기술시운전(서브시스템 본선 시험 및 시운전) · 시스템/서브시스템 인터페이스 통합 검증 · 시스템 성능(서브시스템) 검증 보고	통합 시스템 성능 검증
영업시운전	■ 시스템 통합 · 영업시운전(무인운전 시나리오) 검증 · 최종 시스템 통합 검증, 성능 목표 달성확인	통합 시스템 성능 확인

*** 성능통합 관리절차 흐름도**

성능통합 관리 단계별 업무흐름도(WFBD)는 다음과 같다. 사업초기 개념단계의 분야별 성능 요구사항의 정의 및 식별과정을 통하여 시스템 성능통합관리계획을 수립한 후 분야별 핵심 성능통합 항목 리스트를 정의하고 성능이행단계의 업무를 수행한다.

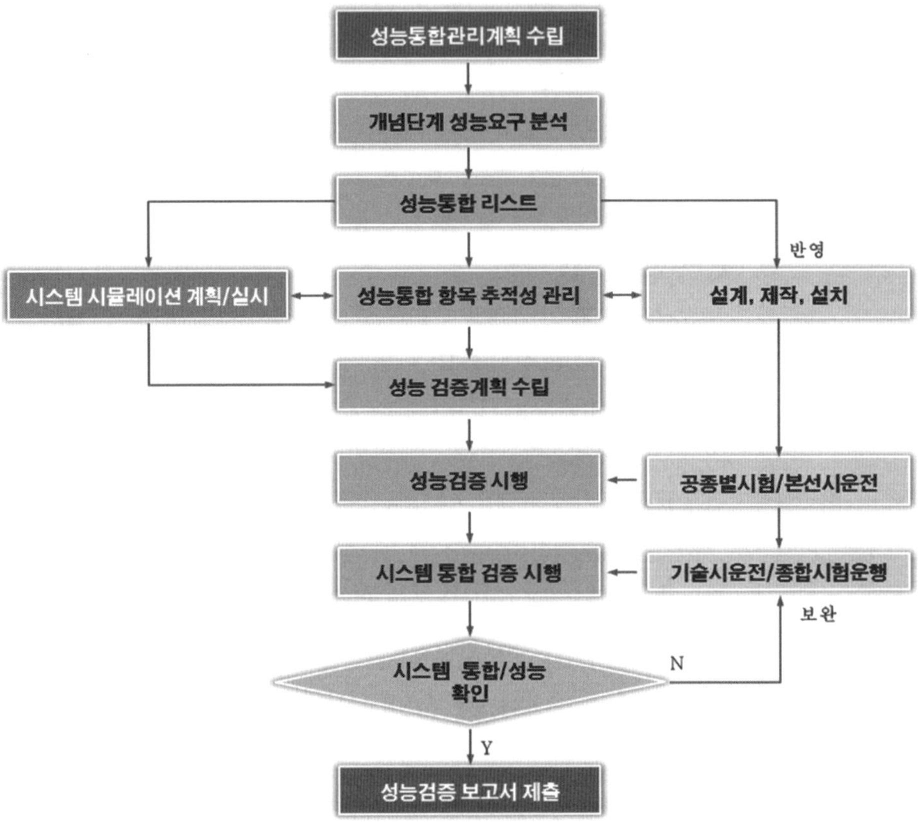

〈그림4-2〉 성능관리절차 업무 흐름도

⑤ 주요 업무

Ⓐ 시스템 운영 시나리오 구성

＊ 목적

- 도시철도 시스템 운영 시나리오는 시스템 운영개념과 정의된 운영기능을 반영하여 시스템 수준의 운영시나리오를 구성하며 서브시스템의 구체화된 설계적용사항에 따라 단계적으로 보완 개정 관리하여 향후 운영자가 체계적인 운영 및 유지보수 규정과 절차를 개발하도록 근거자료를 제공한다.
- 또한, 반영된 시스템 성능요구조건을 기반으로 제작, 설치, 운영시 열차의 운행을 기반으로 각각 다른 상황을 고려하여 정상, 성능저하, 비상시 운영방법, 절차에 대한 설명을 기술하여 정상적인 시스템 운영을 목적으로 한다.

＊ 정의

- 조건에 대한 정의는 열차운행과 밀접하게 관련되어 있는 주요 서브시스템인 차량 및 신호, 전력 등의 장애 발생시 시스템의 정상 운영을 저하시킬 수 있는 각각의 상황을 반영한다. 정상적인 시스템 운영을 위하여 고려해야 할 주요 상황은 도시철도는 전구간 지하로 운행되는데 따른 비상상황 대처방법을 제시하는데 있으며, 특히 급전 시스템인 제3궤조 방식 운영에 따른 고전압 위험원에 대하여 신속한 단전조치 및 확인을 통하여 비상 대피로를 확보하고 안전하게 대피할 수 있도록 설정된 시나리오를 계획한다.
- 또한, 무인자동운전 시스템의 경우 안전 확보 및 긴급 상황 해소/열차의 지연운행의 최소화가 가능토록 시스템의 구성과 본선 역사 내 열차 대피선, 복구 장비 및 전문인력 구성을 통하여 시스템의 조기 정상운영을 극대화하도록 관련 절차와 방법을 제시한다.
- 시스템 운영 시나리오는 시뮬레이션 활동 개발에 적용 및 고려하고 시스템서비스 가용성 분석과 같은 시스템엔지니어링 관련 문서에 적용할 입력 데이터 및 절차를 제공한다. 운영 시나리오 구성시 열차 운전모드를 반영하여 작성한다.

구분	내용	운전모드
정상 운영	· 본선 시종점 자동회차 가능 완전자동(무인운전 운영) · 본선 모든역 정차 및 시종점역 자동회차 · 종합관제실 지시 계획된 운영시나리오에 따라 정상운영	자동운전
성능 저하	· 경미한 고장 및 유지보수 활동 등 정상운영 불가 · ATS 정한 운전시격 및 운행일정 미준수 운행	성능저하
비상 운영	· 자력운행 불가 및 화재발생 등 비상시 영업운행 불가 · 영업운영 중단, 비상 시나리오에 의거 비상상황 제거 · 승객의 안전대피 및 비상운행안전원 열차 구원운행	비상
기지 운영	· 차량기지 및 비상유치대피선 진입 차량 운영모드 · 트랜스존 중심 자동·수동운전영역 구분 운영(무인운전 운영) · 기지내 세척·입출고 검사·유치 및 트랜스존 자동운영(무인운전 운영) · 수동운전구간 수동모드 전환 검수고내 수동운전	자동모드 기지모드

Ⓑ 시스템 성능 시뮬레이션

＊ 목적

- 시스템 성능 시뮬레이션은 서브시스템 성능이 사용처가 정의하는 성능 필요조건을 만족하는 시스템을 형성하는지 여부를 확인하는 것이다.

- 시스템 성능 필요조건은 최초 사업계획 시 도시철도 시스템을 건설하는 국가 및 지방자치단체에 의해 요구되는 계획문서 및 운영 유지보수 계획과 같은 주요 문서에서 정의되고 성능 관련 항목 목록에 수집된다.

＊ 활동 사항

- 시스템 시뮬레이션은 열차운행시스템, 시스템 및 시설분야 등 운영 및 유지보수 계획과 관련된 정보를 고려하여 수행된다. 서브시스템과 관련한 모든 정보는 성능 관련 항목에서 정의되며 서브시스템 설계 개발 기간 동안 보완될 것이다.
- 좀 더 구체적으로, 운영 시뮬레이션은 필요한 일일 스케줄을 확인하기 위해 수행되는 것이다. 이러한 시뮬레이션은 첨두 시간 및 비첨두 시간 사이의 추이를 분석하고, 또한 필요한 운행 수준을 얻기 위해 차량의 수를 확인하는데 사용된다.
- 성능 시뮬레이션은 운행시간, 상업 운행 속도, 에너지 소비 등과 같은 성능 수치를 계산하고 서브시스템 성능의 부분적 혹은 전체적인 손실, 혹은 전체 교통 전개에 미칠 수 있는 영향으로 인한 서브시스템 고장(차량, 신호 등)에 대해 시스템의 대응을 평가하는 E&M 서브시스템 시뮬레이션 도구를 사용하여 수행된다.
- 시뮬레이션 도구는 주행 측면도, 위치 대 시간 도표와 같은 역 간 및 종착역과 관련된 그래픽 정보를 제공한다. 수행된 모든 시뮬레이션의 결과는 시뮬레이션 보고서에서 반영된다.
- 시스템 시뮬레이션은 상세 설계가 완성되는 동안 반복적인 과정을 통해 보완된다.
- 즉, 설계 변경의 경우 성능 관련 요구조건을 확인하고 변경이 있는 경우 이에 따른 결과를 평가하기 위해 연관된 신규 시스템 시뮬레이션을 수행한다.
- 시스템 시뮬레이션의 최종적인 목적은 시뮬레이션 과정에서 정의한 성능 보증 수치를 시험 및 시험 운행/성능 검증 단계 동안 확인하는 것이다.
- 사항 분석 및 기본/실시설계 결과 식별되어 기술성능척도(TPM)와 성능검증 요구사항(VPR)에 의거 분야별 계약자에 의해 요구사항 검증 및 추적성을 확보한다.
- 시스템 성능 요구사항의 검증을 위하여 기술시운전의 절차에 의거 시스템 분야간 성능 목표의 달성여부를 검증하여, 시스템 분야간 부조화 발생시 인터페이스 통제회의를 개최 수정, 보완, 조정한다.
- 시스템 성능검증을 위한 인터페이스 항목의 관리와 각 업무별 기술분야의 핵심 이슈를 조정 관리한다.

- 성능 검증보고서는 성능 관리 절차가 프로젝트 기간 동안 수행되었음을 입증하고 성능 보증 수치가 시설물 검증시험 및 영업 시운전의 완료 시점까지 제반 성능목표의 달성여부를 입증 확인한다.
- 활동결과는 단계별 업무에 따른 활동 및 결과를 정의된 시스템 성능검증 보고서 등 성과물에 기록하고 관리한다.

*** 공종별 시험**

공종별 시험은 도시철도 열차운행시스템, 전력, 정보통신시스템, 기계설비 등 서브시스템 공종별 완성품에 대하여 성능검증계획에 정의된 성능 보증 수치의 기능적, 물리적인 기준 도달 및 전 성능 요구조건을 수준별로 검증한다.

*** 기술시운전**

개별 및 공종별 시험의 완료 후 각 차량, 신호, 전력, 정보통신, 궤도, 승강장안전문(PSD) 등 서브시스템의 설치완료에 따라 시스템 내부, 외부인터페이스 항목의 연계 검증 시험을 통하여 인터페이스 부조화를 예방하고 시스템 및 서브시스템의 성능목표 충족여부를 검증한다.

열차운행과 연계된 차량의 본선시운전 및 신호제어 시스템의 통합검증시험, 전력시스템 등 통합 인터페이스 검증을 수행한다.

© 통합 성능확인 단계

*** 목적**

통합성능 확인의 목적은 기술시운전부터 영업시운전까지 운영자 관점의 시스템 성능이 원활하게 구성되었음을 최종 확인하는데 있으며, 철도안전법에 따른 종합시험운행을 통하여 정부가 지정하는 감독관에 의해 최종 시스템 성능을 확인하여 개통이전에 시스템의 요구된 기능, 성능, 안전성을 확보하는데 있다.

*** 주요 활동**

- 주요 서브시스템인 열차운행시스템은 정의된 성능검증항목 및 차량 성능검사 본선시운전을 통하여 최종 성능을 확인한다.
- 신호제어시스템은 동 기술시운전 완료시까지 통합성능을 확인하며, 시스템 수준의 통합 성능확인은 종합시험운행을 통하여 수행하게 된다.

* 시설물 검증시험

- 공종별 시험의 완료 후 시설물 검증시험 완료와 함께 통합된 시스템 검증은 계획된 종합 시운전 조직에 의해 차량을 포함한 시스템 전 부문의 전반적인 성능확인 및 철도종합시험운행 시험 진행단계 및 절차에 의거 수행한다.
- 철도 노선에서 허용하는 최고속도까지 단계적으로 차량의 속도를 증가시키면서 도시철도시설의 안전상태, 도시철도 차량의 운행적합성 또는 도시철도시설물과의 연계성, 도시철도 시설물의 정상작동 여부 등을 검증한다.
- 시험항목인 선로구조물의 궤도 검증시험과 주요 분야별 서브시스템인 전철전력, 수변전, 신호제어, 관제설비의 세부항목에 대한 시험 및 시운전절차에 따른 시스템 성능검증을 수행한다.
- 분야별 서브시스템의 부조화 발생시 관련 법령 규정 및 절차에 따라 개선 및 시정조치 계획을 수립하고 수정 및 보완, 조정한다.
- 시설물 검증시험 단계의 최종 성능검증을 완료하고 영업 시운전의 완료 시점까지 제반 성능목표의 달성여부를 입증 확인한다.

* 영업시운전

- 시설물 검증시험 완료 후 영업운전과 동일한 환경에서 영업시운전에 관한 열차운행계획 등 철도시설의 전반적인 적응을 확인하고 운영사 직원의 업무숙달 및 열차운행 시스템의 안전을 확보하기 위하여 영업운전 조건에 따라 열차운행, 여객 편의시설, 운영관련 제도 등 운영요소의 유기적인 결합상태를 최종 검증한다.
- 영업시운전은 철도안전법에 의거 영업운행과 같은 조건으로 승객없이 운영자 주관하에 시행되며, 개통 운영시 열차운행계획에 따라 열차 운용계획의 적정성, 정거장 설비, 통합정보시스템, 승객동선 등 시스템 전반의 최종점검 및 각종 비상상황 발생에 대비한 이례상황의 대비훈련을 시행하고 운용인력의 교육을 시행한다.
- 정상 개통을 위한 시스템의 유형별(**정상, 성능저하, 비상시**)에 대한 최종 무인운전 시나리오를 검증하고 시스템 성능을 확인한다.
- RAM 검증은 서브시스템 수행활동 완료 이후에 시스템 기능 및 성능, 안전성 확보를 전제로 예비적인 가용성 목표의 달성을 확인하고, 영업운전 이후에 실시되는 최종 가용성 입증방법에 따른 사항은 RAM관리활동의 절차에 따라 수행된다.

3) 인터페이스 관리(Interface)

① 개요

인터페이스의 인식, 정의 및 관리를 포함하는 인터페이스 관리는 전 시스템 및 각 분야의 시스템 목표달성을 보증하기 위한 시스템엔지니어링의 한 요소로서, 사업기간 동안 발생하는 변경사항을 포함하여 시스템의 지속적 운영을 가능하게 한다.

② 범위

본 계획은 도시철도 건설사업의 전체 시스템 설비와 가장 효율적인 E&M 차원의 인터페이스 관리를 위한 관련활동 및 책임사항을 정의한다.

본 계획에서 다루어지는 인터페이스는 다음과 같다.

- 도시철도시스템을 구성하는 서브시스템 간 인터페이스
- 도시철도시스템과 내부시스템 간 인터페이스
- 도시철도시스템과 외부시스템(제3자 예: 한전, 환경 등) 간 인터페이스

본 계획서의 인터페이스 과정 및 절차는 내부/외부 인터페이스 모두에 적용된다.

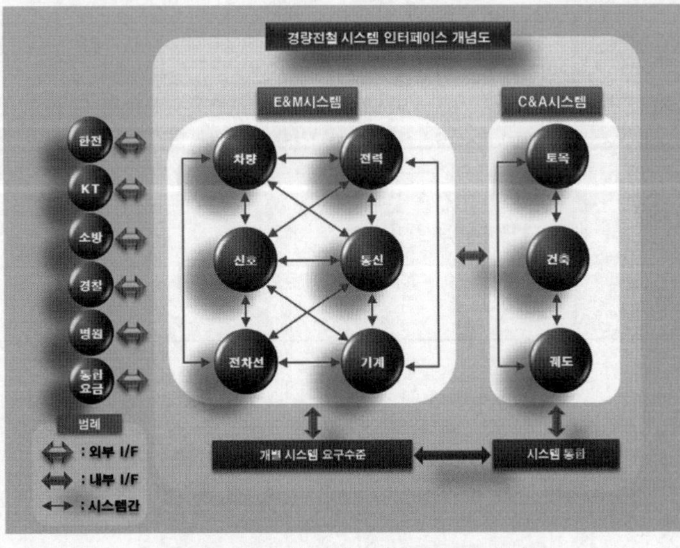

〈그림4-3〉 도시철도 시스템 인터페이스 개념도

③ 인터페이스 단계별 주요 활동

V-Model 인터페이스 단계별 주요활동은 다음과 같다.

〈표4-5〉 인터페이스 단계별 주요 활동

단계별	주요 내용	비 고
개념 단계	인터페이스 관리수행계획서 작성 인터페이스 요구사항 검토	
기본 설계	인터페이스 식별 및 매트릭스 작성 인터페이스 사항 협의 및 조정 인터페이스 이슈사항 목록화	
실시 설계	인터페이스 사항 협의 및 조정 인터페이스 정의 인터페이스 조정결과 설계반영	
제작/시공/설치	인터페이스 사항 협의 및 조정 인터페이스 분석 및 해결 인터페이스 이슈사항 관리서 갱신	
공종별 시험	인터페이스 검증 및 시험 인터페이스 분석 및 해결 인터페이스 이슈사항 관리서 갱신	
기술 시운전	인터페이스 검증 및 시험 인터페이스 분석 및 해결 인터페이스 이슈사항 관리서 갱신	
시설물 검증시험	인터페이스 검증 및 시험 인터페이스 분석 및 해결	
영업 시운전	최종 보고	

*** 인터페이스관리 절차 흐름도**

인터페이스 관리 업무 흐름도는 다음과 같다.

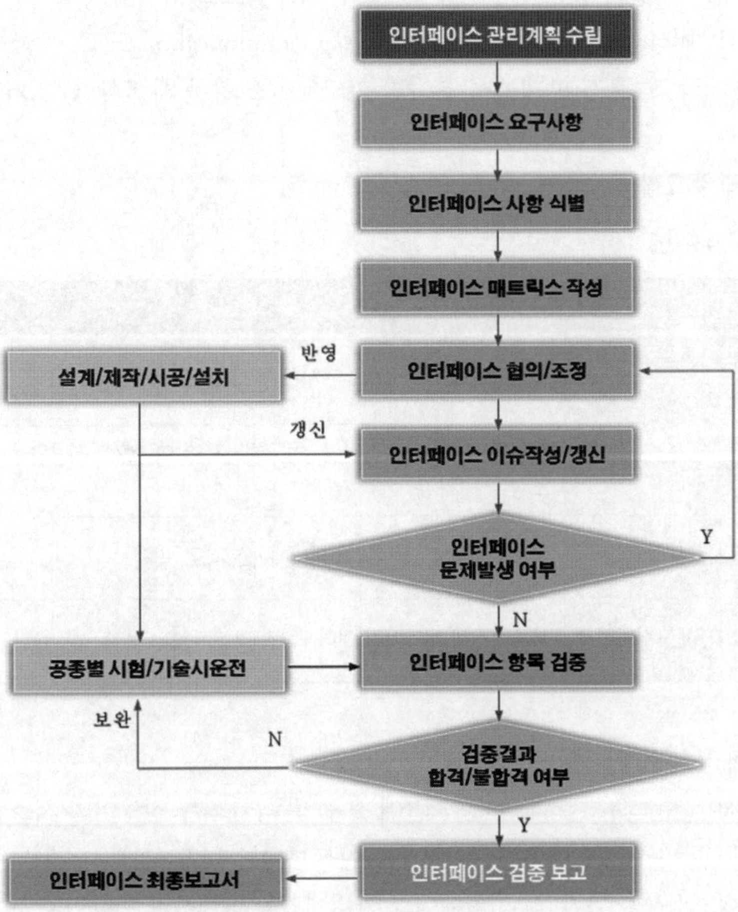

〈그림4-4〉 인터페이스 관리절차 업무흐름도

④ 인터페이스 관리 조직

*** 인터페이스 협의체 구성 및 운영**

철도 건설사업의 설계 및 시공과정 등에서 시스템(분야)간에 발생하는 인터페이스를 검토 · 협의하기 위하여 사업단에『인터페이스 협의위원회』를 구성 운영한다.

사업단 및 공급사는 분야별 효율적이고 원활한 인터페이스 업무 수행을 위하여 내부인터페이스 협의체를 구성 운영하여 분야 간 설계 및 시공업무를 체계적으로 조정 · 관리하고 중요사항은 인터페이스 협의위원회에 제출한다.

*** 협의체의 역할**

- 사업시행자, 사업관리자, 감리자, 제작/시공자 등 관련자간 의사소통
- 사업 참여자 간의 공동체의식 함양으로 공통된 목표설정 및 추구
- 정기적, 비정기적 인터페이스 기술협의로 Communication 도모
- 시공/제작, 시운전 단계에서 분야별 인터페이스 항목 사전식별 및 기술검토 등

*** 협의체 주요활동**

〈표4-6〉 협의체 주요활동

구 분	주 요 활 동	비 고
인터페이스 통제 실무그룹	공동협의회 시스템간 이견사항 통제 및 조정 의사결정	
인터페이스 공동협의회	사업단, 계약자 , 감리단, 공구책임자 참여 설계, 시공업무 체계적 조정 및 관리	
내부 인터페이스 협의회	시스템 분야간 발생하는 인터페이스 검토, 협의	
공급사 인터페이스 협의회	서브시스템 계약자간 인터페이스 검토, 협의	

⑤ 인터페이스 관리 기준

인터페이스는 최소 두 개의 분야 간에 요구 및 공유되는 정보이며 시스템간 기능, 물리, 조직 및 관리 요구조건 혹은 책임사항과 관련하여 시스템/서브시스템 사이에서 발생하는 전체 상호작용을 말한다. 인터페이스 관리계획을 진행하기 위하여 다음 사항을 필수적으로 고려해야 한다.

- 인터페이스 관리자의 구성
- 관련된 외부 조직과의 관계 정립
- 외부 인터페이스를 위한 인터페이스 요구문서의 작성
- 내부 인터페이스에 대한 인터페이스 목록 작성

*** 내부 인터페이스**

서브시스템 간 기능, 설치, 조직 및 관리요구조건 혹은 책임사항과 관련하여 서브시스템 사이에서 발생하는 전체 상호작용을 일컫는다.

한 개의 시스템을 구성하기 위해 각 품목간의 물리적 또는 기능적 연결
(예: 토목시스템의 지반, 교각, 상판, 터널 등 내부적인 연결 관계)

∗ 외부 인터페이스

시스템과 다른 시스템 사이에서 발생하는 전체 상호작용
(예: 차량시스템과 궤도시스템 간 상호관계)
시스템과 제3자(한국전력, 한국통신, 한국가스공사, 국토부, 경찰서 등)사이에서 발생하는 전체 상호 작용

⑥ 인터페이스 주요절차

∗ 인터페이스의 식별

인터페이스 관리의 핵심은 사업초기단계 시스템(분야)간에 발생할 수 있는 물리적, 기능적 인터페이스 사항을 예측하여 식별하고, 상호간의 역할을 명확히 구분하여 상호간의 약속된 기준과 절차로 수행하는 것이다.
이러한 인터페이스 관리 측면에서 인터페이스 식별을 어떻게 할 것인지에 대한 이론적 방법론 및 규칙 등을 검토 · 반영한 계획을 수립하여야 한다.
인터페이스 관리기준 및 각 시스템간의 소통과 사업 추진상의 효율성을 극대화하기 위해 지하철건설 사업단의 시스템 구분과 팀조직(역할)을 기준으로 N^2도표를 사용하여 아래와 같이 구분한다.

- 각 시스템(분야)간의 기능 및 물리적으로 상호 연관된 부분에 대해 인터페이스 사항을 식별
- 기준열의 각 시스템과 상대행의 관련 시스템과의 인터페이스를 도출하는 방식, 인터페이스 사항이 없는 것은 공백처리
- 기준열과 상대행의 상호간의 주어지는 입력과 출력(송수신 정보)에 대해 정의
- 사업초기단계에서 인터페이스 도출은 사업단내의 SE 인터페이스 관리자와 각 팀의 SE 분야별 관리자간 수행
- 각 분야 설계사 및 감리용역사는 사업단이 도출한 인터페이스 식별 내용을 토대로 해당 과업범위에 적합한 인터페이스 사항을 최종 식별

* 인터페이스의 정의

각 조직 내 인터페이스 관리자들은 사업단 SE 인터페이스 관리자의 조율 하에 그들 각자의 인터페이스를 확인한다.

인터페이스를 정의하는 과정의 핵심단계는 책임사항의 할당이다. 이를 기반으로 하여 인터페이스 해결 추진방향을 정의한다. 책임분할에 관해 인터페이스 관련자들 간에 협의 및 동의가 이루어지는 대로, 각 관련자들은 협의서에 서명함으로써 인터페이스 정의과정이 공식화된다.

인터페이스 확인서/설명서는 확인 차원에서 각 관련 인터페이스 관리자들에게 재 배송한다. 검증의 일부로서 시스템엔지니어링 및 시스템 보증을 사용해 인터페이스의 "안전관계"여부를 확인한다. 확인결과에 따라 인터페이스가 "안전"과 관련이 있다고 판단되면, 이를 "인터페이스 위험원 분석(Interface Hazard Analysis)"에 명시한다.

* 분석 및 해결

인터페이스는 협의한 조치항목 및 이의 책임사항 목록에 따라 인터페이스 당사자들 간에 직접 해결한다. 두 당사자들은 상호 협의하여 필요한 인터페이스 자료를 교환하고, 사전 합의한 조치항목 및 이의 조치일정에 따라 인터페이스 문제를 해결한다. 한 당사자가 인터페이스 관리를 책임지고 조치를 취할 주도권을 가지고 있다고 하더라도 두 당사자 모두가 조치의 결과에 책임진다.

인터페이스 해결과정은 개별 인터페이스 담당자의 협조 하에 공동 수행하여야 하지만 시스템 전반에 책임을 가진 감리, 시공 사업단 및 해당 공구 책임자에 의해 감시, 지원, 통제 및 행정지원 될 것이다.

인터페이스 관리를 책임지는 각 담당자는 인터페이스 해결안이 각 계약의 기술요건 또는 종합적인 사업목표와 일치하는지 여부를 증명하여야 한다.

처리결과는 아래와 같이 문서로 기록한다.

- 관련문서를 참조하여 인터페이스 달성결과 및 시험절차 설명
- 인터페이스 관련조직들이 서명한 인터페이스 해결 합의서
- 조직들 중 한 당사자가 요구할 시 인터페이스 해결방안에 대해 책임감리원의 승인서
- 해당 인터페이스 담당자가 서명 배서한 인터페이스 최종해결(안), 이 배서는 해당 인터페이스 관계자들이 확인할 것이다.

각종 인터페이스 문서는 전자문서관리시스템에 전산화하여 향후 관련업무의 기반으로 사용할 수 있도록 한다.

＊ 검증 및 시험

- 인터페이스의 정확한 해결여부는 시운전 및 시스템통합 시험과정 시 검증한다. 각 기관 및 계약자의 인터페이스 책임자는 시험보고서를 통해 검증결과를 검토한다.
- 인터페이스 시험결과 추적은 인터페이스별로 정의된 목표일정에 따라 시행한다. 인터페이스 시험기준은 기능을 확인하기 위한 특정요건들이다.
- 인터페이스 해결안이 시험 및 검증과정 시 부적절하게 나타날 시에는 인터페이스 해결과정을 수정하여 인터페이스를 재검증한다.

＊ 인터페이스 기술 변경사항 관리

인터페이스 총괄목록과 관련하여 타 분야에 영향을 미치는 각종 변경(기술기준, 설계 설명서, 도면 등)이 발생할 경우 처리방안에 대한 사항을 정의

＊ 승인 요청

각 시스템의 과업 수행자는 설계변경 및 형상 변경 시 인터페이스 총괄목록과 타 분야와의 인터페이스에 해당되는 기술사항의 변경이 있는 경우 사업단의 감독부서에 검토요청

- **인터페이스 개요**

  기술변경이 요구되는 인터페이스 명칭 및 번호, 작성일, 사업단계, 등급분류 등 일반적인 사항을 기록
- **변경사유** : 기술변경 사유를 개략적으로 작성
- **인터페이스 변경요구사항**
  - 정 : 인터페이스 항목의 주관부서는 인터페이스 요구사항에 대한 내용을 구체적으로 기술하고, 검토요구일을 표기하여 관련 자료를 첨부
  - 부 : 인터페이스 항목의 관련부서는 정 인터페이스 요구사항에 대한 간략한 의견과 검토 완료예정일을 표기
- **기술변경 영향검토서**

  인터페이스 항목의 해당 주관부서는 기술변경에 따른 기능 및 성능, 물리적 형상변경, 사업일정 및 사업비, 위험성 영향 등에 대한 종합적인 검토를 하고 그 결과서를 작성하여 함께 제출

- 변경사항에 대한 관련부서(부)의 검토 및 의견제출
  인터페이스 항목의 관련부서는 기술변경요청서 및 첨부자료를 검토하고 결과에 대해 동의, 조건부 동의 또는 미 동의를 표기하여 SE팀에 제출
- 기타사항
  인터페이스 기술변경요청서에서 검토된 의견은 기술변경처리 및(또는) 형상 변경관리 주관부서로 송부하여 처리결과에 따라 인터페이스 총괄목록 추가 또는 삭제 등 관리

*** 타 분야 인터페이스 관련 설계 변경**

- 책임감리원은 설계변경 중 타 분야 인터페이스 관련 여부를 확인하여 관련분야 감리원의 확인을 받은 후 사업단(담당 팀)에 보고 한다. 또한 정보공유를 위해 그 결과를 공동협의회에 제출한다.
- 공동협의회는 타 분야 인터페이스 사항의 정보를 구성원에게 알리고 관련 분야의 인터페이스 사항을 확인한다.
- 타 분야와 인터페이스 관련 없는 사항에 대해서는 시공관리절차에 따라 시행한다.

⑦ 인터페이스 분쟁 해결

다음 업무 흐름도는 인터페이스 분쟁해결 절차이다.

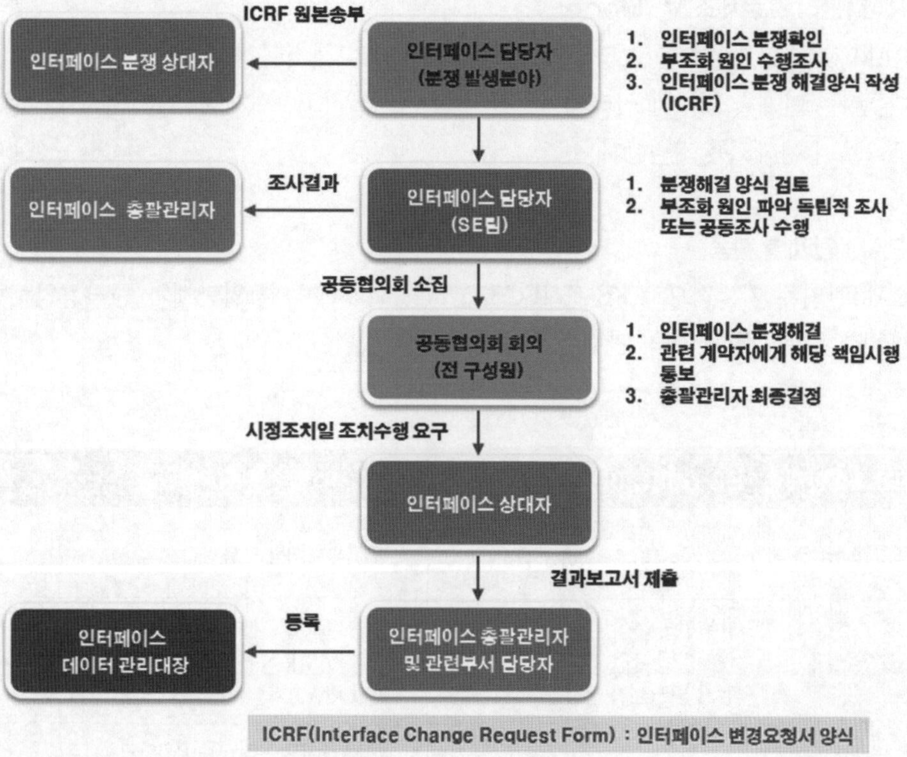

〈그림4-5〉 인터페이스 분쟁해결 흐름

4) RAM(신뢰성 · 가용성 · 유지보수성) 관리

RAM 관리 절차는 도시철도 건설사업 수행시 구성하는 시스템의 신뢰성, 가용성, 유지보수성 확보를 위하여 RAM 보증관리를 위하여 목적을 가진 모든 엔지니어링 활동범위의 정의와 전개로 구성된다.

또한, 시스템 수명주기 단계에 정의된 과업을 절차에 따라 시스템 분석활동과 설계적용을 통하여 시스템 서비스 가용성 목표를 충족하도록 체계적으로 관리하는데 있다.

- RAM 요구조건의 정의
- RAM 할당
- RAM 성능에 영향을 미치는 요인에 대한 평가 및 통제
- RAM 요구조건 부합 달성
- 수명 주기 기간 동안 부합 여부에 대한 지속적 감시

① RAM관리 프로세스 V-Model

RAM 관리 프로세스를 수명주기 관점을 적용하여 시스템엔지니어링 V-모델로 표현하였다. 이는 단계별 업무와 인터페이스를 명확히 식별하고, 전체적인 RAM 관리 업무를 통합적으로 수행하도록 지원한다.

② RAM 단계별 활동

RAM관리는 기본적으로 KS C IEC62278을 준용하며, 사업단계와 규격상의 수명주기를 매핑한 주요업무 및 이와 관련된 활동은 아래와 같다.

〈표4-7〉 주요활동

<table>
<tr><th>프로젝트단계</th><th>KS C IEC 62278 수명주기</th><th>시스템수준 RAM활동</th><th>비 고</th></tr>
<tr><td>개 념</td><td>① 개념
② 시스템 정의 및 적용조건</td><td>· RAM관리계획 수립</td><td></td></tr>
<tr><td>기본 설계</td><td>③ 위험도 분석
④ 시스템 요건
⑤ 시스템 요건 할당</td><td>· 예비 FMECA
· 예비 RAM분석
· 예비 RAM할당</td><td rowspan="5">시스템
기술지원
서브시스템
공급사</td></tr>
<tr><td>실시 설계</td><td>⑥ 설계 및 구현</td><td>· RAM 중요항목리스트(RCIL)
· FMECA 분석
· RAM 분석
· RAM 할당</td></tr>
<tr><td>제작, 시공, 설치</td><td>⑦ 제작
⑧ 설치</td><td>· FMECA분석(갱신)
· RAM 분석(갱신)
· FRACAS 계획
· RAM 검증계획</td></tr>
<tr><td>시험 및 시운전
(공종별~종합
시험운행)</td><td>⑨ 시스템 검증
⑩ 시스템 수용</td><td>· 시운전단계의 고장기록</td></tr>
<tr><td rowspan="2">운 영</td><td rowspan="2">⑪ 운영 및 유지보수
⑫ 성능감시
⑬ 수정 및 갱신
⑭ 폐기(포함하지 않음)
⑪ 운영 및 유지보수
⑫ 성능감시
⑬ 수정 및 갱신
⑭ 폐기(포함하지 않음)</td><td>· RAM 검증 보고</td></tr>
<tr><td>· RAM유지보수데이터 보고
· FRACAS 보고</td><td></td></tr>
</table>

③ RAM관리 기준

시스템 서비스가용성 목표는 99%이상이며, 목표치는 서비스 고장 및 서비스 복구에 걸리는 시간을 기준으로 규정한 것이다.

$$서비스가용도[SA] = \frac{MTBSAF}{MTBSAF + MTTR}$$

- MTBSAF = 평균 서비스고장시간(Mean Time Between Service Failure)
- MTTR = 평균 고장 수리시간 (Mean Time To Repair)

④ 고장 정의 및 고장 등급

Ⓐ 고장의 정의

영업고장이라 함은 일시적 또는 영구적 기능 손실로 열차편성의 계획운행시간에 대비하여 열차운행 지연을 발생시키는 고장을 말하며, 차량운행계획 대비 해당역 또는 다음역에서의 2운전시격 이상 지연도착을 말한다.

단 고장차량으로 인한 타 차량의 모든 지연 및 인위적인(운영자 잘못 또는 승객에 의한 고장 등) 지연은 신뢰성 평가시 지연으로 계산하지 않는다.

Ⓑ 고장 등급

〈표4-8〉 고장 등급 정의

고장 등급	내 용
중대 고장 (Sg) Significant Failure	선로변으로 열차승객의 대피가 필요하고, 운행 복구에 많은 시간이 소요되거나, 열차 지연을 초래하는 고장이다.
주요 고장(Mj) Major Failure	열차운행 정시성 및 "제공된 서비스"의 현저한 저하로 열차 운행에 지장을 초래하는 고장이다.
경미 고장(Mi) Minor Failure	열차 운행지연을 야기 시키는 고장으로, 지연은 시스템 기준에 의해 결정되며, 예비열차 투입을 통해 지연에 의한 "운행 손실"을 최소화 한다.
무시 고장(Ne) Negligible Failure	운행에 있어 직접적인 영향을 초래하지 않으나, 사후 유지보수가 필요한 것이다.

Ⓒ RAM 할당 방법

가용도(또는 신뢰도) 할당 방법은 정성적인 방법과 정량적인 방법이 있으며 할당 모델의 적용성을 판단하며 대상 시스템이 수리계(Non-Repairable System) 여부에 따라 적절한 모델 선택이 필요하다. 할당 방법에는 여러가지 종류가 있으나 이에 국한하지 않는다.

Ⓓ 고장유형, 영향 및 치명도 분석(FMECA)

FMECA (또는 FMEA)는 개발 초기 단계에서부터 시작하여 시스템의 용도폐기에 이르기까지 시스템 운영 중에 발생할 수 있는 모든 잠재적인 고장유형을 찾아내 그 영향을 분석하고 치명도를 평가하여 각각의 원인을 분석함으로써, 시스템의 성능에 치명적인 영향을 줄 수 있는 고장유형들을 줄이거나 감소시키는 일련의 개선대책을 제시하는 분석기법으로 제품의 품질, 신뢰성, 안정성을 향상시켜 고객만족도를 극대화시키는데 그 목적을 두고 있다.

기능분석

기능분석은 FMECA 수행시 선결 되어야 할 문제로 설계결과 및 PBS를 기초로 시스템을 기능별로 분류하고 시스템을 구성하는 구성품의 상호관계 및 기능을 정의한다. 기능분석의 결과는 FMECA를 위한 기초 자료를 제공하며 기능분석은 다음과 같은 작업을 통해서 수행된다.

- 모든 시스템의 기능 식별
- 시스템의 다양한 운용모드에서 요구되는 기능 식별
- 시스템의 기능을 계층적 분해
- 각 기능의 실험방법 기술
- 기능 간의 상호관계 식별
- 다른 시스템 및 환경과의 인터페이스 식별

FMECA 분석 절차

FMECA는 일련의 양식에 절차에 따라 수행된다.

- FMECA 수행시 유의사항

  시스템, 서브시스템, 조립품(Assembly), 현장교체품목(LRU)) 단위까지 FMECA가 수행되어야 한다.

  모든 고장모드가 각각의 레벨에서 도출되고 상위 레벨에 미치는 영향을 검토하여야 한다.

FMECA 해석은 설계단계에서 동시에 계획되고 시행되어야 한다.
설계에서 FMECA에서 권고된 내용이 절충 설계, 시스템의 안전도 설계, 유지보수도 향상 설계, 신뢰도 입증 시험에 적용되어야 한다.

- FMECA 분석 범위
  - 시스템 수준 : 제품분류체계(PBS) 수준 4
  - 서브시스템 수준 : 현장교체품목(LRU)

- 고장빈도 등급

  고장 치명도 평가를 목적으로 유사 운영기관의 고장률 범위와 KS C IEC60128에 따라서 다음 〈표4-9〉와 같이 분류한다.

〈표4-9〉 고장빈도 등급

고장빈도 등급		$[hours^{-1}]$	설 명	비 고
A	매우 빈번한	$\geq 10^{-2}$	최소한 주 1회 발생	19시간 30분 운전고려/일
B	빈번한	$10^{-2} \geq \lambda \geq 10^{-3}$	2개월 내 발생하는 고장	
C	가끔	$10^{-3} \geq \lambda \geq 10^{-4}$	2년 내 발생하는 고장	
D	이따금	$10^{-4} \geq \lambda \geq 10^{-5}$	설계수명 동안 발생하는 고장	
E	가능성 없는	$\lambda < 10^{-5}$	설계수명동안 발생가능성이 없는 고장	

- 고장 심각도 등급

  도시철도 시스템의 고장 심각도 등급은 다음 〈표4-10〉와 같이 고려하여 고려한다.

- 고장 치명도

  고장 치명도는 고장빈도와 고장 심각도를 결합하여 다음 〈표4-10〉와 같이 도출된다.

〈표4-10〉 치명도 매트릭스

구 분		심각도			
		중대(Sg)	주요(Mj)	경미(Mi)	무시(Ne)
빈도	매우 빈번한	$1.00E^{-02}$	$5.00E^{-03}$	$5.00E^{-04}$	$1.67E^{-04}$
	빈번한	$1.00E^{-03}$	$5.00E^{-04}$	$5.00E^{-05}$	$1.67E^{-05}$
	가끔	$1.00E^{-04}$	$5.00E^{-05}$	$5.00E^{-06}$	$1.67E^{-06}$
	이따금	$1.00E^{-05}$	$5.00E^{-06}$	$5.00E^{-07}$	$1.67E^{-07}$
	가능성 없는	$1.00E^{-06}$	$5.00E^{-07}$	$5.00E^{-08}$	$1.67E^{-08}$

- 고장치명도 매트릭스

〈표4-11〉 고장 치명도 매트릭스

		심각도			
		중대(Sg)	주요(Mj)	경미(Mi)	무시(Ne)
빈도	매우 빈번한	C	C	C	C
	빈번한	C	C	C	NC
	가끔	C	C	NC	NC
	이따금	NC	NC	NC	NC
	가능성 없는	NC	NC	NC	NC

- 신뢰성 중요 항목 리스트(RCIL)

  고장치명도 매트릭스에서 "C"에 해당하는 항목은 신뢰성 중요 항목 리스트(RCIL)에 포함된다.

  서브시스템 공급업체는 FMECA에서 도출된 중요 아이템에 대한 확인이 필요하다. 또한 다음 〈표4-12〉의 기준에 따라서 적절한 저감대책의 식별이 필요하다.

〈표4-12〉 신뢰성 중요 항목 리스트(RCIL) 관리기준

신뢰성 치명도	관리 절차
C	고장은 합리적으로 실행 가능한 안전장치 및 기타 저감대책을 세워 예방한다. Critical 고장에 대한 사항은 "신뢰성 중요 항목 리스트"에 제시된다.
NC	본 항목은 RCIL에 포함되지 않는다.

Ⓔ FRACAS(고장보고 및 분석조치)

FRACAS 계획 개요

FRACAS 계획에는 고장의 정의와 분류 그리고 시스템의 수명주기 중 고장보고에 대한 기록을 시작하는 시점을 확인하고 계획 중 고장발생을 고객에게 알리기 위한 모든 요구사항 통합과 같은 특별한 정보들이 FRACAS를 계획하는데 필수적으로 필요하다. 또한 FRACAS를 계획할 때는 관리상 주의를 해야 하며, 비용 효과측면에서 빠르게 공학적인 노력들이 신뢰도와 관련된 문제점들을 해결할 수 있도록 적용되어야 한다.

FRACAS 계획에 필요한 정보

FRACAS 계획에 필요한 정보는 다음과 같다.

- 입력 정보

  고장발견

  고장이 발생한 품목

  고장에 대한 징후

  고장이 발생한 장소 및 위치

  고장이 발생한 시기

- 출력 정보

  FRACAS로부터 획득된 출력정보들은 고장을 예방할 수 있도록 취해진 시정조치에 대해 입증과 검증을 통해 적절히 설명될 수 있어야 한다.

• 초기 입력

고장이 발생하는 최초 시점과 밀접하게 연관되어 있는 곳에서 제공

고장발생의 최초 시점은 FRACAS가 최초로 가동된 시점에 따라 유동적

• 후속 정보

초기 고장사건정보가 시스템에 입력되면, 고장분석과 이에 따른 대책활동이 시작

FRACAS에 기록되어 있는 분석에 대한 논리적 과정은 동일하거나 유사한 다른 제품의 고장을 분석함으로써 도움을 제공할 수 있는 정보가 된다.

근본고장 원인에 대한 확인과정은 기존 고장유형들이 예상된 고장유형과 일치하는지 아닌지를 FMECA나 다른 신뢰도 분석들과 대조하는데 필요한 정보 제공

FRACAS 데이터에서 수치적인 고장비율을 산출하면 경험한 신뢰도가 예측 또는 추정 신뢰도 보다 높은지 혹은 낮은지를 알 수 있다.

• 기타 정보

FRACAS를 계획할 때 분야별 전문요원(신뢰도, 정비도, 형상관리 등) 포함

효율적으로 FRACAS를 개발 및 진행시키기 위해서는 이러한 자원을 관리할 수 있는 행정적 관리기능도 포함

예측된 신뢰도의 값을 정량적으로 계산하기 위해서는 FRACAS내에 수행시간이나 주기를 수립 및 통합하고, 사용하는 방법들을 분명하게 정의

FRACAS가 자동화되는 경우에는 FRACAS를 계획의 초기부분에 컴퓨터 프로그래머와 관리자들을 포함하여 초기 고장분석에 대한 절차, 근본고장 원인을 결정하기 위한 고장분석에 대한 절차, 그리고 그에 따른 시정조치에 대한 정보들은 반드시 기록

시정조치들은 적절한 방법으로 확인되고 수행되도록 확신할 수 있는 규정이 포함

* RAM 단계별 활동

① 시험 및 시운전 단계

RAM요구조건에 의거하여, 시운전 완료 시 이 단계에서 RAM 요구조건(특히, 시스템 서비스 가용성)의 이행 상태를 제시한다.

공급사는 시운전과정에서 발생하는 모든 고장을 체계적으로 기록 보고한다.

＊ 유지보수성 입증(예시)

- 서브시스템 중 차량, 신호분야는 분야별 유지보수성(MTTR) 20개 항목에 대하여 계획 목표가 달성되었음을 시험을 통해 입증한다.
- 차량분야 모든 유지보수성 시험은 최초 차량 납품완료 후, 6개월 이내에 완료 된다.
- 유지보수성 향상을 위하여 차량의 구성요소 장치를 구분하여 계획된 MTTR 시간 및 모든 유지보수정비 활동의 90%에 대한 최대 계획정비시간을 입증한다.
- 신호분야 모든 유지보수성 시험은 신호제어 시스템 납품완료 후, 6개월 이내에 하여야 하며, 시(운영유지보수 업체) 상황에 따라 상호 협의조정 시행할 수 있다.
- 차량, 신호분야 유지보수성의 목표가 달성되지 못한 경우 MTTR 항목 중 각 분야별 20개 항목을 추가 시험을 통해 입증한다.

② 운영 및 유지보수단계

＊ RAM검증

RAM 검증은 시스템의 각종 기기나 설비의 Burn-in 기간과 지상설비에 대한 시운전이 완료된 후에 시작한다. 검증 종료일까지 관련된 변수들을 개선하며, 검증 기간 종료 RAM 설계목표로 제시했던 수치와 같거나 높아야 한다.

＊ 신뢰성 검증(예시)

가동시간(hour)당 영업고장횟수 (MTBSF : Mean Time Between Service Failure), 또는 주행거리(km)당 영업고장횟수 (MKBSF : Mean Kilometer Between Service Failure)를 조사하고 기록하며, 신뢰성 검증은 도시철도 시스템의 운행 서비스 신뢰성 검증을 위하여 열차운행시스템에 대한 다음의 검증방법을 제시한다.

- 신뢰성 검증은 전체편성 영업개시 후 12개월 이내 MKBSF를 RAM수행 계획서에 제시된 목표값을 달성하여야 하며, 미달성시 도달할 때까지 연장된다.
- 또한, 고장데이터와 수리작업보고서, 원인분석보고서 등을 시운전 개시일부터 신뢰성 입증시험 완료일까지 사업단에 매월 보고한다.
- 신뢰성기준치를 달성한 후, 사업단에 '신뢰성입증완료보고서'를 제출한다.
- MKBSF의 지속적인 증가를 증명하기 위하여 신뢰성 개발/성장 시험을 시행되며, 이 시험결과는 신뢰성 완료보고서에 포함하여 제출받아 적정성을 검토한다.

＊ 가용성 입증(예시)

차량, 신호분야 가용성 입증은 차량 영업개시 후 6개월의 시스템 안정기간을 거친 후 3개월 단위로 2회 평가를 실시하여 목표값 이상임을 입증한다.

차량, 신호분야 2회 실적평가 시 가용성 목표에 도달하지 못할 경우, 추가 3개월 단위로 입증시험을 수행하며, 미달성시 도달할 때까지 연장된다.

RAM 최종 보고

RAM요구조건에 의거하여, 영업 운행 개시 6개월 후, 이 단계에서 RAM 요구조건(**특히, 시스템 서비스 가용성**)의 이행 상태 및 FRACAS 과정의 결과를 제시하는 최종 RAM 검증 보고서를 제출한다.

FRACAS 시스템 수행

FRACAS는 고장 발생에 대한 보고, 분류 및 분석하는 시스템으로 영업 운행 시 서브시스템/구성품 수준에서 할당/예측되는 신뢰성을 검증하여 최종 보고 활동결과 보고서를 제출한다.

5) Safety 관리

철도 건설사업 수행시 요구되는 시스템 안전성 요구사항에 대하여 안전성 원칙에 의한 안전성 관리활동을 통하여 각각의 시스템 및 하위시스템에 연관된 위험도(Risk)를 수용 가능한 수준까지 감소하거나, 위험원(Hazard)을 식별하고 제거하기 위하여 안전성 관리를 위한 절차와 방법을 정의하고 서술한다.

안전성관리는 시스템 및 하위시스템이 사용 환경 하에서 예측 가능한 전체 안전성의 위험도 평가를 수행하고 필요에 따라 적절한 예방 및 완화 조치 활동을 포함하여 다음과 같이 적용한다.

- 안전성 요구사항(requirements)
- 안전성의 위협 요인에 대한 평가 및 제어
- 안전성 업무의 계획 및 구현
- 안전성 요구사항의 충족을 위한 활동
- 수명주기 동안의 지속적 감시

① Safety 관리절차

Safety 관리 절차는 철도사업을 위한 안전성을 보증하기 위한 목적을 가진 모든 관리와 엔지니어링 활동범위의 정의와 전개로 구성되며 안전성 관리프로세스는 KS C IEC 62278(2004) 기준을 적용하며 시스템 수명주기의 초기의 개념부터 용도폐기까지 시스템의 전체 생명주기를 포함하여 각각의 업무를 포함하는 일련의 단계로 구성되어 있다.

- Safety 요구조건의 정의
- Safety 할당
- Safety에 영향을 미치는 요인에 대한 평가 및 통제
- Safety 요구조건 부합 달성
- 수명 주기 기간 동안 부합 여부에 대한 지속적 감시

② Safety관리 주요활동

Safety 관리활동은 적용된 국제규격 기준에 따라 시스템 수명주기는 아래 표와 같이 시스템이 각 사업단계를 거쳐 진행됨에 따라 Safety를 포함한 시스템의 모든 측면을 계획, 관리, 및 제어하는 구조를 제공한다.

Safety와 관련된 주요활동은 다음과 같다.

〈표4-13〉 단계별 활동

사업 단계	KS C IEC 62278	활 동
개 념	① 개 념	· 안전성 관리계획
기본 설계	② 시스템 정의, 응용조건	· 과거 경험 데이터 평가 · 예비 위험원 분석(PHA) 수행 · 위험도 기준의 허용범위 정의 · 안전성 수용기준 정의
	③ 위험도 분석	
	④ 시스템 요구조건	
	⑤ 시스템 요구조건 할당	
실시 설계	⑥ 설계 및 구현	· 위험원 목록 · 시스템 안전성 목표치 및 요구조건 할당 · 시스템 위험원(SHA) 및 위험도(RISK) 분석 · 인터페이스 위험원 분석 및 위험도 평가
제작, 시공, 설치	⑦ 제 작	· 검토, 분석, 시험 및 데이터 평가에 의한 안전성 검증계획 수행 · 위험원 목록 이용 위험원관리
	⑧ 설 치	· 검토, 분석, 시험 및 데이터 평가에 의한 안전성 검증계획 수행 · 위험원 목록 이용 위험원관리
시험 및 시운전 (공종별~종합시험운행)	⑨ 시스템 검증	· 위험원 목록 이용 위험원관리 · 안전성 Case · 안전성 검증 · 안전성 최종보고
	⑩ 수 용	

* Safety 관리절차 흐름도

Safety 관리절차 단계별 업무 흐름도는 아래와 같으며 사업초기 개념단계의 시스템 예비 위험원 분석을 통하여 시스템을 정의하며 Safety 요구사항 분석을 통한 목표설정 및 서브시스템 할당 및 서브시스템 Safety분석 및 저감대책의 설계적용을 통한 설계목표 관리를 수행한다.

시스템 검증단계에 Safety입증 평가를 통하여 안전성 목표 부합성 검증을 시행한다.

안전성 관리 절차 업무 흐름도는 다음과 같다.

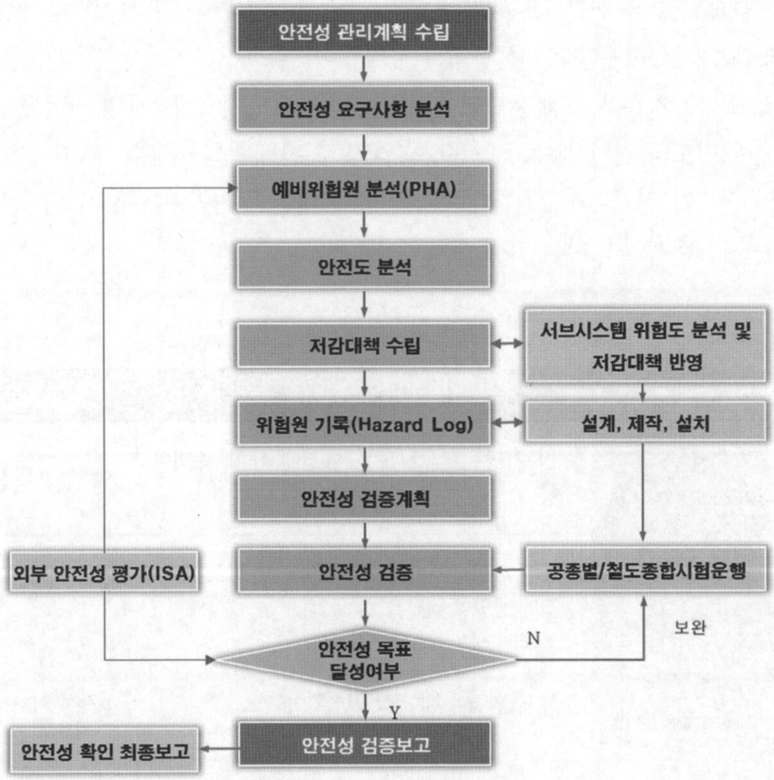

〈그림4-6〉 안전성 관리절차 업무 흐름도

③ Safety 관리기준

철도사업에서 사고로 발전될 수 있는 위험요인에 대한 위험도를 매트릭스방식으로 할당하며, 위험성 평가는 시스템 내에서 발생 가능한 위험성에 대한 심각도와 발생빈도의 기준을 제시하고, 평가 결과를 활용함으로써 위험제거 및 감소를 위한 치명적인 위험요인과 방법을 설명한다.

시스템 수준에서는 KSC IEC 62278의 정의에 따라 안전성 원칙을 적용하여 수용 가능한 수준으로 관리된다.

Ⓐ 정의된 안전성에 의한 사고의 크기 예측

시스템내에 존재하는 위험성이 시스템 및 인체에 어떠한 영향을 미치는가를 기준으로 하여 심각도를 분류한다.

안전성 결과 구분은 심각도로서 위험도를 감소시키기 위한 저감대책이 시행되지 않은 최악의 상태를 근거하며, 심각도를 정의하는 지표이다.

- 심각도의 결과는 시스템 운영과 관련된 승객, 운영자, 제 3자의 관점에서 평가된다.
- 잔존 위험도의 평가 시에는 안전성요원 및 저감대책을 사용할 수 있다는 조건 하에 안전성의 결과가 평가된다. 저감대책의 영향에 대한 증거를 제공하기 위해, 초기 위험도 평가는 저감대책이 없다는 가정 하에 수행한다.

〈표4-14〉 심각도 분류

심각도 수준		사람 및 환경에 미치는 결과	시스템에 미치는 결과
I	치명적 (Catastrophic)	수명 사망 그리고/또는 환경에 대한 중대한 영향	시스템의 완전한 손실
II	중대한 (Critical)	한 명 사망 그리고/또는 중상 그리고/또는 환경에 상당한 영향	열차, 주요 서브시스템의 손실
III	제한적 (Marginal)	경상 및 환경에 대한 상당한 위협	심각한 서브시스템의 손상
IV	경미한 (Negligible)	경미한 부상의 가능성 있음	경미한 서브시스템의 손상

- 발생빈도와 결과의 심각성(**안전성 결과 구분**)은 반 정량적 기준에 따라 정의되며 각 위험원 요인에 의한 위험도의 계산은 = 발생빈도×심각도이다.
- 시스템 및 그 사용 환경 하에서 예측 가능한 전체 안전성은 예비 위험도 평가를 수행하며 필요에 따라 적절한 예방 및 완화 조치를 실시한다.
- 예방 및 완화 조치는 각각 위험원의 발생빈도와 결과의 정도를 줄인다.
- 본 절차의 완료 시점에서 안전성으로 분류된 위험도 등급은 다음의 정의 및 기준에 따라 수용 가능해야 한다.

〈표4-15〉 위험원 발생빈도 구분

구 분		발생빈도 f [운영시간$^{-1}$]	설 명
A	빈번한 (Frequent)	$f>10^{-5}$	자주 발생함. 위험원은 지속적으로 발생함
B	가능성 있는 (Probable)	$10^{-6} < f \leq 10^{-5}$	수 차례 발생 함. 위험원은 자주 발생함
C	가끔 (Occasional)	$10^{-7} < f \leq 10^{-6}$	시스템 수명주기 동안 수 차례 발생함
D	이따금 (Remote)	$10^{-8} < f \leq 10^{-7}$	시스템 수명주기 동안 몇 차례 발생함 위험원 발생을 합리적으로 예상 가능
E	희귀한 (Improbable)	$10^{-9} < f \leq 10^{-8}$	가능하나 발생하지 않음. 위험원은 예외적으로 발생함
F	희박한 (Incredible)	$f \leq 10^{-9}$	전혀 발생하지 않음. 위험원은 발생 가능성이 없다고 간주

Ⓑ 사고에 대한 위험도(RISK)의 수준(CLASS)화

상위에서 기술한 심각도 및 발생빈도에 따른 위험도를 매트릭스 형태로 표현한 것으로서 각각 식별된 위험원에 일치하는 위험도 수준은 위험원의 발생빈도와 심각도의 조합으로 결정되며, 각각의 위험원은 일치하는 위험도를 평가하기 위하여 위험도 매트릭스로 평가한다.

〈표4-16〉 위험도 매트릭스

구분		심각도			
발생빈도		Ⅳ	Ⅲ	Ⅱ	Ⅰ
		경미한 (Insignificant)	제한적 (Minor)	중대한 (Major)	치명적 (Incredible)
A	빈번한 [70%] (Frequent)	R3	R4	R4	R4
B	가능성 있는 [60%] (Probable)	R2	R3	R4	R4

구분		심각도			
발생빈도		Ⅳ	Ⅲ	Ⅱ	Ⅰ
		경미한 (Insignificant)	제한적 (Minor)	중대한 (Major)	치명적 (Incredible)
C	가끔 [50%] (Occasional)	R1	R2	R3	R4
D	이따금 [10%] (Remote)	R1	R1	R3	R4
E	희귀한 [5%] (Improbable)	R1	R1	R2	R3
F	희박한 [0%] (Incredible)	R1	R1	R1	R2

〈표4-17〉 위험도 수준

위험도 수준	정 의	관리 절차
R1	무시	추가 조치 필요 없음
R2	허용 가능	저감 조치가 제시되는 경우, 관련 안전성은 서면 협의를 제출하여 사업단의 승인을 득함
R3	바람직하지 않음	저감 조치가 제시되는 경우, 서면 협의를 제출하여 사업단 및 안전성 인증기관의 승인을 득함
R4	허용 불가	위험도는 식별될 안전성장치 및 저감 조치를 통해 경감되며, 재평가를 실시함.

④ **안전성 요구사항**(Safety Requirement)

안전성 요구사항은 안전성 관련 시스템 및 서브시스템에 대한 정성적, 정량적 안전성 요구조건을 정의하고 기술한다.

안전요구사항은 예비위험원 분석을 통해 제시되며, 위험원 도출 및 분석을 통해 안전요구사항과 관련된 세부 안전대책안이 제시된다.

Ⓐ 안전관리 시스템 요구사항

〈표4-18〉 안전성 요구사항

연번	요구사항 명	Description	비 고
1	RAMS 규격준수	시스템의 RAMS는 국제규격을 준수하여야 한다.	
2	시스템안전성인증	시스템 안전성을 입증할 책임이 있다.	
3	신호설비 안전성 목표치	도시철도 시스템 신호 안전성 목표치는 SIL4등급의 수준이어야 한다.	

※ 안전성목표치는 예비 위험원분석(PHA)을 통해 제시될 것이다.

Ⓑ 하드웨어 구성요소의 안전성요구사항

시스템 및 하위시스템을 구성하는 하드웨어에 대한 요구사항 목록을 기록하며, KS C IEC 62278 절차에 의거 일반적으로 적용 가능한 상위 수준의 기준이며, 각 수명주기 단계에서 수행하기 위해 필요한 안전성 활동들을 규정한다.

위험도 평가에 의해 서브시스템(구성요소)단위로 할당된 안전 무결성 레벨(SIL, Safety Integrity Level)에 따라 표와 같이 하드웨어에 대한 안전성에 대한 고장률이 제시된다.

〈표4-19〉 SIL과 시스템 고장률

SIL	신뢰성측면의 고장률(/Hour)	안전성측면의 위험측고장률(/Hour)
4	$\geq 10E^{-5}$ to $< 10E^{-4}$	$\geq 10E^{-9}$ to $< 10E^{-8}$
3	$\geq 10E^{-4}$ to $< 10E^{-3}$	$\geq 10E^{-8}$ to $< 10E^{-7}$
2	$\geq 10E^{-3}$ to $< 10E^{-2}$	$\geq 10E^{-7}$ to $< 10E^{-6}$
1	$\geq 10E^{-2}$ to $< 10E^{-1}$	$\geq 10E^{-6}$ to $< 10E^{-5}$

안전요구사항의 만족을 증명하는 안전성 활동내역에서는 SIL이 할당된 서브시스템 단위로 고장률을 예측하여 목표치의 달성을 증명한다.

안전측면 고장률인 시스템 위험측고장률 만족여부는 하부시스템 단위의 위험을 정의하고, 정의된 위험원이 발생할 확률을 FTA기법으로 분석하여 수행한다.

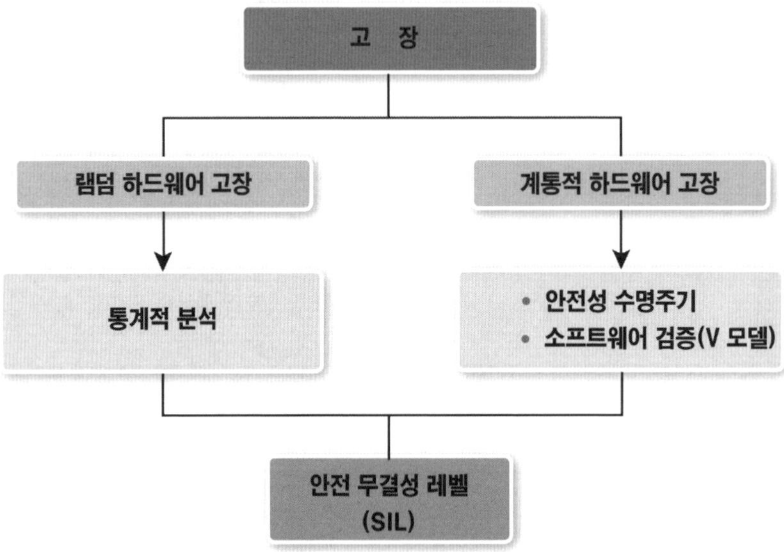

〈그림4-7〉 IEC 61508에서 분류한 고장의 종류

ⓒ 소프트웨어 구성요소의 안전성요구사항

본 문서는 안전성 등급 요구조건을 만족시키는 소프트웨어를 공급할 때 사용되는 방법 즉, 기술, 도구, 검증 및 입증 활동에 대해 서술한다. EN 50128은 SIL3 및 SIL 4 등급인 안전성 중요 소프트웨어에 적용되고, SIL 0, SIL 1, 및 SIL 2에 속하는 비중요 소프트웨어는 소프트웨어 품질 보증 절차를 따른다.

• 안전성 소프트웨어 검증 V-모델은 다음과 같다.

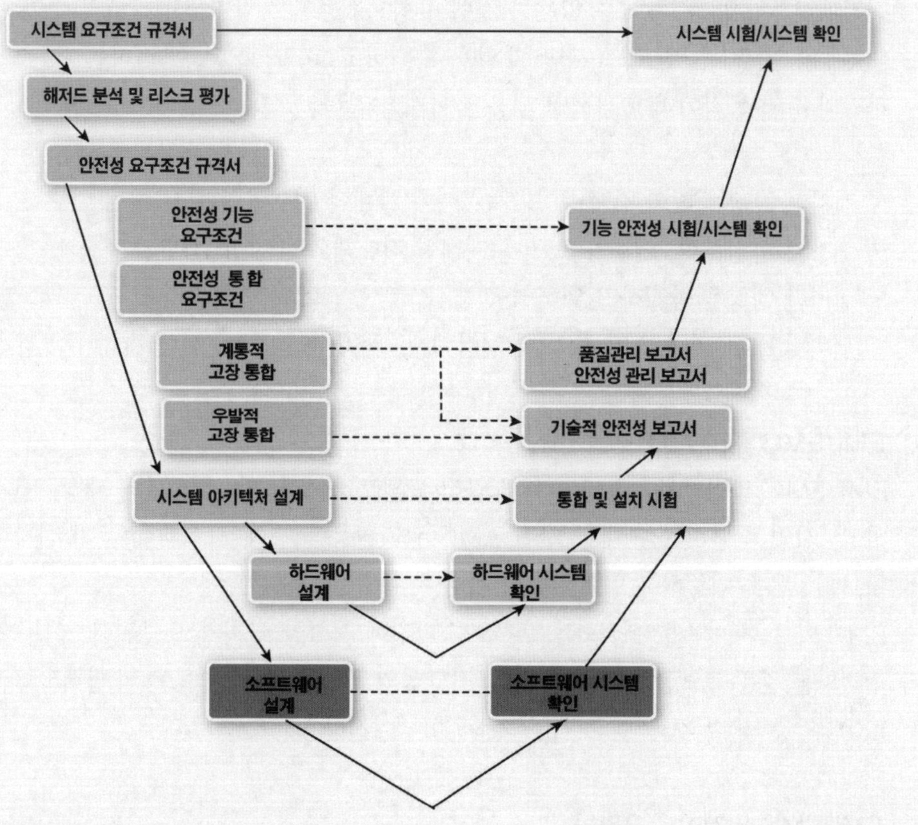

〈그림4-8〉 안전성 소프트웨어 검증 V-모델

6) EMI/EMC 관리

전자기적 측면에서 다음 3개의 요소가 모두 성립되면, 시스템 장비들은 전자기적으로 위험한 상황에 놓이게 된다.

- 잡음원 : EMI 발생원 (예: 레이더, 이동전화, 개폐서지, 전력제어장치 등)
- 매개체 : 결합매체 (예: 안테나와 안테나, 전자파원에서 전선으로 결합 등)
- 피해원 : EMI 감응기기 (예: 통신시스템, 전자장치, 사람 등)

따라서 철도 시스템의 전자파 적합성을 확보/유지하기 위해서는 일정 기준 이하로 전자파 장해를 발생시키는 각 요소들의 상호작용을 최소화시킨다.

즉, 위의 3개 요소 중 어느 하나만이라도 제거하면 원칙적으로 전자파 장해에 의한 운영상 위험성은 사라지게 된다.

전자파 장해(EMI)를 받을 수 있는 시스템 구성요소들이 각각 타 시스템 및 주변 환경에 대해 내구성을 가질 수 있도록 제반 계획을 수립하고 효과적으로 관리하는 것이 EMI/EMC 관리의 주된 목적이며 핵심적인 내용은 아래와 같다.

- 전자파 규정에 따라 각 설비 및 시스템이 설계되도록 관리
- 전자기 환경분석, 영향예측 및 문제점 방지대책의 체계적 관리
- 설비간 영향을 방지하기 위하여 전체시스템 수준에서 통합관리
- 설비별 EMC 발생요인 분석 및 저감대책, 체계적인 EMC 시험 관리

① EMI/EMC 관리 절차

EMI/EMC 관리절차는 EMC 관련 규정을 검토하여 EMI/EMC관리 대상/기준 등을 수립하고, 사업 수명주기 단계별 EMI/EMC 관리활동을 통해 시스템 수준의 전자파 적합성이 확보되었음을 입증하는 일련의 과정이다.

EMC 확보를 위해서는 궁극적으로 운영 환경에 적합한 설계가 요구된다. 이는 체계적인 관리절차를 준수함으로써 이루어지며, 적합성의 입증은 전체적 또는 개별적으로 이루어지는 EMC 검증 및 그 결과 보고서를 통해서 이루어진다.

② EMI/EMC 단계별 주요활동

도시철도 시스템 주기별 EMI/EMC 관리 단계별 활동 프로세스와 주요활동은 다음과 같다.

단 계	활 동
개념 단계	EMI/EMC 관리계획 - 전체 시스템의 EMC 확보를 위해 전체 프로젝트 기간 동안 수행될 EMI/EMC 관리에 대한 방법 및 그 세부사항을 규정함.
기본 설계	사전설치 EMC 현장조사 - 전체 시스템의 설계/설치 전, 도시철도 노선도 주변의 전자파 환경을 파악하기 위해 EMC 현장 측정을 실시하는데 이를 위해 필요한 일정 및 계획, 방법 등을 제시하고, 이에 따라 측정된 결과에 대한 검토, 분석, 개선 대책을 보고서로 작성함.

단 계	활 동
기본 설계	주파수 관리계획 - 서브시스템 내부간, 서브시스템간, 외부 시스템간 EMI 발생원을 사전에 차단하기 위해 각 서브시스템에서 사용되는 의도성 송수신기 역할을 하는 장비들의 사용주파수를 관리함. (대역폭 및 주파수 할당 상황 파악 등)
기본 설계	인체노출 해석 - 전자파에 대한 인체의 안전을 확보하기 위해 관련 기준 및 법규에 준해 전자파 발생 제한치를 검토함.
	전자파 장애요소 예측 - 사전설치 EMC 현장조사결과 측정된 전자파 방출원들이 전체 시스템에 미칠 전자파 장애 발생 가능성을 분석함.
실시설계	시스템 내부 EMI 분석 - 서브시스템 내부의 장비들간 EMC 문제를 사전에 파악하기 위해 서브시스템 내부의 모든 장비들 사이에 EMI 영향을 검토함.
	시스템 간 EMI 분석 - 서브시스템 간의 EMC 문제를 사전에 파악하기 위해 서브시스템들 사이에 EMI 영향을 검토함.
제작 및 설치	EMC 검증계획 - 시스템 내부 및 간 EMI 분석, 인체노출 해석, 전자파 장애요소 예측을 바탕으로 전체 시스템 및 서브시스템에 대한 EMC 검증 방법 및 절차를 세움.
시험 및 시운전	EMC 검증 - EMC 검증계획에 대한 설치 및 수전 전/후, 시운전시 EMC 품질시험 결과 보고서임.
	설치 후 EMC 현장조사 - 사전설치 EMC 현장조사 보고서 결과 대비 전체 시스템의 EMC 확보 여부를 확인하기 위해 실시되는 EMC 현장 측정의 결과 보고서임.
	전체 시스템 EMC 최종 보고서 - EMC 측면에서 전체 시스템의 계약 요구사항에 대한 전자파 적합성이 확보되었음을 나타내는 종합 보고서임.

＊ 관리절차 흐름도

철도 시스템의 EMC 적합성 입증을 위한 구체적인 관리절차는 관리절차 흐름도에 요약되어 있으며 다음과 같다.

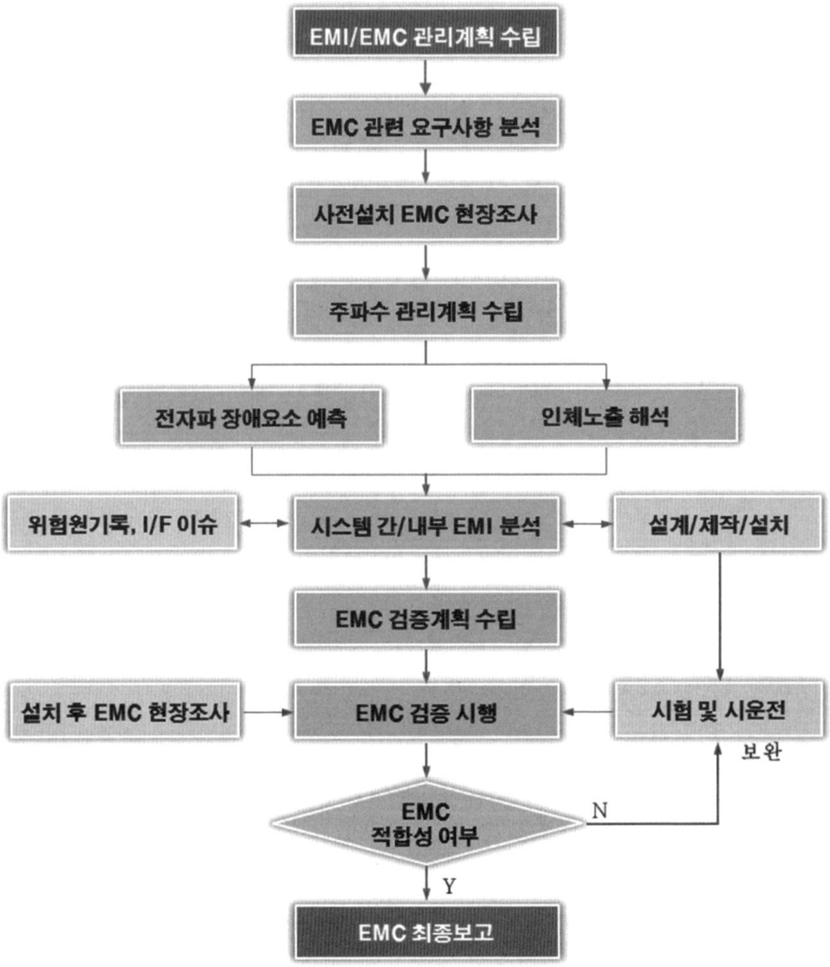

〈그림4-9〉 EMI/EMC관리 프로세스 업무흐름도

이 절차는 본 프로젝트에서 요구되는 제출 문서 사항에 따라 먼저 EMI/EMC 관리계획의 수립에서부터 시작된다.

이후로 설계 전 EMC 관련 일반적인 요구조건을 검토하고 검토 결과를 바탕으로 시스템 내부, 상호 간 및 외부와의 인터페이스에서의 시스템 장비에 대한 간섭 요건의 식별 및 EMC 적합성의 입증을 위해 관련 시험/검증 등의 기술적인 검토가 수행된다.

시스템 제작업체에 대한 관리절차는 기본적으로 다음 2가지의 요소를 검토/평가함으로서 EMC 적합성 입증이 이루어진다.

- 관련 국제 규격 및 법규 준수
- 간섭 요인(**감응성**)을 파악하기 위해 영향을 받는 장비에 대해 전자파 장해에 대한 감응성 여부를 식별 및 정의하고, 이를 해당 장비가 속한 방사 환경과 비교

전자파 적합성을 입증해야 하는 기기를 식별할 때에는 철도 시스템 부문의 서브시스템 내부 EMI와 서브시스템 간의 EMI 그리고 시스템과 상호 영향을 미치는 제3의 시스템인 외부 시스템과의 EMI환경을 모두 감안해야 한다.
전자파 적합성을 입증해야 하는 기기의 정상 및 이상 작동 상태에서의 평가는 각각 구분하여 진행된다.
정상 작동 상태의 경우, 정상상태 조건과 과도상태 조건에서 관련된 규격에 의한 시험을 실시하고 그 결과를 분석한다. 분석결과 부적합 시에는 문제점에 대한 대책의 수립 및 대책 반영을 통해 해당 문제점을 해소한다. 이상 작동상태의 경우, 시스템 안전성 관리자의 주관하에 수행된다. 시스템 안전성 관리자는 전자파 측면에서 이상 작동 상태의 경우가 안전성 관련 시스템의 기능에 어떠한 영향을 미치는지를 식별한다. 식별된 부적합성 사항은 이를 제거 또는 저감하거나, 발생빈도를 최소화하는 일련의 절차를 수행함으로써 최종적으로 전자파 적합성에 도달하도록 업무를 수행한다.

Ⓐ 제작 및 설치 단계

EMC 검증계획

EMC 검증계획은 시스템 내부 EMI 분석, 시스템 간 EMI 분석, 인체노출 해석, 전자파 장애요소 예측 등을 기반으로 전체 시스템 및 서브시스템의 EMC 적합성 검증을 위해 필요한 시험규격 및 방법, 절차 등을 수립하는데 있으며 다음과 같다.

- 시험할 장비들의 목록화
- T&C 계획 내의 EMC 시험을 위한 기초자료 수집
- 시험 관련 EMC 시험 규격 및 기준 수립

철도시스템의 전자파 적합성 시험은 전체 T&C 업무의 일환으로 진행되며, 이 중 EMC 관련 주요 시험 및 측정은 다음과 같다.

- 주변 환경 측정
- 전력 공급 시스템 시운전 완료 후
- 본선시운전 완료 후

Ⓑ 시험 및 시운전 단계

개요

철도시스템의 전자파 적합성 시험은 시험 및 시운전 단계로서 서브시스템 공종별 시험, 통합 기술시운전, 종합시험운행-시설물 검증시험, 영업시운전 등 전체 T&C 업무의 일환으로 진행되며, 이 중 EMC 관련 주요 시험 및 측정은 다음과 같다.

- 주변 환경 측정
- 전력 공급 시스템 시운전 완료 후
- 본선시운전 완료 후

공종별 시험

- 서브시스템 EMC 검증

서브시스템 EMC 검증은 EMC 검증계획에 따라 진행되는 아래 내용에 대한 서브시스템 공종별 품질시험 결과 보고서이다.

- 설치 후 서브시스템별 장비들의 EMC 시험 및 결과 확인
- 수전 전/후 서브시스템별 장비들의 EMC 시험 및 결과 확인

기술시운전 – 시스템 EMC 검증

설치 후 EMC 현장조사

설치 후 EMC 현장조사의 목적은 철도시스템이 설치되기 전 노선 주변의 전자파 환경을 측정/검토한 결과를 바탕으로 철도시스템이 설치된 후 동일 조건에서 전자파 환경을 측정 및 비교/검토함으로써 객관적으로 전자파 적합성을 충분히 확보했음을 확인하는데 있다. 앞서 실시되었던 사전설치 EMC 현장조사 보고서의 내용을 고려하여 다음과 같이 활동한다.

- 전문적인 측정 장비를 가지고 동일한 장소에서 동일한 방법으로 전자파 환경 측정의 실시
- 전자파 환경 측정 결과를 가지고 사전설치 EMC 현장조사 보고서와 비교/검토하여 도시철도 시스템의 EMC 확보에 영향을 미칠 수 있는 변화가 발생하였다면 이에 대한 원인분석 및 대책을 수립하여 문제점을 해결

- 전자파 환경 측정 결과의 분석 및 보고서 작성

설치 후 EMC 현장조사 보고서는 전체 시스템 EMC 최종 보고서에 수록하여 제출한다.

7) 소음 · 진동 관리

철도 프로젝트의 경우에는 건설 및 운영단계에서 소음 · 진동 등의 환경적 변화를 수반하기 때문에 많은 민원 발생을 유발시키게 된다.

시스템 건설이 최종 완료된 이후에는 민원 발생의 원인인 소음 · 진동 문제 해결의 어려움이 발생하기 때문에 사전 예방 단계에서의 요구사항 정의 및 분석, 할당, 설계 관리, 검증 등의 단계를 필요로 한다.

① 소음 · 진동 관리 절차

도시철도 시스템 및 승객들에게 설계, 개발, 그리고 운영 상태에서 소음 및 진동의 영향을 받지 않고 이해관계자 또는 이해관계자 집단 요구사항에 적합한 성능 및 기능을 발휘하도록 관련업무의 실행과 관리는 매우 중요하다.

② 소음/진동관리 프로세스 V-Model

도시철도 프로젝트의 SE 접근방식은 설계단계부터 검증단계를 거쳐 시운전에 이르기까지 전체기간 동안 각 업무를 포함하는 라이프 사이클 시스템을 따른다.

③ 소음/진동관리 단계별 활동

소음/진동관리 실행과 관리를 위한 활동을 아래와 같이 나타내었다. 이는 도시철도시스템 개발 및 운영 과정에서 서브시스템의 통합적인 소음 및 진동 관리 활동의 정의 및 실행을 고려하여 작성되었다.

단 계	활 동	비 고
개념 단계	· 소음 진동 이해관계자를 식별하여 관련법 및 표준 규격을 분석 · 상기 프로세스 요약도의 투입자료 활용	
기본 설계	· 소음 진동 요구사항 및 예측방법 정의 · 소음 진동 전파경로 예비분석 · 운영시 발생가능한 소음 진동의 영향 사전 평가	
실시 설계	· 예측에 따른 저감대책 마련 · 영향평가에서 제시한 소음 진동 저감 설계가 적절하게 반영되었는지 여부를 검증	
제 작 시 공 설 치	· 설계에 따른 시공준수여부 확인 · 관리기준에 따른 소음실측 · 소음 진동 기준치 달성 여부를 검증하기 위한 계획의 수립 · 서브시스템 요구사항 검증 · 검증결과 분석 및 문서화	차량 성능시험 (구성품 검증)
기술시운전 시설물 검증시험	· 시스템 요구사항 검증 · 검증결과 분석 및 문서화	성능시험 (본선 시운전)
영업시운전	· 이해관계자 요구사항 확인 · 소음 진동 요구사항을 달성하였음을 확인하는 종합 보고서 · 확인결과 분석 및 문서화	

* 소음 · 진동 관리 흐름도

철도 프로젝트의 SE 접근방식은 설계단계부터 검증단계를 거쳐 시운전에 이르기까지 전체 기간 동안 각 업무를 포함하는 라이프 사이클 시스템을 따른다.

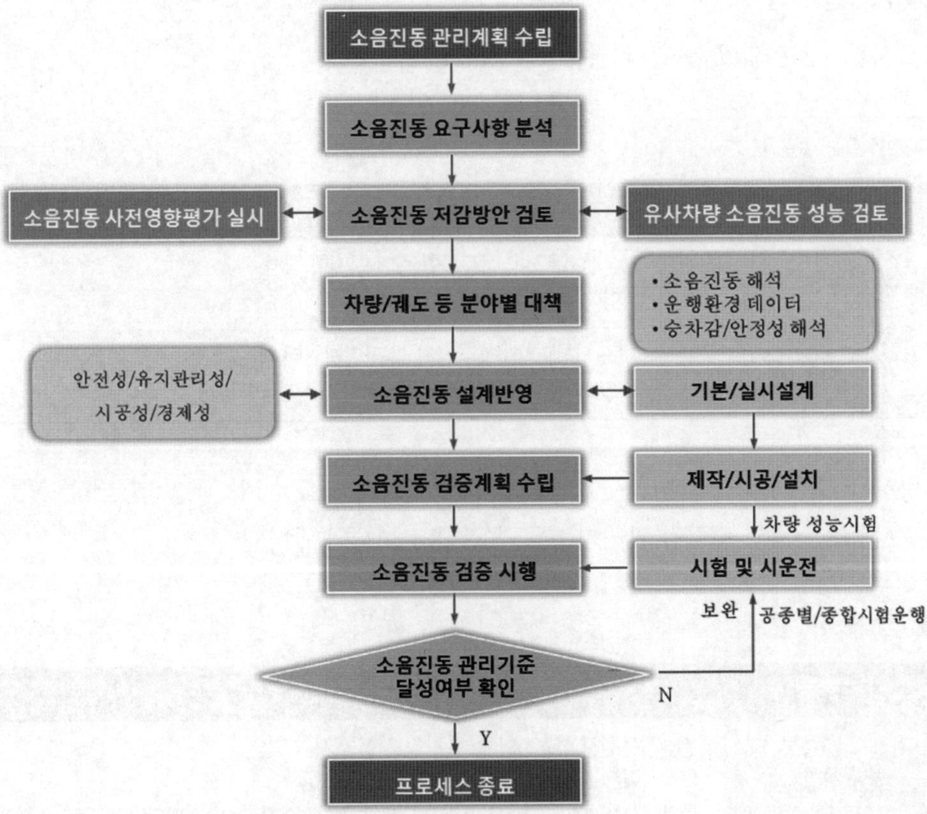

〈그림4-10〉 소음진동관리 프로세스 업무 흐름도

④ 소음 · 진동 관리 기준

소음 · 진동 관리 기준은 도시철도 프로젝트 소음 · 진동 요구사항 검증의 표준이 되는 기초 자료로서 각 분야별 설계시 소음 · 진동 저감 대책은 이 관리 기준을 달성하기 위해 마련되어진다.

소음 · 진동 관리 기준은 크게 차내 소음 · 진동과 노선 주변 소음 · 진동으로 구분할 수 있다. 도시철도 차량이 갖추어야 하는 소음 · 진동 성능은 도시철도차량표준규격을 준수해야 하며 적용시험기준은 도시철도차량의 성능시험에 관한 기준을 따른다. 또한 노선 주변 소음 · 진동 기준은 소음 · 진동 관리법 시행규칙 제25조(교통소음 · 진동의 관리기준)를 준수해야 한다.

또한 도시철도 차량에 설치되는 구성품의 완벽한 성능 및 안전성 확보을 위해 규정된 항목의 시험을 실시하여 그 품질을 검증하게 되며, 이는 도시철도차량의 성능시험에 관한 기준에서 정한 소음 · 진동 기준에 의해 사전 평가한다.

Ⓐ 차내 관리기준

도시철도 차량의 소음 관리기준은 다음〈표4-22〉과 같다.

〈표4-22〉 실내 소음 기준

구 분	내 용
일반사항	· 본선시운전시 성능시험 중 소음시험 실시 · 형식시험으로 실시
관련규정	·「도시철도차량표준규격」의 차량시스템 성능 규격 ·「도시철도차량의성능시험에관한기준」의 [별표23] 소음시험

Ⓑ 승차감 기준

도시철도 차량의 승차감 관리기준은 다음 〈표4-23〉과 같다.

〈표4-23〉 승차감 소음 기준

<table>
<tr><th>구 분</th><th colspan="2">내 용</th></tr>
<tr><td>일반 사항</td><td colspan="2">· 본선시운전시 성능시험 중 승차감 시험 실시
· 형식시험으로 실시
· 주행 시 차체바닥에서 진동가속도를 측정후, 승차감 지수 판단</td></tr>
<tr><td>관련 규정</td><td colspan="2">· 도시철도차량표준규격의 차량시스템 성능 규격
· 도시철도차량의성능시험에관한 기준의 [별표25] 승차감시험</td></tr>
<tr><td rowspan="7">관리 기준</td><td colspan="2">· 승차감 지수 N은 2.5이하</td></tr>
<tr><th>관리 기준</th><th>승차감 지수</th></tr>
<tr><td>N < 1</td><td>매우 좋음</td></tr>
<tr><td>1 < N < 2</td><td>좋음</td></tr>
<tr><td>2 < N < 4</td><td>양호</td></tr>
<tr><td>4 < N < 5</td><td>나쁨</td></tr>
<tr><td>N > 5</td><td>매우 나쁨</td></tr>
</table>

ⓒ 노선 주변 소음 · 진동 관리 기준

노선 주변 소음 · 진동 기준은 다음 〈표4-24〉과 같다.

〈표4-24〉 노선 주변 소음 · 진동 기준

<table>
<tr><th>구 분</th><th>내 용</th></tr>
<tr><td>일반 사항</td><td>· 본선시운전시 선정된 민원예상지역에서 실시
· 차량기지 입 출고선 운행에 따른 소음영향</td></tr>
<tr><td>관련 규정</td><td>· 소음진동관리법 시행규칙 제25조(교통소음 · 진동의 관리기준)
· 소음진동공정시험기준에 의해 실시</td></tr>
<tr><td>관련 기준</td><td>
<table>
<tr><th rowspan="2">대상지역</th><th rowspan="2">구분</th><th colspan="2">구분</th></tr>
<tr><th>주간
(06:00~22:00)</th><th>야간
(22:00~06:00)</th></tr>
<tr><td rowspan="2">“가”지역</td><td>소음
(LeqdB(A))</td><td>70</td><td>60</td></tr>
<tr><td>진동
[dB(V)]</td><td>65</td><td>60</td></tr>
<tr><td rowspan="2">“나”지역</td><td>소음
(LeqdB(A))</td><td>75</td><td>65</td></tr>
<tr><td>진동
[dB(V)]</td><td>70</td><td>65</td></tr>
</table>
ㅁ 참고
1. “가”지역 : 주거지역, 녹지지역, 관리지역 중 취락지구 주거개발진흥지구 및 관광 · 휴양개발진흥지구, 자연환경보전지역, 학교 병원 공공도서관 및 입소규모 100명 이상의 노인의료복지시설 영유아보육시설의 부지 경계선으로부터 50미터 이내 지역
2. “나”지역 : 상업지역, 공업지역, 농림지역, 생산관리지역 및 관리지역 중 산업 유통개발진흥지구, 미 고시지역
3. 대상 지역의 구분은 「국토의 계획 및 이용에 관한 법률」에 따른다.
4. 정거장은 적용하지 아니한다.
5. 대상 지역은 교통소음 · 진동의 영향을 받는 지역을 말한다.
</td></tr>
</table>

⑤ 소음 · 진동 관리지침

소음 · 진동 영향 평가는 열차 운행시 소음 및 진동이 주변에 미치는 영향을 사전에 검토하여 저감 방안을 설계에 반영, 사업단이 요구하는 소음 · 진동 기준치를 달성하기 위한 목적으로 시행되며 다음과 같이 진행된다.

Ⓐ 환경영향평가 검토

환경영향평가는 사업시행으로 인해 주변 환경과의 조화 등 환경에 미치는 영향을 고려하여 개발을 추진하기 위한 목적으로 시행되며 환경영향평가 검토범위 중 소음 · 진동 분야 자료를 통하여 전반적인 소음 · 진동 영향 분석 및 민원발생 예상지역을 선정하게 된다.

Ⓑ 소음 · 진동 예측 및 평가

본 절은 운영시 발생가능한 소음 · 진동 레벨을 세밀하게 검토 및 예측한다. 여기에는 분야별로 신뢰성 있는 예측 모델이 사용될 것이며 현재 영업 운행 중인 타 경전철 시스템의 소음 · 진동 예측치와 실제 측정치를 비교 분석함으로 예측 모델에 대한 신뢰성을 확보할 것이다. 평가내용의 표현방법은 가능한 정량적, 기술적으로 표현한다.

차량내 실내 소음 · 진동

소음 · 진동 예측을 위해선 소음 · 진동원으로부터 수음점에 전달되는 소음변형을 계산하기 위해 차량이 발생시키는 소음 · 진동과 차음특성(**투과손실**) 및 투과손실값 등을 고려하여야 한다.

다음과 같은 활동이 이루어진다.

- 서브시스템 또는 특정 문서 데이터가 제공하는 소음 데이터를 참조, 예측과정 범위 설정을 위한 음원 분석
- 소음 · 진동 발생 모델의 정의

직접 소음 예측을 위해서 해석기법 소프트웨어가 사용되어질 것이다.

실내소음 해석 개요

일반적으로 차량의 설계과정에서 차 실내의 저소음화를 구현하기 위해서는

첫째, 실내 · 외 소음원을 파악하여 차량 내 소음도를 예측하고 그 결과를 토대로 주요 소음원의 최대 허용소음도에 대한 목표치를 제시할 필요가 있다.

열차운행시스템 차량분야의 주요 소음원은 다음〈표4-25〉과 같다.

〈표4-25〉 차량분야의 주요 소음원

연 번	소음원(80km/h)	소음도(dBA)	검토 내용
1	차륜/레일 소음	108	차륜/레일 소음 파워는 최소 102~109dBA이며 보수적인 접근으로 109dBA를 적용하나 차량 중량 차이에 기인한 load factor 로 -1dBA을 적용함 견인전동기 및 구동기어의 sound power level 은 type test 로 증명되기 때문에 해석 입력데이타는 검증된 수치임
2	견인전동기	106	
3	구동 기어	104	

둘째, 흡 · 차음재의 차량 내 소음에 대한 영향평가를 실시하여 최적위치를 선정함으로 차량의 저소음화를 극대화해야 한다.

셋째, 시제차의 차음재/차음구조의 성능을 평가하고 이를 차량 내 소음평가에 적용하여 그 결과에 따라 차음구조의 재설계 방안이 이루어져야 한다.

〈표4-26〉 소음진동 영향요소 및 방진요건

구 분	영 향 요 소	방 진 요 건
차 량	○차체 (car body), ○차체 프레임 (frame), ○대차 (boggie, truck) ○차축 (axle) ○차륜 (wheel) ○차륜 장착 기계설비	○바닥, 벽, 천장재의 흡진성 ○프레임 강성도/유연도 ○주현가 스프링(primary suspension spring) ○부싱(bushing), 베어링(bearing) ○차륜 편마모, 탄성차륜(resilent wheel) ○기계설비 균형 배치, 진동격리재
궤 도	○레일 (rail) ○체결구 (rail fastener) ○침목 (sleeper 또는 tie) ○자갈포설층 (ballast) ○도상 (track bed)	○레일 평활도/레일이음 용접/장대 레일 ○체결구 패드(fastener pad), 레일 패드(rail pad) ○침목 패드 (tie pad) / 부츠 (booth) ○슬래브 매트(slab mat) ○방진 슬래브 패드 (slab pad)
궤도지지 구조물	○지하 - 개착식 박스(box) - 굴진식 터널	○바닥슬래브/외벽두께, 외벽/굴착벽공간충진/ 인버트(invert)/라이닝(lining) 두께, 라이닝 배면 공동충진/흡진

차량에서의 저감 방안

차량에서의 소음/진동 저감방안 수립대상은 크게 소음원 및 차체로 나뉜다.

저감방안은 열차운행시스템 공급자에 의하며 영향평가에 의한 예측값을 반영하여 적절한 소음/진동 저감방안을 수립하게 된다.

- 소음원에서의 대책
  소음원은 열차운행시스템 수행계획에서 확정된 소음/진동 관리항목으로서 차량분야의 소음/진동 관리 방안에 의한다.

- 차체에서의 대책
  소음원은 열차운행시스템 수행계획에서 확정된 소음/진동 관리항목으로서 차량분야의 소음/진동 관리 방안에 의한다.

〈표4-27〉 차륜과 레일상태에 따른 소음변화

번호	내 용	개선 방법	소음감소량[dB]	비 고
1	거친 용접레일	미끈한 용접	4(3~6)	
2	거친 차륜	차륜 연마	5(3~6)	
3	굴곡된 레일면	레일 면 연마	10(5~15)	
4	편 마모 차륜면	차륜 연마	12(7~15)	
5	Joint 레일	레일 장대화 용접	7(4~10)	

〈표4-28〉 레일표면관리 비교

관리전	관리후
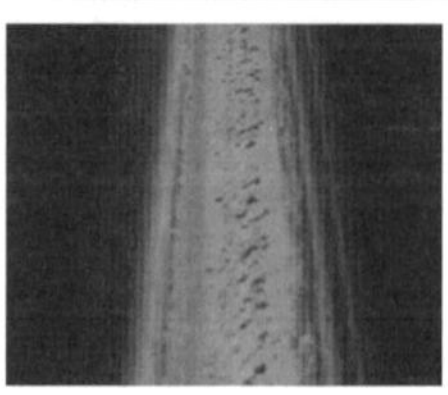 	

외국에서의 차륜과 레일의 연삭으로 인한 소음저감 효과를 〈표4-29〉에 나타내었다.

〈표4-29〉 해외 레일 표면관리로 인한 소음저감효과

국 가	적 용 방 법	보수주기	효 과	비 고
미 국	궤도 그라인딩 적용	1회/2-3년 2회/년	5 dB 10 dB	파상마모가 없는 경우
일 본	궤도 그라인딩 적용		5~7 dB	
유럽각국	탄성 차륜 적용		2~5 dB	전력 소비량 증가
스웨덴	궤도 그라인딩			차륜 - 1회/40만 km 레일 - 1회/4년

- 궤도에서의 저감 방안

  방진대책은 적용위치에 따라 발생원 대책, 이동경로대책 및 수진점 대책으로 나눌 수 있다. 발생원 대책으로서 열차 운행시 발생되는 진동 및 동적하중을 저감시켜주는 방안으로는 다음과 같은 방법이 있다.

  - 침목의 스프링상수를 낮추는 방법
  - 레일과 지반 사이의 중량을 크게 하는 방법
  - 레일의 단면적을 크게하여 단면의 2차 모멘트를 크게 하는 방법

가장 일반적인 방법은 첫째와 셋째 방법을 함께 사용하는 것으로 즉, 중량레일을 사용하고 레일의 하부구조물에 방진궤도를 설치하는 것이나 통상 경량전철의 경우에는 중량철도와 달리 차량규모가 작고 축중이 작아 일반적으로 50kg/m 레일을 사용하며 국내외 경전철에서 광범위하게 50kg/m 레일을 적용한다.

〈표4-30〉 방진궤도의 구조별 종류

구 분	종 류
체결구 방진	· 스프링크립 사용(코일, 판스프링 크립) · 레일패드 사용(천연고무, 합성고무, 고분자제품) · 방진탄성패드사용(레다, pack) · 방진체결장치 사용(cologne egg, alternative)
침목 방진	· 방진 RC 침목(STEDEF: 5호선, LVT: 인천) · 방진 장침목(일본영단형, KNR, 탄직궤도, OBB) · 방진블록침목(Sommeville)
도상 방진	· 부상식 슬래브궤도 · 바라스트매트 궤도

방진침목은 침목 밑에 방진재를 설치하고 방진상자를 씌워 침목과 콘크리트도상을 분리한 방진구조와 자갈도상의 PC 침목에 방진재를 부착한 구조가 있으며 진동감소는 10dB 이상 유리하다

방진 슬래브(Floating Slab) 궤도는 궤도 슬래브와 CA 모르타르 사이에 고무 매트를 끼워 소음, 진동 경감을 꾀한 슬래브 궤도로서 진동이나 고체음에 민감한 건물이 있을 경우에 주로 사용되며,

궤도의 고유진동수를 7~15Hz 정도 낮출 수 있다.

철도진동에 의한 민원의 대부분이 30Hz 이상의 주파수의 지반소음에 의한 것임을 감안할 때 매우 효과적인 대책이 될 수 있다.

8) 형상 관리

본 시스템 형상관리는 도시철도 건설사업의 설계단계부터 제품의 제작, 설치, 시험, 운영단계에 이르는 주기까지 기술문서나 제품의 기능적, 물리적 특성을 관리하는 것으로서 대상선정, 확인, 변경, 유지 등의 세부 활동을 말한다.

① 목적

형상관리의 목적은 도시철도 건설사업 프로젝트 수명주기 동안에 걸쳐 개발되는 장치, 설비, 기술문서 등 제품들의 기능적, 물리적 특성을 체계적인 요구사항 정의 및 통합을 통한 시스템 성능/기능 확보와 시스템 성능, 기능 및 안전에 관한 사항의 누락방지 등을 관리하여 최종적으로 개발된 제품이 요구된 특성을 만족하도록 하는데 중점을 두고 있다.

② 형상관리 기준

형상관리 기준은 ISO 10007 등 참조기준과 발주처 문서 및 사업자료 분류체계와 시설분류체계 (PBS ; Physical Breakdown Structure)를 따른다.

③ 형상관리 주요활동

〈표4-31〉 형상관리 활동

수명 주기	형상관리 활동	비 고
개념단계	형상관리 계획	
기본설계	초기 형상항목	
	단계 형상식별 및 통제	
	단계 형상현황평가 및 확인	
실시설계 제작설치단계 공종별시험 기술시운전	단계 형상항목	
	단계 형상식별 및 통제	
	단계 형상현황평가 및 확인	
영업시운전	형상관리 결과보고	

* 형상관리 절차 흐름도

형상관리 목적에 적합한 형상항목의 식별 후 본격적인 형상관리 업무가 수행된다. 이후 사업 수행 기간 발생하는 변경사안에 대한 형상 통제 및 이에 대한 형상현황 평가를 통해 형상관리가 수행되고, 그 결과는 설계 완료 후, 제작 및 설치 완료 후, 기술시운전 완료 후에 형상 확인을 통해 검증되며 절차는 다음과 같다.

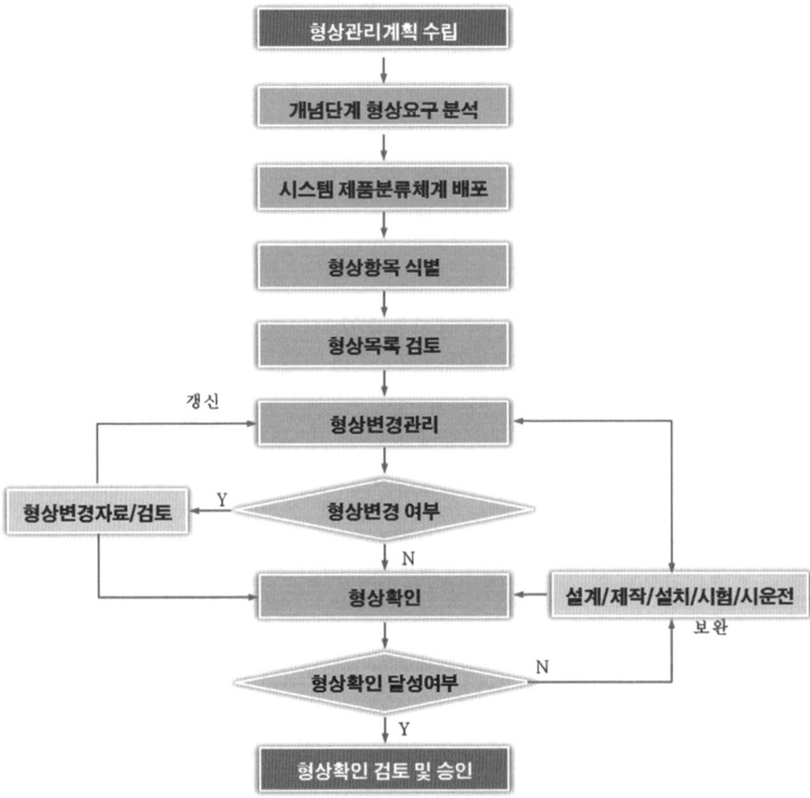

〈그림4-11〉형상관리절차 업무 흐름도

④ 형상관리 활동

Ⓐ 개요

시스템 형상관리는 일반적인 형상관리 내용을 기반으로 하여 형상관리 업무를 수행함으로써 최종적으로 도시철도가 목표로 하는 성능목표 달성 및 안전성 확보에 목적이 있다.

일반적으로 형상관리는 한 시스템의 총 수명주기에 걸쳐 제품의 형상을 기술 및 행정적으로 조정/통제하는 관리기법을 의미하며 이를 위해서 크게 4개의 형상관리 영역 활동을 통해 형상관리 업무를 수행하게 된다.

- 형상식별
- 형상통제
- 형상현황 평가
- 형상확인(감사)

Ⓑ 형상 식별

형상식별은 임의의 시스템 구성항목과 관련된 일련의 정보(기능적/물리적)를 ISO 10007을 기준으로 선별하여 이를 문서화하는 것을 의미한다. 형상식별에 대한 주요항목은 다음과 같다.

- 형상항목 식별
- 기준선의 수립
- 항목 식별코드 체계
- 항목 이력관리

Ⓒ 형상항목의 식별

형상항목의 식별은 ISO 10007의 기준에 준하여 진행하되, 각 공급사와 협의를 통해 항목을 정하고 형상통제위원회에서 최종 확정된다. 형상항목의 식별 개수는 서브시스템 공급업체의 제품 관리 능력을 고려하여 결정하되, RAM 목표 값에 영향을 미치지 않는 범위 내에서 최소화할 수 있다.

ISO 10007에 따른 형상항목 선정기준은 다음과 같다.

- 법적 및 규제 요구 사항
- 위험성 및 안전 측면에서의 중요성
- 새로운(또는 수정된) 기술, 디자인, 개발품
- 다른 형상항목과의 연계성
- 구매 조건
- 지원 및 서비스

Ⓓ 기준선의 수립

형상 통제를 위한 형상항목의 기준선은 기본설계 승인, 실시설계 승인, 설치 승인 완료, 공정별 시험 완료 단계에서 수립된다. 기준선에 해당되는 자료는 승인된 자료 및 사업단의 최종 확인이 완료된 자료에 국한된다.

서브시스템 수준의 경우, 승인된 시스템 수준의 기준선을 대상으로 해당 서브시스템용 기준선을 수립하고 최종 수립된 기준선은 SE 형상관리자의 승인을 통해 확정 및 배포된다. 기준선의 변경은 기본설계 승인, 실시설계 승인, 설치 승인 완료, 공정별 시험 완료의 각 단계에서 다음 단계로 업무 프로세스가 이전할 때에 한해서만 수행된다. 다만, 관련 법률의 변경이나 제품기능의 근본적인 변화, 계약상 요구사항의 변경 등의 사유로 인해 불가피하게 변경이 필요한 경우에는 형상통제위원회의 검토 및 승인을 얻어 사업단의 최종승인이 완료된 후 기준선 변경을 진행된다.

Ⓔ 형상 통제

형상통제는 형상식별의 승인 후 발생하는 형상항목의 변경사안에 대해 검토, 승인/반려, 승인 시 변경사항 적용 및 적용여부 확인 등을 수립된 절차에 따라 실행하는 것을 의미한다.

형상 등급 정의, 형상 변경 발생시, 형상 변경 분류기준은 크게 다음과 같다.

ㅇ 형상변경 분류기준(CLASS 1,2)

- Class 1 : ① 계약상 목표달성에 직접적인 영향을 미치는 변경(제품의 기능, 비용, 사업일정, RAM 목표에 영향 등)
  ② 공식적으로 사업단에 요청(사업단 : 승인여부 결정)

- Class 2 : ① 사업단을 통한 변경요청 없이 서브시스템내에서 SE 총괄 관리자 및 시스템 형상관리자가 검토하여 반영여부를 결정
  ② Class 1에 해당하지 않는 모든 형상 변경(도면, 자료리스트의 오/탈자 수정, 사소한 오류에 대한 수정 등)
  ③ 해당 변경 사안에 대한 이력이 명확하게 확인될 수 있도록 반드시 형상 현황 평가 기록(단계별로 제출)

변경관리 프로세스

형상통제위원회를 통한 변경 요청은 변경 분류기준에 따라 Class 1인 경우에 한해 공식적으로 요청되며, Class 2인 경우의 변경사안에 대해서는 형상통제위원회를 통한 변경 요청 없이 시스템 수준의 사안인 경우에는 시스템 형상관리자가, 서브시스템 수준의 사안인 경우에는 서브시스템 형상관리자가 변경 요청 사안을 검토하여 반영여부를 결정한다.

형상통제시 승인/반려의 결정 및 변경사항의 적용여부 확인은 형상통제위원회를 통해 수행된다. 다만 Class 2인 경우에는 해당 변경사안에 대한 이력이 명확하게 확인될 수 있도록 반드시 형상현황 평가에 기록한다. 형상통제에 대한 주요 항목은 다음과 같다.

- 변경 요청 및 접수
- 변경 검토
- 변경 승인/반려
- 변경 실시(승인 시)
- 변경 확인(승인 시)
- 안전성 상태의 적합성 및 수용성
- 시스템 요구조건 상태의 적합성 및 수용성

형상변경이 필요한 사항들은 "형상변경 요청서"로 문서화 되어 "형상변경 자료"에 포함하여 공급사가 제출한다.

Ⓕ 형상현황 평가

기록 및 현황관리 방법

형상현황 평가는 공급사의 업무수행 기간 동안 각 단계별 수행된 형상식별 업무 및 형상통제 업무와 관련된 자료들을 기록하고 관리하는 것을 의미한다. 본 프로젝트에서는 형상 이력관리 업무는 시행사별 형상관리 시스템을 통해 형상현황 평가를 수행한다.

모든 형상현황의 기록은 사업단의 절차 및 양식에 의하여 시행사별 형상관리 시스템을 통해 관리되며, 서브시스템별 형상관리자들이 형상항목 관련 자료를 제출하고 시스템 형상관리자가 이를 검토 및 관리를 하는 방식으로 운영된다.

형상항목 이력관리

형상항목의 이력관리는 형상식별 과정을 통해 최종적으로 사업단의 승인을 받은 형상항목들에 대해서만 이루어진다.

승인된 형상항목의 Rev은 최초 등록을 통해 0.0부터 시작하여 변경 통제에 의해 순차적으로 증가하게 된다. 정수자리는 Class 1에 해당하는 변경을 승인할 때 적용되며, 소수점 이하 자리는 Class 2에 해당하는 변경을 승인할 때 적용된다. 이와 관련한 간단한 예는 다음과 같다.

① 최초 등록 Rev 0.0

② Class 1 변경의 승인 Rev 1.0

③ Class 2 변경의 승인 Rev 1.1

형상항목에 대한 이력관리는 사업단의 형상관리 절차에 따라 관리되며 첨부의 "형상항목 이력관리대장"으로 문서화 되어 "형상확인 결과서"에 포함하여 공급사가 제출한다.
요구사항 CODE와 연동하여 추적관리 된 현황 평가 내용은 형상 확인 시 제출 된 시험완료 보고서 등과 함께 "형상관리 최종보고서"에 포함하여 공급사가 제출한다.

형상관리 양식
형상항목에 대한 양식(형상항목 관리대장, 형상변경 요청서, 형상항목 이력관리대장, 형상항목과 요구사항 간 추적표가 있다.

Ⓖ 형상 확인

형상확인은 식별된 형상항목에 대해 제품 형상 정보에 규정된 기능적/물리적 특성을 달성 또는 성취하였는지를 확인하기 위한 공식적인 활동을 의미한다.
기능적 형상 확인
물리적 형상확인, 형상확인 결과 검토 및 지적 사항의 이행여부 확인

9) 소프트웨어 관리

철도 건설사업 프로젝트 수명주기 동안에 걸쳐 개발되는 각 시스템 구성장치의 소프트웨어에 대한 품질과 안전성을 관리하기 위해 수행하는 일련의 절차 및 활동을 관리한다.

① 소프트웨어 관리 기준

국제규격에 따른 다음 규격을 참조하여 시스템의 소프트웨어를 관리한다.

- ISO 90003 : 소프트웨어의 개발, 공급, 설치 및 유지보수에 대한 적용
- EN 50128 : 철도기준(철도제어 및 보호 소프트웨어), SIL 4에 해당하는 기능을 제공하는 소프트웨어의 안전성을 관리하기 위한 지침

② 소프트웨어 관리 절차

소프트웨어 관리는 도시철도 건설사업에서 요구되는 각 시스템들의 운용 소프트웨어의 개발 및 구매 과정을 통제하여 제품의 요구사항을 만족시킬 수 있는 소프트웨어 작업 산출물을 개발하는데 필요한 기술적, 관리적 프로세스를 정의하고 시스템 운영상 문제가 없도록 하기 위해 수립되는 계획이다.

③ 단계별 주요 활동

도시철도 사업주기 소프트웨어 관리 단계별 주요활동은 다음〈표4-32〉과 같다.

〈표4-32〉소프트웨어관리 활동

<table>
<tr><th colspan="2">사업 단계</th><th>소프트웨어관리 활동</th><th>비 고</th></tr>
<tr><td colspan="2">개념 단계</td><td>· 요구사항 분석
· 소프트웨어 관리 계획 수립</td><td></td></tr>
<tr><td colspan="2">기본설계 단계</td><td>· 서브시스템 요구사항 분석
· 시스템 분석 및 소프트웨어 기본설계</td><td></td></tr>
<tr><td colspan="2">실시설계 단계</td><td>· 설계 규격서 작성
· 소프트웨어 상세 설계</td><td></td></tr>
<tr><td colspan="2">제작/시공/설치 단계</td><td>· 소프트웨어 검증 계획 수립
· 서브시스템 소프트웨어 제작 및 시험</td><td></td></tr>
<tr><td rowspan="4">시험 및 시운전 단계</td><td>공종별 시험</td><td>· 소프트웨어 항목 검증
- 단품 검사 및 공장인수 시험
- 서브시스템 설치 및 연동시험</td><td></td></tr>
<tr><td>기술시운전</td><td>· 소프트웨어 항목 검증
- 시스템 통합시험</td><td></td></tr>
<tr><td>시설물검증시험</td><td>· 소프트웨어 항목 검증
- 시스템 소프트웨어 기능검증
- 시설물 소프트웨어 점검항목 검증</td><td></td></tr>
<tr><td>영업시운전</td><td>· 최종 소프트웨어 기능 확인
· 소프트웨어 관리 최종보고</td><td></td></tr>
</table>

* 절차 흐름도

소프트웨어 관리는 사업 초기에 각 분야별, 장치 별 소프트웨어 관리 범위 및 유형을 검토 및 정의를 하고 이를 기반으로 하여 설계, 제작, 시험 등의 개발절차 동안 체계적인 관리를 실시함으로써, 최종적으로 시스템의 성능목표 및 안전성 목표를 달성하는데 그 목적이 있으며 그 절차는 〈그림4-12〉과 같다.

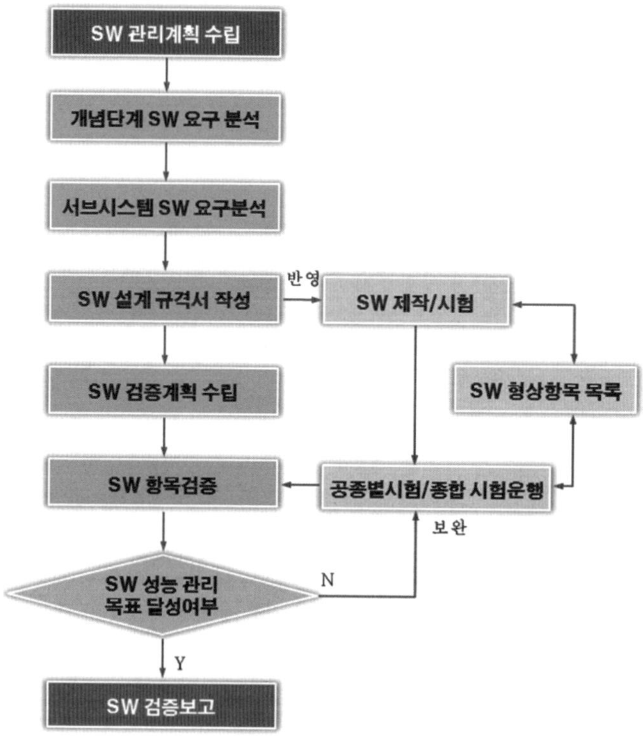

〈그림4-12〉 SW관리 프로세스 업무절차 흐름도

④ 소프트웨어 안전성 관리

시스템 SIL 할당의 결과를 참조하여 EN 50128의 SIL 3 및 SIL 4 등급인 안전성 중요 소프트웨어를 가진 장비를 식별하여 소프트웨어 안전성 관리 대상을 확정한다.

시스템 부문의 소프트웨어 관리는 서브시스템의 설계가 다음 사항을 고려하여 설계되었음을 확인하는 것이다.

- 소프트웨어에 의한 위험원이 없을 것
- 위험원을 발생시킬 수 있는 사건에 대한 저감 대책 중 소프트웨어의 동작에 의한 것이 없을 것

상기 내용을 확인하기 위해 아래와 같은 확인 작업이 이루어진다.

- 소프트웨어 안전성 요구조건은 충분한지 여부
- 소프트웨어 안전성 요구조건을 충실히 구현했는지 여부
- 소프트웨어가 설정작업이 필요할 경우 설정에 따른 위험도 발생 여부

신호시스템은 설계단계부터 시스템 요구사항을 수립 시 하부시스템에 대한 안전성 목표를 설정하여 관리되어야 하고 하부시스템 SIL 목표는 다음 〈표4-33〉과 같다.

〈표4-33〉 신호분야 하부시스템 SIL 목표

순번	신호분야 하부시스템	SIL 목표
1	열차자동제어, 차상신호	SIL 4
2	열차자동제어, 지상신호	SIL 4
3	연동장치	SIL 4
4	열차집중제어	SIL 0 ~ 2

Ⓐ **개발 상태별 소프트웨어 관리적용**

개발 상태별 소프트웨어의 유형은 크게 3가지로 구분할 수 있으며 다음과 같다.

상용 소프트웨어(COTS, Existing Software)

이미 개발 완료되어 기존에 사용 중인 소프트웨어로서, 소프트웨어 변경 없이 파라미터만 변경하여 본 사업에 적용되는 소프트웨어 유형을 의미한다. 구매품 및 기 개발 완료 제품은 공급업체에 의해 관리된다.

시스템 측면에서 공급업체의 소프트웨어 개발 절차를 검토하며, 이는 회의 및 감사를 통해 이루어진다.

상세소프트웨어 설계 자료 등이 확보가 쉽지 않은 상황임을 고려하여 요구 사항 검증에 관리의 초점을 맞춘다.

- 소프트웨어 관리 계획
- 소프트웨어 요구조건 사양서 및 검증을 위한 문서 및 데이터 등을 접수

수정 소프트웨어(Modified Software)

이미 개발 완료되어 기존에 사용중인 소프트웨어지만, 소프트웨어 기능 및 데이터베이스 구조와 파라미터의 일부(전체의 30% 미만)가 수정되는 소프트웨어 유형을 의미한다. 30% 이상 수정이 발생하는 소프트웨어는 신규 소프트웨어로 식별한다.

요구 사항 검증 및 변경 부분에 관리의 초점을 맞춘다.

- 소프트웨어 관리계획
- 소프트웨어 요구조건 사양서 및 검증을 위한 문서 및 데이터 등을 접수
- 변경 사항 검토를 위해 소프트웨어 설계 관련 자료를 접수토록 함

신규 소프트웨어(New Software)

본 사업을 위해 새롭게 개발되는 소프트웨어 유형을 의미하며, 기존에 사용 중인 소프트웨어라도 전체의 30% 이상 수정된 소프트웨어는 신규 소프트웨어로 식별한다.

- 소프트웨어 관리 계획
- 소프트웨어 요구조건 사양서 및 검증을 위한 문서 및 데이터 등을 접수
- 소프트웨어 설계 관련 문서 접수 및 내부 시험 사양 등

10) 시험 및 시운전 관리(T&C)

① 개요

시험 및 시운전관리는 시스템의 기능, 품질, 안전을 포함하는 성능확인을 위한 활동으로서 시험 및 시운전단계인 공종별시험, 기술시운전, 종합시험운행 수행 시 시스템 통합 기능 및 성능을 검증하고 확인하는 절차를 체계적으로 관리하는데 있다.

② 시험 및 시운전 관리절차

철도 운전시스템의 요구조건 및 인터페이스를 검증하고, 전체시스템에 대한 기능, 성능, 품질, 안전 및 성능보장을 위하여 시험 및 시운전 업무를 체계적이고 효율적으로 관리하기 위한 기본절차를 제공한다.

＊ 단계별 시험 및 시운전 절차(예시)

철도 시험 및 시운전은 다음의 주요단계로 이루어진다.

〈표4-34〉 시험 및 시운전 단계

<table>
<tr><th rowspan="2">구분</th><th colspan="3">시험</th><th>공종별 시험</th><th>기술시운전</th><th colspan="2">철도종합시험운행</th></tr>
<tr><th>1단계</th><th>2단계</th><th>3단계</th><th>4단계</th><th>5단계</th><th colspan="2">6단계</th></tr>
<tr><td>E&M 시스템</td><td>단품검사</td><td>공장시험</td><td>현장도착 및 설치검사</td><td>정적/동적/연동시험</td><td>무인화 검증시험 사전점검</td><td>종합기술 시운전 시설물 검증시험</td><td rowspan="3">영업 시운전</td></tr>
<tr><td rowspan="2">차량</td><td>구성품 시험</td><td>완성품검사</td><td>예비주행 검사</td><td colspan="3">차량기지검사, 본선시운전</td></tr>
<tr><td colspan="6">철도차량제작검사, 도시철도차량 성능검사</td></tr>
</table>

③ 시험 및 시운전관리 조직(예시)

시험 및 시운전관리조직은 시험, 시설물검증시험, 영업시운전 단계에 따라 조직을 구성 운영한다. 분야별 시험은 공급사 주관하에 별도의 조직 구성 없이 E&M 시스템의 각 부문별로 시험 활동을 준비하고 시행하며 책임감리의 승인을 받는다.

시운전 기간(기술시운전 ~ 영업시운전) 동안 시운전 수행 및 관리(통제)를 통해서 시스템에 대한 신뢰성 및 안전성을 확보하며, 시험에 따른 각종 사고를 예방하기 위해 종합시운전 단계에 조직을 구성하여 운영한다.

- 분야별 시험(구성품, 완성차, 현장도착검사, 현장설치검사 등)
- 공종별 시험(동적, 정적시험)
- 기술시운전(사전점검)
- 종합시험운행(시설물 검증시험, 영업시운전)

Ⓐ 역할 및 책임

시운전 조직의 주요업무는 다음〈표4-35〉과 같다.

〈표4-35〉 시험 및 시운전 조직 주요 업무내용

구 분	역할 및 책임
총괄팀	· 시운전관련 행정총괄관리 · 시운전 예산, 인력 및 공정관리 · 유관기관 대관업무
토목팀 건축팀 전기팀 차량팀	· 분야별 시험 및 시운전계획 및 일정관리 · 분야별 동적, 정적, 연동시험 주관 · 분야별 시험 및 시운전 문제점 및 현안사항관리 · 분야별 시험결과 검토/승인 관리
SE팀	· 종합시운전 계획 및 절차수립 · 시스템 통합관리 · 시스템 검증 및 확인
종합시험팀	· 분야별 시운전계획 검토 및 조정 · 시운전 수행 및 일정관리 · 시운전 문제점 및 현안사항 관리 · 시운전결과 검토, 승인, 관리
열차운행관리반	· 시운전 열차운행 상황통제 · 시운전 열차운행계획 확인 · 고객안전원, 운행안전원 운영
현장통제반	· 현장통제에 대한 감독 · 현장안전조치 주관 · 현장 출입자 작업통제에 대한 관리
시설물검증시험반	· 분야별 시설물검증시험 점검수행 · 시설물검증시험결과 및 점검표 작성
영업시운전반	· 분야별 영업시운전 점검수행 · 영업시운전결과 및 점검표 작성
감리단	· 시운전 계획서 및 보고서 검토 · 검사시행 및 시운전 결과보고 · 안전관리에 대한 지시 및 감독
검사기관 (ROTECO, 철도연)	· 차량제작검사(입고, 공정, 최종검사) · 차량성능검사(구성품, 완성차, 차량기지, 본선시운전)
분야별 공급사	· 시운전 절차서 및 계획서 제출 · 시운전 공정관리 보고 · 시운전 부적합 사항 보고 및 해결방안 수립 · 시운전 안전관리 교육시행

Ⓑ 세부 조직구성 및 업무

사업총괄팀 조직 구성 및 업무

〈표4-36〉 사업총괄팀 조직구성 및 세부업무

구 분	내 용
구 성	· 사업총괄팀장은 ○○○으로 한다. · 사업총괄팀원은 사업단 총괄팀 직원으로 한다. · 협조부서는 토목팀, 건축팀, 전기팀, 차량팀, SE팀, 종합시험팀, 열차운행관리반, 현장통제반, 감리, 시공사 등 전부서로 한다.
임 무	· 홍보주관 및 상황실운영 · 열차운영 상황실(시운전 상황실) 설치 지원 · 종합시험팀 인력배치 계획에 따른 소요인력 지원 · 시운전예산 및 공정관리 · 국토교통부, 시, 공단, 운영기관 등 유관 기관 협조

SE팀 조직 구성 및 업무

〈표4-37〉 SE팀 조직구성 및 세부업무

구 분	내 용
구 성	· 팀장은 SE팀장으로 한다. · 팀원은 사업단 SE팀 직원으로 한다. · 협조부서는 사업총괄팀, 토목팀, 건축팀, 전기팀, 차량팀, 종합시험팀,열차운행관리반, 현장통제반, 감리, 시공사 등 전부서로 한다.
임 무	· 종합시운전 계획 및 절차수립 · 시스템 통합관리 지원 - RAM, SAFETY, 성능통합, EMI/EMC, 소음/진동, 형상관리, 소프트웨어관리, 요구사항관리, 인터페이스 · 시스템 검증 및 확인 지원 - RAM, 안전성검증, 열차운행계획, 성능시뮬레이션, 무인운전 시나리오, 무인운전 시스템 검증 · 시험 시운전 이슈 및 부적합에 대한 기술지원

※ 세부업무는 계약 및 합의에 따라 차이가 날 수 있다.

Ⓒ 공종별 시험조직(예시)

조직구성

- 공종별 시험조직은 다음과 같이 구성한다.
- 공종별시험은 분야별 개별시험, 정적시험, 동적시험, 연동시험에 적용한다.

〈그림4-13〉 공종별시험 조직구성도

Ⓓ T&C공동 협의위원회

T&C공동 협의위원회는 사업총괄팀, 토목팀, 건축팀, 전기팀, 차량팀, SE팀, 종합시험팀, 열차운행관리반, 현장통제반, 공급사, 감리단, 시공사 등이 참여하여 시운전관련 업무 진행사항 확인 및 주요 이슈사항을 검토 · 조정한다.

〈표4-38〉 T&C공동 협의위원회 업무 및 책무

구 분	내 용
구 성	· T&C공동 협의위원회 위원장은 사업단장으로 한다. · 위원회는 사업총괄팀, 토목팀, 건축팀, 전기팀, 차량팀, SE팀, 종합시험팀, 열차운행관리반, 현장통제반, 공급사, 감리단, 시공사 등의 책임자로 한다.
임 무	· 정기회의 및 임시회의 참석 · 시운전관련 이슈사항 검토 및 조정 관리 · 시운전 진행 사항 확인 및 현황사항 협의 · 시운전 준비사항 검토 및 협의 · 시운전 계획 확정
업 무	· 금주 진행 사항 확인 및 현황사항 협의 · 차주 시운전 계획 확정 · 차주 시험 준비사항 검토 및 협의 · 일일, 주간, 월간회의

Ⓔ 종합시험팀 조직 구성 및 업무

- 종합시험팀 조직은 다음과 같이 구성한다.

  종합시험팀(TF) 조직구성 및 인력 재배치

  – 종합시험운행(**시설물검증 및 영업시운전**) : 분야별 전문 인력투입

〈그림4-14〉 종합시험팀 조직구성

〈표4-39〉 종합시험팀 조직구성 및 세부업무

구 분	내 용
종합시험팀 구성	· 종합시험팀장은 ○○○으로 한다. · 종합시험팀 팀원은 철도시설관리자 인력 및 기술지원을 받아 구성 · 종합시험팀내 열차운행관리반과 현장통제반을 구성 · 시설물검증시험 및 영업시운전반은 시설관리자와 운영사의 각 분야별 전문가로 구성 - 총괄, 운전, 노반, 궤도, 건축, 전차선, 수변전, 전력, 신호, 통신, 차량/검수

종합시험팀 임무	· 종합시험팀 팀장은 차량기지 및 본선에서 실시하는 각종 시험 및 시운전을 총괄 · 열차운행관리반 및 현장 통제반 통제 및 관리 · 시설물검증 및 영업시운전반 인력관리 · 시운전 시험 계획 및 실적관리 · 보고 · 시운전 문제점 및 현안사항 관리 · 시운전결과 검토, 승인, 관리 · 감리/검사기관은 시운전 중 문제점과 장애 발견 시 신속한 조치 및 보고
시설물 검증시험반 임무	· 시설물검증시험은 영업시운전반과 합동으로 점검수행 · 시험결과 및 점검표 작성제출
영업시운전반 임무	· 영업시운전반은 운영사 분야별 전문가로 구성(총괄, 운전, 노반, 궤도, 건축, 전차선, 수변전, 전력, 신호, 통신, 차량/검수) · 영업시운전은 영업시운전반과 합동으로 점검수행 · 시험결과 및 점검표 작성제출

〈표4-40〉 열차운행관리반 조직구성 및 세부업무

구 분	내 용
열차운행 관리반 구 성	· 열차운행관리반은 운영조직과 공급사로 편제하며 열차운행관리반장과 관제운영 총괄담당자를 지정 운영한다. · 열차운행관리반원은 관제사 면허를 취득한 운전, 기지, 전력, 역무, 기계분야로 구성한다.
열차운행 관리반 임 무	· 시운전 열차운행 상황통제 및 열차운행계획을 확인한다. · 열차운행관리반장은 시운전 시 발생되는 모든 열차의 운영계획 및 일정관리를 총괄 조정한다. · 상황반장은 관제운영 총괄담당자로 지정하며, 운행관리에 대한 상황을 관리 및 보고한다. · 시운전을 위해 본선으로 입 · 출고되는 열차의 관제업무를 한다. · 시운전에 필요한 안전요원 관리 및 운용 총괄을 한다. · 현장 통제반으로부터 선로의 이상 유무 확인 후 전차선 급 · 단전을 지시한다. · 시운전과 관련 종합 상황보고 및 대외기관 협의를 주관한다.
운전관제 임 무	· 열차운행상황 감시 및 통제 · 주박열차 WAKE UP, SWEEP 운행통제(무인운전) · 운행안전원 통제 · 고장차 응급복구 조치 및 기상설비 감시
기지관제 임 무	· 차량기지 열차운행상황 감시 및 통제 · 기지내 입 출고 관리, 구내기관사 통제 · 운행 전 열차 WAKE UP 및 종료후 정지(무인운전) · 시험선 운행 관리

구분	내용
전력관제 임 무	· 전력(전차선/역사전기)설비 통제 및 감시 · 전력설비 원격제어(차단기, 단로기, 정류기, 보호계전기) 등 · 심야 선로작업자 통제(PED) · 전력피크제어 및 조명제어
역무관제 임 무	· 통신설비 및 AFC통제 제어감시 · 기지/정거장 출입통제설비 감시제어 · 원격방송/승객민원처리/고객안전원통제 · 사고발생시 대내외 전파/협조
기지관제 임 무	· 역사/터널 기계설비 감시 제어 (PSD/소방/승강기/공기조화설비 등) · 차량기지 설비 감시(폐수처리장, 세척고, 냉난방 등)

4) 시운전 업무 흐름도

도시철도 시운전 업무 흐름도(예시)는 다음〈그림4-15〉와 같다.

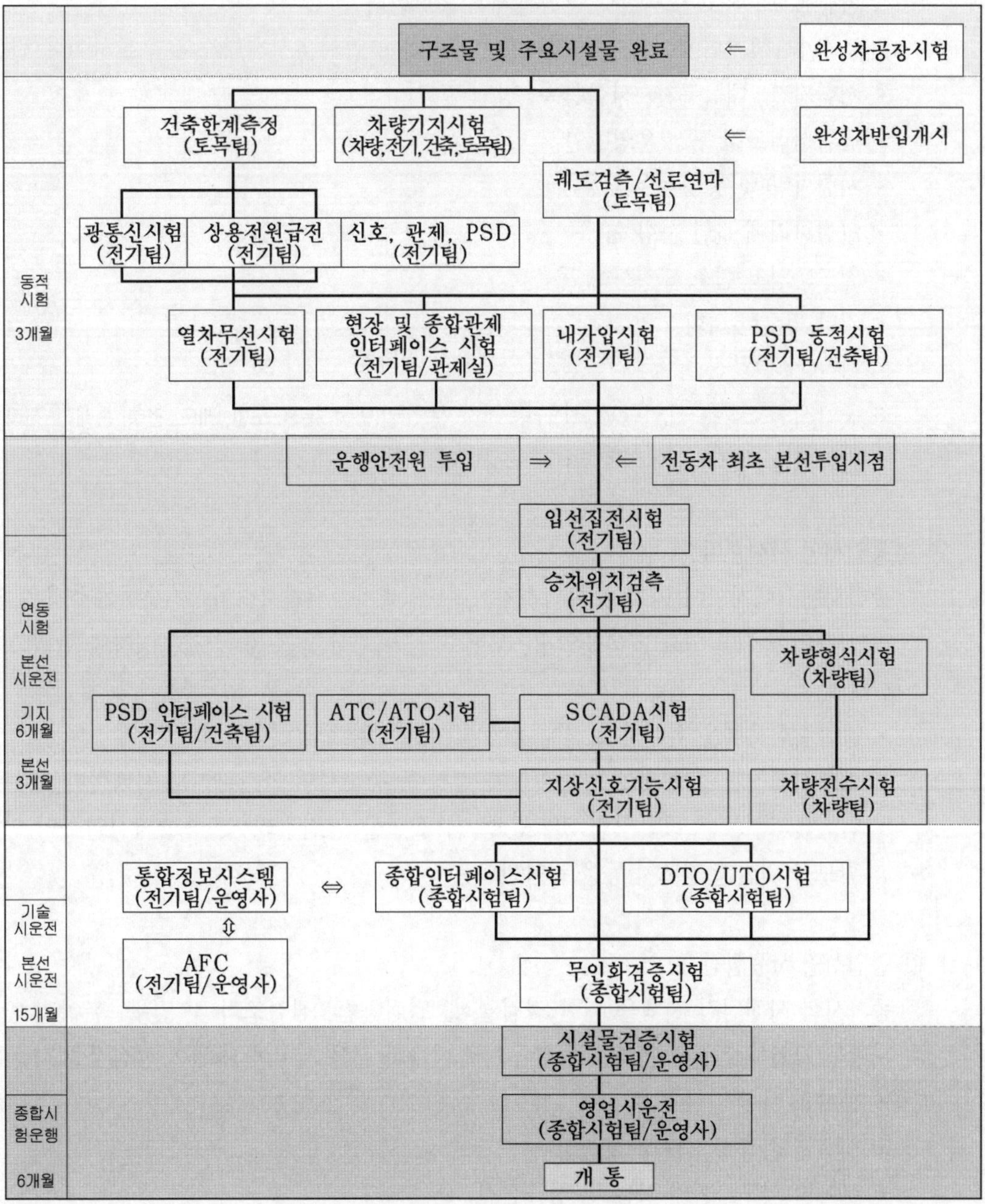

〈그림4-15〉 시험 및 시운전 업무 흐름도

Ⓐ 종합시험 시행계획

종합시험시행계획은 도시철도 완공가능 시기 및 종합시험 가능여부를 판단하여 국토교통부 장관에게 보고하고 도시철도 운영자에게 통보한다.

종합시험시행계획에는 시설물검증시험계획과 영업시운전계획으로 구분하여 수립한다.

- 시험기간, 대상구간, 시험항목, 방법 및 절차
- 종합시험조직 구성 운영방안
- 시험차량 및 장비
- 안전관리에 관한 사항
- 철도운영자 협조 요청사항 등
- 기타 필요한 사항

※ 종합시험조직은 사업단과 철도 운영자 분야별(안전, 운전, 노반, 궤도, 건축, 송배전, 전력, 전차선, 신호, 통신, 차량 등)전문가로 합동 구성한다.

Ⓑ 종합시험 사전준비

종합시험시행계획에 따라 종합검측차, 궤도검측차, 전철시험차, 건축한계측정을 위한 모터카 등의 운행이 필요한 운행일정, 운행구간, 차량유치 등을 철도 운영자와 협의하여 시행한다.

- 종합시험운행을 실시하기 전에 공종별 시험이 완료되어야 한다.
- 종합시험기간 중 현장에 안전관리자 지정 등 종합시험 안전관리를 시행한다.
- 안전관리업무는 종합시험 열차운행 시 시설물 안전관리 및 종합시험열차의 안전운행 확보를 위한 안전조치 등을 포함한다.

Ⓒ 종합시험 사전점검

종합시험 사전점검 시행을 위한 점검일정, 점검방법, 점검조직 및 임무, 분야별 안전조치 사항을 확인하고 철도 운영자와 합동으로 다음과 같은 사항에 대해 사전점검을 시행한다.

- 분야별 시험 결과 검토
- 시설물 검측 및 건축한계측정
- 분야별 철도시설의 기능 및 성능점검
- 분야별 철도시설의 안전성과 이상유무 확인
- 기타 종합시험운행을 위해 필요한 사항 등

분야별 점검자는 사전점검 시행결과를 작성하여 종합시험팀장에게 보고하고 종합시험팀장은 종합검토 후 시설물검증시험 시행여부를 결정한다.

종합시험팀장은 사전점검 시행결과를 사업단장에게 보고하고 관련부서에 이를 통보하여 보완이 필요한 사항은 조치하여야 한다.

Ⓓ 시설물 검증시험

사전점검을 시행한 후 철도시설의 안전상태, 철도차량의 운행적합성 또는 철도시설물과의 연계성(Interface), 도시철도시설물의 정상작동 여부 등을 확인 점검하는 시설물 검증시험을 실시하여야 한다.

철도시설의 특성 및 규모에 따라 다음과 같은 시험을 선로시설물의 최고속도까지 단계별로 올리면서 시행한다.

- 운전시나리오 검증
- 차량 견인시험
- 철도시설의 안전상태 및 정상작동 상태
- 철도차량의 운행적합성
- 철도시설과 차량간의 연계성 등

분야별 시험담당자는 시설물검증시험 시행결과를 작성하여 종합시험팀장에게 보고하고 종합시험팀장은 종합검토 후 영업시운전 시행여부를 결정한다.

종합시험팀장은 시설물검증시험 시행결과를 사업단장에게 보고하고 관련부서에 이를 통보하여 보완이 필요한 사항은 조치하여야 한다.

Ⓔ 영업시운전

시설물 검증시험을 완료한 후에 철도차량 및 도시철도시설의 전반적인 성능을 확인하고, 운영 및 유지보수자의 경험을 축적하기 위하여 영업서비스 운영을 가정한 영업시운전을 실시하여야 한다.

영업시운전은 다음과 같이 운전분야와 영업분야로 구분하여 시행한다.

- 운전분야 : 열차운행계획, 운전시간, 운전시격 등
- 영업분야 : 여객접근로 및 동선, 여객승차시간, 출발역 대기시간, 역무시설, 여객편의 시설 분야별 점검자는 영업시운전 시행결과를 작성하여 종합시험팀장에게 보고하고 종합시험팀장은 종합검토 후 개통여부를 결정한다.

종합시험팀장은 시설물검증시험 시행결과를 사업단장에게 보고하고 관련부서에 이를 통보하여 보완이 필요한 사항은 조치하여야 한다.

사업단장은 종합시험결과를 국토교통부장관에게 보고하고 도시철도 운영자 및 관련부서에게 통보한다.

Ⓕ 시험 5단계(기술시운전)

시험내용

공종별 시험 완료 후 검증을 위하여 운행조건에서 종합적으로 시행하는 기술시운전에 적용한다.

- 검증시험은 시스템 종합성능 시험과 안전기능 시험 및 통합 시운전 시험 등으로 구분하여 안정화 단계에 이르기까지 지속적 시행한다.

시험 항목(예시)

〈표4-41〉 기술시운전 성능검사 항목

구분	검사종별	검사 및 시험항목	
기술시운전	시스템 종합성능 시험	· 차량제어시험 - 가감속도, 출입문개폐, 비상제동, 조명제어, 방송제어 · 진로설정시험 · 무인운전제어시험	· 차량기지 운영기능시험 · 승강장안전문(PSD)연동제어시험 · 차량기지 운영기능 시험 - 차량입출고 시험
	안전기능 시험	· 정위치 정차시험 · 비상상황시 제동성능시험 · 차량고장시 비상대응시험 · 전력이상시 비상대응시험	· 화재발생시 비상대응시험 · 환기, 배기 등 방재시스템검사 · 승객인터폰 시험 · 소방설비 연동시험
	통합 시운전 시험	· 종합관제 제어 및 감시시험 · 스케줄 운행시험 · 방송/표시기/CCTV연계시험 · 행선안내게시기 시험 · 통신정보 전송설비시험	· AFC제어 시험 · 열차운행시험 - 왕복주행, 운전시격, 회차시험, 표정속도시험, 회복운전 등

무인운전 시험항목(예시)

구분	검사종별	검사 및 시험항목	
기술 시운전	무인화 검증시험	정상운영 시험/셔틀모드 시험 승객행선안내기/방송장치 시험(정거장) 승객행선안내기/방송장치 시험(차상) 차량도어 및 정거장 승강장안전문제어와 상태정보 시험 운전시격 확인 시험 표정속도 및 운행시간 확인 시험 회차시간 확인 시험 소비전력량 확인 시험	차량출입문 비상핸들 가동 시험 승강장안전문 고장 확인 시험 차량 EM 모드 확인 시험 차량 ATPM 모드 확인 시험 출고시 고장난 열차운행 시험 열차/ 역사 내 화재 시험 시스템 EMC 시험 연장급전 확인 시험 주 전송 설비 통합 시험 통합 인터페이스 시험

업무 책임

기술시운전 단계의 업무책임은 다음과 같다.

- 기술시운전 무인화검증시험은 공급사가 수행하고, 책임감리의 승인을 받아 검사를 실시하며, 그 결과를 제출한다.
- 도시철도차량 성능시험기간 부족으로 추가하여 본선시운전을 실시할 경우 성능시험기관 입회하에 공급자 주관으로 성능검사를 실시하고 그 결과를 제출한다.
- 공급사는 시험결과가 성능 및 기능 등 요구사항을 충족시키지 못하였을 경우 수정/보완 작업을 시행한 후 재시험을 실시하여 그 결과를 제출한다.
- 열차 운행과 관련된 시험은 시운전 조직 관리 하에 수행된다.

Ⓖ 시험 6단계(종합시험운행 시설물검증시험)

시험 내용

철도차량의 운행적합성 등 시설물검증시험을 포함한 철도종합시험운행에 적용한다.

- 시설물검증시험은 기술시운전 무인화 검증시험 완료 후 영업시운전 이전 단계로서, 차량을 포함한 시스템 전 부문의 전반적인 성능 확인 및 철도종합시험운행이며, 시험 진행 단계 및 절차에 따라 수행한다.
- 시설물검증시험은 도시철도노선에서 허용하는 최고속도까지 단계적으로 차량의 속도를 증가시키면서 도시철도시설의 안전상태, 도시철도차량의 운행적합성 또는 도시철도시설물과의 연계성(Interface), 도시철도시설물의 정상작동 여부 등을 검증한다.

- 시설물의 정상작동 상태
- 철도시설의 안전상태
- 철도차량의 운행적합성
- 철도시설과 차량간의 연계성 등

• 시설물검증시험은 철도시설의 성능이 저하된 운영조건에서도 안전한 운영을 확보하기 위하여 운전시나리오에 따라 시험을 실시한다.

책임한계 및 시험결과 처리

• 시설물검증시험은 철도안전법에 의해 종합시험팀이 주관하여 감리사/공급사/시공사가 긴밀한 협조체계를 구축하고 책임감리의 승인을 받아 검사를 실시하며, 그 결과를 제출한다.
• 종합시운전 조직과 운영조직이 공동 참여하여 시설물검증시험을 한다.

Ⓗ 시험 6단계 (종합시험운행 영업시운전)

시험 내용

• 열차운영계획에 따라 도시철도 운영환경조건에서 영업시운전단계에 적용한다.
• 시설물검증시험을 완료이후 영업운전과 동일한 환경에서 영업시운전에 관한 열차운행계획 등 철도시설의 전반적인 성능을 확인하고 운영사 직원의 업무숙달 및 열차운행 시스템의 안전을 확보하기 위하여 영업운전 조건에 따라 열차운행, 여객 편의시설, 운영관련 제도 등 전체 운영요소의 유기적 결합상태를 최종 검증한다.
• 철도안전법에 의해 영업시운전은 영업 운행과 같은 조건에서 승객 없이 운용자의 책임하에 시행되며, 개통 운용시의 열차운행 계획에 따라 열차운용 계획의 적정성, 정거장 설비, 통합정보시스템, 승객동선 등 시스템 전반 최종점검 및 각종 비상상황 발생시에 대비한 이례적인 상황 대비훈련을 반복 시행하고 운용인력의 교육을 실시한다.

5) 기타 시운전관리

Ⓐ 안전관리

• 시험시운전 안전관리는 산업안전보건법 등 관련 법규에서 규정한 안전조치사항의 점검 · 확인, 종합시험운행 전 안전점검, 종합시험운행차량 및 열차운행에 대한 안전통제, 종합시험운행 참여자에 대한 안전교육 등의 업무를 수행한다.

- 종합시험구간 시설물의 안전관리, 선로변 울타리 출입문관리 및 종합시험안전관리책임자를 배치하여 지시사항 등 공사현장 안전관리에 관한 사항에 대한 업무를 수행하여야 한다.
- 종합시험 안전관리책임자는 종합시험을 위하여 철도운영자로부터 각종 차량 또는 장비를 지원 받는 경우 철도운영자의 안전관계 규정 등을 준수하여야 하며, 추가적인 현장 안전조치 요구가 있을 경우 적극 협조하여야 한다.

Ⓑ 조정/ 변경 관리

- 부적합 관리
  - 각 단계별 시험운전 진행 과정 중 발생되는 일에 대하여 기록 및 관리 한다.
  - 문제점 관리항목에는 부적합사항 (또는 시정조치 요구사항)을 기록하고, 이의조치 결과를 조치사항 날짜와 함께 기록하며, 필요 시 첨부물을 첨부한다.
  - 시스템의 성능에 관련된 부적합사항 및 안전에 관련된 주요 사항은 다음 단계의 시운전 착수 전에 수정, 보완 완료한다.
  - 부적합 사항을 해결하기 위한 인터페이스 발생시 인터페이스 관리 절차에 따른다.
  - 부적합 사항 처리 절차는 다음과 같으며, 부적합 보고서를 발행한다.

- 인터페이스 관리
  - 부적합 보고서 처리방안 작성시 타 부문 또는 타 시험과의 연계성 여부를 검토하고, 해당 부문간 협의를 완료하여야 한다 또한 협의사항을 처리방안에 포함시켜야 한다.

종합시험운행 결과보고서

1. 개요

선로의 주요특성, 일반적인 시험개요(구간, 시험일정) 등을 설명 및 서술한다.

2. 적용 범위

종합시험운행의 전반적인 적용범위를 기술한다.

3. 시험 내용(분야별/점검항목별)

가. 목적
나. 적용범위 및 시험대상
다. 관련사양 및 규격
라. 용어설명
마. 시험항목
바. 측정장비
사. 시험개소
아. 시험 소요인력 및 일수
자. 시험절차
- (1) 시험조건
- (2) 사전조치
- (3) 시험방법(측정위치, 센서 부착 방법 등)
- (4) 평가기준
- (5) 시험결과의 기록 및 저장

차. 시험결과
카. 참고문헌 및 기준

도시철도 시설물 검증 시험 점검 항목

철도종합시험운행 시행지침(근거 : 국토교통부고시 제2014-317호)

<table>
<tr><th>시험 항목</th><th>시험 내용</th><th>비 고</th></tr>
<tr><td>가. 선로 시설</td><td>o 궤도 및 교량 성능시험</td><td rowspan="3">o 점검항목이나 시험내용은 도시철도별 시설이나 설비특성에 따라 세부적으로 다르게 적용 될 수 있음</td></tr>
<tr><td>나. 전철전력설비</td><td>o 전차선로 집전성능평가시험
o 전철변전소 특성시험
o 레일전위측정시험
o 전철변전소 유도장애시험</td></tr>
<tr><td>다. 신호 및 열차제어 설비</td><td>o 지상무선통신장치시험
o 열차자동감시장치시험
o 지상제어장치시험
o 지상신호 및 열차제어설비시험
o 지상 · 차상 신호 및 열차제어설비 연계동작시험</td></tr>
</table>

<table>
<tr><th colspan="3">라. 관제 설비</th></tr>
<tr><th>시험 항목</th><th>시험 내용</th><th>비 고</th></tr>
<tr><td>TTC관제설비</td><td>ㅇ 운전관제장치 설치시험
ㅇ 신호컴퓨터실 장치 설치시험
ㅇ 통신망 장치 설치시험
ㅇ 전원장치 인가 시험
ㅇ 설비장애 및 인터페이스 차단 시 경보 기능 확인시험
ㅇ 기타 필요사항</td><td rowspan="5">ㅇ 점검항목이나 시험내용은 도시철도별 관제시스템 특성에 따라 다르게 적용될 수 있음</td></tr>
<tr><td>관제실과 현장 연동장치간 Interface</td><td>ㅇ 운전관제 설비분야
- 시스템 기능 확인
- 열차운행 제어관리 기능 확인
- 스케쥴 기능 확인
- 외부 인터페이스 기능 확인
ㅇ 신호설비 분야
- 신호/유지보수 콘솔 기능 확인
- 운전관제실 장비 운용시험
- 시스템별 운용상태 확인
ㅇ 설비장애 및 인터페이스 차단 시 경보 기능 확인 시험
ㅇ 기타 필요사항</td></tr>
<tr><td>시스템 기능 (S/W) 시험</td><td>ㅇ TTC 기본 S/W 기능시험
ㅇ 열차운행관리 S/W 기능시험
ㅇ 열차운전관리 DB 기능시험
ㅇ 업무지원 S/W 기능시험
ㅇ 기타 필요사항</td></tr>
<tr><td>시스템 제어시험</td><td>ㅇ 역 모드 전환 제어 기능시험
ㅇ 선로전환기 전환 제어 기능시험
ㅇ 진로제어(신호기 제어 포함) 기능시험
ㅇ TTC, CTC(L/S)에서 열차운행 제어관리
ㅇ 기타 필요사항</td></tr>
<tr><td>스케줄 관련 이상유무 확인</td><td>ㅇ 스케쥴 표시상태 확인
- 온라인 스케쥴 실행 및 변경상태
- 스케쥴 관련 인쇄상태
ㅇ 실적 출력상태 확인
- 열차운행실적 출력물 상태
- 각종 통계조회 및 보고서 출력상태
ㅇ 기타 필요사항</td></tr>
</table>

<table>
<tr><td>열차운행
제어상태
확인</td><td>○ 궤도점유상태 확인
○ 열차번호 이동기능 및 열차 번호 창 적정 유무
○ Line-up 기능 확인
○ 자동진로(Auto) 기능 확인
○ 역 정보 등 표시상태(LDP/LS)확인
○ 서버기능 확인
○ 열차스케쥴 조정시험
○ 열차위치 추적시험
○ 기타 필요사항</td><td rowspan="8">○ 점검항목이나
시험내용은
도시철도별
관제시스템 특성에
따라 다르게
적용될 수 있음</td></tr>
<tr><td>관제설비 간
인터페이스 시험</td><td>○ 열차행선안내장치 시험
○ 전차선 급 · 단전 표시 시험
○ 인터페이스 차단 시 경보 기능 확인 시험
○ 기타 필요사항</td></tr>
<tr><td>광전송설비</td><td>○ 각종 유니트 LED 점등상태
○ 각종 관제회선 경로 구성 적정성 및 회선품질상태
○ 주요기기 이중화부 동작상태(통신선로절체 포함)
○ 설비장애 및 인터페이스 차단시 경보 기능 확인 시험
○ 기타 필요사항</td></tr>
<tr><td>종합영상
설비</td><td>○ 콘솔 및 모니터 동작상태
○ 영상저장 및 검색기능 시험
○ 카메라 제어 기능유무
○ 설비장애 및 인터페이스 차단 시 경보 기능 확인시험
○ 기타 필요사항</td></tr>
<tr><td>관제전화
설비</td><td>○ 주장치, 운영장치, 유지보수장치 개별 동작 상태
○ 음성저장 및 검색 가능유무
○ 설비장애 및 인터페이스 차단 시 경보 기능 확인시험
○ 기타 필요사항</td></tr>
<tr><td>열차무선
시 스 템</td><td>○ 관제실, 역(신호취급실), 열차 간 통화상태
○ 설비장애 및 통신 차단 시 경보 기능 확인시험
○ 기타 필요사항</td></tr>
<tr><td>교환설비</td><td>○ 가입자간 호출, 통화상태
○ 유지보수장비 기능상태
○ 설비장애 시 경보 기능 확인시험
○ 기타 필요사항</td></tr>
<tr><td>열차무선
시스템</td><td>○ 관제실, 역(신호취급실), 열차 간 통화상태
○ 설비장애 및 통신 차단 시 경보 기능 확인시험
○ 기타 필요사항</td></tr>
</table>

<table>
<tr><td>교환설비</td><td>ㅇ 가입자간 호출, 통화상태
ㅇ 유지보수장비 기능상태
ㅇ 설비장애 시 경보 기능 확인시험
ㅇ 기타 필요사항</td><td rowspan="4">ㅇ 점검항목이나 시험내용은 도시철도별 관제시스템 특성에 따라 다르게 적용될 수 있음</td></tr>
<tr><td>통합망관리 시스템</td><td>ㅇ 통합망 관리시스템 기능상태 확인
ㅇ 설비별 EMS 등 기능시험
ㅇ 설비별 성능관리, 장애기능 확인
ㅇ 기타 필요사항</td></tr>
<tr><td>기 타</td><td>ㅇ 열차운행관련 인허가 사항
ㅇ 지하역사CCTV,화재탐지설비연동 및 경보표출확인
ㅇ 기타 필요사항</td></tr>
<tr><td>SCADA설비 기능 시험</td><td>ㅇ 주컴퓨터 및 통신제어장치 기능 확인
ㅇ 원격전력 제어 기능 확인
ㅇ 외부인터페이스 데이터 전송기능 확인
ㅇ 운용자 및 유지보수자 콘솔기능 시험
ㅇ 계통반 표출기능 확인
ㅇ 원격제어소 장치의 자료취득 및 제어 기능 확인
ㅇ 단로기(차단기) 원격제어 시험
ㅇ 단로기(차단기) 상태에 따른 급전여부 전송시험
ㅇ 설비장애 및 인터페이스 차단 시 경보 기능 확인시험
ㅇ 기타 필요사항</td></tr>
</table>

영업시운전 점검항목

가. 운전(Operation)			
CODE	시험 항목	세부 시험항목 및 내용	비 고
OP_01	**운전시간**	ㅇ 기지에서 출발역까지의 출고시간 검토 ㅇ 운전매뉴얼 철도차량운전자 출고 기능검사 및 시간측정 ㅇ 정차역 정차시간 검토 – 여객취급 정차시간 산정 ㅇ 역 구간별 운전시분(여객100% 승차시) ㅇ 종착역 도착후 반복시간 산정	철도차량 운전자 → 운전관제
OP_02	**열차운영 계획 스케줄 점검**	ㅇ 연속열차 운행시 최소운행시격 ㅇ 열차반복 사용시 설정된 반복시간 ㅇ 역 도착선 도착후 출발선 전선시간 ㅇ 기지에서 출발역까지의 출고소요시간 ㅇ 영업 종료후 기지 입고시 소요시간	
OP_03	**철도차량 운전자 노선숙지**	ㅇ 철도차량운전자 운행노선 인지를 위한 주 · 야간 숙지훈련	운행안전원 수동운전시
OP_04	**이례사항 대처능력 및 운행안전**	ㅇ 운행중 비상제동 동작 및 대처방법 ㅇ 장애물 발생에 대한 처리요령 ㅇ 사상사고 발생시 처리방법 및 보고체계 ㅇ 사고시 단선 운전취급에 대한 대처능력 ㅇ 신호장애 발생시 대응능력 ㅇ 탈선운전 사고발생시 열차소통 방안 ㅇ 열차화재시 여객대피 방안 ㅇ 터널 · 교량 등에서 비상정차시 처리방안 ㅇ 열차고장시 구원열차 및 여객유도 방안 ㅇ 유관기관 출동시간 및 역할분담 등 협력체계 점검	신규 철도 시스템 구축 시에 한함

나. 영업(Commercial Business)

CODE	시험 항목	세부 시험항목 및 내용	비 고
CO_01	여객 접근로 및 동선	ㅇ 지하철, 버스, 주차장 접근로 점검 ㅇ 접근노선 장애요소 파악 및 보완 ㅇ 역사내 환승시설 설치 및 보완 ㅇ ES, MW, 엘리베이터 점검 및 혼잡도 ㅇ 장애인 이동로 확보여부 점검 ㅇ Carter 이동 여부 점검	
CO_02	여객 승강차	ㅇ 자동 개 · 집표기 작동상태 점검 ㅇ 게이트 통과후 정해진 좌석 이동시간 측정(장애인 포함) ㅇ 열차 정차표지 설치 확인 및 위치조정	
CO_03	출발역 열차대기 시간	ㅇ 차내설비 점검시간 ㅇ 차내 식 · 비품 공급시간 ㅇ 여객 승차시간	
CO_04	열차정보	ㅇ CTC와의 열차운행관련 정보 송 · 수신 점검 ㅇ 출 · 도착 홈 안내게시기 표출 ㅇ 자동방송장치의 방송점검	
CO_05	역무점검	ㅇ 역무원 배치 및 교육 ㅇ 역무자동화시스템 운용 점검	
CO_06	여객 안전설비	ㅇ 계단, 에스컬레이터, 엘리베이터 전기설비 점검 ㅇ 승강장 안전상의 장애요인 점검 및 방화시설 점검	
CO_07	안전 및 보안대책	ㅇ 영업운행안전관리 계획 점검 ㅇ 안전 및 보안 관련 소요설비 검토 및 확보	
CO_08	기타 영업서비스 준비사항점검	ㅇ 역시설물 및 편의시설 점검 – 대합실 · 승강장의자, 콘코스 휴게실, 화장실, 흡연실 점검 – 환기 냉 · 난방 등 환경점검 – 여행정보안내기, TV, 전화 등 편의설비 적정배치 – 역무시설 및 공간 점검 – 상업 및 공공시설 점검 ㅇ 열차내 비품공급체계 점검 – 차내비품 점검 및 공급시간 – 물품공급 차량 승강장 이동방안 점검	

5 SE활동 성과물(개념단계~설계단계~제작설치~시운전~운영개시)

단계별 업무별	개념단계	기본설계	실시설계	제작/시공/ 설치	공종별 시운전	시설물검증/ 영업시운전	운영개시
요구 사항 관리	요구사항 관리계획 이해관계자 요구사항문서	시스템요구 사항문서	서브시스템 요구사항문서 시스템 규격서	검증 요구 계획서 서브 시스템 검증 보고서	시스템검증 보고서	시스템 확인보고서	
인터페이스 (I/F)관리	I/F 관리계획	I/F 매뉴얼 I/F 매트릭스	I/F 이슈관리 보고서 I/F 보고서	보고서 갱신	보고서 갱신	최종 보고서	
성능 통합 관리	성능통합 관리계획	성능통합 항목 리스트	성능 시뮬레이션 계획/보고서	성능 검증 계획서	성능검증 보고서	시스템 성능통합 보고서	
RAM 관리	RAM 관리계획	예비 RAM 분석서 예비 FMECA 보고서	RAM 중요항목 리스트 FMECA 보고서 RAM 분석서	RAM 검증계획 FRACAS 계획	고장기록 보고서	고장 기록보고서 갱신	RAM검증 보고서 FRACAS 보고서
Safety 관리	안전성 관리계획	예비 위험원 분석 (PHA) 초기 위험원 목록	위험원 분석서 (SHA, FHA, IHA, OHA)) 위험원 기록 (Hazard Log)	위험원 기록 갱신 안전성 검증계획	위험원 기록 갱신 안전성 검증 (Safety Case 포함) 보고서	안전성 최종보고서 (안전성 평가)	
EMI/EMC 관리	EMI/EMC 관리계획	사전설치 EMC 현장 보고서 주파수 관리계획	시스템 EMI 분석 인체노출해석	EMC 검증계획	EMC 검증보고서	시스템 EMC 최종보고서	

단계별 업무별	개념단계	기본설계	실시설계	제작/시공/ 설치	공종별 시운전	시설물검증/ 영업시운전	운영개시
소음/진동 관리	소음/진동 관리계획	소음/ 진동 영향 평가서	소음/ 진동 설계 검토서	소음/ 진동 검증계획	소음/ 진동 검증 결과보고서	소음/진동 최종보고서	
형상관리	형상관리계획	초기형상항목 초기형상 변경자료 초기형상확인 결과서	보고서 갱신	보고서 갱신	보고서 갱신	형상관리 최종보고서	
소프트웨어 관리	소프트웨어 관리계획	–	소프트웨어 설계규격서	소프트웨어 검증계획서	소프트웨어 검증결과 보고서	소프트웨어 최종보고서	
시험/ 시운전관리	시험 시운전 관리계획	시험/ 시운전 절차서	성능시험 계획서	공장검사 결과 보고서 성능시험 결과보고서 (구성, 완성품) 공종별 개별시험 보고서	정적/동적시험 보고서	성능시험결과 보고서 (본선시운전) 종합기술시운전 보고서 영업시운전 보고서	

제4장

System Engineering

철도신호기술사 기출문제

01 EMI, EMC 문제해결 방안에 대하여 설명하시오.

02 IEC 62278의 설비 수명주기를 순서대로 나열하고 각 단계의 수행사항을 설명하시오.

03 System Engineering(SE)의 개념 및 일반적인 SE 과정과 철도분야의 SE 과정을 비교하여 설명하시오.

04 생애주기비용 LCC(Life Cycle Cost)의 구성 항목 및 LCC와 VE(Value Engineering)의 차이점에 대하여 설명하시오.

05 생애주기 비용(Life Cycle Cost)에 대하여 설명하시오.

06 SIL 4 GA(Generic Application)인증을 받은 차상 및 지상 열차자동방 호장치(ATP)에 대하여 SA(Specific Application)인증을 받기 위하여 독립안전성평가자에게 설계, 제작 및 설치, 본선시험 및 시운전 단계별로 제출하여야 하는 소프트웨어 목록을 IEC 62279 기반으로 설명하시오.

07 IEC 62425의 SIL인증 중 일반적용(GA)과 상세적용(SA)인증을 설명하시오.

08 철도신호시스템 검증을 위한 Verification 과 Validation의 차이점을 설명하시오.

09 완행 및 급행열차의 혼용 운행 시 고려사항에 대하여 설명하시오.

10 선로용량을 증대시키기 위한 방안을 신호, 선로, 차량, 정거장 분야별로 구분하여 설명하시오.

11 철도차량 기술기준 KRTS-VE-Part53-2018(R1)에서 언급한 차량시스템과 신호장치(차상, 지상)의 인터페이스에 대하여 설명하시오.

12 철도종합시험운행 시행지침(국토부고시 2018.10)에 의한 신호시설물에 대한 시험항목 및 내용을 일반철도와 고속철도를 구분하여 설명하시오.

제5장

기존 무인운전 System 요약

1. Distance To Go MASTRIA 시스템
2. SB선 열차제어 시스템
3. Nippon-signal RF-CBTC 시스템
4. VAL 경전철 열차제어 시스템
5. B사의 경전철 RF-CBTC 시스템(LCX케이블 적용)
6. A사의 디지털 AF궤도회로 시스템(D.T.G)
7. S사의 RF-CBTC 시스템
8. GH 경전철 RF-CBTC 시스템

1 Distance To Go MASTRIA 시스템

1. DTG-ATC 열차제어시스템 정의

ATC 고정폐색방식과 이동폐색의 중간개념의 차내연산방식 시스템으로 열차가속 또는 감속, 제동특성을 감시하고 제어하면서 궤도회로를 이용하여 선행열차의 위치와 전방 진로조건 등을 고려하여 열차 자신의 위치와 이동거리를 정확히 연산하여 열차속도를 차량에서 직접 계산하여 신속하고 안전하게 열차를 제어 및 운전하는 시스템

* MASTRIA 기반의 Distance To Go 방식의 ATC

MASTRIA Subsystem은 두 개의 장비로 나누어지며 다음과 같은 특성을 가진다.

1) 지상 ATC 장비 (SDTC 장비를 이용한 지상 → 차상 통신)
2) 차상 ATC 장비 (Downlink 장비를 이용한 차상 → 지상 통신)
   현장의 Invariant(불변) 및 Variant(가변)데이터를 차상으로 송신 정보 관리를 위한 송신이 프로그램된 디지털 처리 기술을 사용
3) 안전 관련 기능 및 비안전 관련 기능에 대한 처리의 분리 및 지원의 균형

* MASTRIA(ATP/ATO)의 지상-차상 인터페이스 구성

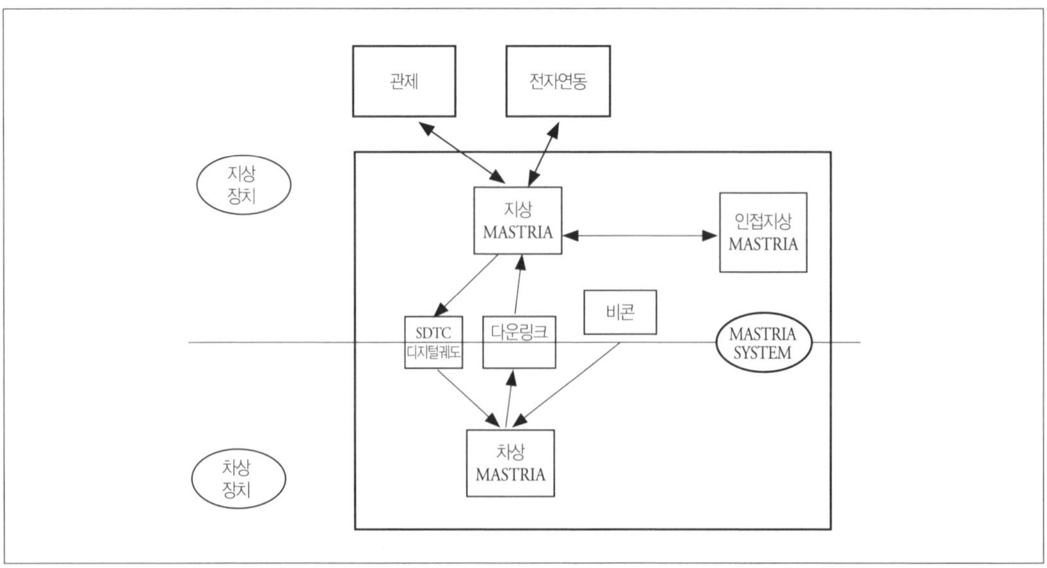

1) CBI(전자연동장치)와 MASTRIA 사이의 송수신 데이터

Data	From	To
Track circuit status	CBI	MASTRIA
Point locked 'N'	CBI	MASTRIA
Point locked 'R'	CBI	MASTRIA
Traffic Direction 'UP'	CBI	MASTRIA
Traffic Direction 'Down'	CBI	MASTRIA
Signal 'On/Off'	CBI	MASTRIA
Overlap status	CBI	MASTRIA
PSD closed & locked state	CBI	MASTRIA
PSD Open/Close 8 cars Commuters	MASTRIA	CBI
PSD Open /Close 8 cars Express	MASTRIA	CBI
PSD Open/Close 6 cars Commuters	MASTRIA	CBI
PSD Open /Close 6 cars Express	MASTRIA	CBI
PSD Open/Close 4 cars Commuters	MASTRIA	CBI
PSD Open /Close 4 cars Express	MASTRIA	CBI
Train Immobility	MASTRIA	CBI

2) ATS(관제장치)와 MASTRIA 사이의 송수신 데이터

Data	From	To
Clock synchronisation	ATS	MASTRIA
Departure time	ATS	MASTRIA
Arrival time	ATS	MASTRIA
Skip station	ATS	MASTRIA
ATS Train hold	ATS	MASTRIA
PTI initialisation	ATS	MASTRIA

Trackside MASTRIA equipment status request	ATS	MASTRIA
Change of end request	ATS	MASTRIA
TSR modification request (functional + safety data)	ATS	MASTRIA
TSR status request	ATS	MASTRIA
On-board alarm: MASTRIA maintenance message	MASTRIA	ATS
Rolling Stock maintenance message	MASTRIA	ATS
Trackside MASTRIA alarm : maintenance message (sector computer alarm)	MASTRIA	ATS
Positive Train Identification (PTI)	MASTRIA	ATS
Clock synchronisation request	MASTRIA	ATS
Trackside MASTRIA equipment status	MASTRIA	ATS
TSR logging	MASTRIA	ATS
TSR report of operation	MASTRIA	ATS
TSR status	MASTRIA	ATS
Safety related time	MASTRIA	ATS

3) Train stop과의 인터페이스

신호기 “정지/진행” 상태는 CBI에서 EUROBALISE 인코더 시스템으로 송신신호는 EUROBALISE 비콘을 통해 차상 장치로 전달된다.

Data	From	To
Signal ‘On/Off’	CBI	MASTRIA

4) 차량과의 인터페이스

＊ Cab 점유 정보

Cabin Occupied (LACTCAB)	Rolling Stock	MASTRIA
Other Cabin Occupied (RACTCAB)	Rolling Stock	MASTRIA

＊ 모드 선택 및 타 위치 정보 :

RM mode (RM)	Rolling Stock	MASTRIA
Reverse mode (REV)	Rolling Stock	MASTRIA
MCS mode (MCS)	Rolling Stock	MASTRIA
AUTO mode (ATP)	Rolling Stock	MASTRIA
FULL AUTO mode (FA)	Rolling Stock	MASTRIA
ATB mode (ATB)	Rolling Stock	MASTRIA

＊ 차량 상태 :

Train doors status (DCL)	Rolling Stock	MASTRIA

＊ ATO 기능 :

Train Emergency Brake State (EBRV)	Rolling Stock	MASTRIA
Start push button	Rolling Stock	MASTRIA

＊ PSD 기능 :

Open Push Button Left (OPBL)	Rolling Stock	MASTRIA
Open Push Button Right (OPBR)	Rolling Stock	MASTRIA
Close push button (CPB)	Rolling Stock	MASTRIA

＊ 열차 네트워크를 통하여 얻어진 열차 기준 속도 :

Train Reference Speed	Rolling Stock	MASTRIA

＊ 열차 네트워크 :

Doors management switch	Rolling Stock	MASTRIA
ROS acknowledgement	Rolling Stock	MASTRIA

ATO Inhibit	Rolling Stock	MASTRIA
Rolling Stock message	Rolling Stock	MASTRIA

2. MASTRIA 원칙

- 궤도는 주어진 지역과 주어진 방향에 대하여 모든 열차에 대하여 동일하게 적용된다.
- 구배값은 정적 궤도 매개변수는 "Invariant" 메시지에 설명되어 있다. 양방향 지역의 경우 이 지역에서 전송되는 궤도 프로파일 메시지를 선택하기 위하여 CBI로부터의 방향 데이터가 사용된다.
- 선로전환기 상태, 정차지점 간격 상태 등의 동적궤도 매개변수는 "Variant" 메시지에 설명되어 있다. 이 매개변수들은 특정 메시지를 통해 CBI로부터 얻어진다. 선로전환기 상태, 간격 정차지점 간격 상태 등의 Variant 형태는 특정 절차에 의해 계산된다. 정차지점 간격 값은 MASTRIA 시스템의 연속 전송 실패의 경우 CBI 값 또는 제한된 값으로 설정될 수 있다.
- 각 지점이 변경된 후 선로전환기 상태값은 현재 CBI 상태값을 적용하기 전까지 MASTRIA 지상장비에 의해 최종값이 유지된다.

3. 선로 상세 설명

- 섹터는 섹션으로 구분된다.
- 섹션은 Subsection으로 구분된다.
- Subsection은 Branch로 구분된다.
- 섹터숫자에 5 bit
- 섹션숫자에 5 bit
- Subsection숫자에 2 bit
- Branch숫자에 4 bit

1) Sector의 정의

섹터는 안전에 관련된 궤도 MASTRIA컴퓨터에 의해 관리되는 물리적인 구역으로 각 안전에 관련된 궤도 MASTRIA장비는 상선, 하선을 관리한다.
각 궤도는 정상적인 진행방향과 몇 개 또는 모든 부분의 반대 방향에 대해 관리한다.

2) Section의 정의

각 섹터는 섹션들로 구분되며 하나의 섹션은 연속적인 전송정보를 구분하기 위해 사용된다.

3) Sub-section의 정의

각 섹션은 Subsection으로 구분된다. 서브섹션은 데이터 구분 유닛이라 한다. 서브섹션의 구성은 각각의 특성을 갖는 서브섹션들이 일련의 연속적 구성을 말한다. 서브섹션의 비트수는 섹션 비트수에 2bit를 추가하여 만들어진다. 섹션에 2개의 필수적인 bit로 서브섹션을 표현한다.
전철기 구역에서, 서브섹션은 직렬/병렬구성의 Branch 이진화 트리 구성을 하는 몇 개의 분기부로 이루어진다.

4) Branch의 정의

하나의 서브섹션이 분기되거나 집중(convergence) 되었을 때 이 서브섹션은 Branch로 나누어지고 하나의 서브섹션은 최대 16개의 Branch로 구성된다.
Branch는 Subsection의 기점부터 시작하는 것으로 설명된다.
분기 후, Reverse Branch가 첫 번째로 기술되고 "Subsection의 끝"을 만날 때까지 반복된다.
Normal Branch는 마지막 Reverse Branch에서 첫 번째 Normal Branch까지 반복적으로 기술된다.

4. MASTRIA 전송 원칙

- 디지털 궤도 회로 (DTC) 또는 전송 루프를 이용한 연속적인 궤도 → 열차전송
- 열차 설정 및 위치확인을 위한 비콘을 통한 위치 전송
- 다운링크 수신기를 이용한 열차 → 궤도 전송
- 각 MASTRIA 구역간 시리얼 링크를 통한 구역간 전송

1) 연속 전송

연속 전송이란 지상 MASTRIA에서 차상 MASTRIA로 데이터를 전송하기 위하여 사용하는 방법이다. 연속 전송은 SDTC, 전송루프(loop)를 통하여 이루어진다. 연속 전송은 일련의 디지털궤도회로가 장치된 하나의 구간에 위치한 모든 열차는 동일한 정보를 수신하며 이용할 수 있다. 하나의 구간에 전송된 메시지는 구간 자체에 대한 설명과 양 종단의 다운스트림에 위치한 구간들에 대한 부분적인 설명(궤도 프로파일)을 제공해준다. 이 사전 설명(궤도프로파일)은 열차가 장애 없이 운행할 수 있도록 하기 위하여 반드시 필요하다. 이 설명은 열차에게 현재 구간을 지났을 때 만나게 되는 폐색구간에 대한 설명을 제공해주므로 "예측(anticipation)"이라 칭한다.

2) 예측(Anticipation)

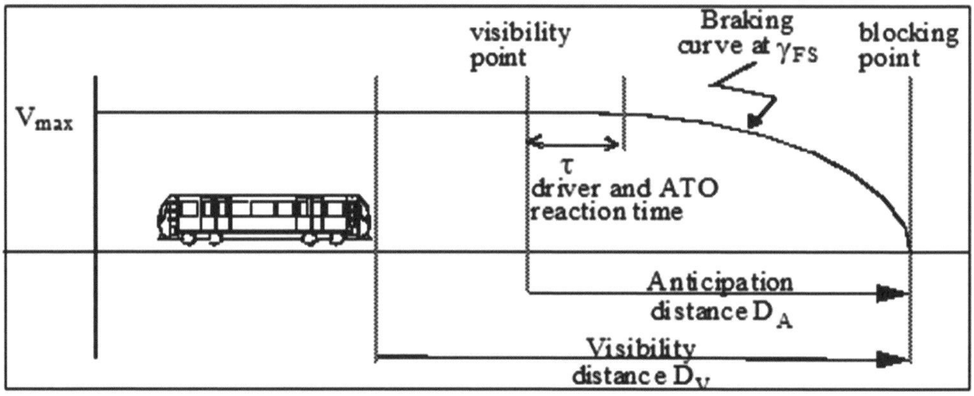

차상 ATP는 Invariant 메시지를 통하여 전송받은 궤도에 대한 설명을 가지며, 이 설명은 열차 전방의 일정 거리에 대한 정보를 포함하고 있다. 이 거리의 종단은 열차에 대한 "폐색점"이다. ATP는 또한 열차의 전방에 폐색점들의 상태를 가지고 있으며, 안전 관련 Variant 메시지를 통해 이들과 통신을 수행한다.

이러한 Variant메시지에 전체 폐색점들의 상태 정보가 포함되지 않는 경우 수신하지 못한 Variant점들은 강제적으로 제한된 상태가 된다. 이러한 제한된 상태의 Variant점들 중 가장 먼저 만나는 점이 열차의 폐색점이 된다.

차상 ATP에 의해 확인된 폐색점은 열차의 속도에 따라 폐색점 전에 위치가 결정되는 "가시지점"을 만든다. "예측(anticipation)거리"는 폐색 점과 가시지점 사이의 거리를 의미한다. 열차의 "가시거리"는 열차의 선두와 폐색점 사이의 거리를 의미한다. 열차가 가시지점에 도달하면, 즉 가시거리가 예측거리보다 짧아지면, 차상 ATP는 ATO 또는 기관사에게 제동명령을 통하여 이를 알려준다. 이 명령은 가시거리가 예측 거리보다 커질 때까지 반복적으로 내려진다.

3) 연속 전송 메시지에 대한 설명

연속 전송 정보는 하나에서 여덟개의 80bit로 구성된 메시지로 구성된다.
각 메시지 구성 요소는 "DECOD" 필드를 통하여 구별된다.

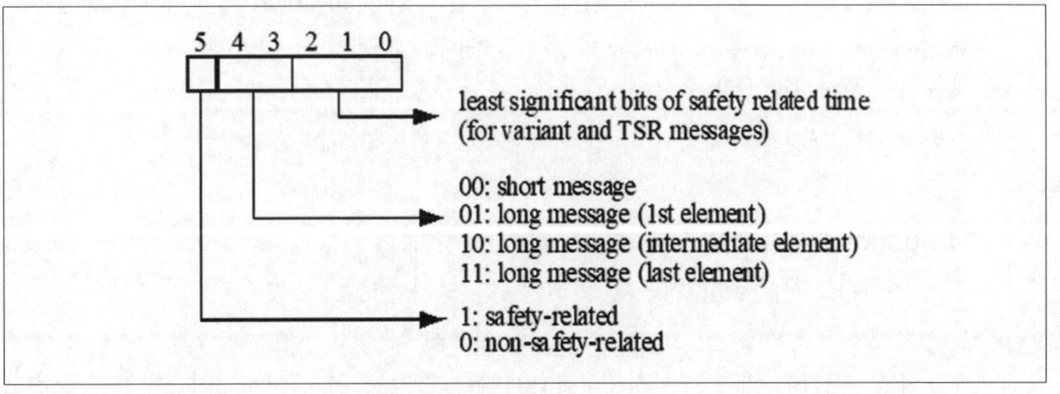

〈그림5-1〉 DECOD 필드의 내용

- "RED"부는 메시지의 각 요소에 대한 전송 오류를 수정하는데 사용된다. 오류 수정은 주기적인 코드인 BCH (85, 75)를 이용하여 각 요소당 4비트씩 이루어진다.
- "INF"부의 내용은 메시지의 형태에 따라 달라진다.(단문/장문; 안전/비안전 관련)

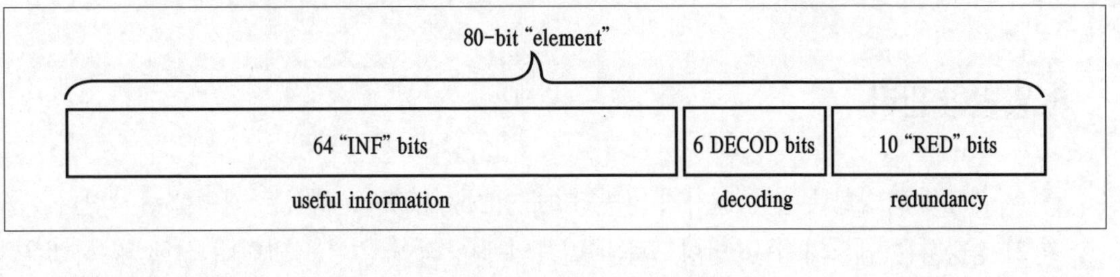

- 안전관련 단문 메시지는 안전 관련 Variant 사항을 포함한다.
- 안전 관련 장문 메시지는 안전 관련 Invariant사항 및 안전 관련 임시 제한 속도(TSR)를 포함한다.
- 비안전 관련 단문 메시지는 비안전 관련 Variant 사항과 날짜 동기화 메시지를 포함한다.

5. Section 관련 메시지

안전 관련 변수에 대하여 하나의 메시지가 해당 Section에 대한 정보를 예측정보에 대응시킨다. 안전 관련 불변 사항 및 임시 제한 속도에 대하여 대조를 통하여 각 다운스트림 구간의 예측 정보가 지정된 메시지를 통하여 전송된다. 비안전 관련 가변 및 불변 메시지는 예측 메시지를 통하여 전송되지 않는다. 따라서 이런 메시지는 현재 점유된 Section에만 관련된다. 각 Section에는 하나의 안전 관련 Variant 메시지와 하나의 TSR 메시지가 존재한다. 또한 각 Sub-section에는 하나의 안전 관련 Invariant 메시지가 존재한다. 주어진 Section에서 연속 전송 정보는 한 방향의 운행에만 관련된다. 양방향 진행이 가능한 지역에서 연속전송 정보는 노선에 따라 변경된다.
전송 주기는 전송될 메시지의 수 및 구간 특성의 밀도에 따라 결정된다.

1) Section에서의 전송 원칙

- 메시지는 무중단 80 비트 고정 길이 요소로서 전송된다.
- 전송 구간에서는 두 종류의 메시지가 전송된다.
- 응답 시간이 짧은 메시지 ("A"형 메시지)는 안전 관련 메시지이며, 비안전 관련 Variant 메시지와 synchrodate 메시지로만 구성된다.
- 응답 시간이 중요하지 않은 메시지("B"형 메시지)는 정기적으로 전송되는 "메시지 주기"에 따라 일련의 메시지들을 전송한다.
  이 메시지들은 안전 관련 불변 메시지, 임시 속도 제한 및 비안전 관련 Invariant 메시지이다.

6. 양방향 관리

1) 궤도의 양방향 부분은 열차가 양방향 (Up 및 Down)으로 운행하는 지역에 존재한다.
2) 정방향은 궤도의 주요 방향으로의 열차의 정상적인 운행을 말하며 상행 및 하행은 각각의 정상적인 방향의 운영을 말한다.
3) 역방향은 궤도의 반대 방향으로의 열차 운행으로 상행 및 하행에 대한 역행 운영을 말한다.
4) 동일한 양방향 지역이 두 개의 구간에 결합되는데 각 방향에 대해 하나의 구간이 만들어진다. 이러한 두 개의 구간에 단일한 전송 채널이 사용된다.

5) 이 채널에는 운영중인 방향에 대하여 두 개의 입력(DIR_UP, DIR_DN)이 필요하다. 즉, DIR_UP = 1, DIR_DN = 0 의 경우 상행(UP)이 설정되었음을 의미한다. 이는 DOT와 관련되며 양방향 관리는 이러한 두 개의 입력 값을 구하고 해당 구간에 대한 일련의 메시지를 선택하는 것이다.

7-1. 궤도에서 열차로의 점(Spot)전송

점 전송을 통해 열차는 네트워크 상에서 자신의 위치를 파악하며 특정 위치에 궤도 중앙에 설치된 비콘을 통해서 이루어진다.

1) 열차가 정지했을 때 차상 MASTRIA Subsystem을 초기화시키기 위하여 유치구역에서 사용되는 고정식 초기화 비콘
2) 역 내의 열차의 정확한 위치에 정차하기 위해 사용되는 정차 (docking) 검지 비콘(PSBd)
3) 열차 주행중 차상 MASTRIA 시스템을 초기화하기 위하여 사용되는 전형적인 이동열차 초기화 비콘(MTIB). 이 비콘은 코드화 주행 기록계(coded odometer)의 운행조정을 위해서도 사용된다. 이 비콘은 각 MASTRIA 구역의 경계에 설치된다.
4) 열차가 운행 거리 측정을 검증하는데 사용되는 위치확인 비콘(RB)
5) 비콘 종류별 설명

＊ 고정 열차 초기화 비콘 (STIB)

- 정지 열차 초기화 비콘은 지정된 지점(대피선)에 설치되는 고정된 장비로 구성되며 비콘 바로 위에 정차된 열차에 메시지를 전송한다. 비콘은 4m 길이이다.
- Down Link 수신용으로 사용되며 만약 열차가 STIB 위에 위치하며 정차되어 있고 비콘 길이 내에 존재한다면, 열차는 localisation 되며 RB로서 역할을 수행할 수 있다.

＊ 정위치 정차용 비콘 (PSBd)

- 도킹을 위한 정밀 정차 비콘은 지정된 지점(플랫폼)에 설치되는 고정 장비로 구성되며 비콘 위에 정차된 열차에 메시지를 전송한다.
- 차상 MASTRIA장비에 도어 열림 권한을 할당하며 다운링크 수신기로 사용되고 STIB_DL로도 사용될 수 있다.

＊ 이동 열차 초기화 비콘 메시지 (MTIB)

고정된 CalibrationLenght로 분리된 2개의 물리적인 요소로 구성되며 차상MASTRIA를 재초기화하고 주행거리계 교정정보 제공을 한다.

＊ 위치 확인 비콘(RB)

위치 보정 비콘은 차상 MASTRIA가 localisation 계산을 갱신하도록 하며 정밀한 정차 선언 비콘으로 이용된다.

＊ 열차 정지 비콘(Train Stop Beacon)

지점(대피선)에 설치된 고정 장비로 구성되며 비콘을 통하여 열차로 신호기의 상태를 전송하고 TSB는 연속 메시지를 전송한다.

- 신호가 허용상태이면 : 열차는 정상적으로 나아간다.
- 신호가 허용 불가 상태이면 : 열차는 비상 제동이 걸리며, 보호를 위해 정지지점으로 부터 거슬러 올라가는 지점에 정차한다.

7. 열차에서 궤도로의 점 전송

Down Link수신기는 차상으로부터 지상에 정보를 전달하는데 사용된다. 차상과 Down Link 수신기사이의 데이터 전송율은 50Kbits/s 이다. MASTRIA정보율은 MASTRIA주기(cycle)를 기준으로 한다. 아래의 2에서 7까지의 요소들은 1개의 수신기를 통해 지상 소프트 웨어 주기(cycle)동안에 수신될 수 있다.

1) 정보 내용

DownLink 수신기를 통해 전송된 메시지의 형식은 연속적 전송을 통해 수신된 것과 동일하다.

2) 전송 원리

열차에서 궤도로 전송되는 메시지는 관련 이벤트가 발생하고 열차가 Downlink 지역을 주행할 때 전송된다. 열차 → 궤도 MASTRIA 요소는 두 가지 유형으로 분류된다.

- 정상 메시지: 대개 열차가 Downlink 수신기를 통과하기 전에 생성된다. 여기에는

차량으로부터의 경보, PTI 및 유지보수 메시지가 포함된다.

- 긴급 메시지: 대개 열차가 Downlink 수신기를 통과할 때 생성되므로 지연없이 전송된다. 이 범주에 드는 메시지는 "정상" 메시지에 포함되지 않는 메시지들이다. 물론 승강장 출입문 열림과 같은 안전 관련 열차 → 궤도 메시지는 긴급 메시지에 포함된다. 두 차상 주기마다 두 개의 긴급 메시지가 하나의 다운링크 수신기를 통하여 수신된다. 열차 → 궤도 메시지는 관련 이벤트가 발생하고 열차가 다운링크 수신기 지역을 운행할 때 전송된다.

3) 메시지 보호

안전 관련 메시지를 위해서만 처리된다. 이 기능은 아래와 같은 원리를 기반으로 한다. 안전 메시지의 각 정보 부분(64 bits)은 하나의 기능필드와 하나의 안전 관련 검사합(checksum) 그리고 열차에 의한 메시지 생성일자가 포함된다. 지상 MASTRIA 장비가 메시지를 수신하면 자체 일자로 검사합을 계산한다.

검사합이 메시지에서 수신한 검사합과 다른 경우 해당 메시지는 거부된다.

8. 열차 위치 확인

MCS(수동) 와 AUTO 모드에서 ATP 시스템은 궤도 점유 상태, 비상운전 (ESA 관련), 위치 확인 등 ATO가 AUTO 모드로 열차를 운전할 때 허용되는 열차의 속도를 감시한다.

ATP와 ATO는 모든 궤도상의 열차 위치를 확인할 수 있어야 한다.

이러한 위치확인 기능은 시스템에 열차의 위치에 대한 궤도상의 여러 특성과 관련한 정보를 제공하는 것이다.

1) Cab 측정

차상 MASTRIA 장치는 코드화 주행 기록계(coded odometer)를 통해 움직임을 측정할 수 있다.

2) 궤도 상태 정보

지상 MASTRIA 장비는 궤도의 상태를 CBI로부터 얻는다. 이 정보를 통하여 지상 MASTRIA 장비는 네트워크 상에서 열차의 위치를 확인하는데 사용되는 여러 메시지들을 생성해 낸다.

3) 열차 위치 확인 초기화(불변 메시지)

불변의 정보를 이용한 열차의 위치 확인은 임의의 시간동안 열차의 실제 위치와 지상에서 전송되는 궤도 정보(invariants message)에서의 위치를 대응시키는 것이다. 이를 위하여 궤도의 특정 위치 (STIB, PSBd, MTIB)에서 열차는 초기화되어야 한다. 이러한 지상 장치는 차상 MASTIA 시스템의 안테나로 검지되며, 궤도에 대한 정보로 열차에 전송된다. 이러한 양자간의 대응은 열차의 이동 시 (이동 열차 초기화 비콘; MTIB) 또는 정지 시 (고정 열차 초기화 비콘 ; STIB or PSBd) 초기화 된다.

4) 불변 메시지(invariants message)의 열차 위치 갱신

열차 초기화 후 열차 위치의 검증을 아무 장애 없이 수행하기는 불가능하다. 따라서 반복적인 검증을 통하여 이전에 초기화된 내용을 복구해야 한다. 이를 통하여 열차 위치 확인 비콘(RB)이 궤도를 따라 설치된다. 이 비콘은 차상 MASTRIA시스템에 의하여 검지되고 궤도에 대한 불변message 와 비교되어 처리된다. 비콘에 의해 검지된 위치와 불변 message에서 명시된 위치간의 차이를 통해 열차 위치에 대한 재보정 값을 만든다.

9. 동적 궤도 상태정보 생성

지상 ATC는 동적 궤도 매개변수에 대한 정보를 CBI로부터 수신 받는다. 매개변수를 통해 열차의 위치를 확인하며, 궤도의 동적 상태에 대한 정보를 열차로 제공한다.

1) 구현

동적 궤도 매개변수 (예를 들어 선로전환기 상태, 정지 점 상태)는 “variant” 메시지에 설명된다.

* 지상 MASTRIA

동적 궤도 매개변수는 특정 메시지(정의된 ATC-CBI간interface table)를 통하여 CBI로부터 얻어지고, 지상 MASTRIA 장비는 이를 계산한다. 각 variant 형태 (선로전환기 상태, 정차지점에 대한 간격 등은 특정 프로세스에 의거하여 계산된다.

- 정지 지점 간격의 값은 CBI값 또는 MASTRIA에 의한 연속적인 전송 오류 관리의 경우에 제한된 값으로 설정될 수 있다.
- 선로전환기의 위치의 변경 후, 전철기 위치 값은 현재 CBI의 위치 계산을 받아들이기

전의 일시적 기간(PointTempo) 동안 MASTRIA 지상 장비에 의한 마지막 값으로 관리된다.

- 방향 입력이 손실되면 (제한 상태에서 상선 및 하선 방향에 대한 방향 비트), 불변 메시지 전송을 통한 이전 방향이 유지된다. variant message는 계속 전송되나 체크섬은 차상 장비에 의해 거부된다.
- 변경 가능 속도 제한은 CBI 정보(연동장치의 궤도 회로 정보 등) 에 따라 "적용 가능"한 것으로 설정될 수 있다.
- 기타 모든 CBI 입력은 차상 장비로 직접 전송된다. 신호기 명령 상태, Overlap 상태, ESP 상태

＊ 차상 MASTRIA 장비 :

Variant 정보는 지상 MASTRIA 장비로부터 수신된다.

이들 Variant 정보는 비활성화 기간 후 제한 상태로 된다. 기간 값은 Variant 정보 형태에 따라 결정된다.

10. 열차 출입문 제어

열차 출입문 열림 승인, 모든 열차 출입문이 닫히기 전까지 열차 움직임이 불가능하도록 한다.

1) 구현

＊ 지상 MASTRIA 장비

궤도 설명의 불변정보 (A, B및 양쪽 열차 출입문 열림을 허용하는 지역을 규정) 는 MASTRIA 구역 컴퓨터에서 SDTC를 통해 열차 (차상 장비)로 전송된다.

비콘은 궤도 프로파일상의 위치 정보와 실제 열차 위치 사이의 일치됨을 검증하기 위해 사용된다.

정밀 정차 비콘(PSBd)은 필요한 정위치 정차를 하기 위하여 역 정차지점에 위치한다.

＊ 차상 MASTRIA 장비

- 열차 출입문 관리

전체 MASTRIA 모드에서, MASTRIA 장비는 열차 출입문이 닫히지 않은 상태에서 열차가 움직이는 경우 EB를 체결한다.

열차 주행 중에 출입문 상태를 손실한 경우에 MASTRIA 위치가 확인된 상태이면 비상제동이 체결되지 않는다.

* 열차 출입문 열림

- **Nominal mode**(정상 모드) : 열차가 플랫폼에 있을 경우 아래와 같은 조건에 의해 출입문 열림이 허용된다.
  * 열차가 완전히 정차됨
  * 열차의 위치가 정확히 확인됨
  * MASTRIA 장비는 필요한 정밀정차 비콘(PSBd)을 인식하고 열차의 최대위치 확인의 경우 −DdoorsauthorisationMin + DdoorsauthorisationMax(허용 최대~최소범위) 미터 내에서 수행되도록 계산한다.
    이를 통하여 차상장비는 좌측/우측 출입문을 활성화시킨다.
  * ATO가 열림 명령을 내리거나 기관사가 "출입문 열림" 명령을 내리면 MAR(Motoring Authorisation Relay)은 Tmar초 동안 차단된다. MAR은 PSD 닫힘 신호가 미확인 되는 일정 시간 동안 차상 장비는 차단상태이어야 한다.
  * MASTRIA 정규 메시지로부터 출발 명령이 수신되면 출입문 열림 활성화 정보는 취소된다.
- **Degraded mode**(성능저하 모드) : 완전정차 상태에서 위치확인이 안된 경우에 출입문 열림 승인이 이루어지지 않는다.

2 SB선 열차제어 시스템

1. 일반개요

SB선 열차제어시스템은 CBTC시스템으로 이동폐색시스템에 기초한다. 이 시스템은 세계적으로 상업운전이 보증된 시스템으로써, 전세계 다양한 곳에 구축 및 상업운전이 이루어지고 있다.

지상과 차상간의 통신은 지상무선통신시스템에 의해 제공된다. 열차 제어시스 어플리케이션에서 요구되는 자동열차방호(ATP), 자동열차운행 (ATO) 및 자동열차감시(ATS) 기능은 지상과 차상 하드웨어의 최소 세트로 구성되어 기능이 구현된다.

시스템의 각 구성들은 이동 폐색 시스템내에서 최대의 안전성과 신뢰성을 바탕으로 최소운전시격으로 운영되면서 열차의 무인운전을 위한 인터페이스를 제공한다.

열차의 안전운행간격, 연동장치 제어 및 열차속도제어는 차상과 지상시스템 및 원격 연동장치(VCC)의 이중계 컴퓨터 시스템(vital)을 사용하여 기능이 구현된다.

1) 운전 방식

전 구간에 실시간 양방향 통신을 기반으로 한 이동폐색 시스템으로써 무인운전을 기본으로 한다. 승무원이 선택할 수 있는 운전모드는 다음과 같은 모드로 구성된다.

정상 운전모드	무인운전모드 (Driverless)	- ATP감시하에 운전자 없이 사령통제에 따라 운행할 때 모드
	자동운전모드(1인 승무)	- ATP감시하에 1인 승무원에 의해 자동으로 운행할때의 운행모드 (열차출발 시 자동운전버튼 취급에 의해 운행)
	수동운전모드(ATPM)	- ATP감시하에 운전자가 열차를 수동으로 제어할 때의 모드
비정상 운전모드	속도제한모드(RM)	- 시스템 장애 및 열차 위치추적이 어려울 경우 차상시스템이 회복될 때까지 운전자에 의해 제한속도 이하로 운행되는 모드
	비상운전모드(FM)	- 열차 중고장으로 시스템의 재가동이 되지 못할 경우 운전자에 의한 운행모드 - 차축검지기를 이용한 열차 위치 검지

운영하는 열차는 전 구간에서 양방향 운전이 가능하며, 시스템이 다른 노선 구간으로 진입을 할 때는 차상제어장치의 STM(Specific Transmission Module) 설비를 구축하여 운전자의 조작없이 기존 ATC 방식으로 연계운전이 가능하다.

2) 급전 및 신호방식

CBTC 시스템은 실시간 양방향 통신을 기반으로 하는 이동폐색 방식으로 완전 무인운전 및 1인 승무에 의한 자동운전과 ATP 시스템의 감시에 의한 수동운전이 가능하다. 또한 일반 지하철 시스템과는 다른 교류 25,000V 전원을 사용하여 열차를 제어한다.

급전 방식	통신 방식	신호 방식
· AC 25㎸ 급전 · 계통이 다른 한전 22.9㎸ 수전 · 신호기계실/관제실 UPS 사용 (380/220V) · 관제실 3시간 정전보상 · 신호기계실 1시간 정전 보상	· 주전송로 광케이블 사용 · 신호인터페이스용 SM-4C 광케이블 제공 · 바이탈 설비는 1:1 통신 지원	· 실시간 양방향 통신에 의한 열차제어 · 무인운전/1인 자동운전 지원 · ATS/ATP/ATO 기능 · 첨단 RF-CBTC/MBS 구현

1) 향후 시점 및 종점 측에 연장건설을 반영하여 설계
2) 종착역 최적의 자동 회차 알고리즘 구현
3) 종합 관제실에서 주박에 위치한 열차제어

2. 시스템 개요

가. 운영을 위한 ATC시스템

관제사는 ATS 단계별 기능과 ATO 기능을 위한 변수를 제공하여 직접 제어한다. 차상장치는 차상서브시스템(가속, 제동 등)을 제어한다. 지상 ATP장치는 현장의 신호장치를 제어하고 감시하며, 중앙 또는 로컬 터미널로부터 명령을 수신받고, 장치 동작상태를 송신한다.

나. 이동폐색 시스템 원리

무선 통신 기반 열차제어(CBTC) 시스템 환경에서 이동 폐색 원리를 사용한다. 선행하는 열차와 후속 열차의 안전거리는 최대 운행 속도 및 제동곡선과 현재 열차 위치에 근거하여 산출된다.

정확한 위치보고(6.25m "Ý위치 식별 장치" 시스템을 이용하여 후속열차는 해당 지상구간에 최대 허용 속도 → 관제실 운영자가 요구하는 속도제한 및 상용서비스 속도보다 낮은 속도로 제한)에 기초하며 선행 열차의 최근 마지막 위치까지 안전제동거리를 확보하면서 안전하게 운행한다. 이러한 이동폐색시스템이 고정폐색시스템에 비해 운전시격이 감소되는 이유는 선행 열차의 점유블 록에서부터 바로 뒤 블록에 후속 열차가 정지할 필요가 없기 때문에 가능하다.

기존의 신호시스템은 선행열차에 의해 점유된 블록의 일정거리이격 후 후속 열차가 진입하지 않도록, 지상의 신호기, 열차정지 및 열차 기관사(운영자)의 감시에 의해 열차운행간격을 유지했다. 그러나 기존 시스템과는 달리, 이동 폐색 시스템은 향상된 위치 식별장치와 이동권한 업데이트를 통하여 짧은 열차운행 간격과 많은 선로 용량을 제공할 수 있다. 또한 이동 폐색 시스템은 고정 폐색 시스템의 동일한 폐색구역에 대해 밀집가능하도록 여러대의 열차의 점유를 안전하게 운행 허용한다.

안전 제동 모델은 전체 지상 장치에 의해 프로파일이 생성된다. 이 정보를 바탕으로 안전 이격 거리가 결정되고, VCC는 열차 사이의 간격을 안전 이격 거리로 유지하도록 제어한다. 안전 이격거리라 함은 선행열차의 확인된 위치에서부터 후속열차의 정지 위치 사이의 고정 거리이다.

안전 이격 거리는 일련의 최악의 경우에도 안전 이격거리가 확보 되도록 설계되었다.

열차 이격 거리의 바이탈 감시는 차상 VOBC시스템으로 현재 정지 위치 및 최대 허용 속도에 관한 정보를 제공하여 구현된다. 연속적인 최신 정보를 열차가 활용 가능하도록 하기 위해 통신은 주기적으로 업데이트되며 열차는 다음과 같이 정의된 정보를 통해 안전하게 운행된다.

가) 최대 속도

나) 확정 정지 위치

다) 제동 곡선

라) 선로 구배

다음 그림은 이동폐색시스템의 열차안전이격의 원리에 대해서 설명한다.

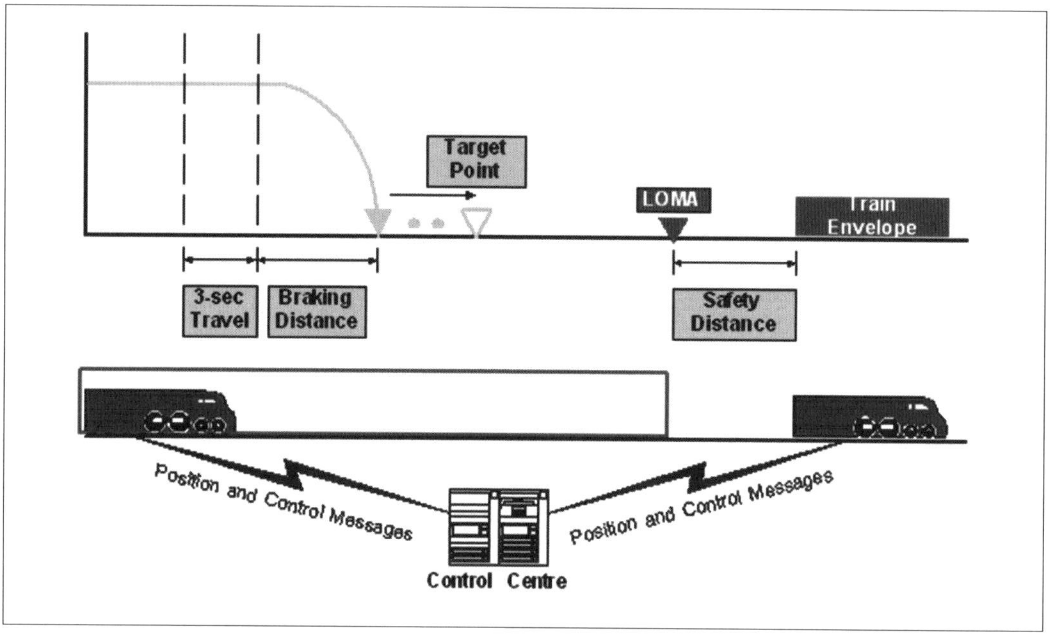

다. CBTC 시스템의 주요 제어장치

열차제어시스템의 운영구조는 다음 표에서 정의된 것처럼 전체 시스템을 안전하게 운영하기 위해 3개의 계층으로 구분된다.

〈표 5-1〉 제어 레벨

레벨	서브 시스템	안전 단계
관리 단계	ATS(백업 ATS 포함)	논-바이탈
운영 단계	VCC	바이탈
활동 단계	데이터 통신 시스템	논-바이탈
	차상장치	바이탈
	STC(STC)	바이탈

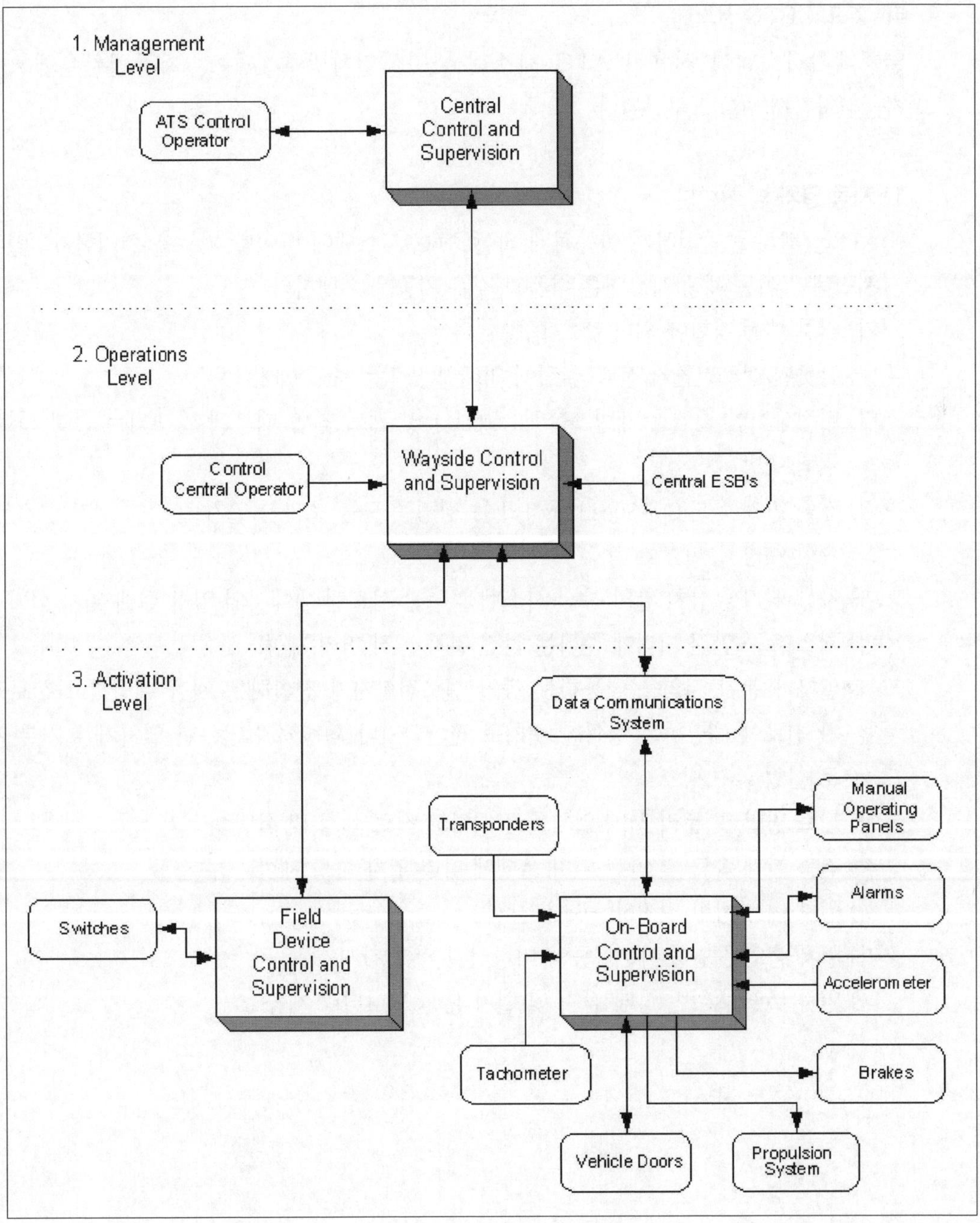

〈그림5-2〉 이동폐색 제어 레벨

라. 주요 CBTC 시스템

열차제어시스템에 적용될 ATC 시스템은 자동열차방호 (ATP), 자동열차운행(ATO) 및 자동열차감시(ATS)로 구분된다.

1) 자동 열차 방호(ATP)

ATP는 열차를 안전하게 이동하게 하는 ATC 시스템에 바이탈 기능을 처리한다. 열차제어시스템인 이동 폐색 시스템은 다음과 같은 기능을 수행한다.

가) 열차 이동 경합에 의한 충돌 예방

나) 잘못된 선로전환기 전환/설정에 의해 발생되는 충돌 예방

다) 비정상적인 출입문 개방, 롤백(Rollback) 및 궤도 침범 때문에 발생되는 승객 선로 노출 위험 예방

라) 건축 한계 속도(Civil Speed Limit) 또는 명령 속도를 초과한 열차로 인해 생기는 지상 장치 손상 예방

마) 차상과 지상 장치 간의 통신 시스템을 통한 시스템 내에서의 열차 현재 위치 식별 유지

바) 최소 요구 안전 거리에 준하는 안전 열차 이격 거리 제공

사) 열차가 분기 지역을 이동하는 동안 선로전환기가 전환하는 것을 예방하고 선로전환기가 진로에 해당하는 정확한 위치로 전환되거나 쇄정되지 않는한 열차가 분기부 지역으로 진입 금지 방호

아) 진로 병합 및 분리 시에 열차를 감시하고 진로 쇄정 및 할당

자) 건축 한계 속도 및 안전 열차 운행에 따라 열차 속도 제한

차) 열차 이동 방향 및 Roll-Back 감시

카) 열차 출입문 연동 제어, 중앙 비상정지 버튼 감시

타) 열차 무결성 위반 상태 감지 및 열차 본선 모니터링 제공

3 Nippon-signal RF-CBTC 시스템

1. 개요

신호제어시스템은 RF-CBTC 무선통신 기반의 양방향 무선통신과 이동폐색을 이용한 완전자동무인운전을 구현하고 무선네트워크(Radio Network)기반의 차상 ↔ 지상간에 연속적인 디지털 데이터 통신을 함으로써 열차제어 및 상태정보를 안전하게 송/수신한다.
열차의 운전시격 단축 및 선로용량 확장을 고려하여 이동폐색(Moving Block)제어 시스템을 적용하고 무선네트워크(Radio Network)기반의 차상무선장치(VRS) ↔ 지상무선장치(SRS, WRS)가 ATP/ATO장치(SC랙)에 접속되며, 지상과 차상시스템간의 실시간 양방향 통신으로 데이터 교환한다.

RF-CBTC 시스템은 주요 지상 및 차상설비에 대하여 이중계 구성 및 Fail-Safe 원칙을 적용, 높은 안전성 확보와 시스템의 가용성을 유지한다.

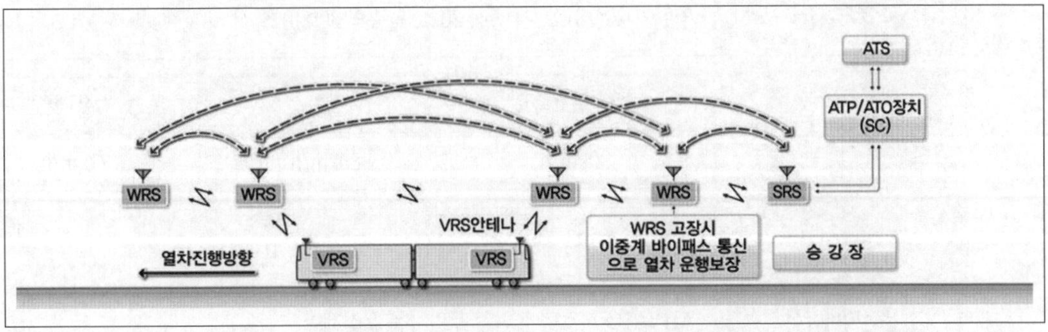

〈그림 5-3〉 양방향 무선통신을 기반으로 한 신호제어시스템(SPARCS)

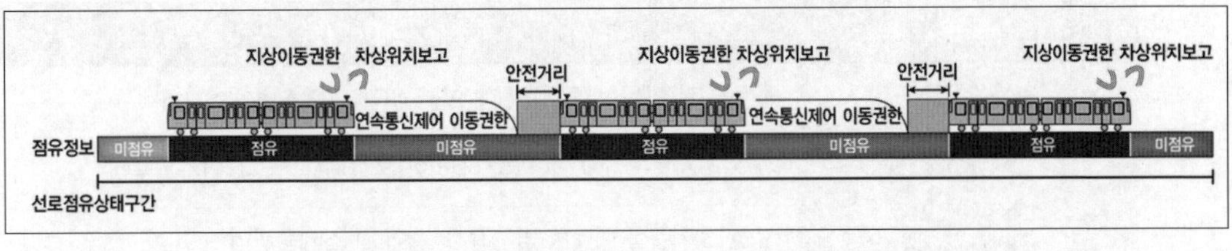

〈그림 5-4〉 이동폐색제어 시스템(Moving Block)

- 신호방식

구 분	내 용
신 호 방 식	- ATC 차상신호 방식
폐 색 방 식	- 이동폐색 방식
열차검지방식	- 양방향 무선통신을 이용한 열차검지방식(타코메타 및 무선거리 측정방식)
신호제어시스템	- RF-CBTC
운전제어방식	- ATC 시스템 장치에 의한 무인자동운전제어

- 운전방식

<table>
<tr><th>구 분</th><th>내 용</th></tr>
<tr><td>운전방식</td><td>완전자동 무인운전(UTO)</td></tr>
<tr><td>최소운전시격</td><td>2018년도 기준 3분</td></tr>
<tr><td>역정차 시간</td><td>일반역 20(28)초, 시 종점 30초, 환승역 30(50)초</td></tr>
<tr><td>본선 최고속도</td><td><table><tr><th>본선 최고속도</th><th>성능</th><th>운행</th></tr><tr><td>90km/h</td><td>80km/h</td><td>77km/h</td></tr></table></td></tr>
<tr><td>차량 기지</td><td>15km/h 무인운전방식(단, 검수고 수동운전방식)</td></tr>
<tr><td>운전제어방식</td><td>ATP/ATO 시스템에 의한 무인자동 운전제어</td></tr>
</table>

- 신호시스템 주요설비

구 분	주요 기능
열차제어설비	· 실시간 양방향 무선통신에 의한 ATP/ATO 신호제어시스템
차상설비	· 차상신호장치에 의한 지상설비와 무선통신으로 무인자동운행
종합관제설비	· ATS 기능을 이용한 열차감시, 제어 및 스케쥴관리 · 전원장치의 정전보상시간(3시간)

구 분		주요 기능
신호기계실	연동역	· 신호기 및 선로전환기 제어, 열차진로 제어, 무선장치를 통한열차정보 송/수신, 정위치 정차 제어 및 PSD 감시/제어
	일반역	· 정위치 정차 제어 및 PSD 감시/제어
	전원장치	· 안정된 무정전전원장치(UPS), 정전보상시간(1시간)
선로변설비	SRS/WRS	· 열차위치 검지, 지상 ↔ 차상장치간 ATP/ATO 데이터 중계
	입환신호기	· 다등형 색등 2위식(고휘도 LED Type) 적용, 열차 진/출입 가부 표시
	선로전환기	· 전기선로전환기(NS AM형) 적용, 분기부의 운전방향 전환
	차축검지기	· 분기부 열차검지
선로변설비	유전원지상자(P0)	· 정위치 정차용 ATO 지상자로 역사 코드 및 운행정보 송신
	무전원지상자(P1,P2,P3)	· 정위치 정차 제어에 필요한 ATO 지점 정보를 차상에 송신
	보정지상자(PC)	· 열차의 절대거리 위치 보정을 위한 역간 고정정보를 차상에 송신
	히팅 장치	· 차량기지 분기기 히팅장치 적용, 한파 및 강설시 원활한 동작
	케이블 및 관로	· 저독성 난연 제어/전원케이블 사용 및 케이블 보호

2. 종합 관제실 설비

종합관제설비는 도시철도 열차운행제어시스템의 컨트롤타워(Control Tower)로써 열차운행 계획 및 감시, 통제 등 전반적인 열차운영 및 유지관리 기능을 수행한다.

▷ LDP(대형표시반) 시스템

LDP 시스템은 본선 및 차량기지의 열차운행상황, SCADA의 전력공급, 기계설비의 운전 및 장애상황과 역사의 감시를 위한 CCTV 영상을 전체적으로 표시하기 위하여 전력관제, 신호관제, 통신관제, 기계관제의 순서로 다수면의 Projection Module로 구성된다.

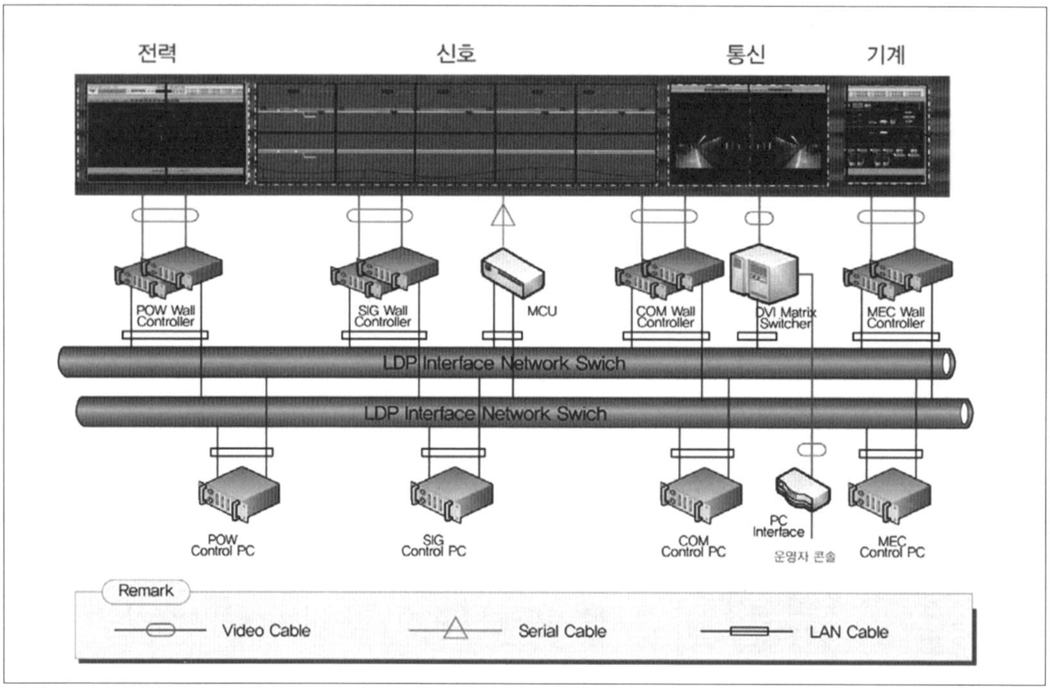

〈그림5-5〉 LDP 시스템 구성

▷ ATS(열차자동감시 : 관제) 시스템

ATS 시스템은 열차 운행계획 및 운행상황 관리를 위한 주 운영서버인 TCC(열차제어용 컴퓨터)서버, 스케줄 관리 및 TCC 서버의 백업 기능 수행을 위한 MSC(운행관리용 컴퓨터) 서버, 열차제어시스템 모니터링 및 제어명령 발행을 위한 운영자 콘솔, 전체 시스템 감시를 위한 감독자콘솔, 스케줄 생성 및 편집을 위한 스케줄관리 콘솔, ATS 소프트웨어의 수정 및 컴파일을 위한 프로그래머 콘솔로 구성된다.

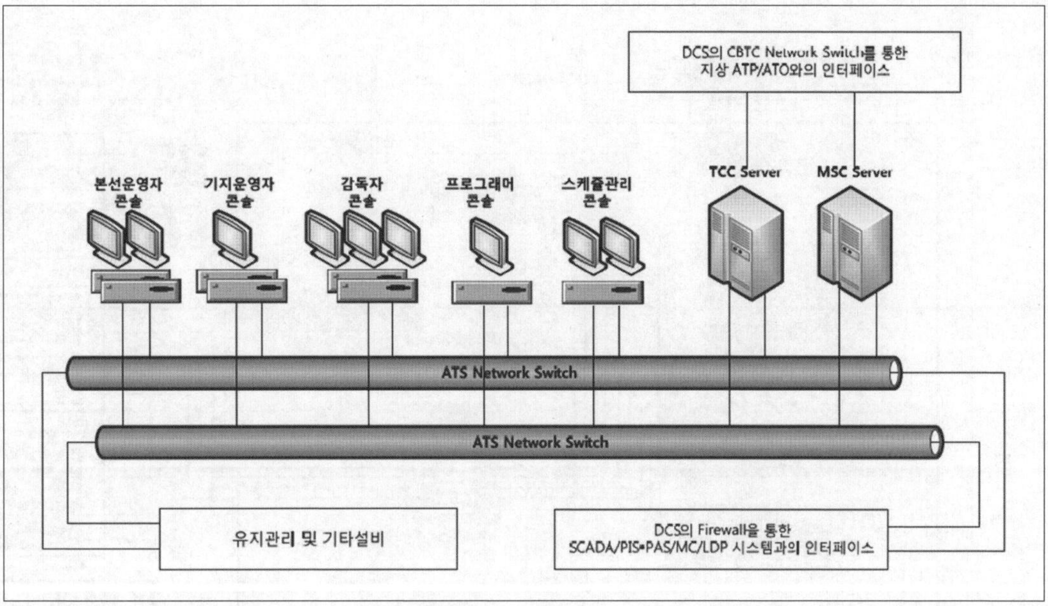

〈그림5-6〉 ATS 시스템구성

3. 신호기계실 설비

신호기계실 설비는 열차자동제어장치(ATP/ATO 장치 : SC 장치)에 의한 신속하고 안전한 열차운행과 이중화 광 네트워크의 구성으로 지상 ↔ 지상, 지상 ↔ 차상간의 데이터 통신의 신뢰성과 전자연동장치(EI) 및 기타 설비에 의한 열차의 안전운행을 확보한다. 신호기계실은 역간 제어거리를 고려하여 본선 정거장과 차량기지에 설치한다.

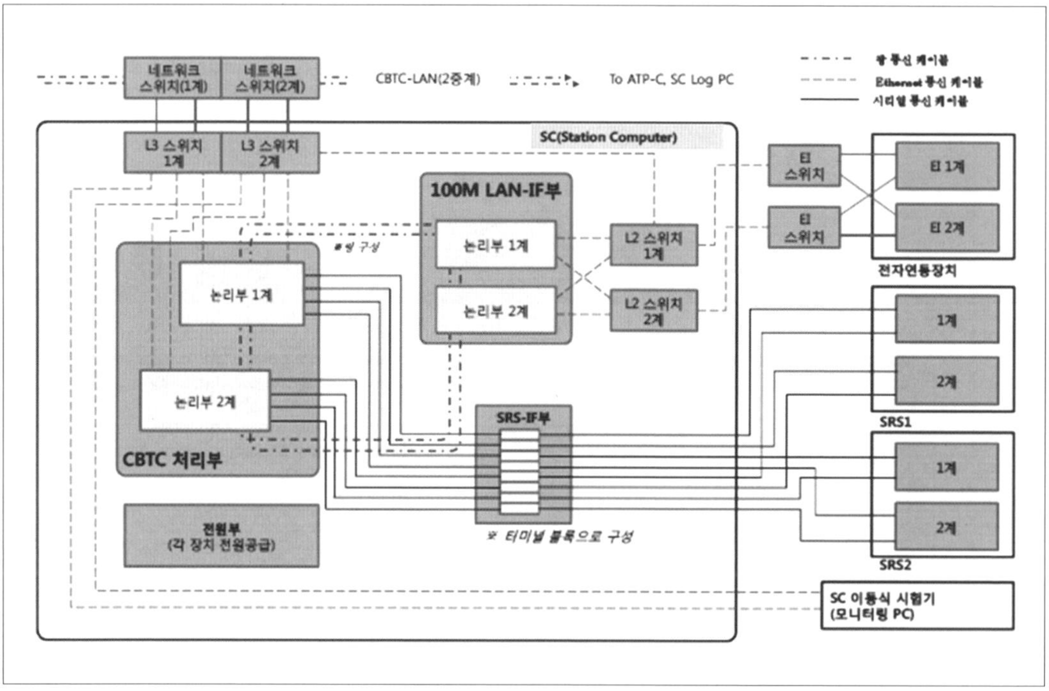

〈그림 5-7〉 ATP/ATO 구성

▷ 지상신호 ATP 기능

ATP/ATO 구성	내 용
열차위치 검지 기능	· 열차위치 검지는 지상자/타코미터(TG)정보에 의한 방법과 무선거리 측정에 의한 방법을 비교하여 열차의 위치를 판정하므로 보다 신뢰성이 검증된 열차위치 파악이 가능하다.
열차 비상정지 기능	· 진로 미개통, 열차접근, 접촉한계, 궤도종단, 무허가Zone, 진입금지구간, 지상자 통신이상, TG정보 이상, PSD이상 열림, CESB지령, 위치 미확인, 열차 방향 이상, 무선거리측정 위치 이상 등에 비상정지 기능이 사용된다.
도어 및 PSD 제어 기능	· SC는 PSD의 제어정보를 전자연동장치에 출력한다. · PSD 상태 ↔ 전자연동장치로부터 수신, 열차도어 상태 ↔ VOBC로부터 수신하고 이상 발생한 경우 역에서의 열차 이동과 진입을 금지한다.
임시속도 제한 기능	· SC는 구간(Block)의 임시속도 제한을 블록단위로 설정/해제 · 임시속도는 5~80km/h 사이에서 5km/h 단위로 설정한다.
블록 개방/폐쇄 및 영역 차단(Blocking) 기능	· SC는 ATS에서의 명령에 따라, 각 구간마다 영역차단을 설정/해제할 수 있으며 영역차단이 설정되면 SC는 해당 구간 열차진입을 금지로 설정한다.

차량기지에서의 열차방향 변경 기능	· SC는 차상의 각 무선기와의 통신을 통해 VOBC에서 열차의 방향 정보를 수신하고 열차방향을 제어한다.

▷ 지상신호 ATO 기능

구 분	내 용
자동운전/정위치 정차 제어기능(VOBC송신)	· 출발 명령, Skip-stop 명령, ATO 운전모드, 다음 역까지 거리, · 열차 Hold 명령, 타행운전 명령(사구간 기능)
자동운전/정위치 정차 제어기능(VOBC수신)	· Standby 상태, 열차 Hold 상태, ATO 운전모드, PSD 개/폐 지령, 열차 운전모드
운행시각 조정 기능	· SC는 ATS에서 운행시각 조정에 관련된 명령을 수신한다. · 그에 따라, SC는 열차의 출발시간과 자동운행 속도를 조정한다.
Station Skip-stop 기능	· 열차가 이전 역을 출발하기 전에 ATS로부터 수신한 해당역 Skip-stop 명령을 유효하며, 열차가 주행 중에는 ATS로부터 Skip-stop 명령을 수신하여도 무효로 한다.
열차 Hold 기능	· SC는 ATS에서 열차 Hold 명령을 수신하여 VOBC에 전송한다. · 열차 Hold는 정거장에 정차하고 있는 열차를 출발시키지 않고 대기시키는 기능으로 ATS에서 해당 열차의 Hold 해제를 조작하면 열차는 주행 가능하게 된다.
열차 출입문과 PSD 제어 기능	· SC는 전자연동장치에 PSD 개/폐 명령을 출력하고 VOBC에 열차 출입문 개/폐 명령을 출력한다.
열차 출입문과 PSD의 상태 표시	· SC는 전자연동장치로부터 PSD의 열림, 닫힘, 고장 Override 상태 정보를 수신하고 ATS에 전송한다.
ATO 운전모드	· SC는 ATS에서 수신한 ATO 회복운전모드, 정상운전모드, 조작 운전모드를 VOBC에 전송한다.
시각동기	· SC는 ATS에서 통신분야 Master Clock 시스템의 기준 시각을 수신하여 VOBC에 기준시각을 전송한다.
데이터 중계 기능	· SC는 데이터 중계의 방향, 주파수, 전송시간, 중계의 종료 WRS ID 정보를 무선기에 출력하고, 무선기에 데이터 중계를 지시한다.

▷ 열차 운영모드

• 운영모드 : ATS(관제)로부터 전자연동장치를 경유하여 수신

운영모드	기 능
CBTC 운영모드	· 정상시 CBTC 운영모드를 사용 · 운영자가 CBTC 운영모드로 설정함으로써 SC 의 ATP 기능이 유효화 된다.
Back up 운영모드	· CBTC 통신 불능 시 Back up 운영모드를 사용 · 운영자가 Back up 운영모드로 설정함으로써 SC 의 ATP 기능이 무효화되며, 차축검지장치의 열차 점유정보로 전자연동장치가 진로를 설정하여 열차를 수동으로 운행한다.

• 열차 운전모드 : 차상신호장치 VOBC에서 수신

운영모드	기 능	
완전자동 운전모드 (UTO)	· 완전자동 운전모드는 자동 출발, 가속, 주행, 정위치 정차, 출입문제어 등을 노선의 처음부터 종료까지, 열차 스케줄에 따라 완전자동으로 운행하는 모드	ATP : O ATO : O
자동운전모드 (AUTO)	· 기관사의 출발버튼 조작으로, 자동열차 보호장치에 의해 계산한 목표 거리까지를 기관사의 취급없이 설정속도로 가속, 주행, 감속, 정위치 정차 등을 자동으로 운행하는 모드	ATP : O ATO : O
수동운전모드 (ATPM)	· ATP 제어에 의한 속도 감시하에 기관사가 운전하는 수동 모드	ATP : O ATO : X
비상운전모드 (EM)	· VOBC 고장 등의 비상시, 긴급 수동운전 모드 · VOBC 가 동작하지 않기 때문에 열차의 방호는 기관사의 책임 · 종합관제실의 운영자는 비상운전 모드의 열차가 위치하는 구간에 타 열차가 진입하지 못하도록 일정 구간을 방호	ATP : X ATO : X
기지운전모드	· 가상의 운전모드로 기지 진입시 CBTC 에 의한 위치정보를 기반으로 기지구간으로 정의된 지역에서 사용된다.(검수고의 수동 유인운전구역 제외) 15km/h 제한속도로 무인 운영되며, 관제에 의한 진로 설정	ATP : O ATO : O

▷ 무선통신 두절 후, 복귀 시에 열차이동 기능

- SC ↔ VOBC간의 무선통신이 5회(2.7초) 단절되면 그 열차가 위치하는 영역을 진입금지 구간으로 설정한다. 회복시 무선거리 측정에 의한 범위로 설정하고 진로 개통 방향으로 15km/h 이하로 자동 운전을 개시한다.(운영자 판단/취급하에) 해당 열차가 지상자를 통과하면 (거리 보정 완료) 자동적으로 15km/h 제한을 해제한다.

▷ 관제에서 원격으로 대기/차량기동(Standby/Wake-up) 기능

- SC(지상신호장치)는 ATS(관제)에서 Wake-up 및 Standby 명령을 수신하여 VOBC(차상신호장치)에 전달한다.

▷ 원격 출입문 개/폐 기능

- 열차가 정거장에 정차하고 있을 때 ATS(관제)에서 특정 열차의 출입문과 PSD의 원격 개/폐 조작 명령을 수신한 경우만 가능하다.

▷ 열차 최고속도 설정/해제 기능

- SC는 ATS에서 특정 열차의 운행 최고속도 설정/해제명령을 수신하여 VOBC에 전송한다. SC는 해당 열차가 정차하고 있을 때만 해당 명령을 유효로 한다.
- 또한, 열차의 운영 최고속도(80km/h)를 넘는 명령은 무효로 한다.

▷ 전자연동장치(EI)

- 전자연동장치는 분기기가 있는 연동역에서 선로전환기, 신호기, 열차정보 등의 상호 연쇄 조건을 마이크로 컴퓨터에 의하여 분석, 제어, 표시하여 열차를 안전하게 운행하는 기능을 갖는다.
- 연동역의 전자연동장치는 연동처리부, 계전기랙, 유지보수부 및 통신을 위한 광통신부로 구성되어 있으며, 연동처리부는 인접 연동역의 연동처리부 및 일반역의 신호변환전송장치와 통신한다.
- 전자연동장치는 본선 분기부 인접역사 신호기계실과 차량기지의 신호기계실에 설치한다.

시스템 구성도

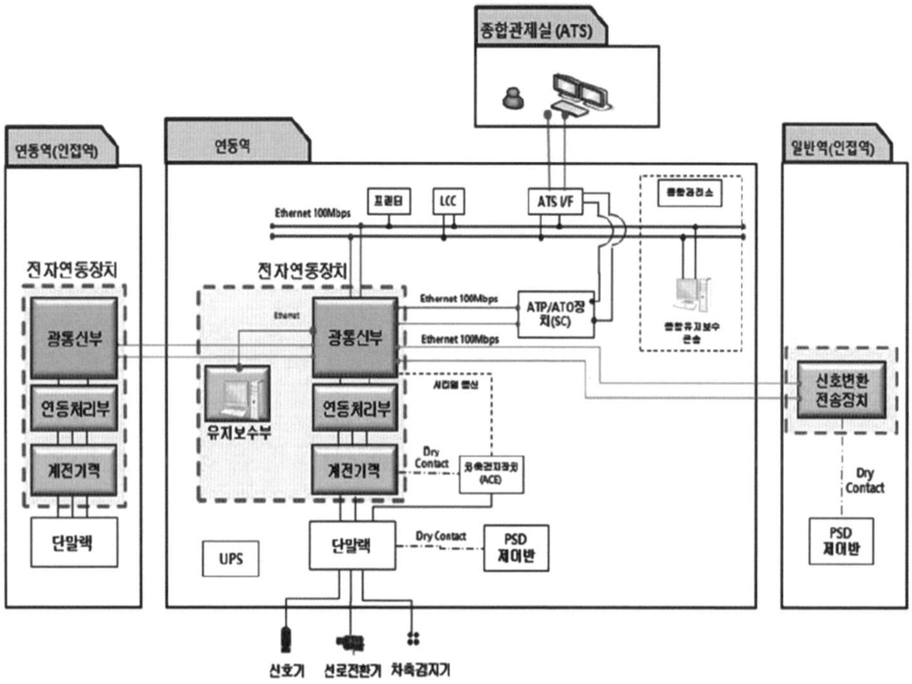

〈그림 5-8〉 전자연동장치 구성도

- 기지 입고 전 도착검사대에서 출발방지버튼 취급에 의한 열차제어
  - 완전자동 무인운전에 따른 열차가 본선운행을 종료하고 차량기지로 입고하기 위하여 입/출고선의 도착검사대(상선)에 도착하거나 또는 본선으로 출고하기 위하여 도착검사대(하선)에 도착하면 차량내부의 검수원 작업 및 확인을 하는 동안에 열차이동을 금지하는 취급(On)정보와 작업완료 여부를 통보하여 열차이동을 가능하게 하는 해제(Off)정보를 버튼 취급으로 연동장치를 통하여 종합관제실의 운영자가 확인하여 열차를 제어할 수 있도록 한다.

    도착검사대(기지 입출고 지역) 상, 하선에 출발방지 조작대가 있다.

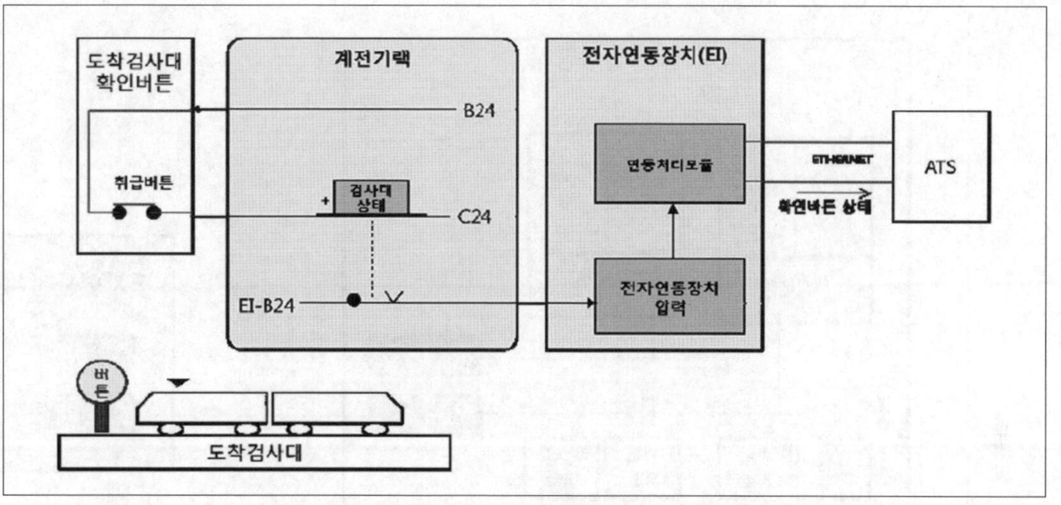

〈그림 5-9〉 차량 도착검사대의 출발방지 버튼에 의한 열차제어

▷ 신호변환 전송장치

- 일반역에 설치되는 신호변환 전송장치는 연동역의 전자연동장치로부터 PSD 제어명령을 수신하여 PSD 제어를 처리하며 PSD로부터의 각종 상태정보를 수신하여 전자연동장치로 송신하는 역할을 담당한다.
- 신호변환전송장치는 연동역의 전자연동장치와 2중화 광통신으로 연결되며 2위2중계(2oo2) 시스템의 대기 2중계로 구성한다.
- 일반역은 PSD의 UPS로부터 전원을 공급받는다. 원거리역은 통신기계실에 설치되는 신호용 전원장치로부터 전원을 공급받는다.

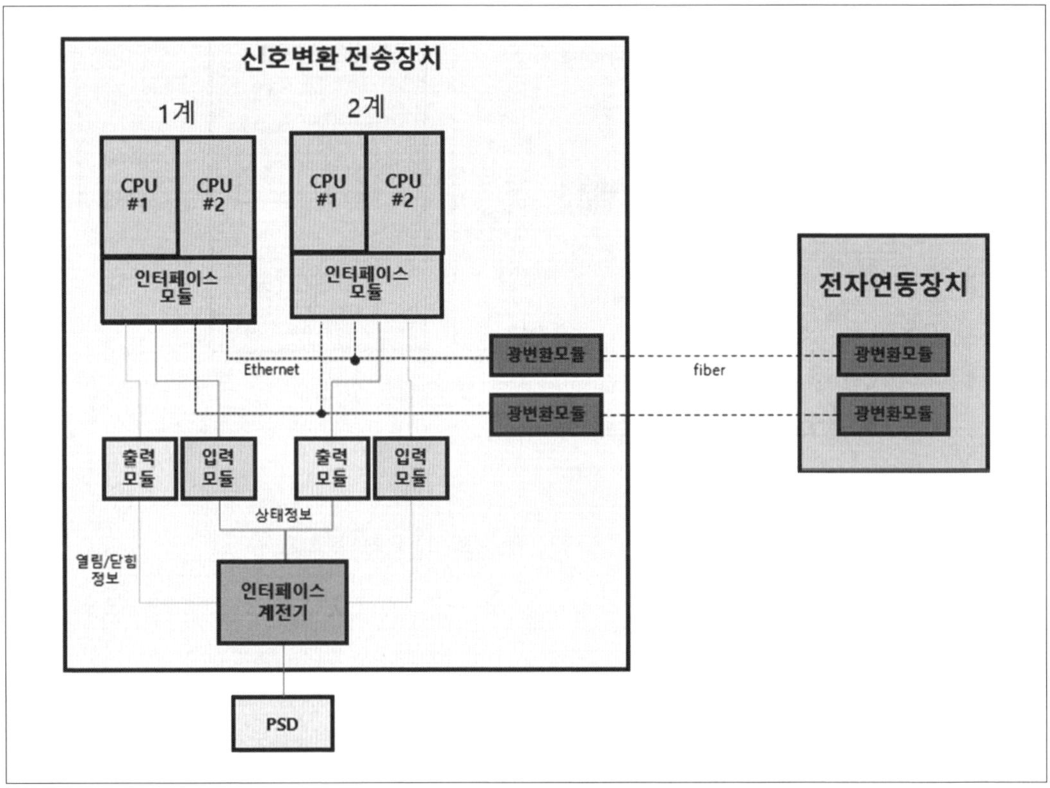

〈그림 5-10〉 신호변환 전송장치(비연동역 PSD제어용 연동장치)

▷ 차축검지장치(ACE)

- 신호기계실에 설치되는 ACE 랙은 본선 연동역 및 차량기지의 분기부 구간에 차축검지센서(AD)가 설치된 궤도 블록의 열차점유 여부를 판정하여 전자연동장치에 그 정보를 전송하는 기능을 갖는다.
- 현장의 레일에 부착된 차축검지기 센서(AD)에 F1, F2 주파수를 보내어 열차 진입시 자계의 변화를 검지한 정보를 현장에 설치된 제어함 ACD를 통하여 변조증폭한다.
- 신호를 필터링 복조하여 궤도섹션내 진입과 진출 차륜의 수량을 카운트하여 궤도섹션내에 진입한 열차의 유무를 신호기계실에 있는 차축검지장치(ACE)에서 궤도계전기를 구동시킨다.
- 여러 가지 요인에 의한 비정상적 점유 정보는 관제에서 현장운행 상황을 판단하며 리셋 조치 가능하다.

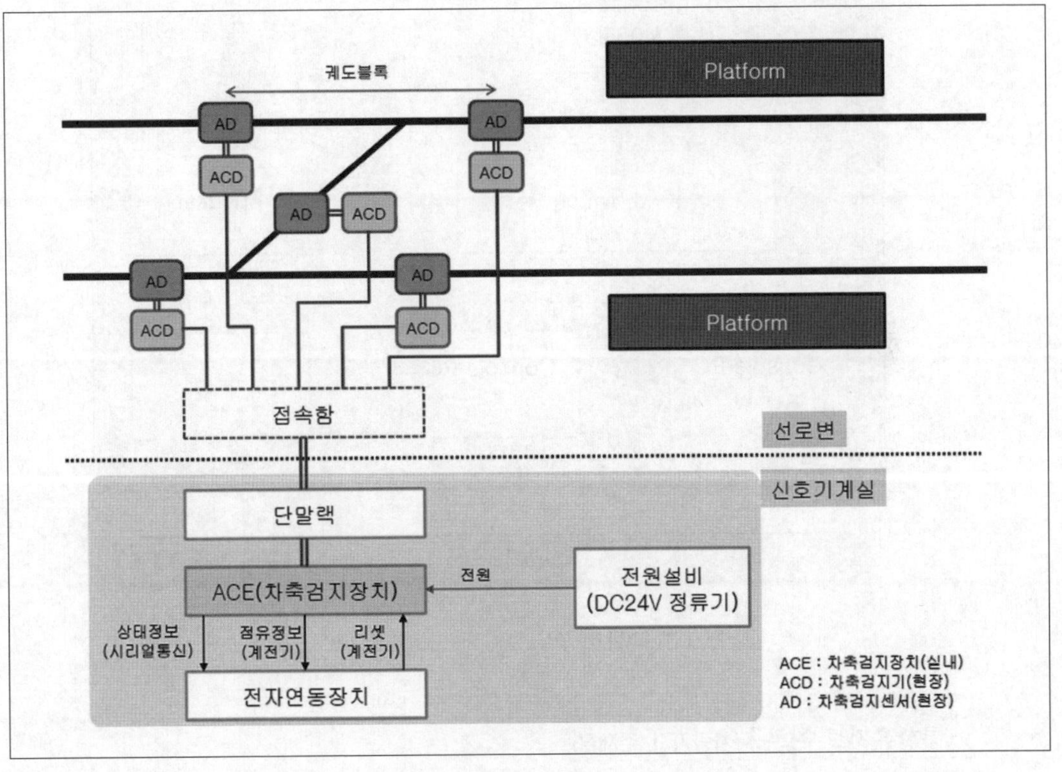

〈그림 5-11〉 차축검지장치

▷ 현장제어 콘솔(LCC)

- 차량기지 및 본선 연동역 신호기계실에 설치되는 현장제어콘솔은 운영모드에 따라 운영권한이 다르게 부여된다. 평상시 ATS에 의한 운영시에는 모니터링 설비로써 기능을 제공하며, 관제 ATS가 기능을 상실하거나 ATS Local 제어모드가 요구되는 경우에는 LCC를 통한 제어 관할 구역내의 열차운행을 관장한다.

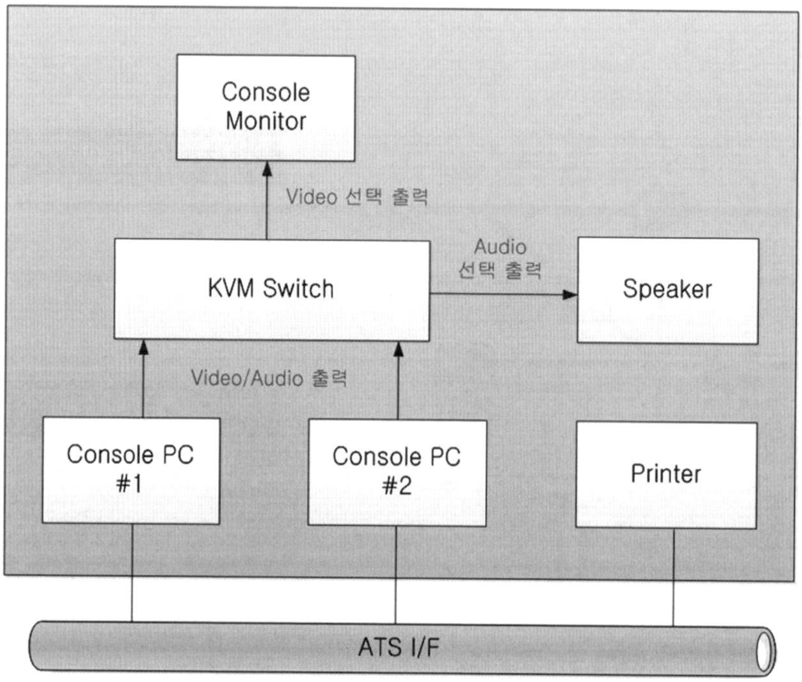

〈그림 5-12〉 신호기계실 현장제어 콘솔

▷ 통합유지보수 콘솔(차량기지, 주재실)

- 차량기지와 본선 주재역 정거장의 통합관리소에 설치되는 통합유지보수 콘솔은 장애발생 시 신속한 유지보수가 가능하도록 차량기지에서 본선까지 전구간에 걸쳐 L/S 화면을 표출하여 열차운행시스템과 각종 설비의 동작상태 및 이벤트 로깅 확인 등의 유지보수를 목적으로 실시간 모니터링을 하기 위한 설비이다.

▷ 교육설비(CBTC 신호장치 시뮬레이터)

차량기지 종합관리동의 신호교육실에 설치하는 교육설비는 일부 실물장비로 구성되는 설비와 운영 및 유지보수를 위해 시뮬레이션이 가능한 설비로 구성되어 유지보수요원/운영자의 유지보수 활동과 교육에 활용된다.

- 교육설비는 관제설비, 지상설비, 차상설비로 구성되며 이들은 다시 신호기계실 1개소에 준하는 신호기계실 설비, 선로변 설비(시뮬레이터 포함) 및 차상신호장치, ATS 관제설비 및 시뮬레이션 설비로 구분할 수 있다.

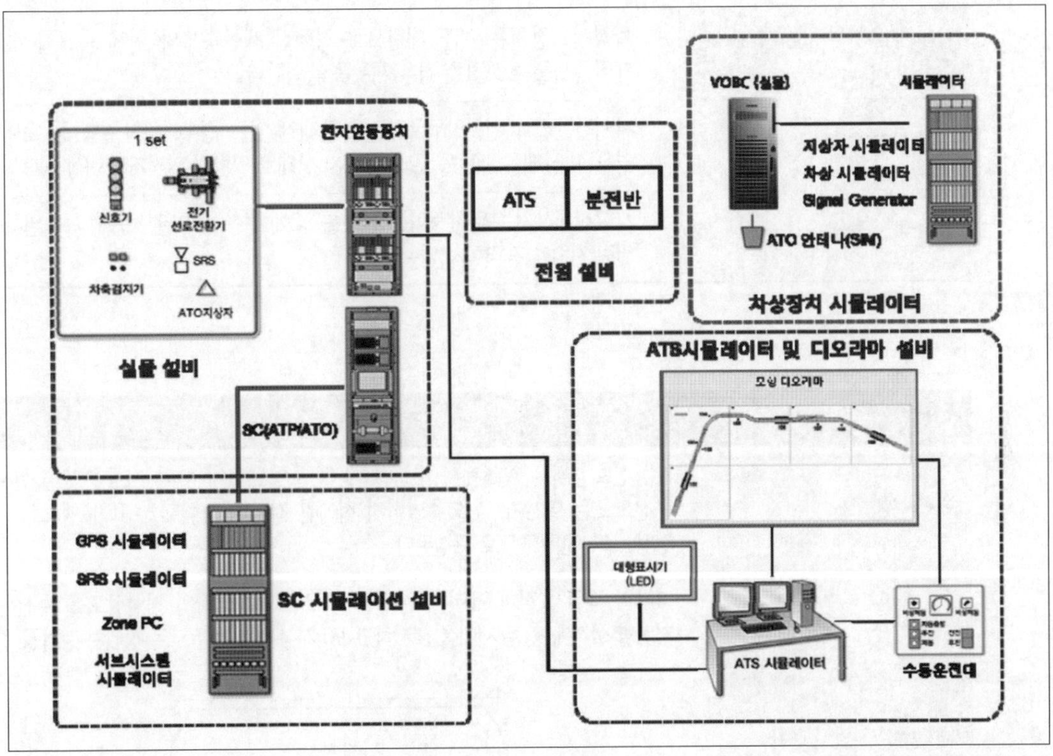

〈그림 5-13〉 신호 교육설비

▷ 차상 신호장치 ATP 기능

구 분	내 용
열차속도 제어 기능	· SC는 전자연동장치가 설정한 진로와 선행열차의 위치를 확인하고, 각 열차 정지점까지의 주행가능 거리를 계산한다. · 차상신호장치는 주행속도 패턴을 계산하고, 제한속도의 초과를 방지한다.
열차위치 검지 기능	· 열차위치 검지는 지상자/타코미터 정보에 의한 방법과 무선으로 측정된 거리에 의한 방법을 사용하고 SC는 2가지 결과를 비교하여 열차의 위치를 판정하므로 보다 신뢰성이 검증된 열차위치 파악이 가능하다.
속도패턴(ATP 패턴) 작성	· 차상신호장치는 SC로부터 수신한 주행 허가 정보와 차상신호장치에 의해 설정된 열차의 제동 성능에 의해 ATP의 속도패턴을 생성한다.
임시속도 제한 기능	· 차상신호장치는 SC에서 설정된 임시속도에 따라, ATP 속도패턴을 생성하고 설정/해제하는 구간은 임의의 블록 단위로 지정한다. - 임시속도는 5~80km/h 사이에서 5km/h 단위로 설정 가능하다

속도패턴(ATP 패턴)과 현재 속도의 비교	· 차상신호장치는 ATP 패턴으로 정해진 제한속도와 현재 속도를 비교하여 제한속도를 초과하는 경우 제동을 출력한다.
열차 비상정지 기능	· 자기진단결과 열차 Integrity에 문제가 있는 경우, 열차주행 중 도어열림의 경우, 비상제동 패턴을 초과시, 정지 상태로 열차가 일정거리 이상을 후진한 때
출입문 제어기능	· 차상신호장치는 열차출입문 상태를 SC에 전송하고 열차 운행중에 열차출입문 열림 지령을 출력하지 않는다.

▷ 차상 신호장치 ATO 기능

구 분	내 용
ATO 운행모드	· 차상신호장치는 ATS에서 수신한 ATO 운행모드에 따라 자동운전을 실시한다. 운전모드는 열차가 역을 출발하기 전에만 전환 가능하다. ATO운행모드는 회복, 정상, 조착운행모드로 구성된다.
자동운전/정위치 정차 제어 기능	· 열차의 정위치 정차 제어를 위해 P1, P2, P3 지상자의 지점정보를 수신하여 각 지점별 설정에 맞는 제어를 실시하고 P0 지상자를 기준으로 정위치 정차를 한다. 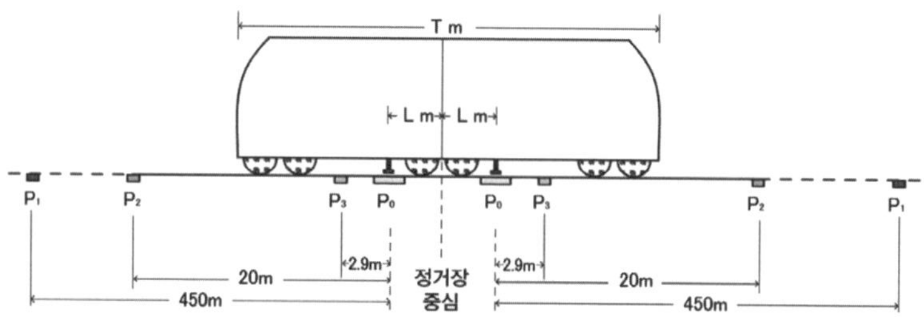
Station Skip-stop 기능	· Skip-stop 명령을 수신하면 열차는 예정된 역에 정차하지 않고 통과한다. Skip-stop 명령은 통과하고자 하는 해당 역의 전 역을 출발하기 전에 수신해야 적용 가능하며, Skip-Stop 취소 명령 또한, 열차가 역에 정차한 경우에만 수신 가능하다. 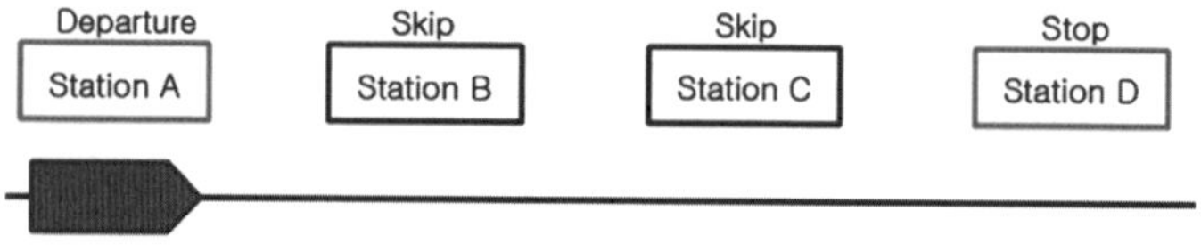
정위치 정차 실패 시, 재정렬 기능 (인칭제어)	· 미주나 과주가 발생하여 열차가 승강장의 정차위치 범위에서 벗어나 정차하고, 도어가 개방되지 않을 경우, ATS에 상태를 보고하고 자동적으로 열차의 정위치 정차 재 정렬을 실행한다. · 재 정렬을 3회 반복하여도 정위치 정차가 검지되지 않으면 ATS에 에러정보를 출력한다. 또한, 관제의 ATS 메뉴 취급에 의하여 수동 재 정렬(인칭제어)을 실시할 수 있도록 한다.

구 분	내 용
출입문 개/폐 제어 기능	· 열차가 승강장의 정위치 정차 범위 내에 정차한 경우(P0 지상자 위)와 열차속도가 0km/h로 주차 제동이 체결된 경우에만 열차의 출입문을 개방시켜 승객의 안전한 승/하차를 보증한다. · 차상신호장치는 SC에서 명령을 수신하여 열차의 도어를 개/폐시킨다. 이때 열차의 출입문과 PSD를 연동하여 동작하도록 제어하고 열차출입문의 상태를 항상 감시하여 허가되지 않은 열차의 출입문 개방을 방지한다.
열차 Hold 기능	· Hold 명령을 수신하면 열차를 정거장에서 출발시키지 않고 대기시킨다. 모든 열차의 Hold 명령, 지정 열차의 Hold 명령, 열차이동 중에 Hold 명령을 수신한 경우, 정차 예정된 승강장에 도착한 후 대기시킨다.

▷ 열차 운전모드

차상신호장치가 제어하는 모드는 UTO, AUTO, ATPM, 기지운전모드이며, 그 외 비상상황에서는 EM 모드로 운행한다. 차상신호장치는 열차 운전모드를 SC에 전송한다.

구 분	기 능	
완전자동 운전모드 (UTO)	· 완전자동 운전모드는 자동 출발, 가속, 주행, 정위치 정차, 출입문제어 등을 노선의 처음부터 종료까지, 열차 스케줄에 따라 완전자동으로 운행하는 모드	ATP : O ATO : O
자동운전모드 (AUTO)	· 기관사의 출발버튼 조작으로, 자동열차 보호 장치에 의해 계산한 목표 거리까지를 기관사의 취급 없이 설정속도로 가속, 주행, 감속, 정위치 정차 등을 자동으로 운행하는 모드	ATP : O ATO : O
수동운전모드 (ATPM)	· ATP 제어에 의한 속도 감시하에 기관사가 운전하는 수동 모드	ATP : O ATO : X
비상운전모드 (EM)	· VOBC 고장 등의 비상시, 긴급 수동운전 모드 · VOBC가 동작하지 않기 때문에 열차의 방호는 기관사의 책임 종합관제실의 운영자는 비상운전 모드의 열차가 위치하는 구간에 타 열차가 진입하지 못하도록 일정 구간을 방호	ATP : X ATO : X
기지운전모드	· 가상의 운전모드로 기지 진입시 CBTC 에 의한 위치정보를 기반으로 기지구간으로 정의된 지역에서 사용된다.(검수고의 수동 유인운전구역 제외) 20km/h 제한속도로 무인 운영되며, 관제에 의한 진로 설정	ATP : O ATO : O

▷ 출입문 제어 모드(도어모드)

구 분	기 능	
A/A 모드	· Auto Open / Auto Close · 열차가 정위치 정차한 때, 자동으로 열차 출입문을 개방한다. (PSD와 연동제어 실시) · ATS로부터 출발 명령을 수신하면, 자동으로 열차 출입문과 PSD를 닫는다.	UTO
A/M 모드	· Auto Open / Manual Close · 열차가 정위치 정차한 때, 자동으로 열차 출입문을 개방한다. (PSD와 연동제어 실시) · 열차 출발시에 기관사의 취급에 따라 출입문을 제어한다.	AUTO
M/M 모드	· Manual Open / Manual Close · 열차가 정위치 정차한 때, 자동으로 열차 출입문을 개방하지 않으며, 기관사의 취급에 의해 출입문이 개방된다. 열차 출발시에도 기관사의 취급에 따라 출입문을 제어한다.	ATPM

▷ 기타 기능

구분	기 능	
역 도착제어 역 출발제어	역 도착	· 차상신호장치는 열차가 정거장의 정위치 정차 지점에 정차한 때, P0 지상자에서 데이터를 수신하고 완전히 정차한 조건으로 판단한다. 문제가 없을 경우, SC에 정위치 정차 보고와 PSD 개방 요구를 하며 SC의 피드백에 따라 출입문 개/폐를 지시한다.
	역 출발	· SC는 차상신호장치에 열차의 출발을 요청한다. · 차상신호장치는 열차의 출입문을 닫고, SC에 PSD 닫힘을 요구한다. 출입문과 PSD의 닫힘 정보가 확인되는 경우(정상)는 열차를 출발 시키지만, 출입문과 PSD의 닫힘 정보가 확인되지 않는 경우, 모두 개방상태로 하고 ATS에 상태를 보고한다.
원격 출입문 개/폐 기능	· UTO 모드에서 열차가 역에 정위치 정차하고 있을 때, ATS에서 열차 출입문과 PSD를 개/폐 조작하는 것이 가능하다. 이 때 열차의 출입문과 PSD는 연동하여 개/폐된다.	
무선통신 두절	· 차상신호장치는 SC 장치와 통신이 5회(2.7초) 이상 두절되면, Time out을 전송하고 열차를 정지 시킨다.	

구분	기 능
원격 계 절체기능	· 차상신호장치는 Hot/Standby 편성 2중계로 구성되며 ATS의 명령에 따라 특정 열차의 계 절체가 가능하다. · 단, 열차가 정차하고 있는 경우에만 가능하며, 보조 계가 고장일 경우에는 절체가 불가능하다.
열차 차체 방향검지 기능	· 차상신호장치는 운전대 설정 상태와 열차의 차체 방향이 일치하지 않은 경우, MMI에 에러표시를 출력하고 열차를 비상정지 시킨다.
Standby (Sleep) 기능	· 차상신호장치는 ATS에서의 원격제어명령(Standby)에 의해 대기 모드로 전환한다. · 통신을 위한 장치를 제외한 차량의 주요 서브시스템은 전원이 차단된다. 차상장치와 지상장치간의 통신은 유지되며 열차 상태는 모니터링 된다. 차량의 배터리 정보를 감시하여 저전압이 감지된 때에는 ATS에 경보를 출력한다. (관제의 판단에 의해 Wake-up 기능을 실행한다.)
Wake-up기능	· Standby 모드의 차상신호장치는 ATS에서의 Wake-up 원격제어 명령에 의해 정상운행 모드로 전환한다. · Wake-up 명령을 수신한 차상신호장치는 차량의 전원을 On 상태로 하며, Self-Diagnostic시험을 자동으로 실시한다. · 시험 결과는 ATS에 원격으로 보고한다.
시각 동기	· 차상신호장치는 ATS로부터 통신분야의 Master Clock 기준시각을 수신하여, 장치의 기준시각으로 동기 한다.

4. 현장설비

▷지상무선장치

- 지상무선장치는 SRS(**정거장 무선장치**)와 WRS(**선로변 무선장치**)로 구분하고 동일한 외함으로 제작한다. SRS는 차량기지와 연동역에 설치되는 지상무선장치이고, WRS는 일반역과 선로변에 설치되는 지상무선장치이다.
- SRS는 SC와 VOBC간의 무선정보를 중계하는 기능을 가지며, SC에 대하여 SRS1과 SRS2는 물리적으로 2중계 구성이다.
- WRS는 SRS 또는 차상으로부터 무선으로 전송받은 데이터를 차상장치나 인근 WRS로 데이터를 무선으로 중계하는 역할을 한다.
- 물리적 2중계 구성인 SRS에 비해 WRS는 물리적으로는 단일계로 구성하되, 무선 커버리지와 전원 등 논리적인 이중화로 선로변에 설치한다.

- SRS/WRS는 인접 SRS/WRS 뿐만 아니라 그 다음 인접 SRS/WRS까지 정보를 전송함으로 하나의 인접한 WRS가 고장일 경우에도 무선통신은 기능을 유지한다.
- GPS 수신기는 GPS 위성으로부터 시각 정보를 수신하고 단일계로 구성되며 구축물에 의한 하늘이 가려지지 않은 옥외에 설치하며 수신한 GPS 시각정보를 다른 무선기(SRS/WRS)에 전송하여 전체의 시각을 동기화한다.

구 분	구성도
WRS의 논리적 2중계 구성	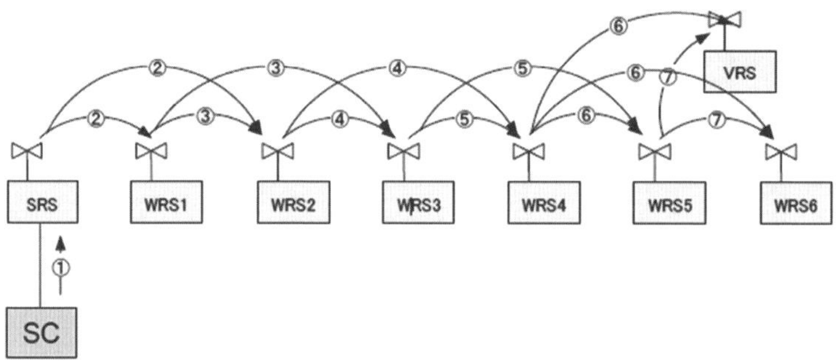
SC/SRS/WRS 및 GPS 수신기 구성	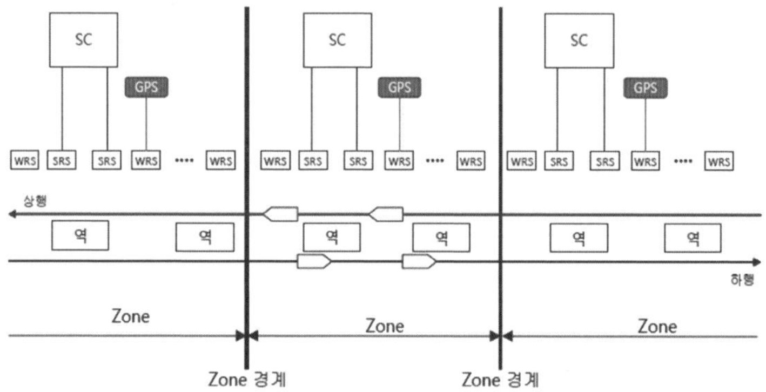

〈그림5-14〉 지상무선장치 구성

▷차축검지기(ACD)와 차축검지센서(AD)

분기부 궤도블록의 열차점유에 따른 차축검지를 위하여 차축검지기(ACD)와 차축검지센서(AD)를 설치한다.

- ACD는 차축검지를 위해 AD에서 필요로 하는 신호를 송신하고 그 결과신호를 수신하여 ACE 랙에 전송하는 기능을 담당한다.
- AD는 차량의 차축을 검지하기 위한 송/수신용 코일로 구성된다.

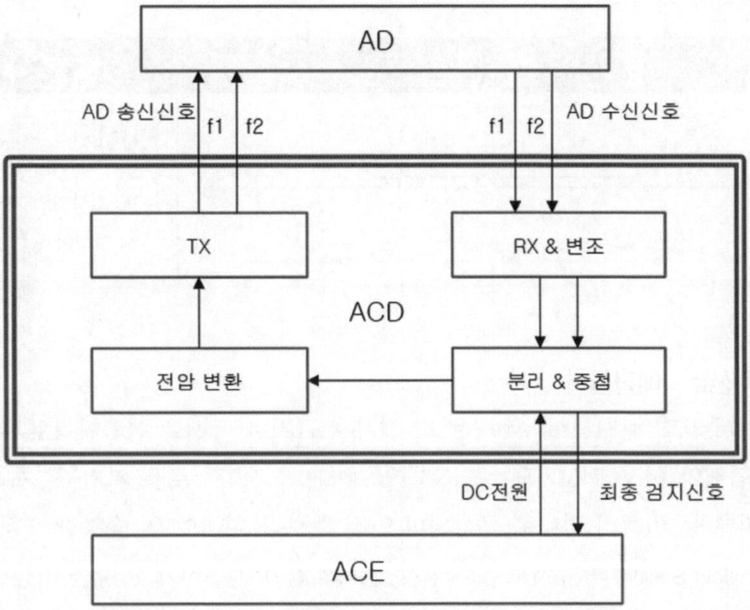

▷지상자(BEACON or BALISE)

지상자는 지상에서 차상으로 운행열차에 대한 위치보정, 정위치정차, 속도제한 등의 정보를 전송하기 위해 특정 위치의 선로 중앙에 설치한다.

구 분	기 능	비 고
P0, P1, P2, P3 지상자	ATO 운전 시에 정위치 정차 패턴에 관련된 위치정보를 제공한다.	P0 : 유전원 장치 그 외 무전원 장치
Pc 지상자	역간의 위치정보 만을 제공하기 위한 지상자로, 위치보정 용도로 사용한다.	
PL 지상자	열차속도를 저속으로 제어하기 위한 중복주박 회차선과 차량기지의 중복유치선에 설치하며 차상 ATO 안테나가 PL을 통과(검지)하면 열차는 5km/h 이하의 속도로 서행한다.	P0 : 유전원 장치 그 외 무전원 장치

▷ 지상자 설치위치

설치위치	내용
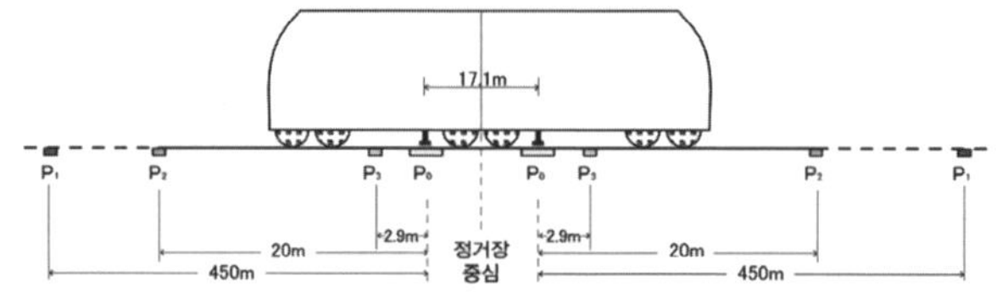	· P0 정위치 정지점 → P3(2.9m), P2(20m), P1(450m) · P0 지상자간 거리 → 정거장 중심을 기준으로 17.1m

1) 전차선로 · 배전설비

전차선로 및 배전설비는 변전소의 전차선 급전반 급전측 인출단자로부터 선로변 전선로 설비 일체와 현장에 설치되는 급전레일(제3레일), 전차선로용 지지물, 개폐기류, 구분장치류, 표지류 등 일체의 설비로 구성되며 안전 확보를 위하여 역 승강장 비상급전차단시스템(가칭 Blue Light Station)과 유지보수자의 감전위험 없이 안전하게 차량을 이동할 수 있는 스팅거 시스템이 구축된다.

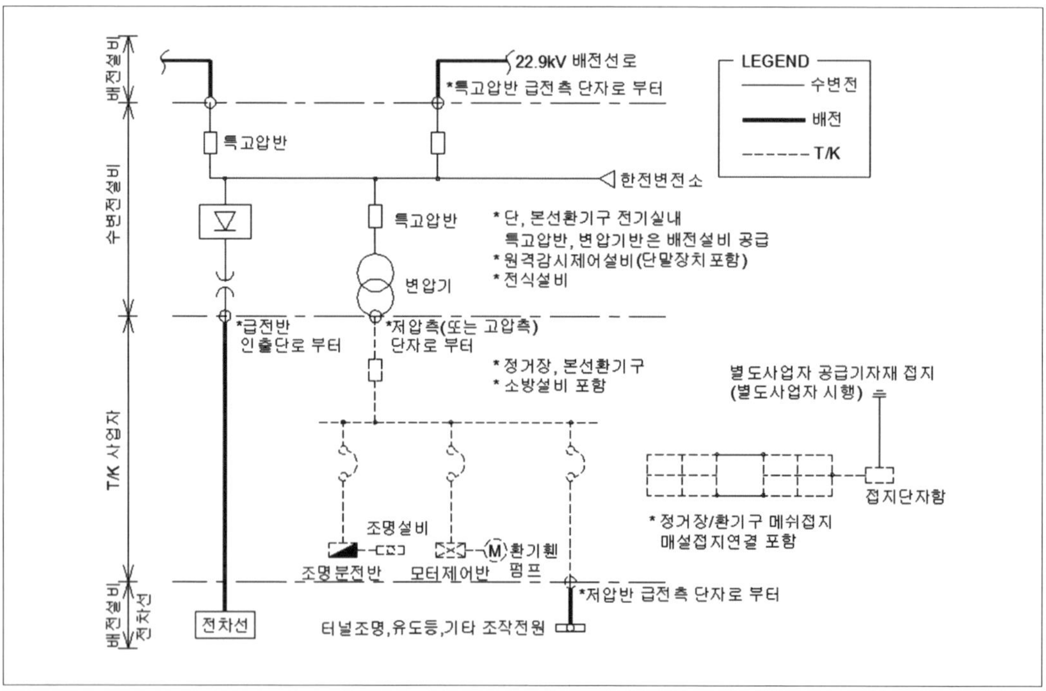

〈그림5-15〉 수변전설비, 배전설비 구분

▷ 전차선로(제 3궤조 방식)

제3궤조(Third rail) 방식은 궤도를 따라서 전기를 공급하는 또 다른 궤도를 사용하는 방식이다. 대부분 변전소 정류기를 통하여 DC 750V를 공급하며, 제3궤조(Third rail)는 전기를 공급하는 제3궤조는 차륜의 궤도 바깥쪽에 설치되어 있으나, 일부는 안쪽에 설치되어 있다. 중간 절연체로 나뉘어 있다.

구 분	전차선로 제원	비 고
공칭전압	• DC 750V	
전차선 방식	• 제3레일 방식(하면접촉 방식)	
차체 길이, 차폭	• 길이 13.5m, 폭 2.65m	
최고 속도	• 성능 90㎞/h, 운행 80㎞/h	
집전슈 간격	• 양측 10.75m + 10.75m, 6개소	
궤도중심~전차선중심	• 1,467.5㎜	
가선 높이	• 레일상면(Top Of Rail)에서 200㎜	

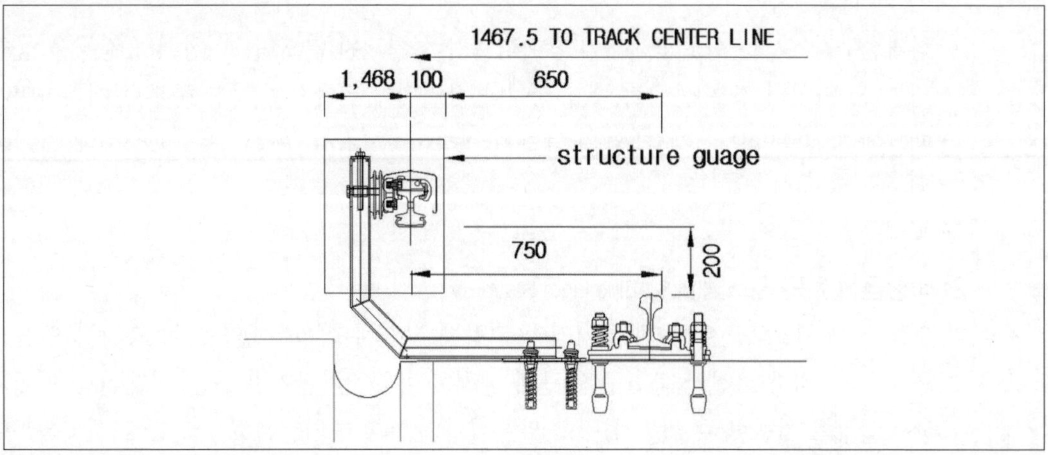

▷ 제3궤조방식 전차선로 구성

전차선로 구성은 크게 차량이 전기를 집전하는 도전부(제3레일)와 변전소 급전반과 도전부를 연결하는 급전케이블, 급전구분용 단로기, 검수고내 스팅거장치, 수동 비상급전차단시스템(BLS) 등으로 구성된다.

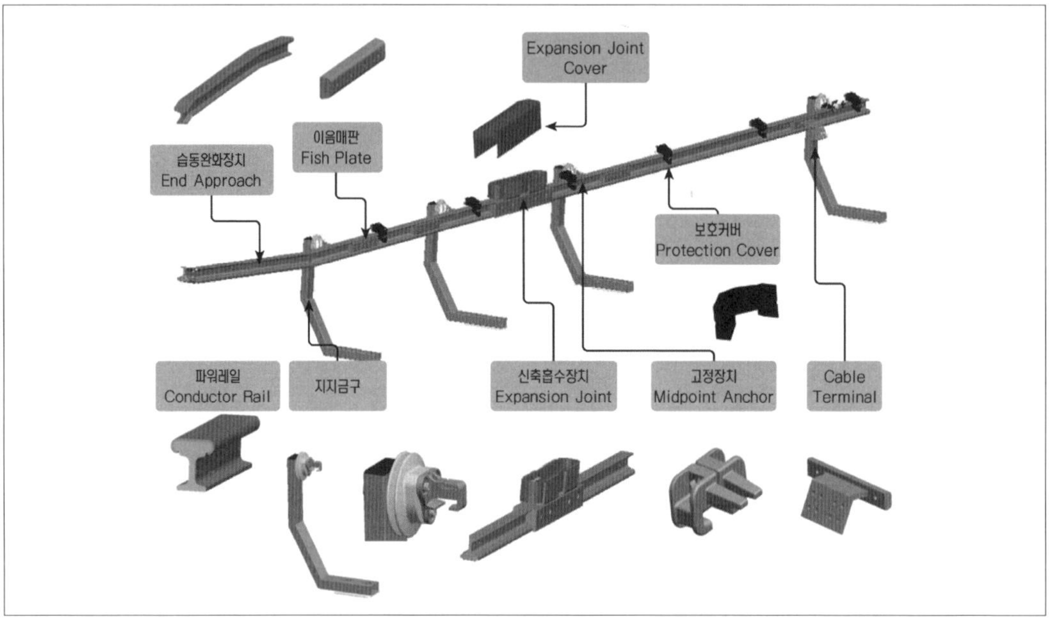

- 지하구간으로 열차운행 중 사고나 비상상황 발생시 승객의 안전한 대피를 위하여 본선 터널 내 선로중앙에 대피로가 설치되고 IEC기준과 같이 안전측면을 고려하여 비상대피를 위한 공간을 설치한다.
- 정거장구간에서는 선로중앙에 비상대피로가 설치되지 않으며, 비상시 승강장을 통하여 대피한다. 만약의 경우 선로 추락 승객이나 작업원이 위급시 승강장 하부로 대피하여야 하기 때문에 선로중앙으로 제3레일을 설치 반영하며, 설치시 중앙 기둥 및 설치에 간섭이 생기지 않도록 한다.

2) 비상급전 차단 시스템(BLS : Blue Light Station)

제3레일은 궤도측면에 낮게 설치되어 고압에 감전 위험성이 높으므로 승강장 연단 계단인근, 차량기지 선로진입 출입구 인근에 설치하고 급전차단기반 또는 관제실과 연계하여 비상시 급전을 차단할 수 있는 설비로 관제실과의 통화가 가능하고 급전단 표시등을 적용하여 유지보수자의 안전을 확보한다.

비상급전차단시스템은 승강장, 궤도, 차량기지 선로 등에 진입시나 비상상황시 발생시 해당 구간의 전원을 차단하여 운영, 유지보수직원의 작업시 안전을 확보하고 피난승객의 감전을 방지하기 위한 시스템으로 허가된 관계자에게 급전차단의 권한을 부여한다.

- 본선용 BLS : 전화기(통신), 급단전 표시

- 차량기지 BLS : 급전차단스위치, 전화기(통신), 급단전 표시
- 변전소용BLS : 급전차단스위치, 전화기(통신), DC급전반과 차단 시스템 연계

〈표5-2〉 BLS 취급 절차

구분	취급 절차
종합관제실	· 선로변 급전차단 권한은 관제실에만 부여하여 현장에서의 혼선을 방지하고 안전이 확보된 상태에서만 승객이 피난할 수 있도록 함.
본선/기지 출입절차	· 종합관제실에 단전 요청 후 출입하며, BLS에서 단전을 확인 후 급전이 되지 못 하도록 쇄정한 후 용무를 본다. 용무가 끝나면 쇄정을 해제하고 BLS의 전화로 급전을 요청하고 철수한다.

▷ 비상급전차단 시스템 설치 위치

구분	설치 위치
본선용 BLS	· 전화기(통신공급), 급전단 표시등, 쇄정장치
기지용 BLS	· 급전차단스위치, 전화기(통신공급), 급전단 표시등, 쇄정장치
변전소용 BLS	· DC 급전반과 차단시스템 연계
관제실용 BLS	· 관제실의 BLS는 별도 설치하지 않으며, 로컬(Local) BLS의 상태감시가 가능하도록 전력관제(변전분야) 소프트웨어에 반영

〈그림5-16〉 비상급전 차단 시스템(BLS)

3) 검수고 스팅거 시스템

차량기지 검수고내 작업자 안전을 고려하여 전차선 가선방식 대신 플러그인 타입으로 차량에 전원을 공급하는 설비로 이동식과 고정식으로 구분한다.

- 설치 위치

구분	설치위치
고정식 스팅거	• 임시 검수선, 중정비선
이동식 스팅거	• 청소선, 일상 검사선, 월상 검사선

- 스팅거 형식

이동식 스팅거	고정식 스팅거

4 VAL 경전철 열차제어 시스템

1. 시스템 일반 개요

프랑스 VAL-208(Light Automatic Vehicle) System 2량1편성으로 UTO(완전무인운전), 고무타이어 차륜, DC 750V 제3궤조방식이며 고무타이어 차륜방식으로 콘크리트 주행면과 Guideway로 구성되어 있으며 차륜은 주행륜(바퀴)과 안내륜에 따라 운행하게 된다.
콘크리트 도상으로 레일이 없어 루프코일 블록으로 열차검지를 한다.

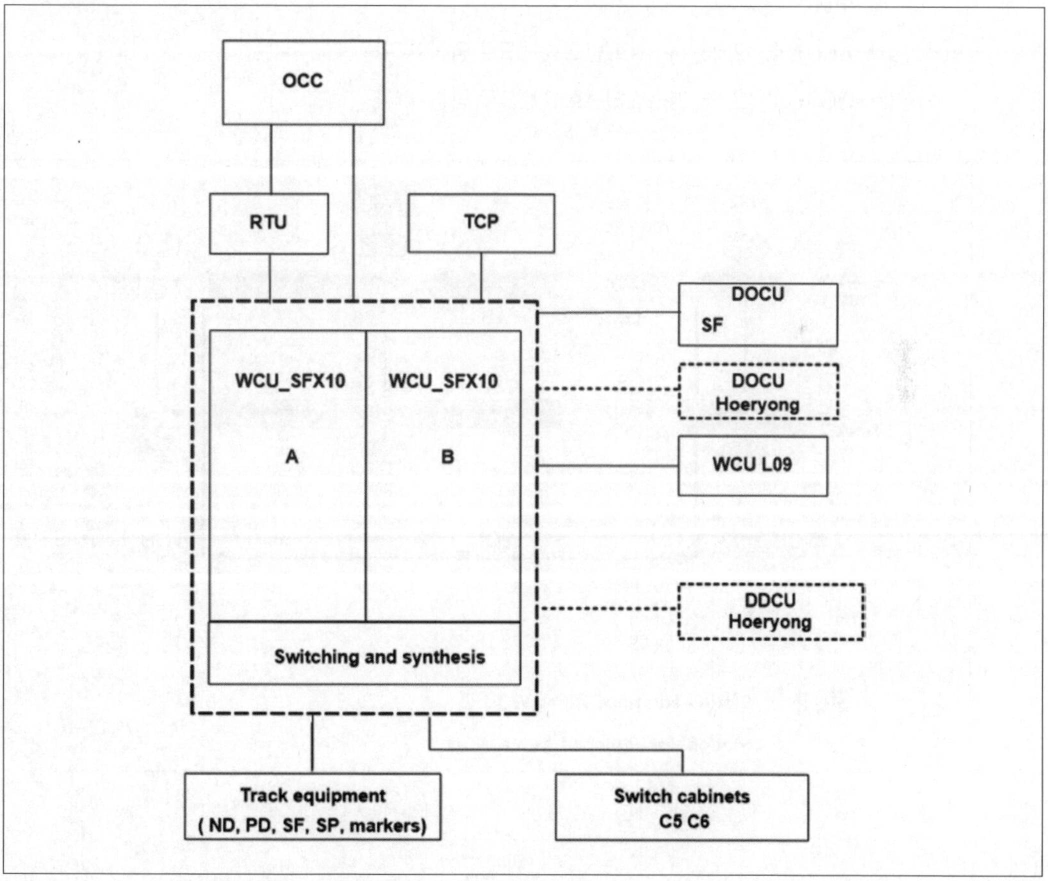

〈그림5-17〉 VAL-208 신호 시스템 구성도

* OCC(관제), RTU(원격제어유니트), TCP(회차역조작반), WCU(지상신호제어기)

* DOCU(정차제어기), DDCU(타이어 압력검지기), ND/PD/SF/SP(제어 루프)

2. 열차 위치검지 개요

열차위치검지는 Loop-Coil에 의한 Positive Detection(PD)과 Negative Detection(ND) 레이져 센서로 검지하며 충돌방지를 위한 안전주파수(SF : Safety Frequency) 루프와 승강장 정차프로그램(SP : Stopping Program) 루프코일이 있어 지상제어기(WCU) 의 이동명령 및 속도 프로화일에 의하여 안전하게 열차 운행을 제어한다.
승강장 정위치 정차 제어유니트가 있으며 인접 역 지상신호제어기(WCU) 와 인터페이스 된다.
궤도회로 대신 루프코일에 의한 블록(선로블록과 승강장블록)을 적용하였다.
- 선로 블록(LB)은
  상선(11-WCU번호, 12, 13, 14-WCU번호 순번으로 명칭 부여)
  하선(21-WCU번호, 22, 23, 24-WCU번호 순번으로 명칭 부여)

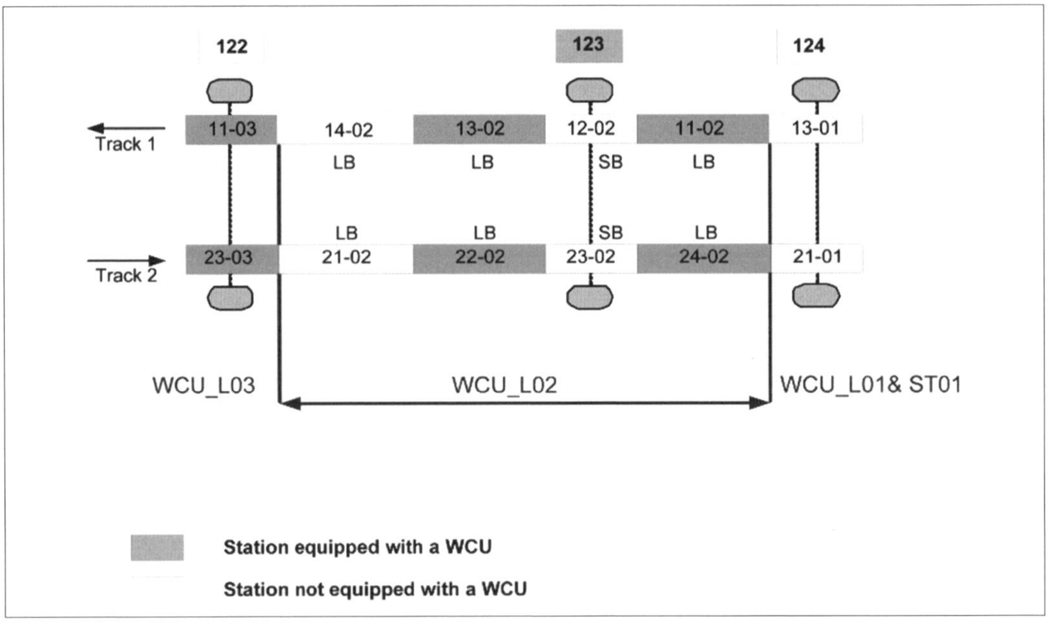

〈그림5-18〉 VAL-208 신호시스템의 선로/승강장 블록

신호기계실에는 표준 WCU 이중계 세트와 선로전환기와 현장 루프코일과 연결된 입출력 종합/절체 모듈 1개, 초기화/구원운전 모듈 1개(표준 WCU 모듈과 동일), 정차운전제어기 등이 캐비넷에 설치되어 있다.
또한 종합관제실(OCC)과 인접 역 WCU와도 정보를 주고 받는다.

송수신모듈로서는 수신(ND, PD) 및 송신(SF, SP) 아날로그 모듈이 있으며 현장의 루프코일과 정합한다.
OCC(관제) 와는 다중 링크용 RTU를 통하여 제어표시정보를 송수신하며 정차운전제어기(DOCU) 및 관련 승강장도어(PSD)제어반과 연결한다.
WCU 1계 고장 발생의 경우 배전반에 있는 INIT(초기화) 패널은 OCC에서 WCU(지상신호 제어기)를 관제원격으로 초기화할 수 있다.
이러한 초기화 패널은 표준 WCU의 패널과 유사하다.

3. WCU(지상신호 제어기)의 구성

1) 동일한 2개의 WCU 1계, 2계(이중화) : ATP/ATO 장치
2) 입출력 절체 및 통합 제어모듈 1개
3) 입력은 1, 2계 두 개 장비에서 병행처리하고 출력은 정보 유형에 따라 선택된다. (OR 설정)
WCU장치의 로직처리는 AND/OR/NOT 조합으로 작성된다.

4. WCU 장치의 기능

1) 제어구간의 선로블록(LB) 과 정거장블록(SB) 및 방향을 관리
2) 열차의 충돌을 피할 수 있도록 관리
3) 열차의 주행 명령 제어 및 전송 처리
4) 관제(OCC)와 본선 사이의 정보를 양방향 전송
5) 기능들의 비정상으로 인한 경보 처리
6) 특수기능 모드관리(관제 제어에 의한 초기화, 자동구원운전)

5. 선로블록(LB)과 정거장 블록(SB)에서 제어모드와 저주파 신호

선로 블록(LB)	정거장 블록(SB)
NM(정상 모드) : 570Hz SM(정지 모드) : 520Hz PRM(구원운전 모드) : 410Hz	NM(정상 모드) : 570Hz PRM(구원운전 모드) : 410Hz
방향 S1 (440Hz) 또는 방향 S2 (550Hz)	

※ 충돌방지 안전명령(CSF신호) 없으면 정지모드 수행으로 정거장블록에서 열차가 진출하지 못하게 된다.

6. 열차 위치검지 신호처리

① Positive 검지 루프(PD : Positive Detect)

- 이 루프는 선로의 열차 검지 기능을 하며 모든 루프에서 열차로 전송하는 충돌방지 신호를 수신한다.
- 다음 루프의 열차에서 전송하는 메시지/음성통신 신호를 수신한다.

② Negative 검지기(ND : Negative Detect)

- 각 제어구간의 경계지점과 종점에 설치되어 있다.
- Negative검지기는 (ND) 이중계로 구성되며 적외선 센서로서 송수신기 기능은 표준WCU에서 처리한다.
- WCU 1, 2계에서 오는 정보는 WCU로직 및 인접WCU로의 전송을 위해 “OR” 논리 처리된다.

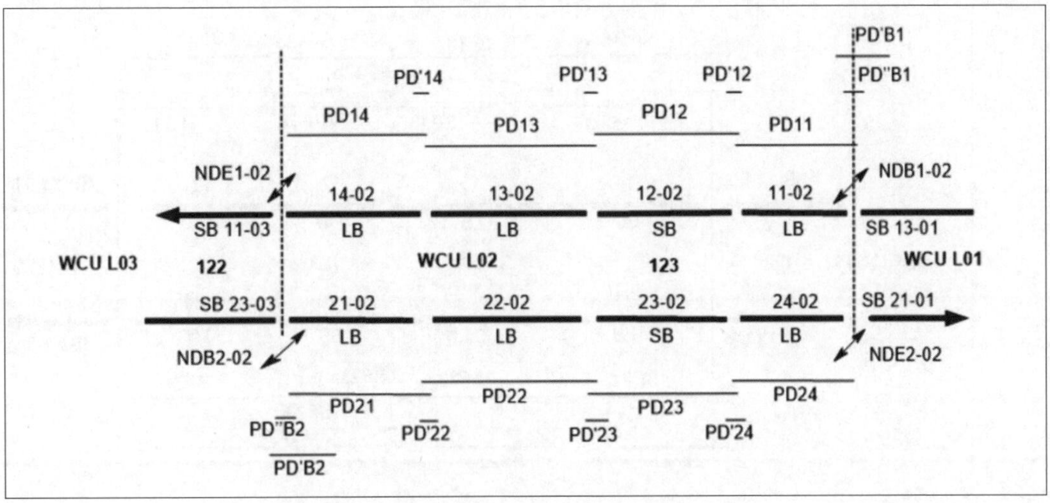

〈그림5-19〉 열차 위치검지 양극/음극 루프 설치도

7. 전송 장치

전송장치의 기능은 전송선로 어셈블리(TLA)에 위치한 SF 및 SP 루프를 통해 열차의 속도 프로그램을 전송한다.(콘크리트 주행 면 중간박스)

OCC(관제)의 원격제어 명령을 열차에 전송하고 OCC와 차상신호장치 간의 인터페이스 역할을 한다.

※ TLA(Transmission Loop Assembly) : 속도 프로화일 전송
SF (Safety Frequency) : 충돌방지 안전주파수
SP (Stopping Program) : 정지 프로그램

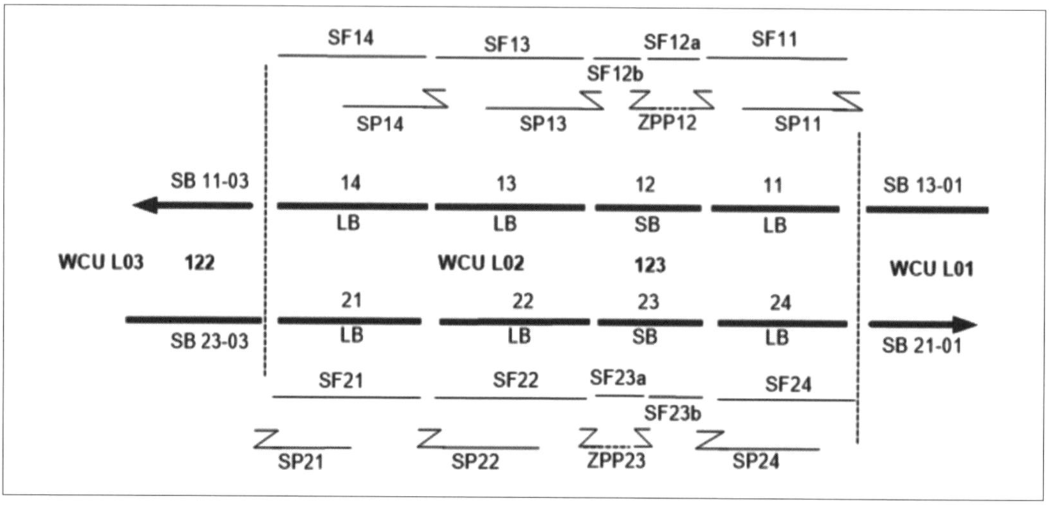

〈그림5-20〉 충돌방지 안전주파수 SF & 정지 프로그램 SP 루프

5 B사의 경전철 RF-CBTC 시스템(LCX케이블 적용)

1. 제작사 B사의 RF-CBTC 시스템

미국 샌프란시스코 국제공항APM 노선에 최초 적용하였고, 영국 히드로 공항, 미국 DALLAS 공항, 대만 타이베이에 설치되어 안전하게 영업운행을 하고 있다.

1) RF-CBTC(2.4GHz, DSSS 확산스펙트럼 방식, LCX케이블 적용)
2) LIM(선형 유도전동기) 추진방식 차량 30량(1량1편성), DC 750V
3) 완전자동운전(UTO) 및 Moving-Block(이동폐색) 신호시스템
4) 관제 장치(EBI-SCREEN 2000) : SCADA 기능 포함
5) Fall-Back 시스템(고정폐색 EBI-LOCK 950) 적용

무선통신 주파수는 ISM밴드(2.4GHz)를 적용하고 전송은 확산스펙트럼 방식이며 특이한 것은 선로변의 누설동축케이블을 활용하는 방식이다.

완전자동운전(UTO) 운행 시스템으로써 조밀한 운전시격과 선로용량을 증대시킬 수 있는 이동폐색 신호시스템으로 구성되어 있다.

지역 열차제어 ATP모듈과 ATO모듈이 있으며 제어프로세서(SCP)를 경유하여 기본무선데이터 모듈(Base Data Radio : BDR)은 터널 내부에서는 누설동축케이블(LCX)과 현장에는 분산된 안테나로 RF로 방사된다.

Region ATP/ATP ①과 Region ATP/ATP ②장치 간에 열차 이동에 따라서 제어 알고리즘에 의거 핸드오버되어 열차안전을 보장하게 된다.

관제운영은 본선과 기지로 구분되어 제어 및 감시하며, Train-Registry장치로 주요 고장 발생의 경우 자동으로 재출발을 허용할 수 있다.

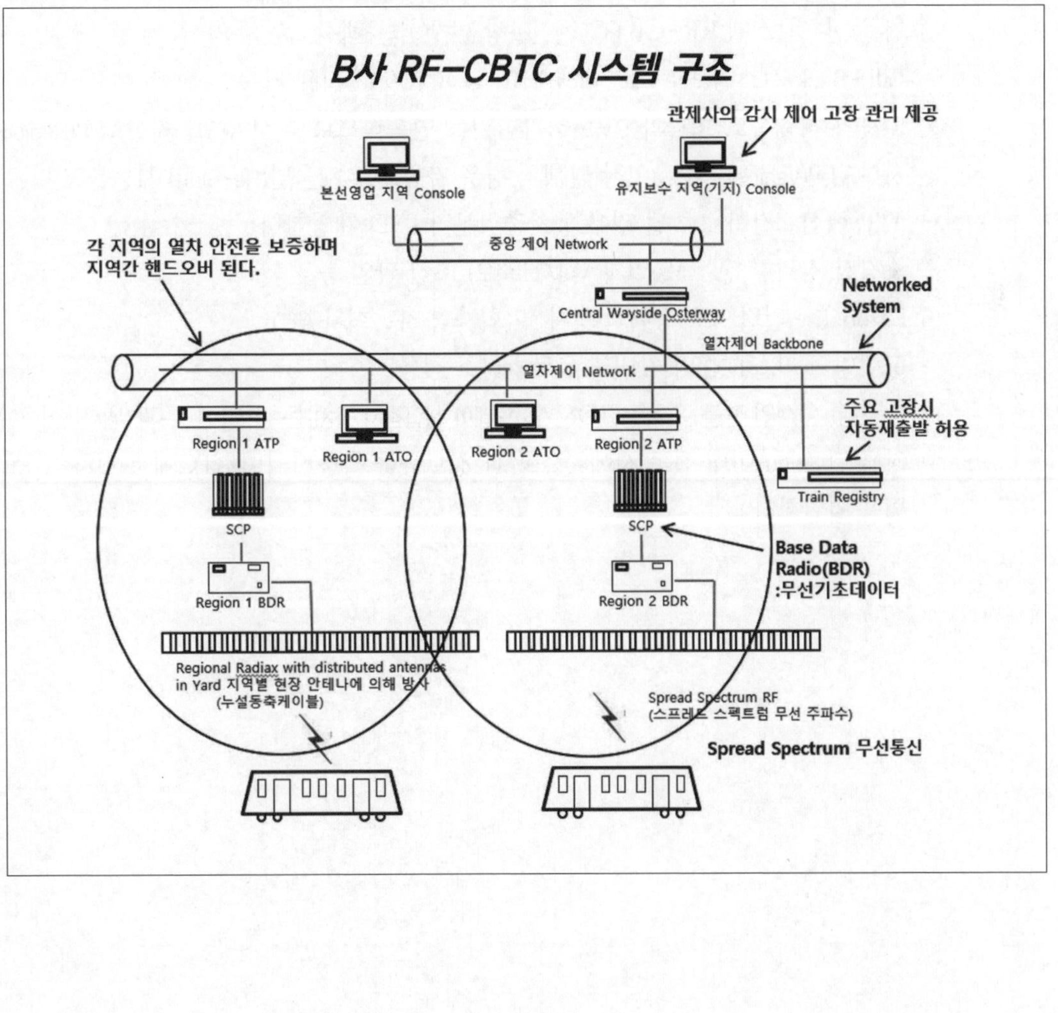

지역 열차제어 ATP모듈과 ATO모듈이 있으며 제어프로세서(SCP)를 경유하여 기본무선데이터 모듈(Base Data Radio : BDR)은 터널에서는 누설동축케이블과 지상부 현장에는 분산된 안테나로 RF 방사된다.
Region ATP/ATP 장치 간에 핸드오버 되어 안전을 보장하게 된다.

1) B사의 RF-CBTC 시스템의 특성

① 기존 신호시스템의 운행에 지장없이 개량 가능(Overlay 방식)
단계별(5단계)로 병행운전하며 시스템 개량을 추진한다.

② Hot-Standby 리던던시(Redundancy) 컴퓨터 시스템으로 구성, 환경적응과 내구성이 우수한 산업용컴퓨터 적용하였다.

③ 기본 신호시스템 RF-CBTC 전면고장 발생시 폴백시스템 운영
Fall-Back 시스템으로 고정폐색 EBI-LOCK 950 적용 가능

④ 열차의 허용속도 초과와 이동 허가범위를 연속적으로 감시(ATP), 지상ATP(Region-ATP), 차상ATP(Vehicle-ATP), 고장 발생의 경우 자동으로 재출발(Re-Start) 기능을 한다.

⑤ ATP 핵심요건이 충족될 경우 열차출입문과 PSD 개방한다.
승강장 정위치 정차 및 열차 Vo(제로속도) 조건 확인 등

⑥ Eurobalise 기반으로 정위치 정차 및 회차역 자동회차(ATO)
고정형 발리스(FDB)와 가변형 유로발리스 적용

⑦ 승강장 승객안전을 위해 GIDS(가이드웨이 침입감지 장치)는 적외선 투과 빔 방식으로 승강장 끝단 46cm이내 접근 시에 경보음과 경보등을 작동시키며 ATC에서 열차의 승강장 진입을 차단한다.

6 A사의 디지털 AF궤도회로 시스템(D.T.G)

ㅇ 주파수 배열 : 상선(F1, F3, F5), 하선(F2, F4, F6)

ㅇ 반송주파수(F0~F7) : 9.5Khz~16.5Khz(1Khz씩 차이)

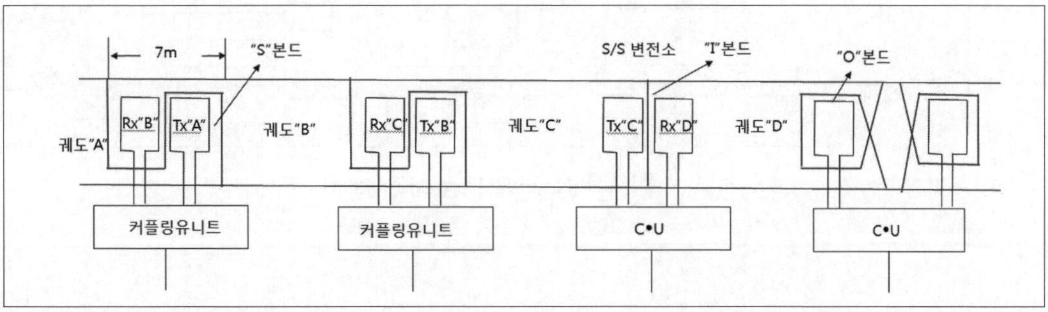

궤도회로는 디지털 AF궤도회로 시스템으로 임피던스본드를 S본드와 Coupling-Unit로 대체하여 사용하고 있다.

- "S"본드와 "I"본드 : 절연이 없는 궤도회로 경계지점에 사용
- "O"본드 : 궤도회로 경계지점에 궤도 절연이 있는 곳에 사용
- Coupling-Unit(C · U)는 반송주파수를 동조시키거나 궤도회로부터 임피던스 매칭을 맞추기 위한 콘덴서그룹의 구성품이다.

분기부에서는 열차 위치검지는 PF궤도회로를 사용하며 차상 신호명령은 Cab-Signal 전송 Loop-coil를 사용하고 있다.
각 궤도회로의 정보는 Track-MICROLOKII 과 입출력 인터페이스 된다.
현장의 선로전환기와 신호기 연동제어는 Interlocking-MICROLOKII에 의해 바이탈 로직 프로세싱 된다.

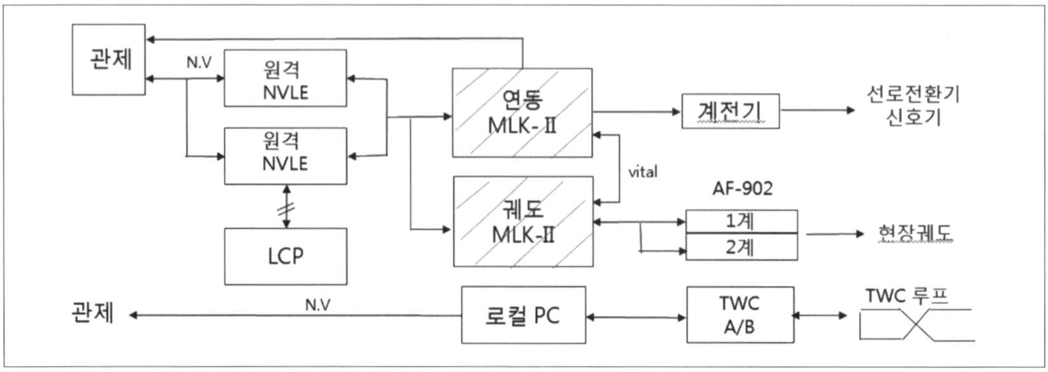

NVLE(Non-Vital Logic Emulator)

〈그림5-21〉 신호기계실 설비 구성도

▷ A사의 AF궤도회로 Track MLK-II로 부터 수신 메시지

Bit	명칭	기능	설명
2	Direction	트래픽 방향	East(10)/West(01)
3	Next Frequency	다음궤도주파수	반송주파수
7	Target Distance To Go	목표지점까지 거리	
4	Line Speed	회선속도	허용최대속도
4	Target Speed	목표속도	목표지점의 희망속도
1	Berthed	정차	승강장에 정차 유무
2	Couple/UnCouple	열차 결합/해제	열차와의 결합 유뮤
1	Bifurcation	분기기	정위(1) 반위(0)

▷ Track MLK-II에 송신(TX)하는 메시지 Data

Bit	명칭/기능	설명
1	Block Speed	블록속도설정(0), 비설정(1)
1	Standby Health	예비계 사용가능(1), 사용불가(0)
1	Track Occupancy	궤도점유(0), 비점유(1)

1	Correspondence	방향일치(1), 불일치(0)
4	Spare	예비비트

※ 각 AF궤도회로는 자체의 고유 ID를 갖고 있다.

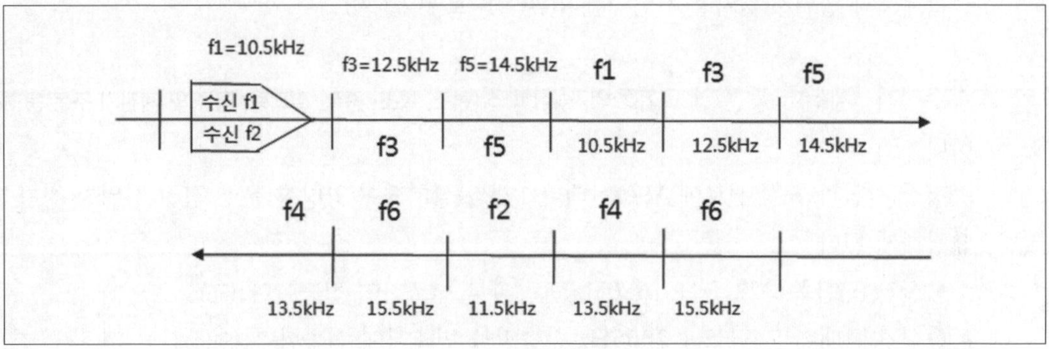

〈그림 5-22〉 디지털 궤도회로에서 Cab-signal 적용 순서

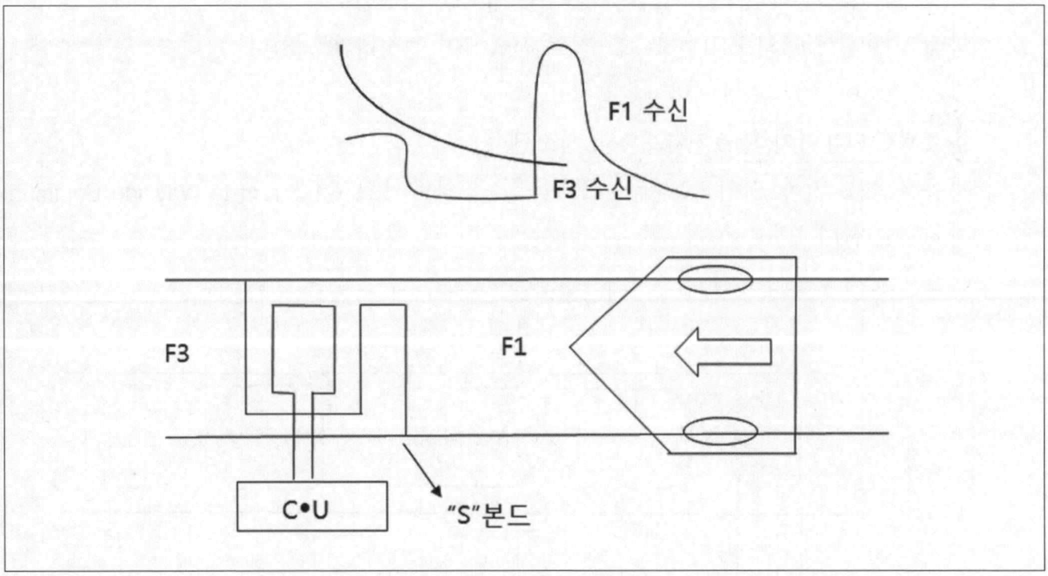

〈그림 5-23〉 디지털 궤도회로 선행 차상신호주파수 수신방식

반송주파수 F1은 다음차상신호 주파수 F3의 Data를 가지고 있어 수신 입력보드 디코딩 과정에서 차상로직은 궤도주파수의 연속성을 유지하기 위해서 다음 차상신호주파수(F3)로 수신 Filter를 미리 준비하는 상태가 된다.

▷ AFO(Audio Frequency Overlay) 시스템

정위치 정차와 승강장 PSD와의 인터페이스를 위해 AFO장치가 구축되어 있으며 시스템 구성은 이중계로서 다음과 같다.

○ 2세트의 AFO장치 모듈(송신, 수신, 바이탈계전기 등)

○ 2세트의 정위치 정차용 지상안테나(유리섬유로 된 지상자)

송수신기, 계전기 등은 궤도회로의 동작과정(변조, 복조, 증폭, 필터링, 정류 및 계전기 구동 등)과 유사하다.

승강장 시점과 종점 선로에 AFO안테나 1개씩 설치되어 양방향 운행 정밀 정위치 정차 제어를 담당하게 된다.

송신기(Tx)한쪽 : 27Hz + 1660Hz 반송파를 변조하여 전송한다.(F5)

송신기 반대편 : 49Hz + 2365Hz 반송파를 변조하여 전송한다.(F10)

(AFO 주파수 Class는 I, II로 구분되며 F1(870Hz)~F10(2365Hz) 대역 주파수영역 중에서 DC 전화구간의 특정궤도회로에 따라 최고 적합한 주파수 대역을 선정한다)

국내 노선에서 F5와 F10주파수를 최고 적합하여 선정하게 되었다.

▷ TWC(열차 와 지상신호 장치의 통신) 시스템

자동운전을 위한 지상과 차상 ATO통신 장치로서 TWC(Train to Wayside Communication) 장치라고 한다.

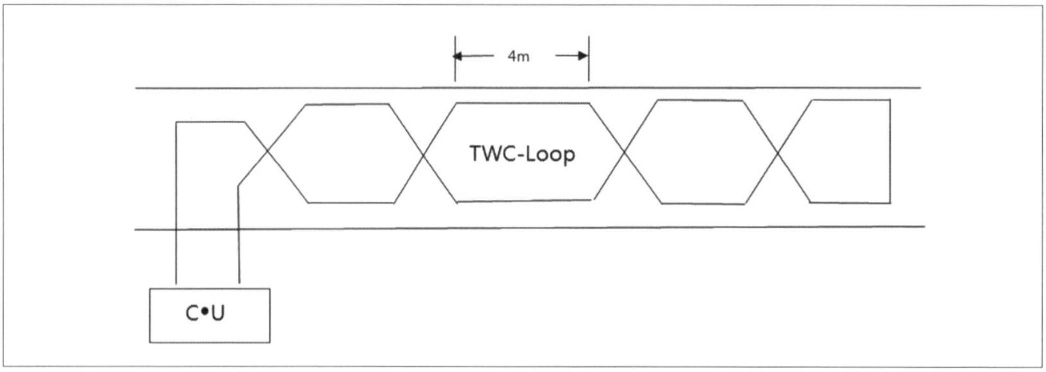

※ 1. 신호간섭을 줄이기 위해 일정간격(4~5m)으로 Loop를 교차시킨다.

(승강장의 TWC Loop 안테나)

2. 승강장 양 끝단 TWC 루프 안쪽에 AFO안테나를 설치하게 된다.

FSK 모뎀으로 변조와 복조과정을 거쳐 차상 TWC 안테나로 자동운전 메시지를 250(ms) 통신 주기의 Half-Duplex 직렬 데이터 통신한다.

TWC 시스템은 열차자동프로그램 정차(정위치 정차)를 지원하며 정차시 지상-차상간 텔레그램에 의한 정보송수신을 한다.

열차가 Loop위를 통과할 때 Loop전위(위상)변화를 검지할 수 있다.

TWCW(지상 TWC)는 계속해서 "Mark"와 "Space"신호를 송신한다.

〈주의 사항〉

1. 루프전위 위치는 정위치정차 정밀도와 밀접하여 매우 중요하다.
2. 루프전위 위치는 모든 열차 Track Database(TDB)에 자료를 저장한다.
3. 루프전위의 위치가 +-0.5인치 이상 움직이면 열차의 Software 트랙데이터베이스 테이블을 수정해야 한다(TDB 수정).
4. 루프에 금속체가 통과하거나 Loop위에 놓이면 통신간섭이 발생한다.
5. TWC 루프는 임피던스본드 케이블과 병렬로 설치해서는 간섭 현상이 있을 수 있어 최대한 이격해야 한다.

(디지털 AF궤도회로의 TWC Data포맷 : 차상 TWC → 지상 TWC)

Data 설명	Byte수	비트수	비트 마스크
메시지 Header(OxFC)	0	8	N/A(비적용)
메시지 Link Type(0x07)	1	8	〃
열차번호 표시	2-3	16	〃
편성번호	4-5	16	〃
열차 상태	6	8	〃
열차 길이	7-8	16	〃
무인모드 선택	9	1	00001000
End In Control	9	1	00000100
Train Berthed(열차정차)	9	9	00000010
All Doors Closed	10	1	1000000

비상 보드	10	1	0100000
Yard 모드	10	1	0010000
수동 모드	10	1	0001000
자동 모드	10	1	0000100
무인운전 모드	10	1	0000010
CRC	11-12	16	N/A
Terminator(0xF6)	13	8	N/A

(TWC 데이터 포맷 : 지상TWC => 차상 TWC)

Data 설명	Byte수	비트수	비트 마스크
메시지 Header(0xF2)	0	8	N/A(비적용)
메시지 Link Type(0x07)	1	8	〃
열차번호 제어	2-3	16	〃
다음역	4-5	16	〃
현재역	6-7	16	〃
목적지역(종착역)	8	8	〃
고정속도	9	8	〃
다음역 출입문 방향	10	1	10000000
10	10	1	01000000
운전자 확인 요구	10	1	00100000
CRC	11-12	16	N/A
Terminator(0xF6)	13	8	N/A

7 S사의 RF-CBTC 시스템

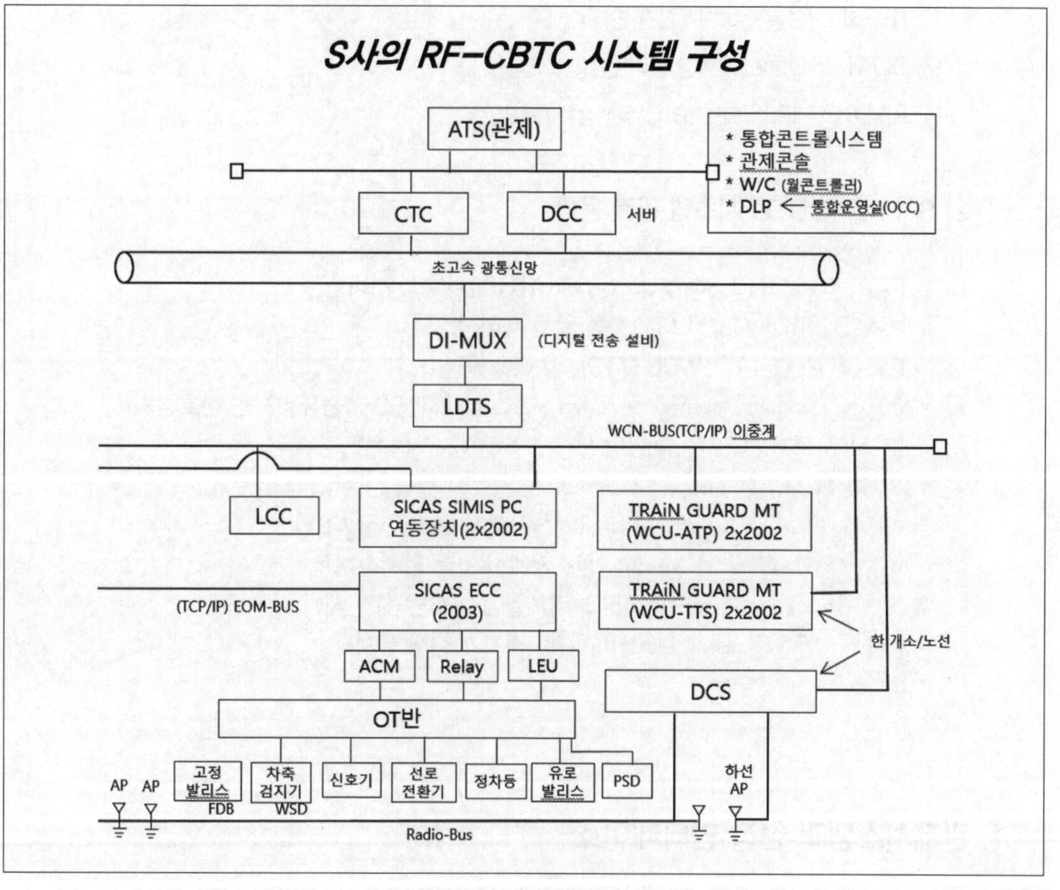

※ TTS(ATO 열차 추적 트랙데이터베이스 서버)

국내에 도입된 S사의 RF-CBTC 시스템의 구성도이며, SH선에 설치되어 안전하게 영업운행을 하고 있다.

2.4GHz ISM밴드 대역 범용 주파수를 사용하는 RF-CBTC 시스템과 ATP-레벨① 시스템을 병용하여 설치된 것이 특징이며 향후 광역철도 기간망으로 화물열차 등 다양한 차량의 운행을 대비한 것으로 보인다.

1) LAN 망 중심의 이중계 TCP/IP 네트워크(S사 RF-CBTC)

① WCN-BUS(현장 제어시스템 망)

② IL-BUS(연동장치 기계실간 망)

③ EOM-BUS(ECC 현장 설비 연결망)

④ RADIO-BUS(RF-CBTC 무선장치 AP 망)

2) S사 RF-CBTC 시스템 관련 용어

TTS : Train Track-database Server(ATO 열차추적 서버)
TGMT : Train Guard MT(자동 열차 제어시스템)
TGMT(WCU-ATP, WCU-TTS) : 2 Out of 2
SICAS : Siemens Computer Aided Signalling(지멘스사 컴퓨터지원 신호장치)
SICAS SIMIS PC(2 Out of 2), SICAS ECC(2 Out of 3)
ECC : Element Control Computer(현장 설비 제어 컴퓨터장치)
EOM : Element Interface Moudle(현장설비 ECC 연결 버스)
ACM : Axle Counter Module(신호기계실 차축 검지장치)
OT : Outgoing Terminal(현장과 기계실간 분선반 랙 단자)
WSD : Wheel sensing Detector(차축 검지기 현장 센서)

1. 관제시스템과 현장 인터페이스

관제 시스템은 CTC서버와 DCC서버의 Fault-Tolerance Type 관제 형태로 구성되어 해당구간 통합 컨트롤 시스템(MCS)과 관제 콘솔, Wall-Controller(월-컨트롤러), 대형표시 화면(DLP) 등을 구비하고 있다.

초고속 이중 광통신망을 거쳐 디지털전송설비(DI-MUX), LDTS 장치를 경유, 현장제어설비 네트웍(WCN-BUS) 과 인터페이스 된다.

현장제어 인터페이스 장치는 SICAS-ECC로서 선로전환기, 신호기, 차축 검지기, PSD, 정차표시등은 입출력 단자반과 계전기 등을 거쳐 입력 처리되며 SICAS장치는 2 Out of 3 고신뢰성 장비이며 EOM-BUS 로 인접 신호기계실 장비와 연결된다.

연동장치는 인접 기계실과의 광케이블로 연결된 IL-Bus 이더넷 이중계로 구성되어 Vital 기능을 담당하게 된다.

2. RF-CBTC 장치와 ATP 레벨①

무선기 장치인 AP는 무선 Radio-Bus 와 상하선 구분되고 DCS 장치와 인터페이스되어 WCN-Bus 와 연결되어 CBTC 프로세싱을 하게 된다.
이더넷 네트워크는 모두 이중계의 TCP/IP 로 인터페이스 하며 Air-link 무선 전송 시스템으로 구성되어 동작한다.
ATP/ATO 기능을 담당하는 TrainGuard-MT(WCU-ATP/TTS) 장치는 2 Out Of 2 시스템의 다중계(Redundancy) 신뢰성 있는 자동 열차 제어 운행 장치 기능을 한다.
ATP-레벨① 시스템은 현장 제어유니트(LEU : Lineside Electronic Unit)와 유로발리스(Euro-Balise) 고정 발리스(FDB) 및 신호기 장치와 연결되어 전자연동장치(SICAS-ECC)와 인터페이스 하게되고 광역철도의 ATP-Level① 신호장치를 탑재한 열차에 대하여 안전한 연동처리를 자동으로 하게 된다.

3. 무인경전철 보안관리 시설

- 주요 보안관리 점검 및 보안시설 관리

1) 종합관제실(국가중요시설) : 이중 출입통제(생체인식 출입통제 시설 : 안면 인식, 지문인식 등)
   열차제어용 전용 통신망 별도 구성 필수
2) 신호통신기계실, 변전실, 전기실(출입통제구역 지정관리)
3) 차량기지/관리동 경비실(특수경비 체계)
   외부차량/출입자 감시시설(정문 바리케이트, CCTV 등)
   차량기지 외곽 울타리 및 경고문 부착
4) 경비 및 감시 사각지대 개소에 CCTV 설치

- 사이버 테러 대응절차 및 보안대책 수립
   보안조직 구성 및 보안관리 책임자 지정
   보안업무 관령 규정 및 지침 작성 관리 준수
   연간 보안 관리업무 계획 수립 이행
5) 사이버 보안 대비 인증된 보안 장비 설치 사용

8 GH 경전철 RF-CBTC 시스템

GH 경량 전철 ATC 시스템은 다음의 기능으로 구성된다.

- 자동 열차 운행 시스템(ATO)
- 자동 열차 방호 시스템(ATP)
- 자동 열차 감시 시스템(ATS)

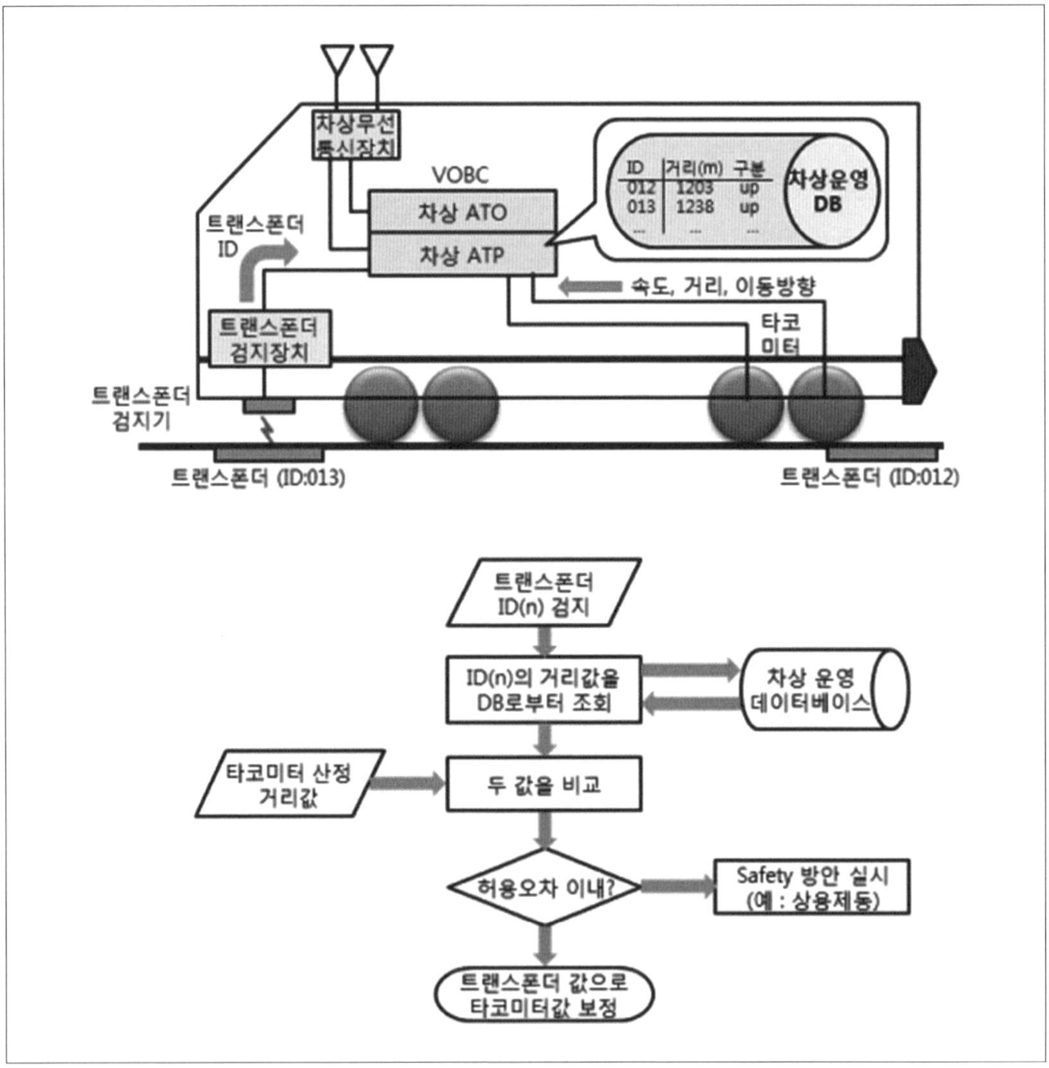

〈그림5-24〉 경전철 신호시스템

1. 자동 열차 방호(ATP) 기능

자동 열차 방호(ATP)는 Vital 기능을 포함한 열차 안전 운행에 대한 전반적인 책임을 가진다. ATP 기능은 열차추돌, 충돌, 승객 위험에 원인이 되는 잘못된 열차 이동, 예정되지 않은 출입문 열림, 열차 역행(Roll-Back 구름), 선로전환기의 전환 장애, 열차 이동 속도 장애 등의 여러가지 위험 요소들을 예방한다.

ATP는 다음과 같은 기능을 제공한다.

- 열차 위치 검지
- 안전 열차 이격
- 선로전환기 연동 제어(열차 선로전환기상 블록 통과시 선로전환기 전환 방지 및 선로전환기 정렬, 동작, 쇄정 중 열차 진입 금지)
- 열차 정렬, 진로 연동 및 분기부에서의 열차 이동 감시
- 안전 운행 원칙에 따른 열차 속도/ 상용 속도 제한
- 열차 이동 방향 감시
- 열차 역행(Roll-Back) 검지
- 열차 이동 장애 검지
- 열차 출입문 연동 제어
- 열차 무결성 위배 검지 및 인통선 감시(Train Integrity)

비 통신 열차처럼 시스템에서 확인되지 않은 열차에 대한 보호는「블록 회복 예약(RBR)」 명령을 통해 고장열차 보호구역 지정이 이루어지며 관제사의 조작으로 취급한다.

2. 자동 열차 운전 (ATO) 기능

ATO는 속도 제어, 지정된 정거장 정차, 출입문 제어 등과 같은 Non-Vital기능을 수행한다. ATO명령은 항상 ATP 감시에 종속적이다.

ATO는 다음의 기능들을 제공한다.

- ATP 허용 한계 내 속도 제어 및 열차 이동 제어
- 열차 및 승강장 출입문 열림/닫힘을 포함한 지정된 정거장 정차(자동 모드)
- 정거장 정차 시간 제어(자동 모드)

- 차상 및 지상 승객 안내 제어
- 알람 감시 및 보고

3. 자동 열차 감시(ATS)

ATS 시스템은 다음의 기능들을 제공한다.

- 운영자 인터페이스 제공
- 열차의 위치 감시 및 열차, 승강장 출입문, 선로전환기 상태 등 ATC 구성 요소 통신 및 상태 정보 표시
- 임의 열차 운행 조정 및 일일 시스템 가용성에 적합한 열차운행 조정
- 선로 할당에 기초한 열차 진로 결정
- 스케줄 및 운전시격 조정
- 관제사 수동명령 또는 시스템 지연에 따른 운영 파라미터 수정
- 시스템 관리, 유지 보수, 운영 관리를 위한 데이터 수집
- 정거장 승객 정보 시스템(PIS)과 인터페이스

○ ATC 지상 설비

ATC시스템의 지상 설비는 열차 이격, 열차 추적, 선로 전환기 전환과 연동 기능에 대한 책임을 가진다. ATC 지상 설비들은 종합사령실의 ATS와 지속적인 통신을 한다. 지상 ATC 시스템을 구성하는 요소는 다음과 같다.

- 지역 제어 장치(WCU)
- 플랫폼 출입문 인터페이스 제어 장치(PDCI)
- 지상 무선 장치, 선로전환기
- CTF 랙(지상설비와 I/F, WCU 절체 기능 포함)
- 비상 정지/복구블록 예약(RBR)/수동진로 예약(MRR) 버튼(관제실)
- 트랜스폰더 태그, 정위치정차 근접판(Proximity Plate)
- 차체세척고, 도착검수고 및 안전펜스 출입문 감시

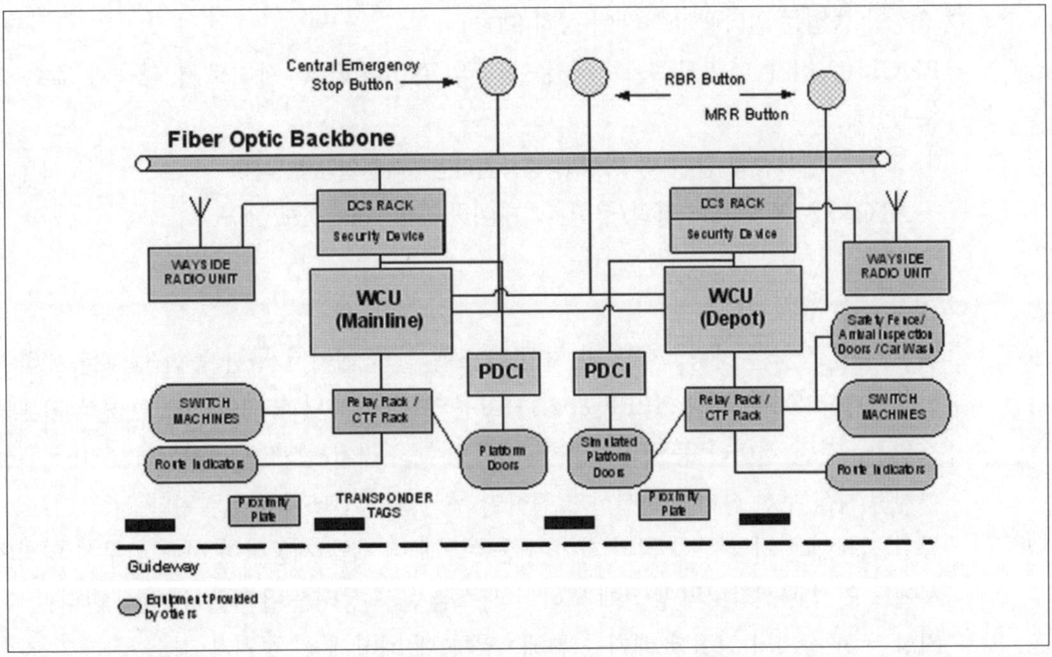

〈그림5-25〉 ATC 지상 설비 구성

4. ATP/ATO 장치

4-1. 지역(지상신호)제어 장치(WCU)

WCU는 전자 마이크로프로세서-기반의 Vital 장치로써 다음과 같은 기능을 수행한다.

- 열차 위치 검지
- 안전 열차 이격 보장
- PMA(이동허가권) 생성
- 신호진로 및 선로전환기 연동/쇄정
- 연동 기능 감시
- 선로전환기, 정거장 출입문 Vital 제어 및 감시
- ATC 대체 모드 운행
- 안전펜스 출입문 상태 감시
- 차체세척고, 도착검수고 출입문 감시
- 비상 정지 버튼, 복구 블록 예약/수동 진로 예약 버튼 처리

○ 승강장 출입문 인터페이스 제어 장치 (PDCI)

PDCI 는 전자 마이크로프로세서-기반의 Non-Vital 장치로써 다음과 같은 기능을 수행한다

- 출입문 제어장치 감시 및 명령 (승강장 출입문에 대한 열림 및 닫힘)
- ATO와 ATS에 PSD 열림/닫힘, 리사이클, cut-out 정보 제공

○ 지상 무선 장치 (WRU)

지상 무선 장치는 사령, 지상 및 차상 시스템 간의 데이터 무선 통신 링크를 통하여 통신한다. 지상 무선 장치는 IEEE 802.11 표준의 무선 유닛과 데이지 체인 방식의 네트워크 스위치, 전원 컨버터 등으로 이루어지며 방수 처리된 함체에 설치된다. 지상 무선 장치 함체는 차상 무선 장치와 통신하기 위하여 무선 통신 안테나와 연결된다.

통신 시스템은 지상 무선 영역 사이에 충분한 오버 랩을 제공하여 하나의 무선 영역의 장애 시에도 인접 무선장치의 통신에 의하여 시스템 운용 상태를 유지할 수 있게 한다.

지상 무선 장치의 적절한 배치를 통해, 열차 내 차상 무선 장치가 최소 두 개의 지상 무선 통신 장치와 통신할 수 있게 한다.

고성능 무선 LAN 시스템으로 최대 3Mbps 데이터 전송률을 가지며 1~2Mbps로 전송 속도 조절이 가능하다. 지상 무선 장치는 네트워크 프로토콜 및 어플리케이션들에 대해 투과성을 지니며 이더넷 포트, SNMP 관리 및 다운로드를 통한 소프트웨어 업그레이드 등의 기능을 지원한다.

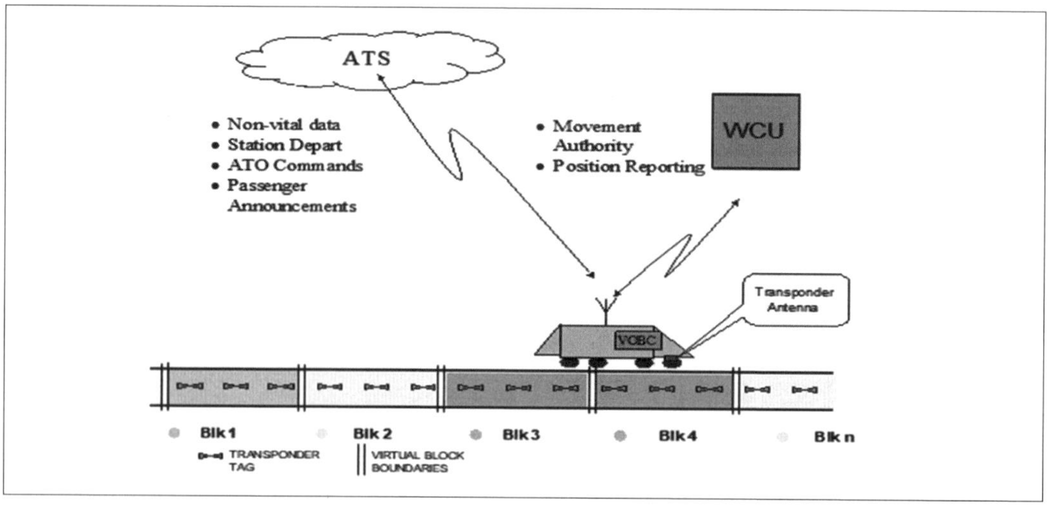

〈그림5-26〉 지상 무선 통신

4-2. 차상 제어 장치(VOBC)

차상 제어 장치는 ATO/ATP 기능을 하는 다음의 장치로 구성된다.

- Vital ATP 장치, ATO 장치
- 차상 무선장치(OBRU)
- 트랜스폰더 태그 검지기 및 TI 안테나
- 타코미터, 가속도계
- 정위치 정차 검지 장치, IRU(계전기 인터페이스 장치)

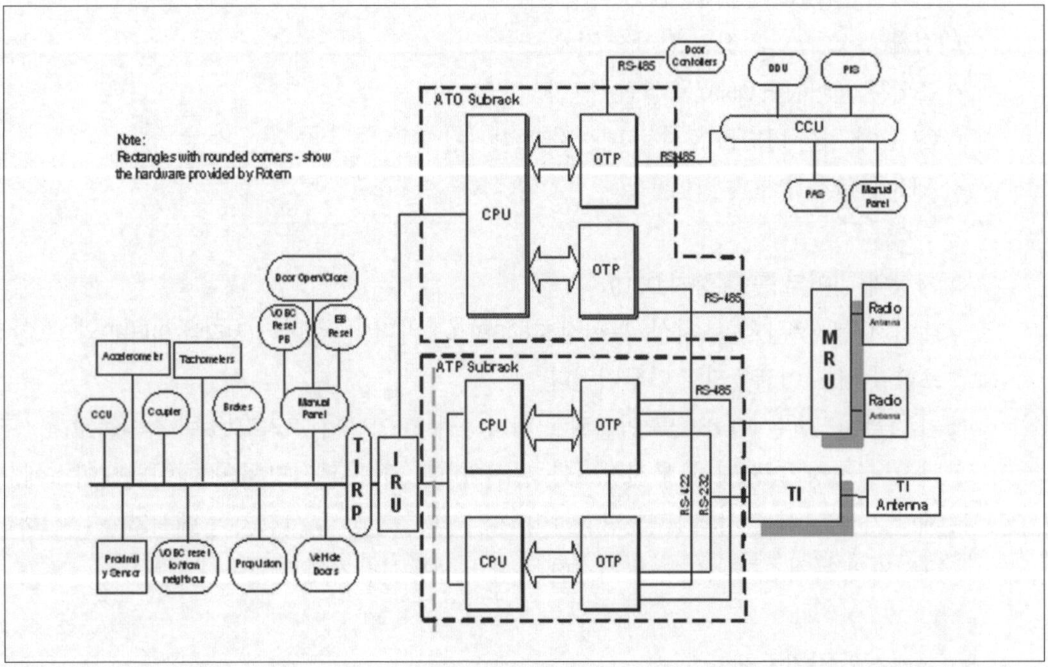

〈그림5-27〉 차상 제어장치

〈VOBC 의 ATP 기능〉

- 열차 위치 결정
- PMA 수신 및 감시
- 열차 위치 보고
- 이동 방향 감시
- 과속 감시/제로 속도 검지

- 출입문 제어 및 감시
- 대기 모드 실행
- 비상 제동 제어/추진 및 제동 제어 연동
- 역행(Roll-Back)
- 열차 무결성(Integrity)
- 차상 제어 장치(VOBC) 절체

〈VOBC 의 ATO 기능〉

- 열차 추진(VVVF) 및 제동(BCU) 제어
- 정거장 정차 – 지정된 정거장 정차
- 출입문 제어(Non Vital) – 열림, 닫힘
- CCU에 의한 PIS/PAS 자동 메시지 트리거링
- ATS에 열차상태 및 장애 보고

○ **차상의 데이터 통신 장치(DCU)**

데이터 통신 장치는 차상 무선장치(OBRU), 미디어 컨버터(시리얼/이더넷)와 보안장치를 포함한 서브 어셈블리로 이루어진다.

차상 무선장치는 VOBC와 연결된 컨버터와 무선 안테나 그리고 주변 장치들로 구성된다.

차상 무선장치가 지상 무선장치와 통신할 때 지상 무선장치의 데이터베이스에 등록된 해당 차상 무선 장치의 IP를 사용하여 연결한다. 지상 무선장치는 메시지를 수신하면 해당 메시지의 목적지를 확인하여 적절한 차상 무선통신장치에 전달한다.

○ **트랜스폰더 검지장치(TI)**

TI장치는 선로변에 설치된 트랜스폰더와 차상 트랜스폰더 안테나를 통해 통신하며, 트랜스폰더의 ID를 VOBC로 전송한다.

각 VOBC당 TI장치 및 안테나가 한 개씩 설치된다. TI서브랙은 트랜스폰더 안테나를 통해 지속적으로 변조되지 않은 트리거 신호를 전송한다. 선로변 트랜스폰더 태그는 안테나가 트랜스폰더에 근접하게 되면 이 트리거 신호를 수신하여 트랜스폰더 태그의 전송 회로를 활성화시킨다. 트랜스폰더 태그는 TI장치로 트랜스폰더의 ID를 전달한다.

TI 장치는 마이크로 프로세서, 송신기, 수신기, 디코더 회로로 구성되며 선로변에 설치된 트랜스폰더 태그에 신호를 보내고 해당 트랜스폰더의 ID를 수신하는데 사용된다. 수신된 태그 ID는 RS-232 시리얼 링크를 통해 VOBC로 전송되며 이는 열차위치를 확인하는데 사용된다.

ID 번호는 트랜스폰더 장치내 메모리에 저장되어 있다. 트랜스폰더는 트리거 신호가 수신되는 동안 지속적으로 메시지를 전송한다.

*** 트랜스폰더 안테나**

이 안테나는 안테나는 902MHz~928MHz 의 주파수 대역에서 작동되며, 트랜스폰더 태그를 탐색하고 정보를 읽어 들이는 역할을 한다. 안테나는 브라켓을 이용하여 열차에 탑재된다.

*** 트랜스폰더 태그**(Transponder-Tag)

1. 트랜스폰더 태그는 선로변을 따라 선로의 중앙에 설치되어 열차에 위치정보를 제공해 준다. 1차적인 목표는 열차의 정확한 위치정보를 제공하는 데 있다. 이들은 각각 고유한 ID를 가지고 있으며 다른 선로변 장비들과 연결되지 않는다.
   (1) 주파수 대역 : 902~928MHz
   (2) 동작 범위 ; 1.5~3m(**차량검지기 위치에 따라 변경**)
   (3) 동작 방법 : RFID 방식
   (4) 저장 데이터량 : 문자, 숫자 겸용 최대 10문자(60Bit)
   (5) 외함 : 환경 저항성, 폴리카보네이트
2. 트랜스폰더 태그는 차상에 설치된 트랜스폰더 검지기에 의해 전파된 RF 신호에 의해 동작된다. 이들은 검지기에 의해서 반송된 RF 빔에 의해 활성화되는 전자회로를 포함하고 있다. 각 트랜스폰더는 반송파에 고유의 ID 메시지를 암호화하여 신호를 반사시킨다. 트랜스폰더태그 회로를 위한 RF 빔은 제한적인 범위에서 동작하도록 하여 인접 지역의 다른 트랜스폰더 태그에 영향을 주지 않는다.
3. 외부전원 및 배터리가 없는 구조이며, 고장발생 시 차상이 감지하여 무선통신을 통해 지상 장치에서 감시가 가능하다.
4. 태그는 선로를 따라 약 25m, 50m~100m 간격으로 설치된다.
5. 태그는 트랜스폰더 상부의 면과 레일 레벨과는 적당한 이격거리를 유지하도록 설치하고, 설치높이를 조정할 수 있도록 취부금구를 설치하고 취부금구는 녹이 나지 않는 재질로 사용한다.

주파수 대역 : 902~928Mhz
동작 범위 : 1.5~3m(차량안테나 위치에 따라 변경)
동작 방법 : RFID 방식
저장 데이터량 : 문자, 숫자 겸용 최대 10 문자(60bit)
외함 : 환경 저항성, 폴리카보네이트
동작 온도 : -40 ~ 85℃
크기 : 23.6 x 6.0 x 1.75cm
무게 : 약 160g

〈그림5-28〉 트랜스폰더 태그 외형 및 사양

○ 열차 위치 인식용 트랜스폰더 태그의 방사 범위

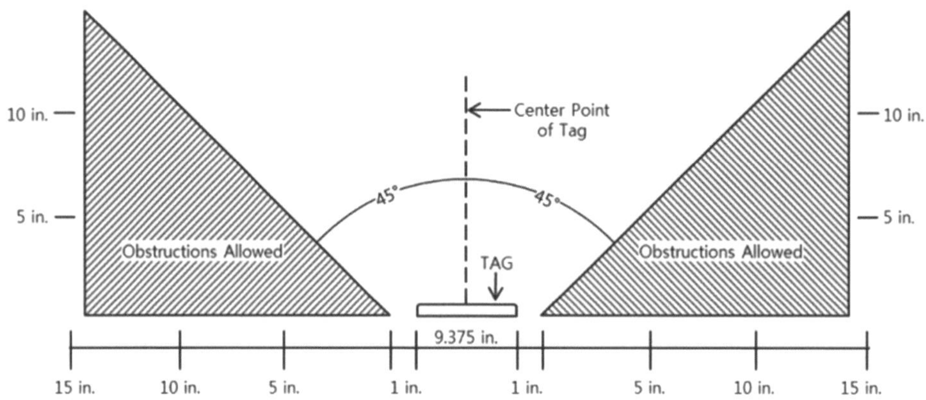

〈그림5-29〉 트랜스폰더 태그(Tag) 인식범위

○ 보안 장치(SD : Security Device)

무선 기반의 열차 제어 시스템에서 상업용 무선장치나 비인증 기기 또는 잠재적으로 무선 네트워크에 접속할 수 있는 여러가지의 요소들에 대해 보안장치는 비인증된 접속을 차단하여 ATC 시스템을 보호한다.

인증 키의 조합을 포함한 인증 암호화 과정을 통해 신뢰성 있는 통신을 제공한다.

인증 키는 종합사령실 내의 SRS 서버에 설치되는 인증 권한(CA) 어플리케이션에 의해 주기적으로 업데이트된다.

비밀 인증 키를 생성하는 보안 장치에 의하여 송신되는 텔레그램에는 인증 코드가 부여되며 이 인증 키를 사용하여 메시지를 확인할 수 있다.

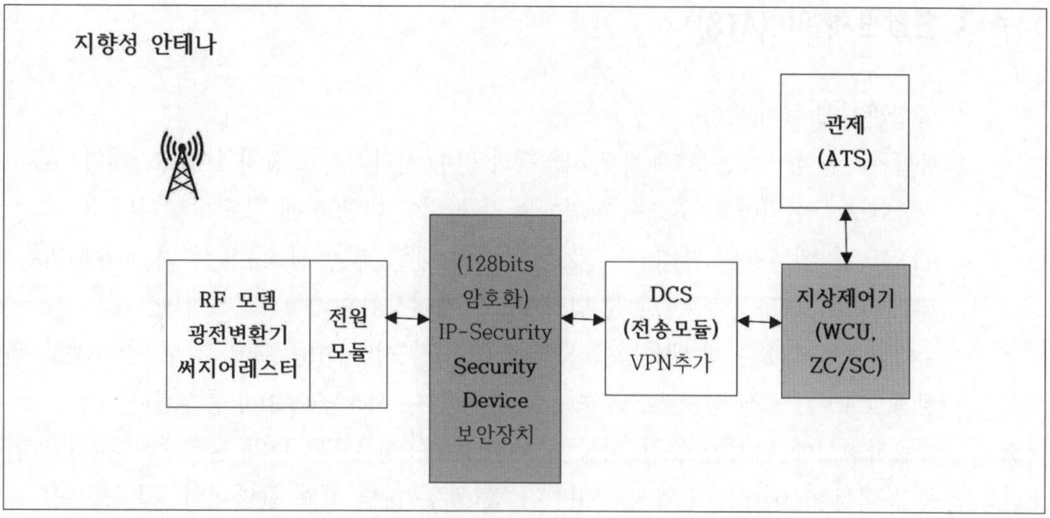

○ 트랜스포트 레이어(OSI-L4) : UDP

UDP(User Datagram Protocol) 프로토콜은 비연결 지향성의 프로토콜로써 수신측의 데이터 수신을 보장할 수 없으나 한번에 전달하는 데이터의 양이 적고 오버 헤드를 줄일 수 있어 어플리케이션 계층에서 절차 넘버 확인을 거쳐 데이터의 전송을 보장할 수 있도록 한다.

〈그림5-30〉 OSI 7 계층

4-3. 종합관제설비(ATS)

○ 종합관제실 설비(ATS)

종합관제실 설비에는 ATS 서브 시스템과 필수 인터페이스 장치들이 포함된다. ATS 서버는 이중화로 구현되며 ATS 표시 화면에는 각 설비에 대한 상태 정보가 현시된다.

ATS는 광 백본망을 통해 역 정거장 신호기계실 또는 신호-통신 기계실에 위치한 지역 제어장치(WCU), 승강장 출입문 인터페이스 제어장치(PDCI)와 통신한다.

추가적으로 ATS는 광 백본망을 통해 표준 시간 서버(NTS), 경영 정보 서버(MIS), 원방제어장치(SCADA), 승객 정보 시스템(PIS) 및 승객 안내 시스템(PAS)과 통신한다.

종합사령실에 위치한 중앙 비상 정지 버튼(CESB)은 WCU와 물리적으로 직접 연결되며 중앙 비상 정지 버튼이 활성화되면 각 WCU는 해당 제어 구역내의 모든 블록을 폐쇄하고 허용 이동 권한을 적색으로 전환하여 제어 구역 내에서 운영되는 모든 열차에 대하여 비상 제동을 체결하게 한다. 종합사령실에는 3가지 종류의 비상정지 버튼(CESB)이 존재하며 그 중 첫 번째는 본선용, 두 번째는 차량 기지용, 마지막 세 번째는 본선 및 차량 기지 통합 비상 정지 버튼이다.

수동 진로 예약(MRR) 버튼은 중정비/검수고 제어를 담당하는 WCU와 직접적으로 연결되어 검수고 진출입 열차 보호에 사용한다.

복구 블록 예약(RBR)버튼은 각 WCU와 연결되며 사령원의 수동 버튼 활성화를 통해 ATS는 WCU에 복구 블록 예약 요청을 하게 된다. 복구 블록 예약 기능은 열차의 고장이나 ATP 감시 없이 수동으로 열차가 운행하게 될 때 보호 블록 지정에 사용된다.

ATS 서브 시스템은 이중계 LAN에 각각 연결된다.

ATS 서브 시스템은 이중계의 LAN 하드웨어와 이중계의 워크스테이션으로 구성되며 하드웨어 구성은 다음과 같다.

- 관리자/본선 운영자/기지운영자 콘솔
- OCC Engineers 콘솔/스케줄 컴파일러 콘솔
- 네트워크관리 시스템(NMS) 이중계
- SRS 서버(이중계) : 스케쥴 레귤레이션 서버
- 데이터 로거 서버(이중계) : Data-Logger 서버
- 대형 표시반(DLP) 제어기(Wall Controller)

관제설비는 시스템 서버 이중화, 데이터 로거 이중화 등으로 구성된다.

ATS 네트워크상의 모든 워크스테이션에는 이중계 LAN를 지원할 수 있도록 이중계의 LAN 카드가 지원된다.

Active SRS에 장애가 발생하면 종합사령실 내의 Passive SRS 서버가 Active 시스템 서버로 자동 절체된다.

4-4. 차상 장치의 세부기능

차상장치 구성은 각 열차에는 2대의 VOBC가 설치된다.

VOBC는 아래와 같은 서브시스템들로 구성된다.

- 주 전원 공급 장치(PPSU, PSU)
- 자동 열차 방호 장치(ATP), 자동 열차 운행 장치(ATO)
- 데이터 통신 장치(DCU)
- 트랜스폰더 검지장치(TI)
- 인터페이스 계전기 유닛(IRU)

추가적으로 차상 장치는 아래와 같은 장치들로 구성된다.

- 각 무선을 위한 두 개의 이동 무선 장치
- 트랜스폰더 검지 안테나
- 두 개의 타코미터, 가속도계
- 정위치 정차 검지기

VOBC는 PDCI와 인터페이스한다. 승강장 출입문의 열림/닫힘 명령을 수신하기 위해 상기의 인터페이스를 사용한다.

VOBC 무선 LAN과 광 백본을 통해 PDCI와 ATS에 인터페이스한다. 무선 LAN으로의 액세스는 차상 무선 장치(DCU)를 통해 이루어진다. VOBC는 DCU에 PDCI 또는 ATS를 위해 예정된 정보를 제공한다. DCU는 무선LAN에 이 정보를 제공할 책임이 있다. 열차 출입문 제어장치와 VOBC간의 인터페이스는 RS-485 멀티드롭 직렬링크를 통해 모든 열차 출입문 제어장치로 전달된다. 이 인터페이스는 출입문의 열림 및 닫힘을 명령하며 현재 열차 출입문의 상태를 수신한다.

VOBC 는 CCU에 열차 상태 정보의 송, 수신을 위해 RS-485 Multi-drop의 시리얼 통신을 사용한다.

○ 속도 및 위치 결정

열차 위치 결정은 지상(트랜스폰더 태그) 및 차상에 있는 장치(타코미터)들의 정보 조합을 통해 결정되며 여기에는 트랜스폰더 검지기도 추가된다. 선로변상의 절대 위치는 선로변 구성 파일상에 저장된 위치 정보를 통해 전달된다.

트랜스폰더 사이의 정확한 위치 결정은 타코미터의 입력을 통해 이루어진다.

트랜스폰더 검지기는 VOBC에 최적의 위치 결정 데이터를 제공한다. 트랜스폰더 검지기는 선로변에 설치된 트랜스폰더를 찾아서 최적의 위치결정 데이터를 제공한다. 이 과정에서 얻어진 태그 ID는 VOBC로 보내지며 각 태그 ID와 선로변 위치 선정 데이터를 통해 위치가 결정된다.

○ ATO 기능

ATP 필수 기능에 추가하여 VOBC는 다수의 Non-Vital 기능을 제공한다.

- 진단 기능 • ATO 기능 • 자동 속도 및 방향 제어
- ATS(관제) 명령은 다음과 같다.
  - 정거장 개방 및 폐쇄
  - 열차 정차 및 진행, 비상 제동 리셋
  - 출입문 열림 및 닫힘 상태에서 정거장 대기
  - 출입문 열림 및 닫힘, 대기 모드
  - VOBC 절체, 속도 명령(%)
- 정차 프로세싱 • ATS 상태 보고, 열차 상태감시
- 열차 및 승강장 출입문 제어 • 승객 정보/안내 메시지 제어

○ 컨버터(S2E)

S2E 컨버터는 모든 이더넷 프레임을 OTP가 수신할 수 있도록 시리얼 텔레그램으로 변환한다. 반대로 모든 시리얼 텔레그램을 컨버터가 수신할 수 있도록 이더넷 프레임으로 바꾸는 역할도 한다.

ATO 와 ATP 모두 S2E 컨버터를 사용한다. S2E 컨버터는 지상 설비로부터 상태 정보를 송, 수신 받는데 사용된다. 이러한 기능은 WTP 카드(WCU 및 PDCI)를 통해 이루어진다.

○ 인터페이스 계전기 유닛(IRU)

인터페이스 계전기 유닛은 Active VOBC 와 열차 서브시스템간의 인터페이스를 제어하는 역할을 한다. Active VOBC만이 열차 ATC기능을 통제하는 것을 확실하게 하기 위해 두 IRU 사이에 계전기 연동 로직을 갖는다. ATP 장치는 IRU가 Active 상태에 있도록 명령하며 인통선을 Active상태의 VOBC로 연결시켜준다. 열차 운전자가 자동 모드 선택에 따라 ATP 장치들은 VOBC가 활성화되도록 상호 작용한다

IRU 에 포함된 계전기들은 다음의 기능을 수행한다.

- VOBC간 연동 기능 제공
- 인통선으로부터 모든 ATP, ATO 의 Vital 및 Non Vital 명령 차단
- 자동 모드 시 비상 제동 활성화 도구

모든 Vital 명령은 Vital 계전기의 사용을 통해 이루어진다. ATP장치는 지속적으로 이 계전기의 동작 상태를 감시하는 역할을 한다.

○ 가속도계

각 VOBC에는 하나의 가속도계가 설치된다. 가속도계는 열차 바닥 평면 위에 설치된다. 가속도계는 열차의 가속에 비례하여 적절한 출력 전압을 제공한다. 가속 신호 값은 자동 속도 제어 알고리즘을 위한 입력 값이다.

4-5. 지상 ATP 장치 세부기능

지상 신호 시스템은 WLAN을 통해 로직 블록에 지상 장치에서 차상으로 전송되는 ATP 허용 이동권한을 사용한다.

지상 ATP는 WCU(Wayside Control Unit)로 구성된다. WCU는 지상설비의 주요 Vital 제어 설비로써 모든 ATP 연동, 허용 이동 권한 생성, 선로전환기 및 승강장 출입문 Vital 제어 및 감시 기능 등을 수행한다.

WCU는 VOBC로부터 무선 링크를 통해 열차 위치, 속도, 이동 방향, 승강장 출입문 인에이블 명령, 동작 상태 정보를 수신한다.

WCU는 광통신 백본을 통해 ATS에서 명령을 수신하고 상태를 보고한다. ATS에서 수신된 명령은 WCU에 의하여 안전 연동검사가 수행된다.

① 열차 위치 검지

열차 위치 검지는 VOBC에서 WCU로 보고되는 열차 위치 정보를 근거로 한다. VOBC는 열차가 점유한 블록의 ID를 보고한다. 이 위치 정보에 따라 블록은 점유 상태, 미 점유 상태, 검지 유실 상태로 구분된다.

점유 상태 – 열차 위치 중 하나(**후면, 중앙, 전면**)가 블록 점유로 보고 되면, 해당 블록은 점유 상태로 간주된다.

미 점유 상태 – 블록 미 점유로 간주되는 상황은 다음과 같다.

1) WCU 기동 시나 선로변에 열차가 스윕을 해야되는 열차 위치 검지 실패 상태에서 열차가 블록을 통과하여 블록 내에 열차가 없음이 WCU 에 의하여 확인된 후에 블록은 미 점유 상태로 간주.
2) 정상 WCU 동작 시 WCU가 이전 점유 블록에서 이동 방향으로의 다른 블록으로 열차의 이동을 확인할 때 미 점유 상태로 간주.

검지 실패 상태 – 만일 열차가 3분이상 WCU와 통신이 두절되거나 열차 위치 타당성 검사가 실패한 경우.

WCU는 VOBC에 의해 보고된 열차 위치를 확인하기 위해 차량 위치 타당성 검사를 시행한다. 만일 WCU에 의해 송신된 열차 위치가 위치 타당성 검사를 통과하지 않으면 열차의 상태를 타임 아웃 상태로 간주하고 모든 관련 블록들을 검지 실패 상태로 설정한다. WCU는 다음의 기준을 통하여 중요 열차 위치 타당성 확인을 실시한다.

- 현재 열차 위치 대비 최종 보고 열차 위치
- 블록 레이아웃
- 선로전환기 위치

WCU는 해당 블록을 폐쇄, 점유하는 방법으로 열차 검지 실패 상태에 관련된 구역 내에서 열차 자동 운행을 방지한다. 아래의 조건 하에서만 검지 실패 상태가 해제된다.

열차 위치 회복 및 타당성 검사 통과 – 통신 고장으로 인해 열차 위치 검지실패가 발생한다. 열차 통신이 재접속되어서, 열차의 위치 타당성 검사를 수행하여 성공한다. 통신 두절 열차로 인하여 위치 검지 실패 상태에 있던 모든 블록들은, 통신 가능한 열차가 수동으로 해당 블록을 스윕한 이후에, 위치 검지 실패 상태가 해제된다.

열차 위치 회복 및 타당성 검사 실패 – 통신고장으로 인해 열차 위치 검지 실패가 발생한다.

열차 통신이 재접속되어서, 열차의 위치 타당성 검사를 수행하여 실패한다. 위치 검지 실패를 야기한 열차는 비상모드로 두 블록 이상을 진행한다. 위치 검지 실패 상태 내의 모든 블록에서 타당성 검사가 성공하면, 위치 검지 실패 상태가 해제된다.

열차 검지 실패 상태가 해제되더라도 블록들은 여전히 폐쇄 상태로 남아 있는다. 사령원이 수동으로 해당 블록에 대하여 정상 운행을 가능하도록 개방시켜야 한다.

허용 이동 권한 결정 알고리즘은 WCU가 열차 위치 검지 모듈에 의해 설정된 블록 점유 정보를 사용함으로써 시행된다.

② 안전 열차 이격 보장

WCU는 최소 하나 이상의 적색 PMA블록을 유지하고 열차 사이에 있는 블록들을 황색 PMA로 설정하여 안전 열차 이격을 가능하게 한다.

- 점유 블록
- 폐쇄 블록(트래픽)
- 미 쇄정 및 부정확한 선로전환기 정렬
- 다른 열차를 위해 해제된 진로 상에 있는 블록

황색 PMA는 열차가 제한적인 선로변 속도 프로파일 또는 상용 제동 곡선에 따라 블록 종단 지점으로부터 일정 거리 내에 있는 정차 할 수 있도록 한다. 차상 VOBC는 열차 속도의 과속 감시를 시행한다.

열차가 적색 PMA 블록으로 진입할 경우 차상 VOBC는 즉시 비상 제동을 체결한다.

ATP 허용 이동 권한은 WCU 텔레그램에 의해 제공된다. WCU에 의해 생성, 코딩된 WCU 텔레그램 데이터는 WCU에서 생성, 코딩되며 이더넷 또는 무선 링크를 통해 VOBC로 전송된다.

WCU에서 VOBC로 전달되는 텔레그램에는 〈그림 5-31〉에서와 같이 4개 블록의 PMA를 포함하고 있다.

각 블록의 PMA 에는 아래의 정보가 포함된다.

- 승강장 출입문 상태
- 선로전환기 방향
- 열차 이동 방향
- 허용 이동 권한 상태(녹색, 황색, 적색)

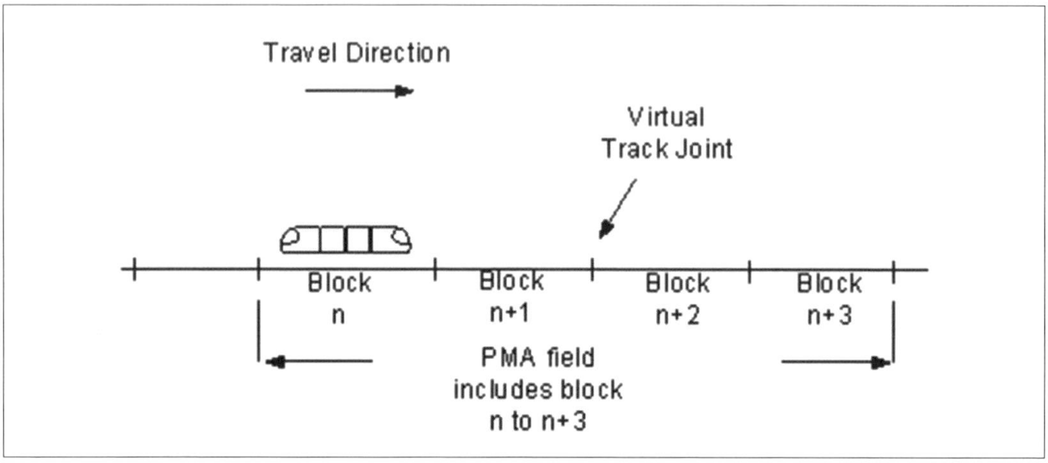

〈그림 5-31〉 PMA 텔레그램

PMA는 열차가 분기점에 도달할 때까지 취해야 할 경로를 나타낸다.

녹색 – 열차는 최대 허용 속도로 블록 종단 지점까지 이동할 수 있음

황색 – VOBC는 블록 종단 지점 전까지 정차할 수 있도록 속도 저하를 명령. VOBC는 정차와 관련한 제동 곡선 감시

적색 – VOBC에서 비상 제동장치 적용을 명령

ATS는 PMA 선택에 대한 직접적인 제어권을 가지지 않는다. ATS는 WCU에서 수신한 블록 PMA 설정 상태를 이용하여 운영자 화면에 블록의 색상을 표시한다. 또한 ATS에는 WCU에서 보고된 열차ID를 이용 열차 아이콘을 표시한다.

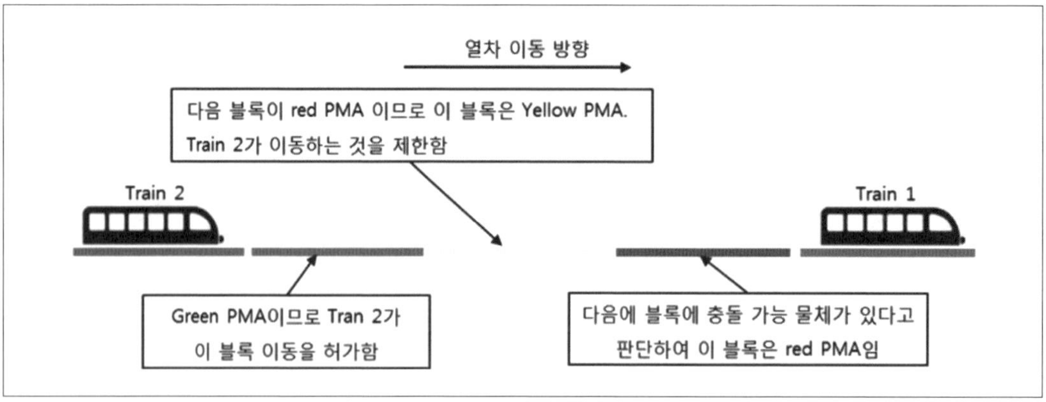

〈그림 5-32〉PMA 상태에 따른 열차 이동

제5장

기존 무인운전 System

철도신호기술사 기출문제

01 고정폐색 방식과 이동폐색 방식의 원리에 대하여 설명하시오.

02 FBS(Fixed Block System) MBS(Moving Block System)에 대하여 설명하시오.

03 고정폐색 ATC속도코드방식과 Distance To Go(DTG) 방식의 특징들을 비교하여 설명하시오.

04 이동폐색 적용 시에 고려할 사항에 대하여 설명하시오.

05 자기부상열차의 부상원리와 체크인/체크아웃 검지방식을 설명하시오.

06 CBTC 시스템의 IL방식과 RF방식에 대하여 서술하고 장 · 단점을 설명하시오.

제6장

KTCS-①/KTCS-② System (한국형 열차제어 시스템)

1 KTCS-① 한국형 철도 RF-CBTC 시스템의 사양

1. 이동폐색 시스템의 이동권한 Movement Authority

① 이동폐색 내에서는 2편성 이상의 열차가 운행함
② 열차는 이동권한이 통지된 후에 이동하며 ATP가 전송
③ 열차에서 이동권한을 요구하는 경우 : 주기적인 열차위치 보고
④ 이동권한의 종단까지 선로정보, 속도제한, 구배, 전방진로 등 활용
⑤ 이동권한은 현재위치에서 특정위치까지 주행할 수 있는 거리
⑥ 열차는 새로운 이동권한이 주어지기 전에 이동권한을 주기적 요청
⑦ 이동권한은 여러 섹션으로 분할되며 여러 개의 폐색을 포함
⑧ 이동권한은 선행열차 후미에 있는 최소 안전마진을 초과 불가

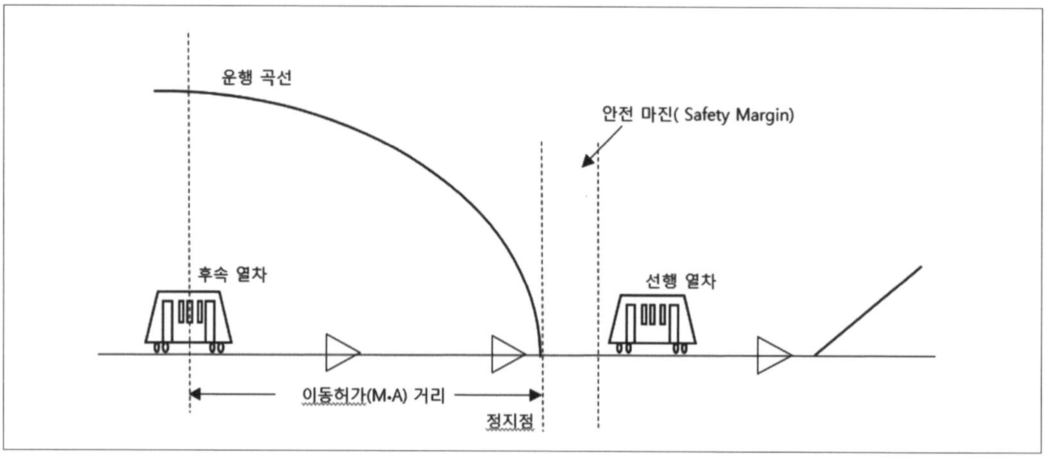

〈그림6-1〉 이동폐색 시스템의 이동권한

2. 열차위치 추적(한국형 RF-CBTC KTCS-①)

① 차상 신호장치는 열차의 현재위치(상대위치) 정보를 생성하고 무선 장치를 통하여 지상 신호장치에게 전송한다.

② 지상 신호장치는 제어영역 내에서 운행하는 모든 열차위치를 실시간으로 추적한다.
③ 차상 신호장치는 지상자(트랜스폰더)를 사용하여 상대위치 정보가 갖고 있는 오차를 보정한다.

3. 열차 속도제어(한국형 RF-CBTC : KTCS-①)

① 지상 신호장치는 실시간 열차위치정보 및 선로정보를 토대로 이동 권한을 생성하고 차상 신호장치로 전송한다.
② 열차가 이동권한을 넘어가는 것을 막기 위해 열차속도를 연속 감시한다.

입력	출력
열차 위치정보	이동권한 생성 (Movement Authority)
선로 정보	
제한 속도	
구배, 전방 진로	

1) "지상 장치"의 열차 속도제어(한국형 RF-CBTC : KTCS-①)

① 열차는 트랜스폰더를 사용하여 위치정보의 데이터 오류를 교정한다.
② 지상 장치는 열차와 선로의 특성을 활용하여 정적 속도프로화일을 생성한다.
③ 지상 장치는 다른 열차위치를 고려하여 이동권한 지점을 결정한다.
④ 지상 장치는 열차제어 통신망을 통해서 정적 속도 프로화일, 이동 권한, 선로 정보를 개별 열차로 전송한다.
⑤ 지상 장치는 제어영역의 경계지역에서의 핸드오버 제어를 한다.

2) "차상 장치"의 열차 속도제어(KTCS-①)

① 차상 장치는 트랜스폰더를 기준으로 하여 열차의 실시간 위치를 지상 신호 장치로 전송한다.
② 차상 장치는 열차이동권한과 정적 속도프로화일을 받는다.
③ 정적 속도프로화일과 선로정보를 토대로 동적 속도프로화일을 생성한다.
④ 동적 속도프로화일을 기준으로 열차속도와 주행거리의 차이를 계산한다.
⑤ 동적 속도프로화일과 현재 열차의 움직임을 비교해서 충돌(접촉)이 우려되면 차상 장치는 상용제동 또는 비상제동을 인가한다.

4. KRTCS-①(한국형 RF-CBTC)의 성능 목표

1) 환경 조건

- 도시철도차량표준규격 적용
- 도시철도시설표준규격 및 국제규격 적용

2) 무인운전(UTO)

- 실시간으로 열차상태 감시(관제, 차량부서)
- 열차 원격제어 기능(기동, 정지, 리셋조치 등)
- 장애물과의 충돌 방지 시설

3) 기술적 성능

① ATP 장치는 40편성의 열차를 제어할 수 있어야 한다.
② 열차성능 최대속도 150km/h, 운행속도 120km/h
③ 최소운전시격(Headway) : 90 sec
④ 열차위치 검지/이동허가권 정밀도(±0.25 ~ ±6.25m)
⑤ 열차 속도 측정 정밀도(±0.5 ~ ±2km/h)

Parameters(매개 변수)	범 위
ATP 목적을 위한 열차 속도측정 정확성	±3km/h
ATP 목적을 위한 열차위치 측정 정확성	±5 ~ 10m
ATO 목적을 위한 열차위치 측정 정확성(PSD설치)	±0.05m
열차 지시속도 정밀도(분해능)	±0.5 ~ 5km/h
차상 - 지상간 메시지 통신 지연시간	0.5 ~ 2sec
CBTC 장치간의 반응 시간	0.07 ~ 1초
열차 제로속도(V0) 검지 기준	2초간 1 ~ 3km/h

2 KTCS-②(Korean Train Control System-②)

1. KTCS-② 시스템

유럽형 열차제어시스템(ERTMS/ETCS)은 유럽에서 국가 간 열차운행 시 신호시스템이 서로 달라 직통운전이 어려운 문제를 해결하기 위하여 개발된 시스템으로 레벨1, 레벨2, 레벨3로 나누어진다.

레벨1의 경우 기존의 궤도회로와 신호기를 사용하고 선로에 정보전송장치(발리스)를 설치하여 차량에 열차운전조건을 전송하는 방식이고, 레벨2는 선로변 신호기를 사용하지 않고 실시간 무선통신을 이용하여 열차운전조건을 전송하는 방식이다. 레벨3는 도시철도에 적용되는 CBTC 시스템과 유사한 시스템으로 열차 검지를 위한 궤도회로나 열차 운행을 위한 신호기를 사용하지 않는 방식으로 현재 유럽에서 시험 중에 있다.

국내에서 ATP 시스템이라 불리우는 레벨1은 경부선, 호남선, 전라선, 경춘선, 원강선 등 대부분의 주요 간선철도에 설치되어 운행 중에 있으며, KTCS-2는 유럽형 열차제어시스템의 Level 2를 국산화한 시스템을 의미한다.

KTCS-2 시스템에서의 열차의 위치검지는 선로변에 설치된 궤도회로 정보를 폐색정보 전송장치(BITU : Block Information Transmission Unit)가 연동장치에게 전달하며, 연동장치는 무선폐색센터(RBC : Radio Block Center)로 전달한다. 무선폐색센터에서는 수신된 정보를 기반으로 무선폐색센터 제어 영역에 운영중인 KTCS-2 차상장치에게 이동권한을 LTE-R 무선통신망을 이용하여 전달한다.

무선폐색센터는 열차의 운행정보와 열차의 위치정보 및 진로상태를 고려하여 선행열차의 위치에 따라 열차의 진행방향으로 안전 이동거리(이동권한)를 연산하여 LTE-R 무선통신장치를 통하여 차상장치로 전달해주는데 목적을 두고 있다.

기본적으로 이동권한은 최대 5개의 Section과 1개의 End-Section으로 구성되어 총 6개의 Section에 대한 이동권한을 준다. KTCS-2 시스템은 궤도회로 기반이기 때문에 이러한 Section은 궤도단위이다.

1.1 구성

KTCS-2 시스템 주요 설비에 대한 구성은 KTCS-2 시스템의 핵심설비인 무선폐색센터를 중심으로 타 신호시스템과 인터페이스를 구축한다.

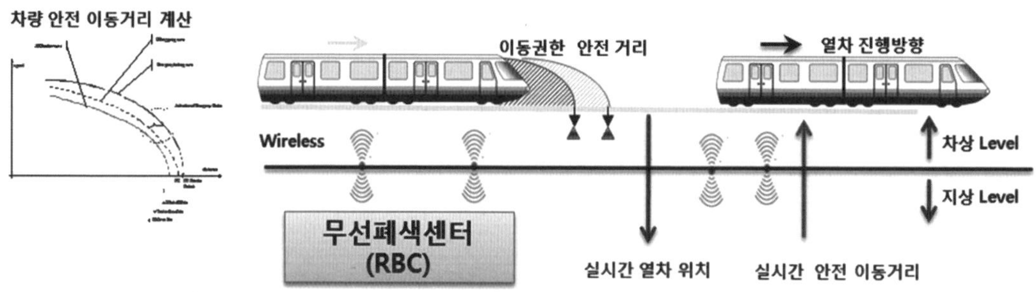

〈그림 6-2〉 KTCS-2 시스템

* KTCS-2(한국형 RF-CBTC 열차제어 시스템) 관련 약어

- RBC(Radio Block Center) : 무선폐색센터(ETCS LEVEL - 2 지상 신호제어장치)
- KVC(Korean Vital Computer) : ETCS LEVEL-2(차상 신호 컴퓨터장치)
- STU(Safety Transmission Unit) : 안전전송 유니트(데이터 암호화/복호화 장치)
- KMC(Key Management Center) : 암호화 전송키 관리센터
- BITU(Block Information Transmission Unit) : 폐색 정보(역/현장) 전송장치
- STM(Specific Transmission Module) : ATS/ATC 노선에 구간 상호운영을 위한 차상전송 모듈
- TSI(Technical Specification for Interoperability) : 상호운영성을 위한 기술 사양

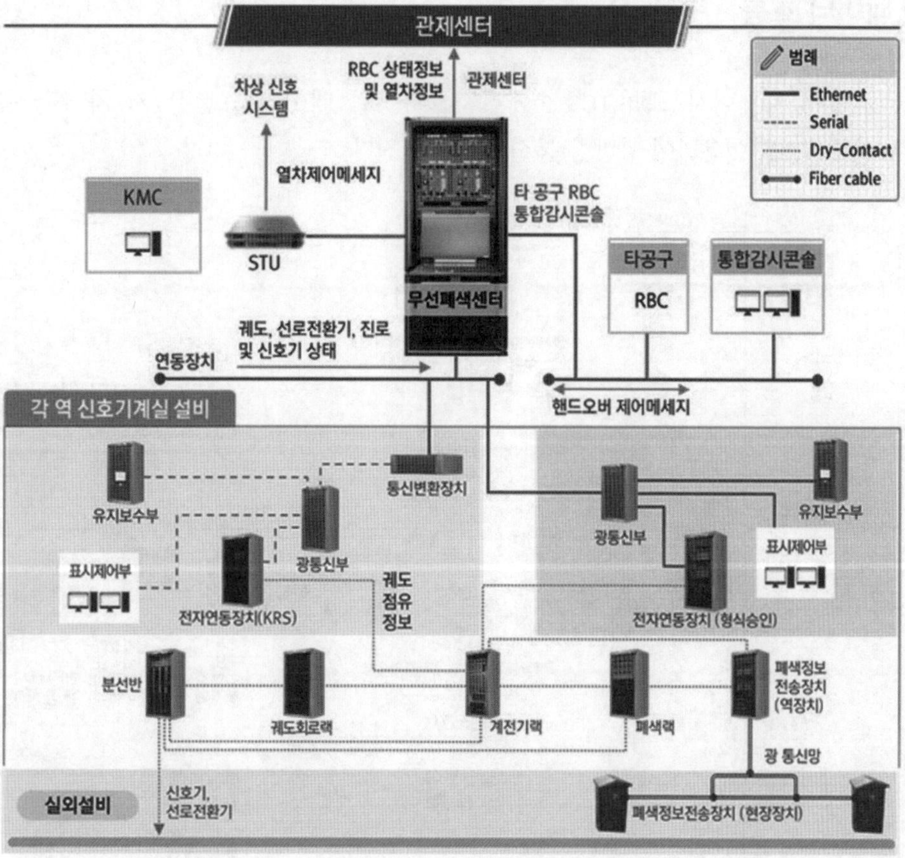

〈그림 6-3〉 구성도

무선 폐색센터는 특정지역(**관제실 또는 집중화된 신호기계실**)에 설치되어 KTCS-2 열차 제어를 위한 각종 ATP 관련 기능을 수행한다.

무선 폐색센터는 전자연동장치로부터 궤도, 선로전환기, 진로 및 신호기 상태 정보를 기반으로 각 열차별 이동권한을 생성하고, 전자연동장치는 BITU 역 장치로부터 현장 신호 시설물에 대한 각종 신호 정보를 수신 받는다.

BITU 현장장치는 기존에 설치되어 있는 폐색장치 및 각종 안전설비와 인터페이스를 하여 해당 정보는 BITU 역 장치로 전송한다.

무선 폐색센터에서 생성된 각종 ATP 정보는 LTE-R 무선망을 통해 KTCS-2 차상장치인 KVC에 전송되어 열차를 제어한다.

1.2 데이터 흐름

한국형 열차제어시스템(KTCS-2)에서 지/차상간 데이터 흐름은 지/차상간 통신 LTE-R 무선통신망을 이용하여 양방향 통신이 이루어진다.

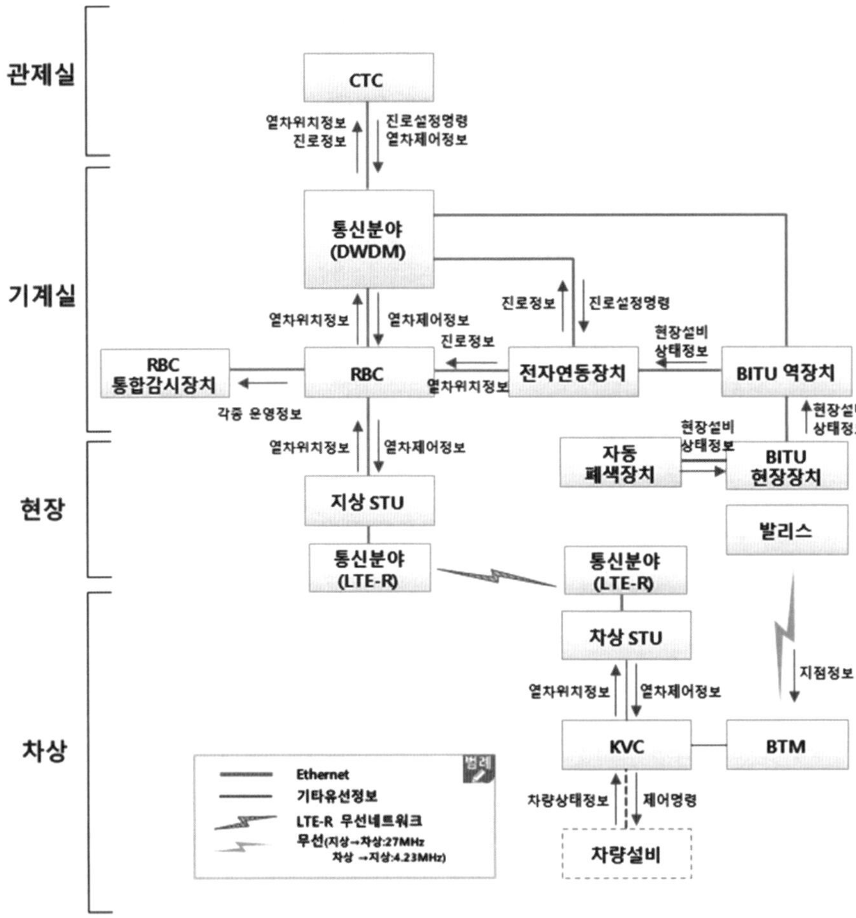

〈그림6-4〉 데이터 흐름도

선로변에 설치되는 발리스는 열차의 절대 위치 정보 확인을 위해 설치가 되며, 열차 점유 정보는 자동폐색장치(ABS)로부터 수신 받은 정보를 BITU 장치와 전자연동장치를 통해 무선폐색센터로 전송된다. 수신 받은 열차 점유 정보 및 진로정보를 이용하여 무선 폐색센터는 열차별 이동 권한을 생성한 후 KTCS-2 차상장치(KVC : Korean Vital Computer)로 전송한다.

지/차상간 무선통신시 암/복호화를 위하여 지상 및 차상에 안전전송모듈(STU : Safety Transmission Unit)을 이용하여 무선통신에 대한 보안 레벨을 확보한다.

KTCS-2 차상장치인 KVC는 지상으로부터 수신한 열차 제어 정보를 기반으로 ATP 기능에 의한 열차의 안전한 방호를 실행한다.

1.3 하위 레벨 호환 운영

한국형 열차제어시스템(KTCS-2)은 기존 설비 및 하위레벨의 상호 혼용을 위해 인터페이스를 고려하여 시스템으로 구축될 수 있다. ATP Level 1 혼용 운용은 KTCS-2 시스템과는 별개로 기존에 설치되어 있는 발리스를 통해 ATP 운행을 하며, KTCS-2는 신규로 설치되는 LTE-R 무선망을 통하여 열차운행을 제어한다.

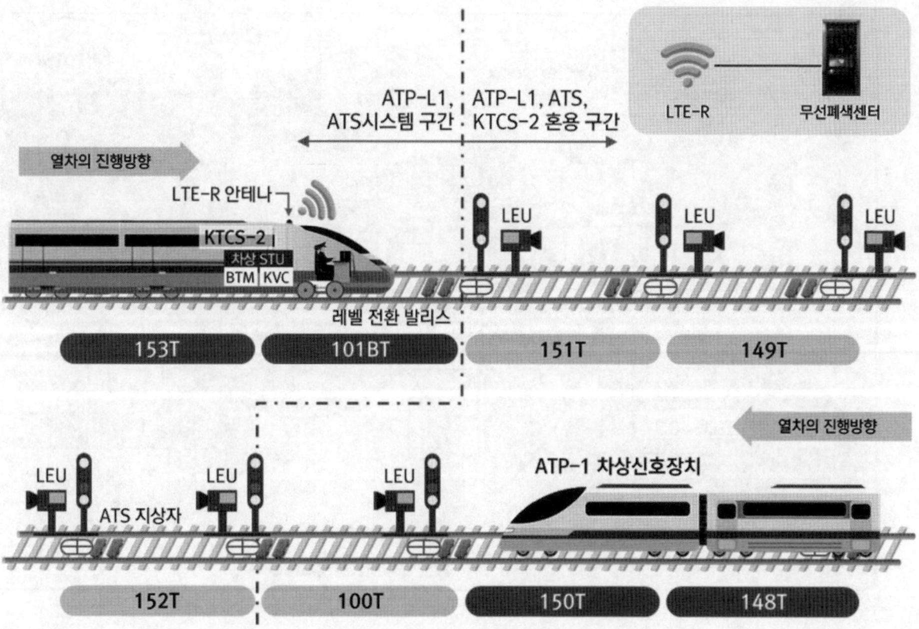

〈그림6-5〉 하위레벨 호환운영

ATP Level1 열차의 이동권한은 기존에 구축되어 있는 궤도회로와 신호기를 통해 선로변 제어 유니트(LEU : Lineside Electronic Unit)에서 생성하여 운행되며, KTCS-2 시스템 열차는 신규로 설치되는 BITU로부터 수신된 현장 정보(궤도정보, 신호기 정보 등)를 기반으로 무선폐색센터에서 이동권한을 생성한다.

만약, 지/차상간 LTE-R 무선장치에 장애가 발생하여 KTCS-2 시스템 열차 운행이 불가할 경우 ATP Level1 시스템으로 절체되어 안전한 운행을 보장한다.

1.4 상호 운영성 확보 방안

한국형 열차제어시스템(KTCS-2)에서 상호 운영성(Inter-Operability)이라 함은 ETCS 표준 규격 준수로 인접한 RBC간 상호 운영성과 지/차상간 상호 운영성을 의미한다.

ERTMS/ETCS의 개발 목적은 상호 운영성을 확보하기 위함이며, 각 선구별로 상이한 열차 제어시스템을 표준화하여 원활한 운영을 가능토록 한다

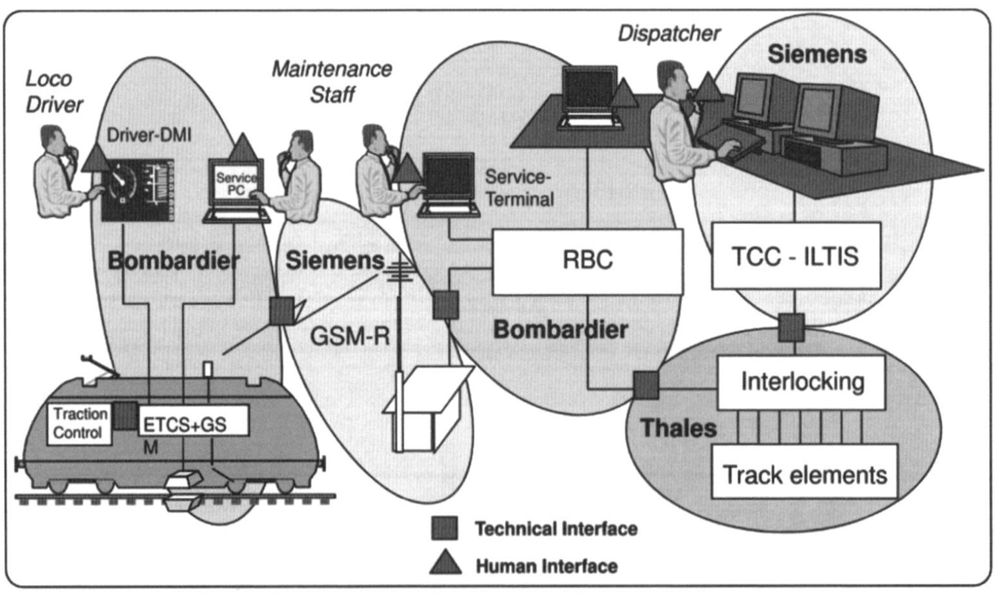

〈그림6-6〉 상호운영성 확보방안

지상장치간 상호 운영성은 RBC간 핸드오버 구현으로 검증된다. RBC간 핸드오버는 ERTMS/ETCS 표준 규격에 언급되어 있는 Packet 131번을 준수하여 이루어진다.

지/차상간 상호 운영성은 KTCS-2 차상으로 공급되는 타 사의 KVC 장비와 인터페이스를

통해 검증된다. KVC와의 인터페이스 규격 또한 ERTMS/ETCS 표준 규격에 입각한 프로토콜로 인터페이스 되기 때문에 상호 운영성을 보장한다.

2. 무선폐색센터(RBC)

무선폐색센터는 열차와 LTE-R 무선 네트워크를 연결시킨 지상장치로, 현재 열차 위치 정보는 연동장치를 통해 입력된다. 무선폐색센터는 관할 영역을 제어하고 열차 이동권한을 생성하며, LTE-R을 통해 열차의 이동권한을 차상으로 전송한다.

또한, 무선폐색센터는 인근 무선폐색센터와 연결되어 열차가 현재 무선폐색센터 영역에서 다음 무선폐색센터 영역으로 이동시 연속적인 열차제어의 수행을 위해 핸드오버를 수행한다.

무선폐색센터는 ERTMS/ETCS Baseline 2 규격을 준수하며, 신뢰성 및 가용성을 위해 이중계 장치로 구성된다. 또한, 무선폐색센터는 안전성 최고 등급 레벨인 SIL 4 등급을 요구한다.

무선폐색센터의 주요 기능은 다음과 같다.

- 무선통신 관리 기능(무선 세션 구축)
- 이동권한 전송(MA/Linking/Track Description)
- 열차운행 안전 기능(비상정지/임시속도 제한)
- 레벨전환 절차 수행
- 핸드오버 절차 수행

무선폐색센터의 제어 용량은 최대 인터페이스 포인트 수 1,500개와 최대 20편성을 열차를 한 제어 영역내에서 동시에 제어할 수 있다. 대략적으로 선구로 보면 80Km 연장을 하나의 무선폐색센터가 제어한다.

또한, 무선폐색센터 랙 내부에 설치되는 유지보수 컴퓨터는 RBC의 유지보수를 위한 설비로써 고성능의 IPC와 KVM 스위치로 구성된다.

유지보수 컴퓨터에는 RBC 유지보수를 위한 소프트웨어가 탑재되어 있으며, 이 소프트웨어에 대한 기능은 아래와 같다.

- 실시간 메시지 표시 : RBC와 각 장치간 송수신 메시지 표시
- L/S 기능 : 해당 영역의 신호설비 및 열차 정보 표시
- 로그 저장/검색/출력 : 송수신 메시지 저장/검색/출력
- 로그 전송 : RBC가 송수신하는 모든 메시지를 RBC 통합감시장치로 전송

2.1 RBC 장치 구성

무선폐색센터는 전원공급을 위한 정류기부와 주요 연산 로직 생성을 위한 RBC 서브랙, RBC 유지보수를 위한 유지보수 컴퓨터, 로컬 네트워크 인터페이스를 위한 L3 스위치부로 구성된다.

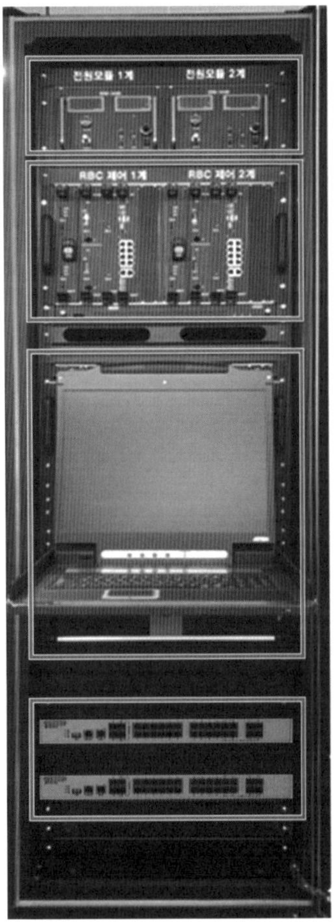

정류기부는 병렬 이중계 구성으로 무순단 절체가 가능하며, 외부로부터 AC 220[V]을 입력하여 DC 24[V]를 출력한다.

RBC 서브랙은 열차를 제어하기 위한 로직을 생성하는 서브랙으로써, 전원보드, 제어보드, 통신보드, ISO(절연) 보드로 구성된다.

유지보수 컴퓨터는 KVM 스위치와 고성능 산업용 컴퓨터와 구성되며 RBC 유지보수를 위한 MMI 소프트웨어가 탑재된다.

L3 스위치부는 로컬 네트워크 구성을 위하여 2개의 네트워크 스위치로 구성되며 보안전용 엔진을 탑재하고 있다.

〈그림6-7〉 RBC 장치 구성

2.2 RBC장치 기능

무선폐색센터는 열차의 안전한 주행을 위한 기능을 수행하며, KTCS-2 차상장치인 KVC와의 실시간 무선통신을 통해 기능이 실행된다.

주요 기능은 안전한 열차 이격을 관리하는 이동권한 생성, 차상장치와의 무선통신 관리, 열차 운행 모드 변경 승인, 하위 레벨 연계 운영을 위한 레벨전환, 타 공구 RBC와의 연계 운행을 위한 핸드오버, 각종 열차의 안전 운행을 위한 정보 전송 기능이 있다.

〈그림6-8〉 RBC 장치 기능

각 기능은 ERTMS/ETCS Subset 026에서 제시한 Message와 Packet에 의거하여 인접 RBC 및 차상장치와의 인터페이스가 이루어진다.

2.2.1 무선통신 관리(MSG ID. 155, ID. 32)

무선통신 관리 기능은 지차상 장치간 무선통신(LTE-R)을 사용하여 열차제어 데이터를 교환하는 기능으로써 MSG ID 155, MSG ID 32번에 의거하여 수행된다.
무선 메시지의 구성은 메시지의 헤더와 패킷, 변수로 구성된다.

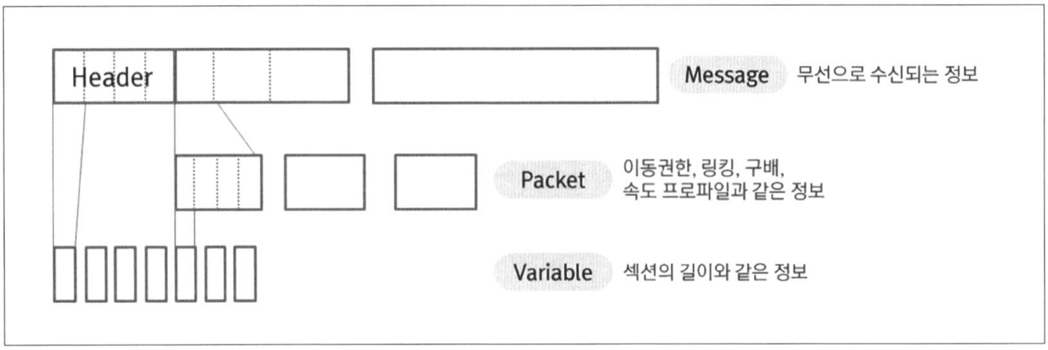

무선폐색센터와 차상장치 KVC간 무선통신 초기화는 열차에서 우선적으로 통신 초기화를 요청하고, RBC는 시스템 버전 정보(Class 1)를 열차에 송신한다. 버전 호환시 무선 세션이 연결되고, 버전이 호환되지 않을 경우 무선 세션은 종료된다.
RBC와 열차간 무선통신 연결 유지는 RBC에서 열차와의 통신을 유지하기 위하여 지속적으로 메시지를 전달하며, 열차는 RBC의 메시지를 수신하지 못할 경우 안전한 운행을 위하여 M_NVCONTACT Reaction(트립, 상용제동, 무 반응)을 체결한다.

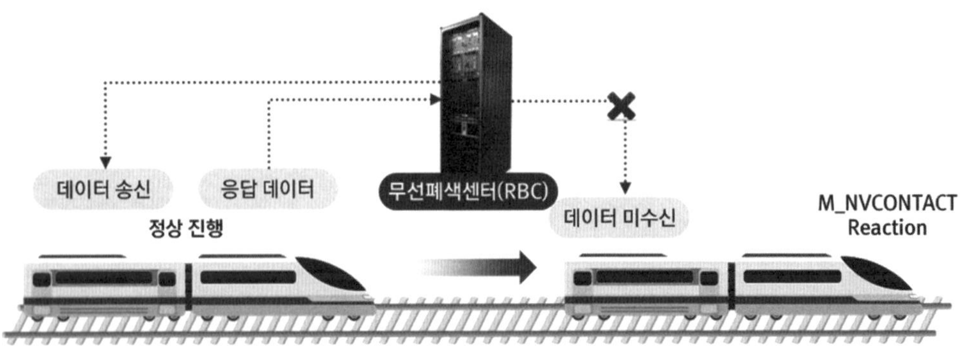

〈그림6-9〉 무선통신 관리

RBC와 열차와의 무선통신 세션 종료는 열차가 RBC 영역을 진출(핸드오버, 레벨전환, EOM, 입환)할 경우 무선 세션 종료 메시지를 송신한다. RBC는 통신 종료 확인 메시지를 송신하고 저장하고 있던 열차 데이터를 삭제한다.

2.2.2 파라미터 관리(MSG ID. 24)

2.2.2.1 열차위치 보고 파라미터(Packet No. 58)

열차 위치 보고 전송을 제어하기 위한 매개 변수를 전송하는 기능으로 3가지 파라미터로 구성된다. RBC는 열차 운용 규칙에 따라 열차 위치, 보고, 파라미터를 결정한다.

- T_CYCLOC : 위치를 보고하는 주기 시간
- D_CYCLOC : 위치를 보고하는 거리 주기
- M_LOC : 발리스 통과시 위치 보고

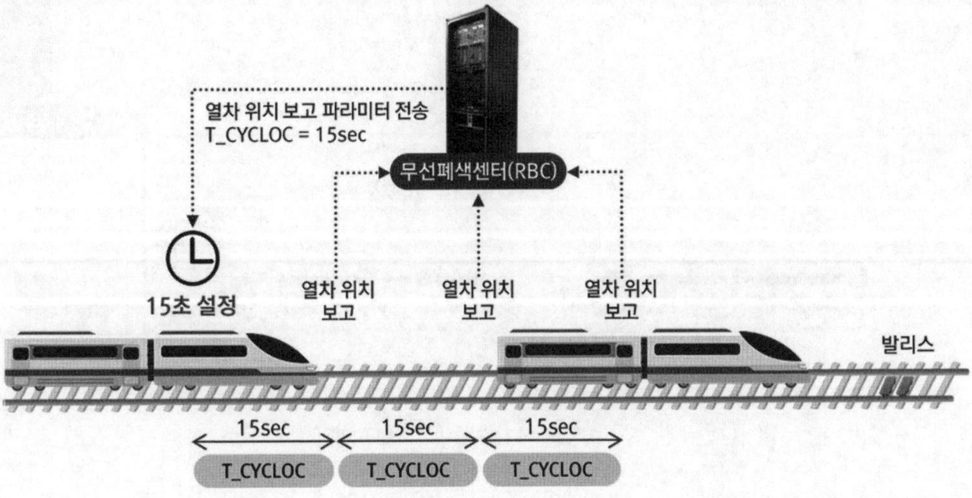

〈그림6-10〉 파라미터 관리

위의 예시는 열차 위치보고 파라미터를 T_CYCLOC로 선정을 하였을 경우이며, 주기 시간은 15 Sec로 값을 정했다. KTCS-2 차상장치인 KVC는 이 파라미터를 수신하고 난 후 매 15초마다 열차의 위치 정보를 RBC에 전송하게 된다.

만약, 열차 위치보고 파라미터를 D_CYCLOC = 1,000m 값으로 선정을 하게 되면, KVC는 1,000[m]마다 열차 위치 보고를 RBC에 전송하게 된다.
또한, 열차 위치보고 파라미터를 M_LOC = Balise 값으로 선정하게 될 경우, KVC는 발리스를 통과할 때마다 열차 위치 보고를 RBC에 전송하게 된다.

2.2.2.2 이동권한 요청 파라미터(Packet No. 57)

열차의 이동권한 요청을 제어하기 위한 매개변수를 전송하는 기능으로 3가지 파라미터로 구성된다. RBC는 열차 운용 규칙에 따라 열차 위치 보고 파라미터를 결정한다.

- T_MAR : 이동권한의 열차 감속지점과 관련된 이동권한 요청
- T_CYCRQST : 시간 주기별 이동권한 요청
- T_TIMEOUTRQST : Session Time Out 까지의 여유 시간

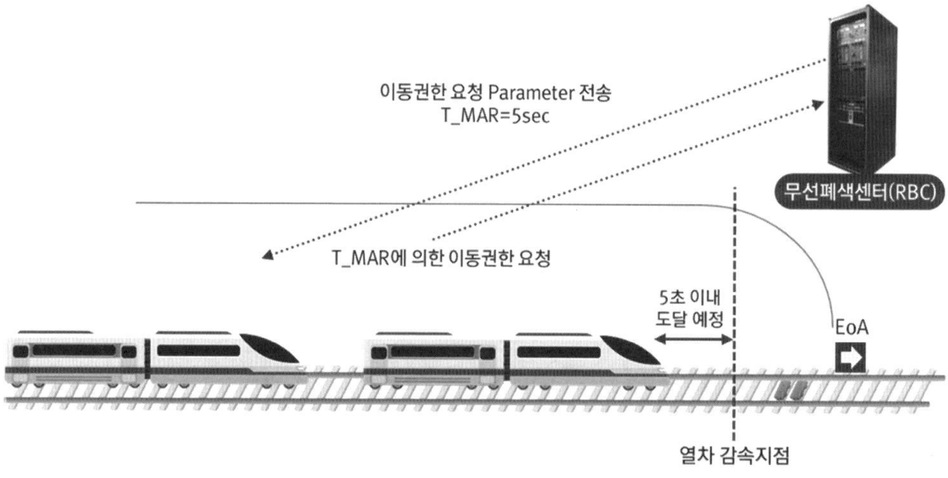

〈그림6-11〉 이동권한 요청 파라미터

위의 예시는 이동권한 요청 파라미터를 T_MAR로 선정하였을 경우이며, 주기 시간은 5Sec로 값을 정했다. KTCS-2 차상장치인 KVC는 이 파라미터를 수신하고 나면 열차가 감속 지점에 도달하기 5초 전에 RBC로 신규 이동권한을 요청하게 된다.
만약, 이동권한 요청 파라미터를 T_CYCRQST = 10sec 값으로 선정을 하게 되면, KVC는 10초 주기로 RBC로 이동권한을 요청하게 된다.
T_TIMEOUTRQST 파라미터는 국내에서는 사용하지 않는다.

2.2.2.3 National Value(Packet No. 3)

통신 세션 초기화 완료 후 국가값을 전송하는 기능으로, 운영 조건에 맞는 국가값을 설정하여 열차 운행의 안전성을 보장한다.
국가값에 대한 주요 정보는 다음과 같다.

V_NVSHUNT	입환모드(허용) 속도 한계 기본 값= 30km/h	25km/h
V_NVSTFF	운전자 책임모드(허용) 속도 한계 기본 값 = 40km/h	45km/h
V_NVRE	완해 속도 값 기본 값 = 40km/h	15km/h
D_NVROLL	롤어웨이 거리 한계 기본 값 = 2m	3m
Q_NVEMRRLS	운전자 비상제동 완해 기본 값 = 정지상태에서만 완해가능	정지상태에서만 완해가능
T_NVCONTACT	새로운 메시지를 수신하기 전까지 운행 가능한 최대 시간 기본 값 = 무제한 1~254초, 무제한 중 운영 조건에 따라 변경 가능	무제한
M_NVCONTACT	T_NVCONTACT 시간 이후 열차의 행동 기본 값 = 행동 없음 Trip, Service brake, 행동 없음 중 운영 조건에 따라 변경 가능	행동 없음
D_NVSTFF	운전자 책임모드 주행 최대 허용거리 기본 값 = 무제한	무제한

[National Value]

2.2.3 이동권한(MSG ID. 3)

이동권한은 거리, 속도, 구배 등의 정보를 차상장치로 제공하는 기능으로 안전한 열차 이동을 보장한다. 이동권한에 사용하는 Packet는 MA(Packet No. 15), Linking(Packet No. 5), Track Description (Packet No. 21, No. 27, No. 68)을 사용한다.

이동권한의 확장은 다음과 같은 순서로 이루어진다.

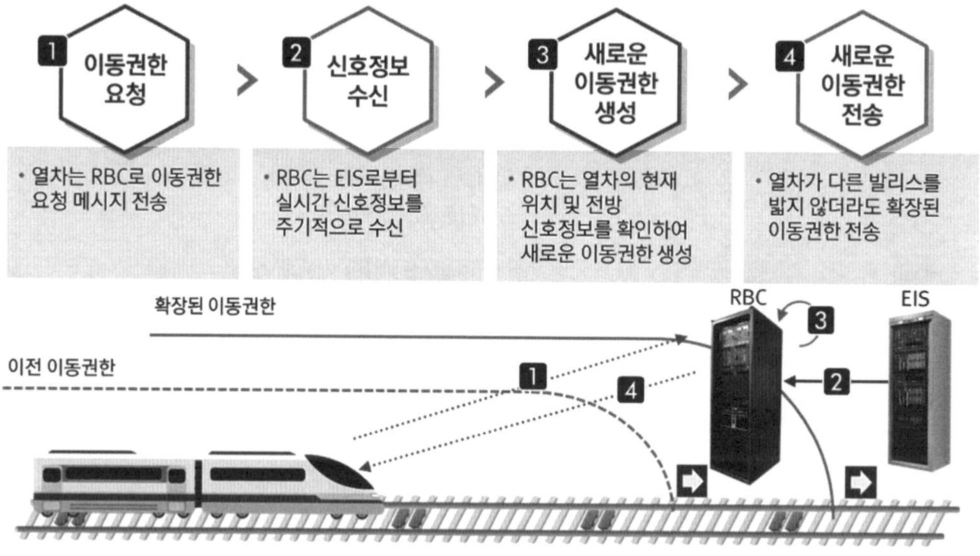

〈그림6-12〉 이동권한

2.2.3.1 MA(Packet No. 15)

MA는 LRBG로부터 열차가 이동할 수 있는 최대거리 정보를 제공하는 기능으로 제공된 거리까지의 열차의 안전한 운행을 보장한다.

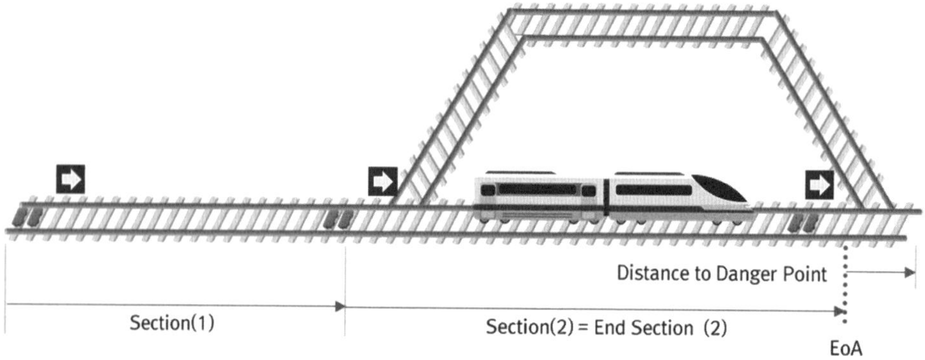

〈그림6-13〉 MA

MA 패킷은 LRBG에서부터 이동할 수 있는 거리(L_SECTION)와 EoA에서의 속도(V_LOA)와 완해속도(V_RELEASEDP)를 정의한다.

2.2.3.2 Linking(Packet No. 5)

링킹은 발리스 정보를 이용하여 고장/방향 판단과 차량 주행거리계의 위치 오차를 보정하는 기능으로 열차 운행시 거리 오차를 보정하고 발리스 고장 또는 오류시에도 안전한 열차 운행을 제공한다.

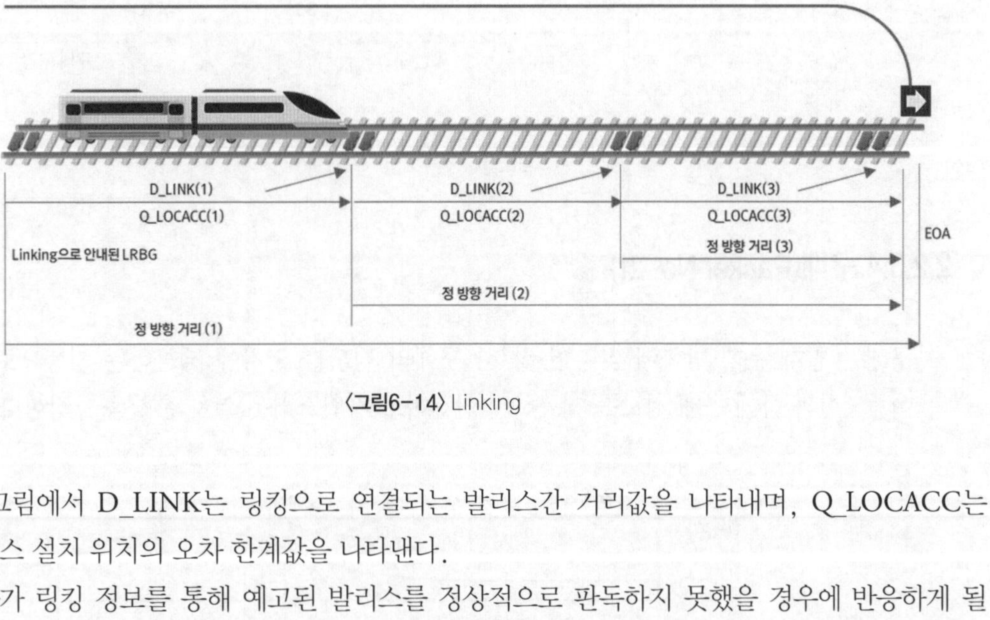

〈그림6-14〉 Linking

위 그림에서 D_LINK는 링킹으로 연결되는 발리스간 거리값을 나타내며, Q_LOCACC는 발리스 설치 위치의 오차 한계값을 나타낸다.
열차가 링킹 정보를 통해 예고된 발리스를 정상적으로 판독하지 못했을 경우에 반응하게 될 변수는 Q_LINKREACTION으로 지정될 값으로는 트립, 상용제동 적용, 무반응으로 적용될 수 있다. 국내의 경우 링크 리액션은 안전과 관련된 장내 또는 출발 발리스의 경우 운영규칙에 따라 트립으로 적용이 되며, 안전과 관련된 역간 발리스의 경우 상용제동이 적용된다.

2.2.3.3 정적속도 프로파일(Packet No. 27)

정적속도 프로파일은 운행구간에 맞는 정적 속도 프로파일을 제공하는 기능이다.

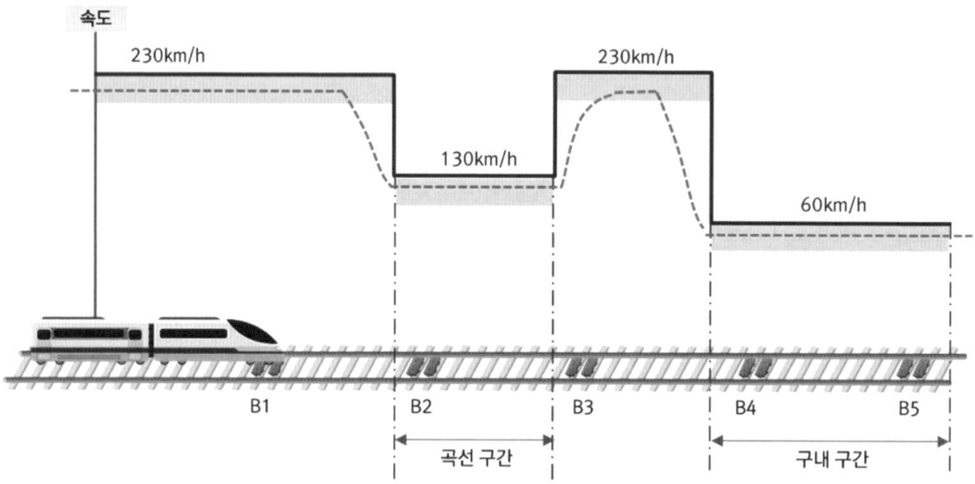

〈그림6-15〉 정적속도 프로파일

2.2.3.4 구배(Packet No. 21)

구배는 열차 운행 방향에 맞추어 상/하 구배의 정도를 열차에 제공하는 기능으로 RBC에서 이동권한과 함께 구배 정보를 제공하여 안전하고 자연스러운 열차 운행을 보장한다.

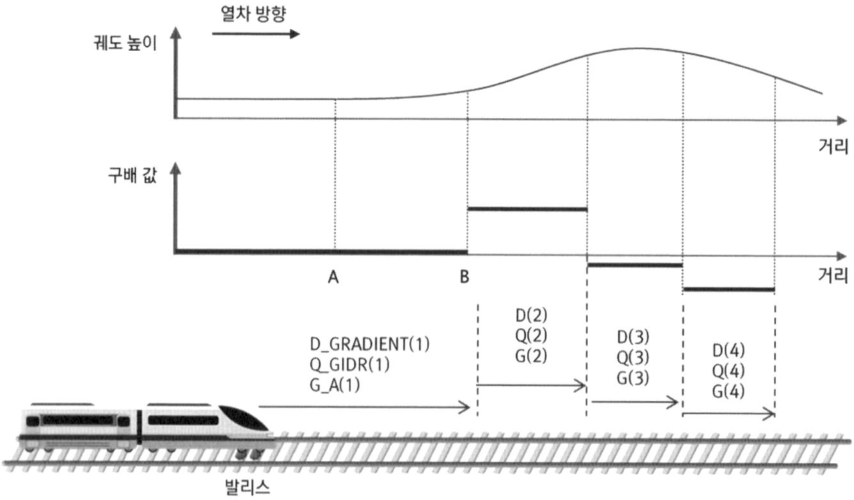

〈그림6-16〉 구배

위 변수 중 D_GRADIENT는 다음 구배까지의 거리값을 나타내며, Q_GDIR은 상/하구배를 표시하는 한정자, G_A는 퍼밀리 기준의 구배값을 의미한다.

2.2.3.5 Track Condition(Packet No. 68)

Track Condition은 선로조건 정보인 차량기밀, 사구간등의 정보를 열차에게 제공하는 기능으로 운행선구에서 사전에 선로조건을 제공하여 안전하고 자동화된 열차운행을 보장한다.

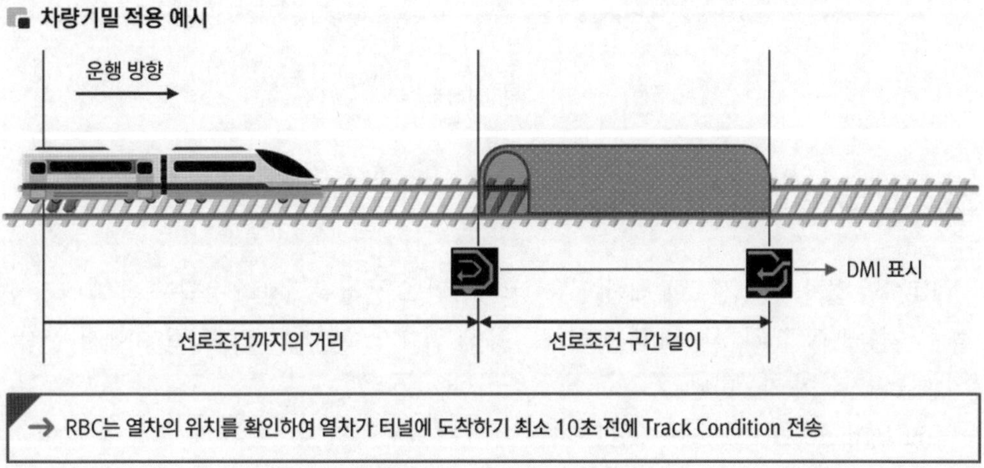

〈그림6-17〉 Track Condition

2.2.4 SR 모드(MSG ID. 2)

SR 모드는 운전자 책임하에 열차가 운행하는 것을 허가하는 기능으로, 열차가 이동권한 요청시 SR 모드를 허가하여 MA없이 운전자 책임하에 운행하는 모드를 제공한다.
운전자는 SR 모드를 요청하고 RBC는 열차의 모드를 확인하여 SR 모드 허용 여부를 판단하고 난 후 운전자 책임하에 운행이 가능하도록 승인한다.
RBC에서 열차의 모드를 확인하는 과정에서 열차의 현재 모드가 대기 모드(Stand by) 이거나 트립 후(Post Trip) 모드 일 경우 SR 모드로 허용할 수 있다.

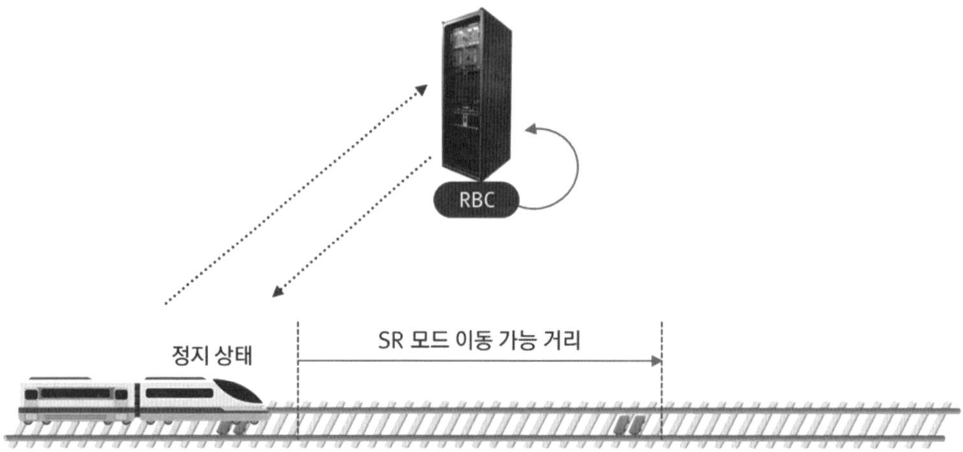

〈그림6-18〉 SR 모드

2.2.5 Track Ahead Free(MSG ID. 34)

RBC의 열차 전방 선로에 대한 점유 상태 확인 요청과 운전자의 응답을 통해 안전성을 확보하는 기능으로 Track Ahead Free 절차를 통해 열차가 운전자 책임 모드(SR)에서 완전 감시 모드(FS)로 전환이 가능하다.
Track Ahead Free 모드에 대한 절차는 아래 그림과 같다.

※ 열차운행Mode

- SR모드(Staff Responsible) : 운전자 책임 Mode
- FS모드(Full Supervision) : 완전감시 Mode
- SB모드(Stand By) : 대기 Mode
- SH모드(Shunting) : 입환 Mode
- OS모드(On Sight) : 시각 Mode
- SN모드(STM National) : STM Mode
- UN모드(Unfitted) : ETCS 비장착 Mode

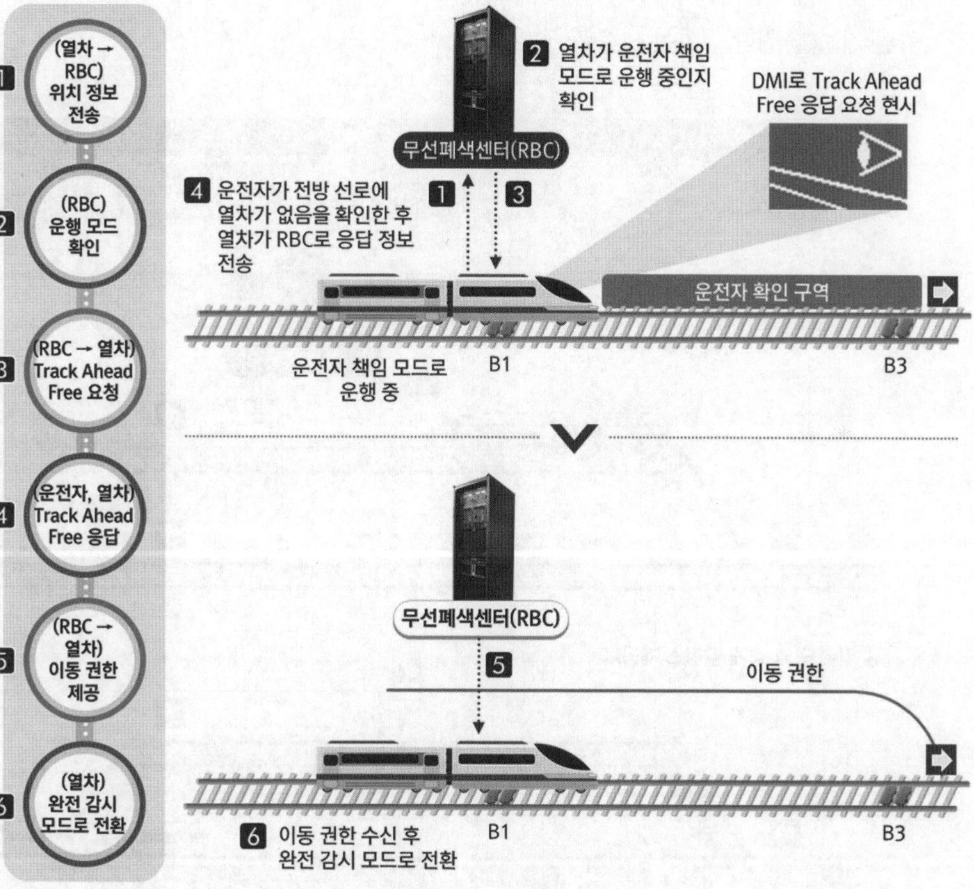

〈그림6-19〉 Track Ahaead Free

이 기능은 열차가 운전자 책임모드로 운행 중에 완전 감시 모드로 전환하기 위하여 필요한 기능으로, 전방의 선로조건을 운전자로 하여금 확인을 받고 난 후 RBC에서는 이동권한을 부여하여 완전 감시모드로 전환할 수 있도록 하는 기능이다.

2.2.6 입환(MSG ID. 27, ID.28)

입환 기능은 열차가 분리와 결합, 적재 등의 작업을 수행할 수 있도록 입환 허용 및 거절 정보를 제공하는 기능으로 입환 구역 경계 발리스 설치를 통해 운영 효율성을 증대한다.
입환을 허용하지 않을 경우 열차가 분리와 결합을 위한 이동권한이 생성되지 않기 때문에 입환을 위해서는 위 기능을 사용하여 열차의 입환 작업을 지원한다.
입환 기능을 위한 절차는 다음과 같다.

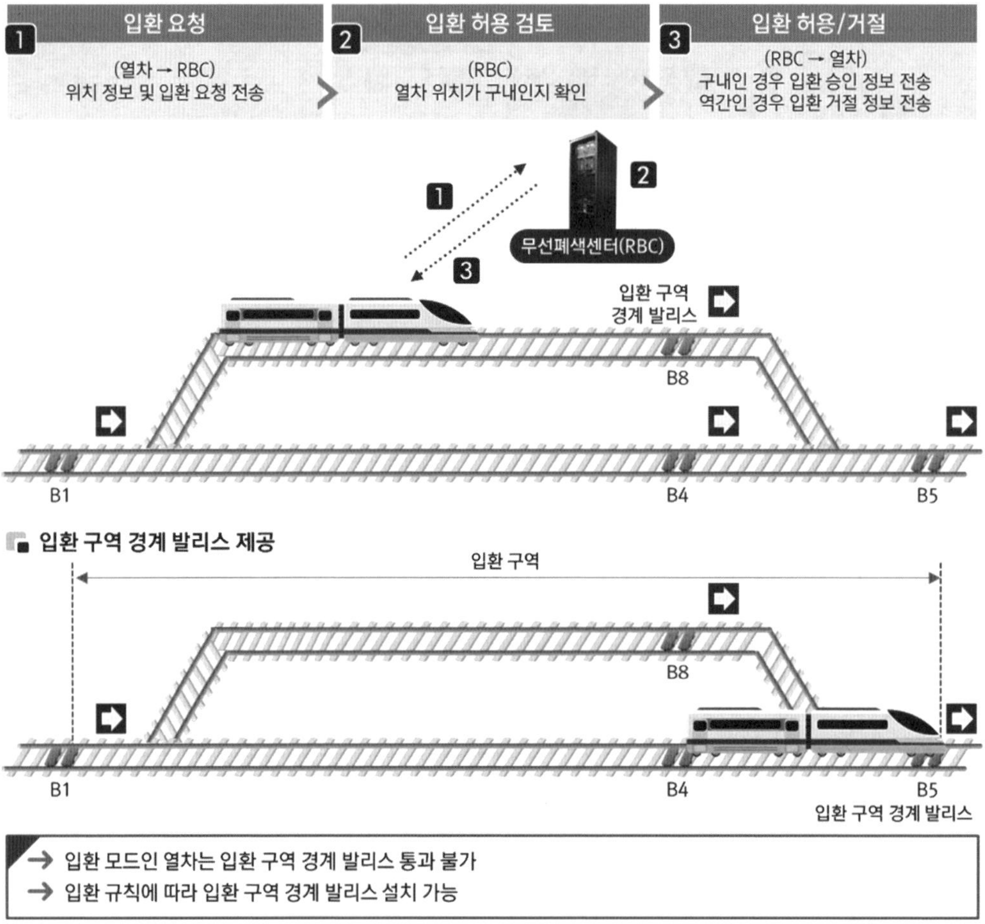

〈그림6-20〉 입환

2.2.7 비상정지(MSG ID. 15)

관제센터에서 비상정지 설정/해제 메시지를 해당 열차로 전송하는 기능으로 비상정지 메시지에 대한 열차의 응답 전까지 반복 전송을 통해 열차의 안전한 운행을 보장한다.
비상정지 설정 절차는 다음과 같다.

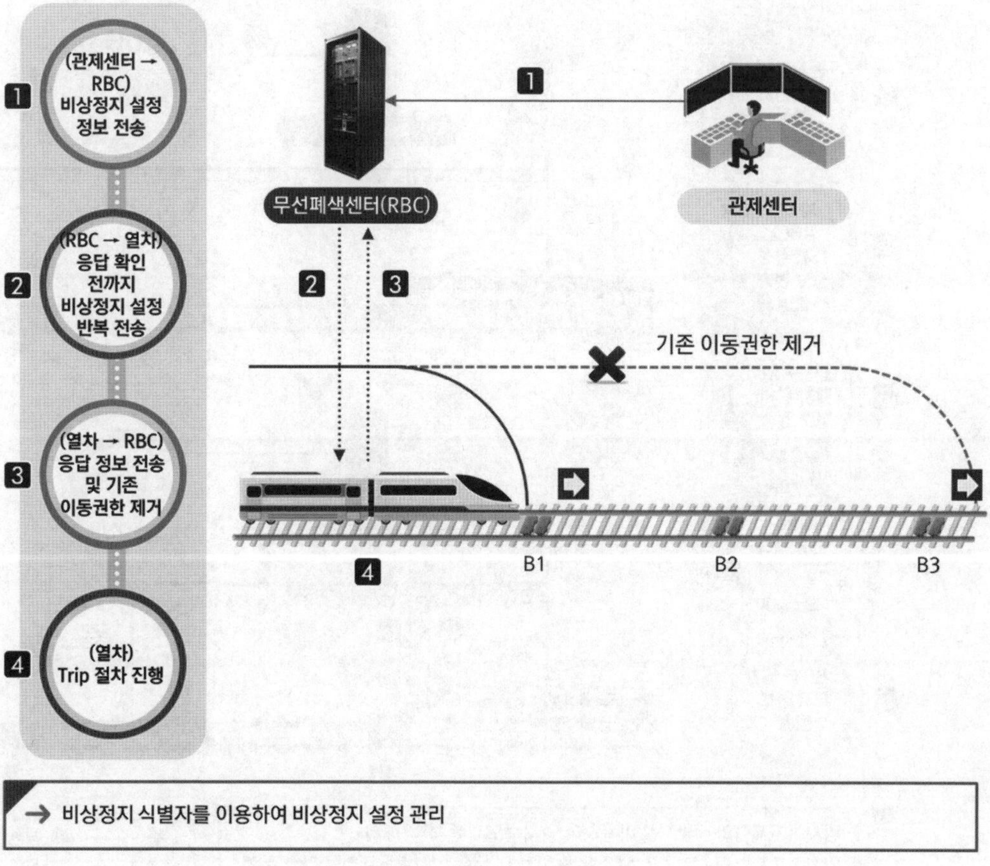

〈그림6-21〉 비상정지

비상정지 해제 절차는 관제센터에서 해제 명령을 RBC로 전송하고, RBC는 KVC로 전송하여 Trip 해제 절차를 진행하게 된다. KVC에서 열차가 Trip이 해제되면 열차는 운행을 재개한다.

2.2.8 임시속도 제한(MSG ID. 24)

임시속도 제한은 신호설비의 유지보수를 위하여 열차 운행 특정 구간에 임시속도를 제어하는 기능으로써, 무선 네트워크를 통해 전송된다.
임시속도 제한을 위한 설정 절차는 다음과 같다.

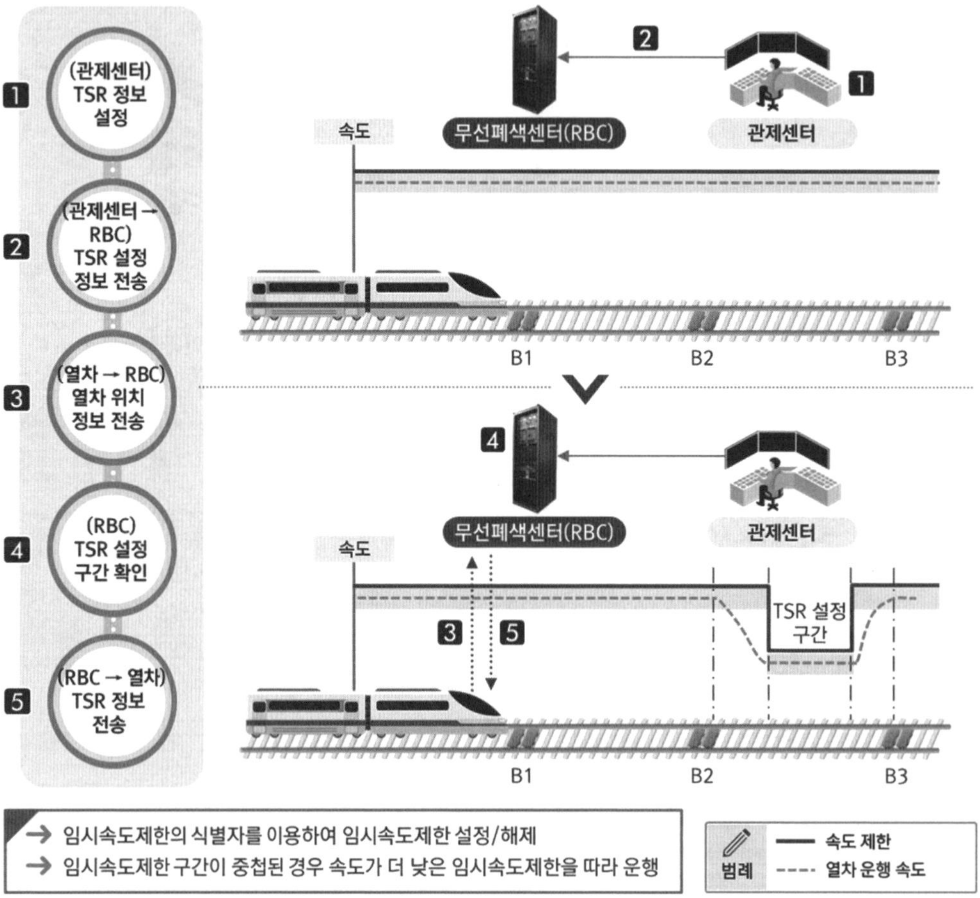

〈그림6-22〉 임시 속도제한

Level 1 시스템(ATP 시스템)의 경우 TSR 발리스(고정 발리스)를 임시속도 설정 구간에 설치하여 임시속도 제한을 설정할 수 있다.

2.2.9 텍스트 메시지(MSG ID. 24)

관제센터 텍스트 메시지 및 RBC 텍스트 메시지를 열차로 전송하는 기능으로, 운전자에게 알림 정보를 제공하여 안전한 상황판단을 보장한다.
텍스트 메시지 전송 절차는 다음과 같다.

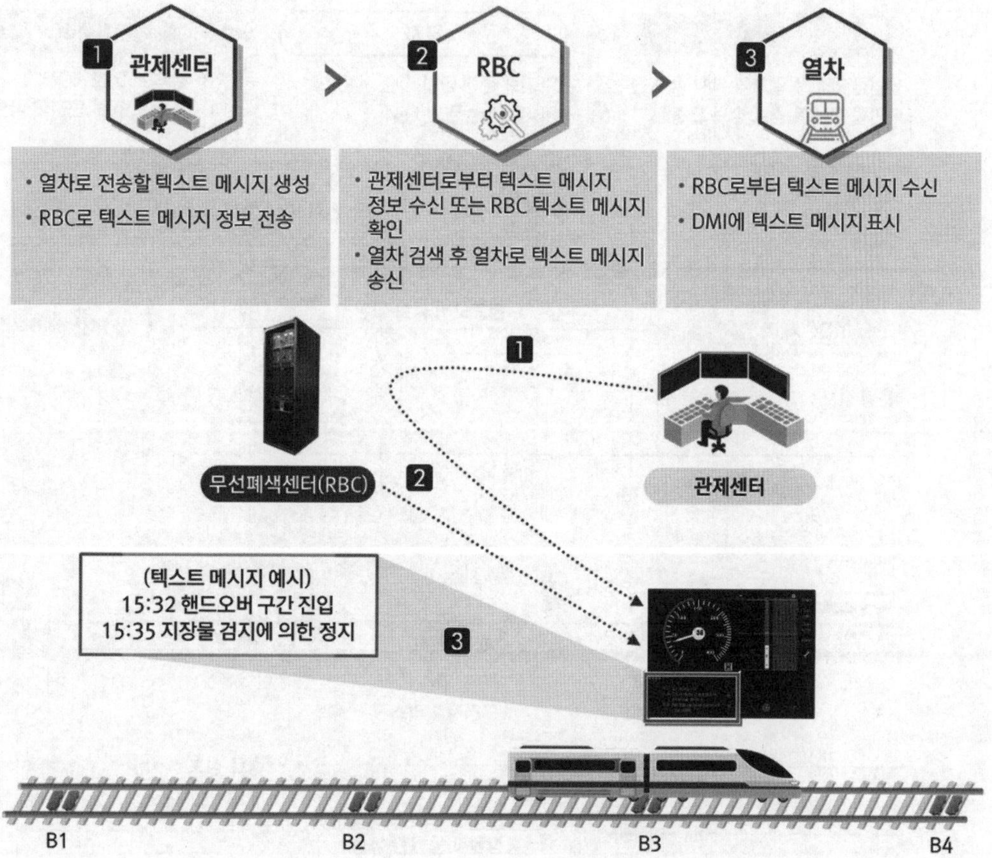

〈그림6-23〉 텍스트 메시지

텍스트 메시지 전송은 표시 시작 조건과 표시 종료 조건 변수로 설정된다.

- 표시 시작 조건 : 텍스트 메시지 표시 시작 지점까지의 거리
- 표시 종료 조건 : 텍스트 메시지 표시 구간 길이

2.2.10 핸드오버(MSG ID. 24)

열차가 인접한 RBC 구역으로 이동할 때 안전성 확보 및 제어권 전환을 위한 기능으로, 인접 RBC에 열차 정보를 제공하고 경로 정보를 수신하여 경계구간에서 정차 없이 열차 운행 보장한다.

핸드오버에 대한 절차는 다음과 같다.

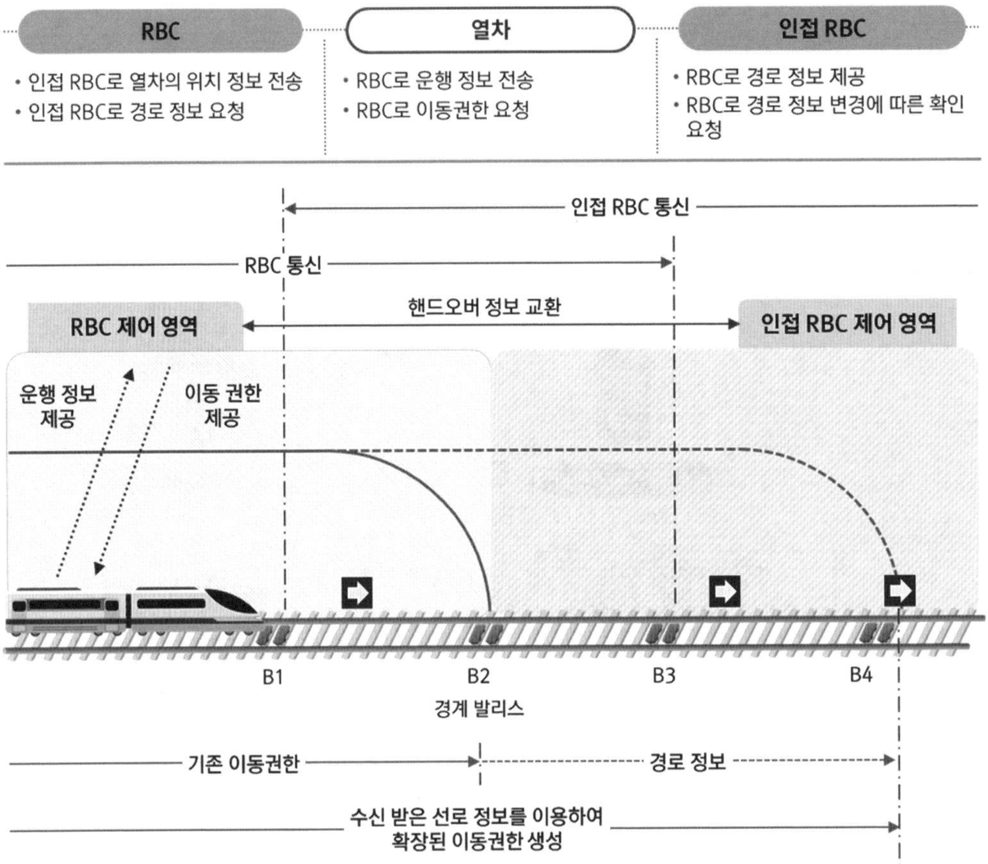

〈그림6-24〉 핸드 오버

RBC간 핸드오버를 위한 경계 발리스는 기존 ATP 발리스에 패킷을 추가하여 적용이 가능하며, 부득이한 경우 추가의 경계 발리스(고정 발리스)를 설치할 수 있다.

2.2.11 레벨전환(MSG ID. 24)

열차의 무선폐색센터 제어 영역 진입/진출을 위한 레벨 전환을 위한 기능으로 선구에 운행 가능한 모든 레벨 정보를 제공하여 기존 열차와 KTCS-2 열차 혼용 운영을 보장한다.

2.2.11.1 KTCS-2 진입 과정

ATP 시스템(Level 1) 또는 ATS 시스템(Level 0)에서 KTCS-2 시스템 구역으로 진입하기 위한 절차는 다음과 같다.

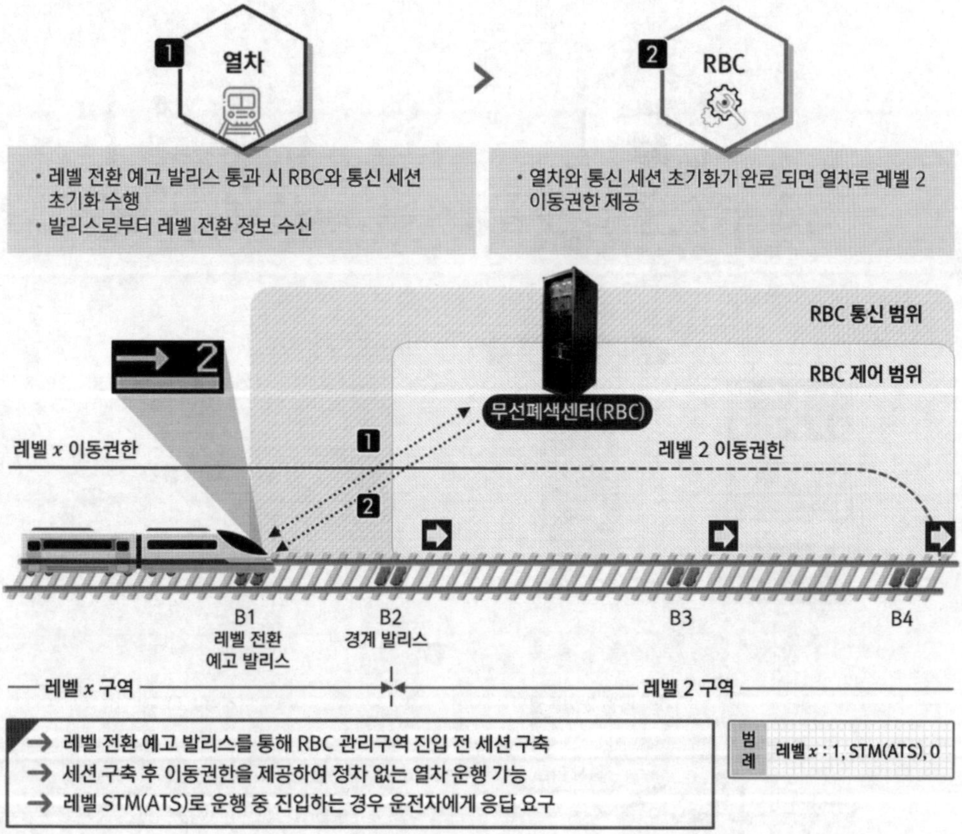

〈그림6-25〉 레벨 전환

레벨전환은 Packet No. 41번(Level Transition Order)과 42번(Session Management)에 의해서 이루어지며, 열차는 정차하지 않고 이동 중에 레벨이 전환된다.

2.2.11.2 KTCS-2 진출 과정

KTCS-2 시스템 구역에서 ATP 시스템(Level 1) 또는 ATS 시스템(Level 0)로 진출하기 위한 절차는 다음과 같다.

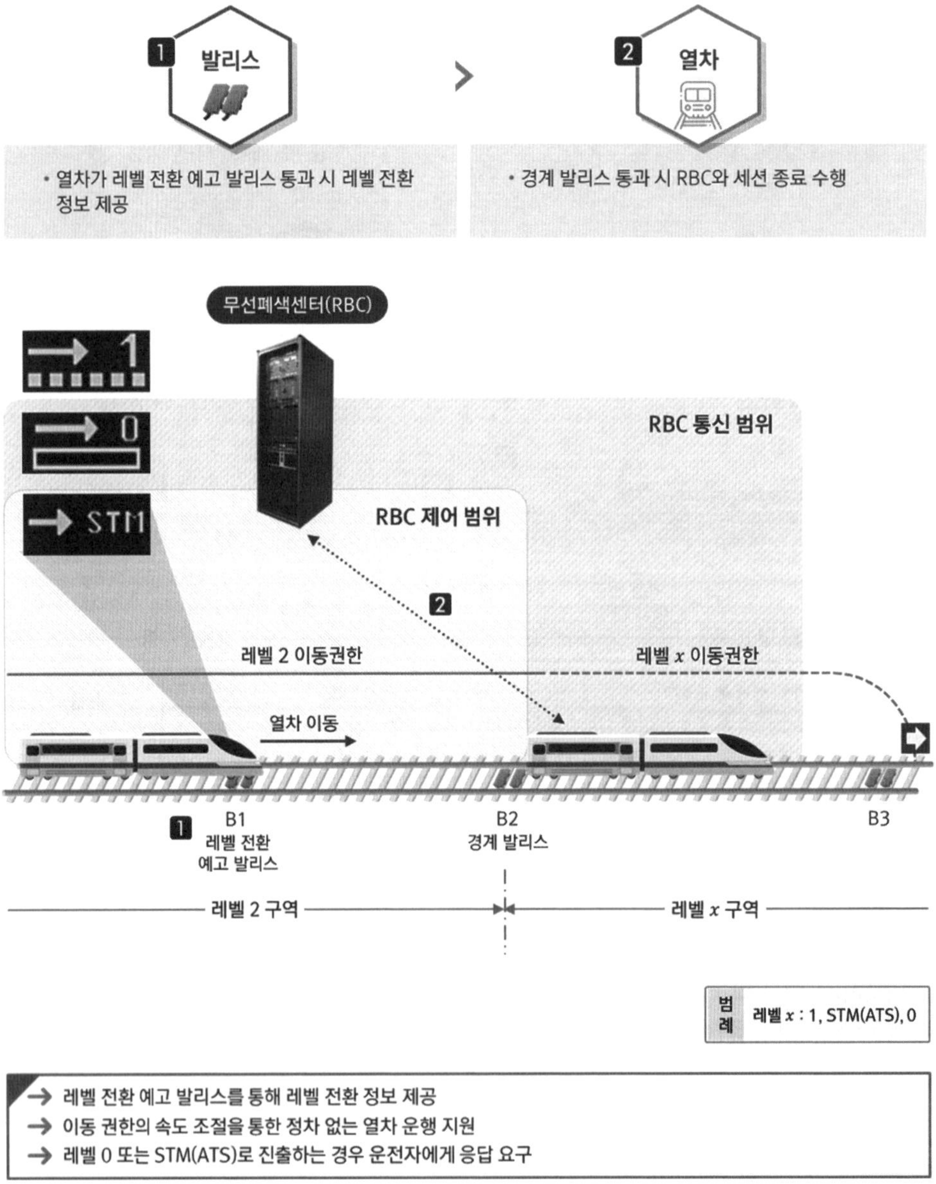

〈그림6-26〉 KTCS-2 진출과정

2.2.12 SOM(MSG ID. 155, ID. 32)

열차의 운행 시작 절차를 제어하는 기능으로 열차의 RBC 제어 범위로의 진입을 허가한다. SOM(Start of Mission)의 절차는 다음과 같다.

SOM이 이루어진 이후 열차 운행 모드에 따라 다음과 같이 설정된다.

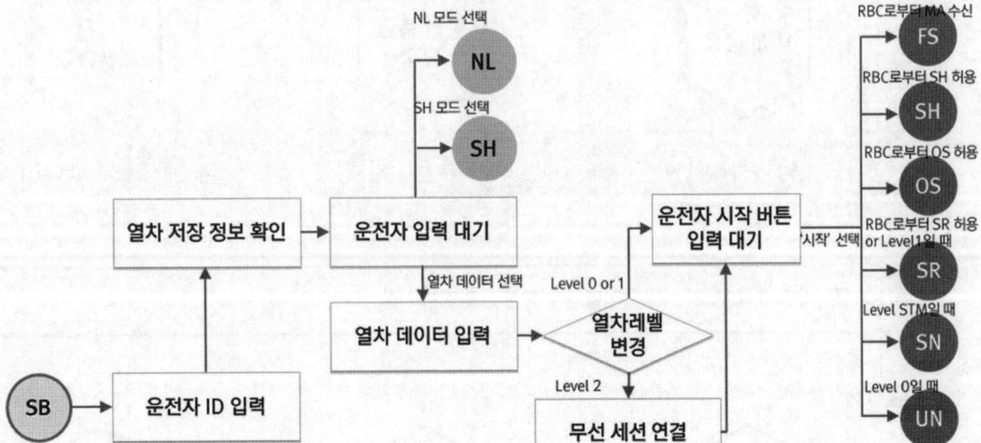

→ 열차의 임무 시작을 승인하여 KTCS-2 운행을 할 수 있도록 승인

〈그림6-27〉 SOM

※ 열차 운행 모드

- SB(Stand By) : 대기모드 - NL(Non Leading) : 비선행모드 - SH(Shunting) : 입환모드 - FS(Full Supervision) : 완전모드	- SR(Staff Responsible) : 책임모드 - SN(STM National) : STM모드 - UN(Unfitted) : 비장착모드

2.2.13 EOM/TRIP(MSG ID.150, ID.6)

EOM(End of Mission)은 열차의 운행 종료를 실행하는 기능이고, TRIP은 열차의 이동권한을 삭제하여 정지하게 하는 기능이다. EOM은 차상장치에서 메시지를 전송하고, TRIP은 RBC에서 메시지를 전송한다.

EOM과 TRIP 절차는 다음과 같다.

EoM

미션 종료 › 통신 종료 요청 › 무선 세션종료

- RBC는 열차로부터 EoM 메시지 수신
- RBC는 열차로 통신 종료 요청 메시지 송신
- 열차와 관련된 데이터 삭제

→ 열차가 End of Mission을 시작할 경우 통신 종료 절차 시작

Trip

트립 해제 요청 › 트립 해제 검토 › 트립 해제 승인

- 열차는 Trip 모드에서 Post Trip 모드로 전환한 후 RBC로 위치보고 전송
- RBC는 위치보고를 수신하고 열차의 Trip 해제 검토
- Trip 해제 조건이 만족되면 RBC는 열차로 Trip 해제 메시지 전송

→ 열차가 Trip 해제 조건을 만족했을 경우 RBC는 Trip 해제 메시지를 송신하여 열차가 정상 운행할 수 있도록 승인

2.2.14 자기진단

RBC의 자기 진단 기능은 고장 검지시 입출력을 차단하는 Fail-Safe 기능으로 안전성을 확보한다. RBC는 Channel 간 주기적인 비교/검사를 통해 자기 진단을 수행하며, Channel간 데이터 불일치 해당 계는 Safe-State 상태가 천이되며, 타 계가 On Line 모드로 실행된다.

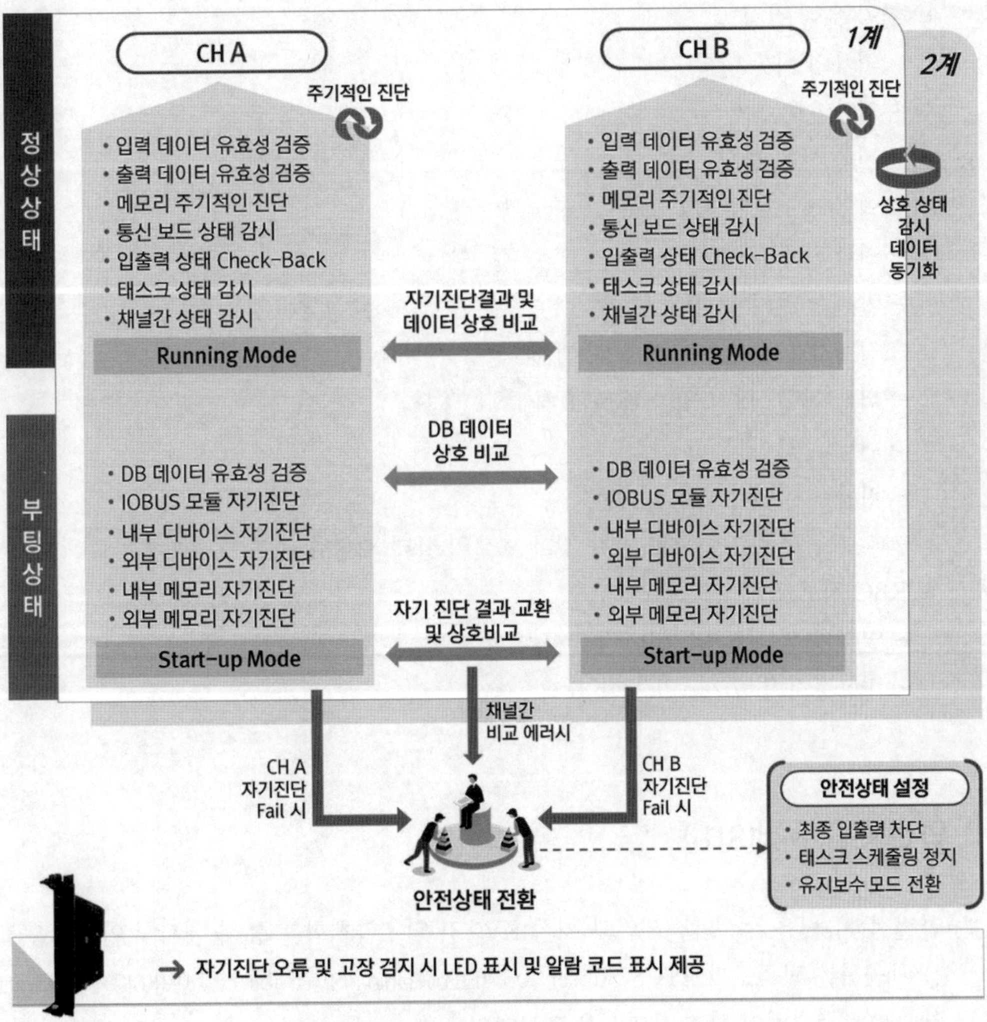

〈그림6-28〉 자기 진단

2.2.15 RBC 통합 감시장치

RBC 통합 감시장치는 무선폐색센터 장치에서 송·수신되는 정보 표시, 저장, 기록, 출력하는 장치로써, RBC 제어 영역내에 전체 구간 감시를 위한 통합감시장치와 유지보수 컴퓨터 간 인터페이스로 구성된다.

- 열차 운행 감시
  - 열차의 이동 상황 감시
  - 열차번호 추적
- 시설물 상태 감시
  - 역 운영모드 표시
  - 진로 상태 표시
  - 발리스 위치 표시
  - 신호기계실 각종 고장 상태 감시
  - 취급 이력, 알람 및 이벤트 표시
- 데이터 로깅 및 분석
  - 기록된 데이터 조회 및 출력
  - 기록 정보를 기반으로 열차 및 신호설비 상태 재현(Replay)
- RBC 정보 표시
  - 열차 속성 정보 및 이동 권한 표시
  - 비상정지 및 임시속도제한 표시

3. 안전 전송 유닛(STU)

안전전송유닛은 무선폐색센터와 차상 KVC간 암·복호화를 통해 메시지 안전전송 및 무결성을 제공하는 장치로써 ETCS Subset-037(Euro-Radio FIS), Subset-114(KMC-ETCS Entity Off-line KM FIS)를 준수하여 상호 운영성을 확보한다.
한국형 열차제어시스템(KTCS-2)는 LTE-R 무선망을 통해 열차제어신호정보가 송수신 되기 때문에 정보의 신뢰 및 보안이 반드시 필요하다.

정보의 신뢰와 보안을 위해서는 지상 RBC와 차상 KVC간의 안전한 메시지 송수신을 위한 안전 세션 연결이 구성되어야 하며, 연결된 세션에서 상호간의 인증키를 통해 송수신된 메시지를 암/복호화해서 메시지를 송수신한다.

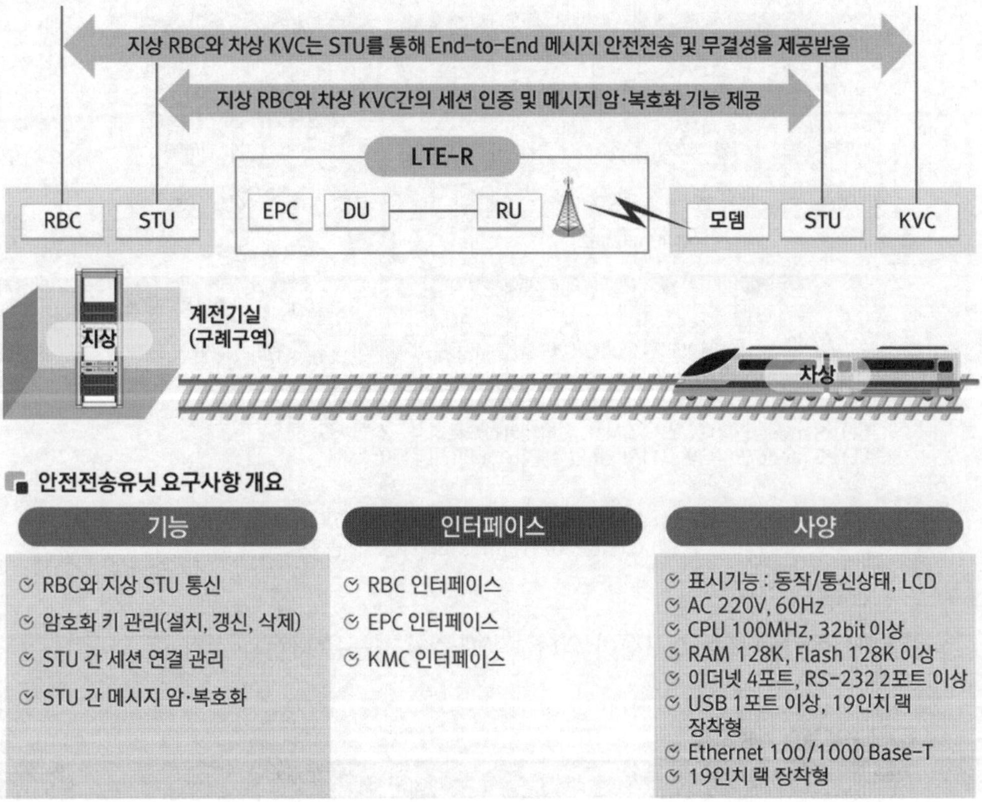

〈그림6-29〉 안전 전송 유닛(STU)

3.1 STU 구성

안전전송유닛 소프트웨어 지상/차상 통합 플랫폼으로 기능이 구성되며, 소프트웨어 기능 모듈화를 통해 LTE-R 통신 제공 및 GSM-R, 5G와의 확장성을 제공한다. 안전전송유닛의 소프트웨어 구성은 다음과 같다.

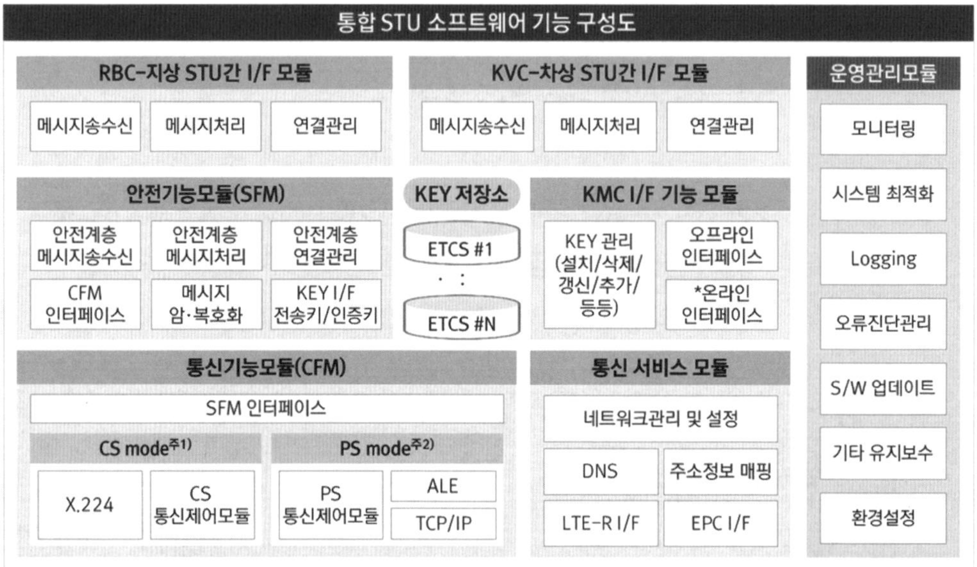

※ 주1) CS mode 인터페이스 : GSM-R 인터페이스←논리적 구성만 제공
※ 주2) PS mode 인터페이스 : LTE-R 인터페이스, EPC 인터페이스

〈그림6-30〉 통합 STU소프트웨어 기능 구성도

전체 7개의 기능 모듈로 구성이 되며, 각 모듈의 기능은 다음과 같다.

소프트웨어 기능 모듈

S/W 모듈	상세기능
RBC-지상 STU간 I/F 모듈	• RBC(지상ATP)와 지상 STU간 메시지 형식 및 처리 규칙 정의
KVC-차상 STU간 I/F 모듈	• KVC(차상ATP)와 차상 STU간 메시지 형식 및 처리 규칙 정의
안전기능모듈(SFM)	• 지상 STU와 차상 STU간 안전 프로토콜을 수립하여 안전 접속 교환 지원
KMC I/F 기능 모듈	• Key 생성, 설치, 삭제, 추가 및 Key 유효기간 업데이트 동작 정의
통신기능모듈(CFM)	• 지상 STU와 차상 STU간 통신 기능 모듈
통신서비스모듈	• 통신 네트워크 부가 서비스 제공
운영관리모듈	• 모니터링, 최적화, 로깅, 오류진단 등

3.2 STU 기능

3.2.1 RBC와의 인터페이스 기능 모듈

RBC 1계와 2계간 2중계 교차 연결을 통해 통신 오류의 안전성을 보장하고, 메시지 규격 및 처리 규칙 검사로 데이터 무결성을 확보한다.

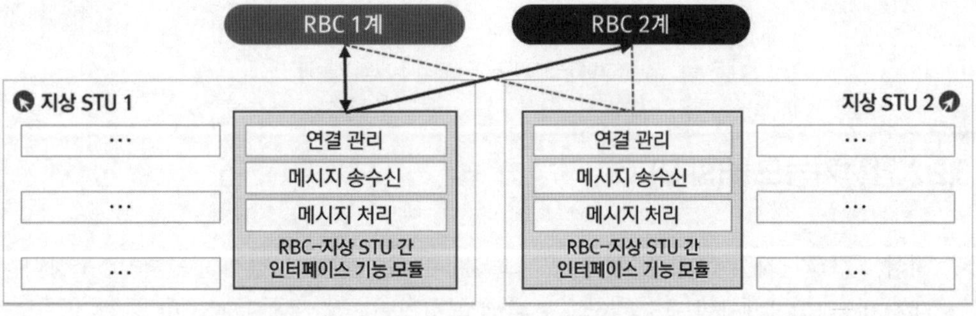

RBC와 지상 STU간 이더넷 연결은 네트워크 스위치 및 허브의 중계 없이 RBC 내부의 COM 보드와 직접 연결되며, RBC 주계로부터 수신한 메시지를 지상 STU의 통신 기능모듈을 통해 차상 KVC로 전송된다. 차상 KVC로부터 수신한 메시지는 RBC 1계, 2계에 모두 송신되도록 구현한다.

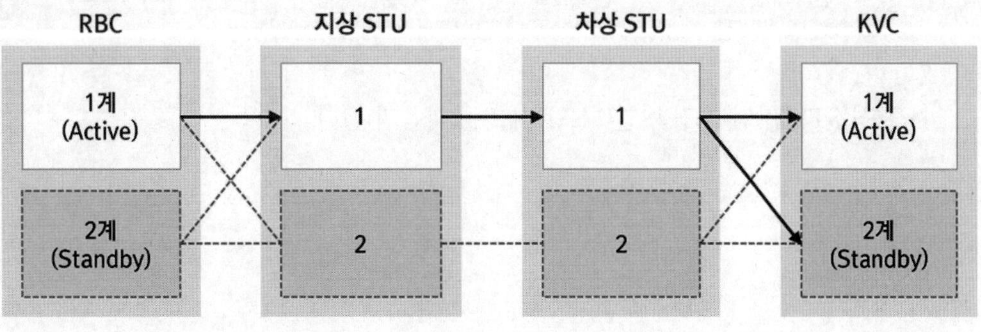

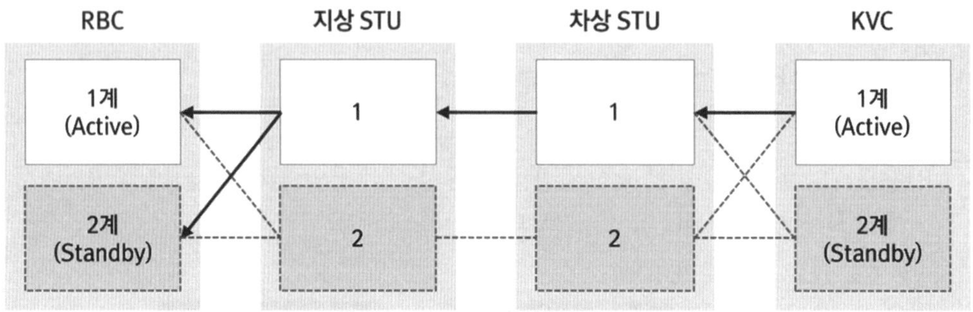

〈그림6-31〉 RBC와 인터페이스 기능 모듈

3.2.2 안전기능모듈(SFM)

지상 STU와 차상 STU간 안전 프로토콜 수립을 통하여 안전한 접속을 보장하고, 연결된 세션간 모든 데이터의 암 · 복호화를 통해 메시지의 무결성을 보장한다.
안전기능모듈에 대한 세부 컴포넌트는 다음과 같이 구성된다.

지/차상 STU간 안전 접속 연결 프로세스는 다음과 같다.

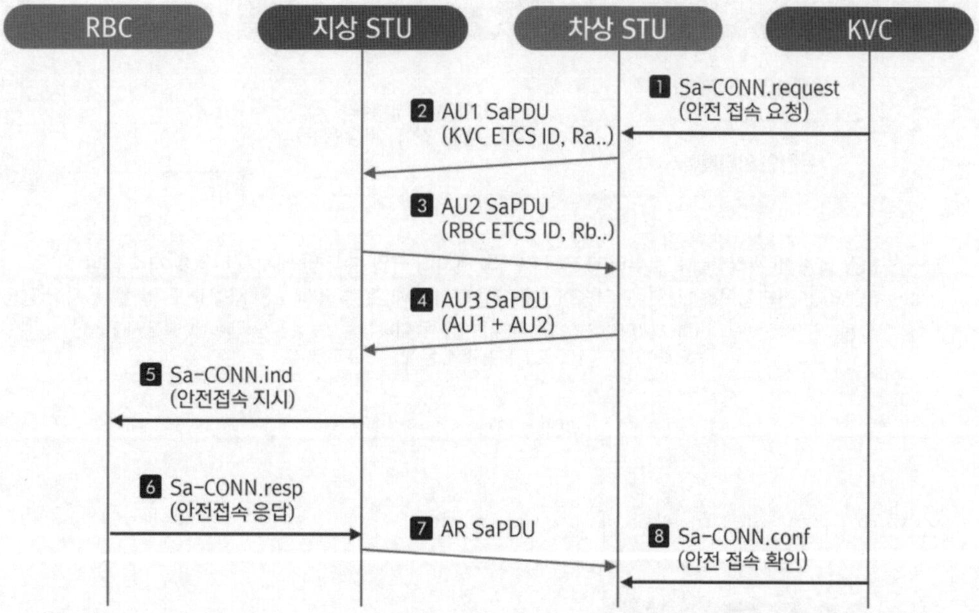

〈그림6-32〉 STU간 연결 프로세스

안전 접속 요청은 KVC에서만 가능하며, 안전 접속 해제 요청은 KVC와 RBC 모두 다 가능하다. AU1, 2, 3를 주고 받는 과정에서 오류가 발생할 경우 안전 접속 수행을 취소한다. 안전 접속 수행이 취소가 될 경우 RBC에 실패 정보를 통보한다.

3.2.3 KMC 인터페이스

KMC(Key Management Center) 인터페이스는 Subset-114 오프라인 키 관리 규격을 준수하여 KMC와 인터페이스 표준을 구현하고, Subset-137(On-line Key Management FFFIS) 온라인 키 관리 인터페이스 확장을 고려하여 아키텍처를 구축한다.

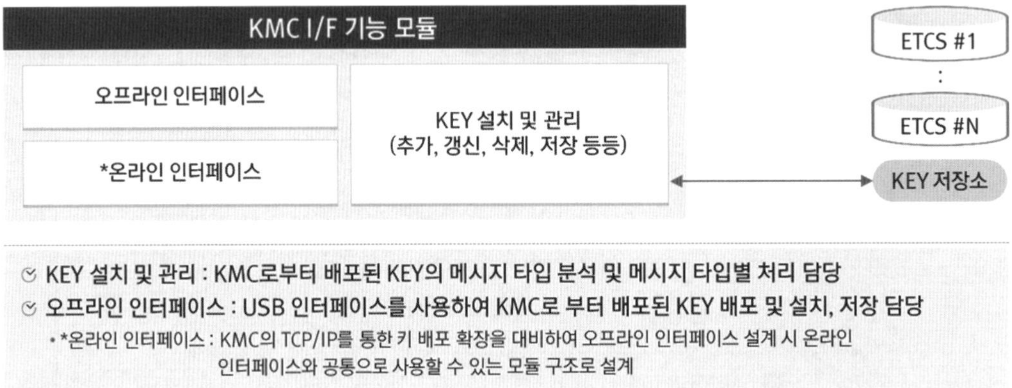

〈그림6-33〉 KMC I/F 기능 모듈

오프라인 KEY 설치 및 배포 과정은 다음과 같다.

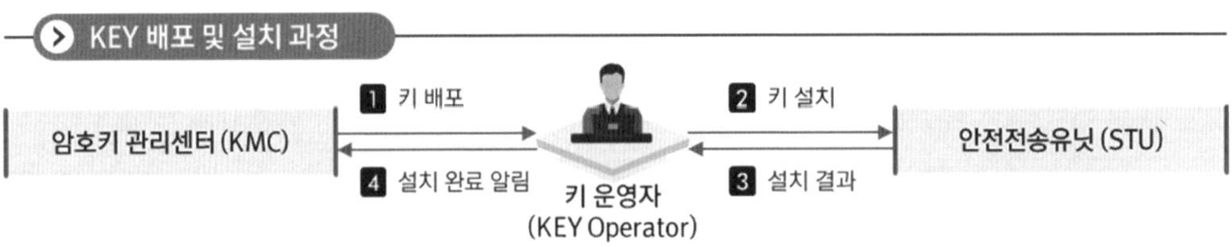

〈그림6-34〉 오프라인 KEY 설치 및 배포

STU의 KEY 설치는 USB를 이용하여 설치하며, 배포된 KEY는 "KEY 관리 기능"에 의하여 지속적으로 관리되며, 저장시 모든 KEY 값은 3DES 데이터 암호화 기법으로 암호화하여 KEY 저장소에 저장된다.
저장된 KEY 값은 STU 구동시 복호화된 후 메모리에 적재되어 안전 접속에 사용된다.

3.2.4 통신기능모듈(CFM)

통신기능 모듈은 회선교환방식과 패킷교환방식의 통신기능을 제공하여 LTE-R 및 GSM-R 호환이 가능한 구조로 설계되며, 본 과업에서는 LTE-R 통신을 위한 PS Mode만 구현된다.

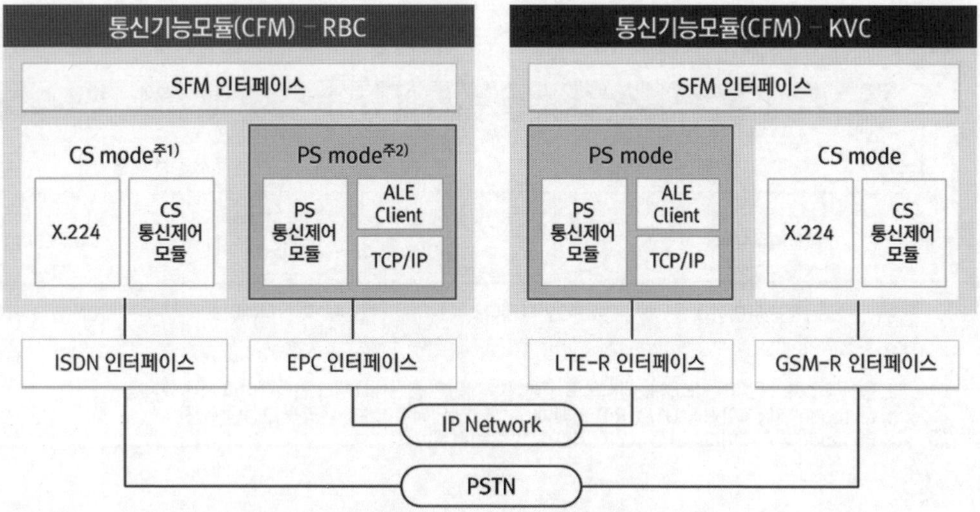

※ 주1) CS mode : (GSM-R과 같은 Circuit Switched) 망 접속 시 지원되는 모드
※ 주2) PS mode : (LTE-R과 같은 Packet Switched) 망 접속 시 지원되는 모드

〈그림6-35〉 통신기능모듈

각 통신 서비스 모듈에 대한 기능 및 역할은 다음과 같다.

구성요소	위치	기능 및 역할
SFM 인터페이스	공통	• 상위 안전기능모듈과의 인터페이스 기능을 제공
X.224	공통	• CS mode에서 패킷을 전송하고 세션을 관리하는 프로토콜
CS 통신제어모듈	KVC	• GSM-R 네트워크 인터페이스 연결 및 해제 제어 관리
CS 통신제어모듈	RBC	• ISDN 네트워크 인터페이스 연결 및 해제 제어 관리
PS 통신제어모듈	KVC	• LTE-R 네트워크 인터페이스 제어 및 관리
PS 통신제어모듈	RBC	• EPC 네트워크 인터페이스 관리
ALE Client	KVC	• 상위 SFM Data를 TCP상에 전송할 수 있게 변환 (클라이언트로 동작)
ALE Server	RBC	• 상위 SFM Data를 TCP상에 전송할 수 있게 변환 (서버로 동작)

〈그림6-36〉 기능과 역할

3.2.5 통신 서비스

통신 방식에 따라 인터페이스 설정 및 통신에 관련된 통합 서비스를 제공하는 기능으로, 부가적인 통신 서비스를 제공하여 효율적인 통신인터페이스 및 자원 관리가 가능하다.

통신 서비스 구성 모듈은 다음과 같다.

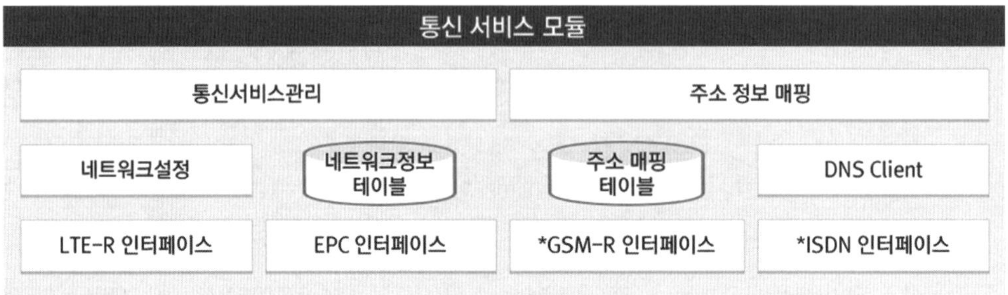

※ 통신네트워크 인터페이스를 논리적으로 구성하여 다양한 통신네트워크 인터페이스 서비스 제공
※ CS mode 인터페이스 : *GSM-R 인터페이스, *ISDN 인터페이스←논리적 구성만 제공
※ PS mode 인터페이스 : LTE-R 인터페이스, EPC 인터페이스

〈그림6-37〉 통신서비스 모듈

통신 서비스 모듈의 각 기능 및 역할은 다음과 같다.

구성요소	위치	기능 및 역할
통신서비스관리	공통	• 통신방식에 따라 인터페이스 설정 및 통신에 관련된 통합서비스 제공
네트워크 설정	공통	• 각 네트워크 인터페이스 별 다양한 설정 값 및 함수를 제공
네트워크정보테이블	공통	• 각 네트워크 인터페이스 별로 설정된 설정 값 저장
주소 정보 매핑	공통	• 통신기능모듈에 ETCS ID에 해당하는 IP 주소 매핑 함수 제공
DNS Client	공통	• DNS Query를 통해 ETCS ID에 대응하는 IP 주소를 DNS Server에서 제공받음
주소 매핑 테이블	공통	• ETCS ID에 대응하는 IP 주소 저장 테이블 (고정입력방식 또는 DNS 연동방식)
LTE-R 인터페이스	KVC	• LTE-R 네트워크에 접속할 모뎀 또는 TCI 장비와의 논리적 인터페이스 제공
EPC 인터페이스	RBC	• EPC 인터페이스로 L3 네트워크 스위치에 할당된 포트에 접속할 이더넷 인터페이스

〈그림6-38〉 기능과 역할

3.2.6 인터페이스 방법

안전전송유닛은 한국형 열차제어시스템 안전전송유닛 인터페이스 개발 사양을 준수하고, ETCS Subset-037, Subset-114를 준수하여 RBC와 KVC 및 KMC인터페이스 표준화를 구현한다.

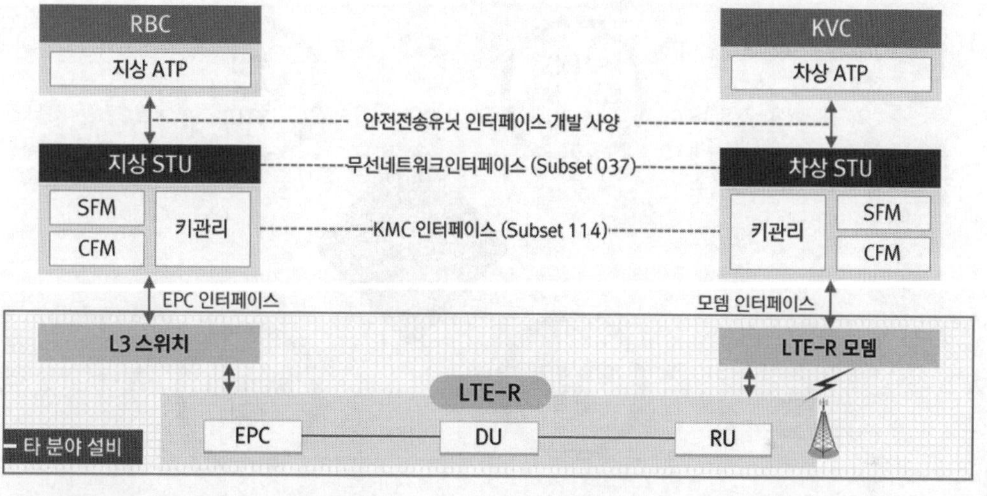

안전전송유닛 인터페이스 기능 및 역할

STU 인터페이스 구분	기능 및 역할
RBC 인터페이스(지상)	• RBC(지상ATP)와 지상 STU간 메시지 형식 정의 • RBC(지상ATP)와 지상 STU간 메시지 처리 규칙 • RBC(지상ATP)와 지상 STU간 통신설정 및 통신방식 규정 (UDP/PORT/IP/이더넷)
KVC 인터페이스(차상)	• KVC(차상ATP)와 차상 STU간 메시지 형식 정의 • KVC(차상ATP)와 차상 STU간 메시지 처리 규칙 • KVC(차상ATP)와 차상 STU간 통신설정 및 통신방식 규정 (RS422)
무선인터페이스(공통) - Subset 037	• Service Primitive 정의 • STU간 Safety 및 Communication Layer 메시지 형식 정의 • STU간 Safety 및 Communication Layer 메시지 처리 규칙 • STU간 통신방식 및 통신설정 규정
KMC 인터페이스(공통) - Subset 114	• Key 생성, 설치, 삭제, 추가 및 Key 유효기간 업데이트 동작 정의 • Off-line Key 관리 요청 및 Key 관리 응답 메시지 처리 규칙
모뎀인터페이스(차상)	• 차상 LTE-R 모뎀 인터페이스 정의
EPC인터페이스(지상)	• LTE-R EPC와 연계될 L3 스위치 포트 할당

〈그림6-39〉 인터페이스 방법

4. 암호키 관리센터(KMC)

KMC(Key Management Center)는 국가 보안 적합성 인증 획득을 통해 안전하고 신뢰성 있는 시스템으로 구축된다. 또한, 차상컴퓨터장치(KVC)와 무선폐색센터(RBC)간 ETCS Subset 최신 규격을 준수한다.

〈그림6-40〉 암호키 관리센터

4.1 기능

암호키 관리센터는 암호화 키를 생성, 저장, 배포, 복구, 삭제, 보관, 관리 기능을 수행한다. 또한, Key는 PKCS#11규격을 준수하고, HSM에 유출이 불가능한 상태로 키를 안전하게 보관한다.

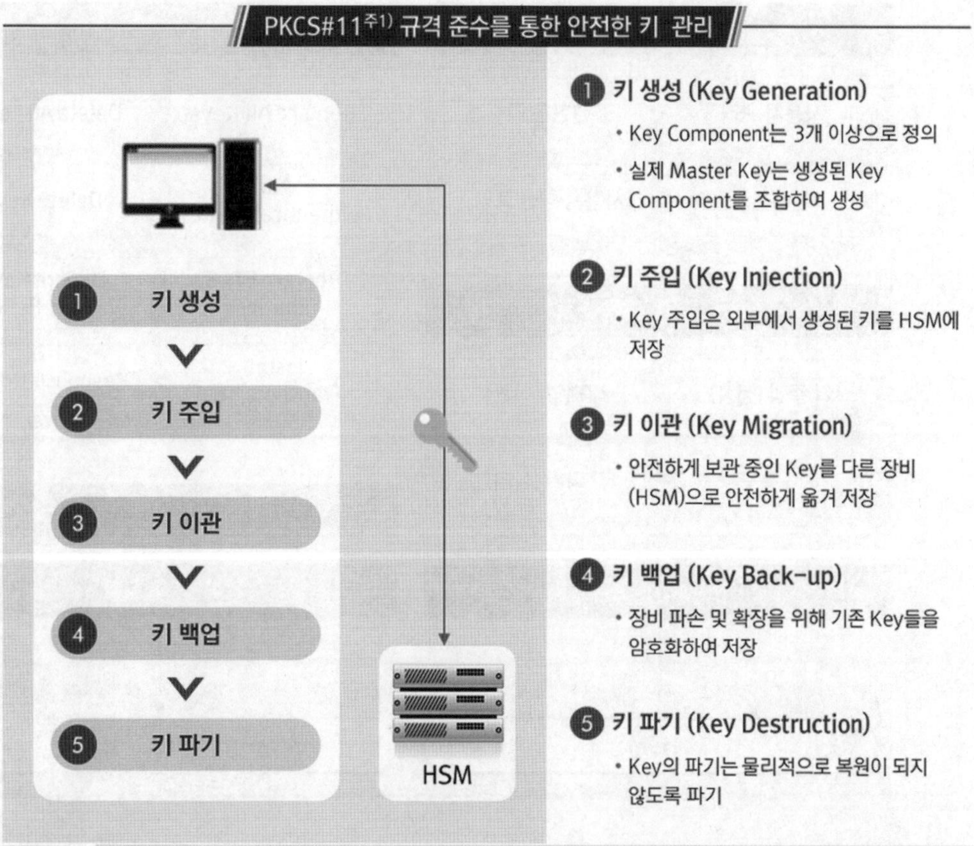

주1) ✓ PKCS#11(Public Key Cryptography Standard #11) : 공개키 암호표준 중 암호토큰에 대한 프로그래밍 인터페이스 표준

〈그림6-41〉 암호키 관리

KMC는 크게 시스템 관리 모듈, 키 관리 모듈, ETCS KMC 모듈, I/F모듈로 구성되며, 키 관리 모듈에는 키 생성, 키 백업, 키 복구, 키 삭제 기능이 탑재된다.

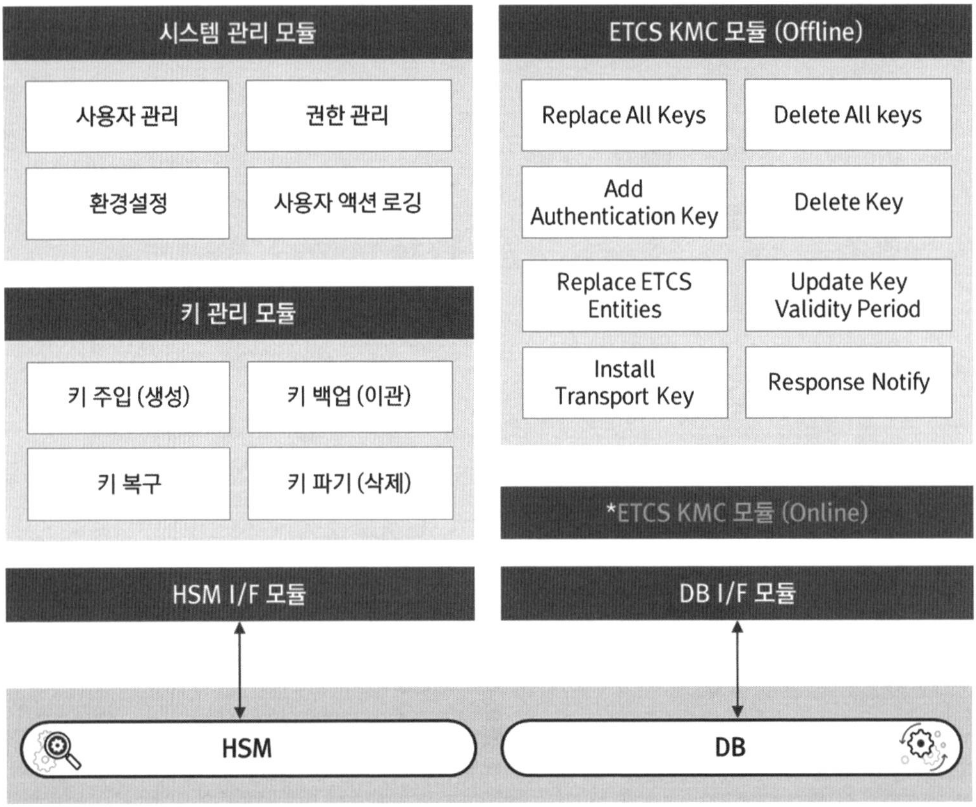

〈그림6-42〉 KMC

KMC는 K-KMC를 생성하고, RBC와 KVC 등의 Entity 들에 전달할 전송 키 및 인증 키 생성하여, 전송키 및 인증키는 KMC가 관리하고, 안전전송유닛에 Off-line 방식으로 키를 전달한다.

5. 폐색정보 전송장치(BITU)

BITU는 신호 및 안전설비에 대한 상태 정보를 광 통신을 통해 연동장치와 인터페이스하기 위한 장비로써 궤도, 건널목 지장물, 낙석, 신호기, 열차위치, 진로 상태를 실시간 모니터링한다.

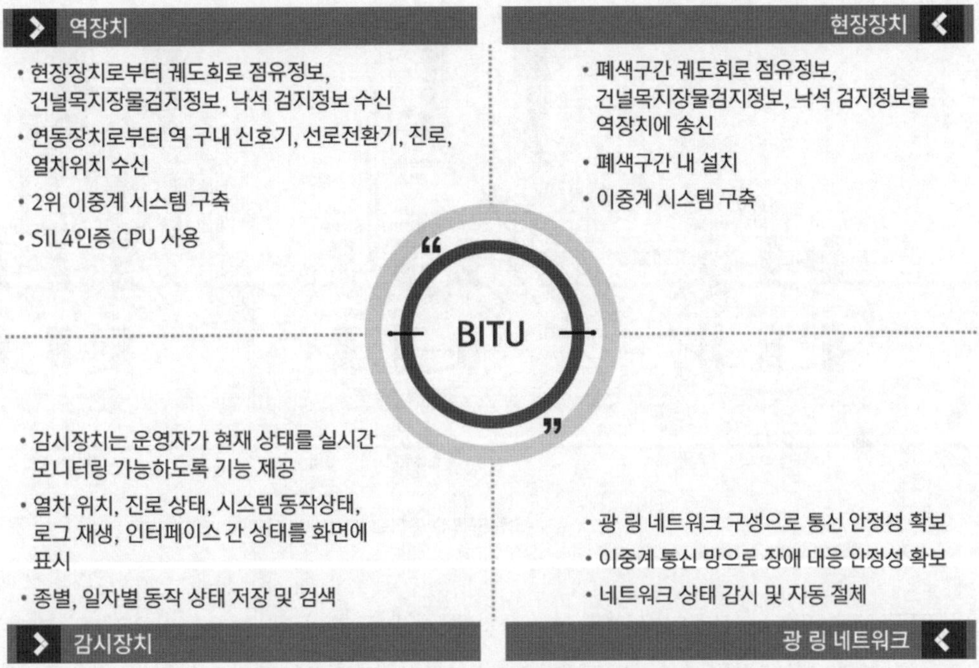

〈그림6-43〉 폐색정보 전송장치(BITU)

BITU는 신호기계실에 설치되어 전자연동장치와 인터페이스 되는 역 장치와 현장에 설치되어 현장 시설물(자동폐색장치, 건널목 지장물 검지장치 등)과 인터페이스 되는 현장장치, 신호기계실에서 BITU 전체를 감시할 수 있는 감시장치로 구성된다.

5.1 구성

BITU는 현장과 신호기계실간 인터페이스 방식은 타분야(통신분야)에서 제공하는 광 링 네트워크 구성으로 인터페이스 되어 통신의 안정성을 확보한다.

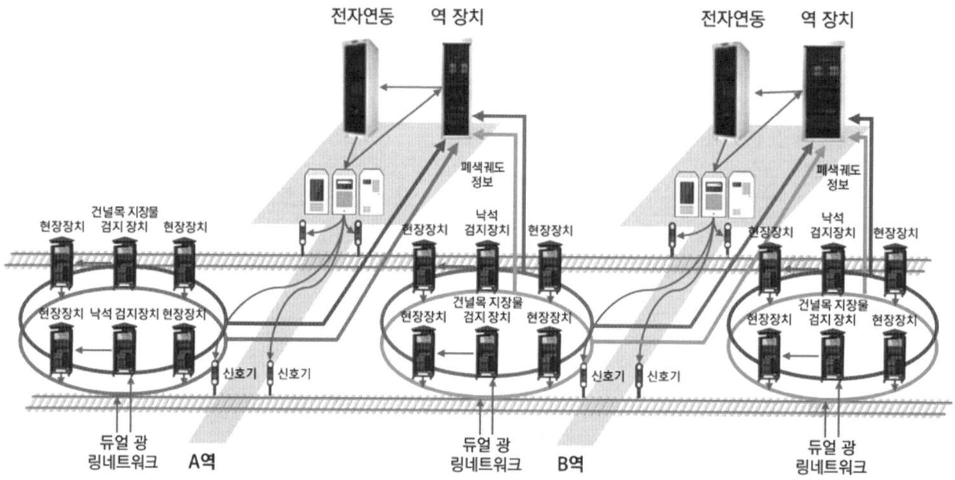

〈그림6-44〉 구성도

BITU 역 장치는 신호기계실의 연동장치에 폐색 구간의 궤도회로 점유정보, 건널목 지장물 검지정보, 낙석검지정보 등을 송신하고, 현장장치는 신호기계실의 역장치로 폐색구간의 궤도회로 점유정보, 건널목 지장물 검지정보, 낙석검지정보 등을 송신한다.
역 장치와 현장 장치간은 이중계 광 Ethernet 링 네트워크 통신으로 구성되며, 역 장치는 기존에 설치되어 있는 연동장치로부터 계전기 접점으로 구내 열차 운행정보 수신한다.
BITU 감시장치는 역간 폐색구간 및 역구내 열차 운행 상태를 실시간으로 감시한다.

5.1.1 BITU 역장치 구성

BITU 역장치는 정류기, 제어부, 네트워크 스위치, 계전기부로 구성되며, 제어부에 설치되는 CPU는 SIL4 기반의 Fail Safe CPU가 적용된다.
BITU 역 장치는 19인치 랙으로 구성되며, 전자연동장치와의 인터페이스는 릴레이를 통한 Dry Contact 방식, BITU 현장장치와의 인터페이스는 광 케이블을 통한 Ethernet 방식으로 구현된다.

5.1.2 BITU 현장장치 구성

BITU 현장장치는 제어부, 네트워크 스위치, 전원부를 이중계로 구성하여 신뢰성을 확보하고, 온도 방열형 특1호 함체에 설치된다.

장치는 선로변에 설치되어 폐색구간 장치의 상태 정보를 수신하고, 수신한 현장 정보를 역장치와 인터페이스하여 현장의 정보를 실시간으로 송신한다.

BITU 현장장치는 한 개의 입력 카드당 16 접점을 수용할 수 있는 입력 카드를 통해 현장 시설물과 Dry Contact으로 인터페이스 된다.

또한, 외부 서지 보호를 위한 병렬형 보안기를 적용하고, 외부 신호선 서지 보호를 위한 점검 주기 표시 기능이 내장된 신호용 보안기로 구성한다.

① 정류기 모듈
- 병렬 이중계 부하 분담 방식의 정류기
- 입력 : AC 220 V, 출력 : DC 24V
- 허용전류 : 20 A

② P형 퓨즈 패널

③ 제어부 1계, 2계
- 2 X 2 Out of 2 기반의 이중계 구성
- 전자연동장치와 동일한 SIL 4 인 증 CPU 채택

④ 온도 센서 구동형 냉각 FAN 모듈
- 온도 센싱한 FAN으로 랙 내부 온도 조절

⑤ 광 링 네트워크 스위치
- 안정성이 검증된 산업용 네트워 크 스위치
- 자기 진단 기능 보유

⑥ Safety Relay / 전원 차단기
- 전자연동장치로 출력되는 Vital 접점에 대해서는 Safety Relay 적용

⑦ 소형 계전기부

〈그림6-45〉 BITU 역장치

내부 과전압 및 과전류 보호를 위한 P형 퓨즈반 사용하며, 설정 온도 동작형 FAN 사용으로 장치 내부 온도 조절이 가능하다.

① P형 퓨즈패널/작업용 콘센트

② 제어부 1계, 2계
- 32 Bit MCU가 내장된 고성능 CPU 보드 적용
- 병렬 2중계 구성

③ 광 링 네트워크 스위치
- BITU 역 장치와 동일한 네트워크 스위치 적용

④ 전원부
- 2중계 구성의 전원부 적용
- 입력 : AC 600V, 출력 : AC 220 / 60 / 25V
- Surge Countable 차단기 적용

⑤ 전원 차단기

⑥ 선로용 보안기

〈그림6-46〉 BITU 현장 장치

6. KTCS-②(LTE-R 기반 한국형 RF-CBTC) 요약

KTCS-2라고도 하며 국가R&D 연구과제로 2014년~2018년까지 개발한 LTE-R 무선통신을 기반으로 하는 RF-CBTC 한국형 열차제어시스템으로 한국철도기술연구원, 철도공사, 철도시설공단 등 15개 기관/ 업체가 참여하여 완성한 국제적 표준을 적용한 ETCS Level-2 중심 신호시스템이며 하위레벨인 ATP Level-1 과 병행/설치하여 운행할 수 있다.
초고속열차(해무 EMU-430km/h)에 시험장착하여 호남선에서 현장시험에 성공하여(350km/h 시험 성공) 국제안전성 인증기관으로부터 국제안전성인증을 통과하고 SIL-4 인증을 획득한 후 전라선 3개 공구에 시범적용 사업이 진행 중이다.

1) 시스템의 일반적 구성

현장의 궤도회로를 기반으로 열차를 검지하며 Balise, 건널목 지장물 장치, 낙석 검지, 진로상태 등의 정보를 블록정보 전송장치(BITU)로 전송하여 전자연동장치를 경유하여 무선폐색센터(RBC)에 전송되면 RBC장치에서는 열차 안전 이격거리와 이동권한(Movement Authority)을 생성하여 LTE-R무선통신 장치를 거쳐 실시간으로 차상 신호장치(OVC, KVC)와 열차제어 및 상태정보를 송수신 하게 된다.

※ RBC : Radio Block Center (무선폐색 센터)
BITU : Block Information Transmission Unit (블록정보 전송장치)
OVC : On-board Vital Computer (2 out of 2 차상신호 컴퓨터)

ERTMS/ETCS 의 Baseline 2 규격을 준수하며 이중계 설비로 안전성과 신뢰성을 확보하고 SIL-4 안전무결성 레벨을 획득하였다.

RBC장치는 최대 인터페이스 포인트수는 1,500개, 제어영역내의 동시에 20개 편성을 제어할 수 있다.(광역철도의 약 80Km 정도)

BITU장치는 전자연동장치와 Dry-Contact(접점) 방식으로 현장설비와 인터페이스되며 선로변 ABS장치의 상태정보를 수신하고 역 장치와 인터페이스하여 현장정보를 실시간으로 송신한다.

BITU : Block Information Transmission Unit (블록정보 전송장치)
RBC : Radio Block Center (무선폐색 센터)
STU : Safety Transmission Unit (안전 전송 모듈)
KVC : Korea Vital Computer (2 out of 2 차상신호 컴퓨터)

[KTCS-② : LTE-R 기반 한국형 ETCS-②형 시스템]

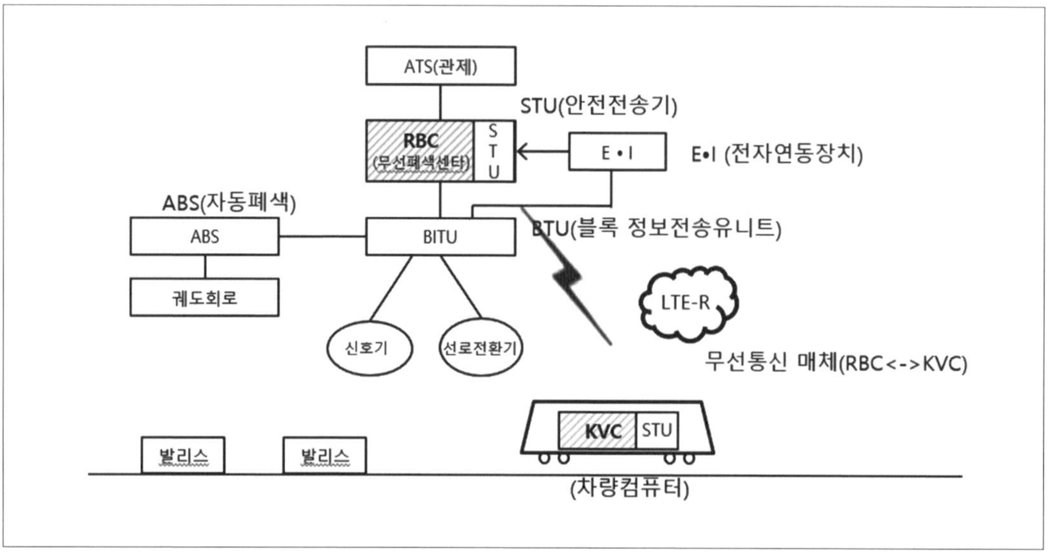

2) 무선통신 보안 장치(STU : Safety Transmission Unit)

무선폐색센터(RBC) 상호간의 연결된 세션에서 중요한 열차 제어정보의 안전성 확보를 위하여 인증Key를 통해 암호화/복호화를 한다.

안전전송 유니트는 ETCS Subset-037 (Euro-Radio FIS)에 따른다.

연결된 세션에서 상호간의 인증키를 통해 암호화 복호화해서 송수신 하며 Software는 지상, 차상 통합플랫폼으로 구성되어 있으며 기능별로 모듈화하여 확장성을 향상하였다.

KMC(Key Management Center) 인터페이스

1) 오프라인 키 관리 규격(Subset-114)

2) 온라인 키 관리 규격(Subset-137)

모든 Key값은 Triple-DES 데이터 암호화하여 KEY 장소에 보관한다.

RBC 장치 1계 2계 상호간 교차 연결로 통신 오류의 안전성을 보장하고 메시지 처리 규칙적인 검사로 Data의 무결성을 확보하게 된다.

RBC 1계 ⇒ 지상STU 1계 ⇒ 차상STU 1계 ⇒ KVC 1계

RBC 2계 ⇒ 지상STU 2계 ⇒ 차상STU 2계 ⇒ KVC 2계

〈KCTS-Ⅱ(ETCS 시스템의 표준) Message- ID〉

Message-ID	제어항목(지상 ⇒ 차상)	비 고
2	SR(기관사 책임) 모드	비상 모드
3	이동 권한(MA)	
6	비상 정지(EB), TRIP	
15,16	조건부/무조건 비상 정지(EB)	
24	일반 텍스트 메시지	
27, 28	입환(Shunt) 거절, 허가	
38	통신 세션 개시	
43	통신세션 개시(SOM) 위치보고	확인
129	검증된 열차 데이터	차상⇒지상
132	이동권한 요청	차상⇒지상
136	열차위치 보고	차상⇒지상
150	열차운행 종료 제어(EOM)	차상⇒지상
155	열차운행 시작절차 제어	차상⇒지상

※ EOM/SOM(End/Start of Mission)

유럽 열차 통합제어시스템의 국가간 상호 이동을 위한 ETCS-② 표준체계를 KTCS-② 시스템에 적용하였으며 해당하는 제어 항목의 메시지 ID 를 정의하여 국제표준으로 사용하고 있어 국산화 ETCS-② 시스템의 해외 글로벌 시장 진출이 가능하게 되었다.

Message-ID 와 Packets-ID 목록은 Subset-026를 참고하였다.

〈KCTS-Ⅱ(ETCS 시스템의 표준) Packet- Number〉

Packet-Number	변수항목	비 고
3	National Value	국가 번호
5	Linking	통신 링크
15	Movement Authority	이동 권한
21	구배(Gradient)	
27	정적속도 프로화일	
41	레벨 전환 Order(Level 1/2)	
42	무선통신 세션 관리	
57	이동권한 요청	
58	열차 위치 보고	
68	Track 조건(차량 기밀, 사구간)	
131	RBC 상호간 Hand-Over	

ERTMS/ETCS 의 언어는 변수(Parameter), 패킷(Packet), 메시지(Message), 텔레그램(Telegram)을 기초로 한다.

유로 Radio Message는(미리 정해진 변수 + 패킷)으로 구성되며, 메시지는 시스템 인터페이스 과정에 교환하는 Data종류, 메시지구조, 코딩, 확인과정에 대한 데이터를 전송할 Data의 배열방법 등을 정의한다.

패킷은 규정된 구조로 다수의 변수들을 하나의 단위로 묶은 것이다.

#. 메시지의 표준양식(Data-Format)은 아래와 같다.

식별 번호	메시지 길이	RBC의 타임스탬프	차상의 확인응답 필요	

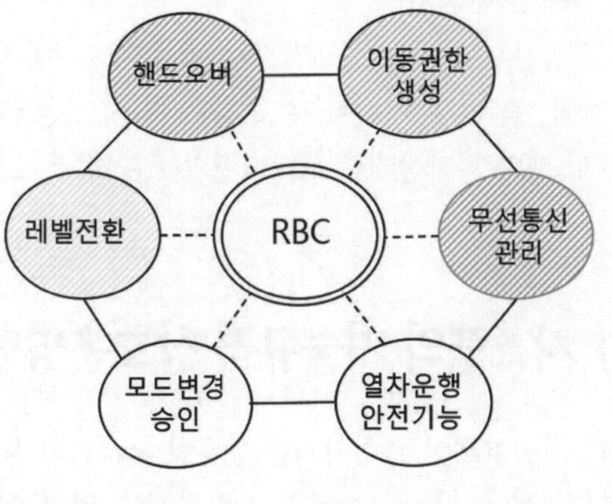

〈그림6-47〉 KTCS-Ⅱ RBC(무선폐색센터) 장비의 주요 기능

3) RBC(무선폐색센터)와 열차와의 무선통신 세션

RBC(무선폐색센터)와 KVC(차상장치) 상호간 무선통신 초기화는 열차에서 우선적으로 요청한다. RBC(무선폐색센터) 장치의 메시지를 수신하지 못 할 경우 안전 운행을 위하여 열차는 상용제동(FSB)을 체결한다.

RBC 장치의 자가진단 기능은 고장검지할 경우 입출력을 차단하는 Fail-Safe 기능을 하며 채널 간 주기적으로 비교검사를 수행한다.

1) 열차위치 보고 파라메터(Packet No, 58)
   - 위치보고 주기시간(15초), 거리주기, 발리스 통과위치
2) 이동권한 요청 파라메터(Packet No, 57)
   - 감속지점 도달 5초전 감속지점 관련 이동권한 요청
   - 시간 주기별 세션 터임 아웃(10초)까지 여유시간
3) 국가 지정 값 파라메터(Packet No, 3)
4) 이동권한(Message ID, 3)

MA(Packet No, 15), Linking (Packet No, 5),
구배(Packet No, 21), 정적속도 프로화일(Packet No, 27)
Track조건(Packet No, 68 : 차량 기밀, 사구간)

4) RBC(무선폐색센터) 통합감시 장치

RBC(무선폐색센터) 통합감시 장치는 실시간으로 메시지 표시와 Line – Status(L/S) 기능, 이벤트 로그 저장, 검색, 출력 및 이벤트 로그 전송 기능을 갖추고 있으며 신호 유지보수 사무실에 설치하여 시스템의 동작상태를 모니터링 및 정기점검, 고장조치 업무에 활용한다.

3 국가간 상이한 시스템의 기술규격 상호운영성(TSI)

ERTMS/ETCS 유럽통합열차제어 표준시스템은 유럽 국가간의 상호 안전하고 편리한 운행을 위한 기술적인 상호운영성(Interoperability)을 정립하게 되었고 이것을(Technical Specification Interoperability) 즉 TSI 라고 칭한다.

유럽 또는 국제적인 철도협회, 기관들이 정책적, 경제적, 기술적인 기준을 정하여 필요시 기준을 업데이트하며 보완하여 사용하고 있다.

표준 사양서로는 FIS 와 FFFIS 로 구분하여 아래와 같이 적용한다.

#. FIS(기능 인터페이스 사양서)
- 기능 사양서만 필수 항목임. UNISIG 요구사항 외에 추가 표준 요구사항을 명시하는 인터페이스
- 적용 설비(기관사 와 DMI, Euroradio와 GSM네트워크 등)

#. FFFIS(Form-fit 기능 인터페이스 사양서)
- 물리계층, 프로토콜, Data 교환 등의 모든 I/F의 요구사항 정의
- 적용 설비(JRU와 운행기록, STM과 Kernel, BTM과 유로발리스, RBC-RBC etc)

제6장 KTCS-1/2(한국형 CBTC) 철도신호기술사 기출문제

01 한국형열차제어시스템(KTCS-2)의 지상장치 구성 및 기능을 설명하시오.

02 한국형 열차제어시스템(KTCS-2) 도입으로 기대되는 효과를 설명하시오.

03 일반, 고속철도용 한국형 무선기반 열차제어시스템(KRTCS)을 기존 운영노선 혹은 신규노선에 적용하기 위한 전제조건에 대하여 설명하시오.

04 ETCS에서 무선으로 전송되는 데이터를 암호/복호화하는 안전전송유니트에 대하여 설명하시오.

05 해킹 등 외부로부터 내부망 접속 및 정보유출을 막기위한 방화벽 구성방법 중 패킷필터링 방식에 대하여 설명하시오.

06 시스템의 내외부 사이버공격으로부터 보호하기 위한 네트워크 보안설비의 종류, 기능, 설치방법 및 보안정책에 대하여 설명하시오.

07 IEEE 802.3(Ethernet) 표준에 적용되고 있는 맨체스터 인코딩방식에 대하여 설명하시오.

08 도시철도용 무선통신기반 열차제어시스템에서 열차의 이동을 허가하는 이동권한(Movement Authority)에 대하여 설명하시오.

09 RBC/RBC간 핸드오버 시에 Handing over RBC 및 Accepting RBC의 역할과 핸드오버 통신, 처리 및 감시 과정에 대하여 설명하시오.

10 한국형 무선기반 열차제어시스템(KRTCS)에 적용된 열차운행 자동화 등급에 대하여 설명하시오.

제7장

LTE-R/GSM-R/통신 System

1. LTE-R 무선통신망 시스템
2. LTE-R 코어망 중앙제어장치(EPC : Evolved Packet Core)
3. 무선망 서비스품질목표(QoS) 선정
4. 링크 버짓 분석(Link Budget Analysis) : Cell Planning
5. 전파환경 특성에 따른 LTE-R 안테나 종류
6. GSM-R(유럽 철도전용 무선통신)과 요구사항
7. GSM-R 유럽 철도전용 무선통신 시스템의 기술적 성능
8. ETCS(유럽통합 열차제어시스템)의 기능 요구사항
9. 디지털 전송설비(IP-MPLS)
10. 무선통신망(LTE-R) 설비
11. 열차 행선 안내장치(TDI : HSE/LSE)

1 LTE-R 무선통신망 시스템

LTE-R 무선통신 시스템은 국내에서 개발한 LTE 기술을 기반으로 공공 재난안전통신망 및 철도 전용으로 700MHz 대역이 지정되어 철도운영자들(기관사, 관제사, 역/기술 유지보수직원) 상호간에 다자간 통신이 가능한 시스템으로 신규노선 뿐만 아니라 기존 노선도 장기적으로 LTE-R 통신시스템으로 개량하여야 한다.

다자간 무선통신 및 열차제어 분야에도 적용되어 열차 안전운행 측면에서는 신뢰성과 가용성이 향상된 KR-TCS② 고속광역 철도용 CBTC 시스템을 국내 연구진이 개발을 완료하여 국제안전인증을 획득하였으며 전라선에 시범설치 적용한다.

LTE-R 시스템은 음성정보, 문자메시지, 영상정보까지 고속 대용량으로 전송 가능하므로 열차내 Multi-media 기능을 제공할 수 있어 승객 안전과 편의성 제공에 획기적이다.

이미 부산지하철, 김포도시철도, 서해선(소사~원시) 등에서 LTE-R 무선통신시스템을 적용하여 안정되게 사용 중이다.

열차제어시스템 적용으로는 관제시스템과 무선폐색센터(RBC) 위치검지장치, 열차이동국의 인터페이스로 구성되어지며 열차의 현재 위치를 검지하여 열차의 안전운행을 위한 제어 정보를 생성, 전송하는 기능을 처리한다.

LTE-R 기반의 열차제어 고속주행 환경에서도 안정적인 제어정보 전송이 이루어져야 하므로 무선Cell 간 핸드오버와 기지국(DU)간 Hand-Over 성공률을 고도화 시키는 기술이 핵심기술에 속한다.

- LTE-R 철도 통합무선통신 시스템의 주요 특성
  ① 고속 핸드오버 처리(끊김 없이 스위칭시간 최소화)
  ② 시스템 주요 구성품의 이중화
  ③ 재난안전 통신망(PS-LTE)과 연계
  ④ 무선폐색센터(RBC) 와 연계, 정보 저장, 조회 및 삭제 기능

LTE-R Core망	중앙제어장치, 각종 서버(PCRF, S/P-Gateway, MME, HSS, LTE-NMS, EMS-C) IP-MPLS망, 관제 조작반, 운영자 관리장치
무선 액서스망	DU(기지국, Digital Unit), RRU(Radio Unit), 안테나
LTE-R 단말	휴대용 단말기, 열차 이동국(차상장치)

1. 주요 구성품

※ 운영자관리장치(운영사무실 배치)

EMS-C/R(장치의 고장, 상태조회, 출력 관리시스템 - 코어/단말)

LTE-NMS(네트웍 관리장치), 메시징 클라이언트 등

2 LTE-R 코어망 중앙제어장치(EPC : Evolved Packet Core)

구성	기능
PCRF (Policy Charging Function)	서비스 유형별 QoS 정책관리 와 가입자 정보관리
S/P - Gateway (Serving/Packet)	기지국간 핸드오버 둧 역할, 단말 IP 주소할당, 통화채널 제어관리
MME (Mobility Management Entity)	단말 위치정보, 이동, 호출, 로밍 관리, 단말 인증관리, 통화채널 할당, 해제, 변경관리
HSS (Home Subscriber Server)	단말장치 프로필 정보 관리, MME와 연동하여 단말 장치의 인증정보 전달
LTE-NMS	LTE-R 설비의 장애, 동작상태 정보 종합관리 TNMS 및 단말기로 장애정보 제공
EMS-C(Core) (Element Management System)	Core 시스템의 구성, 장애, 성능, 상태정보 조회/출력

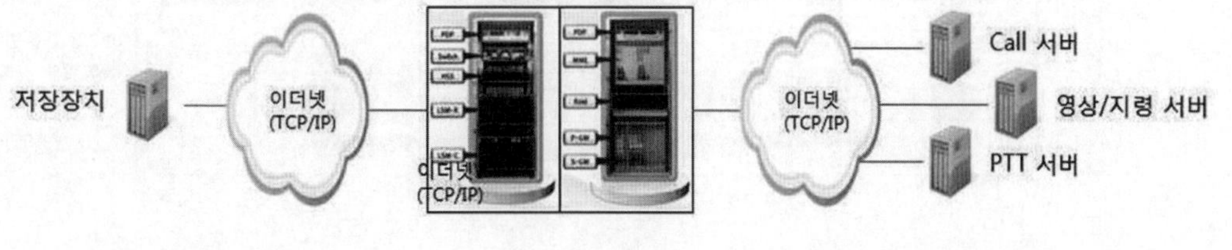

〈그림7-1〉 LTE-R 코어망 제어장치(EPC : Evolved Packet Core) 구성도

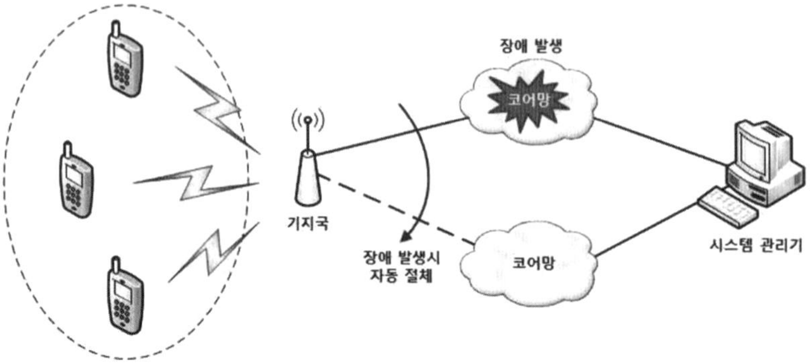

〈그림7-2〉 LTE-R 코어망 제어장치(EPC : Evolved Packet Core) 이중화

LTE-R(열차 무선통신망) 시스템 구성도

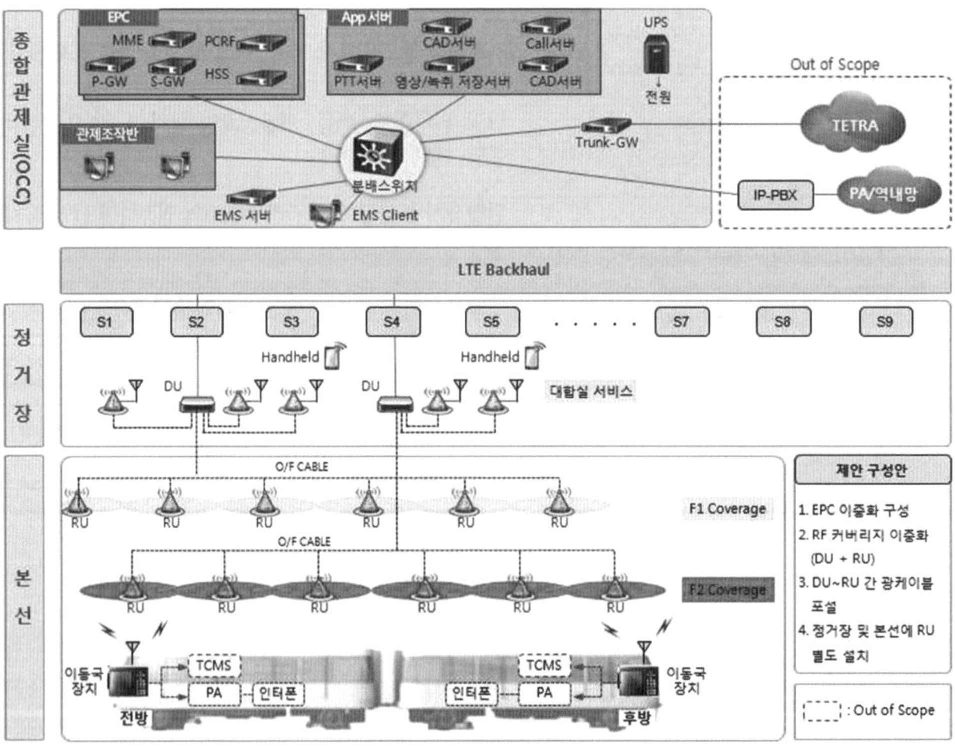

● LTE-R 주파수 대역

제 4세대 이동통신 시스템 LTE(Long Term Evolution) 주파수대역의 일정 부분(700MHz 대역의 각각 송수신10MHZ 할당)을 재난안전통신망 전용주파수로 할당받게 되고 재난안전망(PS-LTE)과 철도신호 전용주파수로 사용하게 되어서 LTE-R(Railroad)로 명칭을 부여하게 되었다.

* 송신(Tx) 주파수(773~783MHz) 대역의 10MHz
* 수신(Rx) 주파수(718~728MHz) 대역의 10MHz

3 무선망 서비스품질목표(QoS) 선정

● 무선 커버리지(Coverage) 기준

인접 셀(Cell) 간섭이 적은 LTE-R 환경을 고려하여 적용한다.

LTE-R 무선 커버리지 기준	
RSRP (수신측 기준신호의 평균전력)	RSRQ (전체대역폭 대비 수신전력 비율)
- 110 [dBm] 이상	- 15 [dB] 이상

목표 QoS 기준
* Data Download 속도 : 2Mbps * Data Upload 속도 : 1.5Mbps(차상단말기 기준 속도 적용)

※ RRU 설치 간격 : 직선부 약 700(m), 곡선부 약 300~500(m)
무선 커버리지 : 98(%) 이상, 30 프레임/초
차량 교행 손실 : 5[dB] 적용, 영상 지연(Process Delay) : 50(ms)

4 링크 버짓 분석(Link Budget Analysis) : Cell Planning

무선망 서비스 품질 목표를 충족시키기 위해서 분석에 필요한 Parameter들을 정의하고 Cell 반경을 산출하고 이에 맞게 셀플랜 시뮬레이션을 하여 Target QoS를 만족하는 DU(기지국)와 RRU(중계기)장치의 시스템 용량과 무선 용량 즉 최종물량을 산출 및 설치 지역을 선정한다.
이때 주의할 사항은 반드시 계측기에 의한 전파환경 측정을 위한 현장을 실사(Site-Survey)하여 지형과 구조물 특성에 맞게 가장 적정한 모델링 기법을 반복 적용하여 Target QoS를 만족하는 DU(기지국)와 RRU(중계기)장치의 최종물량을 산출 및 설치 지역을 선정한다.
최적화 작업을 충실히 하여야 한다.(무선 Coverage-Map 작성)

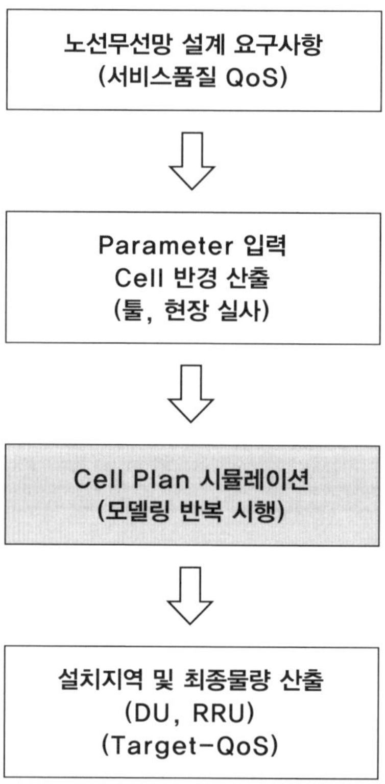

〈그림7-4〉 링크 버짓 분석(Link Budget Analysis : RF 특성분석)

5 전파환경 특성에 따른 LTE-R 안테나 종류

설치 장소	안테나 종류	전 파 환 경	비 고
지상건물, 지상역	섹터형 ANT	- 넓은 커버리지 적합 - 이득이 높다	이득 15dBi 최대 50(W)
대합실, 승강장	옴니형 ANT	- 가볍고 외관이 미려 - 천정에 부착 적합	이득 2dBi 최대 20(W)
	패치형 ANT	- 가볍고 외관이 미려 - 벽 부착에 적합	이득 5dBi 최대 20(W)
본선터널	야기형 ANT	- 터널에 적합 빔 패턴 - 가볍고 취부 용이	이득 11dBi 최대 50(W)

- **철도와 도시철도의 LTE-R 전파환경 개선 사례**
  - 건축한계 특성을 고려한 최적설치 위치 선정(최적화)
  - 핸드오버(Hand-Over) 성공률 개선 위해 DU 및 광 포트를 추가 설치
  - 지상 건물과 역사에 RRU 추가 설치(음영 지역)
  - 비상대피로 계단 등 음영지역에 안테나 추가 설치

6 GSM-R(유럽 철도전용 무선통신)과 요구사항

항 목	요 구 사 항	
통화 영역	ETCS - 2/3 레벨 (220KM/H 이하)	통화 확률(95%) 통화 레벨(-98dBm)
	ETCS - 2/3 레벨 (220 ~ 280KM/H)	통화 확률(95%) 통화 레벨(-95 ~ -92dBm)
핸드 오프 (Hand-Off)	최소 성공률	99.5(%)
	최소 핸드오프 시간	300(ms)
호 설정	외부에서 호 설정 시간	Min 250(ms)
	최대 전송 비트수	12(digits)

제2세대 무선 이동통신 시스템을 철도전용 제어시스템에 적용한 GSM-R 무선통신 시스템은 유럽과 여러 국가에서 상용화되어 안정적으로 사용되고 있으나 데이터 전송속도와 처리용량이 한계가 있어 다양한 멀티미디어 서비스 기능과 영상처리까지는 부족하여 최근에 한국과 유럽, 중국을 중심으로 제4세대 이동통신 LTE-R 기반 무선열차제어 시스템을 선도적으로 개발하여 시험을 완료하고 상용화를 앞두고 있다.
한국의 차세대 열차제어 시스템인 KRTCS-② 는 LTE-R 무선통신 시스템을 기반으로 하며, 원주~강릉 고속선에서 시험을 완료하고 최근 전라선에 시범 적용하고 있다.

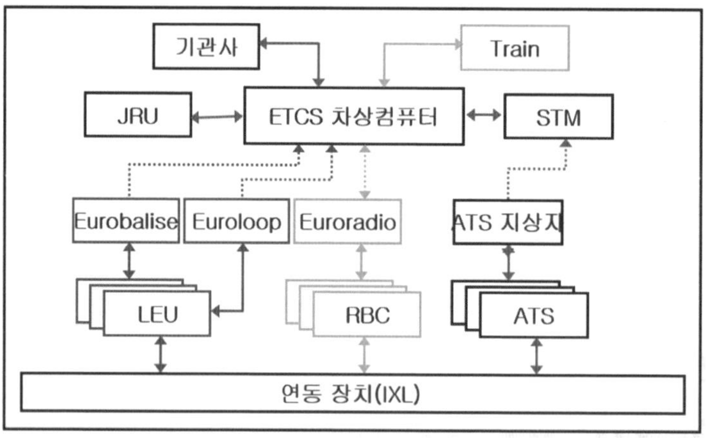

〈그림7-5〉 GSM-R을 적용한 ETCS 제어시스템 인터페이스

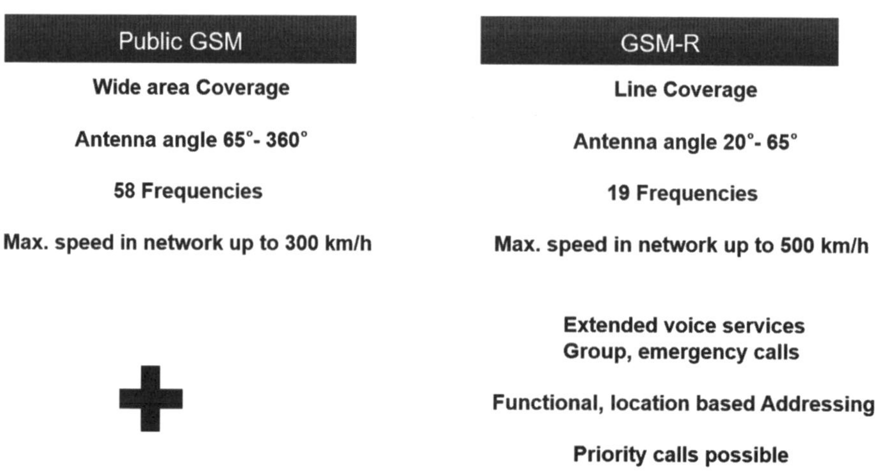

〈그림7-6〉 공공 GSM모바일과 철도전용 GSM-R과의 특성 비교

7 GSM-R 유럽 철도전용 무선통신 시스템의 기술적 성능

대 역	상 향 (UP-Link) 링크 대역	대역폭	하 향 (Down-Link) 링크 대역	대역폭	채널수
GSM-R	876~880MHz	4	921~925MHz	4	19개 주파수

※ GSM-R(Global Standard Mobile Railroad)

일반 GSM은 Wide-Area 커버리지(Coverage) 방식을 적용하고, 철도전용인 GSM-R은 Line 커버리지 방식을 적용 한다.

안테나 각도 : 20도 ~ 65도, 열차 최대속도 : 500km/h

[열차 무선통신 기능]

확장된 음성서비스, 그룹 비상통화, 우선 호출 가능 등

Address 기반 위치처리 등

유럽 통합열차 제어시스템(ETCS)의 레벨②, ③ 신호제어 시스템의 지상에 무선폐색센터(RBC : Radio Block Center)와 무선 In-Fill 장치는 차상GSM-R 시스템과 양방향 메시지 교환을 하여 연속적으로 열차제어를 하게 된다.

유럽 통합열차 제어시스템(ETCS)의 레벨②, ③ 시스템에 열차제어 정보 전송의 주된 통신 매개체 역할을 담당하고 있다.

• Specification and validation bodies for GSM-R

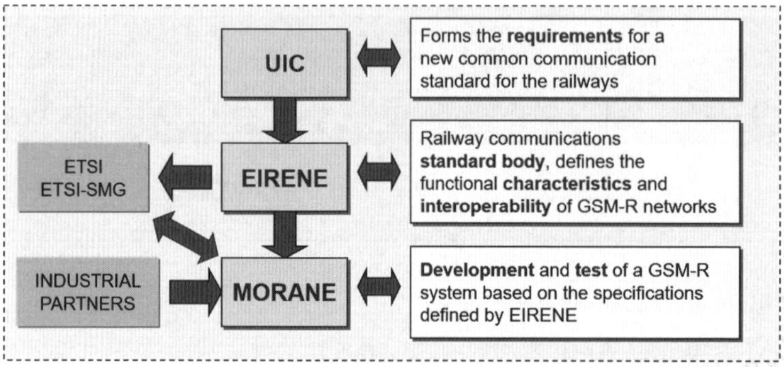

UIC : Union International de Chemin de fer
MORANE : MObile RAdio for railway Networks in Europe
EIRENE : European Integrated Railway radio Enhanced Network
SMG : Special Mobile Group

〈그림7-7〉 GSM-R 표준규격 요구조건/사양, 상호운영성/개발시험 기관

① UIC : 철도의 새로운 일반통신 표준 요구조건 설정 기관

② EIRENE : 철도의 통신표준 기관으로 기능특성과 상호운영성 정의(GSM-R 네트워크 관련)

③ MORANE : EIRENE 기관에서 정의한 사양으로 개발한 GSM-R 시스템의 협력사와 개발과 시험 관리 기관

8 ETCS(유럽통합 열차제어시스템)의 기능 요구사항

QoS 파라미터 (통신 서비스품질)	ETCS 기능 요구사항	비 고
최대 지연시간	0.5초(95.00%) 1.2초(99.00%) 2.4초(99.99%)	
평균 지연시간	400 ~ 500(ms)	
데이터 속도	2.4Kbps	
가용율	99.95(%)	

최대 핸드오프 시간	300(ms)	
연결실패 지시 시간	1초	

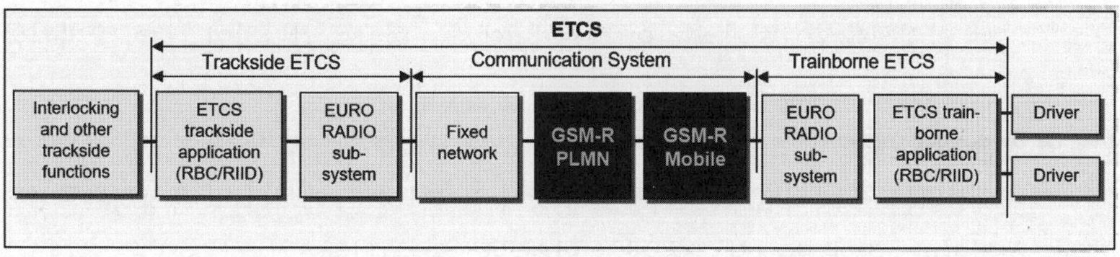

〈그림7-8〉 ETCS 열차제어장치의 지상-통신- 차상장치 간 계통도

9 디지털 전송설비(IP-MPLS)

전송설비는 도시철도 운영 및 열차안전운행 확보에 필요한 모든 데이터, 음성, 영상정보 등을 전송하기 위한 설비이다.

- 다양한 통신서비스 수용, 트래픽 처리의 효율성 및 망 운용의 간편성
- 전송망 구축시 망 구축 비용 절감, 안정성 및 유지보수성
- 유연한 트래픽을 쉽게 처리하면서 타 설비와 다양한 인터페이스 및 관리 기능 제공

● 전송망 구성

전송망의 고도화 및 신뢰성, 생존성 그리고 확장성 등을 고려하여 전송거리에 제약이 없고 별도의 광 모듈(장거리용)을 확보할 필요가 없는 결번순환방식을 적용하여 광 전송망의 안정성을 확보하도록 구성한다.

● 전송장비

- 세계적인 전송망의 진화 방향은 IMS(IP Multimedia Subsystem), Soft Switch를 포함한 ALL IP 기반 네트워크 적용으로 유선, 무선, 방송망이 단일망으로 통합되고 있으며, TCP/IP 기반 전송망을 이용하여 음성, 영상 등 초고속 멀티미디어 데이터를 전송하는 방향으로 발전되고 있다.

- 따라서, ALL IP기반으로 통합된 최적의 정보통신망 시스템을 구현하고자 보안성 및 경제성이 우수하며 표준화가 완료된 MPLS기반의 캐리어이더넷 방식을 도입하여 전송망을 구성한다.
- 철도통합무선통신망설비는 LTE-R방식의 별도망으로 데이터를 전송하도록 구성하였으며 안정성을 확보하기 위하여 전송설비에서는 회선을 할당하여 2중화를 지원한다.

● 전송설비 2중화

전송설비는 전력, 신호등 도시철도 운영에 필요한 모든 데이터 및 음성정보를 송,수신하는 설비이며, 장애 발생시 도시철도 안전운행 및 운영에 막대한 지장을 초래하는 설비로서 안정성을 최우선으로 보장하기 위하여 장치 2중화 및 주요부 2중화를 구성하여 김포도시철도 안전운행 및 최적의 고객서비스를 제공한다.

- 전송장치 2중화시 보호절체 방안은 각 설비별로 L3스위치를 반영하여 장치 2중화에 따른 루핑을 방지할 수 있도록 최적의 시스템을 구축하도록 한다.

장치 2중화방안	스위치를 통한 2중화
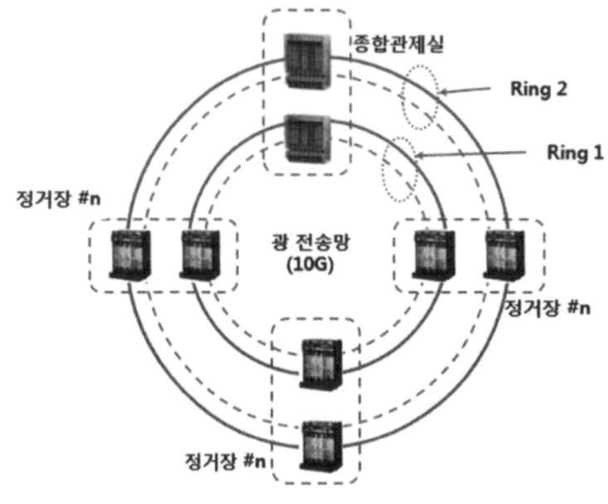	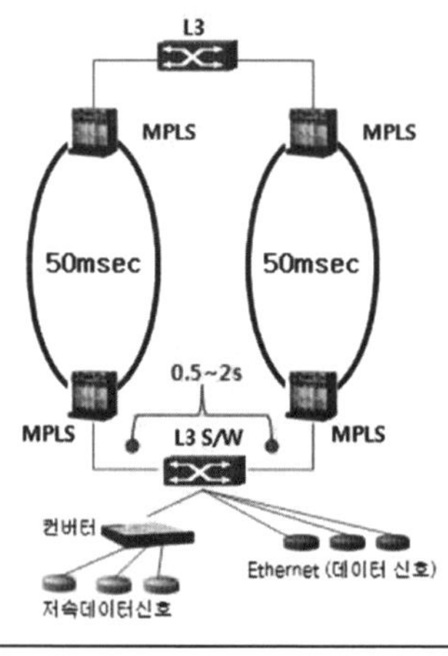

• 주요부 2중화

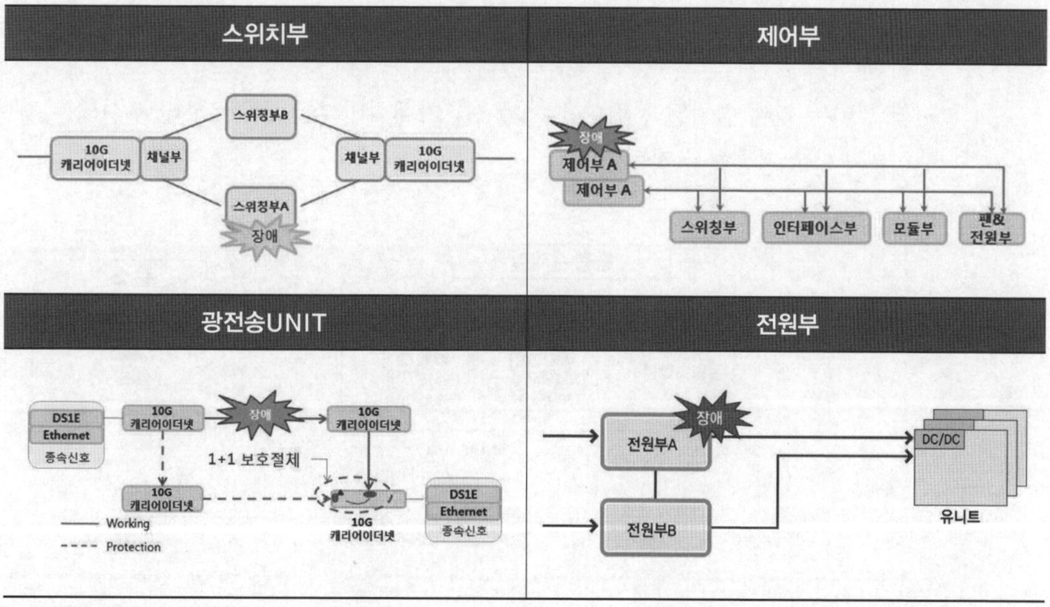

● **전송설비 구성**

전송설비는 종합관제실 통신관제의 주장치와 각 역에 설치되는 역장치로 구분되며 광전송 장치는 2중화로 구성하고 전송망은 2-Fiber 환형망(Double-Ring)으로 구성하여 장애 발생시에도 중단 없는 서비스를 제공.

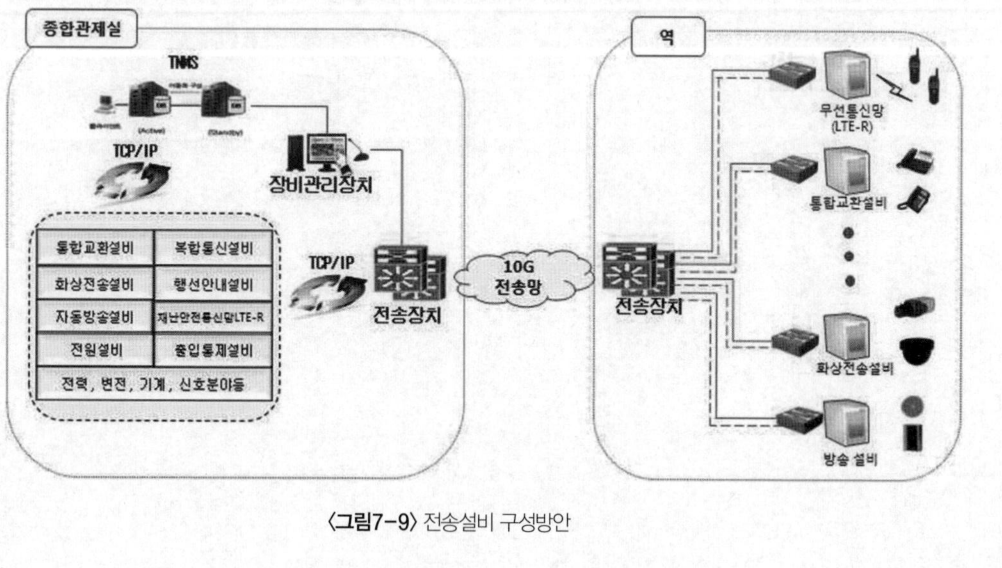

〈그림7-9〉 전송설비 구성방안

- 종합관제실에 설치하는 관제설비는 광전송 주장치, 통합관리장치, 장비관리장치(EMS), 디지털클럭공급장치(DOTS)로 구성하며, 각 설비들의 동작상태 및 이상 유 · 무를 운용자가 원격으로 감시할 수 있도록 구성한다.
- 역 설비는 역에 설치된 전력, 신호, 통신, 기계설비분야 등으로부터 수신되는 정보를 종합관제실로 전송하는 장치이다.

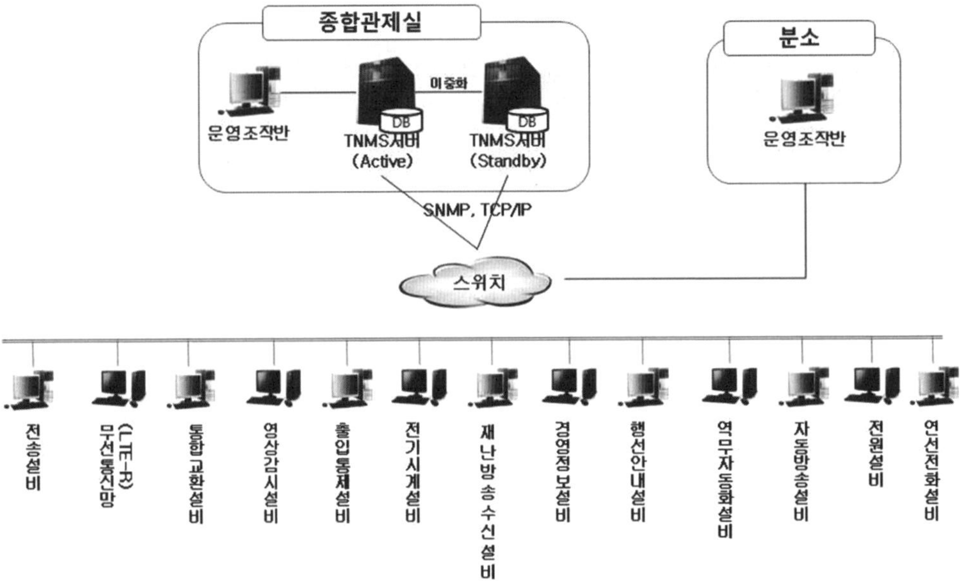

〈그림7-10〉 통합망관리시스템(TNMS) 구성도

10 무선통신망(LTE-R) 설비

무선통신망(LTE-R)설비는 종합관제실의 관제와 도시철도관련 업무종사(운행/고객안전원, 유지보수자, 안전요원)간의 열차운행 및 운영의 양방향으로 무선통신뿐만 아니라 경찰, 소방, 의료기관 등의 외부 재난관련기관과 양방향 통신이 가능하도록 하는 설비이다.

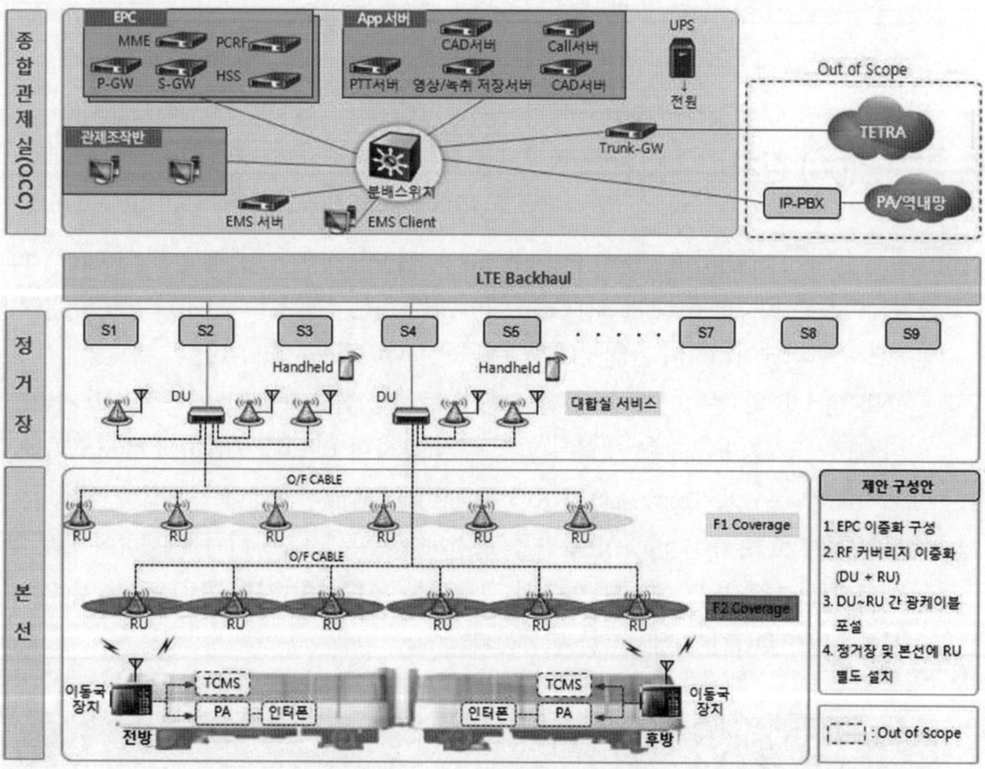

〈그림7-11〉 무선통신망(LTE-R)설비 구성도

1. 중앙제어장치(EPC)

중앙제어장치는 LTE 코어, Call 서버, PTT 서버, 영상/지령 서버, Call 저장장치, 영상저장장치, 지령장치로 구성되며 열차무선통신망을 제어 및 관리하는 장치이며 기지국장치에서 발생하는 호(음성, 데이터)를 제어하고 통신망을 관리하는 장치이다.

EPC(Evolved Packet Core) 구성	EPC 2중화
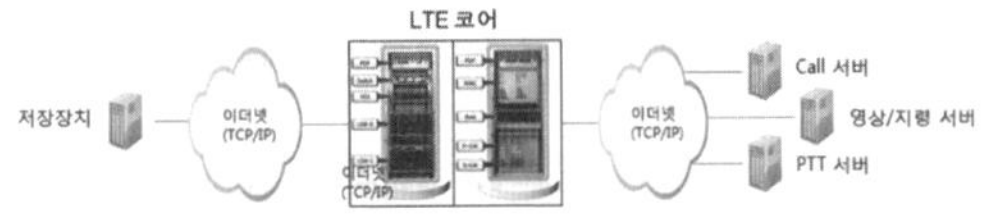	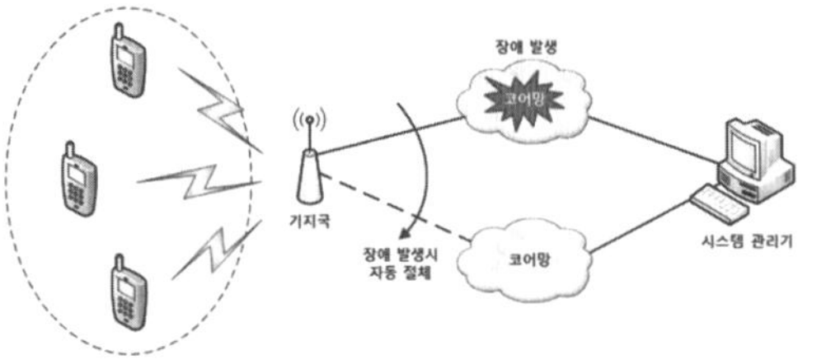

2. 기지국(DU) 장치

기지국장치 eNodeB(Evolved Base Station Node) 사용자단말기 UE(User Equipment)와 중앙제어장치 EPC(Evolved Packet Core) 간에 위치하는 시스템으로, LTE Air 규격에 따른 무선 접속으로 인터페이스하며 가입자에게 무선통신 서비스를 제공한다.

- eNB 는 UE 와 무선신호 송/수신을 하며 트래픽 신호에 대한 변복조 신호처리를 한다. 또한 패킷 스케줄링 및 무선대역폭 할당 역할도 하며 EPC와 정합하여 핸드오버를 수행한다. 기지국장치는 DU(Digital Unit), RRU(Remote Radio Unit), 안테나 등으로 구성된다.
- 무선통신망(LTE-R)은 안정성 측면을 고려하여 주는 전송장비를 이용하여 EPC와 DU간에 데이터를 전송하며, 예비로 별도의 광코아를 할당하여 전송설비를 거치지 않고 스위치를 통해 EPC-DU간에 데이터를 전송한다.

구 분		주요 기능
eNB	DU	관제센터장치와 이동무선장치간의 통화로를 구성하는 장치
	RRU	DU장치로부터 제어신호를 수신받아 역 내 및 본선구간에 무선통화망을 확보
	안테나	RRU로부터 수신받은 무선통화망을 역 내 및 본선구간에 송출하여 통화로 확보

- RRU의 설치간격은 400m 이하로 구성

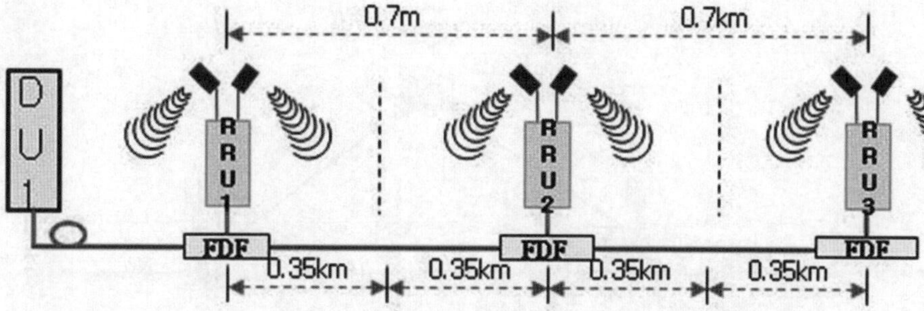

〈그림7-12〉 RRU설치 간격 및 구성 개념도

3. 무선통신망(LTE-R) 핸드오버(Hand-Over)

철도의 경우 이동물체가 고속으로 이동함에 따라 잦은 핸드오버가 발생하게 되며 핸드오버시 시그널링에 의해 성능이 저하된다. DU에 속해있는 RRU를 하나의 셀로 묶어 핸드오버가 일어나지 않고 처리할 수 있는 컨바인드 셀(Combined Cell)기능을 적용한다. 다만 현재는 intra DU간에만 컨바인드셀(Combined Cell) 기능이 가능하며 interDU간 기능은 아직 동작하지 않아서 향후 개선이 필요하다.

- LTE의 eNodeB간 통신 중(통화 중 또는 데이터 전송 중) Handover는 Handover 처리를 수행하는 S-GW(Serving GW)의 프로세스를 통해 열차 이동체가 Source-eNodeB에서 Target-eNodeB로 이동하여 정상적인 통신이 가능하게 하며 총 Handover 소요시간은 68msec를 추산된다.

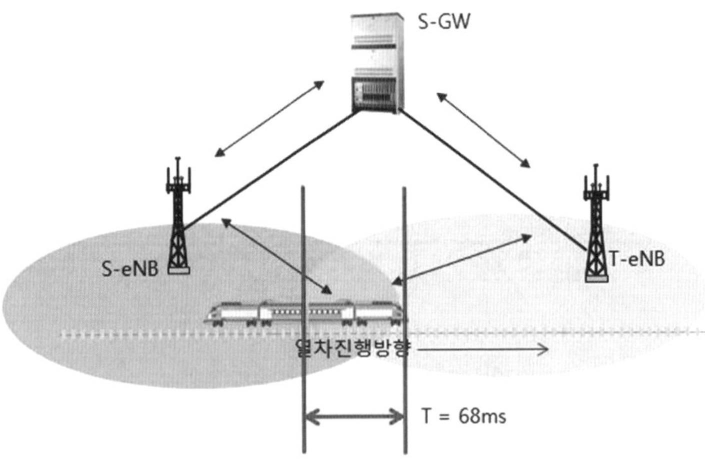

〈그림7-12〉 핸드오버(Hand-Over) 구간

- 열차속도에 따라 68msec 동안 열차 진행 거리

구 분	250Km	200Km	150Km	80Km
1초간 진행거리	$\frac{250Km}{3600sec}$ = 69.4m	$\frac{200Km}{3600sec}$ = 55.5m	$\frac{150Km}{3600sec}$ = 41.6m	$\frac{80Km}{3600sec}$ = 1.5m
t=68msec동안 진행거리	4.7m	3.7m	2.8m	1.5m

- 핸드오버시 충분한 여유 시간을 감안하여 핸드오버시간(68msec+100%여유포함) 136ms를 감안하여 무선통신망(LTE-R)방식의 RRU 핸드오버 중첩구간은 3m를 적용한다.

4. 터널 및 대합실 안테나

정거장은 여러 기능실 및 승객 이동공간으로 구성되어져 있는 개방적 전파 환경이며, 비상시 관련 직원들간에 원활한 무선통신이 가능하도록 이동 동선을 고려하여 무선통신망(LTE-R) 서비스를 제공한다.

- 터널 및 대합실의 안테나는 공간파 안테나 방식을 동일하게 적용하며 정거장 천정외부 및 전파특성을 이용하여 터널내 일정한 간격으로 안테나를 설치하여 무선송수신기와 열차이동국간 안정된 무선통신서비스를 제공한다.

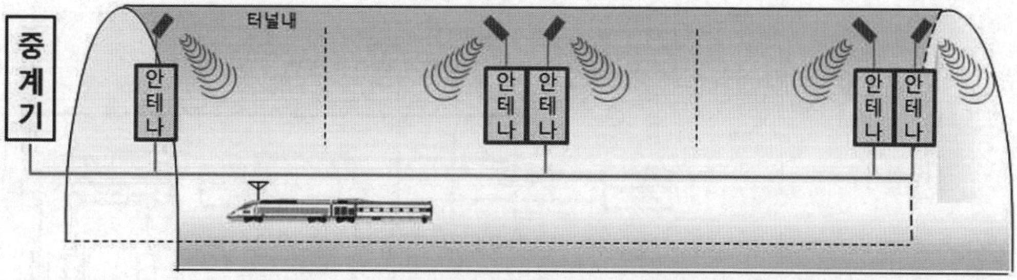

〈그림7-13〉 터널내 공간파 안테나 방식 구성도

구분	무선통신망(LTE-R) 안테나 구성
대합실	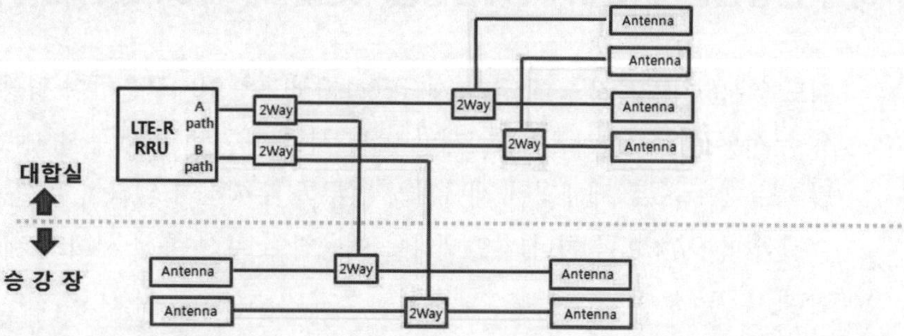
본선터널	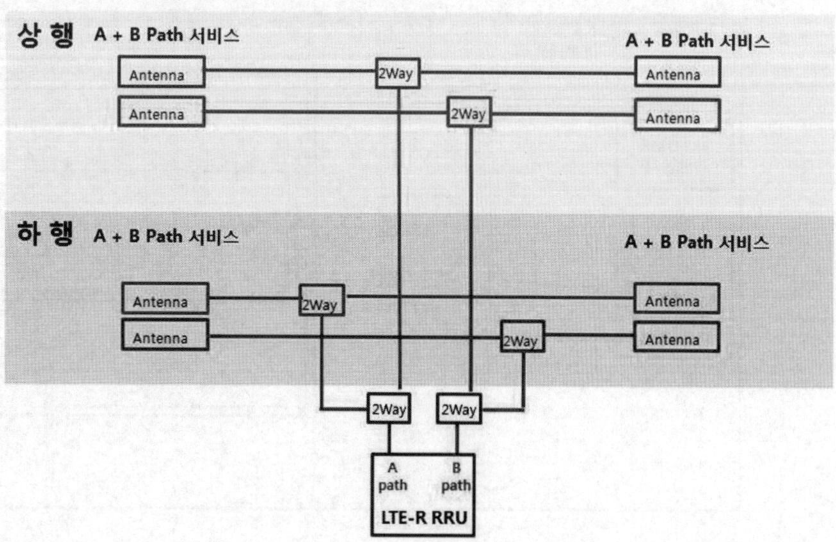

환기구	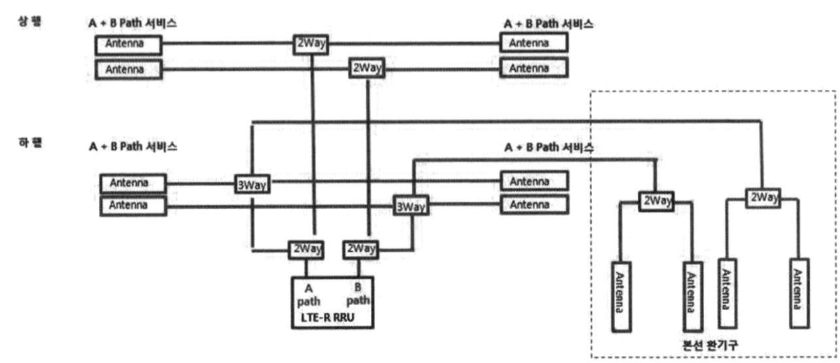

5. 무선통신망(LTE-R)과 재난방송 수신설비(FM/DMB) 통합

철도 역사, 차량기지 등에 국가 재난안전통신망을 연계구축하여 평상시에는 기관의 고유 업무용 무선통신망으로 사용하고, 재난 발생 시 재난현장 지휘 통신으로 전환하여 재난정보 수집 및 공동 활동으로 체계적인 재난관리 업무를 수행하기 위하여 무선통신망(LTE-R)과 재난방송 수신설비(FM/DMB)를 하나의 안테나를 이용하여 무선 통신 서비스 제공하기 위하여 통합 구축한다.

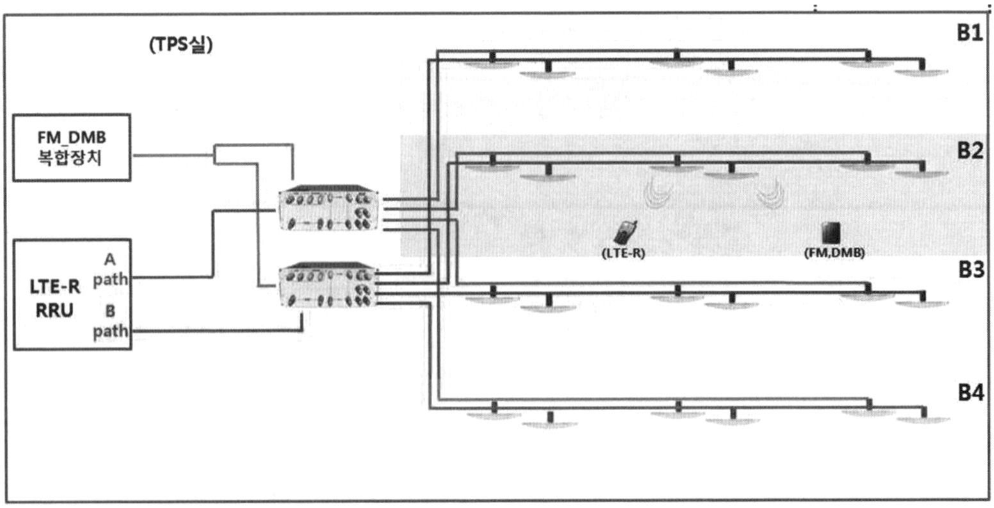

〈그림7-14〉 무선통신망 통합 구성도

6. 차량 이동국장치 계획

차량이동국장치는 열차의 안전운행을 확보하기 위하여 차량설비와 지상설비 간 음성, 영상, 차량운행 정보 등 다양한 데이터를 무선으로 송수신하기 위한 장치이며 열차 내에 설치되는 차량이동국장치는 안테나 및 차상용 조작반(TRCP), 차상용 LTE 통신장치(TLCS), 차상인터페이스장치(TICS), 차상용 영상장치(TVCS), 차상용 안테나로 구성되고 차량이동국장치는 전, 후방에 각각 설치한다.

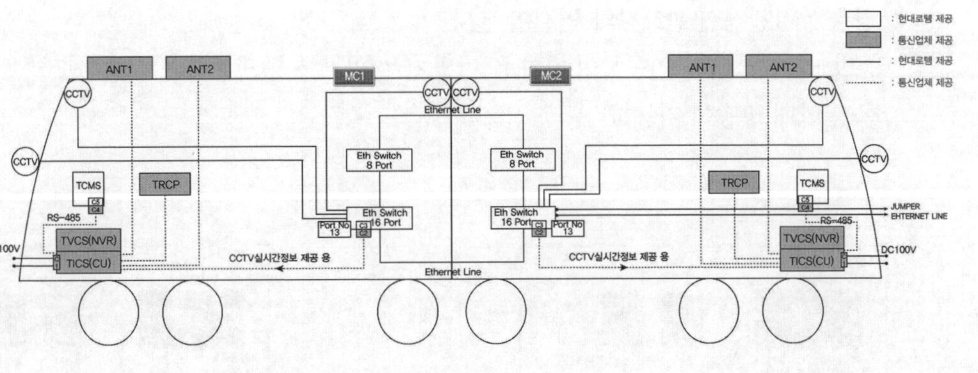

〈그림7-15〉 차량 이동국 장치 기능구성도

구분	차량 이동국장치 기능
차상용 조작반 (TRCP)	• 차상단말장치는 운행안전원이 SMS, VoIP 통화, PTT 통화를 위한 장치이며 차상단말 서브시스템인 차상용 LTE 통신장치(TLCS), 차상인터페이스장치(TICS), 차상용영상장치(TVCS)와 연결되어 제어한다.
차상용 인터페이스 장치(TICS)	• 차상용 조작반(TRCP)에서 열차 내 방송장치, LED표시기, CCTV, 차상제어장치 등 제어가 가능할 수 있도록 각 장치 간 인터페이스를 지원한다. • 인터폰을 통해 승객과 통화가 가능하며 고객/운행안전원이 받지 않을 경우 종합관제실원과 승객간에 통화로 전환한다.
차상용 영상 장치(TVCS)	• 차상용 영상장치(TVCS)는 열차 내 설치된 CCTV 영상을 H.264 코텍으로 압축하여 저장장치에 저장하며, 관제에서 영상전송 요구 및 비상상황 발생 시 해당객차의 실시간 영상을 LTE망을 통해서 전송한다.
차상용 LTE 통신장치(TLCS)	• LTE 기반의 무선 송수신장치로, 철도전용 LTE망에 접속하여 각 단말과 음성, 영상 및 제어 데이터를 주고 받는다.

- 차상의 방송장치와 인터페이스하여 관제사가 차량 내에 설치된 방송장치를 제어하여 대 승객 방송을 실시한다.
- 차량의 TCMS와 종합관제실의 차량 제어 콘솔간 양방향 정보 전송시 정보통신분야의 전송경로 및 경유서버를 통해 전송한다.
- 차상의 비상인터폰장치와 인터페이스하여 비상인터폰 호출 시 관제사와 승객간의 음성통화가 가능하다.
- 승강장 비상통신장치, 각종 인터폰장치 및 콜폰장치는 무선통신망(LTE-R)과 연동하여 승객이 호출시 순회요원의 휴대용단말기로 수신이 가능하도록 하며, 일정시간 응대하지 않을 경우 종합관제실 관제사와 연결이 된다.
- 통합교환시스템과 연동하여 휴대용 단말기로 업무용 행정전화가 가능하도록 하고 역사 내 음성 안내 방송이 가능하다.

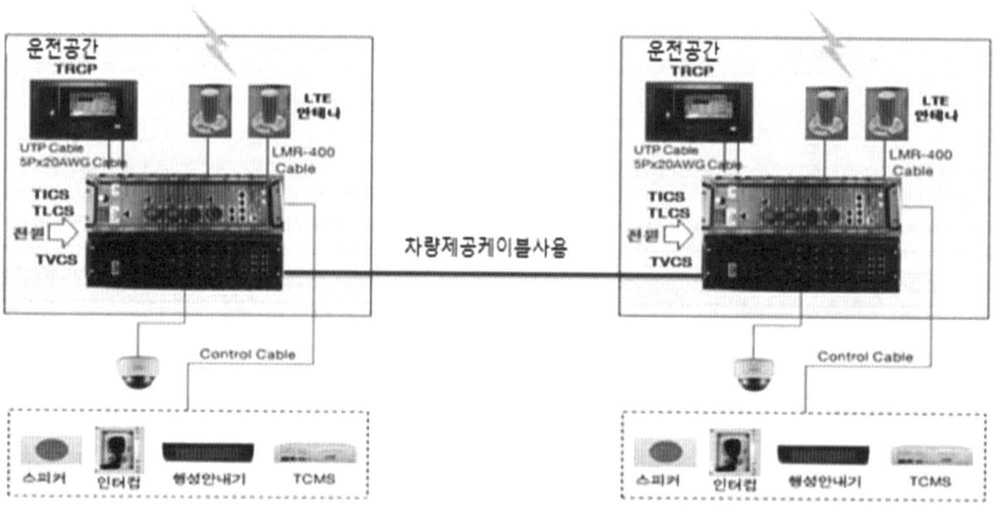

〈그림7-16〉 차량 이동국 장치 이중화 구성도

11 열차행선안내장치

열차행선안내장치 설비는 각 역의 승강장 및 대합실에 안내게시기(TDI)를 설치하여 열차운행 정보, 공익정보 및 각종 공지사항 등을 고객에게 시각적으로 전달하는 설비이다.

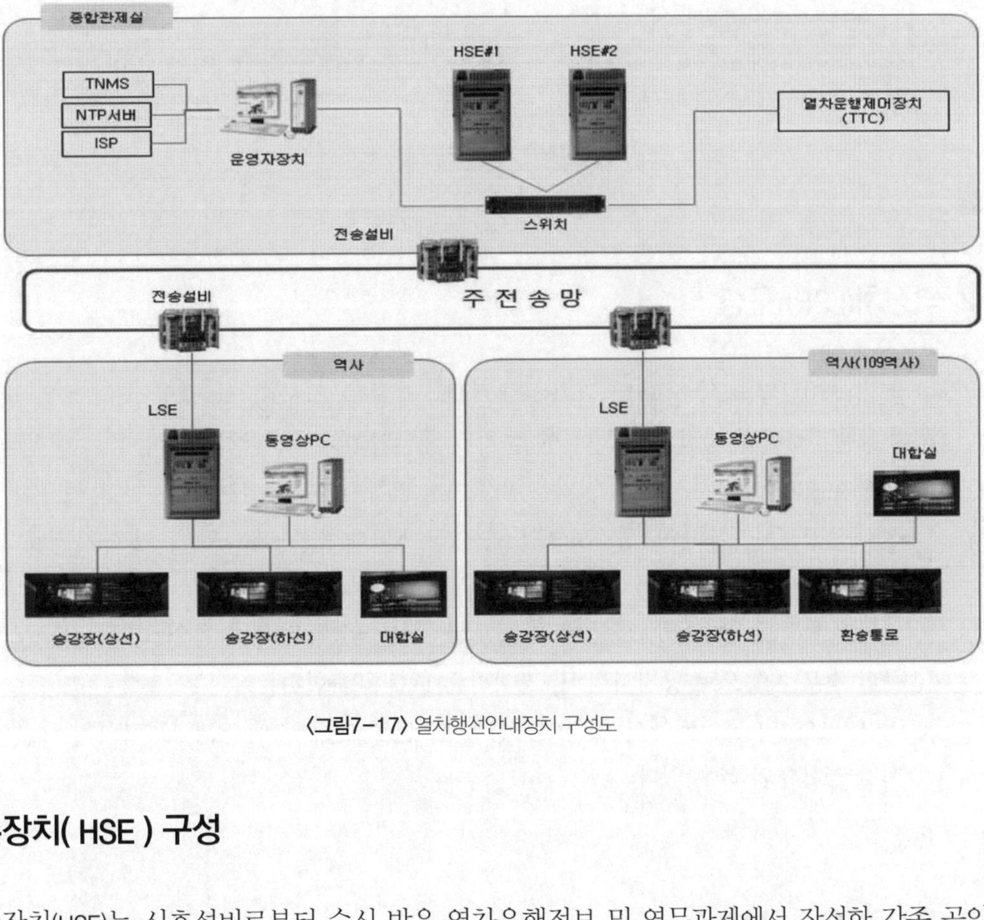

〈그림7-17〉 열차행선안내장치 구성도

1. 주장치(HSE) 구성

주장치(HSE)는 신호설비로부터 수신 받은 열차운행정보 및 역무관제에서 작성한 각종 공익정보와 공지사항 등의 표출 정보를 각 역의 역장치(LSE)로 전송하여 게시기(TDI)에 표출할 수 있도록 제어하는 장치이며, 역장치 및 게시기(TDI)의 장애정보를 전송받아 운영자 장치에 장애정보를 표출 및 저장한다. 또한 주장치는 주 예비로 구성하여 비상시에도 안정적인 운영이 될 수 있도록 한다.

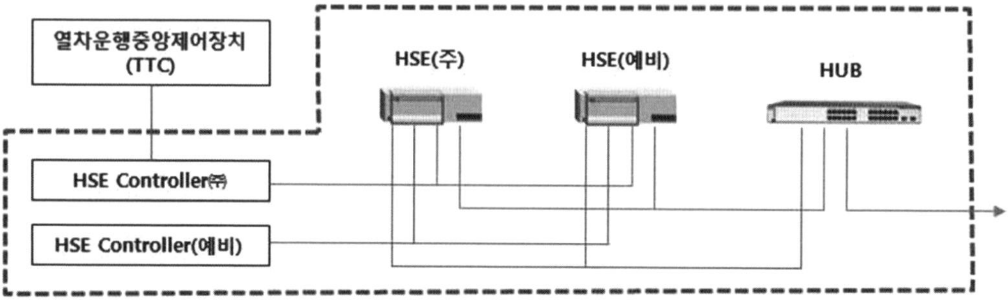

〈그림7-18〉 주장치(HSE) 구성

2. 역장치(LSE) 구성

주장치(HSE)로부터 수신받은 열차운행정보, 각종 공지사항 및 공익정보 등을 분석, 저장하며 표출정보를 승강장 및 대합실에 설치된 게시기(TDI)로 전달하는 기능을 수행한다.

- 주장치(HSE)부터 수신되는 열차운행정보를 역장치(LSE)고유번호에 의거 필요한 정보만을 선택적으로 수신하여 상선/하선 승강장 및 대합실 행선안내 게시기별로 구분하여 표출한다.
- 열차운행정보 중 출발/접근/도착정보를 수신 후 일정시간 동안 다음 정보를 수신하지 못할 경우 자동으로 공지사항 및 그래픽 정보를 표출한다.
- 역장치(LSE)의 모니터에서 열차이동상황(**열차번호 포함**) 및 행선안내표기시의 표출내용을 실시간으로 확인할 수 있다.

3. 게시기(TDI) 구성

게시기(TDI)는 대합실 및 승강장에 게시기(TDI)를 설치하여 고객에게 열차운행정보(**열차 출발, 도착 및 막차시간**)등을 역장치(LSE)에서 제공받은 열차운행정보, 공익정보 및 각종 공지사항 동영상 광고 등을 표출한다.

- 게시기 표출방식

구분	단일 시스템 (열차운행정보 제공)	복합시스템 (열차운행정보/광고제공)
개념도	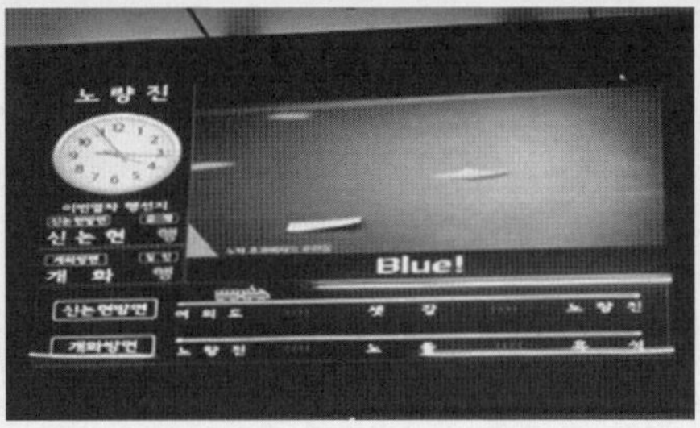	
구성	• 열차운행정보, 공익정보 • 각종 공지사항 제공	• 열차운행 정보, 공익정보 • 각종 공지사항 제공 • 동영상 광고 등
장점	• 시스템이 간단 / 설치비용 저렴	• 부대수익 사업 가능
설치장소	대합실	승강장

제7장 LTE-R
철도신호기술사 기출문제

01 철도통합무선망(LTE-R)의 활용방안 및 부가서비스에 대하여 설명하시오.

02 5세대 이동통신 5G(IMT-2020)와 LTE(Long Term Evolution)를 비교하여 설명하시오.

03 5세대 이동통신의 개요 및 각 세대별(1G~5G) 특징에 대하여 설명하시오.

04 국토교통부에서 추진 중인 LTE급 철도통신시스템 구축계획을 설명하시오.

05 LTE-R의 주파수 대역, 데이터 전송지연시간/통화신뢰성에 대하여 설명하시오.

06 철도통합무선망(LTE-R)에 대하여 설명하시오.

07 한국형 국가철도 통합무선망(LTE-R)의 지상, 차상시스템 구축방안에 대하여 설명하시오.

08 LTE-R 통합무선망의 기능과 요구사항에 대하여 설명하시오.

제7장 (ERTMS/ETCS) 철도신호기술사 기출문제

01 열차자동방호장치(ATP) 구간의 발리스 설치기준에 대하여 설명하시오.

02 ERTMS/ETCS Level 1에서 적용되고 있는 Balise 유형별 용도와 전기적 사양인 Interface A1, A4, C1, C6에 대하여 설명하시오.

03 열차 양방향운행의 개념을 설명하고 단방향운행을 하고 있는 ETCS 레벨1구간에서 A역과 B역에 양방향운행을 위한 개량범위를 설명하시오.

04 차상과 지상의 Baseline 기본기능에 대해서 설명하고, 지상Baseline의 동작 순서를 그림으로 나타내시오.

05 ETCS Level-1 시스템 ATP장치의 운영레벨간의 전환방법을 설명하시오.

06 유럽열차제어시스템(ETCS)의 레벨 1,2, 3에 대하여 설명하시오.

07 ERTMS/ETCS 시스템을 단계별로 설명하시오.

08 ERTMS/ETCS 시스템의 구축효과에 대하여 설명하시오.

09 ETCS 레벨1 시스템의 지상설비 중 선로변 제어유니트(LEU)의 구성도 및 주요기능 5가지에 대하여 설명하시오.

10 ERTMS/ETCS Level 1에서 지상-차상 유로발리스 전송시스템을 설명하시오.

11 ERTMS/ETCS Level 1에서 In-Fill 기능에 대하여 설명하고, In-Fill Balise 및 In-Fill Loop의 장단점을 설명하시오.

제8장

차축검지기(Axle-Counter)

1. 차축검지기(ACE) 시스템 개요
2. ACE 장치 일반 사양
   1. ACE(신호기계실 차축 검지장치)
   2. ACD(현장 차축검지 송수신 모듈)
   3. AD(현장 차축검지 센서)
3. 차축검지기(ACE) 장치 구성
   1. ACE 장치
      1) 논리부(PCB)
      2) 계전기부
   2. ACD 장치
   3. AD 장치
4. 현장 AD센서 설치 유의사항

1 차축검지기(ACE) 시스템 개요

차축검지기는 CBTC가 기능을 상실했을 때를 위한 『백업서브시스템』으로, 신호기계실에 설치된 ACE(Axle-Counter Evaluator)장치와 현장에 설치된 ACD(Axle-Counter Device) 차축검지장치, AD(차축검지센서)로 구성되어 분기부에서 궤도회로와 유사한 기능(열차 점유/비점유)을 한다.

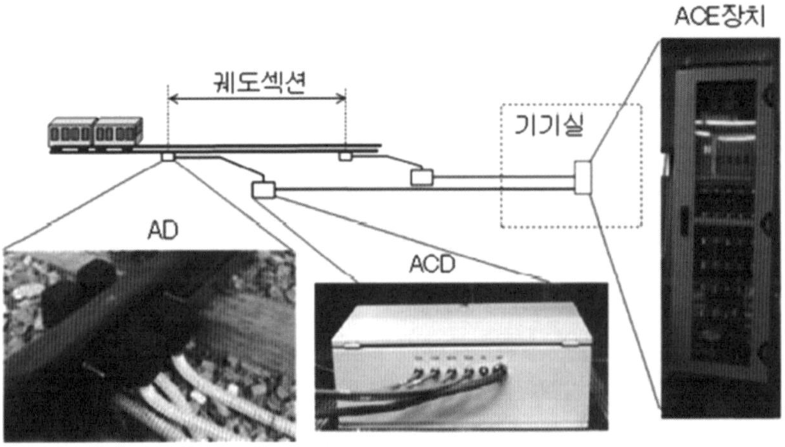

〈그림8-1〉 MSDAC ACE(차축검지기) 구성품

차축검지장치는 레일에 AD(검지센서)를 설치하여 선로의 일정 구간(궤도섹션, 대부분 본선과 기지의 분기기 구간)으로 구분하고 『궤도 섹션』의 양단을 통과한 차륜 수를 카운트하는 것으로, 궤도섹션 내의 열차 점유 · 비점유를 판정하여 그 결과를 출력한다.
본 장치가 판정하는 열차 점유 · 비점유의 정보는 열차의 안전한 주행과 관련되므로, 최고 레벨의 안전무결성(SIL-4)을 인증받은 것이다.
차축검지장치를 구성하는 구성품의 블록도 및 동작개요는 다음과 같다.

* MSDAC(Multi Section Digital Axle-Counter) : 다중 (섹션)블록 차축검지기

(1) 기능 블록도

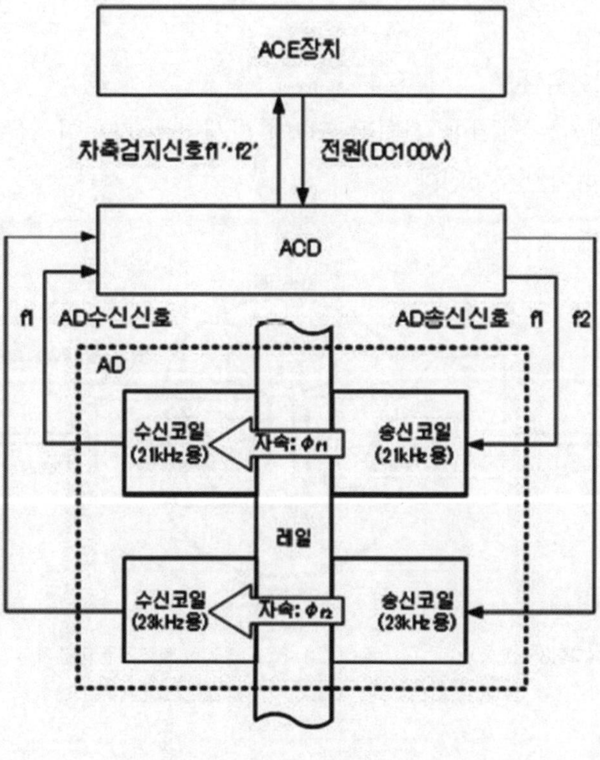

〈그림8-2〉 MSDAC(차축검지기) 기능 블록도

(2) 동작 개요

* ACE장치에서 DC100V가 ACD에 공급되어 ACD가 작동한다.
* ACD는AD의 송신코일(21kHz용)에 f1신호(21kHz)를, 송신코일(23kHz용)에 f2신호(23kHz)를 각각 송신한다.
* AD의 각 송신 코일에 f1 · f2신호가 흐름으로써, 각 송신 코일과의 사이에 자속 : φf1 · φf2가 발생한다.
* 자속 : φf1 · φf2가 발생함에 의해 AD의 송신 코일(21kHz용)에 f1신호가, 수신 코일(23kHz용)에 f2 신호가 각각 유도된다.
* AD의 각 수신 코일에 유도된 f1 · f2신호는 ACD에 피드백 된다.
* ACD는 AD에서 피드백 된 f1 · f2신호의 위상을 판정한다.
* ACD는 위상판정 결과에 응하여 차축검지신호 f1' · f2'를 생성하고 ACE장치를 출력한다.

* ACE장치는 ACD에서 출력된 차축검지신호f1' · f2'를 처리하여 열차 차륜의 유 · 무를 판정한다.

(3) 열차 차륜검지의 구조

열차차륜의 검지는 레일에 설치된 AD에 발생하는 자속이 열차 차륜의 유무에 따라 변화함을 이용하여 이루어진다.

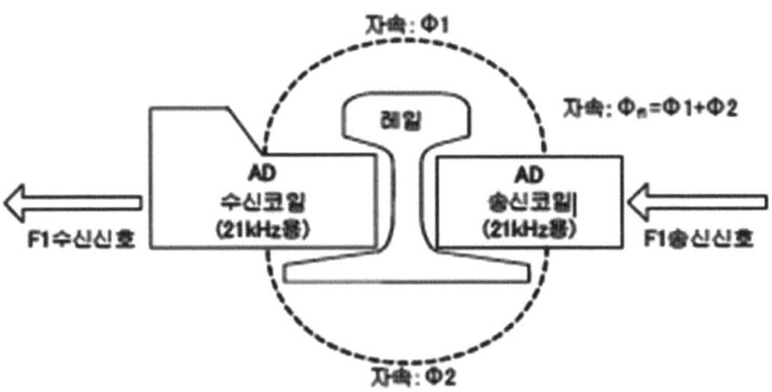

〈그림8-3〉 AD 송, 수신 코일 간(21khz용)의 자속(열차 차륜 미 존재 시)

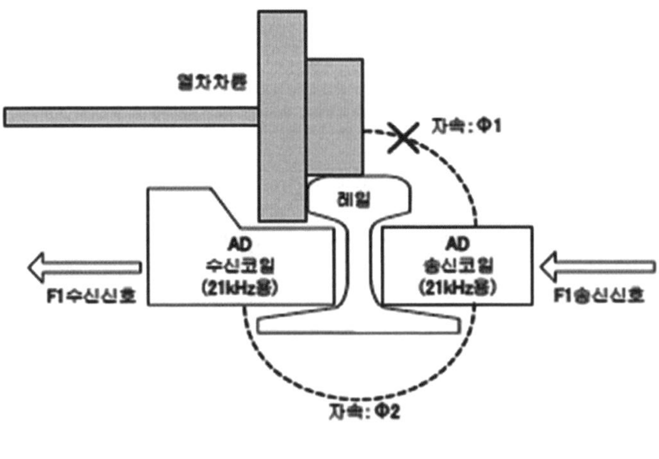

〈그림8-4〉 AD 송, 수신 코일 간(21khz용)의 자속(열차 차륜 존재 시)

AD근방에 열차 차륜이 없을 때, ACD에서 송신된 f1신호가 AD송신 코일(21kHz용)을 흐르게 함으로 발생하는 자속 : Φf1은 그림3와 같이 Φ1방향의 자속과 Φ2방향의 자속 둘로 나뉘어

AD수신 코일(21kHz용)을 관통한다.

한편 AD를 열차 차륜이 통과할 때, 그림4와 같이 Φ2방향의 자속은 열차 차륜의 영향을 거의 받지 않지만, Φ1방향의 자속은 열차 차륜에 의해 차단되어 레벨이 감쇠한다. 때문에, 수신 코일(21kHz용)을 관통하는 자속은(Φ2 〉〉 Φ1)이 된다.

이 결과, AD를 열차가 통과 할 때에 AD수신 코일에 유도되는 f1신호의 위상은 열차차륜이 없을 때와 비교하여 180도 반전한다.

ACD는 이 AD수신 코일(21kHz용)에 유도되는 f1수신 신호의 위상 변화를 검출하는 것으로 열차 차륜의 유 · 무를 검지한다. 마찬가지로, AD의 다른 한 쪽 송수신 코일(23kHz용)도 f2수신 신호의 위상 변화에 의해 동일하게 열차 차륜의 유 · 무를 검지한다.

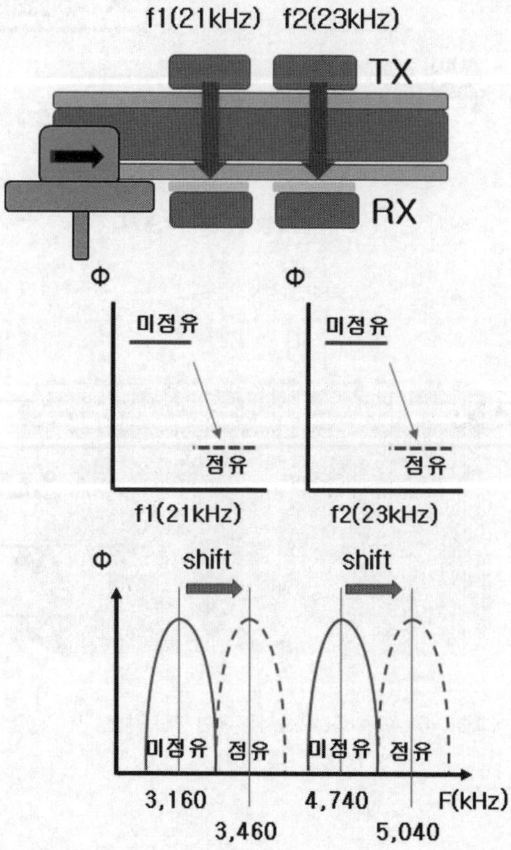

〈그림8-5〉 열차 점유 · 비점유 시 주파수 변화

(4) 열차점유 · 비점유 판정의 구조

차축검지장치는 앞에서 설명한 방법으로 열차 차륜을 검지하여『궤도 섹션』의 경계에 설치한 AD를 통과하는 열차의 차축 수를 카운트하는 것으로 열차의 점유/비점유를 판정한다. 이 방법은 레일에 AD를 설치하는 것뿐이므로, 도입이 용이하고 다양한 장소(본선 분기부, 기지) · 레이아웃으로의 대응이 가능하게 된다. 점유 판정은 다음의 기준으로 행한다.

* AD가 차륜을 검지 ⇒ AD의 양 옆『궤도섹션』의 차축을 카운트
* 궤도 섹션 양단의 차축 카운트 수가 일치 ⇒ 비점유
* 궤도 섹션 양단의 차축 카운트 수가 불일치 ⇒ 점유

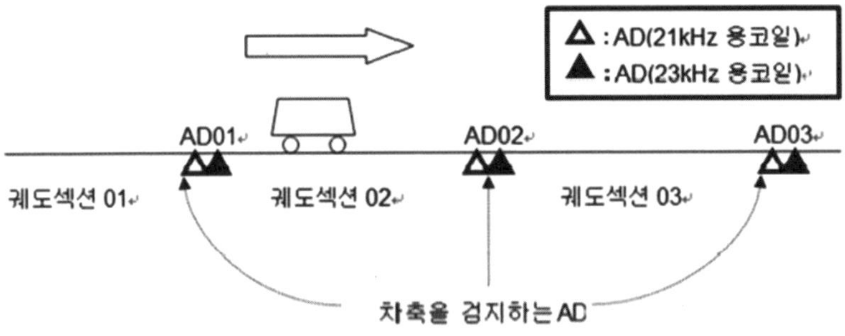

차축을 검지하는 AD

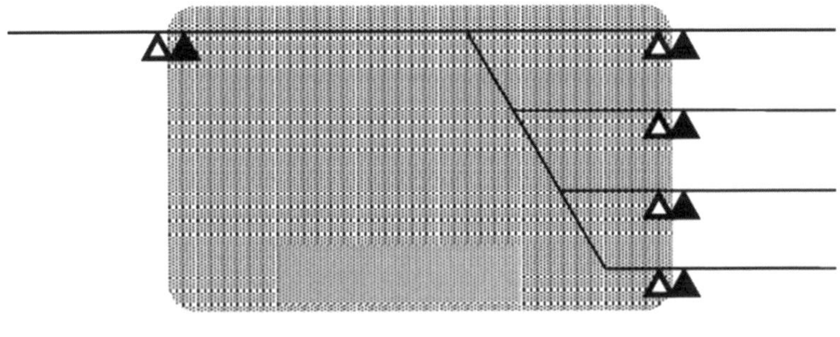

〈그림8-6〉 AD(차축검지센서)에 의한『궤도 섹션』구분의 예

(5) 열차 진행방향 판정 구조

〈그림8-6〉에서 우측 방향으로 진행하는 열차가 궤도섹션 02에 진입하는 경우, 경계에 있는 AD01은 "△(21kHz용 코일)"⇒ "▲(23kHz용 코일)"순으로 열차 차륜의 통과를 검지한다.

AD01의 두개 코일이 열차 차륜을 검지하는 순서에 따라, ACE 장치는 『궤도 섹션02는 우측 방향에 진행하는 열차가 진입했으므로 점유상태이다』 라고 판정한다.

이 상태에서 궤도섹션 02의 다른 한 쪽의 경계에 있는 AD02를 "△(21kHz용 코일)"⇒ "▲(23kHz용 코일)"로 열차 차륜이 통과함으로써, ACE 장치는 『궤도 섹션02는 우측 방향으로 진행하는 열차가 진출했으므로 비점유 상태이다』라고 판정한다.

반대로 AD02를 "▲(23kHz용 코일)"⇒ "△(21kHz용 코일)"로 열차 차륜이 통과하는 경우, 『궤도 섹션02에 좌측 방향으로 진행하는 열차가 진입했다』고 판정하여 오류를 검지한다.

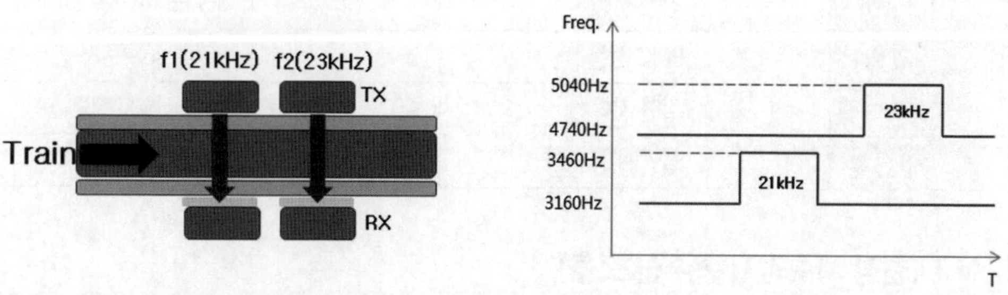

〈그림8-7〉 ACE에 입력되는 ACD주파수(정방향)

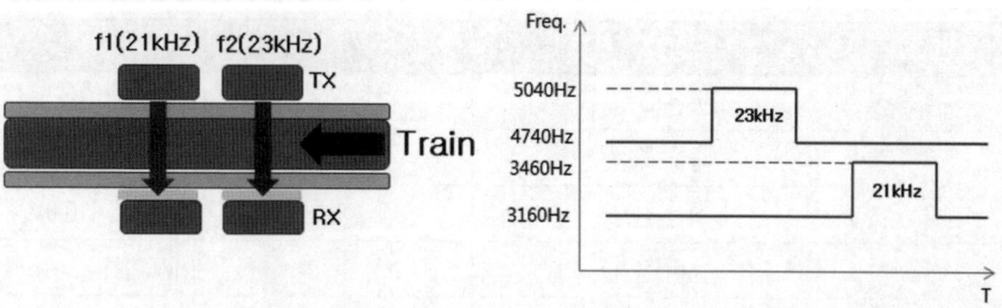

〈그림8-8〉 ACE에 입력되는 ACD주파수(역방향)

2 ACE 장치 일반 사양

1. ACE(신호기계실 차축 검지장치)

신호기계실에 설치되는 차축검지 중앙장치의 일반 사양은 〈표8-1〉과 같다.

〈표8-1〉 ACE장치 일반사양

번 호	항 목	사 양
1	사용온도 범위	-25℃ ~ +60℃
2	습도 조건	95% 이하(단, 결로 없을 것)
3	사용 전원	DC 21.6V ~ DC 26.4V
4	소비 전력	1400W 이하
5	진동 성능	JIS E3014 1종
6	EMC 성능	IEC62236-4준거
7	절연 저항	10MΩ 이상(DC 500V)
8	절연 내압	AC 2000V(1분간)

2. ACD(현장 차축검지 송수신 모듈)

선로변에 설치되는 차축검지기(차축검지 중앙장치와 차축검지센서 간 중계)의 일반사양은 〈표8-2〉와 같다.

〈표8-2〉 ACD장치 일반사양

번 호	항 목	사 양
1	사용온도 범위	-40℃ ~ +70℃
2	습도 조건	95% 이하(단, 결로 없을 것)
3	사용 전원	DC 72.0V ~ DC 110.0V
4	소비 전력	18W 이하
5	진동, 충격성능	IEC62498-3 (From 1m to 3m on the rail)준거
6	EMC 성능	IEC62236-4준거
7	방진, 방수 성능	IP65
8	절연 저항	10MΩ 이상(DC 500V)
9	절연 내압	AC 2000V(1분간)

3. AD(현장 차축검지 센서)

레일에 설치되어 열차 차륜을 검지하는 차축검지센서의 사양은 〈표8-3〉과 같다.

〈표8-3〉 AD장치 일반사양

번 호	항 목	사 양
1	사용온도 범위	-40℃ ~ +70℃
2	습도 조건	95% 이하(단, 결로 없을 것)
3	진동, 충격성능	IEC62498-3 (on rail) 준거
4	EMC 성능	IEC62236-4준거
5	방진, 방수 성능	IP68
6	절연 저항	10MΩ 이상(DC 500V) ※ 케이블 양단
7	절연 내압	AC 2000V(1분간) ※ 케이블 양단 간

(1) ACE, ACD & AD 시스템 구성 계통도

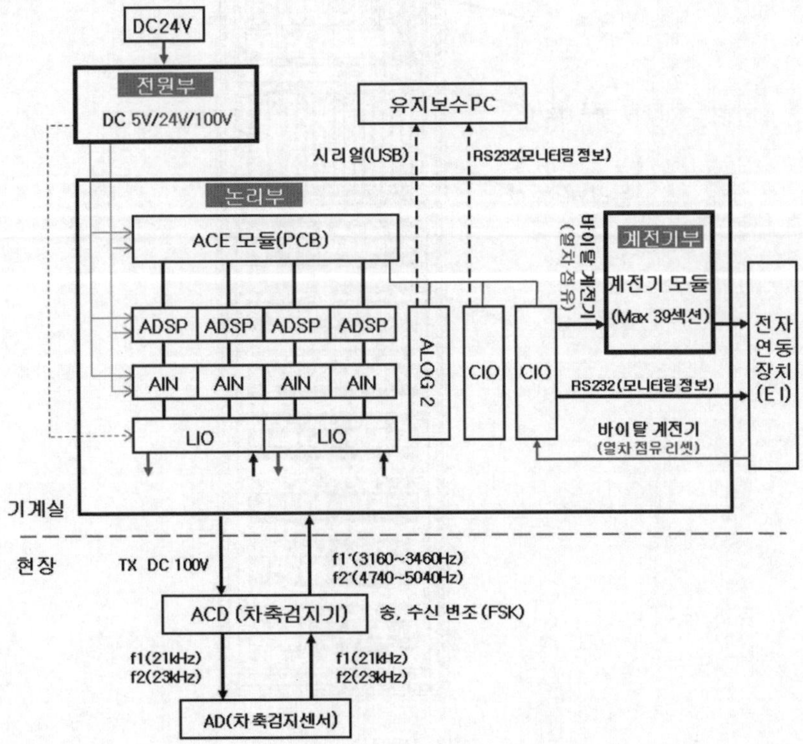

3 차축검지기(ACE) 장치 구성

1. ACE 장치

ACE 장치는 MSDAC의 중앙장치이며 외부로부터 DC24V의 동작전원을 공급받아 동작하고, 최대 40대의 ACD와 접촉함으로써 최대 39궤도섹션의 열차 점유 · 비점유의 판정이 가능한 제품이다.
또한 본 장치는 충분한 신뢰성을 보유하고 있으므로, 전원부 이외에는 이중계의 구성이 이루어져 있지 않다.
ACE 장치의 외관은 아래 〈그림8-10〉과 같다.

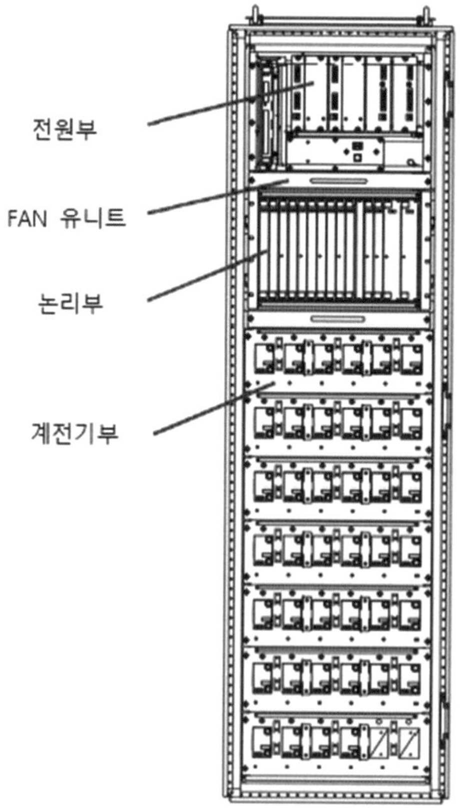

〈그림8-10〉 ACE장치 외관도

1) 논리부(PCB)

논리부의 외관은 아래 〈그림8-11〉과 같다.

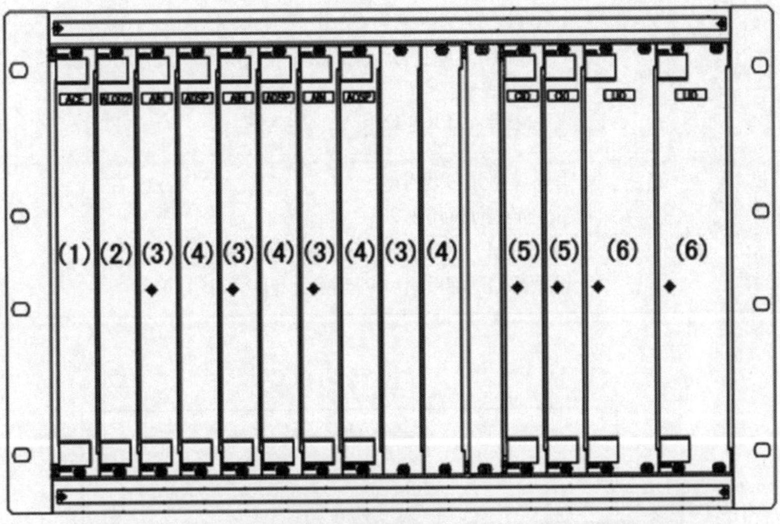

항번	유닛 명칭/ 형번	참고항
(1)	ACE / RK1060B+20100000	6.1.1.1 항
(2)	ALOG2 / RK5973B	6.1.1.2 항
(3)	AIN / RK2284A	6.1.1.3 항
(4)	ADSP / RK1320A	6.1.1.4 항
(5)	CIO / RK1319A	6.1.1.5 항
(6)	LIO / RK5970A	6.1.1.6 항

※일부 유닛의 실장 수량은 ACD 수량에 따라 변동됨.

〈그림8-11〉 논리부(ACD 검지용의 설치상태)

(1) ACE보드

ACE보드는 이중계CPU를 탑재하여 MSDAC의 메인 연산처리기능을 담당한다.

* ACE보드의 규격과 기능 블록도는 〈표8-5〉와 같다.

〈표8-5〉 ACE보드 규격

구 분	규 격	비 고
정격전원	+5.0V %(최대 3.0A) +24V %(최대 1.0A)	

CPU	Fail Safe CPU	
인터페이스	ACE 버스 콘트롤러 2중계 HDLC 컨트롤러 : 4ch 1중계 HDLC 컨트롤러 : 2ch 1중계 HDLC 컨트롤러(RS422 드라이버 탑재): 1ch 입력: 16포인트 출력(전류검지 피드백 방식): 8 포인트	
메모리	플래시 ROM : 8Mbyte x 2 SRAM : 4Mbyte x 2 EEPROM : 32Kbyte x 2(애플리케이션용) EEPROM : 64Kbyte (에러 로그용)	

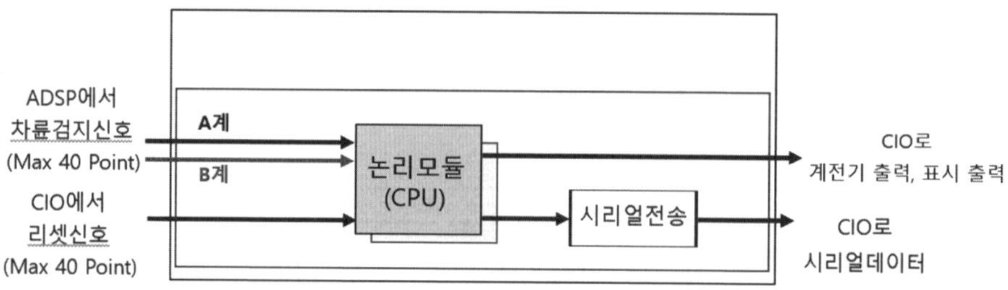

〈그림8-12〉 ACE보드 기능 블록도

2) 계전기부

계전기부의 계전기 배열은 〈표8-6〉와 같다.

〈표8-6〉 계전기부 배치

	1	2	3	4	5	6
A	CHR	TR1	TR2	TR3	TR4	TR5
B	TR6	TR7	TR8	TR9	TR10	TR11
C	TR12	TR13	TR14	TR15	TR16	TR17
D	TR18	TR19	TR20	TR21	TR22	TR23
E	TR24	TR25	TR26	TR27	TR28	TR29

F	TR30	TR31	TR32	TR33	TR34	TR35
G	TR36	TR37	TR38	TR39		

(1) CHR

시스템 정상 시 여자하는 계전기이다. ACE장치가 통상의 기능 · 동작을 계속할 수 없는 등의 중대한 이상이 발생했을 때 비여자 한다.

(2) TR1~39

궤도섹션 점유 · 비점유 출력용의 계전기이다.

논리부 ACE보드에 『궤도섹션』을 정의한 『선형데이터베이스』를 업로드 함으로써, 궤도섹션에 대응하는 계전기가 열차의 점유 상황에 따라 여자 · 비여자 한다.

(궤도섹션No. 1은 TR1에, 궤도섹션 No.2는 TR2 · · · · 궤도섹션 No.39는 TR39에 대응한다.)

선형 데이터베이스에서 미정의 궤도섹션에 대응하는 계전기에 점유출력은 하지 않으므로, 계전기 대신 E형 단격플러그 (단격없음)를 설치한다.

(3) 계전기상태 LED

계전기가 여자 시 녹색점등, 비여자 시 적색점등 한다.

2. ACD 장치

ACD는 ACE장치(중앙장치)와 AD(검지센서)의 정보를 중계하는 MSDAC의 중계기이며 선로변에 설치한다. ACD는 ACE장치에서 DC100V의 동작 전원이 공급되어 동작한다.

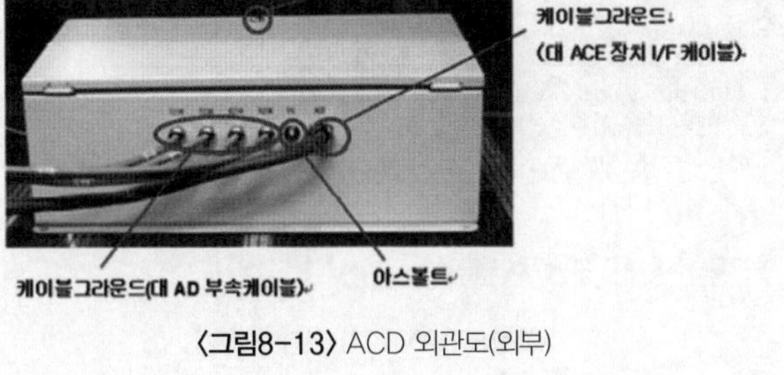

〈그림8-13〉 ACD 외관도(외부)

(1) 키실린더

ACD의 IP65성능을 유지하기 위해 덮개를 고정하고 ACD내부를 밀봉하기 위한 키실린더이다.

열쇠 구멍은 매우 심플한 형태로 시판 일자드라이버로 개폐조작이 가능하다.

구조상 키실린더의 주변 부분을 가볍게 손으로 누르면서 일자드라이버를 사용함으로써 비교적 간단하게 개폐조작이 가능하다. 평상시에는 반드시 키실린더를 닫힘 상태로 운용한다.

(2) 케이블그라운드(대 AD부속케이블)

ACD의 IP65성능을 유지하기 위하여 AD부속케이블을 접속하기 위한 케이블 개구부에 케이블그라운드를 설치한다. AD부속케이블 접속 시에는 본제품의 매뉴얼을 참조한 후 바른 순서로 접속해야 한다.

(3) 케이블그라운드(대 ACE장치 I/F케이블)

ACD의 IP65성능을 유지하기 위하여 ACE장치 I/F케이블을 접속하기 위한 케이블 개구부에 케이블그라운드를 설치한다. ACE장치 I/F케이블 접속 시에는 본제품의 매뉴얼을 참조한 후 바른 순서로 접속해야 한다.

(4) 어스(Earth) 볼트

본 제품을 외부접지극과 접속하기 위하여 사용하는 M5사이즈의 볼트이다.

외부접지선을 고정하기 위한 너트 · 스프링 워셔는 본 어스볼트에 부속되어 있다.

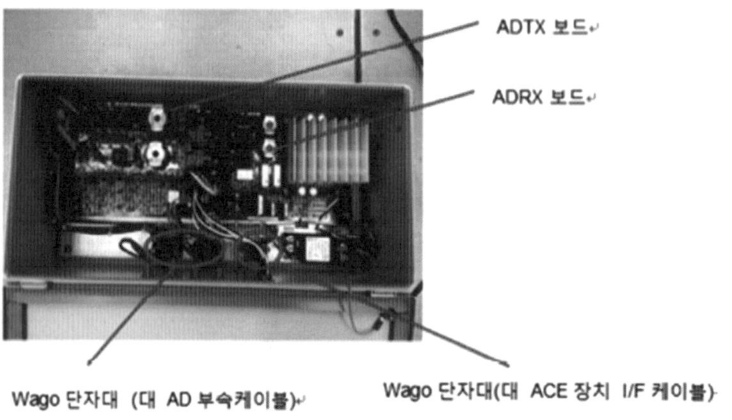

〈그림8-14〉 ACD 외관도(내부)

접시선 접속 시에는 본제품의 매뉴얼을 참조한 후 바른 순서로 접속해야 한다.

(5) AD-TX 보드

AD 송신코일에 차륜검지용 f1신호(21KHz)를, AD 송신코일에 차륜검지용 f2신호(23KHz)를 송신하는 보드이다.

(6) AD-RX 보드

AD수신코일에서 차륜검지용 f1신호를, AD송신코일에서 차륜검지용 f2신호를 수신, 판정하여 ACE장치 열차점유판정에 아래의 반송파로 변조한다.

- f1'신호 (3160Hz ~ 3460Hz) ,

- f2'신호 (4740Hz ~ 5040Hz)를 발진 생성, 출력하는 보드이다.

(7) 케이블그라운드(ACE장치 I/F케이블 용)

ACE장치 I/F케이블을 접속하기 위한 단자대이다. ACE장치 I/F케이블 접속 시에는 본제품의 매뉴얼을 참조한 후 바른 순서로 접속해야 한다.

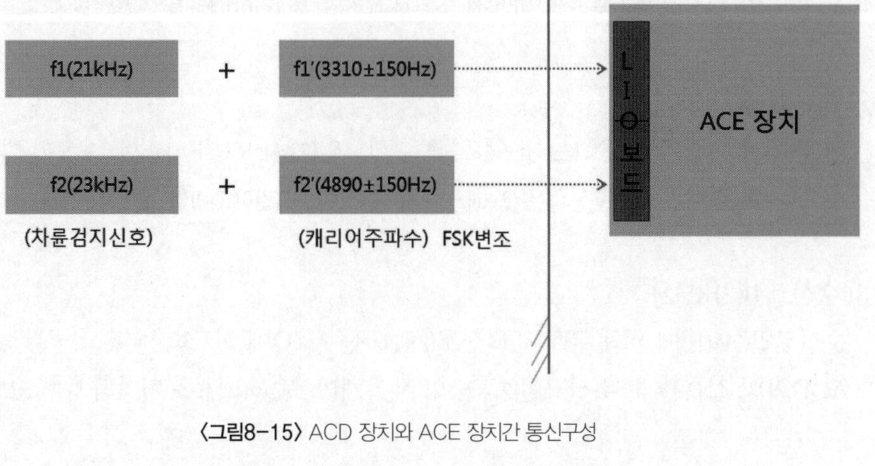

〈그림8-15〉 ACD 장치와 ACE 장치간 통신구성

3. AD장치

AD는 레일에 설치한 상태로 ACD와 접속되어 열차차륜을 검지하는 MSDAC 검지 센서로서, 송신코일과 수신코일의 4개 코일로 구성되어 있다.

AD는 ACD장치에서 f1 · f2신호를 받아 작동하는 ACD 수신장치로서, 동작전원이 필요 없다. AD외관은 〈그림8-16〉과 같다.

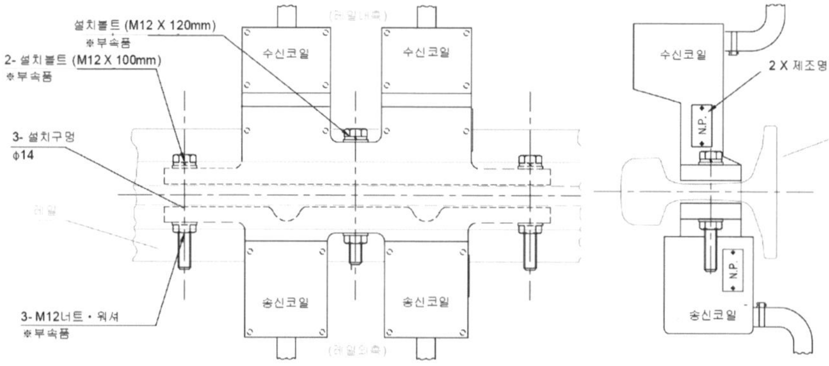

〈그림8-16〉 AD 외관도(레일 위에서 볼 때)

(1) 송신코일(21kHz)

ACD에서 송신되는 f1신호(21kHz)에 의해 수신코일(21kHz)과의 사이에 자속이 발생한다.

ACD와의 접속은 본 송신코일(21kHz)의 부속케이블 (길이10M)을 절단하지 않고 사용한다.

(2) 송신코일(23kHz)

ACD에서 송신된 f2신호(23kHz)에 의해 수신코일(23kHz)과의 사이에 자속이 발생한다.

ACD와의 접속은 본 송신코일(23kHz)의 부속케이블 (길이10M)을 절단하지 않고 사용한다.

(3) 수신코일(21kHz)

송신코일(21kHz)에 의해 유도된 f1신호(21kHz)를 ACD에 피드백한다.

ACD와의 접속은 본 수신코일(21kHz)의 부속케이블(길이10M)을 절단하지 않고 사용한다.

(4) 수신코일(21kHz)

송신코일(23kHz)에 의해 유도된 f2신호(23kHz)를 ACD에 피드백 한다.

ACD와의 접속은 본 수신코일(23kHz)의 부속케이블 (길이10M)을 절단하지 않고 사용한다.

4 현장 AD센서 설치 유의사항

(1) AD↔ACD 간 케이블 설치 시 유의사항

· 길이 10m 케이블을 사용하며 케이블 중간에 절단을 금지한다.

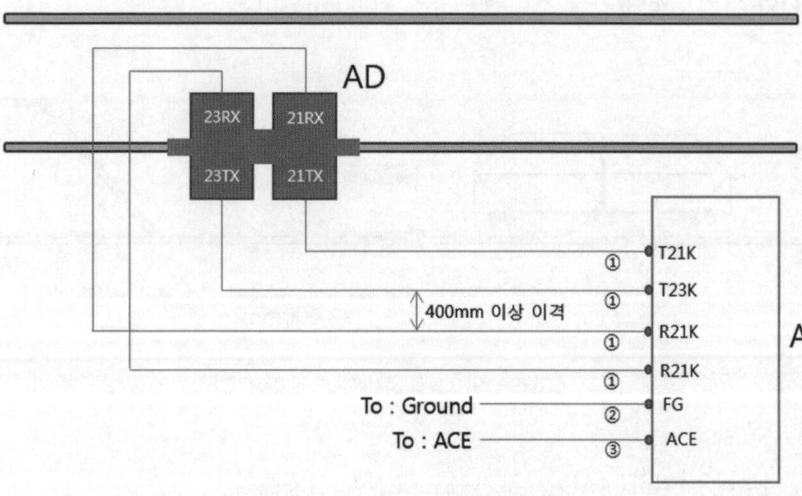

〈그림8-17〉 ACD & AD 배선과 케이블

(2) 분기부 설치 시 유의사항

· AD와 차량접촉한계 간 최소이격거리는 2,500mm이다.

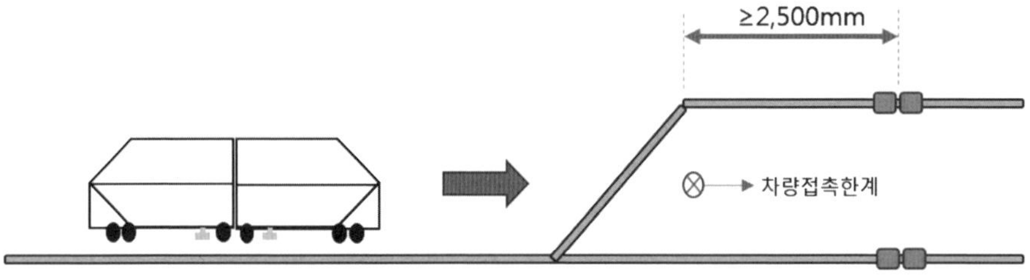

〈그림8-18〉 AD와 차량접촉한계의 이격 거리

· AD와 분기부첨단 간 최소이격거리는 3,000mm이다.

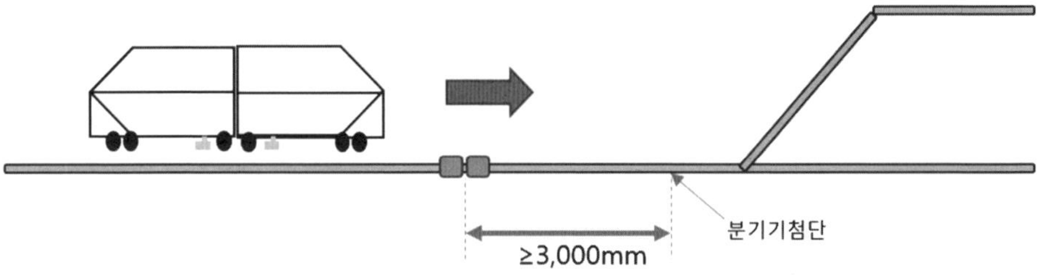

〈그림8-19〉 AD와 분기부첨단 간 이격거리

· 분기부에 설치하는 AD는 분기궤도 중간에 설치한다.

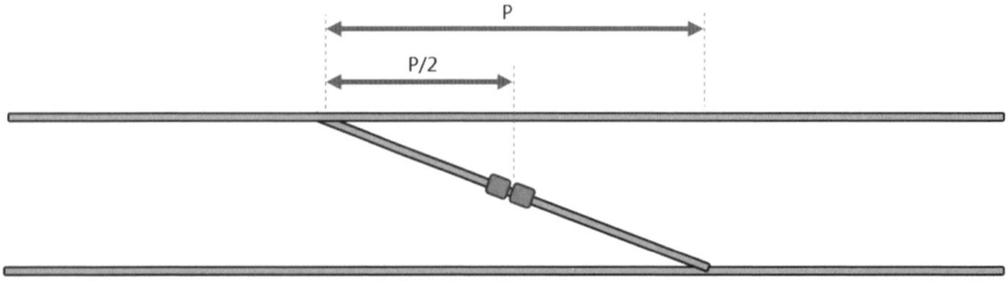

〈그림8-20〉 분기부의 AD설치

⑶ AD↔신호기 간 설치 시 유의사항

· AD와 신호기 간 최소이격거리는 2,500mm이다.

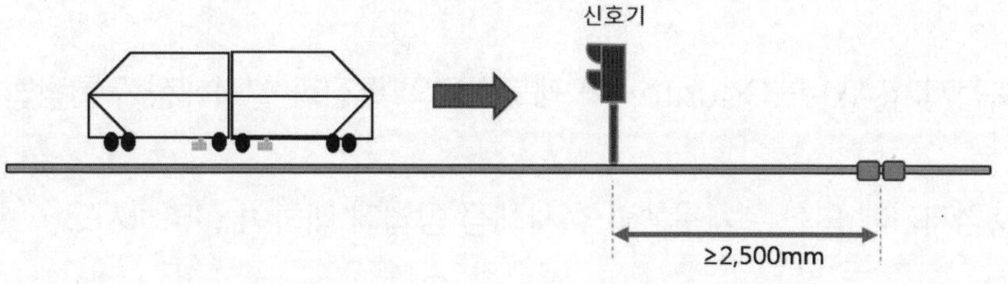

〈그림8-21〉 AD ↔ 신호기 간 설치 시 유의사항

Axle-Counter(차축검지기)

제8장 철도신호기술사 기출문제

01 Axle-Counter의 기능 및 장단점을 설명하시오.

02 차축검지기(Axle-Counter)의 역할과 동작원리에 대하여 설명하시오.

03 차축검지기(Axle-Counter)와 궤도회로의 특징과 철사쇄정 구현방법을 설명하시오.

04 차축검지기에 의한 열차운행과 철사쇄정 방법에 대하여 설명하시오.

제9장

종합 관제 시스템(ATS)

1 종합 관제 시스템

LDP 시스템은 본선 및 차량기지의 열차운행상황, SCADA의 전력공급, 기계설비의 운전 및 장애상황과 역사의 감시를 위한 CCTV 영상을 전체적으로 표시하기 위하여 전력분야, 신호분야, 통신분야, 기계분야로 총 적정한 수량의 Projection Module을 통해 화면을 표출한다.

1. 시스템 구성

평상시에는 분야별로 할당된 Projection Module에 감시화면 표출을 위하여 이중계 Wall Controller 및 MCS-Control PC, MCS-Touch Monitor가 분야별로 공급되며, 필요시 할당된 Projection Module의 수량에 구애받지 않고 자유롭게 사용할 수 있도록 운영자콘솔의 감시화면을 Projection Module에 표출하기 위하여 DVI Matrix Switcher 및 MCS-Main Control Unit이 제공된다.
이외에도 각 분야 서버 등의 주요 설비와 Wall Controller간의 네트워크 인터페이스 제공을 위한 Interface Network Switch가 이중계로 설치된다.

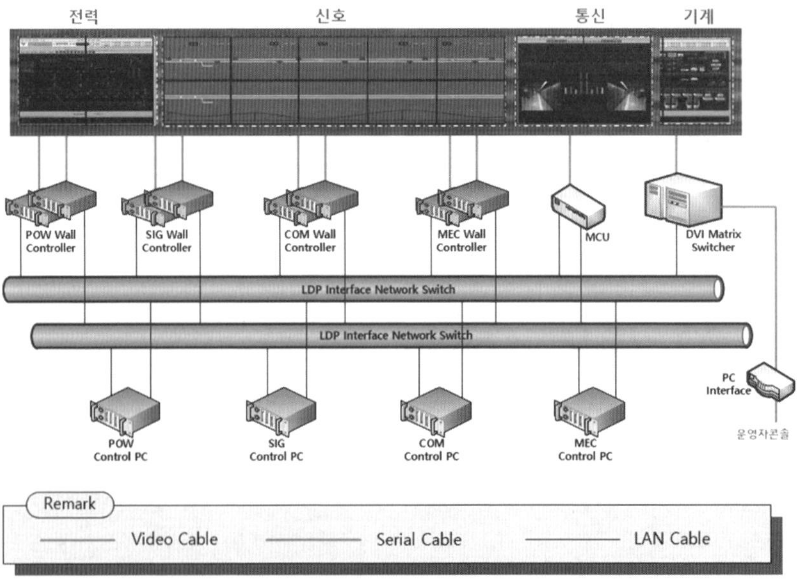

〈그림9-1〉 LDP 시스템 구성

2. DLP(Digital Light Processing) 구성

DLP 시스템의 상세 구성 물량 내역은 〈표9-1〉와 같다.

〈표9-1〉 DLP 설비 상세 구성품 내역

구분		규격 및 모델명	수량	비고
Projection Module	Engine	V 시리즈	00식	
	Cabinet	S-		
	Screen	SC-		
	Base Frame	W1,016xD526xH1500	1식	
DLP Rack	19" Rack	W600xD1,000xH2,000	1식	
	MCS-Control PC	DSC-Series		
	Wall Controller	DSC-Series		
	Power Distribution Panel	제어부 : 2ch 20A		
	Power Distribution Panel	출력부 : 8구 멀티탭		
	Network Patch Panel	NM-		
Interface Rack	19" Rack	W600xD800xH2,000	1식	
	Interface Network Switch			
	DVI Matrix Switcher	VS		
	Main Control Unit	GS-		
	Power Distribution Panel	제어부 : 2ch 20A		
	Power Distribution Panel	출력부 : 8구 멀티탭		
	Network Patch Panel	NM-		
MCS-Touch Monitor		S	0대	
PC Interface		VM	00대	

3. TCC/MSC 서버(예시)

19인치 캐비닛에 장착되는 Fault-Tolerant 시스템으로 CPU, Memory, Disk, Ethernet 등 모든 H/W의 이중화 구성에 고유의 운영체제인 VOS (Virtual Operating System)를 탑재하여 최상위 레벨의 FT 가용성을 보장하며, TCC/MSC Server의 외형은 아래 〈그림9-2〉를 참고한다.

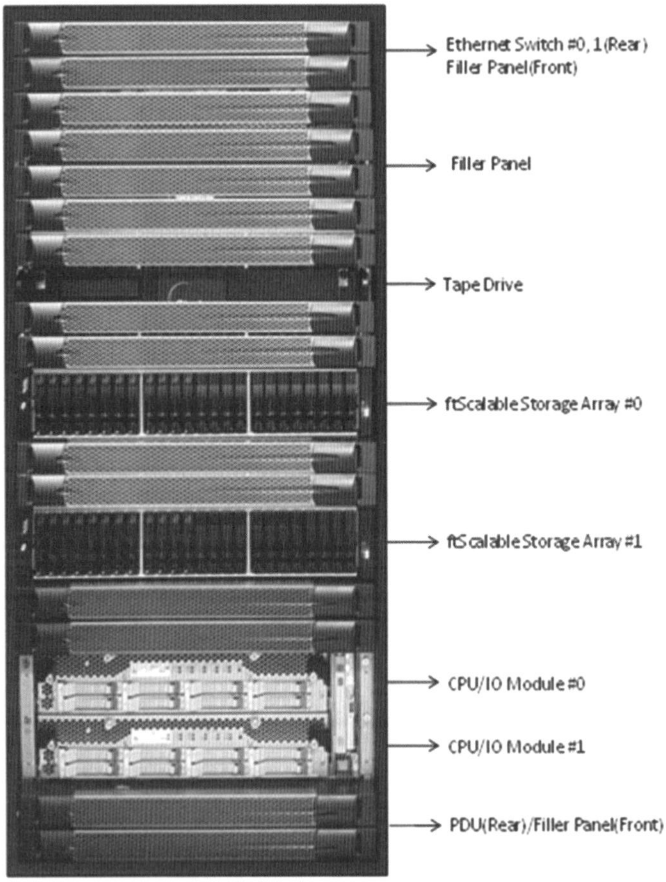

〈그림9-2〉 TCC/MSC Server 구성도

TCC/MSC Server의 시스템은 아래 〈표9-2〉를 참고한다.

〈표9-2〉 TCC/MSC 서버 시스템

번호	항목	상세 항목	상세 사양	비고
1		모델명	V시리즈	
2	CPU	CPU	Intel Xeon Processor	
		CPU Core	4Core X 1CPU	
		Cache 크기	4MB L2	
		Clock Speed	2.0GHz	
		기타 특성	CPU/Memory 2중화로 99.999% 이상의 가용성 제공	
3	Memory	용량	4GB	
		기타 특성	LockStep 모드로 무장애 실현	
4	Disk	Disk 구성 방식	2대의 ftScalable Storage를 이용한 이중화 구성(RAID Controller 방식)	
		Disk 규격	SAS 2.5", 146GB, 15,000 RPM Disk	
		확장 단위	146GB / 300GB (최대 3.5TB까지 구성 가능)	
		RAID 지원	RAID 1 (Spare Disk를 통한 장애 자동 복구)	
5	I/O System	HBA 접속 능력 (채널 속도)	8Gbps Fiber Channel (ftScalable Storage와 직접 연결)	
		PCI 가용 수	Enclosure 당 2개, 총 4개의 PCI 어댑터 사용 가능 1 * PCI 어댑터에서 4개의 Ethernet Port 지원	
		LAN 접속 능력	10/100/1000Mbps	
		기타 특성	이중화 Ethernet 구성	

◈ 하드웨어 구성

1) CPU/Memory 구성

CPU/Memory는 시스템에서 이중화 구성되어 있으며, 그 중의 한 쪽에서 장애가 발생하여도 부하의 증가 또는 업무의 중단 없이 지속적으로 서비스가 가능하며, H/W Path Slot 0과 1을 가지고 있다.

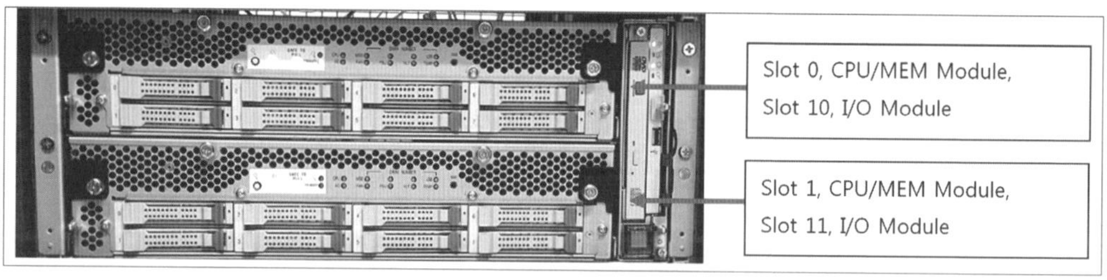

〈그림9-3〉 CPU/Memory 구성

2) Disk 구성

TCC/MSC Server는 2개의 ftScalable Storage로 Disk를 이중화 구성하여 사용한다.

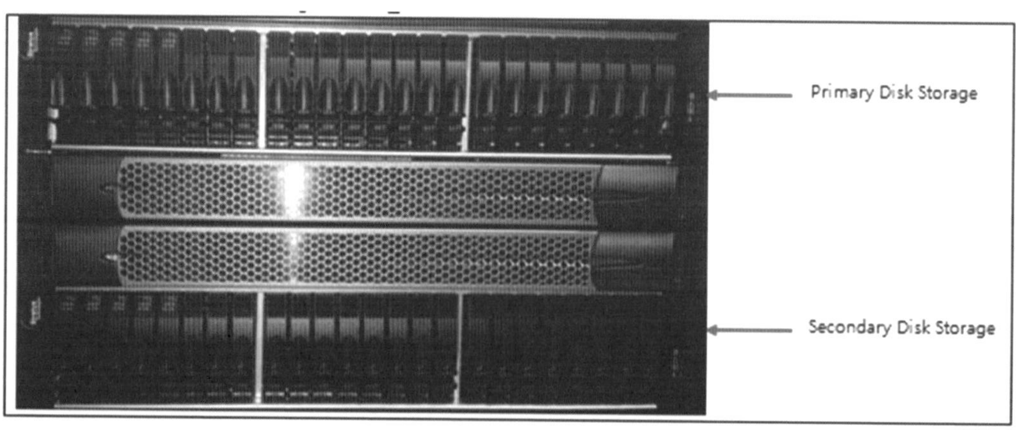

〈그림9-4〉 Disk 구성

2-1) Master Disk

Master Disk는 시스템의 OS Kernel을 포함하는 Disk이며 각 Storage 내에서 RAID 1로 구성되어 있고, VOS 에서도 Primary Disk와 Secondary Disk로 이중화 되어 총 4개의 물리적인 Disk를 사용한다.

- ftScalable Storage내의 Master_Disk RAID 1 구성
- VOS에서도 Primary와 Secondary Disk로 이중화 구성

- 각 스토리지 내에서 Slot 0과 Slot 1을 마스터디스크로 할당하여 RAID 구성
- 상, 하단 스토리지 간 미러링 구성

〈그림9-5〉 Master Disk 구성

VOS에서의 Master_Disk는 146GB 이중화 구성되어 있다.

2-2) Data Disk

Data Disk는 #m1_d02의 이름으로 VOS에서 사용되며, 마스터 디스크와 마찬가지로 스토리지 내에서 RAID1 구성 후 VOS에서 Primary Disk, Secondary Disk로 이중화 구성되어 있다.

〈그림9-6〉 Data Disk 구성

2-3) Global Spare Disk

ftScalable Storage는 RAID로 구성된 Disk의 장애 발생 시, 사전에 할당된 Spare Disk를 이용하여 자동으로 RAID를 재구성하여 항상 안정적인 운영상태를 유지한다.

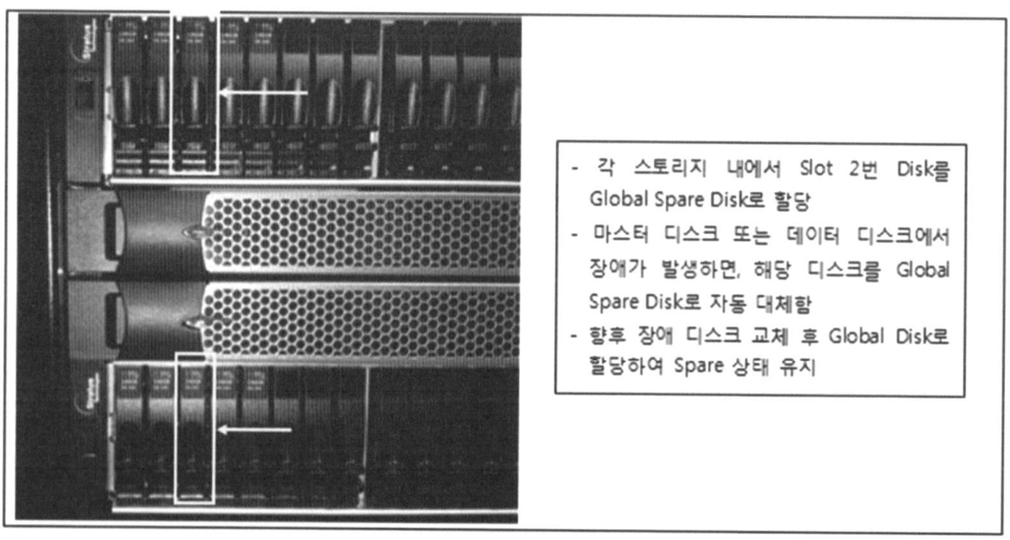

〈그림9-7〉 Global Disk 구성

3) FC Tape 구성

TCC/MSC Server는 테이프 백업 장치로 FC Tape를 사용한다. FC Tape는 HBA Card의 한 개 Port를 사용하여 Server와 연결하며, Tape를 미디어로 사용한다.

FC Tape 저장용량은 1.5TB, 압축 시에 3TB이다.

4) LAN

TCC/MSC 서버의 LAN Interface는 Active-Standby Port로 이중화 구성된다. 이에 따라, Active Port의 장애 발생 시 자동으로 Standby Port로 Switching 되어 서비스에 영향을 최소화 한다.

4-1) LAN 구성 확인

LAN 관련 명령어를 통하여 현재 시스템에서 사용 중인 LAN Interface, IP Address 등의 정보와 이중화 구성정보를 확인할 수 있다.

4-2) LAN 설정 파일

시스템은 LAN 설정 파일을 통하여, 시스템이 시작될 때마다 자동으로 LAN 이중화 구성, IP Address 할당 등을 수행한다.

5) VOS 소프트웨어

(1) 2.2.1 VOS 소프트웨어 설치 내역

Software products purchased on %TCC#m1 :

- OS
- C and POSIX Runtimes
- Internet Security Pack / OpenVOS
- MySQL for OpenVOS
- Standard C Compiler
- GNU Tools for OpenVOS

5-1) VOS 소프트웨어 기능 및 설치 요구 사항

(1) S000 / Operating System

VOS(Virtual Operating System) 운영체제를 사용하며, H/W 이중화를 위한 최적화된 설계에 따라 H/W 구성 요소의 일부 장애 시에도 업무에 전혀 문제가 없는 최고의 가용성을 제공.

- H/W Requirement : ftServer V-Series
- VOS 버전
- 가용성 : 99.999(%)

(2) C and POSIX Runtimes

VOS 운영체제 하에서 POSIX 호환 가능한 환경을 제공하여, UNIX나 LINUX에서 사용하는 소프트웨어를 VOS에서 사용 가능하도록 지원.

- H/W Requirement : ftServer V-Series
- S/W Requirement : VOS 이상

(3) Internet Security Pack for OpenVOS

VOS 서버에 원격 접속 시 암호화된 연결을 제공하는 SSH 접속환경을 제공한다.

4. 콘솔 IPC 및 모니터

콘솔 PC는 먼지, 온도 등의 산업환경이 열악한 장소에서 고장을 최소화하고 장시간 지속 운영이 가능하도록 산업용 컴퓨터를 이중계로 사용하며, 콘솔 용도의 소프트웨어를 탑재되어 열차운행을 실시간으로 모니터링 및 제어할 수 있도록 기능을 제공한다.
콘솔 PC의 외형은 아래 〈그림9-10〉을 참고한다.

〈그림9-10〉 콘솔PC

#. 산업용 컴퓨터(Industrial-PC)의 특성

1) 산업 현장의 먼지에 대한 내성(이중/삼중 에어필터 장착)
2) 산업 현장의 고온 과 저온 환경(0℃ ~ 40℃)에 대한 정상 동작
   - 고성능(MIL 규격) 부품소자 사용
3) 열악한 산업 현장의 진동이나 충격에 대한 내력 및 확장성
   - 커넥터, 보드 잭 Mounting 기능 및 접속 강화
   - I/O, VGA, 통신 확장성을 위한 다량의 슬롯(Slot) 장착
   - Vibration Damping 카드 브라켓 사용
4) 사용 수명의 내구성 강화(산업현장의 24시간 가동 대비)
   - 악조건에서 70,000시간 이상 지속 사용
   - LINE 과도전압 보호회로 구비
5) 전자파 방해 대비 고 EMI/RFI 보호설비 내장

1) 콘솔 모니터

콘솔 모니터는 광 시야각 IPS 디스플레이로 왜곡이 없으며, 어느 각도에서나 선명하고 깨끗한 화질을 제공한다.

콘솔 모니터의 외형은 아래 <그림9-11>을 참고한다.

<그림9-11> 콘솔 모니터

2) KVM 스위치

KVM 스위치는 이중계 콘솔 PC의 키보드/마우스, 비디오 및 오디오 출력을 단일 운영자가 필요에 따라 절체하여 사용 가능하도록 기능을 제공한다.

KVM 스위치의 모델에 따라 설치 용도는 아래와 같다.

① 운영자 콘솔 ·············· 산업용 컴퓨터 2중계(관제실 탁)

② 본선, 기지 운영자 콘솔 ···· 산업용 컴퓨터 2중계(관제실 탁)

③ 현장제어 콘솔(LCC) ········ 산업용 컴퓨터 2중계(신호기계실)

3) 운영자 콘솔

관제실 운영탁의 운영자 콘솔은 본선용 운영탁과 기지용 운영탁으로 UTO운행 시스템 운영관제의 특성상 구분 설치되었다.

운영자 콘솔 옆에는 LTE-R 조작용 PC와 차량상태 정보를 실시간으로 표출 및 일부 기능을 제어하는 TCMS콘솔이 배치된다.

KVM 스위치의 외형은 아래 그림을 참고한다.

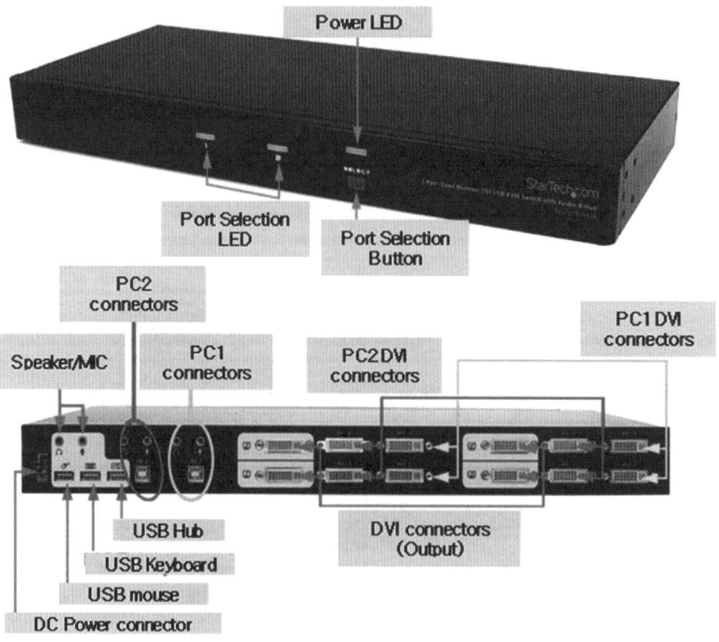

〈그림9-12〉 KVM 스위치

5. 소프트웨어 아키텍처

ATS 관제설비에 설치되는 하드웨어에 탑재되는 소프트웨어는 다음과 같다.
TCC/MSC 서버 와 관제실 운영탁의 콘솔류, 월콘트롤러별로 다르다.

운영체제로는 서버에는 UNIX, 콘솔 PC에는 Window 7을 사용하였으며 프로그램은 서버에는 개발프로그램을, 콘솔 PC에는 L/S, MMI 를 적용하였다.

구분	TCC	MSC	콘솔	월 컨트롤러	LCC
운영 체제	UNIX	UNIX	Windows 7	Windows 7	Windows 7
프로그램	개발프로그램	개발프로그램	MMI L/S	L/S	MMI L/S
문서 편집기			Acro Edit		Acro Edit
압축Tool					
통신에뮬레이터			Putty		Putty
백 신			V3	V3	V3

6. 서버(Server) 프로세스

1) 서버 프로세스 구성

서버에 탑재되는 프로세스에 대하여 간략하게 정리한 것이다.

〈표9-3〉 서버 프로세스 구성

번호	Process	주요 기능	비고
1	ENTRY	각 각의 프로세스들이 공유하는 자료 구조 영역을 생성하고 초기화한다.	
2	DBLMAN	메모리에 선형정보를 업로딩하기 위하여 DB에 있는 DATA를 파일로 생성하는 프로세스	

번호	Process	주요 기능	비고
3	SUPERVISOR	서버내의 프로세스 상태를 감시하는 프로세스	
4	ALMAN	각종 경고메시지를 처리 및 저장 프로세스	
5	SCHMAN	열차스케줄을 메모리에 로딩, 온라인/오프라인 열차스케줄 편집을 담당하는 프로세스	
6	ATPMAN	열차 ATP관련 처리하는 프로세스	
7	AUTOMAN	관제실 자동모드 상태에서 열차스케줄에 따라 자동진로를 제어하는 프로세스	
8	DISPLAY	각각의 프로세스가 생성한 메시지를 각 콘솔로 구분, 처리하는 프로세스	
9	EIMAN	EITRX 프로세스를 관리하는 프로세스	
10	ETCMAN	표준시계 등 기타 업무를 처리하는 프로세스	
11	STAMAN	통계처리 프로세스	
12	TRAINMAN	열차관련 장치와 통신하는 프로세스	
13	EITRX	연동장치와 통신하는 프로세스	통신
14	ATPTRX	ATP와 통신하는 프로세스	통신
15	CONTRX	운영자 콘솔과 통신하는 프로세스	통신
16	TCCTRX	MSC 서버와 통신하는 프로세스	통신
17	MSCTRX	TCC 서버와 통신하는 프로세스	통신
18	PISTRX	행선안내장치와 통신하는 프로세스	통신
19	UPSTRX	UPS 설비와 통신하는 프로세스	통신

2) 서버 데이터 흐름도

관제설비 ATS서버 프로세스간 데이터 흐름은 〈그림9-13〉과 같다.

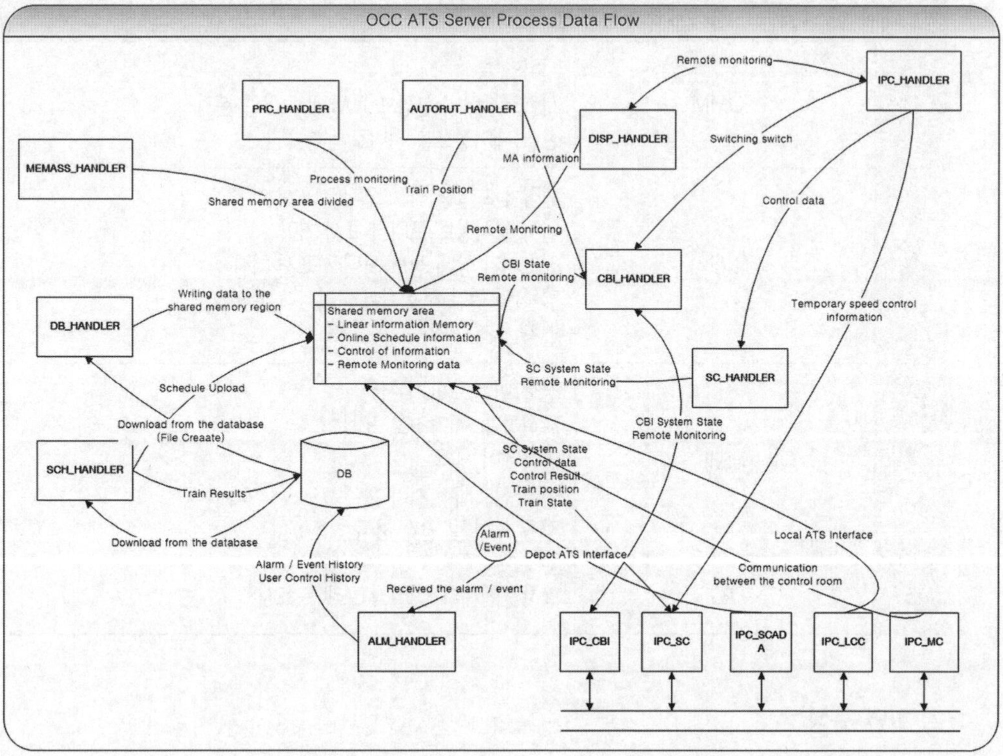

〈그림9-13〉 Server process Data Flow

7. 콘솔(Console)

1) 프로세스 구성

〈표9-4〉 콘솔 프로세스 구성

번호	프로세스명	기능
1	WATCHDOG	관리 프로세스 초기 기동 프로세스 동작상태 모니터링 오동작 시 자동 재기동 프로세스 상태 표시

번호	프로세스명	기능
2	COMM	서버와 통신 서버로부터 수신정보를 MMI, L/S로 분기 콘솔 제어정보를 서버로 전송
3	L/S	현장 신호 표시정보 모니터 표시 처리 열차 위치정보 모니터 표시 처리 신호기기 상태 정보 모니터 표시 처리 열차 및 현장 신호제어 처리 열차 추적 처리
4	MMI	경보/이벤트 표시 처리 통신상태, 시각정보 표시 열차제어 처리 현장 신호제어 처리 각종 조회 및 인쇄 처리
5	TG	열차운행계획 및 실적 그래프 표시

2) 화면 구성

콘솔의 구성은 크게 L/S와 MMI로 구분된다. L/S는 진로, 신호기 열차위치, 역모드, 열차번호를 표시하며 진로 및 현장설비를 제어한다. MMI는 제어, 환경설정, 스케줄 관리, 조회 기능을 담당하여 마우스 및 키보드로 제어한다.

아래에는 콘솔 전체 화면을 나타내며, 영역에 대하여 간략하게 설명한다.

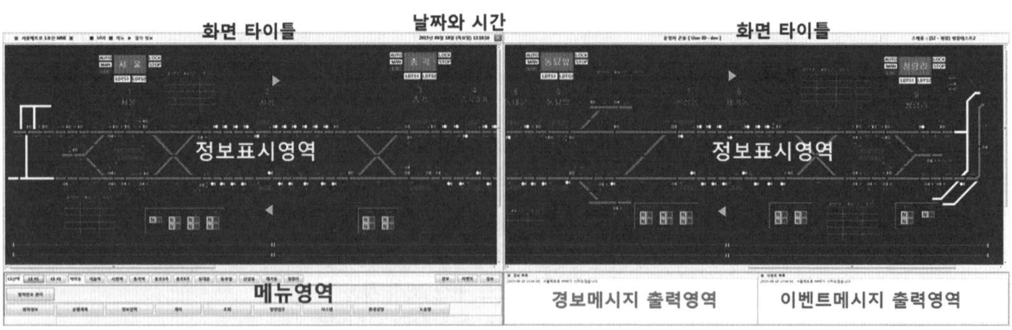

〈그림9-14〉 전체 화면

3) 정보표시 영역

역 상태표시 및 제어영역을 표시하며, 전체 MAP을 Scroll하여 모니터링 한다.

L/S에서 표시하는 내용으로는 역명, 제어모드 상태, 전로전환기 상태, 신호기 상태, 진로 상태, 열차 번호, 출발 예고 열차 상태를 표시한다. 진로 설정/해정, 열차번호 제어, 역모드 제어를 L/S에서 제어 가능하다.

4) 메뉴 영역

메뉴 영역은 메인 메뉴와 서브 메뉴로 구성된다. 메인 메뉴의 선택에 따라 서브 메뉴가 표시되고, 서브 메뉴를 선택하면 해당 기능이 화면에 표시된다.

5) 화면 타이틀 영역

로그인 사용자 정보와 스케줄 정보, 서버23 상태 및 통신 서버가 표시된다.

8. 콘솔 시스템 구성

1) WatchDog(콘솔 감시 프로그램)

콘솔에서 실행되는 프로그램의 관리를 담당하는 프로그램이다.

모든 콘솔에서는 GPL_COMM, GPL_LS, GPL_MMI 프로세스가 기동되며 이들 프로세스의 동작 상태를 감시 및 제어하는 프로그램이다.

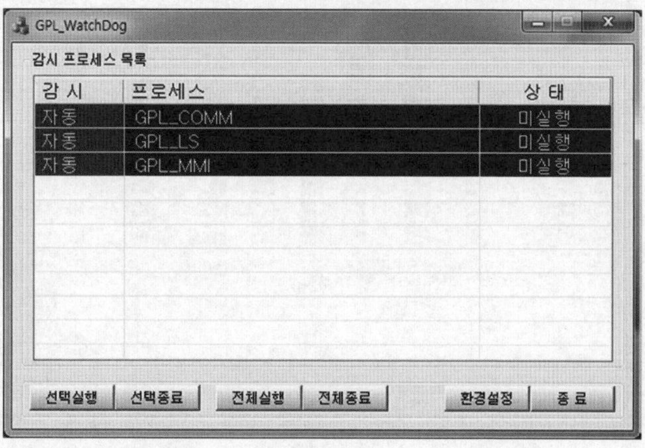

〈그림9-15〉 WatchDog(콘솔 감시 프로그램)

2) GPL_COMM(콘솔 통신 프로그램)

서버와 콘솔간의 통신을 담당하는 프로세스이다. 현재 접속 상태 및 주고 받는 패킷을 보여준다.(Hex값)

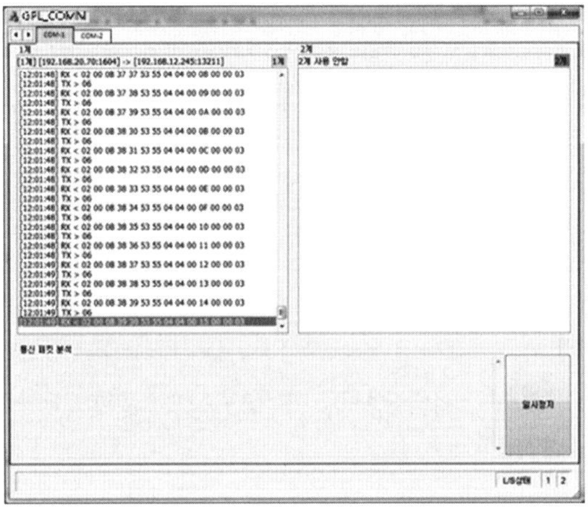

〈그림9-16〉 GPL_COMM(콘솔 통신 프로그램)

3) MMI

메인 메뉴의 선택에 따라 서브 메뉴가 표시되고, 서브 메뉴를 선택하면 해당 기능이 화면에 표시된다.

〈그림9-17〉 MMI 화면

4) 관제장치의 주요 제어/표시 기능 분해도

Level 0	Level 1	Level 2	Level 3
기 본	로그인/아웃		
	콘솔 프로그램 종료		
열차 정보	열차번호 관리 (CBTC 모드)	열차번호입력	
		열차번호 수정	
		열차번호 삭제	
	열차번호 관리 (BACKUP 모드)	열차번호입력	
		열차번호 수정	
		열차번호 삭제	
	열차 상태 정보	차량 종별	
		운전 모드	
		운전 상태	
		운행 모드	
		열차 최고 속도	
		열차 속도	
		주행 가능 거리	
		출발 억제 상태	
		정위치 정차	
		차량 도어 상태	
		열차 삭제 상태	
		열차 검지 상태	
		초기화 상태	
		주계/종계 상태	
		VOBC Stand-by ACK	

Level 0	Level 1	Level 2	Level 3
열차 정보	열차 상태 정보	VOBC Wake-up ACK	
		Stand-by 모드	
		정적 시험 결과	TCMS
			차상장치
		동적 시험 결과	TCMS
			차상장치
		비상 정지 요인	지상장치
			차상장치
		차량 고장 정보	TCMS
	열차 위치 추적		

Level 0	Level 1	Level 2	Level 3
열차 제어	열차제어	ATO 운행 모드	
		열차 최고 속도	
		출발 지령	
		재출발 지령	
		출발 조건 완해	
		비상 정지	
		인칭	
		열차 삭제	
		차상장치 계절체	
		차상장치 종계 리셋	
		Wake-up 지령	
		Stand-by 지령	
		정적 시험 시행	

Level 0	Level 1	Level 2	Level 3
열차 제어	열차제어	동적 시험 실행	
		원격 도어 제어	
	텍스트 메시지 전송		
역 제어 (역/현장설비)	운행모드 변경		
	출발 억제		
	다음역 통과		
	PSD 관리		
	PSD 고장 무시		
	구간 비상 정지		
	CESB Override		
	진로제어 진로제어	진로 설정/해제	
		TTB 설정/해제	
	선로전환기 제어		
	분기기 히팅장치제어		
	차축검지기 리셋		
	블록 제어	임시 속도	
		진입 금지	
역 제어	블록 제어	구분진로 비상해정	

Level 0	Level 1	Level 2	Level 3
온라인 스케줄	열차 스케줄	열차스케줄 조회	
		열차스케줄 편집	연결번호
			시발역
			종착역
			운행 방향

Level 0	Level 1	Level 2	Level 3
온라인 스케줄	열차 스케줄	열차스케줄 편집	열차 종별
			운행/운휴
			운행시간
			운행진로
			행선
		열차스케줄 생성	
		열차스케줄 복사	
	운행계획관리	1년 운행계획 설정	등록
			변경
	출발예고열차 관리	출발예고열차 조회	
		선택 열차 삭제	
		선택 이전 열차 삭제	
		열차 등록	
	온라인 열차그래프		
일반 업무	사용자 관리	사용자 등록	
		사용자 수정	
		사용자 삭제	
	노트	노트 작성	
		노트 수정	
		노트 삭제	
일반 업무	보고서	보고서 작성	
	보고서	보고서 수정	
		보고서 삭제	
	열차 운행 통계		
	열차 지연 통계		

Level 0	Level 1	Level 2	Level 3
일반 업무	열차 사고 통계		
조 회	스케줄	실 적	역 실적
			열차 실적
		운휴 열차	
		지연 열차	
	경보		
	이벤트		
	운영자 취급 이력	수동 조작 이력	
		스케줄 변경 이력	
	로그인/아웃 이력		
	시스템 상태 보기	장비 상태 보기	
		무선기 상태 보기	
시스템	로그재생		
	기준시간 설정	업무 시/종 시간	
		통계 작성 시간	
	서비스 개시/종료	서비스 개시	
		서비스 종료	
도움말	도움말		
	표준유지보수처리절차		

4-1) UTO 관제장치의 해당 열차 제어 기능

[관제사에 의한 열차 제어 기능]

① 열차 재출발(Re-Start) 지령
② 열차 출발 조건 완해
③ 열차 비상 정지(CESB 버튼)
④ 인칭(INCHING) 제어 : 정위치 정차 실패 시
⑤ 차상 장치(VOBC)계 절체
⑥ 차상 장치(VOBC)종계 리셋
⑦ 차량 기동/정지(Wake-up/Stand-By) 지령
⑧ 차량 정적/동적 자체시험 시행
⑨ 원격 열차출입문 제어
⑩ 출발(START) 지령
⑪ 열차 최고속도 지령
⑫ 열차 ATO운행 모드(Mode) : FAST/NORMAL/SLOW
⑬ 열차 번호 부여/삭제/수정 등 기타 제어

4-2) UTO 관제장치의 해당 역/현장설비 제어 기능

[관제사에 의한 역/현장설비 제어 기능]

① 운행모드 변경(UTO, AUTO - - -)
② 역 출발 억제(HOLD)
③ 다음 역 통과(SKIP)
④ 해당 역 PSD 고장 무시
⑤ 해당 역 PSD OPEN/CLOSE 제어
⑥ 진로 제어(진로 설정/해제)
⑦ 진로 TTB제어(연속 진로) 성정/해제
⑧ 선로전환기 제어(정/반위)
⑨ 분기기 히팅 장치 제어
⑩ 차축검지기(ACE) 리셋
⑪ 구간 비상 정지(해당 존 CESB)
⑫ 블록 제어(해당블록 임시속도/진입 금지)
⑬ 블록별 구분 진로 비상해정

4-3) UTO 관제시스템의 다양한 기능

① 주요 관심열차의 표시

영업 운행 중에 차량 기능의 경미한 이상이나 승객 안전상 문제가 되는 사안 등 특이사항이 발생할 경우 DLP화면의 열차모양에 노란색 타원을 표출하여 관제사로 하여금 집중하여 감시토록 하는 기능이다.

② DLP 화면상에 급전 구간 표시

종래에는 노선표시 하단에 급전 상태를 표시하였으나 노선에 얇은선으로 급전 상태를 표출한 결과 관제사의 인지도 상승효과가 상승한다.

③ 노선의 열차 모양 바로 뒤쪽에 최고속도 실시간 표출

관제사가 실시간으로 현재 열차의 속도를 알 수 있어 관제운영의 효율성이 향상되고 있다.

4-3) 무인운전(UTO) 관제의 운영 방안

차량기지 신호(운전)취급실을 없애고 종합관제로 수용하고, 입출고 기능과 기지구내 입환, 시운전, 차량 기동(Wake-Up) 등 업무를 기지관제 운영탁에서 수행한다.

본선 열차운행 통제 및 감시 기능은 본선운영 관제탁에서 수행하며 기지관제와 소통하며 운전정리 및 운행의 안전성을 도모한다.

특히, 운전관제와 전력관제, 통신/기계방재관제의 제어설비의 집중배치와 운영업무 구분이 없이 주간단위 또는 월단위로 업무를 순환 배치하여 다기능 통합관제 운영을 실현하고 있어 운영의 효율성을 극대화하고 있다.(PSD원격제어, 화재방재 설비, 차내, 외부, 취약개소의 CCTV 영상, SCADA 급단전 등)

#. 무인운전/CBTC 관제시스템의 이벤트/알람 경보가 많아 관제사 업무 집중도를 저하 시키는 사례가 있어 개통 전, 후에 실질적인 알람/이벤트의 우선 순위를 신호전문가, 공급업체와 함께 협의하여 재정비하여야 한다.

예시) 중요고장(F), 일반고장(E), 고장 우려(W), 일반 정보처리(I)

2 관제 LDP 시스템 장비 설명

◈ Projection Module

Projection Module은 Engine, Cabinet, Screen으로 구성되며, Projection Module Engine은 선명도 및 시인성 높은 영상을 표출할 수 있는 LED Lamp Type으로 최대 출력 효율과 자연의 색 재현이 가능한 광원유니크(Opti)와 영상 소스를 입력 받는 샤시박스(Chassis)로 구성된다. LED Lamp를 사용하여 전력 소비량 및 발열량을 최소화하였으며, 장시간 연속감시를 위한 핵심적인 디스플레이 장비로써 운영자가 종합 상황 모니터링 및 각종 감시 영상 장비에 출력되는 영상 신호를 입력받아 영상신호를 표출하는 장비이다.

다음은 Projection Module의 외형도이다.

〈그림9-18〉 Projection Module 외형도

◈ Projection Module 입/출력부

다음은 50인치 LDP Projection Module 후면 입/출력 샤시박스는 〈그림9-19〉와 같다.

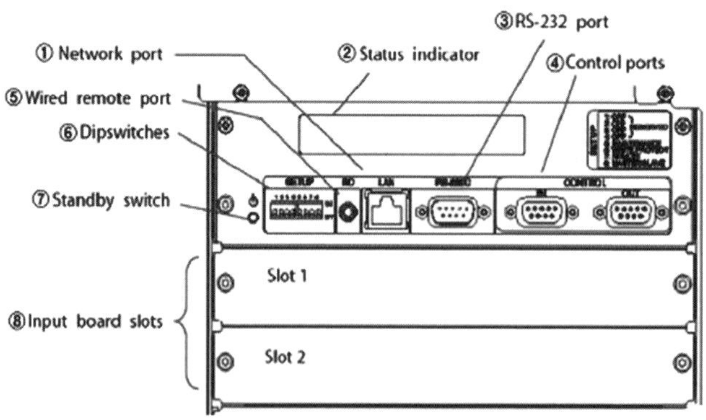

〈그림9-19〉 Projection Module 후면 샤시박스 상세도

1) Network port : 네트워크 입력 단자
2) Status indicator : LCD 2단 문자 상태 표시창
3) RS-232 port : RS-232C 제어신호 입력단자
4) Control port : RS-422 제어신호 입력단자 (Module간 데이터 통신용)
5) Wired remote port : 리모컨 유선 연결단자
6) Dip switches : 제어방식 선택 스위치
7) Standby switch : Lamp 가동 및 Status indicator 조작 스위치
8) Input board slots : 입력 보드 슬롯 1, 2, 3

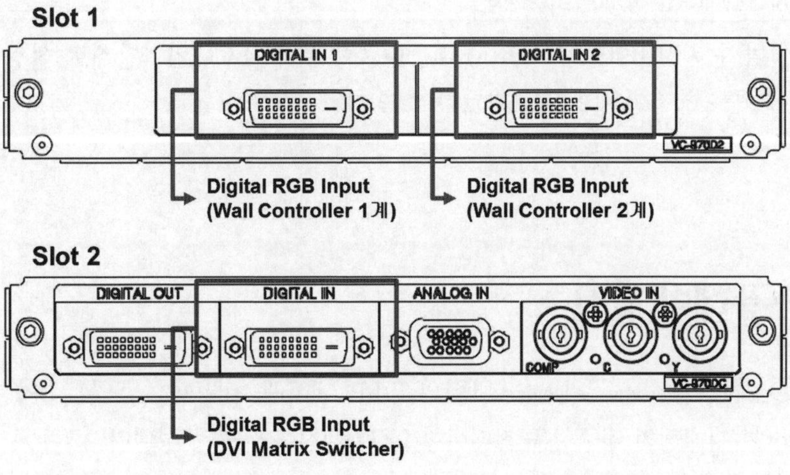

〈그림9-20〉 Projection Module 입력 보드 상세도

3 Projection Module 장비 기능

Projection Module은 DLP Chip을 채용하여 만들어진 50인치 후면 유지보수형 장비이다. DLP Chip은 해상도(1400x1050)에 따라 상응하는 미세거울(Micromirror)을 가지고 있으며, 이 미세거울은 입력되는 신호에 따라 LED 램프의 빛을 반사와 무반사로 제어하여 화면을 표출한다.

LED 방광부에서 적색(R), 녹색(G), 청색(B)의 RGB 빛은 릴레이 렌즈를 거쳐 DLP Chip에 전달되며, DLP Chip의 미세거울은 입력신호에 상응하는 색상의 빛을 반사하여 렌즈에 전달하고 렌즈를 통하여 나온 영상은 Cabinet의 내부에 설치된 거울의 반사를 거쳐 스크린 후면에 투사되어 영상을 표출한다.

또한, 밝기를 BRIGHT, NORMAL, ECO, ADV.ECO의 4단계로 설정할 수 있어 관제실 환경에 따라 최적의 시인성을 확보할 수 있다.

4 디스플레이 방식

DMD(Digital Micromirror Device)방식의 DLP Chip을 이용하며, 열흡수가 거의 없는 방식을 사용하여 시스템의 내구성을 최대화한 LED 엔진 모듈로 구성된다.

디지털 제어 등으로 색 얼룩 등이 없는 균일한 질의 화면을 표출하며, 빛의 이용 효율을 극대화하여 고휘도, 고정밀 영상을 제공한다.

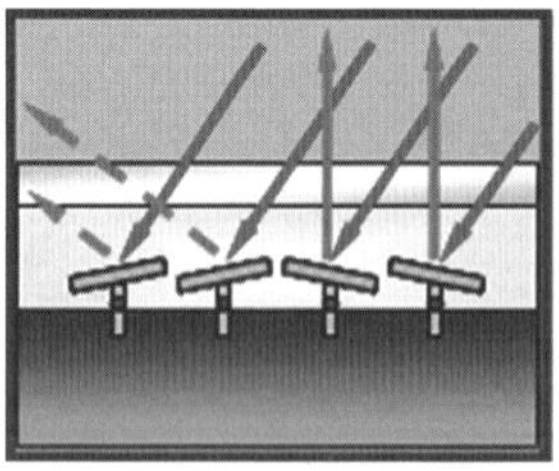

〈그림9-21〉 DLP Chip

◈ 화면 투사의 기본 원리

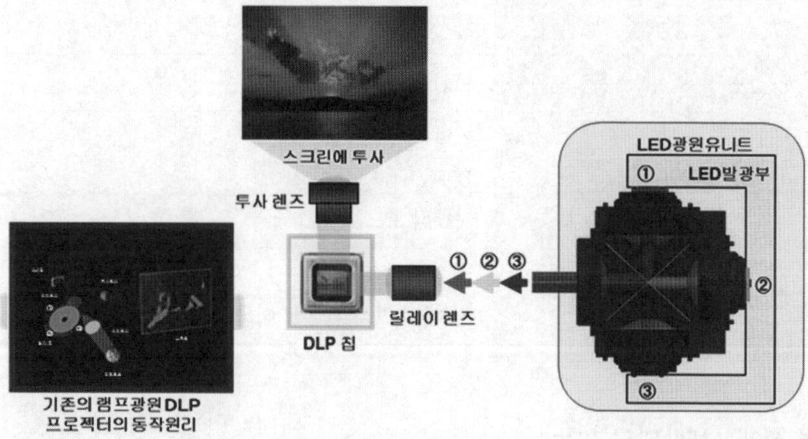

〈그림9-22〉 화면 투사 원리

◈ 상태 및 장애 표시기능

Projection Module의 LAMP 운영 상태 및 장애 발생 시 운영자 및 관리가 빠르게 상황을 판단하여 운영 중단 상태를 최소화하는 능동적인 상태 표시 기능을 제공한다.

Projection Module Screen 전면의 Blue LED 상태에 따라 1차 장애 진단을 할 수 있으며, 후면 LCD 2단 문자 상태창에 상세한 장애 내용을 표시한다.

◈ 전면 장애 상태 표시 기능

Screen 내부에 Blue LED가 설치되어 있으며, 장애 부분에 따라 Blue LED ON / OFF의 시간 차이로 장애 상태를 표시 한다. Projection Module에 Lamp 및 쿨링팬에 문제가 발생하면 전면 스크린에 발생된 문제에 대한 패턴으로 LED가 표시된다.

〈표9-5〉은 전면 장애 표시 내용이다.

〈그림9-23〉 전면 장애 표시 기능

〈표9-5〉 전면 장애 표시 상태

BLUE LED 상태 표시	Error 내용	비고
점등	대기 상태	
1초 점등, 1초 소등	LED 광원 이상	
1초 점등, 5초 소등	전원 이상 DLP chip 냉각 이상 포멧터 보드 이상	
5초 점등, 1초 소등	팬 정지 오류 비정상적인 내부 온도 이상	

◈ 후면 장애 상태 표시 기능

Projection Module 후면에 LCD 적용 2단 문자열로 가동 상태 및 장애 발생 시 장애 내용을 문자로 표시하여 장애 부위를 표시한다.

많은 부품으로 Projection Module은 장애가 발생할 수 있으며, 운영자 및 보수요원에게 장애 상태를 빨리 전달하여 복구시간을 최소화하는 것이 연속적 운영의 관건이다.

〈그림9-24〉 후면 장애 표시 기능

〈표9-6〉 후면 장애 표시 내용

상태 표시창 내용	Error 내용	비고
FAN STOP #	팬 정지	# : 이상 발생 위치
TEMPERATURE #	내부 온도 이상	# : 이상 발생 위치
POWER ERROR #	전원 이상	# : 이상 발생 위치
DMD COOLING 에러	DLP Chip 냉각 이상	
FORMATTER MEMORY 에러	포멧터 메모리 이상	
FORMATTER ASIC 에러	포멧터 칩 이상	
CPU MEMORY 에러	CPU 메모리 이상	
LED 에러	LED LAMP 이상	

◈ Wall Controller

Wall Controller는 다수의 Projection Module 또는 멀티 모니터로 구성된 Wall 화면에 하나의 고해상도 Windows 화면을 표출한다. 하나의 Wall Controller는 메인보드 및 그래픽카드에 따라 2화면 이상의 Projection Module 또는 멀티 모니터에 화면을 표출하는 것을 지원한다.

◈ Wall Controller 구성

Wall Controller의 메인보드에는 멀티 그래픽카드가 설치될 수 있도록 PCI-Express Slot을 지원하며, 다수의 그래픽카드에 의한 출력신호 처리가 원활한 Dual CPU를 적용한다. 메인보드의 PCI-Express Slot에 장착되는 멀티 그래픽카드는 RGB Output Card 및 Video Input Card로 구성된다. DVI Output Card는 한 장의 카드당 총 4개의 화면을 출력하는 포트를 가지고 있다. Wall Controller의 출력은 2×1(2화면), 2×2(4화면), 2×5(10화면)등의 Projection Module 화면을 하나의 화면으로 구성하여 영상을 표출한다.

〈그림9-25〉 Wall Controller 외형도

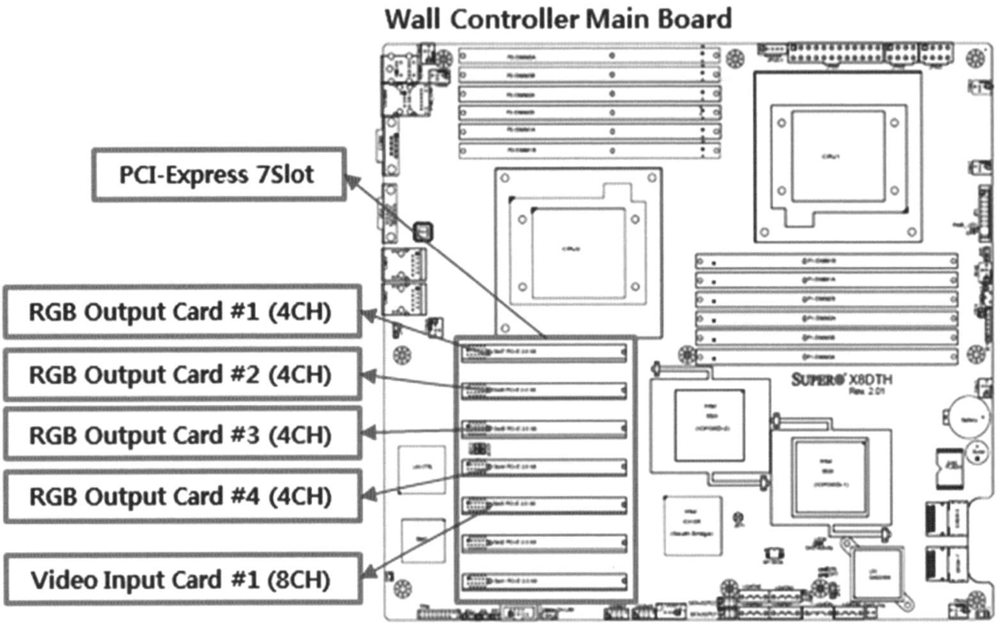

〈그림9-26〉 Wall Controller 메인보드 구성도

◈ Wall Controller 그래픽카드(DVI Output Card)

Wall Controller의 그래픽카드는 대형모니터에 화면을 표시하는 역할을 하는 특수 그래픽카드로서 RGB Output Card가 멀티로 구성된다. RGB Output Card는 대형모니터 화면에 영상 출력을 위하여 하나의 Card에 RGB Output 4포트를 지원한다.

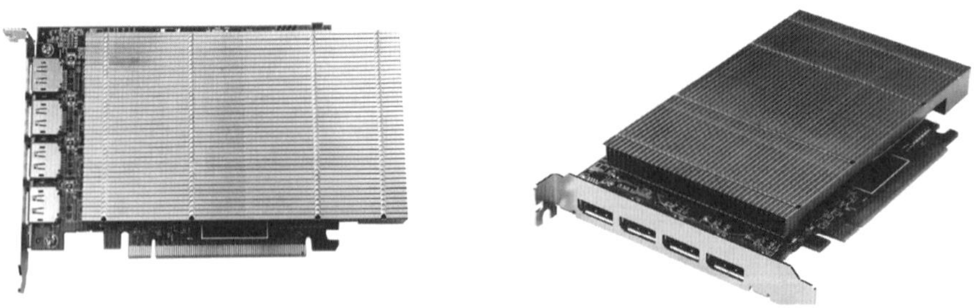

〈그림9-27〉 Wall Controller 그래픽카드(RGB Output Card) 외형도

◈ Interface Network Switch

각 분야의 Server와 Wall Controller간의 실시간 네트워크 인터페이스를 위한 LAN Port 제공을 목적으로 이중계로 구성된다.

〈그림9-28〉 Interface Network Switch 외형도

◈ DVI Matrix Switcher

각 분야별 운영 PC의 영상을 PC Interface로부터 영상을 입력받아 선택적으로 Projection Module의 DVI 입력 포트 등에 개별적으로 원하는 화면을 표출할 수 있도록 신호를 절체하는 장비이다. LAN/시리얼 포트를 통한 제어가 가능하며, 고해상도 신호에 대한 처리가 가능하도록 최대 1920×1200의 해상도를 지원한다.

다음은 DVI Matrix Switcher의 외형도이다.

〈표9-7〉 DVI Matrix Switcher 각 부 명칭 및 기능

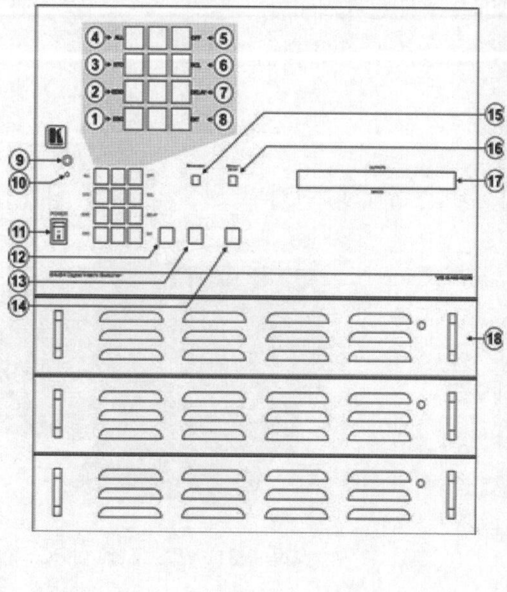

NO	구분	기능
1	ESC	현재 작업 종료 버튼
2	EDID	EDID 채널 할당 버튼
3	STO	현재 설정 저장 버튼
4	ALL	모든 출력에 입력 연결 버튼
5	OFF	출력 종료 버튼
6	RCL	프리셋 불러 오기 버튼
7	DELAY	출력에 대한 지연시간 설정 버튼
8	ENT	설정 메뉴 옵션 입력 버튼

◈ 통합제어시스템(MCS)

Projection Module, Wall Controller 및 DVI Matrix Switcher를 포괄적으로 제어하는 시스템으로서, 운영자가 전체 시스템을 간편한 조작으로 안정적으로 운영할 수 있도록 한다. MCS는 Main Control Unit, Control PC, Touch Monitor로 구성된다.

MCS는 Projection Module, Wall Controller 및 DVI Matrix Switcher의 원격제어가 가능하다. 21.5"의 Touch Monitor를 사용하며, MCS-Main Control Unit은 추가 설비의 증설에 따라 제어가 가능하도록 다양한 제어포트를 지원한다. Control PC는 시스템 조작이 간편하게 제작하기 위하여 Windows 계열의 운영체제를 사용한다.

◈ MCS-Main Control Unit

Projection Module 및 DVI Matrix Switcher 등 각종 설비에 대한 인터페이스 제공을 위한 설비로서 RS-232/422/485 등의 다양한 Port를 제공한다.

〈그림9-30〉 MCS-Main Control Unit 외형도

◈ MCS-Main Control Unit 점검사항

- Main Controller Unit은 Control PC로부터 제어 신호를 받아 해당 장비로 제어신호를 전달하는 여러 형태의 통신방식을 지원하는 통신 분배기이다.
- 각 카드가 정상적으로 동작하는지 전면부 LED를 통하여 확인한다.
- 케이블의 결선 상태를 확인한다.
- 전원부의 전원 공급 상태를 확인한다.
- 특정 장비에 대한 제어만 실패한다면 해당 장비와 연결된 포트의 설치 상태를 확인한다.

◈ MCS-Control PC

MCS-Control PC는 MCS 운영 소프트웨어가 직접적으로 설치되어 구동되는 컴퓨터로서 운영자에 의한 제어 데이터를 MCS-Main Control Unit으로 보내주는 역할을 하며,

〈그림9-31〉 MCS-Control PC 외형도

MCS-Main Control Unit으로부터 받은 각종 상태 데이터를 이용하여 장비에 대한 상태를 표시하는 기능을 한다. MCS-Control PC는 Windows7 운영체제를 설치하여 MCS 운영프로그램을 구동한다. MCS- Control PC는 타 설비 및 서버와의 데이터를 송수신을 위하여 표준의 LAN방식을 사용하며, Dual 구성하여 하나의 LAN Port가 이상이 있어도 운영상에 문제가 발생하지 않도록 한다. LAN 인터페이스는 표준의 RJ45 접속을 지원하며, 10/100/1000M Bit TCP/IP Ethernet을 지원한다.

◈ MCS-Touch Monitor

MCS-Touch Monitor는 MCS-Control PC와 인터페이스 되어 운영자에게 LDP 시스템 제어를 위한 MCS 소프트웨어 화면을 제공하며, 키보드 또는 마우스를 이용한 제어가 아닌 화면에 표시된 운영 프로그램을 모니터 화면에서 직접적으로 손으로 터치하여 제어가 가능한 설비이다.

〈그림9-32〉 MCS-Touch Monitor 외형도

◈ PC Interface

PC Interface는 각 분야 운영자 PC의 비디오 신호를 운영자의 PC 모니터 및 DVI Matrix Switcher로 분할하여 전송하는 장비이다.

비디오 신호를 재구성하여 증폭함으로써 일반적인 분배장치에 비해 보다 먼 거리까지 신호 손실을 최소화하여 소스화면을 전송할 수 있다.

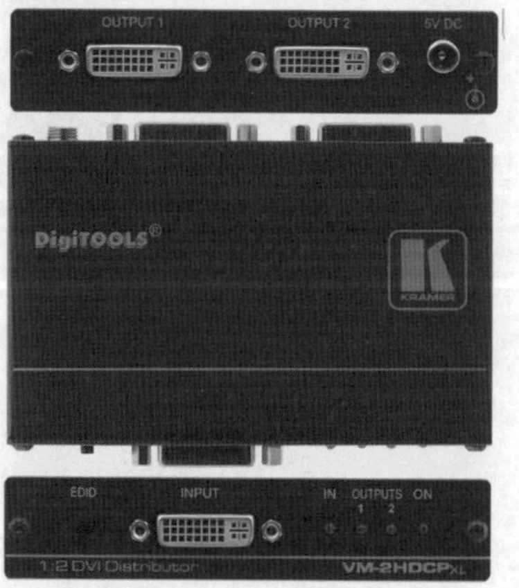

〈그림9-33〉 PC Interface 외형도

5 MCS 소프트웨어

◈ Login 화면

- Login은 MCS를 사용하기 위한 인증작업이다.
- ID 및 Password를 입력하고 OK 버튼을 눌러서 로그인 인증을 수행한다.
- 이전에 사용된 아이디에 대한 ID저장 버튼을 제공한다.
- 로그아웃 및 로딩화면으로의 이동을 위한 Cancel 버튼을 제공한다.
- 키보드 자판을 지원하여 ID 및 Password에 대한 입력을 지원한다.
- 분야별 아이디가 지정되어 ID를 인식, 해당 분야 정보를 제공한다.

〈그림9-34〉 MCS S/W Login 화면(예시)

◈ Main 화면

- 통합제어를 위한 메인메뉴를 제공한다.
- 사용자 관리를 위한 버튼을 제공한다.(관리자 로그인 시)
- 로그 관리를 위한 버튼을 제공한다.(관리자 로그인 시)
- 우측 상단에 최소화 버튼과 취소 버튼을 제공한다.
- 선택 버튼은 다음과 같은 버튼을 제공한다.
  - FMS(Facility Monitoring System)
  - Wall Controller 원격제어

– DLP 표시화면 제어
– DVI Matrix Switcher 제어

〈그림9-35〉 MCS S/W Main 화면(예시)

◈ DLP 표시화면 제어

- Projection Module 화면제어는 Projection Module 에 표시되는 화면을 제어하는 창으로서 표시위치 선택, 입력 소스선택, Projection Module 전원제어, 표시크기 선택 및 각 입력 소스 선택에 대한 상세 설정 창이 있다.
- 표시위치 선택은 입력 소스에 대한 표시위치를 선택하는 창으로서 클릭한다.
- 표시크기 선택은 선택된 이미지에 대하여 화면의 크기를 선택하는 창으로서 Projection Module 의 물리적인 영역으로 구분하여 화면의 확대가 가능하다.

- 입력 소스 선택은 Wall, DVI Matrix Switcher로 구분된다. DVI 추가 버튼은 24개를 제외한 나머지 DVI소스를 제공한다.
- Projection Module 전원 제어버튼이 제공되며, 제어는 개별/전체 전원이 제어된다.
- 인터페이스 순서는 DVI Matrix Switcher 소스 선택 → 표시크기 선택 → 표시위치 선택 순으로 이루어진다.

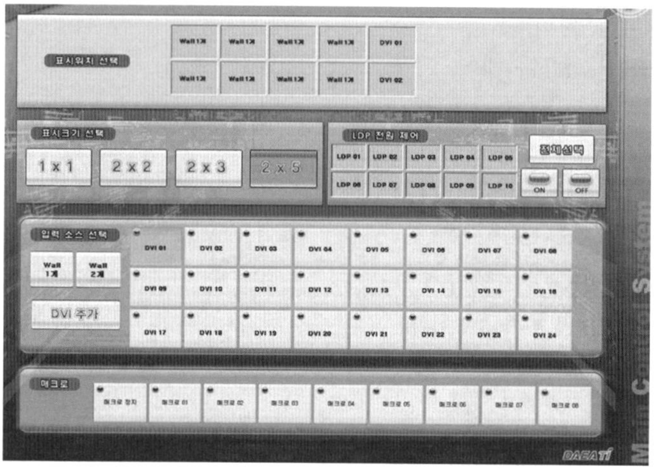

〈그림9-36〉 MCS S/W 표시화면 제어 화면(예시)

◈ LDP FMS(Facility Monitoring System)

- Main 화면의 FMS 버튼을 클릭하여 FMS기능 창으로 이동한다.
- FMS 실행 시 초기화면은 Projection Module 에 대한 상태를 체크하는 화면을 메인으로 로딩 된다.
- Group별로 제공된 Projection Module 상태정보는 〈그림9-37〉과 같다.
  - Projection Module에 대한 상태 감시
  - Lamp 사용시간, Cooling Fan 동작 상태

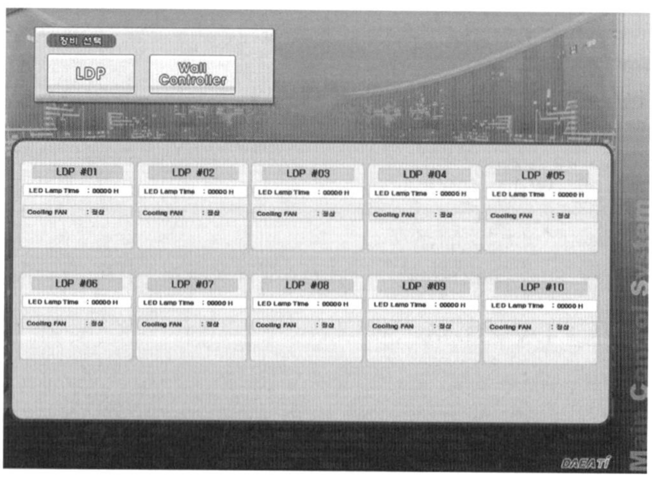

〈그림9-37〉 MCS S/W LDP FMS 화면(예시)

◈ Wall Controller FMS(장치 모니터링 시스템)

- Wall Controller FMS는 상단의 Wall Controller 버튼을 클릭 해당 창으로 이동.
- Wall Controller FMS는 Wall Controller의 다음과 같은 상태를 제공.
- Wall Controller의 1계 또는 2계의 온라인 및 대기상태 표시
- Wall Controller의 네트워크 상태 체크 및 1계, 2계 네트워크 상태 표시
- Wall Controller FMS는 Wall Controller의 네트워크 상태를 감시하다 문제 발생 시 자동으로 1계에서 2계로 또는 2계에서 1계로 자동 절체
- Wall Controller 1계 및 2계에 대하여 현재 표시되는 Wall Controller에 대한 동작 및 대기 상태를 표시
- 수동 절체 버튼을 제공하여 Wall Controller의 유지보수 시 수동적으로 절체

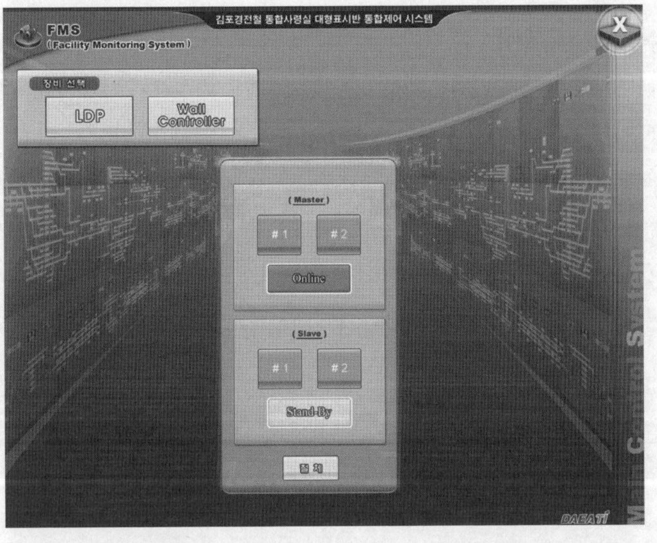

〈그림9-38〉 MCS S/W Wall Controller FMS 화면(예시)

◈ Wall Controller 원격제어(Wall Remote Mouse)

- 원격 제어 기능은 Wall Controller에 대한 원격 마우스 기능으로서 Main 화면의 원격제어를 클릭하면 팝업으로 창이 생성된다.
- 제공된 마우스 제어창은 Projection Module에 표시되는 Wall Controller 화면의 마우스와 동일하게 움직인다.

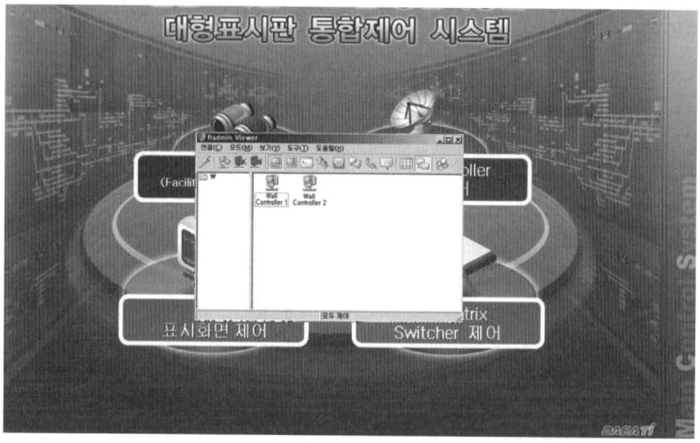

〈그림9-39〉 Wall Controller 원격제어 화면(예시)

◈ DVI Matrix Switcher 제어

- DVI Matrix Switcher에 대한 개별 포트제어가 가능한 화면으로서 Input소스를 선택, Output버튼을 클릭하여 해당 Port로의 Input소스 절체가 가능하다.
- 제어순서는 표시하고자 하는 Input 소스를 선택 후 절체하고자 하는 Output Port를 선택하여 DVI Matrix Switcher 절체 제어한다.
- Output 포트에 선택된 Input 소스명이 표시된다.
- 제어에 대한 내용을 확인하기 위해서는 Projection Module의 DVI Matrix Switcher 표시화면에서 확인이 가능하다.

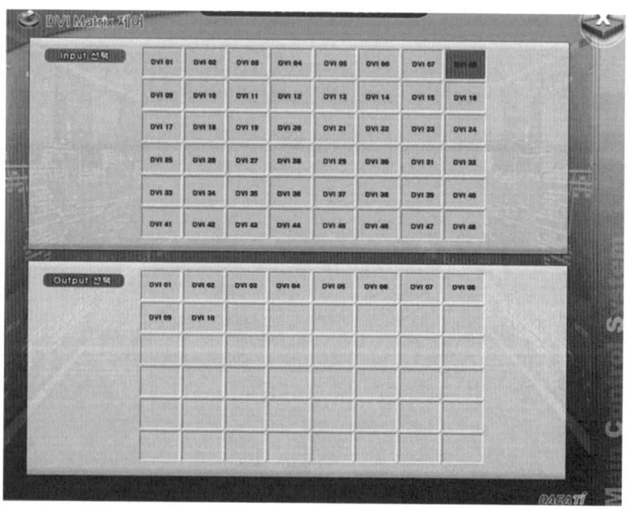

〈그림9-40〉 DVI Matrix Switcher 제어 화면(예시)

6 종합관제시스템 미래의 발전방향

1) 공간적 통합 고려

각각의 개별 호선별 공간적 분리되어 있어 근무공간의 비효율성 초래, 호선별 분리체계를 그룹으로 통합하여 시설물 배치 공간과 노선의 증설과 교통량 증가에 따른 추가 연장노선을 수용할 수 있어야 할 것이다.

2) 기능적 통합 고려

전력관제와 신호관제, 기계설비관제, 정보통신관제 등으로 구분되어 있어 시스템 관련정보의 공유 및 신속한 상황 대처 능력이 저감되는 현실을 감안해야 한다.

3) 관제시스템의 기술고도화

인공지능(AI) 기술의 사회전반에 활용되고 있으며 철도통합관제 시스템에 사물인터넷(IoT) 기반으로 제4차 산업기술(AI/AR/VR/Big-Data)을 접목하여 회기적인 종합관제시스템의 기술을 고도화할 수 있을 것이다.

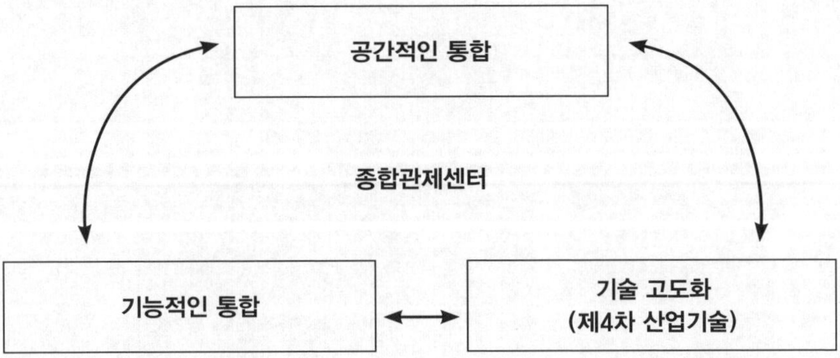

4) 종합관제시스템(ATS)의 안전성 향상 방안

① 장애 발생 최소화를 위한 시스템의 설계 제작
② 신뢰성 확보를 위한 RAMS 관리체계 도입 구축
③ 긴급 상황에도 무 중단 서비스(Back-Up 관제, 분산)
④ Human-Error(인적 오류) 방지를 위한 시스템 구축
⑤ 관제시스템 사이버 보안관리 시설 구축, 관리규정 정비

5) 종합관제시스템의 효율성 향상 방안

① 관제 정보 공유체계의 자동화로 상황처리 지원

② 관제사의 일상 행정 지원업무 전산화로 업무부담 경감

③ 유연한 통합 스케줄/경합진로 관리 도입(On-Demand 기법)

④ 유지보수 지원 시스템 구축(VR, AR기술 활용 3D 이미지 표출)

⑤ 운행실적 및 장애 정보의 Big-Data 축적 및 통계분석으로 예측 자동 정보 생성하여 관제사/기술진의 의사결정 지원 체계 구축

제9장

종합관제장치

철도신호기술사 기출문제

01 열차집중제어장치(CTC) 와 운전집중화장치에 대하여 각각 설명하시오.

02 철도교통관제에서 관제업무 독립성을 확보하기 위한 방안과 선로배분 지침의 업무 프로세스에 대하여 설명하시오.

03 철도교통관제센터 업무의 무 중단 운영을 위한 방안을 제시하시오.

04 열차 운행관리시스템의 기본 구성도를 그리고 주요기능을 설명하시오.

05 열차집중제어장치(CTC)의 효과와 관제실의 기술발전 방향을 설명하시오.

06 관제실의 TTC(Total Traffic Control) 시스템에 대한 운전모드 3가지를 설명하시오.

07 열차집중제어장치(CTC)의 구축효과와 주요기능에 대하여 설명하시오.

08 철도교통관제 운영규정 제2조(정의)에서 정한 운전정리의 정의 및 종류에 대하여 설명하시오.

09 철도교통관제 설비의 안전성 및 효율성 향상을 위한 기술발전방향을 설명하시오.

10 ATO(유인운전)를 계획하고 있는 관제실에 구비해야 할 기능 및 설비구성을 설명하시오.

11 열차모의시운전 시뮬레이션(TPS)의 시행 목적에 대하여 설명하시오.

12 열차 다이어(DIA)의 종류와 운전선도의 정의에 대하여 설명하시오.

제10장

무인운전(UTO) 운영시나리오

1 시스템운영 시나리오 일반

1. 개요
2. 일반사항
   1) 정상 운행
   2) 성능저하 운행
   3) 비상운행
3. 차량 운행 모드

2 운영 시나리오(Scenario) 분류 체계

3 정상(Normal) 운영 시나리오

4 성능저하(Degrade) 운영 시나리오

1 시스템운영 시나리오 일반

1. 개요

시스템 운영 시나리오는 시스템 운영개념과 정의된 운영기능을 반영하여 시스템 수준의 운영시나리오를 구성하며 서브시스템의 구체화된 설계적용 사항에 따라 단계적으로 보완 개정 관리하여 향후 운영자가 체계적인 운영 및 유지보수 규정 및 절차를 개발하도록 근거자료를 제공한다.

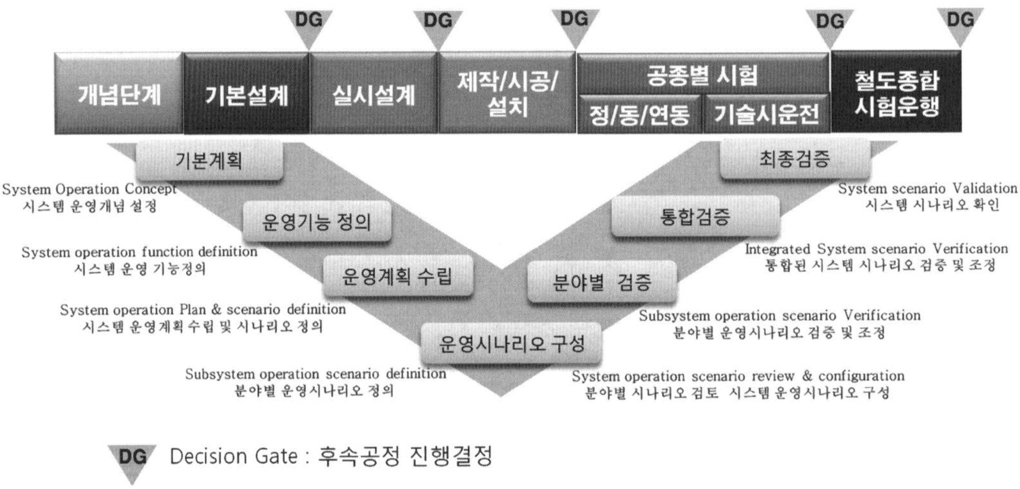

〈그림10-1〉 운영시나리오 구성 V-Model

2. 일반 사항

무인 운전시스템과 무선통신 기반(RF-CBTC)의 신호시스템을 갖추고 있으며, 차량기지에 위치한 종합관제실에서 감시와 제어를 한다.

시스템 운행은 아래에 정의된 세 가지 다른 조건으로 나누어진다.

- 정상운행
- 성능저하운행
- 비상 운행

1) 정상 운행

정상 운행은 〈표10-1〉과 같이 시나리오들로 세분화된다.

〈표10-1〉 정상운행 시나리오

구분	내용	비고
서비스 개시	• 시스템 가동에서 차량의 정상적인 운행에 포함한 모든 활동	※ 모든 차량이 정거장 이외에서 정차하지 않는다.
서비스 종료	• 차량의 승객 서비스 종료로부터 시스템 정지에 이르기까지의 모든 활동	
정상 상태	• 계획된 차량의 운행 및 경미한 지연복구, 속도제한 등과 같은 정상운행에 포함되는 상황	

2) 성능저하 운행

성능저하 운행은 정상운행 상태를 벗어나 성능이 감소된 운행을 의미한다. 성능저하 운행은 혼잡 및 지연과 같은 운영상 바람직하지 않은 결과의 발생을 최소화하기 위해 적용한다.

〈표10-2〉 성능저하운행 시나리오

구분	내용
임시 정차	• 고장으로 인한 제한된 일정 시간 동안 차량 임시 정차 • 규제로 인한 제한된 일정 기간 동안 차량 임시 정차
성능저하 운행	• 사고가 발생한(영향을 받은) 역사를 통과하는 무정차 운행 • 제한 속도 운행, 구간 양방향 운행, 단거리 회차 운행

3) 비상 운행

비상 운행은 사고 또는 미리 정의된 잠재적 위험 상황 발생 시 적용하는 운행을 의미한다. 비상 운행은 정상조건 또는 성능저하조건에서 발생 할 수 있으며, 이 경우 기존운행 절차를 비상운행 절차로 변경한다.

비상 상황은 아래와 같은 상황을 포함한다.

〈표10-3〉 비상운행 상황 시나리오

구분	내용
비상 상황	• 비상탈출, 차량탈선, 차량충돌, 차량화재

3. 차량 운행 모드

구분	내용	운전주체
완전자동 운전 모드 (UTO)	완전자동운전모드는 자동출발, 가속, 주행, 정위치 정차, 출입문 제어 등 노선의 시작부터 종료까지 열차운행계획에 의한 완전자동으로 차량을 운행하는 운전모드임 차량기지에서는 회차차량은 15km/h, 입고차량(자동세척차량) 5km/h의 제한속도가 적용됨	무인
자동 운전 모드 (AUTO)	자동운전모드는 운전자의 출발버튼 조작만으로 자동차량방호장치(ATP)에 의해 계산된 목표거리를 운전자의 개입 없이 제한 속도로 가속, 주행, 감속, 정위치 정차 등 자동으로 차량을 운행하는 운전모드임	운행안전원 (운전 면허자에 한함)
수동 운전 모드 (ATPM)	수동운전모드는 ATP 제어에 의한 속도감시하에서 운행안전원이 직접 운행하는 운전모드임	
비상 운전 모드 (EM)	차내 신호시스템 고장에 따른 비상시 긴급 수동운전 및 신호시스템 고장 등 비상시 취급하는 운전모드로 차상 ATP/ATO 미동작 상황에서 운행안전원의 책임 하에 직접 수동운전을 수행하는 운전모드임	

2 운영 시나리오(Scenario) 분류 체계

1. 시나리오 구성

운영시나리오는 지하운행에 따른 비상상황을 고려하여 유형별 기능 항목 분석과 시뮬레이션을 통하여 운영환경에 적합한 운영시나리오 65개 항목을 선정하여 시나리오를 구성하였다.

〈표10-4〉 운영시나리오 기능항목

구분	계	정상운영	성능저하운영	비상운영
본선	52	10	28	14
차량기지	13	8	2	3
소계	65	17	30	17

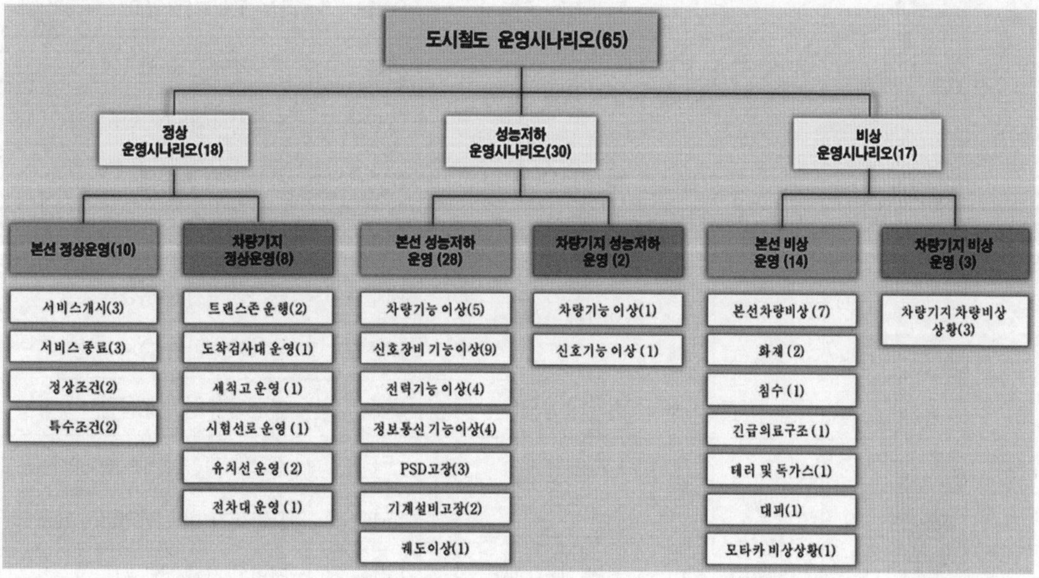

〈그림10-2〉 운영시나리오 기능체계

1) 시나리오 분류체계

구분	대분류		중분류		소분류	
정상 운영 시나리오	LN	본선 정상운영 시나리오	LN1	서비스 개시	LN1-1	일반 시스템 시작
					LN1-2	역사 개방
					LN1-3	본선 차량투입
			LN2	서비스 종료	LN2-1	승객서비스 종료
					LN2-2	역사의 폐쇄
					LN2-3	서비스종료 후 차량의 철수
			LN3	정상 조건	LN3-1	정거장간 차량운행
					LN3-2	종착역 운행
			LN4	특수 조건	LN4-1	속도 제한
					LN4-2	경미한 지연의 회복
	DN	차량기지 정상운영 시나리오	DN1	트랜스존 운행	DN1-1	검수고의 차량입고
			DN2	도착검사대 운영	DN1-2	검수고에서 출고
					DN2-1	도착검사대(○○역) 운영
			DN3	세척고 운영	DN3-1	차체 세척고 운영
			DN4	시험 선로 운영	DN4-1	시험 선로의 차량 이동
			DN5	유치선 운영	DN5-1	유치선의 차량 기동
					DN5-2	유치선의 차량 유치
			DN6	전차대 운영	DN6-1	차량기지 전차대 운영
성능 저하 시나리오	LF	본선성능 저하운영 시나리오	LF1	차량 기능 이상	LF1-1	기교체 회송(Changeover)
					LF1-2	도중회차 회송(Withdrawal)
					LF1-3	정위치 정차 실패 시
					LF1-4	정차 중 열차 출입문 고장
					LF1-5	운행 중 열차 출입문 고장

구분	대분류		중분류		소분류	
성능 저하 운영 시나리오	LF	본선성능 저하운영 시나리오	LF2	신호장비 기능이상	LF2-1	열차제어용 컴퓨터(TCC)기능정지
					LF2-2	TCC 및 운행관리용 컴퓨터(MSC) 기능정지
					LF2-3	열차자동방호장치 제어기(ATP-C) 기능정지
					LF2-4	정보전송장치(DCS) 기능정지
					LF2-5	1개의 지상ATP/ATO장치(SC)기능고장
					LF2-6	한 구역의 역사/선로변 무선송수신장치(SRS/WRS)기능 고장
					LF2-7	차상신호제어장치(VOBC) 및 차상무선송수신장치(VRS) 고장
					LF2-8	전자연동장치(EI)고장
					LF2-9	선로전환기 고장
			LF3	전력기능이상	LF3-1	수변전/배전선로 장애
					LF3-2	중앙 전력원격제어감시장치(SCADA) 시스템고장
					LF3-3	역사정전
					LF3-4	지락에 의한 전력차단
			LF4	정보통신 기능이상	LF4-1	중앙 광전송장치 고장
					LF4-2	현장 광전송장치 고장
					LF4-3	무선통신망(LET-R) 중앙제어장치(EPC)고장
					LF4-4	무선통신망(LET-R) 중계기지국 제어장치 고장
			LF5	PSD고장	LF5-1	승강장안전문(PSD) 닫힘고장
					LF5-2	승강장안전문(PSD) 열림고장
					LF5-3	PSD 도어제어장치(DCU)고장

구분	대분류		중분류		소분류	
성능저하운영시나리오	LF	본선성능저하운영시나리오	LF6	기계설비고장	LF6-1	엘리베이터 고장
					LF6-2	에스컬레이터 고장
			LF7	궤도이상	LF7-1	본선 터널 레일 이상 상황(균열, 절손)
	DF	차량기지 성능저하 운영시나리오	DF1	차량 기능이상	DF1-1	기지열차교환(Cancellation)
			DF2	신호 기능이상	DF2-1	차량기지 출입 선로의 선로전환기 고장
비상운영시나리오	LE	본선 비상운영 시나리오	LE1	본선 차량 비상상황 발생	LE1-1	비상 탈출(본선)
					LE1-2	차량 탈선(본선)
					LE1-3	차량 충돌(본선)
					LE1-4	차량 화재(본선)
					LE1-5	차량기능이상 구원운전(Push out)
					LE1-6	○○역 고장 유치
					LE1-7	○○○○역 고장 유치
			LE2	화재	LE2-1	역사화재
					LE2-2	본선터널 화재
			LE3	침수	LE3-1	역사 및 본선 터널 침수
			LE4	긴급의료 구조	LE4-1	역사 긴급의료 구조
			LE5	테러 및 독가스	LE5-1	역사내 테러(독가스) 발생
			LE6	대피	LE6-1	역사에서 대피(화재, 침수, 테러 등)
			LE7	모타카 비상사항 발생	LE7-1	모타카 탈선
	DE	차량기지 비상운영 시나리오	DE1	차량기지 차량 비상상황	DE1-1	차량 탈선(기지)
					DE1-2	차량 충돌(기지)
					DE1-3	차량 화재(기지)

2) 시나리오 체계

운영시나리오는 구성은 본선 및 차량기지로 구분하여 정상운영, 성능저하, 비상운영시나리오에 대한 기능거동도(흐름도), 시나리오 설명, 서브시스템 설명을 상세히 기술하고 시나리오관련 운영이벤트와 수행주체를 식별하고 입출력 관계를 나타낸다.

① 번호 체계

시나리오 번호체계는 위치 및 유형의 약어를 조합하여 사용한다.

- 위치 : L(Local : 본선), D(Depot : 차량기지)
- 유형 : N(Normal : 정상)
  F(Failure : 성능저하)
  E(Emergency : 비상)

② 시나리오 목적

해당 시나리오에서 수행되는 업무의 일반적 내용을 기술한다.

③ 서브시스템 설명

해당 시나리오에서 필요로 하는 서브시스템의 주 기능을 설명한다.

④ 기능 거동도(흐름도)

전산도구를 활용한 기능 거동도를 도식화하여 기술한다.

⑤ 시나리오 작성 템플릿

시나리오에 관련된 운영 이벤트의 의해 시나리오의 세부항목 및 적정 수준의 주요 내용을 설명하고, 각 단계에 관련되는 수행주체를 정의하여 이벤트 내용과 각 이벤트를 연결해주는 입력/출력을 정의한다.

3 정상(Normal) 운영 시나리오

본선 정상운행 시나리오는 승객서비스 시작으로부터 종료 이후 시스템 정지에 이르기까지 정상운영에 포함한 모든 활동을 포함하고 있다. 차량기지는 차량기지 운영과 관련된 트랜스 존(Trans zone), 도착검사, 세척고, 시험선로, 전차대, 유치선 운영에 대한 상세한 시나리오가 작성된다.

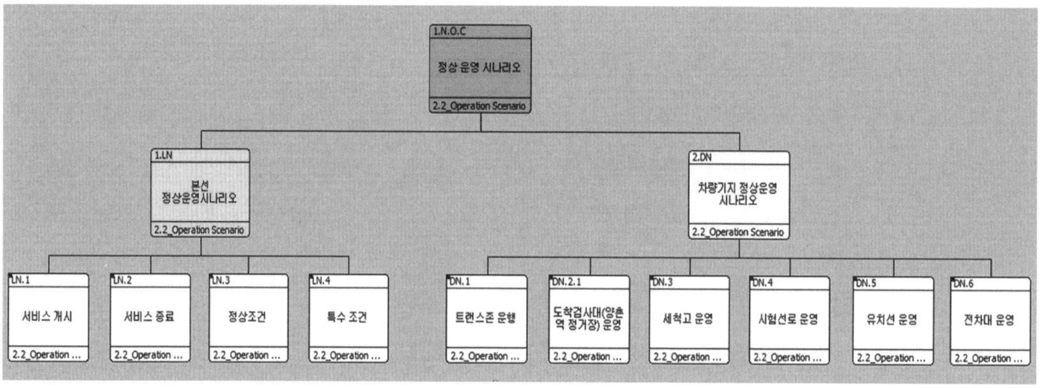

4 성능저하(Degrade) 운영 시나리오

성능저하 운행은 정상운영 상태를 벗어나 성능이 감소된 운행을 의미한다. 성능저하 운행은 혼잡 및 지연과 같은 운영상 바람직하지 않은 결과의 발생을 최소화하기 위해 적용한다.

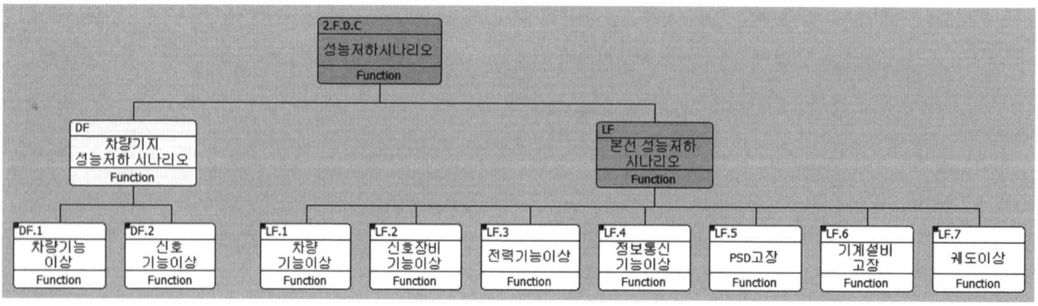

- 시스템의 성능저하 운행에 이르는 주요 조건은 다음과 같다.
  - 고장으로 인한 제한된 일정 시간 동안 차량 임시 정차
  - 규제로 인한 제한된 일정 기간 동안 차량 임시 정차
  - 사고가 발생한(**영향을 받은**) 역사를 통과하는 무정차 운행
  - 제한 속도 운행, 구간 양방향 운행, 단거리 회차 운행

- 본선 성능저하운영시나리오 Spider도식화

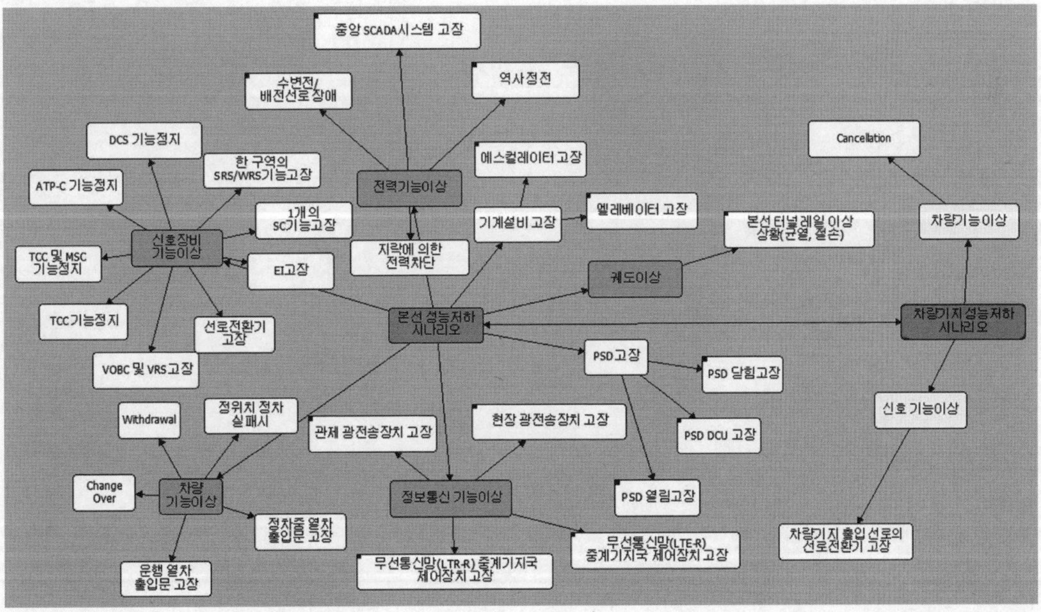

부록

1 UTO 시스템운영 시나리오(예시)

1. 본선 정상 운영시나리오

가) 시나리오 LN1 서비스 개시

＊ LN1-1 일반 시스템 시작

<table>
<tr><td rowspan="4">본선 정상
운영시나리오</td><td rowspan="4">일반 시스템 시작</td><td>분류번호</td><td>LN1-1</td></tr>
<tr><td>위 치</td><td>본 선</td></tr>
<tr><td>개정일자</td><td></td></tr>
<tr><td>개정번호</td><td></td></tr>
</table>

1. 목적

영업운전 시간 전에 운행을 위해 시스템을 기동하는 절차를 설명한다.

- 승객 서비스가 시작되기 전에 사전점검운행(Sweep Run)이 필요하다.
- 이 운행은 수동 운전모드(ATPM)로 운행안전원이 제한 속도를 준수하여 운행한다.
- 차량 2대(상·하선 각각 1대)를 정시에 할당하여 계획된 서비스가 개시되기 전 사전점검운행을 완료한다. 점검이 완료되면 차량은 각 노선의 출발승강장에서 승객서비스를 위해 배차된다.

2. 시스템 조건

본 시나리오에서 필요로 하는 서브시스템의 주 기능은 아래와 같다.

- 차량 비상운전대에는 운행안전원이 수동 운전모드(ATPM)에서 차량을 정지시킬 수 있는 비상정지버튼이 장착되어 있다.
- 차량은 ATP(열차자동방호장치) 시스템만 자동으로 작동한다.
- 수동 운전모드(ATPM)에서 운행안전원은 ATP시스템이 제공하는 운행속도 범위 내에서 차량의 추진과 제동을 조정한다.
- 수동 운전모드(ATPM)에서 차량의 운행속도제한이 적용된다.
- 운행안전원이 수동 운전모드(ATPM)로 운전 중 한 구간에서 허가된 운행속도를 제한을 초과하면 차량은 자동적으로 제동을 체결한다.
- 차량이 수동 운전모드(ATPM)인 경우 운행안전원은 비상운전대를 작동하여 차량 출입문을 수동으로 조작한다.
- 눈, 비올 시 관제사의 판단에 따라 사전점검 취소버튼을 취급하여 사전점검시험을 하지 않는다.

3. 시나리오

번호	주요내용 설명	수행 주체	수행내용	
			출력	입력
LN.1.1.1	일일운행이 시작되면, 차량은 현재 차량기지 유치선 및 00역 정거장 주박선에 유치되어 있으며, 모든 정거장은 폐쇄된 상태이다.			
LN.1.1.1.1	관제요원은 개인 전자키로 종합관제실에 들어간다.	종합 관제실		
LN.1.1.1.2	야간 근무했던 운영자와 교대하여 개인ID 및 비밀번호로 각자의 콘솔로 로그인 한다(사용자 ID에 해당하는 제어구역, 제어레벨 등의 권한이 자동 할당)	종합 관제실		
LN.1.1.1.3	1)기술사무소조직에 연락하여 진행 중인 유지보수 활동이 없음을 확인하고 위치를 파악한다. 2)모든 유지보수 활동이 종결되었으며, 기술사무소조직이 선로의 작업구간을 벗어났음이 확인되면 급단전계획에 따라 모든 본선 구역에 급전을 실시한다. 3)급전이 되면 다른 종합관제실 운영자들에게 알린다.	종합 관제실		
LN.1.1.1.4	1)관제부장에게 일일 열차운행계획 승인을 요청하고, 관제부장은 일일 열차운행계획을 승인한다. 2)승인된 일일 열차운행계획은 ATC시스템에 할당한다.	종합 관제실		
LN.1.1.1.5	승객 서비스를 시작하기 전에 하선 선로의 사전점검을 수행하기 위해 차량기지 유치선의 차량을 선택 후 VOBC에 차량기동명령을 지시(송신)한다.	기지 관제	차량기동 명령	
LN.1.1.1.6	승객 서비스를 시작하기 전에 상선 선로의 사전점검을 수행하기 위해 ATS 운영자 콘솔을 통해 00정거장 유치선에 주박 중(Stand-by)인 차량에 기동(Wake-up)명령을 지시(송신)한다.	운전 관제	차량기동 명령	
LN.1.1.1.7	ATS Wake-up명령 신호에 따라 차량기지 및 00역 유치선 차량에 대해 "DN5-1 유치선의 차량 기동" 절차에 따라 작업을 실시하고 결과는 ATS(중앙)에 원격으로 전달(송신)한다.	차상신호 장치 (VOBC)	DN5-1 유치선의 차량기동/ 자기진단 결과보고	차량기동 명령
LN.1.1.1.8	차량기지 유치선으로부터 진로설정 및 열차이동명령을 수행하여 열차 동적시험을 수행한다.	기지 관제	동적시험 명령	자기진단 결과보고

번호	주요내용 설명	수행 주체	수행내용	
			출력	입력
LN.1.1.1.9	00역 유치선으로부터 진로설정 및 열차이동명령을 수행하여 열차 동적시험을 수행한다.	운전 관제	동적시험 명령	자기진단 결과수신
LN.1.1.1.10	1)차량기지 및 00역 유치선 차량을 지정된 정거장까지 이동시킨 후 차량 출입문 개폐시험을 한다. 2)동적시험 결과를 ATS에 원격으로 전달한다. 차량 출입문을 개방한다.	차상신호 장치 (VOBC)	동적시험 결과보고	동적시험 명령
LN.1.1.1.11	운행안전원(A, B)을 각각 시발역 하선 승강장 및 00역 정거장 상선 승강장 차량으로 보내 사전운행을 준비토록 지시한다.	운전 관제	사전운행 지시	동적시험 결과보도
LN.1.1.1.12	운행안전원(A, B)는 운전관제가 허가하는 대로 차량에 탑승하여 비상운전대를 열고 차량의 운전모드를 수동운전모드(ATPM)로 변경한다.	운행 안전원	ATPM 변경	사전운행 지시
LN.1.1.1.13	열차운행모드를 ATPM으로 변경한다.	차상신호 장치 (VOBC)	ATPM 작동표시	ATPM 변경
LN.1.1.1.14	차량 비상운전대를 사용하여 차량 출입문을 닫는다. 차량을 제한된 속도로 운전한다. 주행 중 차량 전방의 선로 상태를 감시하고 방해물이나 특이사항이 발생되는 경우 비상정지 버튼을 누르고 종합관제실에 보고한다.	운행 안전원		ATPM 작동 표시
LN.1.1.1.15	사전점검운행이 완료되면 운행안전원은 운전관제에 사전점검운행이 완료되었음을 보고한다.	운행 안전원	사전운행 완료보고	
LN.1.1.1.16	사전점검 완료 보고 전달받고 운행안전원에게 완전자동운전모드(UTO) 전환을 지시한다.	운전 관제	운전모드 변경지시	사전운행 완료보고
LN.1.1.1.17	차량을 수동 운전모드(ATPM)에서 완전자동 운전모드(UTO)로 전환한다.	운행 안전원	UTO변경	운전모드 변경지시
LN.1.1.1.18	열차운행모드를 UTO로 변경하고 운전대 커버를 덮는다.	차상신호 장치 (VOBC)	UTO 작동표시	UTO변경
LN.1.1.1.19	운전관제에 출입문 개방을 요청한다.	운행 안전원	출입문 개방요청	UTO 작동표시

번호	주요내용 설명	수행 주체	수행내용	
			출력	입력
LN.1.1.1.20	출입문을 개방한다.	운전관제		출입문 개방요청
LN.1.1.1.21	하차 후 운전관제에 보고한다.	운행 안전원	차량하차 보고	
LN.1.1.1.22	고객안전원에게 승객서비스를 위해 역사개방을 지시한다.	역무관제	LN1-2 역사개방 시나리오	차량하차 보고
LN.1.1.1.23	승객 서비스를 위해 차량 할당 준비를 한다.	기지관제 운전관제	열차번호 할당지시	
LN.1.1.1.24	1)하선으로 운행하는 첫차에 00역 정거장 하행 승강장에서 열차운행계획에 따른 열차번호를 부여한다. 2)상선으로 서비스하는 첫차에 00역 정거장 상행 승강장에서 열차운행계획에 따른 열차번호를 부여한다.	관제설비		열차번호 할당지시
LN.1.1.1.25	영업투입 전 열차 운행안전원은 승차 후 종합관제실에 승차확인 보고한다.	운행 안전원	차량승차 보고	
LN.1.1.1.26	승객 서비스를 위해 할당된 열차운행계획에 따라 00역 정거장 방향 및 00역 정거장 방향으로 열차 운행을 실시한다.	관제설비	차량열차 번호할당	차량승차 보고
LN.1.1.1.27	할당받은 열차운행계획에 따라 해당 차량은 무인자동 운행을 실시한다.	차상신호 장치 (VOBC)		차량열차 번호할당

*

본선 정상 운영시나리오	역사 개방	분류번호	LN1-2
		위 치	본 선
		개정일자	
		개정번호	Rev.

1. 목적

본 시나리오는 아침에 역사를 개방하거나, 일시적으로 폐쇄한 역사를 다시 개방하는 절차를 포함한다.

2. 시스템 조건

종합관제실의 명령에 따라 승객서비스 시작과 종료를 위해 고객안전원은 역사를 개방 및 폐쇄한다.

3. 시나리오

번호	주요내용 설명	수행 주체	수행내용	
			출력	입력
LN.1.2.1	일일 운행이 시작된다. 정거장은 승객 서비스를 시작할 만큼 깨끗하며, 선로는 열차운행 서비스가 가능한 상태이다.			
LN.1.2.1.1	고객안전원에게 승객 서비스를 위해 역사 개방을 준비하도록 지시한다.	역무관제	역사개방 명령	
LN.1.2.1.2	적절한 열쇠로 주 출입문을 통해 역사에 들어간 후 출입문을 닫는다. 승강장에서 대합실까지의 역사 상태를 점검하고 역사 장치를 동작시켜 승객 서비스 준비에 착수한다.	고객/운행 안전원		역사개방 명령
LN.1.2.1.3	콘솔을 통해 자동제어기기 정상동작 등 기계설비의 상태를 확인한다.	기계관제		
LN.1.2.1.4	문제가 없는 경우 역무관제에게 보고 한 후, 승객용 역사 출입문을 개방한다.	고객 안전원	역사개방 완료보고	
LN.1.2.1.5	역무관제는 고객안전원으로부터의 보고를 접수하고, 기계관제는 역사 장비감시모니터를 통해 역사기계를 감시한다	기계관제 역무관제		역사개방 완료보고
LN.1.2.1.6	사전 프로그램 된 PAS와 PIS를 반복하여 실행한다.	역무관제	승객서비스 알림지시/ 지상 및 역사 PAS/PIS 실행	
LN.1.2.1.7	정상업무를 시작한다.	고객 안전원		승객서비스 알림지시/ 지상 및 역사 PAS/PIS 실행

* LN1-3 본선 차량투입

정상 운영시나리오	본선 차량투입	분류번호	LN1-3
		위 치	본 선
		개정일자	
		개정번호	Rev.

1. 목적

열차운행계획에 따라 차량기지 유치선으로부터 시발역 정거장 하선 승강장까지 승객 서비스를 위해 차량을 투입하는 절차를 서술한다.

2. 시스템 조건

차량의 이동은 UTO모드를 사용한다. 기지관제는 차량을 차량기지 유치선에서 시발역 정거장으로 이동시킨다. ATS(관제장치)는 시발역 정거장에 도착한 차량에 열차운행계획(스케줄)에 따른 열차번호를 부여한다. 열차의 경우 정적/동적 시험 완료 후 정거장에서 출발 대기한다.

3. 시나리오

번호	주요내용 설명	수행 주체	수행내용	
			출력	입력
LN.1.3.1	일일 운행을 위한 준비가 완료된다. 기지관제에 의해 차량이 유치선에서 시발역 정거장으로 보내진다.(정적/동적시험포함)			
LN.1.3.1.1	본선 운행 준비가 완료된 차량이 시발역 정거장에 대기하고 있음을 운전관제에게 알린다.	기지관제		
LN.1.3.1.2	운행안전원은 대기 중인 열차에 도착하여 휴대용 무전기를 사용하여 종합관제실에 승차요청 후 승차한다.	운행 안전원	차량탑승 보고	
LN.1.3.1.3	본선 운행 준비가 완료된 차량이 열차운행계획에 따라 정상적으로 승객서비스(자동 진로설정, 출입문 개폐, 정시출발 등)의 수행이 가능한지 확인한다.	운전관제	차량상황 통보	차량탑승 보고
LN.1.3.1.4	열차운행계획에 따라 시발역 정거장에 있는 차량을 선택한 후 열차번호를 부여한다.	관제설비	차량 열차번호 할당	차량상황 통보

번호	주요내용 설명	수행 주체	수행내용	
			출력	입력
LN.1.3.1.5	승객서비스를 위해 할당된 열차운행계획에 따라 승객을 탑승 및 열차출입문 닫힘을 확인하고 시발역 정거장 방향으로 무인자동열차운행(UTO)을 실시한다.	차상신호 장치 (VOBC)		차량 열차번호 할당

* LN2-1 승객서비스 종료

정상 운영시나리오	승객서비스 종료	분류번호	LN2-1
		위 치	본 선
		개정일자	
		개정번호	Rev.

1. 목적

본 시나리오는 일일 서비스가 종료 되었을 때의 절차를 설명한다.

2. 시스템 조건

차량의 이동은 UTO모드를 사용한다.

3. 시나리오

번호	주요내용 설명	수행 주체	수행내용	
			출력	입력
LN.2.1.1	일일 서비스는 25시에 종료된다.			
LN.2.1.1.1	각 정거장에 있는 고객안전원은 해당역사의 마지막 차량이 출발했음을 역무관제에 보고한다.	고객 안전원	차량운행 종료보고	
LN.2.1.1.2	고객안전원에게 보고를 받은 후 모든 승객의 하차 여부 확인 및 해당역사에 서비스를 종료할 것을 지시한다.	역무관제	승객서비스 종료지시	차량운행 종료보고
LN.2.1.1.3	역무관제의 지시대로 해당역사의 승객서비스를 종료한다.	고객 안전원	LN2-2 역사의 폐쇄 시나리오	승객서비스 종료지시

* LN2-2 역사의 폐쇄

정상 운영시나리오	역사의 폐쇄	분류번호	LN2-2
		위 치	본 선
		개정일자	
		개정번호	Rev.

1. 목적

본 시나리오는 일일 서비스가 종료 되었을 때의 역사폐쇄 절차를 설명한다.

2. 시스템 조건

차량의 이동은 UTO모드를 사용한다.

3. 시나리오

번호	주요내용 설명	수행 주체	수행내용	
			출력	입력
LN.2.2.1	역무관제 지시로 해당역사를 폐쇄한다.		역사폐쇄 지시	
LN.2.2.1.1	외부승객의 역사 접근을 막기 위해 서비스 종료 방송을 시행하고 역사 출입문을 폐쇄한다.	고객 안전원		역사폐쇄 지시
LN.2.2.1.2	남아있는 승객이 있는지 정거장구내를 순회한다. 동작 중인 역사 장치의 정지 및 역사 폐쇄 후 역무관제에 보고한다.	고객 안전원	역사폐쇄 완료보고	
LN.2.2.1.3	고객안전원으로부터 서비스 종료보고를 받고, 최종적으로 운영중인 모든 서비스를 종료한다.	종합 관제실		역사폐쇄 완료보고

정상 운영시나리오	서비스종료 후 차량의 철수	분류번호	LN2-3
		위 치	본 선
		개정일자	
		개정번호	Rev.

1. 목적

영업서비스 종료 후 차량기지로 차량을 입고시키는 절차를 설명한다.

2. 시스템 조건

차량의 이동은 UTO모드를 사용한다. ATS는 열차운행계획에 따라 차량을 종착역 정거장까지 이동시킨다.

3. 시나리오

번호	주요내용 설명	수행 주체	수행내용	
			출력	입력
LN.2.3.1	열차운행계획에 따라 서비스 종료 예정인 차량이 종착역에 도착한다.			
LN.2.3.1.1	종착역 승강장에서 차량이 정차하고 차량 출입문을 연다.	차상신호 장치 (VOBC)	차량 출입문 개방	
LN.2.3.1.2	차량출입문이 열린 후 열차번호를 제거한다.	관제설비		차량 출입문 개방
LN.2.3.1.3	운행안전원은 종착역에서 차량 내에 남아있는 승객들에게 하차할 것을 요청하고 하차완료 확인 후 운전관제에 보고 후 하차한다.	고객/운행 안전원	차량운행 종료보고	차량 출입문 개방완료
LN.2.3.1.4	운행안전원/고객안전원에게 보고받은 후 기지관제에게 알린다.	운전관제	DN5-2 유치선의 차량유치	차량운행 종료보고
LN.2.3.1.5	종착역에서 운행을 종료한 차량은 종착역 도착점검대, 차량기지 검수선, 유치선 또는 정거장 주박 유치선으로 이동한다.	운전관제 기지관제		DN5-2 유치선의 차량유치

＊ LN4-2 경미한 지연의 회복

정상 운영시나리오	속도(임시) 제한	분류번호	LN4-1
		위 치	본 선
		개정일자	
		개정번호	Rev.

1. 목적

정상운영 중 발생하는 일시적인 유지보수, 시험 또는 안전문제의 이유로 본선의 특정 구간에 대해 속도제한 설정 및 취소를 하는 절차를 설명한다. 속도제한은 종합관제실에서 운전관제에 의하여 원격으로 설정 및 취소할 수 있다.

2. 시스템 조건

속도제한 구역(블록) 내의 차량은 설정된 제한 속도를 유지한다. 차량은 속도제한 구역(블록)에 진입 전 설정된 제한속도 이하로 자동 감속한다. 운전관제는 관제시스템을 통해 블록 단위로 본선구간에 속도제한을 실행할 수 있다. 정상운영을 위한 ATO최고속도는 77km/h이다. 열차가 지나간 후 달려오는 열차 확인 후 임시속도 제한 구역을 설정한다.

3. 시나리오

번호	주요내용 설명	수행 주체	수행내용	
			출력	입력
LN.4.1.1	해당 상황 발생으로 운전관제는 본선 특정구역에 임시 속도 제한구역을 설정 할 필요가 있다.			
LN.4.1.1.1	임시속도 제한구역 설정허가를 관제부장에게 요청한다.	운전관제		
LN.4.1.1.2	임시속도 제한구역 설정에 대하여 허가한다.	관제부장		
LN.4.1.1.3	해당구역에 속도제한을 설정한다.	운전관제	속도제한 명령	
LN.4.1.1.4	해당구역에 속도제한 설정을 실시한다.	신호장치 (SC)	속도제한 명령전달	속도제한 명령
LN.4.1.1.5	차량이 속도제한 구역으로 진입 중이거나 진입한 차량은 설정된 제한 속도 이하로 운행한다.	차상신호 장치 (VOBC)	속도제한 결과표시	속도제한 명령전달
LN.4.1.1.6	상황 해제시 임시속도 제한구역 설정해제 허가를 관제부장에게 요청한다.	운전관제		속도제한 결과표시
LN.4.1.1.7	임시속도 제한구역 설정 해제에 대하여 허가한다.	관제부장		
LN.4.1.1.8	해당구역에 속도제한을 해제한다.	운전관제	속도제한 해제명령	
LN.4.1.1.9	해당구역에 속도제한 해제를 실시한다.	신호장치 (SC)	속도제한 해제명령 전달	속도제한 해제명령
LN.4.1.1.10	지정된 제한 속도를 해제하고 차량운행계획에 따른 운행속도로 복귀한다.	차상신호 장치 (VOBC)		속도제한 해제명령 전달

정상 운영시나리오	경미한 지연의 회복	분류번호	LN4-2
		위 치	본 선
		개정일자	
		개정번호	Rev.

1. 목적

열차운행계획 대비 경미한 지연이 발생한 경우에 지연을 만회하는 절차를 설명한다.

경미한 지연이 발생할 경우 크게 세 가지 방법으로 지연을 만회한다.

- 회복운전모드
- 정거장정차 시간 축소
- 회차 방법 변경(전·후방, 대기시간)

2. 시스템 조건

열차운행계획을 회복하기 위해 필요한 성능을 제공한다. ATS에서는 회복운전모드, 정거장정차 시간 조정, 회차방법 조정 기능을 제공한다. 열차번호 변경시 회복운전모드는 해제된다. 정해진 지연시간에 의해 회복운전모드로 변경된다.

3. 시나리오

번호	주요내용 설명	수행 주체	수행내용	
			출력	입력
LN.4.2.1	A 정거장에 도착한 차량에 경미한 지연이 발생되었다.			
LN.4.2.1.1	경미한 지연을 만회하기 위해 해당차량의 회복운전모드로 설정한다.	운전관제	회복운전 모드 지시 (1차)	
LN.4.2.1.2	회복운전모드를 지연이 발생한 차량에 설정하고, B정거장으로 출발시킨다.	관제설비	회복운전 모드 실시 (1차)	회복운전 모드 지시 (1차)
LN.4.2.1.3	회복운전모드 조건에서 B정거장에 도착한다.	차상신호 장치 (VOBC)	차량도착 정보(B역)	회복운전 모드 실시 (1차)
LN.4.2.1.4	열차운행계획 대비 지연 회복이 확인되면 회복운전모드를 해제하고 정상운전모드로 복귀시킨다.	운전관제		차량도착 정보(B역)
LN.4.2.2	회복운전모드로도 지연 회복이 미흡한 상황이 발생하였다.(현재위치: B 정거장)			

<table>
<tr><th rowspan="2">번호</th><th rowspan="2">주요내용 설명</th><th rowspan="2">수행
주체</th><th colspan="2">수행내용</th></tr>
<tr><th>출력</th><th>입력</th></tr>
<tr><td>LN.4.2.2.1</td><td>경미한 지연을 만회하기 위해 해당차량의 회복운전모드 및 정거장 정차시간조정 명령을 설정한다.</td><td>운전관제</td><td>회복운전
모드 지시
(2차)
및 정거장
정차시간
조정</td><td></td></tr>
<tr><td>LN.4.2.2.2</td><td>회복운전모드 및 정거장정차시간 조정을 지연이 발생한 차량 및 C정거장에 설정하고, B정거장에서 출발시킨다.</td><td>관제설비</td><td>회복운전
모드(2차)
및 정거장
정차시간
조정실시</td><td>회복운전
모드 지시
(2차)
및 정거장
정차시간
조정</td></tr>
<tr><td>LN.4.2.2.3</td><td>회복운전모드에 따라 C정거장에 도착한다.</td><td>차상신호
장치
(VOBC)</td><td>차량도착
정보(C역)</td><td>회복운전
모드(2차)
및 정거장
정차시간
조정실시</td></tr>
<tr><td>LN.4.2.2.4</td><td>열차운행계획 대비 지연 회복 확인시 회복운전모드를 해제하고 정상운전모드로 복귀시킨다.</td><td>운전관제</td><td></td><td>차량도착
정보(C역)</td></tr>
<tr><td>LN.4.2.2.5</td><td>지연 회복이 확인되면 정거장정차시간 조정 해제를 설정한다.</td><td>관제설비</td><td>정거장
정차시간
복귀 명령</td><td></td></tr>
<tr><td>LN.4.2.2.6</td><td>정거장 정차시간을 원상복귀한다.</td><td>관제설비</td><td></td><td>정거장
정차시간
복귀 명령</td></tr>
<tr><td>LN.4.2.3</td><td>회복운전모드 및 정거장정차시간 조정으로도 지연 회복이 미흡한 상황이 발생하였다.(현재위치: C 정거장)</td><td></td><td></td><td></td></tr>
<tr><td>LN.4.2.3.1</td><td>경미한 지연을 만회하기 위해 종착역까지 해당차량의 회복운전모드 및 정거장 정차시간조정 명령을 설정한다.</td><td>운전관제</td><td>회복운전
모드 지시
(3차)
및 정거장
정차시간
조정(2차)</td><td></td></tr>
</table>

번호	주요내용 설명	수행 주체	수행내용	
			출력	입력
LN.4.2.3.2	회복운전모드 및 정거장정차시간 조정을 지연이 발생한 차량 및 D, E정거장에 설정하고, D역으로 출발시킨다.	관제설비	- “ -	
LN.4.2.3.3	회복운전모드에 따라 D정거장을 거쳐 E정거장에 도착한다.	차상신호장치(VOBC)	차량도착정보(E역)	
LN.4.2.3.4	종착역(F) 이전정거장(E)에서 후방회차를 전방회차로 변경명령을 설정한다.	운전관제	전방회차지시	차량도착정보(E역)
LN.4.2.3.5	회복운전모드 및 정거장 정차시간조정이 적용된 차량을 F정거장 전방 선로전환기를 통하여 회차하도록 설정하고 E정거장에서 출발시킨다.	관제설비	전방회차실시	전방회차지시
LN.4.2.3.6	차량은 회복운전모드로 F정거장 전방 선로전환기를 거쳐 F정거장 하선 승강장에 도착한다.	차상신호장치(VOBC)	차량도착정보(F역)	전방회차실시
LN.4.2.3.7	F정거장에 도착한 차량에 새로운 열차번호를 부여한다.	관제설비		차량도착정보(F역)

2. 차량기지 정상 운영시나리오

가) 시나리오 DN1 트랜스 존 운행

* DN1-1 검수고로 차량 입고

정상 운영시나리오	검수고로 차량입고	분류번호	DN1-1
		위 치	본 선
		개정일자	
		개정번호	Rev.

1. 목적

차량검수를 위해 트랜스존에서 검수고로 차량 입고를 하는 절차를 설명한다.

2. 시스템 조건

트랜스존 내 차량이동은 견인차를 통해 이루어진다. 공기청소선의 차량 이동은 차량이송장치를 통해 이루어진다. 검수고로 진입하기 전에 차량은 UTO모드로 트랜스존 내 정위치 정차위치(P0)에 정지한다.

3. 시나리오

번호	주요내용 설명	수행 주체	수행내용	
			출력	입력
DN.1.1.1	차량이 00역 정거장에서 검수고로 이동이 필요하다. 트랜스존 전력구간은 상시 가압 중이다.			
DN.1.1.1.1	차량사무소 직원에 연락하여 트랜스존으로 차량을 이동할 준비가 되어 있음을 알린다.	기지관제	검수고 입고준비 지시	
DN.1.1.1.2	해당 차량을 검수고에 입고할 준비 후 기지관제에게 보고한다.	차량 사무소 조직(기지)	검수고 입고준비 완료보고	검수고 입고준비 지시
DN.1.1.1.3	진로를 트랜스존 정위치 정차위치 P0로 설정한다.	기지관제	P0 이동 지시	검수고 입고준비 완료보고
DN.1.1.1.4	설정된 진로에 따라 트랜스존 P0에 도착한다.	차상신호 장치 (VOBC)	P0도착 표시	P0 이동 지시

번호	주요내용 설명	수행 주체	수행내용	
			출력	입력
DN.1.1.1.5	차량사무소 조직이 차량에 탑승하도록 지시한다.	기지관제	차량 탑승지시	P0 도착표시
DN.1.1.1.6	차량사무소 직원은 승강대를 통해 차량에 탑승한 후 비상운전대를 개방하여 차량전원을 차단한다.	차량 사무소 조직(기지)		차량 탑승지시
DN.1.1.1.7	차량 전원이 차단되었음을 보고한다.	차량 사무소 조직(기지)	차량 전원차단 완료보고	
DN.1.1.1.8	트랜스존 단전 확인 후, 결과를 통보한다.	기지관제	트랜스존 단전 통보	차량 전원차단 완료보고
DN.1.1.1.9	단전 확인 후, 기지관제에 견인차가 트랜스존에 진입준비가 완료됨을 보고한다.	차량 사무소 조직(기지)	견인차 진입준비 완료보고	트랜스존 단전 통보
DN.1.1.1.10	트랜스존에 진입을 허가한다.	기지관제	견인차 진입 허가	견인차 진입준비 완료보고
DN.1.1.1.11	제동 완해 확인 후, 견인차를 이용하여 해당 차량을 검수고로 입고한 후 기지관제에 보고한다.	차량 사무소 조직(기지)		견인차 진입 허가

＊ DN1-2 검수고에서 차량 출고

정상 운영시나리오	검수고에서 차량출고	분류번호	DN1-2
		위 치	차량기지
		개정일자	
		개정번호	Rev.

1. 목적

본 시나리오는 차량검수를 마친 차량을 트랜스존으로 출고를 하는 절차를 설명한다.

2. 시스템 조건

트랜스존 내 차량출고는 견인차를 통해 이루어진다. 차량사무소 직원의 트랜스존 출입은 안전펜스에 있는 출입문을 통한다. 공기청소선의 차량 이동은 차량이송장치를 통해 이루어진다. 트랜스존 P0에 도착한 차량은 비상 운전모드(EM)에서 완전 자동운전모드(UTO) 변경시 관제에서 원격제어가 가능하다. 차상신호장치(VOBC)는 검수고 출고 전 정상가동 상태이다.

3. 시나리오

번호	주요내용 설명	수행 주체	수행내용	
			출력	입력
DN.1.2.1	검수고내에서 유지보수가 완료되어 영업운전으로 복귀할 준비가 되었다. 차량사무소 직원은 차량에 탑승한다. 트랜스존 전력구간은 가압중이다.			
DN.1.2.1.1	유지보수가 완료된 차량을 트랜스존으로 이동할 준비가 되었음을 기지관제에 알린다.	차량 사무소 조직(기지)	차량출고 준비완료 보고	
DN.1.2.1.2	기지관제는 트랜스존의 상황 및 단전 확인 후 차량사무소 조직에 통보한다.	기지관제	트랜스존 상황 및 단전 결과 통보	차량출고 준비완료 보고
DN.1.2.1.3	기지관제에 견인차가 트랜스존에 진입함을 통보한다.	차량 사무소 조직(기지)	트랜스존 진입허가 요청	트랜스존 상황 및 단전 결과 통보
DN.1.2.1.4	견인차의 트랜스존 진입을 허가한다.	기지관제	트랜스존 진입허가 통보	트랜스존 진입허가 요청
DN.1.2.1.5	견인차를 이용하여 해당 차량을 트랜스존 P0에 위치시킨 후, 견인차는 안전펜스 외곽으로 철수하고, 기지관제에 통보한다.	차량 사무소 조직(기지)	트랜스존 철수완료 보고	트랜스존 진입허가 통보
DN.1.2.1.6	현장상황 및 가압 확인 후 차량사무소 직원에게 차량 기동과 운전모드 변경을 지시한다.	기지관제	차량기동 및 운전모드 변경지시	트랜스존 철수완료 보고
DN.1.2.1.7	차량사무소 직원은 비상운전대를 조작하여 차량을 기동시키고 운전모드를 비상 운전모드(EM)에서 완전 자동 운전모드(UTO)로 전환 후 기지관제에 통보한다.	차량 사무소 조직(기지)	차량기동 및 운전모드 변경완료 보고	차량기동 및 운전모드 변경지시

번호	주요내용 설명	수행 주체	수행내용	
			출력	입력
DN.1.2.1.8	해당차량의 원격상태 확인 후 차량사무소 직원에 하차를 지시하고, 차량의 출입문을 개방한다.	기지관제	차량하차 지시	차량기동 및 운전모드 변경완료 보고
DN.1.2.1.9	차량사무소 직원은 해당차량에서 승강대를 통해 하차한다.	차량 사무소 조직(기지)	차량하차	차량하차 지시
DN.1.2.1.10	관제사는 해당차량의 출입문을 닫고, 원하는 지역으로 이동을 제어한다.	기지관제	차량이동 지시	차량하차
DN.1.2.1.11	해당차량은 지정된 지역으로 이동한다.	차상신호 장치 (VOBC)	시험선 이동/유치선 이동	차량이동 지시

나) 시나리오 DN3 세척고 운영

*

정상 운영시나리오	차체 세척고 운영	분류번호	DN3-1
		위 치	차량기지
		개정일자	
		개정번호	Rev.

1. 목적

본 시나리오는 차량의 외부세척을 위해 세척고를 통과하는 절차를 설명한다. 세척대상 차량은 유지보수 계획 내 세척주기에 따라 기지관제의 판단 하에 이루어진다.

2. 시스템 조건

차량 편성 식별 검지장치 태그가 부착되어야 한다.(예. RFID TAG가 차량에 부착되어야 한다.) 세척고 구간은 회차차량 15km/h, 입고 차량(세척차량) 5km/h로 속도설정을 한다. 단, 기지관제의 판단 하에 세척고구간의 임시속도는 변경가능하다. 세척 스케줄 프로그램에서 편성번호 등을 차량관리장실 PC에 수동으로 입력(검수고)하여야 한다. 세척대상 차량이 세척고를 통과할 경우, 속도는 최대 5km/h이내로 운행하여야 한다.

3. 시나리오

번호	주요내용 설명	수행 주체	수행내용	
			출력	입력
DN.3.1.1	세척이 필요 없을 경우			
DN.3.1.1.1	도착검사대에 있는 차량은 세척이 필요 없다고 판단된다.	기지관제	세척 불필요	
DN.3.1.1.2	기지관제는 트랜스존의 상황 및 단전 확인 후 차량사무소 조직에 통보한다.	차상신호 장치 (VOBC)		세척 불필요
DN.3.1.2	세척이 필요한 경우			
DN.3.1.2.1	도착검사대에 있는 차량은 세척이 필요하다고 판단된다.	기지관제	세척 불필요	
DN.3.1.2.2	세척이 필요한 차량이 종착역 승강장에 진입하면 RFID 검지기가 인식하여 해당 차량이 세척 차량임을 확인한다.	세척기 설비		세척 불필요
DN.3.1.2.3	세척 대상 차량이 종착역 정거장 승강장에서 출발시 진입센서가 차량을 감지하고 세척고의 장비들을 가동시킨다.	세척기 설비	차량출발	
DN.3.1.2.4	차량이 최대 5km/h 이내의 속도로 세척고를 통과하면서 목표 지점까지 간다.	차상신호 장치 (VOBC)		차량출발
DN.3.1.2.5	CCTV로 세척 과정을 모니터링한다.	기지관제		차량출발
DN.3.1.2.6	차량이 세척고 밖으로 벗어나고 이를 진출센서가 감지하면 세척 및 건조 장비의 작동을 자동으로 정지한다.	세척기 설비		

다) 시나리오 DN5 – 유치선 운영

＊ DN5-1 유치선의 차량 기동

정상 운영시나리오	유치선의 차량기동	분류번호	DN5-1
		위 치	차량기지
		개정일자	
		개정번호	Rev.

1. 목적

본 시나리오는 차량기지 및 00역 정거장 유치선에 대기 중(Stand-by, Sleep Mode)인 차량을 기동(Wake-Up) 시키는 절차에 대하여 설명한다.

2. 시스템 조건

유치선내 기동예정차량이 위치한 전차선로는 가압 중이고 차량 VOBC는 관제신호 명령 대기 중이며 서브시스템 주기능은 다음과 같다.

기동(Wake-Up) 대상차량은 관제 제어신호에 따라 대기모드 해제를 한다.

차상 중앙제어장치, 조명, 난방 및 환기장치를 정상 작동 시킨다.

3. 시나리오

번호	주요내용 설명	수행 주체	수행내용	
			출력	입력
DN.5.1.1	ATS 운영자 콘솔을 통해 유치선에 주박 중(Stand-by)인 차량에 기동(Wake-up) 명령신호를 전송한다.	기지관제	차량기동 신호전송	
DN.5.1.1.1	일일 열차운행계획에 따라 승객 서비스에 투입할 차량을 선택하여 기동시킨다.	기지관제	차량기동	차량기동 신호전송
DN.5.1.1.2	ATS에서 전송받은 차량기동 명령을 VOBC에 전송한다.	신호장치 (SC)	차량기동	차량기동 지시
DN.5.1.1.3	차량 장비를 기동시킨 후 차상 장비 등에 대해 정적시험(Static-Test)을 자동으로 개시하고 시험결과를 ATS로 전송한다.	차상신호 장치 (VOBC)	LN 1-1 일반시스템 시작	차량기동

* DN5-2 유치선의 차량 유치

정상 운영시나리오	유치선의 차량 유치	분류번호	DN5-2
		위 치	차량기지
		개정일자	
		개정번호	Rev.

1. 목적

본 시나리오는 운행이 종료된 차량에 대해 기지관제가 차량을 유치선에 유치시키는 과정을 설명한다.

2. 시스템 조건

차상 중앙제어장치, 조명, 난방 및 환기장치는 대기(stand-by) 모드 동안 작동을 멈춘다. 차량의 Stand-by 상태에서는 ATS에 차량 및 VOBC 모니터링 상태정보를 배터리 전원의 최소전력으로 위치정보 등을 전송한다.

3. 시나리오

번호	주요내용 설명	수행 주체	수행내용	
			출력	입력
DN.5.2.1	기지관제는 운행이 종료된 차량을 유치선에 유치하고자한다.(“LN-2-3 서비스종료 후 차량 철수” 참조)			
DN.5.2.1.1	운행이 종료된 차량을 종착역 정거장에서 원하는 유치장소로 이동 명령을 지시한다.	기지관제	유치선 이동명령	
DN.5.2.1.2	ATS에서 전송받은 차량출발 명령을 VOBC에 전송한다.	신호장치 (SC)	차량출발	유치선 이동명령
DN.5.2.1.3	차량은 종착역 정거장에서 출발하여 PL지상자 통과 시 5km/h이하의 속도로 이동한다.	차상신호 장치 (VOBC)		차량출발
DN.5.2.1.4	PL지점 통과 후 지정된 유치선 P0까지 이동하여 정차 및 주차제동을 체결한다.	차상신호 장치 (VOBC)	차량상황 통보	
DN.5.2.1.5	지정된 유치선P0에 도착한 차량에 Stand- by모드 명령을 지시한다.	기지관제	Stand-by 모드지시	차량상황 통보
DN.5.2.1.6	ATS에게서 전송받은 Stand-by모드 명령을 VOBC에 전송한다.	신호장치 (SC)	Stand-by 명령전송	Stand-by 모드지시

번호	주요내용 설명	수행 주체	수행내용	
			출력	입력
DN.5.2.1.7	VOBC는 차량을 기동을 정지하고 Stand- by모드로 전환 및 대기한다.	차상신호 장치 (VOBC)		Stand-by 명령전송

3. 성능저하 운영시나리오

성능저하 운행은 정상운영 상태를 벗어나 성능이 감소된 운행을 의미한다. 성능저하 운행은 혼잡 및 지연과 같은 운영상 바람직하지 않은 결과의 발생을 최소화하기 위해 적용한다.

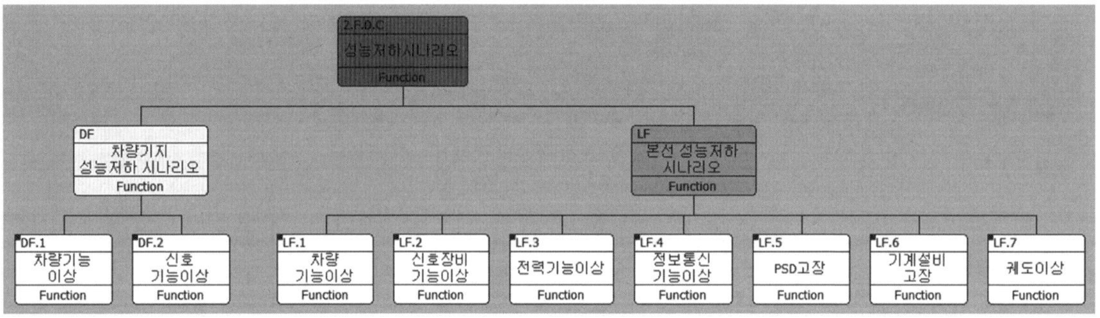

- 시스템의 성능저하 운행에 이르는 주요 조건은 다음과 같다
  - 고장으로 인한 제한된 일정 시간 동안 차량 임시 정차
  - 규제로 인한 제한된 일정 기간 동안 차량 임시 정차
  - 사고가 발생한(영향을 받은) 역사를 통과하는 무정차 운행
  - 제한 속도 운행, 구간 양방향 운행, 단거리 회차 운행

1) 본선 성능저하 운영시나리오

가) 시나리오 LF1 차량 기능이상

성능저하 운영시나리오	기 교체 회송(Change Over)	분류번호	LF1-1
		위 치	본 선
		개정일자	
		개정번호	Rev.

1. 목적

본 시나리오는 고장 난 차량이 열차운행계획에 따라 종착역까지 운행 후 차량기지로 회송하는 절차이다. (단, 발생한 고장은 승객서비스에 영향을 미치지 않음)

2. 시스템 조건

정상운영에 지장을 주지 않은 미미한 고장의 발생이므로 운행안전원은 기지입고 시까지 비상상황을 대비하여 탑승하고, 실제 고장원인 점검 및 조치는 기지 입고 후 수행한다.

3. 시나리오

번호	주요내용 설명	수행 주체	수행내용	
			출력	입력
LF.1.1.1	열차 운행 중 임의의 고장정보가 현시된다. 단, 승객서비스에는 지장을 주지 않는 고장이다.	차량 시스템	경고장 정보발생	
LF.1.1.1.1	고장차량의 고장상태를 파악하고 해당차량의 고장복구를 위하여 원격조치를 수행한다.	운전관제	원격조치 수행명령	경고장 정보발생
LF.1.1.1.2	원격조치 이후에도 고장상황이 해소되지 않아 승차 중인 운행안전원에게 점검을 지시한다.	운전관제	점검지시	원격조치 수행명령
LF.1.1.1.3	운행안전원은 객실 전두부 비상운전대를 개방 후 TCMS 고장내역 확인 및 고장원인을 파악 후 운전관제에 보고한다.	운행 안전원	점검보고	점검지시
LF.1.1.1.4	고장내역 및 원인에 대한 검토 후 고장조치 및 정상운행 지속 가능여부를 확인토록 지시한다.	운전관제	확인지시	점검보고
LF.1.1.1.5	종착역 이전 정거장까지 지속적인 고장복구를 시도하나 복귀되지 않아 승객 서비스에 영향을 주거나, 중고장으로 전이 될 우려가 있음을 종합관제에 보고한다.	운행 안전원	확인보고	확인지시

번호	주요내용 설명	수행 주체	수행내용	
			출력	입력
LF.1.1.1.6	종착역 이전 정거장에 도착했음에도 고장이 해소되지 않아 관제부장에게 차량기지로 입고여부를 승인 요청한다.	운전관제	입고 승인요청	확인보고
LF.1.1.1.7	차량기지 입고를 승인한다.	관제부장	입고승인 통보	입고 승인요청
LF.1.1.1.8	해당차량이 기지입고 차량임을 운행안전원에게 통보한다.	운전관제	기지입고 알림	입고승인 통보
LF.1.1.1.9	차내 방송을 통하여 승객들에게 종착역에 대한 안내방송을 실시한다.	운전관제		
LF.1.1.1.10	운행안전원은 방송에 따라 승객들을 안전하게 차량에서 하차하도록 유도하고 모든 승객이 하차 후 운전관제에 보고한다.	운행 안전원	승객하차 완료보고	기지입고 알림
LF.1.1.1.11	고객안전원은 승강장에 하차한 승객의 안전관리 및 기교체 출발차량 이용 등에 대한 안내 서비스를 시행한다.	고객 안전원		
LF.1.1.1.12	고장차량을 차량기지로 입고토록 기지관제에 통보한다.	운전관제	DN2-1 도착검사대 운영	승객하차 완료보고
LF.1.1.1.13	기지관제는 예비차량의 대기상태 및 정· 동적시험 등 운행준비를 확인하고 고장차량 회송입고 시 본선 정상운행에 교체 투입한다.	기지관제	예비차량 대기 및 회송 입고 지시	
LF.1.1.1.14	유지보수자는 기지관제의 지시에 따라 회송하는 고장차량의 고장내역을 확인하고 도착예정 검수선에 대기한다.	유지 보수자		예비차량 대기 및 회송 입고 지시

* LF1-3 정위치 정차 실패 시

성능저하 운영시나리오	정위치 정차 실패 시	분류번호	LF1-3
		위 치	본 선
		개정일자	
		개정번호	Rev.

1. 목적

본 시나리오는 본선에서 계획된 차량운행 중에 정위치 정차 실패로 인한 승객서비스에 영향을 주는 상황을 설명한 절차이다.

2. 시스템 조건

차상신호장치는 열차의 자동운전 제어를 위해 SC 장치와 정보를 송/수신한다.

열차의 정위치 정차 제어를 위해 P1, P2, P3 지상자의 지점정보를 수신하여 각 지점별 설정에 맞는 제어를 실시하고 P0지상자를 기준으로 정차를 한다.

3. 시나리오

번호	주요내용 설명	수행 주체	수행내용	
			출력	입력
LF.1.3.1	열차가 승강장 도착 시 ±650mm의 자동 도어개폐 범위를 벗어나 미주 또는 과주 정차하여 출입문 개방이 불가능하다.	차량 시스템	정위치 정차 실패경보 발생	
LF.1.3.1.1	정위치 정차 실패 및 출입문 개방 불가능을 관제설비에 전송한다.	차상신호 장치 (VOBC)	정위치 정차 실패전송	정위치 정차 실패경보 발생
LF.1.3.1.2	차상신호장치(VOBC)에 열차의 정위치 정차 재정렬(인칭 제어)을 자동으로 요청한다.	관제 설비	정위치 정차 재정렬 요청	정위치 정차 실패 전송
LF.1.3.1.3	요청신호에 따라 재정렬 수행했으나, 출입문 자동개폐 범위에 정차를 실패한다.	차상신호 장치 (VOBC)		정위치 정차 재정렬 요청
LF.1.3.1.4	열차는 실패한 위치 그대로 대기하고, 운전관제에 재정렬 실패 신호 전송된다.	차상신호 장치 (VOBC)	재정렬 실패전송	
LF.1.3.1.5	운전관제의 판단에 따라 운행안전원에 수동 재정렬을 지시한다.	운전관제	수동 재정렬 지시	
LF.1.3.1.6	운행안전원은 비상운전대 개방 후 ATPM 모드로 수동 재정렬을 시행한 후 출입문을 개방한다.	운행 안전원	재정렬 완료보고	수동 재정렬 지시
LF.1.3.1.7	승객 승하차 완료 후 출입문을 닫은 후 UTO 모드로 전환한다.	운행 안전원	UTO모드 전환보고	재정렬 완료보고

번호	주요내용 설명	수행 주체	수행내용	
			출력	입력
LF.1.3.1.8	열차는 다음 정거장으로 출발하고 지연 만회에 대한 운행을 시작한다. * 다음 정거장에서 정위치 정차 실패현상(차량원인 추정) 지속 발생시 "LF1-1,1-2"에 의해 기지 입고조치 한다.	차상신호 장치 (VOBC)		UTO모드 전환보고

나) 시나리오 LF2 - 신호장비 기능이상

성능저하 운영시나리오	TCC(열차제어용 컴퓨터) 기능정지	분류번호	LF2-1
		위 치	차량기지
		개정일자	
		개정번호	Rev.

1. 목적

본 시나리오는 TCC의 기능이 정지되었을 때 복구하는 절차이다.

2. 시스템 조건

TCC는 차량운행 제어 및 자동차량감시 기능을 수행하고, MSC(운행관리용 컴퓨터)는 TCC고장 시 TCC기능을 대체 수행할 수 있다.

3. 시나리오

번호	주요내용 설명	수행 주체	수행내용	
			출력	입력
LF.2.1.1	열차운행 중 열차제어용 컴퓨터(TCC) 기능장애 경보가 발생한다.	TCC 시스템	TCC 고장경보 발생	
LF.2.1.1.1	TCC 기능장애를 운전관제가 인지한다.	운전관제	TCC 고장인지	TCC 고장경보 발생

번호	주요내용 설명	수행 주체	수행내용	
			출력	입력
LF.2.1.1.2	전 구간 이동 중인 차량들을 계획된 지점까지 운행하여 대기시킨다.	차상신호 장치 (VOBC)	열차운행 대기	TCC 고장인지
LF.2.1.1.3	차내 승객들에게 방송을 통하여 차량이 대기되고 있음을 알린다.	운전관제		열차운행 대기
LF.2.1.1.4	운전관제는 관제부장에 고장상태 현황 보고 및 TCC에서 MSC로 제어권한 이양 승인을 요청한다.	운전관제	현황보고 권한이양 승인요청	
LF.2.1.1.5	관제부장은 TCC에서 MSC로 제어권한 이양 승인 통보한다.	관제부장	제어권한 이양통보	현황보고 권한이양 승인요청
LF.2.1.1.6	MSC정상동작 확인 후 방송을 통하여 승객들에게 열차 운행 재개를 알린다.	운전관제	열차운행 재개알림	제어권한 이양통보
LF.2.1.1.7	정상운전을 재개한다.	운전관제		열차운행 재개알림
LF.2.1.1.8	기술사무소조직에게 TCC복구를 지시한다.	운전관제	TCC 복구지시	
LF.2.1.1.9	TCC복구를 시행하고 제어동작 이상없음을 시험을 통해 확인한다.	기술 사무소 조직 (본선)	TCC 복구수행	TCC 복구지시
LF.2.1.1.10	TCC복구 완료 후 운전관제에 보고한다.	기술 사무소 조직 (본선)	TCC복구 완료보고	TCC 복구수행
LF.2.1.1.11	전 구간 차량을 가까운 역사에 정차시킨다.	운전관제		TCC복구 완료보고
LF.2.1.1.12	운전관제는 관제부장에 MSC에서 TCC로 제어권한 복귀 승인을 요청한다.	운전관제	제어권한 복귀 승인요청	
LF.2.1.1.13	MSC에서 TCC로 제어권한 복귀 승인통보한다.	관제부장	제어권한 복귀 승인통보	제어권한 복귀 승인통보

번호	주요내용 설명	수행주체	수행내용	
			출력	입력
LF.2.1.1.14	TCC 정상동작 확인 후 정상운전을 재개한다.	운전관제	정상운전 재개	제어권한 복귀승인 통보
LF.2.1.1.15	유지보수자는 TCC 기기상태 정상동작 확인 및 시스템 원인분석을 시행한다.	유지 보수자	원인분석 보고	정상운전 재개
LF.2.1.1.16	TCC 기능정지 고장상황을 종료한다.	관제부장		원인분석 보고

* LF2-2 TCC(열차제어용 컴퓨터) 및 MSC(운행관리용 컴퓨터) 기능정지

성능저하 운영시나리오	TCC(열차제어용 컴퓨터) 및 MSC(운행관리용 컴퓨터) 기능정지	분류번호	LF2-2
		위 치	본 선
		개정일자	
		개정번호	Rev.

1. 목적

TCC 및 MSC의 기능이 정지되었을 때 차량운행을 Local 운영모드로 전환하는 절차이다.

2. 시스템 조건

TCC는 차량운행 제어 및 자동차량감시 기능을 수행하고 MSC는 TCC고장 시 TCC기능을 대체 수행할 수 있다. 또한 TCC 및 MSC기능 정지 시 LCC는 해당 기능을 대체 수행할 수 있다.

3. 시나리오

번호	주요내용 설명	수행주체	수행내용	
			출력	입력
LF.2.2.1	종합관제실에 열차운행 중 TCC 및 MSC 기능장애 경보가 발생한다.	TCC/ MSC장치	TCC/MSC 고장경보	
LF.2.2.1.1	TCC 및 MSC 기능 장애를 운전관제가 인지	운전관제	TCC/MSC 고장인지	TCC/MSC 고장경보

번호	주요내용 설명	수행 주체	수행내용	
			출력	입력
LF.2.2.1.2	전 구간 이동 중인 차량들을 계획된 지점까지 운행 후 대기시킨다.	차상신호 장치 (VOBC)	열차운행 대기	TCC/MSC 고장인지
LF.2.2.1.3	차내 승객들에게 방송을 통해 차량이 대기되고 있음을 알린다.	운전관제		열차운행 대기
LF.2.2.1.4	운전관제는 관제부장에 고장상태 현황 보고 및 TCC에서 현장 LCC로 제어권한 이양 승인을 요청한다.	운전관제	현황보고 권한이양 승인요청	
LF.2.2.1.5	관제부장은 TCC에서 현장 LCC로 제어권한 이양 승인을 통보한다.	관제부장	제어권한 이양통보	현황보고 권한이양 승인요청
LF.2.2.1.6	운전관제는 TCC제어권한을 LCC에서 수동으로 전환하도록 LCC조작요원에 통보 지시한다. 기술사무소 조직에게 연락하여 TCC/MSC수리를 지시한다.	운전관제	TCC 및 MSC 복구지시	제어권한 이양통보
LF.2.2.1.7	현장에 출동하여 TCC 및 MSC 복구를 실시한다.	기술 사무소 조직(본선)	TCC 및 MSC 복구수행	TCC 및 MSC 복구지시
LF.2.2.1.8	Local 모드로 수동으로 전환 및 Local 모드 상태 확인 후, 운행재개 준비가 완료되었음을 보고한다.	LCC 조작요원	LCC가동 준비완료 보고	TCC 및 MSC 복구수행
LF.2.2.1.9	방송을 통하여 승객들에게 차량운행 재개를 알리고 LCC 모드로 운행재개를 지시한다.	운전관제	LCC모드 운행지시	LCC가동 준비완료 보고
LF.2.2.1.10	정상운전을 재개한다.	LCC 조작요원		LCC모드 운행지시
LF.2.2.1.11	TCC/MSC 복구를 완료하고 제어동작 이상 없음을 시험을 통해 확인한다. 이후 제어 권한이양 준비가 완료되었음을 운전관제에 보고한다.	기술 사무소 조직(본선)	TCC 및 MSC복구 완료보고	
LF.2.2.1.12	운전관제는 관제부장에 LCC에서 TCC로 제어권한 복귀 승인을 요청한다.	운전관제	제어권한 복귀 승인요청	TCC 및 MSC복구 완료보고

번호	주요내용 설명	수행 주체	수행내용	
			출력	입력
LF.2.2.1.13	LCC에서 TCC로 제어권한 복귀 승인을 통보한다.	관제부장	제어권한 복귀 승인통보	제어권한 복귀 승인요청
LF.2.2.1.14	전구간 차량을 가까운 역사에 정차시킨다.	운전관제		
LF.2.2.1.15	LCC에서 TCC로 제어권한을 가져온다. TCC정상동작 확인하고 전구간 열차운행을 재개한다.	운전관제	열차운행 재개	
LF.2.2.1.16	유지보수자는 TCC/MSC 기기상태 정상동작 확인 및 시스템 원인분석을 시행한다.	유지 보수자	원인분석 보고	열차운행 재개
LF.2.2.1.17	TCC/MSC 기능정지 고장상황을 종료한다.	관제부장		원인분석 보고

철도신호기술사 시험 기출문제

제38회(1992년) - 1교시(단답형 선택), 2~4교시(서술형 선택)

1. 자동폐색신호 3현시 구간의 최소운전시격을 산출하고 설명하시오.

2. 열차자동정지장치의 선택도 Q값에 대하여 설명하시오.

3. 임피던스본드의 원리와 구조 및 특성에 대하여 설명하시오.

4. 선로용량에 대하여 논하시오.

5. 건널목 경보시간 및 제어거리에 대하여 기술하시오.

6. NS형 전기선로전환기의 동작계통도를 그리고 각 기기의 기능과 역할에 대하여 논하시오.

7. 전기연동장치에서 아래 그림을 참조하여 23호 선로전환기에 대한 전철 제어계전기회로를 그리시오.

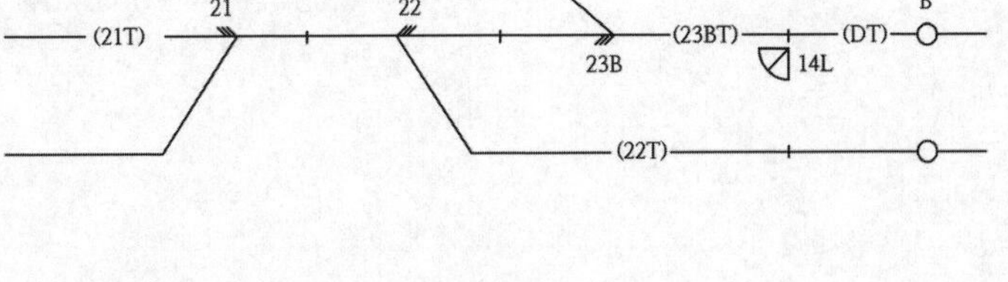

8. 열차자동정지장치 ATS-S형의 동작계통 및 신호기로부터 지상자 설치거리에 대하여 기술하시오.

9. 전기연동장치에서 아래 그림을 참조하여 진로선별회로를 그리시오.
(단, 전원은 직류 24V임)

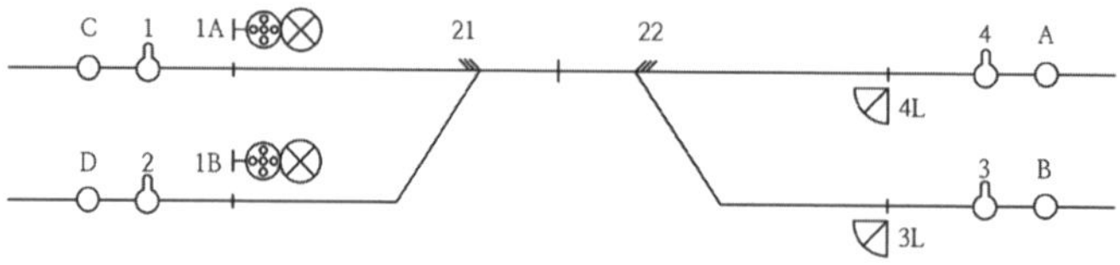

10. 정류기의 전파정류방식에 대하여 논하시오.

11. 신호설비의 안전측 동작원칙에 대하여 논하시오.

12. 건널목 지장물검지장치 레이저식에 대하여 설명하시오.

13. 전기연동장치에서 아래 그림을 참조하여 진로조사 계전기회로를 그리시오.

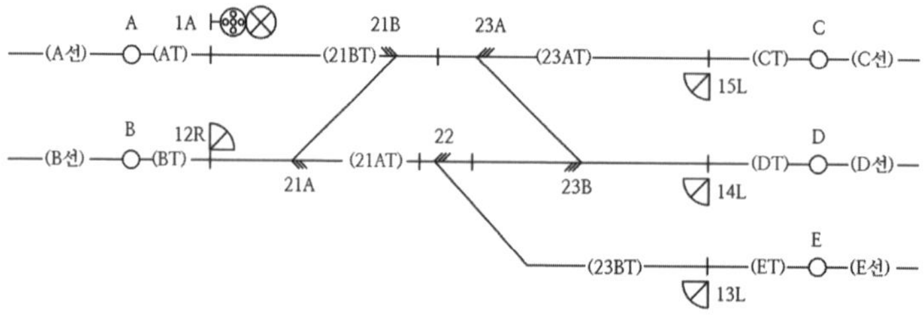

14. 궤도회로의 단락감도와 조정에 대하여 설명하시오.

15. 교류전화구간에서 전차전류가 신호설비에 미치는 영향에 대하여 기술하시오.

16. 시소계전기를 사용한 정시간경보장치에 대하여 설명하고 아래 그림을 참조하여 제어회로를 그리시오.

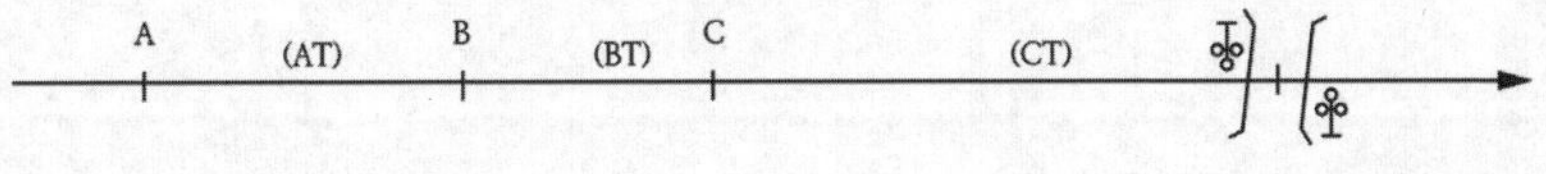

제39회(1993년) - 1교시(단답형 선택), 2~4교시(서술형 선택)

1. 전자연동장치의 장점에 대하여 논하시오.

2. 건널목제어기를 사용한 건널목의 제어회로를 그리고 동작설명을 하시오.

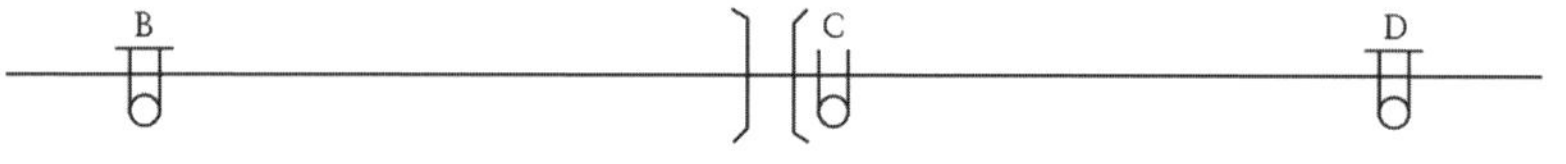

3. 조차장의 신호설비에 관하여 기술하시오.

4. 다음 그림을 참고하여 전철제어회로를 그리시오.

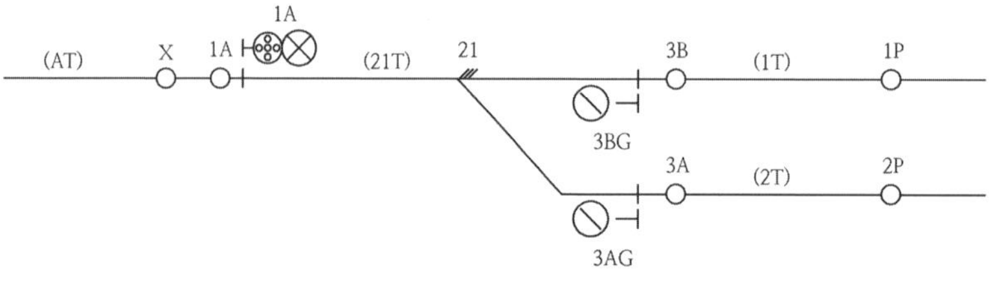

5. AF궤도회로장치의 특징 및 구성에 대하여 논하시오.

6. 정위치 정지와 자동운전장치에 관하여 논하시오.

7. 신호설비의 장해검지에 관하여 기술하시오.

8. 교류전철구간에서 신호설비에 미치는 영향을 기술하시오.

9. 연동장치의 전기쇄정법에 대하여 기술하시오.

10. 신호설비의 낙뢰 대책에 대하여 기술하시오.

[2 교시]

11. 신호설비의 신뢰성에 있어서 고장률 곡선을 설명하시오.

12. 열차집중제어장치에 대하여 기술하시오.

13. 운전시격에 대하여 기술하시오.

14. 자동폐색구간에서 신호기의 위치 선정에 대하여 기술하시오.

15. 열차자동정지장치와 열차자동제어장치를 비교하고 각 장치의 동작 계통을 설명하시오.

제41회(1994년) - 1교시(단답형 선택), 2~4교시(서술형 선택)

1. 이동폐색에 대하여 설명하고 이동폐색과 고정폐색의 운전패턴을 비교하고 논하시오.

2. 5현시 속도조사식 A.T.S의 지상자와 차상자간의 동작원리와 신호현시 단계별 변화를 기술하시오.

3. 신호설비의 전자화 추세와 안전성 확보를 위한 대응방안을 설명하시오.

4. 접근 및 보류쇄정의 의의와 설비에 대하여 설명하시오.

5. 각국의 전자연동장치 특성을 비교하고 전기연동장치의 전자화 필요성과 안전성 확보방안을 설명하시오.

6. 설계 시 고려하여야 할 신호설비의 안전원칙에 대하여 기술하시오.

7. 신호설비를 사용중지하거나 사용개시 할 경우 취해야 할 사항에 대하여 논하시오.

8. 직류 및 교류 궤도회로의 단락감도 향상법에 대하여 설명하시오.

9. 연동장치의 연동검사에 대하여 기술하시오.

10. 선로이용률을 최대한으로 높이기 위하여 최소 운전시격을 단축하는 방법에는 어떠한 것이 있는지 예를 들고 기술하시오.

11. 전철구간에서 전차선이 레일에 혼촉되거나 또는 급전선의 지락이 있는 경우 궤도회로가 받는 영향과 이에 대한 방호대책을 설명하시오.

12. DATA 전송방식에 있어서 BASEBAND 전송과 FSK방식에 대하여 기술하시오.

13. 전력선이 신호선에 미치는 유도장해 발생원인과 방지대책에 대하여 기술하시오.

14. 건널목 경보기에 대하여 조정하여야 할 사항을 기술하시오.

제42회(1994년) - 1교시(단답형 선택), 2~4교시(서술형 선택)

1. 건축한계에 대하여 설명하시오.

2. 연동장치의 쇄정과 연동의 차이점에 대하여 설명하시오.

3. 열차집중제어장치의 정보전송방식에 대하여 기술하시오.

4. 신호설비의 고장의 종류에 대하여 설명하시오.

5. 철도차량의 열차저항의 종류에 대하여 설명하시오.

6. 통신 프로토콜에 대하여 설명하시오.

7. 철도3대 안전설비에 대하여 기술하시오.

8. 단선 및 복선구간의 선로용량 산출에 대하여 설명하시오.

9. 신호설비의 Fail-Safe란 무엇인지 기술하시오.

10. 전철구간 AC와 DC 급전방식에 대하여 설명하시오.

11. A가 0과 1일 때 Y의 출력값을 나타내시오.

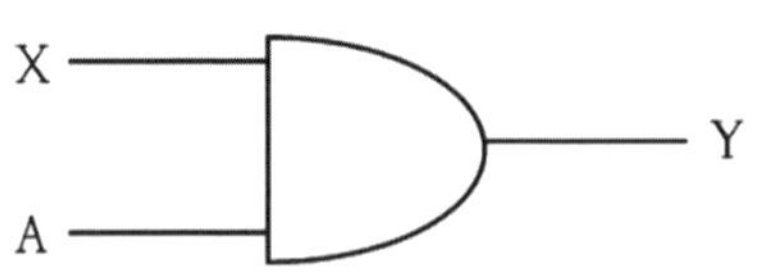

12. 열차자동정지장치의 기능에 대하여 설명하시오.

13. 인버터 전기차에 대하여 기술하시오.

14. Fuzzy이론 개념에 대하여 설명하시오.

15. 기기의 신뢰성에 대하여 기술하시오.

16. 전철화구간에서 교류와 직류 사구간에서의 열차운행방법에 대하여 기술하시오.

17. 궤도회로의 구성방법과 연결선 설치시 유의사항에 대하여 기술하시오.

18. 궤도회로와 폐색장치의 관계에 대하여 기술하시오.

19. 열악한 운행 조건에서의 신호처리 장비의 기능과 조건 및 고장시의 대책에 대하여 기술하시오.

20. 유도장해가 신호설비에 미치는 영향에 대하여 기술하시오.

21. 아래의 배선도에 따라 접근쇄정계전기 회로도를 그리고 그 동작순서에 대하여 설명하시오.

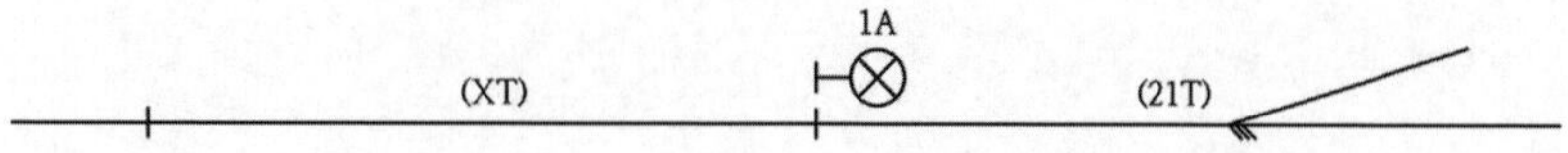

22. 폐색장치의 종류를 나열하고 설명하시오.

23. 아날로그 신호와 디지털 신호의 차이점을 설명하고 모든 신호처리 장비가 디지털형으로 바뀌고 있는 이유와 장점에 대하여 기술하시오.

24. 신속한 신호처리방식 구현을 위하여 사용되는 전자계산기가 갖추어야 할 조건과 그 이유에 대하여 기술하시오.

25. 건널목 집중감시장치의 주요 정보와 송신 시스템에 대하여 기술하시오.

26. AC 전기철도 구간에서 귀선전류로부터 궤도회로를 보호하기 위한 궤도회로 시스템에 대하여 기술하시오.

27. 전기철도의 전기방식과 속도제어방식에 대하여 기술하시오.

28. 지능형 제어방식에서 퍼지 논리 또는 신경망 회로망 기법이 사용되는데 이들의 기본 기능을 설명하고 열차운행제어에 어떻게 적용되는지 기술하시오.

29. 열차운행제어 사고방지를 위한 신호계통 구성과 그 기능이 갖추어야 될 조건에 대하여 기술하시오.

제44회(1995년) - 1교시(단답형 선택), 2~4교시(서술형 선택)

1. 철도 궤도구조를 형성하는 요소를 설명하시오.

2. 운전곡선에 대하여 설명하시오.

3. 복선에 있어서의 선로용량 산출공식으로서 우리나라에서 일반적으로 쓰이는 공식을 쓰시오.

4. 신호설비의 의의를 기술하시오.

5. 지상 신호기의 투시거리가 규정값보다 짧을 경우 이를 연장하는 방법을 설명하시오.

6. 궤도회로의 전기적 특성에 대하여 설명하시오.

7. C.T.C동작원리에서 주파수 분할다중방식과 시분할방식에 대하여 쓰시오.

8. 회생제동방식을 사용하는 전기차가 운전되는 구간의 궤도회로에서 가장 영향이 큰 요소는 무엇인가 설명하시오.

9. 논리회로의 기본게이트 AND와 OR를 도시하고 그 동작기능을 입력과 출력 및 제어신호로 분류하여 설명하시오.

10. 철도신호계 구성에 사용되는 센서의 종류를 드시오.

11. 실시간 신호처리방식에 대하여 설명하시오.

12. 전기, 전자회로 동작에서 잡음을 제거하는 방식에 대하여 설명하시오.

13. 다등형 신호기의 3가지 장점을 기술하시오.

14. 함정회로(Trap Circuit)의 필요성과 회로도를 그리고 열차가 함정회로를 포함하는 궤도회로를 완전히 통과할 때까지의 동작계통을 설명하시오.

15. 쇄정과 연쇄를 정의하고 서로 다른점을 설명하시오.

16. 연속신호와 이산신호의 차이점을 약술하고 이산신호의 처리방식의 장점을 기술하시오.

17. 험프조차장(Hump Marshalling yard)의 Car Retarder의 제동원리를 설명하시오.

18. 교류전철구간의 신호설비 설계시 유의하여야 할 점을 기술하시오.

19. 무절연 궤도회로의 원리를 설명하고 송착전측 구성도와 구성품을 그리시오.

20. 전기제어 시스템의 제어기 설계시 궤환(Feed Back) 루프를 포함시킴으로써 얻게 되는 이점을 설명하시오.

21. 운전시격 단축방안 4가지를 설명하시오.

22. 신호회로를 설계할 때 고려하여야 할 안전확보 기술의 종류를 쓰고 설명하시오.

23. 장내신호기의 설치위치와 설치방법 및 건축한계와의 관계를 설명하시오.

24. 고속화되는 철도시스템의 신호전달 방식으로 광통신방식이 활용되는 이유를 기술하시오.

제45회(1995년) - 1교시(단답형 선택), 2~4교시(서술형 선택)

1. 진로선별계전기(CR)에 대하여 설명하시오.

2. 선로전환기의 정위, 반위에 대하여 설명하시오.

3. 크로싱 번호를 설명하시오.

4. 허용신호에 대하여 설명하시오.

5. 궤도회로의 한류장치에 대하여 설명하시오.

6. 단선 자동폐색 신호장치에 대하여 설명하시오.

7. 사리누설저항에 대하여 설명하시오.

8. 건축한계에 대하여 설명하시오.

9. 단선구간의 선로용량에 대하여 설명하시오.

10. 진로구분쇄정에 대하여 설명하시오.

[2 교시]

11. 열차자동정지장치(A.T.S-S형)의 선택도 Q값에 대하여 설명하시오.

12. 고속철도 열차운행에 고려하여야 할 안전을 위한 각종 검지장치에 대하여 설명하시오.

13. 고전압 임펄스궤도회로에 대하여 설명하시오.

14. 신호설비의 사명과 안전측 동작원칙에 대하여 설명하시오.

[3 교시]

15. A.T.O장치의 각 기능에 대하여 설명하시오.

16. 연동장치의 동작순서에 대하여 설명하시오.

17. 열차집중제어장치의 기본 구성도를 그리고 주요 기능을 설명하시오.

18. 여객열차와 화물열차가 운행되는 선로에서 A.T.S-S형 지상자 설치위치에 대하여 설명하시오.

[4 교시]

19. AF궤도회로장치에 대하여 논하시오.

20. 자동폐색신호 구간에서 폐색신호의 건식위치 선정에 대하여 설명하시오.

21. 임피던스본드에 대하여 설명하시오.

22. 단선구간에 건널목 회로제어기를 사용하여 경보회로를 그리시오.

제47회(1996년) - 1교시(단답형 선택), 2~4교시(서술형 선택)

1. 폐색신호기의 설치위치에 대하여 기술하시오.

2. TPS 계전기의 역할을 설명하시오.

3. 무극선조 및 유극선조 계전기의 특성에 대하여 기술하시오.

4. 계전기 지지물에 규소강을 사용하는 목적을 기술하시오.

5. 경부고속철도 궤도회로(UM71C)의 실내설비에 대하여 설명하시오.

6. 역간 중계신호기의 최대 절연허용 범위는 무엇인지 설명하시오.

7. 전기선로전환기 전환중 콘덴서 회로 단선되었을 경우 전동기의 동작을 기술하시오.

8. 전동차단기내의 CR1 여자 조건을 설명하시오.

9. 정보통신의 표준화가 철도신호시스템에 적용되어야 하는 이유를 설명하시오.

10. 계산기제어에 의한 철도신호처리가 실용화하게 된 근본이유는 계산기에 쓰이는 칩의 소형화와 기능 확대 때문이다. 칩의 개발이 가속화된 이유를 설명하시오.

11. 논리회로 EXCLUSIVE OR가 두 개의 입력값 비교를 위해 어떻게 쓰이는지를 설명하시오.

12. 입력과 출력을 기반으로 하여 정립하는 시스템이라는 개념에서 제어기능이 담당하는 역할을 설명하시오.

[2 교시]

13. 철도현장에서 운용되는 신호가 포함하는 잡음제거방식에 대하여 설명하시오.

14. 인공지능형 제어기법으로 신경회로망이나 퍼즐방식이 최근 철도신호제어시스템에 널리 활용되고 있다. 이들 기법을 약술하고 활용되는 이유를 설명하시오.

15. 전기연동장치의 특징을 논하시오.

16. LOOP 튜닝 유니트의 기능에 대하여 서술하시오.

17. ATO 출입문 개방지령 절차에 차상신호설비와 지상설비간의 인터페이스를 논하시오.

[3 교시]

18. 전기연동장치의 CR 설치원칙을 서술하시오.

19. 전기연동장치의 기본회로와 동작순서를 설명하시오.

20. 전자계산기 기억소자 DRAM에서 데이터의 Read 기능과 Write 기능의 구현방식과 이들 각각의 동작순서를 설명하시오.

21. 도시형 철도시스템이 폐루프를 형성할 때 분산제어방식이 적용되는데 이 방식의 기본개념과 그 이점을 약술하시오.

22. 사구간 보완회로를 그리고 동작계통을 설명하시오.

[4 교시]

23. 디지털형 신호처리방식이 철도 시스템 제어를 위하여 널리 쓰이는 이유를 설명하시오.

24. 신호처리에서 콘보루손(Convolution)을 설명하고 시스템의 입력과 출력 관계를 어떻게 연관시키는지를 설명하시오.

25. 교류2원형 계전기의 동작원리를 설명하시오.

26. 건널목 지장물검지기를 설명하시오.

27. 이동폐색방식의 장점과 단점을 기술하시오.

제48회(1996년) - 1교시(단답형 선택), 2~4교시(서술형 선택)

1. 신호설비의 계획단계부터 운영단계에 이르기까지의 과정을 기술하시오.

2. 신호설비의 전기회로 보호용으로 사용되는 노-휴즈 브레이카의 종류를 기술하시오.

3. 전기철도 구간의 신호설비 설계시 특히 고려할 사항을 설명하시오.

4. 고속철도 신호설비의 자연재해 예방을 위한 장치에 대하여 설명하시오.

5. 전기철도 구간의 신호용 케이블의 규격을 결정할 때 제일 중요하게 고려하여야 할 사항을 기술하시오.

6. 분주(分周) 궤도회로의 원리를 기술하시오.

7. 표준 궤간에 대하여 설명하시오.

8. 열차의 제동거리에 대하여 쓰시오.

9. 전식(電飾)에 대하여 설명하시오.

10. 건널목 보안장치의 기능과 종류에 대하여 설명하시오.

11. ATS의 응동특성에서 발진주파수의 변화를 설명하시오.

12. 철도선로에 있어서 Cant를 정의하시오.

[2 교시]

13. 신호설비를 설계할 때 사용되는 궤도회로의 종류를 기술하고 사용되는 이유를 설명하시오.

14. 폐색장치의 설치의의와 사용되는 두가지의 기본원리와 단선관 복선에 사용될 수 있는 종류를 기술하시오.

15. 신호용 전선로의 선정시 유의할 점을 기술하시오.

16. 열차자동제어의 목적에 대하여 설명하시오.

17. 열차저항의 종류를 열거하고 이에 대해 설명하시오.

[3 교시]

18. 궤도회로 신설공사 감리자가 반드시 입회, 확인 측정하여 기록을 보존할 사항중 궤도회로정수 측정시 유의할 점을 기술하시오.

19. 연동도표를 작성하는 의의와 주요 기재항목과 부호에 대하여 설명하시오.

20. 한류장치(Over Current Limiting Equipment)의 설치 이유와 종류 및 규격을 설명하시오.

21. 궤도회로를 사용하지 않는 열차검지방법에 대하여 설명하시오.

22. ATO 기능 및 종류에 대하여 설명하고 구체적 예를 드시오.

[4 교시]

23. 주신호기의 종류와 설치방법 그리고 기능을 설명하시오.

24. 궤도회로의 사구간(Dead Section)이 발생하는 원인과 사구간의 허용범위 및 보호대책을 설명하시오.

25. 운전시격을 설명하고 시격을 결정하는 공식을 설명하시오.

26. 신호설비의 사명과 안전측동작의 원칙에 대하여 설명하시오.

27. 간선철도에 있어서 교류전화방식(交流電化方式)을 직류방식과 비교하여 장단점을 논하시오.

제50회(1997년) - 1교시(단답형 선택), 2~4교시(서술형 선택)

1. 임시신호기의 종류를 들고 기능을 설명하시오.

2. 계산기제어가 철도신호처리를 위해 실용화되고 있는 이유를 설명하시오.

3. 궤환루프제어 시스템이 구현하는 제어특성을 설명하시오.

4. 자동신호장치의 성능에 대해서 설명하시오.

5. CTC장치에 사용되는 동기방식을 기술하시오.

6. 신호기의 정위와 신호기의 확인거리에 대하여 기술하시오.

7. ATC구간에서 속도코드 결정방법을 기술하시오.

8. 철도선로에 있어서 Slack에 대하여 기술하시오.

9. 직류철도구간에서 망간크로싱 사용시 유의점을 기술하시오.

10. ATC설비에서 Yard Mode시 및 Yard Cancle Code시 각각의 코드주파수를 기술하시오.

11. AF궤도회로에서 사용하고 있는 주파수를 기술하시오.

12. 열차최고속도 132km/h, 평균속도 110km/h, 최저속도 60km/h 일 때 경보제어거리의 기준치와 최소치를 산출하시오.

13. 철도 신호계에서 신호특성 향상을 위해 사용되는 잡음제거방식을 설명하시오.

14. 열차집중제어장치의 시스템구성에 대하여 설명하고 이 시스템의 중앙장치가 다중처리방식을 적용하는 이유를 설명하시오.

15. Fuzzy 제어 ATO 운전방식에 대하여 설명하시오.

16. 레이저형 건널목 지장물검지장치를 설명하시오.

17. 신호기기의 절연저항치를 기술하시오.

18. 신경회로망기법의 원리를 설명하고 현장에서 사용되는 제어시스템 설계에 적용되는 이유를 설명하시오.

19. 건널목에서 사용되는 장애물 검지장치의 종류를 들고 그 기능을 기술하시오.

20. ATS/ATC/ATO를 비교 설명하시오.

21. 전자연동장치의 특징을 논하시오.

22. 최고속도 120km/h의 제동거리를 산출하시오.
(단, 감속도 β : 1.25m/s2, 공주시간 t : 3sec, 여유거리 : 50m, 속도조사오차 : 2km/h로 한다.)

23. 철도신호체계에서 널리 사용되는 분산제어방식에 대하여 설명하시오.

24. 건널목보안장치의 구조와 기능을 들고 이 장치에서의 궤환루프회로의 역할을 설명하시오.

25. 자동신호 3현시 구간에서 제동거리를 감안한 최소운전시격 산출방법에 대하여 논하시오.

26. ATC방식으로 설계시 단계별 속도Code값 V1~V4를 산출하시오.
단, 최고속도 : 100km/h, 감속도 β : 0.97m/s2, 공주시분 t : 3sec

27. VVVF 차량이 궤도회로에 미치는 영향을 열거하고 그 대책을 기술하시오.

제52회(1997년) - 1교시(단답형 선택), 2~4교시(서술형 선택)

1. 3현시구간의 최소 운전시격에 대하여 기술하시오.

2. UPS에 대하여 논하시오.

3. 궤도회로 분할과 명칭에 관하여 쓰시오.

4. 직류 및 교류궤도회로의 단락감도 향상법에 대하여 설명하시오.

5. 입환표지의 위치에 대하여 쓰시오.

6. 접근 쇄정구간과 해정시소에 대하여 기술하시오.

7. 전철구간에서 궤도회로 불평형에 대하여 기술하시오.

8. 장내신호기의 설치위치에 대하여 쓰시오.

9. 절대신호와 허용신호를 설명하시오.

10. 상치신호기의 종류를 들고 이를 설명하시오.

[2 교시]

11. ATP(Automatic Train Protection) 시스템에 대하여 기술하시오.

12. 열차자동제어장치(ATC)로 시스템을 설계하려고 한다. 폐색구간 분할을 하기 위한 업무 흐름도를 그리고 기술하시오.

13. 열차집중제어장치의 주컴퓨터 설계시 고려사항으로 Fault Torelance 기종과 Dual 기종을 상호 비교하고 장단점에 대하여 기술하시오.

14. 원격제어 또는 열차집중제어장치의 전원입력측회로, 제어 및 표시회로, 랙 및 표시제어반의 뇌해대책을 위한 보호방법에 대하여 설명하시오.

15. 최소운전시격의 단축방안에 대하여 설명하시오.

[3 교시]

16. 신호방식중 지상신호방식과 차상신호방식을 비교 설명하시오.

17. 열차집중제어장치의 내부 통신망으로 LAN을 구성하고자 한다. LAN 구성시의 고려사항에 대하여 기술하시오.

18. 선구를 ATC방식으로 설계시 신호CODE에 따른 단계별 속도 CODE값을 V1~V4까지 구하시오. (단, 열차의 최고속도는 80km/h, 열차의 감속도 β=0.97m/s2(10량 편성시), 공주시분 t=3sec, 평탄 선로일 경우에 한한다.)

19. 신호설비의 안전성 기술체계를 실례를 들어 설명하시오.

20. 신호설비의 신뢰성 확보를 위한 검토에 있어 기기의 고장과 다중화방법에 대하여 기술하시오.

[4 교시]

21. CBS(Communication Based Signaling System) 시스템에 대하여 기술하시오.

22. 전기연동장치와 전자연동장치의 장점과 단점에 대하여 기술하시오.

23. 데이터 전송방식에 있어서 Baseband 전송과 FSK방식에 대하여 설명하시오.

24. 연동장치 신설공사에 있어 절체시의 시험순서를 쓰시오.

25. 열차집중제어장치의 정보전송을 위한 수시기동과 스케닝방식을 비교 설명하시오.

제53회(1998년) - 1교시(단답형 선택), 2~4교시(서술형 선택)

1. RS232C와 RS422 방식의 차이점을 기술하시오.

2. 열차운전이론에서 표정속도에 대하여 설명하시오.

3. 연동기준에서 과주여유거리의 확보에 대하여 설명하시오.

4. 신호용 계전기에서 개리력(Releasing Force)에 대하여 설명하시오.

5. 철사쇄정에 대하여 설명하시오.

6. 선로용량 산출시 고려하여야 할 사항에 대하여 기술하시오.

7. TWC(Train to Wayside Communication)에 대하여 설명하시오.

8. 열차의 주행저항에 대하여 설명하시오.

9. FSK(Frequency Shift Keying)방식에 대하여 설명하시오.

10. 궤도회로장치에 있어서 폐전로식(normal close system) 궤도회로장치를 사용하는 이유에 대하여 설명하시오.

11. 고장률의 유형, 즉 시간적 변화에 대하여 기술하시오.

12. 접지공사의 종류와 접지저항치를 설명하시오.

13. Screen Door System에 대하여 신호측면에서의 인터페이스 방법을 기술하시오.

14. 고정폐색(Fixed Block)과 차상폐색(Distance to go)에 대하여 기술하고 고정폐색에 대한 한계점에 대하여 설명하시오.

15. 건널목보안장치(제어자방식과 궤도회로방식)의 문제점을 나열하고 이의 개선책에 대하여 논하시오.

16. ISO(International Organization for Standardization)는 서로 다른 기종의 Computer를 연결하는 표준을 정하는 골격으로 OSI(Open System Interconnection) 기준 Model을 만들었다. OSI Model을 설명하시오.

17. 디지털 데이터 통신기술에서 비동기방식과 동기방식을 설명하고 Error 검출기술에 대하여 설명하시오.

18. 장애물검지방식에 대하여 논하시오.

19. 여격화물과 화물열차가 혼용하여 운용되는 구간에 신호기 직하로부터 ATS-S형 지상자의 설치 위치를 계산하시오.
(단, 여객열차 최고속도 : 100km/h, 화물열차 최고속도 : 60km/h)

20. ATC구간에서 AF궤도회로장치에 대한 블럭도를 그리고 열차검지와 차상속도 Code의 전달기능에 대하여 설명하시오.

21. Flip/Flop 종류에 대하여 설명하고 임의의 Flip/Flop을 사용하여 2진정보 0과 1을 기억시키는 방법을 설명하시오.

22. 신호설비의 뇌해대책에 대하여 보호방법과 시공방법에 대하여 논하시오.

23. PERT/CPM에 의한 공정관리 기법에 대하여 기술하시오.

24. 신호설비의 접지공사 시공방법과 공사시 유의할 점에 대하여 기술하시오.

25. 연동장치의 신설에 따른 장치의 시험수순에 대하여 논하시오.

26. 대기 2중계 시스템의 종류를 들고 이에 대한 특징을 설명하시오.

27. 신호설비의 계획에서부터 개통시까지의 기술사의 역할과 책임 및 권한을 기술하시오.

제56회(1998년)- 1교시(단답형 선택), 2~4교시(서술형 선택)

1. 컴퓨터 시스템의 성능 평가요소를 들고 설명하시오.

2. 경부고속철도 CTC사령실과 기존선 연결 구간의 인터페이스에 대해 논하시오.

3. ATC구간의 폐색구간 설계 시 업무흐름도를 작성하고 필요한 요소를 기술하시오.

4. TVM(transmission voie machine : 차량정보 전송장치) 시스템의 개요 및 주요 기능에 대해 설명하시오.

5. 신호설비의 양방향 운행제어의 개요와 목적을 설명하시오.

6. 사용하는 신 교통시스템(경전철)에서의 분기기방식에 대하여 설명하시오.

7. ATC열차제어방식 중 Distance-to-go 방식에 대하여 설명하시오.

8. 전기쇄정법에 대하여 설명하고 전기쇄정법에는 어떠한 것들이 있는지 열거하시오.

9. PSK(phase shift keying) LOOP의 정의와 용도 및 구성에 대해 설명하시오.

10. 고속철도 안전설비 중 차량 축소검지장치 및 지장물 검지장치에 대하여 설명하고 설비위치 선정 기준에 대해 쓰시오.

11. 건널목 경보시간 및 제어거리에 대하여 기술하시오.

12. 궤도중심 간격에 대하여 기술하시오.

[2 교시]

13. CTC장치에서 열차번호 추적기능에 대하여 설명하시오.

14. CTC용 컴퓨터 시스템을 3중화된 중복구조(Triple Module Redundancy)로 구현하고 설명하시오.

15. 신호설비에 사용될 컴퓨터 기반 시스템의 안전관련 개발절차와 안전성 확보방안을 논하고 IEC 1508에 대하여 설명하시오.

16. 무선통신을 이용한 열차제어시스템의 개발과 그 동향에 대하여 논하시오.

17. 고속철도 폐색분할의 의미와 고려할 사항 및 속도코드의 결정에 대해 설명하시오.

[3 교시]

18. 신호설비에 영향을 미칠 수 있는 노이즈의 종류와 방지대책에 대하여 논하시오.

19. 광소자중 Photo Coupler에 대하여 기술하시오.

20. AF궤도회로 방식으로 설계시 단계별 속도코드값 V1~V4를 구하시오.
(단, 최고속도 100km/h, 감소도 β : 0.97m/s2 공주시분 t=3초)

21. 경부 고속철도 열차제어설비(TCS)의 개요와 서브시스템의 구성요소 및 이를 구현하기 위한 필수조건으로 어떤 것이 있는지 쓰시오.

22. 신호설비의 신뢰성 확보를 위한 2 out of 3 시스템의 구성에 대하여 논하시오.

[4 교시]

23. 경부고속철도의 연동장치(IXL)에 대하여 기술하시오.

24. 고정폐색방식과 이동폐색방식의 운전패턴을 설명하시오.

25. 초전도 자기부상열차의 부상원리를 설명하시오.

26. 도시철도의 광통신 전송로와 신호설비용 정보 전송계통에 대하여 기술하시오.

27. 경부고속철도 ATC장치의 개요 및 구성을 나열하고 지상장치와 차상장치의 주된 기능을 설명하시오.

제57회(1999년) - 1교시(단답형 선택), 2~4교시(서술형 선택)

1. 궤도회로의 사구간에 대하여 설명하시오.

2. 무절연 궤도회로에서 Pre-shunt에 대하여 설명하시오.

3. Axle Counter의 원리를 설명하고 사용 용도에 대하여 설명하시오.

4. 전기선로전환기의 유지보수에 대하여 쓰시오.

5. 신호설비의 보수 점검시 금지사항에 대하여 쓰시오.

6. 밀착검지기의 기능과 원리에 대하여 설명하시오.

7. 폐로쇄정에 대하여 설명하시오.

8. 접지저항에 대하여 쓰시오.

9. 신뢰성모델에서 직렬계와 다중계에 대하여 쓰시오.

10. 데이터 통신에 있어서 CRC(Cycle Redundancy Check)에 대하여 설명하시오.

11. LAN의 구성품에 대한 동작원리에 대하여 설명하시오.

12. Flash Memory에 대하여 설명하시오.

[2 교시]

13. 전기연동 장치에서 아래와 같은 조건을 부여하였을 경우 선로전환기(11A/B)의 전철제어 계전기 회로를 작성하고 동작과정을 설명하시오.
(단, 3R 입환신호 정자를 취급하였을 경우이다.)

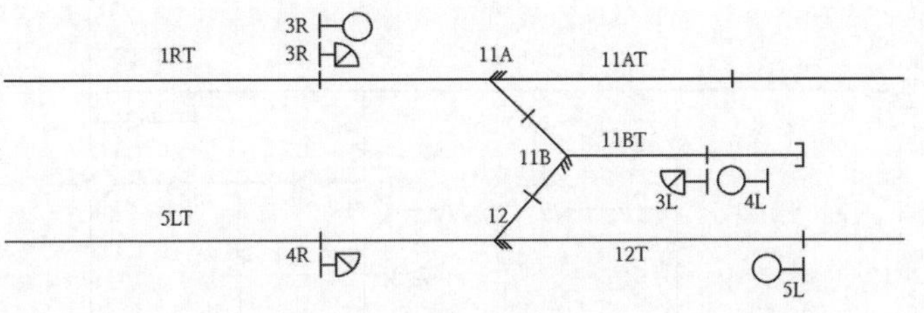

명 칭		번 호			
선로전환기	쌍동	11	N	3L 3R	11AT 11BT
			R	2R 4L 4R	
선로전환기	단동	12	N	4L 4R	12T
			R	5L	

14. 4현시 ATS차상장치에 대하여 기술하시오.

15. 전기철도에서 궤도회로 장치에 영향을 주는 EMI요인과 그의 대책에 대하여 기술하시오.

16. 지하철에서 ATO운전시 열차가 플레트홈에 도착후 자동 Door operation 수순(차상 → 지상 → 차상)을 기술하시오.

17. 경부고속철도에서 사용하는 접지방식을 설명하고 그리시오.

[3 교시]

18. ATC장치에서 점제어식 ATP시스템에 대하여 기술하고 이의 한계점에 대하여 설명하시오.

19. 사령실 설비에서 LDP(Large Display Panel)를 제어 및 감시하기 위한 Controller에 대하여 블록 다이어그램을 그리고 설명하시오.

20. 다음의 회로에 대한 기능을 설명하고 시정수를 조정하는 방법에 대하여 기술하시오.

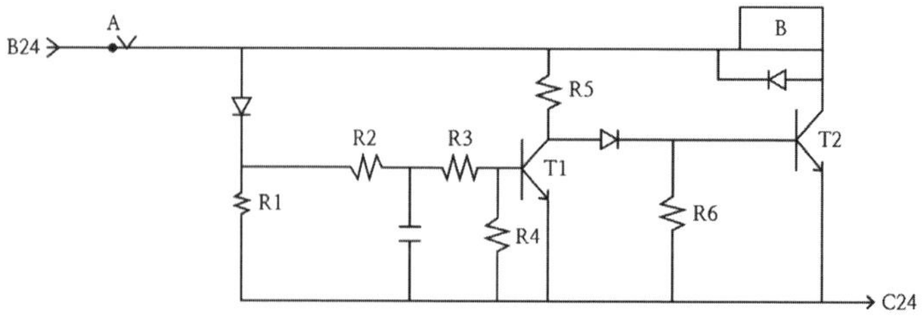

21. 신호설비에 사용되는 컴퓨터장치의 뇌해방지 대책에 대하여 논하시오.

22. Null Modem에 대하여 논하시오.

[4 교시]

23. 시속 90km/h의 속도로 운전하는 열차의 전방에 25km/h의 제한 속도로 운행하는 공사구간이 있다. 이의 제한 속도구간에 임시 신호기의 건식위치를 선정하시오.(단, 열차의 감속도는 2.4km/h/s, 임시신호기의 투시거리는 400m, 감속에 필요한 여유거리는 20m이다.)

24. 고압 임펄스 궤도회로와 전차선 흡상선의 관계를 기술하시오.

25. 부실 감리원에 대한 제재조치에 관해서 설명하시오.

26. 열차의 가속도에 대하여 논하시오.

27. 컴퓨터간의 데이터통신에서 Data Link Protocol을 Character Oriented와 Bit Oriented Data Link Protocol로 나누어 설명하시오.

제59회(1999년) - 1교시(단답형 선택), 2~4교시(서술형 선택)

1. 서지보호장치가 갖추어야할 기본적인 사항에 대해서 논하시오.

2. 최근 신호 시스템에서 Micro Electronics화의 현상에 대해서 논하시오.

3. 통신방식중 동기식과 비동기식에 대해서 설명하시오.

4. 정보의 Redundancy 방법을 나열하시오.

5. 신호설비 공사의 순서를 나타내고 설명하시오.

6. 열차의 자동제어 목적을 열거하고 설명하시오.

7. 열차에 사용되는 신호기의 종류를 들고 설명하시오.

8. 신호기기의 유도방해에 대해서 설명하시오.

9. n개의 부품이 직렬로 연결되어 작동되는 장치의 이중화 방법과 신뢰도를 계산하고 비교하시오. 부품의 신뢰도 R0는 동일하며 R0=0.8로 하시오.

10. 선로전환기의 전환력에 대해서 설명하시오.

11. 연동장치의 목적과 종류를 들고 진로제어 DFD(Data Flow Diagram)을 그리시오.

12. Trainsmission Based 신호시스템의 RAMS(Relilbility, Availability, Maintenability and Safety)에 대해서 설명하고 이들간의 상관관계를 나타내시오.

13. 건널목의 경보기의 단선과 복선의 연속제어법에 대해서 설명하시오.

14. 열차자동제어장치(ATC)에서 디지털 ATC방식과 무선에 의한 열차제어방식에 대하여 설명하시오.

15. 궤도회로장치를 구성하는 주요기기를 들고 절연과 무절연 궤도에 대해서 설명하시오.

16. 다음에 오는 궤도회로를 이용하여 전송방정식 $E = ecosh\gamma_1 + iZ_k \sinh\gamma_1, I = icosh + \frac{e}{Z_k} sinh\gamma_1$ 을 유도하시오.

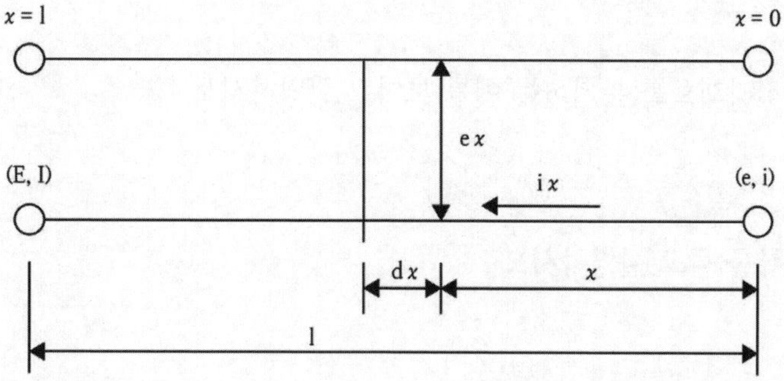

제60회(2000년) - 1교시(단답형 선택), 2~4교시(서술형 선택)

1. 입환표지의 설치위치에 대하여 설명하시오.

2. 신호설비의 사용을 중지하는 경우 조치사항에 대하여 설명하시오.

3. Traffic Regulation에 대하여 설명하시오.

4. ATS지상자의 설치위치 및 거리에 대하여 쓰시오.

5. 시간쇄정에 대하여 설명하시오.

6. 신호용 계전기의 특징을 쓰시오.

7. 진로쇄정회로를 그리고 설명하시오.

8. 계전기 접점으로 전기회로를 분기하는 예를 보이고 설명하시오.

9. 종속 신호기의 종류를 들고 설명하시오.

10. 절대신호와 허용신호의 의의를 설명하고 그의 예를 제시하시오.

11. 신호설비를 정의하고 그의 역할을 설명하시오.

12. 건널목 경보기와 전동차단기의 유지보수에 대하여 설명하시오.

13. 신호기 상호간의 연쇄에 대하여 설명하시오.

[2 교시]

14. 다음과 같은 조건이 주어졌을 때 우행진로 선별회로를 작성하시오.

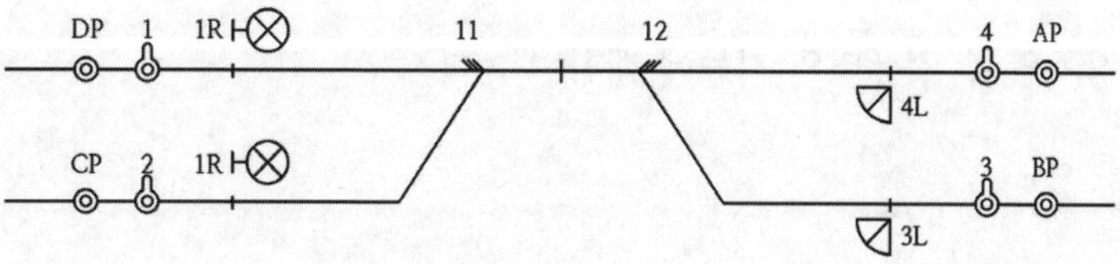

15. 신호용 계전기의 자기회로를 설명하시오.

16. 신호설비의 안전성 확보를 위한 기술체계에서 Fail-safe, Fail-proof, Fail-soft에 관하여 설명하시오.

17. 열차저항의 종류를 들고 이에 대하여 기술하시오.

18. 신교통 시스템의 종류와 특징에 대하여 설명하시오.

19. 임피던스 본드에 대하여 설명하시오.

[3 교시]

20. 무절연 AF 궤도 회로 장치에서 전기적인 궤도 회로의 경계구간을 이루기 위하여 궤간에 S-BOND 또는 Z-BOND를 사용하는데 이는 전기적으로 어떻게 구성 되는지에 대하여 논하시오.

21. 트랜스 폰터에 대하여 설명하시오.

22. 열차집중제어장치의 주 컴퓨터의 기능에 대하여 논하시오.

23. 위성을 이용한 열차간격제어 시스템을 논하시오.

24. ATC장치에서 차상에 전송하는 속도 코드방식과 텔레그램 전송방식에 대하여 기술하고 속도코드방식의 한계점을 논하시오.

25. 건널목 정시간 제어장치에 대하여 논하시오.

[4 교시]

26. 결함 허용의 정의와 결함의 특성에 대한 분류를 설명하시오.

27. 다중화기법중 Stand-by system과 2 out of 3 system을 설명하시오.

28. CENELEC ENV 50129에서 정의하는 철도신호의 안전도 등급(Safety Integrity Level)에 대하여 기술하시오.

29. 전자연동장치의 하드웨어와 소프트웨어를 기술하시오.

30. 건널목 보안장치에서 401 제어자(개전로식)를 사용하여 열차통과에 대한 복귀 신호를 제공하는데 Fail-Safe 측면에서 타당성을 제시하시오.

31. 교류전철화구간의 신호유도 대책중 인체에 대한 위험한계에 대하여 논하시오.

제62회(2000년) - 1교시(단답형 13문항 10개 선택), 2~4교시(6문항 4개 선택)

[1 교시]

1. 장내신호기의 접근쇄정 구간을 외방 2폐색으로 하는 이유를 설명하시오.

2. 합성제륜자가 궤도회로에 미치는 영향에 대해서 기술하시오.

3. 고속철도 안전설비 중 풍속검지장치와 끌림검지장치에 대해서 설명하시오.

4. GPS(Global Positioning System)에 대해서 기술하시오.

5. 건널목 보안장치를 경보제어거리를 산출하려고 한다. 제어거리의 최고치와 최소치를 구하시오.

6. 진로선별회로에 대해서 설명하시오.

7. Axle Counter(비접촉 차륜검지기)의 동작이론과 그 응용을 기술하시오.

8. 전기철도에서 레일의 전기적 역할과 부작용 및 대책을 기술하시오.

9. 신호장, 신호소(지하철의 경우 신호취급실)의 근무자격과 담당업무, 근무요령을 기술하시오.

10. 임피던스본드에 있어서 자기포화와 자체 대책을 기술하시오.

11. 처리주기가 다른 여러 종류 신호들의 실시간 처리 앨고리듬을 단일 마이크로프로세서에 의해 구현하는데 필수적으로 요구되는 마이크로 프로세서의 소프트웨어/하드웨어상 기능은 무엇인지 기술하시오.

12. Baseband 데이터 통신에 있어서 채널에 의한 왜곡(distortion) 현상이 무엇인지 설명하고 이를 수신단에서 보상하는 방법에 대하여 기술하시오.

13. 디지털시스템을 구현하는데 관련되는 장치로서 마이크로프로세서, DSP(Digital Signal Processor), FPGA(Field Programmable Gate Array)가 각기 무엇인지 기술하고 기능 및 성능상 차이점이 무엇인지 기술하시오.

[2 교시]

14. OSI(Open System Interconnection)의 7계층에 대해 기술하시오.

15. 고속철도 열차집중제어장치에 대하여 설명하시오.

16. UM71 궤도회로장치 기능과 구성요소에 대해 설명하시오.

17. 다변조식 ATS차상장치와 ATP차상장치의 구성상 개념적인 공통점과 차이점을 논술하시오.

18. 선구를 AF방식으로 설계시 단계별 속도코드값 V1~V4를 구하시오.
단, 열차 최고속도 = 250km/h, 감속도 β = 0.97m/s2, 공주시분 t = 3Sec, 평탄 선로일 경우에 한한다.

19. 아날로그 신호를 디지털 신호로 변환하는 과정에 필요한 설계시 고려해야 할 사항들에 대하여 논하시오.

[3 교시]

20. 열차자동운전장치(ATO)의 기능을 설명하고 구성설비를 쓰시오.

21. 건널목 고장 감시장치에 대하여 설명하시오.

22. 수시기동(Random Transmission)과 스캐닝(Scanning)방식을 설명하고 장, 단점을 기술하시오.

23. 경부고속철도 전자연동장치의 장치별 기능에 대해 설명하시오.

24. 열차운행을 위한 신호설비의 합리적 발전방안을 논하시오.

25. 아날로그 통신시스템과 대비하여 디지털 통신시스템의 기본적인 구성요소를 기술하고 차이점에 대하여 논하시오.

[4 교시]

26. 열차의 제동거리 개념과 그 계산식을 기술하시오.

27. 신교통 시스템(경전철)에 대하여 기술하시오.

28. 신뢰성의 3대 요소를 기술하시오.

29. 철도청 전철화 구간의 5현시 자동폐색신호기 건식위치에 대하여 기술하시오.

30. 고속화운전(200km/h)에서의 폐색구간에 대하여 논하시오.

31. 디지털 필터의 종류와 설계방식에 대하여 논하시오.

제108회 (2016년) - 철도신호기술사

[1교시]

※ 다음 문제 중 10문제를 선택하여 설명하시오.(각 10점)

1. 운행선에서 고장난 NS-AM형 선로전환기의 회로제어기를 교체하는 순서를 설명하시오.

2. T21 AF궤도회로 장치의 구성품에 대하여 설명하고 복선, 복복선에서의 사용주파수 배열도를 그리시오.

3. 신호공사 실시설계 단계에서 연동도표 작성 시부터 승인 시까지 흐름도를 그리시오.

4. 전력기술관리법에 의한 감리원의 업무수행에 대하여 설명하시오.

5. 도시형 자기부상열차 LIM의 추진원리에 대하여 설명하시오.

6. 연동장치의 전기쇄정 방법에 대하여 설명하시오.

7. 정보를 전송하기 위하여 사용되는 변조 및 복조에 대하여 설명하시오.

8. 열차제어시스템 구축 시 통신분야, 전력분야, PSD시스템과의 인터페이스 사항에 대하여 설명하시오.

9. IEEE 802.3(Ethernet) 표준에 적용되고 있는 맨체스터 인코딩방식에 대하여 설명하시오.

10. 철도신호용 계전기의 특징 및 장, 단점에 대하여 설명하시오.

11. 철도신호시스템 검증을 위한 Verification 과 Validation의 차이점을 설명하시오.

12. 철도안전법에 따른 철도신호장치의 철도용품 형식승인검사 3단계에 대하여 설명하시오.

13. ATS장치와 ATP장치의 공통점과 차이점을 설명하시오.

[2교시]

※ 다음 문제 중 4문제를 선택하여 설명하시오.(각 25점)

1. 신호제어계전기(HR) 회로도를 그리고 계전기 조건별 동작순서를 설명하시오.

2. 열차자동감시장치(ATS)의 개요 및 주요기능에 대하여 설명하시오.

3. 자동폐색구간 3현시 신호체계에서 정거장 진입, 진출시의 최소운전시격 산출식 및 단축방안에 대하여 설명하시오.

4. 한국형 국가철도 통합무선망(LTE-R)의 지상, 차상시스템 구축방안에 대하여 설명하시오.

5. 고속철도안전설비 기상감시장치, 안전스위치 및 지진감시설비를 설명하시오.

6. ETCS Level-1 시스템인 ATP장치의 운영레벨간의 전환방법 설명하시오.

[3교시]

※ 다음 문제 중 4문제를 선택하여 설명하시오.(각 25점)

1. 연동도표의 신호제어 및 철사쇄정란에 기재할 사항을 전기, 전자연동장치, 연동자동폐색, 복선의 경우를 모두 포함하여 설명하시오.

2. IEC 62267_1137_CVD에 따른 도시철도차량 열차운전 자동화등급 중 UTO 운전을 위한 열차운전 기본 기능에 대해 항목별로 구분하여 설명하시오.

3. 철도안전법에서의 철도안전관리체계 기술기준 및 철도안전관리체계 승인절차에 대하여 설명하시오.

4. 전차선로 구분장치의 종류 및 신호기와의 관계를 감안한 설치위치에 대하여 설명하시오.

5. 국내의 NS형, MJ81형, 하이드로스타형 선로전환기의 주요특성을 비교하시오.

6. 열차제어시스템 소프트웨어 정적분석 방법 중 소프트웨어 복잡도를 설명하시오.

[4교시]

※ 다음 문제 중 4문제를 선택하여 설명하시오.(각 25점)

1. 궤도의 단계별 시공시 연동도표 작성과 승인에 대한 시공관리 절차 흐름도를 그리고 각각의 업무 내용을 설명하시오.

2. 고속철도 전자연동장치(IXL)의 구성도를 그리고 그 기능을 설명하시오.

3. 철도 RAMS에 대하여 설명하고 RAM, Safety, LCC(Life Cycle Cost) 상호간의 관계에 대하여 설명하시오.

4. 시스템의 내외부 사이버공격으로부터 보호하기 위한 네트워크 보안설비의 종류, 기능, 설치방법 및 보안정책에 대하여 설명하시오.

5. 철도신호시스템의 위험원(Hazard) 도출을 위한 방법 중에서 HAZOP(Hazard and Operability Study) 방법에 대하여 설명하시오.

6. 일반철도 구간에서 인필발리스(In-fill Balise)의 역할 및 효과를 설명하시오.

제109회 (2016년) - 철도신호기술사

[1교시]

※ 다음 문제 중 10문제를 선택하여 설명하시오.(각 10점)

1. NS형 선로전환기의 유도전동기 기동방식에 대하여 설명하시오.

2. 철도신호 연동조건 중 접근쇄정에 대하여 설명하시오.

3. 스크린도어(PSD) 설계 및 운영상 요구되는 안전요건에 대하여 설명하시오.

4. ETCS 레벨1 시스템의 지상설비 중 선로변 제어유니트(LEU)의 구성도 및 주요기능 5가지에 대하여 설명하시오.

5. 정거장에 진입할 때의 최소운전시격에 대하여 설명하시오.

6. 고속철도용 표지의 종류에 대하여 설명하시오.

7. RF-ID Tag를 이용한 열차위치검지에 대하여 설명하시오.

8. 경전철에 적용되는 제3궤조 급전과 유도무선 급전에 대하여 비교 설명하시오.

9. 모노레일(Mono-Rail)의 개념과 특징을 설명하시오.

10. TCP/IP 계층구조를 OSI 계층과 비교하여 설명하시오.

11. 전차선 절연구간 예고장치의 설치구성도와 기능에 대하여 설명하시오.

12. 여객열차 120km/h, 화물열차 60km/h, 전동차 80km/h의 속도로 혼용 운전되고 있는 선구에 대한 ATS-S1형 지상자 설치위치를 계산하시오.

13. 차축검지기(Axle-Counter)의 역할과 동작원리에 대하여 설명하시오.

[2교시]

※ 다음 문제 중 4문제를 선택하여 설명하시오.(각 25점)

1. 속도조사식 ATS-S2형 장치 구성도와 4현시, 5현시 공진주파수 변화에 따른 속도제어 동작원리를 설명하시오.

2. 철도신호기와 전차선 구분장치의 상호관계에 대하여 설명하시오.

3. 철도건설 중 민간투자사업의 개요와 BTO 및 BTL방식을 비교 설명하시오.

4. 제어자와 궤도회로를 사용하는 철도건널목 제어방식의 문제점과 대책에 대하여 설명하시오.

5. 열차위치 검지방법 중 GPS의 측위오차 발생 원인과 DGPS(Differential Global Positioning System)에 대하여 설명하시오.

6. 자기부상열차 위치, 속도, 운행방향 검지 원리에 대하여 Check-in/out 및 속도검출 루프방식 사례를 들어 설명하시오.(단, 수치는 중요하지 않다)

[3교시]

※ 다음 문제 중 4문제를 선택하여 설명하시오.(각 25점)

1. 기존선 철도와 고속철도 혼용에 대한 문제점 및 분야별 대책을 설명하시오.

2. 무선통신의 핸드오버(Hand-Over) 또는 핸드오프(Hand-Off)를 설명하시오.

3. ERTMS/ETCS 시스템을 단계별로 설명하시오.

4. 철도사업의 기본 추진절차를 재정사업과 민자사업을 비교하여 설명하시오.

5. 철도 선로용량 종류 및 선로이용률에 대해서 설명하시오.

6. 철도건설 설계 시 본선의 배선계획 수립에 필요한 주요사항을 설명하시오.

[4교시]

※ 다음 문제 중 4문제를 선택하여 설명하시오.(각 25점)

1. 선로주변 구조물과 건축한계에 대해서 설명하시오.

2. 열차위치검지 및 선로전환기 철사쇄정을 위한 궤도회로 단락감도를 설명하시오.

3. 자기부상 시스템의 분기기 구성을 용도에 따라 4종류로 분류 설명하시오.

4. 철도운영의 효율증대를 위한 최소운전시격 단축방안 중에서 신호측면과 일반적인 측면으로 구분하여 설명하시오.

5. 무인운행 신설노선 건설시 신호시스템 사용개시를 위한 시험종류와 내용, 방법, 검증에 대하여 설명하시오.

6. 다음 배선모양의 궤도분할과 신호기 및 선로전환기, 궤도회로명칭을 기입하고 연동도표를 작성하시오.

제111회 (2017년) - 철도신호기술사

[1교시]

※ 다음 문제 중 10문제를 선택하여 설명하시오.(각 10점)

1. 감리업무 수행 시 주요업무 및 세부사항에 대하여 설명하시오.

2. 전기선로전환기 선정 시 고려해야 될 사항을 5가지 제시하시오.

3. ERTMS/ETCS 시스템의 구축효과에 대하여 설명하시오.

4. "철도시설의 기술기준" 제9조에서 정한 철도신호제어설비의 안전성 분석 및 안전대책 검증 시 고려사항을 제시하시오.

5. 철도건널목 경보장치의 제어방법(연속제어식, 점제어식)을 설명하시오.

6. 신호장비 간에 개방형 전송시스템(IEC-62280-2)을 사용하는 경우 인터페이스의 전송 위험에 대한 방어 조치들을 나열하시오.

7. 트램(TRAM)의 우선 신호(Signal Priority)에 대하여 설명하시오.

8. 고속철도 터널경보장치 완성품(KRSA-4014-R0) 시험의 종류를 설명하시오.

9. 열차자동방호장치(ATP)의 발리스 설치위치 및 원칙에 대하여 설명하시오.

10. 도시철도 시설안전기준 중 신호 및 열차제어설비가 안전기본원칙에 적합하도록 설계, 제작 및 설치할 사항을 5가지 이상 제시하시오.

11. 신호시스템의 정보처리 방법 중 Static-Buffer와 Dynamic-Buffer 방식에 대하여 설명하시오.

12. 국내에 설치된 승강장안전문(PSD)의 동작 신호방식 분류 3가지를 설명하시오.

13. 전기철도에서 레일의 전기적 역할에 대하여 설명하시오.

[2교시]

※ 다음 문제 중 4문제를 선택하여 설명하시오.(각 25점)

1. 선로용량과 밀접한 관련이 있는 4가지 변수에 대하여 설명하시오.

2. 고속철도의 폐색분할에 대한 검증시행 항목인 인체공학적인 조건 및 안전제약 조건에 대하여 설명하시오.

3. 철도안전법 시행규칙 제76조의(관제업무종사자의 준수사항)에 규정되어 있는 운전 업무 종사자 여객승무원 등에게 제공해야 할 정보 및 철도사고 발생시 조치 사항을 설명하시오.

4. RF-CBTC 열차제어시스템의 흐름도를 그리고 설명하시오.

5. 신호시스템의 안전성을 확보하기 위해 시행하는 Hazard Analysis 중 PHA, SHA, SSHA 및 O&SHA의 분석 목적에 대하여 설명하시오.

6. 트램(TRAM) 신호시스템의 제어기능에 대하여 설명하시오.

[3교시]

※ 다음 문제 중 4문제를 선택하여 설명하시오.(각 25점)

1. 한 노선의 신호시스템 개량 시 계획수립에 필요한 요구조건 등을 설명하시오.

2. ATO(유인운전)를 계획하고 있는 관제실에 구비해야 할 기능 및 설비구성을 설명하시오.

3. 차상과 지상의 Baseline 기본기능에 대해서 설명하고, 지상Baseline의 동작 순서를 그림으로 나타내시오.

4. Distance To Go 시스템에서의 안전구간 및 위험지점을 설명하시오.

5. 고속철도 UM71 궤도회로의 기능 및 설비구성을 설명하시오.

6. CBTC 또는 ERTMS 시스템에서 적용하는 MRSP(Most Restrictive Speed Profile) 생성 시 고려사항에 대하여 설명하고 MIRSP를 생성하시오.

[4교시]

※ 다음 문제 중 4문제를 선택하여 설명하시오.(각 25점)

1. 건축한계의 기본개념 및 곡선구간의 건축한계 적용을 설명하시오.

2. 기존선과 연결되는 고속신선의 신호설비를 신규로 설치한 후 시행하는 시설물 검증시험에서 신호시험의 종류 및 내용을 설명하시오.

3. 레이저 레이더(LIDAR)의 기본구성 및 동작원리를 설명하시오.

4. Axle-Counter의 기능 및 장단점을 설명하시오.

5. 설계 VE(Value Engineering) 수행 시 설계자가 제시하여야 할 자료 및 검토자가 수행하는 업무절차를 설명하시오.

6. 고속철도에 설치되어 있는 지장물 검지장치를 설명하시오.

제112회 (2017년) - 철도신호기술사

[1교시]

※ 다음 문제 중 10문제를 선택하여 설명하시오.(각 10점)

1. 철도통합무선망(LTE-R)에 대하여 설명하시오.

2. IEEE에서 정의된 CBTC 표준요구사항인 IEEE1417-1,2,3,4에 대하여 설명하시오.

3. 고속철도에서 사용 중인 선로변 기능모듈(TFM)에 대하여 설명하시오.

4. 건널목보안장치의 경보시간과 제어거리 산출방법을 설명하시오.

5. 컴퓨터를 활용한 정보의 송수신을 교환하는 데이터통신을 설명하시오.

6. 경부고속철도에 설치된 지진감시장치의 경보발령 기준을 설명하시오.

7. ETCS에서 무선으로 전송되는 데이터를 암호/복호화하는 안전전송유니트에 대하여 설명하시오.

8. 열차자동방호장치(ATP)에 사용되는 발리스(Balise)에 대하여 설명하시오.

9. 신호기와 전차선 절연구분장치의 설치위치에 대하여 설명하시오.

10. 궤도회로 사구간 보안장치에 대하여 설명하시오.

11. 무정전전원장치(UPS) 구성 및 특징을 설명하시오.

12. 철도신호제어설비의 결함극복방법에 대하여 설명하시오.

13. 아래의 구내배선도를 대상으로 연동도표를 완성하시오.

[2교시]

※ 다음 문제 중 4문제를 선택하여 설명하시오.(각 25점)

1. 열차안전운행을 보조하는 기상검지장치의 종류와 설치위치, 단계별 운행제한에 대하여 설명하시오.

2. 열차제어시스템의 궁극적인 목표와 Fail-Safe 원칙에 대하여 설명하시오.

3. 전기선로전환기(NS)의 구성 및 동작원리에 대하여 설명하시오.

4. 전자연동장치의 구성 및 기능에 대하여 설명하시오.

5. 유럽열차제어시스템(ETCS)의 레벨 1,2,3에 대하여 설명하시오.

6. 고장모드 및 영향분석에 대하여 설명하시오.

[3교시]

※ 다음 문제 중 4문제를 선택하여 설명하시오.(각 25점)

1. 근거리 무선통신방식인 RF-ID 기술에 대하여 설명하시오.

2. 국제규격 IEC 62267 AUGT 안전요구사항인 자동화등급을 설명하시오.

3. 고속철도 UM-71 궤도회로장치의 구성 및 특성에 대하여 설명하시오.

4. 열차방호장치(ATP) 구성 및 기능을 설명하시오.

5. 철도건설 및 개량 시 설계와 시공을 위한 신호분야 현지답사를 설명하시오.

6. 열차 안전운행을 위한 신호시스템의 시인성 확보와 비상대응을 위한 운전설비 기능강화 대책을 설명하시오.

[4교시]

※ 다음 문제 중 4문제를 선택하여 설명하시오.(각 25점)

1. 열차집중제어장치(CTC)의 구성 및 기능을 설명하시오.

2. 운전시격 단축 방안을 설명하시오.

3. 철도신호시스템에 적용되는 RAMS에 대하여 설명하시오.

4. 선로용량(Track Capacity)에 대하여 설명하시오.

5. 해킹 등 외부로부터 내부망 접속 및 정보유출을 막기위한 방화벽 구성방법 중 패킷필터링 방식에 대하여 설명하시오.

6. EMI, EMC 문제해결 방안에 대하여 설명하시오.

제114회 (2018년) - 철도신호기술사

[1교시]

※ 다음 문제 중 10문제를 선택하여 설명하시오.(각 10점)

1. 열차방호장치(ATP)의 발리스와 LEU 간의 인터페이스에 대하여 설명하시오.

2. 안전무결성 레벨(SIL)에서 고장율(FR)과 허용가능위험율(THR)에 대하여 각 레벨별로 설명하시오.

3. 사회간접자본(SOC)사업 시 민간투자로 추진하는 방식에 대하여 설명하시오.

4. 정거장에서 안전측선을 설치하는 조건과 생략하는 조건에 대하여 설명하시오.

5. "도시철도용 무선통신기반 열차제어시스템(KRS SG 0069-15)에서 정의된 열차제어시 스템의 특징에 대하여 설명하시오.

6. 전자연동장치의 정거장 규모에 의한 분류 및 주요 구성품에 대하여 설명하시오.

7. LTE-R의 주파수 대역, 데이터 전송지연시간/통화신뢰성에 대하여 설명하시오.

8. 철도설계기준에서 정의된 실시설계 시의 신호제어분야와 통신분야 상호간에 제공해야 할 인터페이스 사항에 대하여 설명하시오.

9. 철도안전법시행령 제59조(철도안전 전문인력의 구분)에 따른 철도안전전문인력을 제시하고, 각각의 업무범위에 대하여 설명하시오.

10. 소프트웨어(S/W)사업 기술평가기준에 따른 인력투입 방식과 기능점수방식의 특징 및 사업비 선정방법에 대하여 설명하시오.

11. 도시철도 지하터널에서 사고 발생 시에 비상 무선방송을 위한 통신기술 요구사항 및 WAVE의 적용 가능성에 대하여 설명하시오.

12. IEC 61508 규격에 따른 기능안전의 정의 및 기능안전평가에서 확인하는 일반적인 사항에 대하여 설명하시오.

13. 마이크로 LED 디스플레이에 대하여 설명하시오.

[2교시]

※ 다음 문제 중 4문제를 선택하여 설명하시오.(각 25점)

1. 광역철도 급행화 필요성 및 기존 인프라를 활용한 급행화 기술을 설명하시오.

2. 무선통신기반 열차제어에 사용되는 무선통신의 보안위협 요소들을 설명하고, 이를 기반으로 위험도분석을 하시오.

3. 전자연동장치의 부정출력 차단에 대하여 설명하시오.

4. CBTC 시스템의 지상장치에서 차상장치로 전송하는 정보 및 차상장치에서 지상장치로 전송하는 정보에 대하여 설명하시오.

5. 고무차륜형식 및 철제차륜형식 자동안내궤도차량의 특징 및 장단점 설명하시오.

6. RAMS의 개요 및 IEC 62278에서 정의된 RAMS관련 수행업무를 설명하시오.

[3교시]

※ 다음 문제 중 4문제를 선택하여 설명하시오.(각 25점)

1. 경부고속철도에 설치된 안전스위치의 구성 및 설치기준에 대하여 설명하시오.

2. 일반, 고속철도용 한국형 무선기반 열차제어시스템(KRTCS)을 기존 운영노선 혹은 신규노선에 적용하기 위한 전제조건에 대하여 설명하시오.

3. 철도노선을 새로 건설하거나 기존노선을 개량하고 영업운행전에 시행하는 종합 시험운행의 절차 및 안전관리책임자의 역할에 대하여 설명하시오.

4. 전기철도 구간에서 구분장치를 설치하는 목적과 설치위치에 대하여 설명하시오.

5. 철도차량 기술기준 KRTS-VE-Part81-2014(R1)에서 정의된 차상신호보안장치의 검사기준에 대하여 설명하시오.

6. 철도신호제어시스템의 간격제어장치 및 진로제어장치에 대하여 설명하시오.

[4교시]

※ 다음 문제 중 4문제를 선택하여 설명하시오.(각 25점)

1. RF-CBTC 시스템으로 운영되는 노선에 RF-CBTC 차상신호장치를 장착하지 않은 차량이 진입할 경우에 안전성을 보장하며 운영할 수 있는 지상신호장치 보완 방안을 설명하시오.

2. 고속철도 지진감시장치 중에서 지진가속계측기 설비의 구성과 지진발생 시의 운전취급 방법에 대하여 설명하시오.

3. ATO의 개요와 구성요소인 열차정보송수신장치(TWC)의 기능을 설명하시오.

4. 고전압임펄스 궤도회로장치의 구성도를 그리고 임피던스본드의 구조 및 특성에 대하여 설명하시오.

5. 열차집중제어장치(CTC)의 구축효과와 주요기능에 대하여 설명하시오.

6. 열차 양방향운행의 개념을 설명하고 단방향운행을 하고 있는 ETCS 레벨1 구간에서 A역과 B역에 양방향운행을 위한 개량범위에 대하여 설명하시오.

제117회 (2019년) - 철도신호기술사

[1교시]

※ 다음 문제 중 10문제를 선택하여 설명하시오.(각 10점)

1. 경부고속철도에 설치된 유절연궤도회로의 설치조건 및 장비구성을 설명하고 구성도를 그리시오.

2. 열차자동방호장치(ATP)의 발리스 텔레그램 입력시 주의사항을 설명하시오.

3. 동일한 레일체결장치가 레일 좌우로 체결되어 있는 경우, 레일체결장치 1개의 전기저항(r)과 도상의 km당 누설저항값(R)과의 상관관계식을 도출하시오.(단, 1KM당 침목개수는 n으로 정함)

4. 경부고속철도에 설치된 BWG 분기기의 HDD(Holding Down Device)와 선로전환기와의 관계에 대하여 설명하시오.

5. 철도교통관제 운영규정 제2조(정의)에서 정한 운전정리의 정의 및 종류에 대하여 설명하시오.

6. 철도시설의 기술기준 제99조에서 요구하는 철도신호제어 설비의 설치시 고려사항을 설명하시오.

7. 철도사업에 있어서 PM(Project Management)의 9가지 지식영역에 대하여 설명하시오.

8. 철도신호용 전원장치 중 정류기의 성능시험 방법에 대하여 설명하시오.

9. 연동도표의 작성시기와 주의사항에 대하여 설명하시오.

10. 관제시스템의 자동열차감시장치(ATS)에서 차상신호장치를 이용하여 무인으로 열차를 기동(Awake) 및 중지(Sleep) 시키는 기능에 대하여 설명하시오.

11. IEC 61508 규격의 기능안전(Functional Safety)에 대하여 설명하고, 기능 안전평가에서 확인하는 일반적인 사항은 무엇인지 설명하시오.

12. 철도통신 시스템 네트워크 구축시 주전송선로의 전송망 구성방식을 비교하시오.

13. 열차제어시스템에서 사용되는 통신 프로토콜의 정의, 기능 및 특징을 설명하시오.

[2교시]

※ 다음 문제 중 4문제를 선택하여 설명하시오.(각 25점)

1. 철도 건설에 있어서 CM(Construction Management)의 정의, 개념, 구성 체계 및 업무 내용에 대하여 설명하시오.

2. 철도교통관제 설비의 안전성 및 효율성 향상을 위한 기술발전방향을 설명하시오.

3. KTX-산천의 귀선전류 고조파가 일반선 TI-21형 AF궤도회로의 영향을 분석하고 대책을 설명하시오.

4. 호남고속철도 콘크리트 궤도의 전기적 특성을 구하기 위한 3가지 측정 방법을 설명하시오.

5. SIL 4 GA(Generic Application)인증을 받은 차상 및 지상 열차자동방호장치 (ATP)에 대하여 SA(Specific Application)인증을 받기 위하여 독립안전성평가자에게 설계, 제작 및 설치, 본선시험 및 시운전 단계별로 제출하여야 하는 소프트웨어 목록을 IEC 62279 기반으로 설명하시오.

6. 차상설비인 신호장치, 열차무선장치, 방송표시기장치, 열차운행정보 전송장치에 대한 설계적합성 또는 형식 동등성을 시험으로 입증하는 경우 지상설비와의 연계동작시험 방법에 대하여 설명하시오.

[3교시]

※ 다음 문제 중 4문제를 선택하여 설명하시오.(각 25점)

1. 공용(공통)접지방식의 설계기준과 신호분야 접지시공 방안 및 시공상의 유의점을 설명하시오.

2. 철도신호설비의 보호기기인 서지방지기의 종류와 장치별 설치장소를 설명하시오.

3. 전자연동장치 연동논리부의 연동처리 성능에 대하여 설명하시오.

4. CBTC 또는 ERTMS 시스템에서 언급되는 MRSP 생성 시 고려사항을 설명하고, 고려사항을 기반으로 MRSP를 생성하시오.

5. 스마트 철도안전관리체계 구축 기본계획(2018~2027), 국토교통부에서 제시된 운행관리 분야 및 시설관리 분야의 주요내용을 설명하시오.

6. 암호화의 정의와 대칭키(Key)암호화 방식과 비대칭키 암호화 방식을 설명하시오

[4교시]

※ 다음 문제 중 4문제를 선택하여 설명하시오.(각 25점)

1. 신호제어설비의 설치 시 고려하여야 할 방진, 공해 환경오염 대책을 설명하시오.

2. 철도 건설에 있어서 수송계획에 대하여 설명하시오.

3. 무인운전 시스템에서 차상ATP의 동적 프로파일 생성 및 프로파일의 종류 5가지에 대하여 설명하시오.

4. 신호분야 건설 및 개량 후 시행하는 연동검사의 시행절차 및 내용을 설명하시오.

5. 네트워크 보안방법 중 방화벽(F.W), 침입탐지시스템, 침입방지시스템, VPN(Virtual Private Network)에 대하여 설명하시오.

6. 다음 그림과 같이 A역에서 B역으로 반대선 운전(하행 · 상선) 시 입환신호기 (52L)의 진행 현시조건을 순서대로 설명하시오.(그림 생략)

제118회 (2019년) - 철도신호기술사

[1교시]

※ 다음 문제 중 10문제를 선택하여 설명하시오.(각 10점)

1. 캔트(Cant)에 대하여 설명하시오.

2. 고조파 경감 대책에 대하여 설명하시오.

3. 공정관리 기술 중 PERT(Program Evaluation and Review Technique)에 대하여 설명하시오.

4. 과주여유거리(Overlap)에 대하여 설명하시오.

5. 자동진로설정(Automatic Route Calling - 연속진로설정)를 설명하시오.

6. 선로용량(Line Capacity)과 운전시격(Headway)에 대하여 설명하시오.

7. 고속철도 궤도회로(UM-71)에서 사용된 방향계전기의 역할을 설명하시오.

8. In-fill Balise 설치가 필요할 경우 설치방안 3가지에 대하여 설명하시오.

9. 운행선 인접공사의 안전사고를 예방하기 위한 안전설계 방안을 설명하시오.

10. 철도용품의 설계가 기술기준에 적합한지를 검증하기 위해 수행되는 설계적합성 검사, 합치성검사, 용품형식시험에 대하여 설명하시오.

11. 네트워크 보호대책 중 방화벽, 패킷필터링(Packet Filtering), 플록시서버(Proxy Server)에 대하여 설명하시오.

12. 디지털 통신방식에서 디지털 변조의 개요와 변조부 각 부의 역할을 설명하시오.

13. 지그비(Zig-Bee) 통신기술의 개념 및 기술적인 특성을 설명하시오.

[2교시]

※ 다음 문제 중 4문제를 선택하여 설명하시오.(각 25점)

1. 열차의 제동거리에 대하여 설명하시오.

2. 생애주기 비용(Life Cycle Cost)에 대하여 설명하시오.

3. 운행선 인접공사 차단작업 시행절차에 대하여 설명하시오.

4. 네트워크 규모에 따른 종류 및 장단점을 설명하시오.

5. KRS SG 0069-15(도시철도용 무선통신기반 열차제어시스템)에서 설명하는 열차운전 모드 8가지에 대하여 설명하시오.

6. IEC 62425의 인증 중 일반적용(GA)과 상세적용(SA)인증을 설명하시오.

[3교시]

※ 다음 문제 중 4문제를 선택하여 설명하시오.(각 25점)

1. 표정속도의 정의와 표정속도 향상 방안에 대하여 설명하시오.

2. 철도신호 설계시 준비, 시행, 준공 단계별 인터페이스 관리업무를 설명하시오.

3. 연동도표 기재사항을 설명하시오.

4. 한국형 열차제어시스템(KTCS-2) 도입으로 기대되는 효과를 설명하시오.

5. 5세대 이동통신의 개요 및 각 세대별(1G~5G) 특징에 대하여 설명하시오.

6. 노후화된 열차제어시스템을 영업운영 중단없이 신규 열차제어시스템으로 안전하게 개량하기 위한 방안 2가지에 대하여 설명하시오.

[4교시]

※ 다음 문제 중 4문제를 선택하여 설명하시오.(각 25점)

1. 철도신호설비의 접지 설치기준에 대하여 설명하시오.

2. 철도신호용 계전기의 종류 및 장단점에 대하여 설명하시오.

3. ERTMS/ETCS Level 1에서 적용되고 있는 Balise 유형별 용도와 전기적 사양인 Interface A1, A4, C1, C6에 대하여 설명하시오.

4. 국토교통부에서 추진 중인 LTE급 철도통신시스템 구축계획을 설명하시오.

5. RAMS의 수명주기 단계를 나열하고 단계별 목적을 설명하시오.

6. 모노레일 종류별 특성과 장단점에 대하여 설명하시오.

제120회 (2020년) - 철도신호기술사

[1교시]

※ 다음 문제 중 10문제를 선택하여 설명하시오.(각 10점)

1. 과주방지용 ATS(Automatic Train Stop)에 대하여 설명하시오.

2. 고속철도용 불연속정보 전송장치의 구성도와 설치개소를 설명하시오.

3. 무선통신 열차제어시스템(RF-CBTC)의 장점과 단점을 설명하시오.

4. 관제실의 TTC(Total Traffic Control) 시스템에 대한 운전모드 3가지를 설명하시오.

5. 열차위치 검지방법 3가지를 설명하시오.

6. LTI(Linear Time Invariant) 시스템에 대하여 설명하시오.

7. 푸리에변환(Fourier Transform)과 푸리에역변환(Inverse Fourier Transform)을 설명하시오.

8. 엘리어싱(Aliasing)에 대하여 설명하시오.

9. 서미스터(Thermistor)의 종류와 특성에 대하여 설명하시오.

10. AF궤도회로에서 사전단락(Pre-shunt)과 사후단락(Post-shunt)의 발생 영향 및 대책에 대하여 설명하시오.

11. 철도신호에서 사용하는 안전측 동작 구성방식 6가지를 설명하시오.

12. 생애주기비용 LCC(Life Cycle Cost)의 구성 항목 및 LCC와 VE(Value Engineering)의 차이점에 대하여 설명하시오.

13. 연동장치 연쇄(Chain Interlocking)의 종류 3가지를 설명하시오.

[2교시]

※ 다음 문제 중 4문제를 선택하여 설명하시오.(각 25점)

1. 열차제어 방식중 지상신호방식과 차상신호방식의 성능비교 및 신호현시에 따른 속도패턴을 설명하시오.

2. ATC 장치와 ATP(Automatic Train Protection) 장치의 장단점을 비교하고 차상 신호방식의 필요성을 설명하시오.

3. RAMS의 요소 중 신뢰성(Reliability), 가용성(Availability), 안전성 (Safety)에 대하여 설명하시오.

4. THR(Tolerable Hazard Rate)과 SIL(Safety Integrity Level)의 관계를 설명하시오.

5. 철도종합시험운행 시행지침(국토부고시 2018.10)에 의한 신호시설물에 대한 시험항목 및 내용에 대하여 일반철도와 고속철도를 구분하여 설명하시오.

6. 도시철도차량에 설치되는 신호장치의 성능시험 항목과 목적 13가지를 설명하시오.

[3교시]

※ 다음 문제 중 4문제를 선택하여 설명하시오.(각 25점)

1. 경부고속철도의 안전설비 9가지를 설명하시오.

2. 열차 운행관리시스템의 기본 구성도를 그리고 주요기능을 설명하시오.

3. IEC 62278의 설비 수명주기를 순서대로 나열하고 각 단계의 수행사항을 설명하시오.

4. 5세대 이동통신 5G(IMT-2020)와 LTE(Long Term Evolution)를 비교하여 설명하시오.

5. 철도차량 기술기준 KRTS-VE-Part53-2018(R1)에서 언급한 차량시스템과 신호장치 (차상, 지상)의 인터페이스에 대하여 설명하시오.

6. 전자연동장치의 집중형과 분산형에 대한 기능 및 특징을 설명하시오.

[4교시]

※ 다음 문제 중 4문제를 선택하여 설명하시오.(각 25점)

1. 열차집중제어장치(CTC)의 효과와 CTC관제실의 기술발전 방향을 설명하시오.

2. 고속철도에서 사용하는 TVM-430에 대하여 지상, 차상설비로 구분하여 설명하시오.

3. 레일간의 누설컨덕턴스의 개념과 수분에 대한 영향을 설명하시오.

4. 단상 및 3상 전원의 반파, 전파 정류회로에 대하여 설명하시오.

5. 선로용량을 증대시키기 위한 방안을 신호, 선로, 차량, 정거장 분야별로 구분하여 설명하시오.

6. 전자연동장치의 안전측 동작처리 절차, 부정출력 발생시 차단조건과 차단회로의 동작에 대하여 설명하시오.

제122회 (2020년) - 철도신호기술사

[1교시]

※ 다음 문제 중 10문제를 선택하여 설명하시오.(각 10점)

1. 열차의 역간 운행 시 평균속도와 표정속도를 설명하고 계산식을 제시하시오.

2. 5현시 ATS 지상자의 최소 응동거리는 40mm, 차상BPM보드의 주파수 검지 시간은 9.6ms 일 경우 직선부의 열차 최고속도를 산출하시오.

3. 노면전차 운전에서 속도제한에 대하여 설명하시오.

4. 열차집중제어장치(CTC) 와 운전집중화장치에 대하여 각각 설명하시오.

5. 연동장치의 결선도를 작성할 때 일반적인 작성원칙을 설명하시오.

6. 신호용 삽입형 무극선조계전기에 대하여 설명하시오.

7. 공용접지방식의 장, 단점을 설명하시오.

8. 신호기의 정위에 대하여 설명하시오.

9. 궤도회로의 점퍼선 설치 시 유의사항에 대하여 설명하시오.

10. 신뢰도 평가에서 사용하는 가속수명시험에 대하여 설명하시오.

11. 펄스도플러 레이더방식과 주파수변조 연속파도플러 레이더방식을 설명하시오.

12. 철도통합무선망(LTE-R)의 활용방안 및 부가서비스에 대하여 설명하시오.

13. 증강현실(Augmented Reality)의 구현요소 및 철도활용 방안을 설명하시오.

[2교시]

※ 다음 문제 중 4문제를 선택하여 설명하시오.(각 25점)

1. 신호설비 설치 시 건축한계에 대하여 설명하시오.

2. 철도신호용 계전기의 개리력(복원력)에 대하여 설명하시오.

3. OSI 보안구조 권고안 X.800에서 정의된 보안공격 중에서 적극적 공격(Active attack)에 대하여 설명하시오.

4. 고속철도에 설치된 폐색구간 안전스위치(CPT) 및 기초보호구역 안전스위치 (TZEP)의 구성 및 설치기준에 대하여 설명하시오.

5. 한국형열차제어시스템(KTCS-2)의 지상장치 구성 및 기능을 설명하시오.

6. 철도교통관제에서 관제업무 독립성을 확보하기 위한 방안과 선로배분 지침의 업무 프로세스에 대하여 설명하시오.

[3교시]

※ 다음 문제 중 4문제를 선택하여 설명하시오.(각 25점)

1. 경부고속철도에 설치된 TFM-PM의 구조를 그리고 출력감시에 대하여 안전측면에서 설명하시오.

2. 네트워크 저장장치의 대표적인 종류인 DAS(Direct Attached Storage), NAS(Network Attached Storage) 및 SAN(Storage Area Network)에 대하여 개념과 특징을 설명하시오.

3. 서지(Surge)의 유입경로 및 방지대책을 설명하시오.

4. 대지 누설전류와 레일전위에 대하여 설명하시오.

5. 철도교통관제센터 업무의 무 중단 운영을 위한 방안을 제시하시오.

6. 열차자동방호장치(ATP) 구간의 발리스 설치기준에 대하여 설명하시오.

[4교시]

※ 다음 문제 중 4문제를 선택하여 설명하시오.(각 25점)

1. 네트워크 설비 L2, L3, L4 및 L7 스위치에 대하여 설명하시오.

2. 신뢰성 모델에 대하여 입출력 블록도를 그리고 설명하시오.

3. 트램(TRAM)교통의 우선신호(Signal Priority)방식과 구성도를 설명하시오.

4. 열차위치 검지방법으로 광케이블을 이용한 분산형 음향 검지시스템에 대하여 설명하시오.

5. 전차선 구간에서 고전압 임펄스 궤도회로의 전류 불평형 원인과 불평형률을 구하시오.

6. 완행 및 급행열차의 혼용 운행 시 고려사항에 대하여 설명하시오.

제123회 (2021년) - 철도신호기술사

[4교시]

※ 다음 문제 중 4문제를 선택하여 설명하시오.(각 25점)

1. 차상선로전환장치의 설치 및 조작방법에 대하여 설명하시오.

2. 전자연동장치 기능에 대하여 설명하시오.

3. 무인운전시스템[UTO(GOA4) : Unattended Train Operation]에서 ATP, ATO, ATS의 주요 기능 및 특징에 대하여 설명하시오.

4. ERTMS/ETCS ATP장치의 차상설비 구성요소에 대하여 설명하시오.

5. Fail-safe, Fail-Proof, Fail-Soft의 정의와 적용사례에 대하여 설명하시오.

6. 한국형 열차제어시스템 KTCS-2(Korean Train Control System-2)에서 사용하고 있는 무선폐색센터(RBC : Radio Block Center)에 대하여 설명하시오.

제124회 (2021년) - 철도신호기술사

[1교시]

※ 다음 문제 중 10문제를 선택하여 설명하시오.(각 10점)

1. 연동장치의 설계조건에 대하여 설명하시오.

2. 궤도회로의 한류장치에 대하여 설명하시오.

3. 폐색신호기의 정위 및 확인거리에 대하여 설명하시오.

4. 철도 건설사업에서 기본방침 결정 후 설계시공 일괄입찰공사방식과 기타 공사방식의 건설사업시행 흐름도를 설명하시오.

5. 전기선로전환기의 시공방법에 대하여 설명하시오.

6. 관제설비시스템 중 운행관리용 컴퓨터의 기능에 대하여 설명하시오.

7. 무선통신을 기반으로 하는 열차제어시스템의 성능요구사항에 대하여 설명하시오.

8. 열차제어장치의 기능시험 중 Cold Start 및 Warm Start에 대하여 설명하시오.

9. KS C IEC 62267에 따른 AUGT의 열차운전 자동화 등급에 대하여 설명하시오.

10. "철도시설의 기술기준" 제57조에 따른 승강장 안전설비에 대하여 설명하시오.

11. 연산증폭기를 이용한 대역필터(Band-pass filter)에 대하여 설명하시오.

12. 전기신호를 광신호로 변환하는 광컨버터의 원리에 대하여 설명하시오.

13. 모노레일 시스템에서 차량고장 시 승객대피 방안에 대하여 설명하시오.

[2교시]

※ 다음 문제 중 4문제를 선택하여 설명하시오.(각 25점)

1. 신호제어설비 설계 시 기본설계의 범위와 실시설계의 범위에 대하여 설명하시오.

2. 임시신호기의 종류와 설치위치에 대하여 설명하시오.

3. 자동열차감시장치(ATS, Automatic Train Supervision)에 대하여 설명하시오.

4. 무선통신기반 열차제어시스템에서 지상설비 시운전 시험의 종류 및 방법에 대하여 설명하시오.

5. 신호설비의 신뢰성 향상방법에 대하여 설명하시오.

6. IEC 62278의 위험도 분석, 위험도 평가 및 수용에 대하여 설명하시오.

[3교시]

※ 다음 문제 중 4문제를 선택하여 설명하시오.(각 25점)

1. 연동장치에 사용되는 전기쇄정법 중 접근쇄정, 보류쇄정, 폐로쇄정, 표시쇄정에 대하여 설명하시오.

2. 분기기의 종류 중 특수분기기에 대하여 설명하시오.

3. 국가통합공공망에서 각 공공망간 상호연동 방안 및 LTE-R에서의 주파수 간섭 해소 방안에 대하여 설명하시오.

4. 한국형 열차제어시스템 KTCS-2와 KTCS-3를 비교하여 설명하고, KTCS-3 구현에 필요한 기술에 대하여 설명하시오.

5. 네트워크 암호화 기술 중 RSA 암호화에 대하여 설명하시오.

6. 무선네트워크에서 무선분산시스템(WDS, Wireless Distribution System)에 대하여 설명하시오.

[4교시]

※ 다음 문제 중 4문제를 선택하여 설명하시오.(각 25점)

1. 공정관리기법 중 PERT(Program Evaluation & Review Technique)기법과 CPM(Critical Path Method)기법의 차이점에 대하여 설명하시오.

2. 전자연동장치의 낙뢰피해 예방법에 대하여 설명하시오.

3. 철도노선간 연계운영을 위한 열차제어시스템의 기술요건에 대하여 설명하시오.

4. 고속철도에서 지상에서 차상으로 전송되는 불연속정보의 내용 및 전송구간에 대하여 설명하시오.

5. 네트워크 보안대책 중 방화벽의 주요기능 및 종류에 대하여 설명하시오.

6. 모노레일 시스템에서 과좌식과 현수식의 분기기에 대하여 설명하시오.

[참고 문헌]

1. K 도시철도 열차운행시스템 일괄구매설치(신호) 교육교재(H/W) 2017년
2. K 도시철도 열차운행시스템 일괄구매설치(신호) 실시설계 보고서 2015년
3. 도시철도 기술자료집 열차제어, 서울특별시 지하철건설본부, 2004년
4. K 도시철도 IT설비 구매설치, 설계 및 시공/감독 과정 교육교재, 2017년
5. G 경량전철 무선통신 열차제어 신호시스템(RF-CBTC) 교육교재, 2011년
6. 신교통 신호시스템 기술, 제7회 철도신호기술 세미나(한국철도 신호기술협회)
7. 철도신호 제어기술 선진화, 제8회 철도신호기술 세미나(한국철도 신호기술협회)
8. Madrid CBTC and Commuter Traffic, Lars Lindquist(봄바디아)
   (한국철도 신호기술협회 철도 신호기술 세미나 발표자료)
9. Innovative Rail Automation Solutions in Modern Mass Transit and Mainline(Siemens) 2008년
   (한국철도 신호기술협회 철도 신호기술 세미나 발표자료)
10. The Signalling Solution for Sinbundang(Thales), 2008년
    (한국철도 신호기술협회 철도 신호기술 세미나 발표자료)
11. ERTMS/ETCS 차상 신호시스템 개발 및 검증 방안, 송규현 박사, 2010년
12. ERTMS/ETCS Level 3 기반에 지하철 경전철 열차제어시스템의 데이터 관리 및 활용 방안, 2010년
13. 한국형 무선통신기반 열차제어시스템 사양서 발표회, KRRI, 2012년
14. 철도에서 무선통신과 향후 방향, 한국철도기술연구원, 2006년
15. VAL-208(경전철) ATC 열차제어 시스템 기술 규격서, 2013년
16. AF-902/MLK-2(디지틀 AF궤도회로/전자연동장치) 규격서, 2015년
17. K 도시철도 건설사업 시스템엔지니어링(SEMP) 관리계획, 2016년
18. 열차제어 CBTC 시공 기술자료, 대구도시철도공사, 장붕익, 2010년
19. 열차 간 협력기반 지능형 열차제어 시스템 개발 기획, KRRI 외, 2020년
20. 민간투자사업 신호공사 실시설계서, 유지보수 매뉴얼, 2001년
21. Basics of the European Train Control System - ETCS, 2016년
22. 궤도회로 기반 Distance To Go 방식의 열차제어시스템
23. KTCS-2(Korean Train Control System-2) 시스템 개요, 2019년

철도 무인운전 CBTC 관련 기술 저자약력

o 고영환(高永煥)

o 주요 약력 :

- 서울과학기술대학교 철도전문대학원 철도전기 · 신호전공(공학석사)
- 한국전자기술연구원(3년 근무)
- 서울교통공사(31년 근무)
  인재개발원 교수팀장, 신호사업소 소장, 관제센터 차장
  신호처/궤도신호처 처장, 신사업추진단장
- 부산김해경전철운영(주) 대표이사/사장
- 서울시지하철구호선(주) 운영기술운영기술부문 부사장

o 기술자격 및 기타 :

- 철도신호기술사 취득(2010년 5월)
- 한국철도신호기술협회 비상임이사
- 명지전문대/동양대학교/우송대학교/한양대학교 겸임교수
- 경기도/광주광역시/한국철도공사/국가철도공단(KR) 기술심의위원
- 신안산선/위례신사선/우이 ~ 신설선/김포골드라인 자문위원
- 국토부 중앙건설기술심의위원
- 한국교통안전공단 철도기술 외부전문위원

o 유근규(柳根奎)

o 주요 약력 :

- 전북대학교 공과대학 졸업(학사)
- 한양대 환경대학원 안전공학 전공(공학 석사)
- 서울메트로 (구)서울지하철/도시철도공사(33년 근무)
  서울지하철건설본부 3년(6호선 ATO시스템 건설) 파견
  안전관리실 지도조사팀장, 기술사업소장
  기술연구센터 기술연구팀장, 경전철팀장, 신신호연구단장
  서울도시철도 7호선 통합관제 개수사업 총괄 PM
  기획조정실 신교통사업처, 김포도시철도운영준비단
  김포골드라인운영(주) 운영본부장

o 기술자격 및 기타 :

- 철도신호기술사 취득(1998년 5월)
- 서울시/부산교통공사/대구도시철도건설본부 기술심의위원
- 국가철도공단(KR) 기술심의위원
- 서울교통공사 신호분야 자문위원
- 김포골드라인운영(주) 기술전문위원
- 서울 신림선, 별내선, 9호선 설계자문위원

철도 열차제어 신기술을 총망라한 해설서

철도 무인운전 CBTC 관련 기술

1판 1쇄 발행 2021년 9월 1일

지은이 고영환, 유근규
펴낸이 박 용
펴낸곳 도서출판 세화
등 록 1978. 12.26 (제 1-338회)
영업부 (031)955-9331~2 **편집부** (031)955-9333 **FAX** (031)955-9334
주 소 경기도 파주시 회동길 325-22(서패동 469-2)

저자와의 협의하에 인지 생략함

정가 35,000원

ISBN 978-89-317-1090-8 (13530)

본 도서의 내용 문의 및 궁금한 점은 더 정확한 정보를 위하여 저자분에게 문의하시기 바랍니다.
저자분께서 정성스럽게 대답해주실 것입니다.

저자: 고영환(이메일 : khoyw@hanmail.net), 유근규(이메일 : ykk-angels@daum.net)